최신 출제경향에 맞춘
최고의 수험서
2024

徹頭徹尾
[철두철미] 처음부터 **끝**까지 **빈틈없이 철저**하게

AIR POLLUTION ENVIRONMENTAL

대기환경
산업기사 필기Ⅱ 문제해설

서영민 · 이철한 · 달팽이

최신 대기환경관계법규 적용!!
최신 대기공정시험기준 적용!!
2018~2023년 기출문제 **완벽풀이!!**

- 최근 대기환경 관련 법규 · 공정시험 기준 수록 및 출제 비중 높은 내용 표시
- 최근 출제 경향에 맞추어 핵심 이론 및 계산문제 · 풀이 수록
- 핵심필수문제(이론) 및 과년도 문제 · 풀이 상세한 해설 수록
- 기초가 부족한 수험생도 쉽게 학습할 수 있도록 내용 구성
- 각 단원별 출제비중 높은 내용 표시

예문사

머리말...

본서는 한국산업인력공단 최근 출제기준에 맞추어 구성하였으며 대기환경 산업기사 필기시험을 준비하는 수험생 여러분들이 효율적으로 공부할 수 있도록 필수내용만 정성껏 담았습니다.

○ 본 교재의 특징

1 최근 출제경향에 맞추어 핵심이론과 계산문제 및 풀이 수록
2 각 단원별로 출제비중 높은 내용 표시
3 최근 대기환경 관련 법규, 공정시험기준 수록 및 출제비중 높은 내용 표시
4 핵심필수문제(이론) 및 최근 기출문제풀이의 상세한 해설 수록

차후 실시되는 시험문제들의 해설을 통해 미흡하고 부족한 점을 계속 수정·보완해 나가도록 하겠습니다.

끝으로, 이 책을 출간하기까지 끊임없는 성원과 배려를 해주신 예문사 관계자 여러분, 주경야독 윤동기 이사님, 정용민 팀장, 달팽이 박수호님, 인천의 친구 김성기에게 깊은 감사를 전합니다.

저자 서 영 민

● 대기환경기사 출제기준(필기)

직무 분야	환경 · 에너지	중직 무분야	환경	자격 종목	대기환경기사	적용 기간	2020.1.1.～2024.12.31

○ 직무내용 : 대기분야에서 측정망을 설치하고 그 지역의 대기오염 상태를 측정하여 다각적인 연구
와 실험분석을 통해 대기오염에 대한 대책을 강구하고, 대기오염 물질을 제거 또는 감
소시키기 위한 오염방지 시설을 설계, 시공, 운영하는 업무

필기검정방법	객관식	문제수	100	시험시간	2시간 30분

필 기 과목명	문제수	주요항목	세부항목	세세항목
대기 오염 개론	20	1. 대기오염	1. 대기오염의 특성	1. 대기오염의 정의 2. 대기오염의 원인 3. 대기오염인자
			2. 대기오염의 현황	1. 대기오염물질 배출원 2. 대기오염물질 분류
			3. 실내공기오염	1. 배출원 2. 특성 및 영향
		2. 2차오염	1. 광화학반응	1. 이론 2. 영향인자 3. 반응
			2. 2차오염	1. 2차 오염물질의 정의 2. 2차 오염물질의 종류
		3. 대기오염의 영향 및 대책	1. 대기오염의 피해 및 영향	1. 인체에 미치는 영향 2. 동 · 식물에 미치는 영향 3. 재료와 구조물에 미치는 영향
			2. 대기오염사건	1. 대기오염사건별 특징 2. 대기오염사건의 피해와 그 영향
			3. 대기오염대책	1. 연료 대책 2. 자동차 대책 3. 기타 산업시설의 대책 등
			4. 광화학오염	1. 원인 물질의 종류 2. 특징 3. 영향 및 피해
			5. 산성비	1. 원인 물질의 종류 2. 특징 3. 영향 및 피해 4. 기타 국제적 환경문제와 그 대책

필기 과목명	문제수	주요항목	세부항목	세세항목
		4. 기후변화 대응	1. 지구온난화	1. 원인 물질의 종류 2. 특징 3. 영향 및 대책 4. 국제적 동향
			2. 오존층파괴	1. 원인 물질의 종류 2. 특징 3. 영향 및 대책 4. 국제적 동향
		5. 대기의 확산 및 오염예측	1. 대기의 성질 및 확산개요	1. 대기의 성질 2. 대기확산이론
			2. 대기확산방정식 및 확산 모델	1. 대기확산방정식 2. 대류 및 난류확산에 의한 모델
			3. 대기안정도 및 혼합고	1. 대기안정도의 정의 및 분류 2. 대기안정도의 판정 3. 혼합고의 개념 및 특성
			4. 오염물질의 확산	1. 대기안정도에 따른 오염물질의 확산특성 2. 확산에 따른 오염도 예측 3. 굴뚝 설계
			5. 기상인자 및 영향	1. 기상인자 2. 기상의 영향
연소 공학	20	1. 연소	1. 연소이론	1. 연소의 정의 2. 연소의 형태와 분류
			2. 연료의 종류 및 특성	1. 고체연료의 종류 및 특성 2. 액체연료의 종류 및 특성 3. 기체연료의 종류 및 특성
		2. 연소계산	1. 연소열역학 및 열수지	1. 화학적 반응속도론 기초 2. 연소열역학 3. 열수지
			2. 이론공기량	1. 이론산소량 및 이론공기량 2. 공기비(과잉공기계수) 3. 연소에 소요되는 공기량
			3. 연소가스 분석 및 농도 산출	1. 연소가스량 및 성분분석 2. 오염물질의 농도계산
			4. 발열량과 연소온도	1. 발열량의 정의와 종류 2. 발열량 계산 3. 연소실 열발생율 및 연소온도 계산 등

필 기 과목명	문제수	주요항목	세부항목	세세항목
		3. 연소설비	1. 연소장치 및 연소방법	1. 고체연료의 연소장치 및 연소방법 2. 액체연료의 연소장치 및 연소방법 3. 기체연료의 연소장치 및 연소방법 4. 각종 연소장애와 그 대책 등
			2. 연소기관 및 오염물	1. 연소기관의 분류 및 구조 2. 연소기관별 특징 및 배출오염물질 3. 연소설계
			3. 연소배출 오염물질 제어	1. 연료대체 2. 연소장치 및 개선방법
대기 오염 방지 기술	20	1. 입자 및 집진 의 기초	1. 입자동력학	1. 입자에 작용하는 힘 2. 입자의 종말침강속도 산정 등
			2. 입경과 입경분포	1. 입경의 정의 및 분류 2. 입경분포의 해석
			3. 먼지의 발생 및 배출원	1. 먼지의 발생원 2. 먼지의 배출원
			4. 집진원리	1. 집진의 기초이론 2. 통과율 및 집진효율 계산 등
		2. 집진기술	1. 집진방법	1. 직렬 및 병렬연결 2. 건식집진과 습식집진 등
			2. 집진장치의 종류 및 특징	1. 중력집진장치의 원리 및 특징 2. 관성력집진장치의 원리 및 특징 3. 원심력집진장치의 원리 및 특징 4. 세정식집진장치의 원리 및 특징 5. 여과집진장치의 원리 및 특징 6. 전기집진장치의 원리 및 특징 7. 기타집진장치의 원리 및 특징
			3. 집진장치의 설계	1. 각종 집진장치의 기본 및 실시 설 　계시 고려인자 2. 각종 집진장치의 처리성능과 특성 3. 각종 집진장치의 효율산정 등
			4. 집진장치의 운전 및 유지 　관리	1. 중력집진장치의 운전 및 유지관리 2. 관성력집진장치의 운전 및 유지관리 3. 원심력집진장치의 운전 및 유지관리 4. 세정식집진장치의 운전 및 유지관리 5. 여과집진장치의 운전 및 유지관리 6. 전기집진장치의 운전 및 유지관리 7. 기타집진장치의 운전 및 유지관리

필 기 과목명	문제수	주요항목	세부항목	세세항목
		3. 유체역학	1. 유체의 특성	1. 유체의 흐름 2. 유체역학 방정식
		4. 유해가스 및 처리	1. 유해가스의 특성 및 처리 이론	1. 유해가스의 특성 2. 유해가스의 처리이론(흡수, 흡착 등)
			2. 유해가스의 발생 및 처리	1. 황산화물 발생 및 처리 2. 질소산화물 발생 및 처리 3. 휘발성유기화합물 발생 및 처리 4. 악취 발생 및 처리 5. 기타 배출시설에서 발생하는 유해 가스 처리
			3. 유해가스 처리설비	1. 흡수 처리설비 2. 흡착 처리설비 3. 기타 처리설비 등
			4. 연소기관 배출가스 처리	1. 배출 및 발생 억제기술 2. 배출가스 처리기술
		5. 환기 및 통풍	1. 환기	1. 자연환기 2. 국소환기
			2. 통풍	1. 통풍의 종류 2. 통풍장치
대기 오염 공정 시험 기준 (방법)	20	1. 일반분석	1. 분석의 기초	1. 총칙 2. 적용범위
			2. 일반분석	1. 단위 및 농도, 온도표시 2. 시험의 기재 및 용어 3. 시험기구 및 용기 4. 시험결과의 표시 및 검토 등
			3. 기기분석	1. 기체크로마토그래피 2. 자외선가시선분광법 3. 원자흡수분광도법 4. 비분산적외선분광분석법 5. 이온크로마토그래피 6. 흡광차분광법 등
			4. 유속 및 유량 측정	1. 유속 측정 2. 유량 측정
			5. 압력 및 온도 측정	1. 압력 측정 2. 온도 측정

필기 과목명	문제수	주요항목	세부항목	세세항목
		2. 시료채취	1. 시료채취방법	1. 적용범위 2. 채취지점수 및 위치선정 3. 일반사항 및 주의사항 등
			2. 가스상물질	1. 시료채취법 종류 및 원리 2. 시료채취장치 구성 및 조작
			3. 입자상 물질	1. 시료채취법 종류 및 원리 2. 시료채취장치 구성 및 조작
		3. 측정방법	1. 배출오염물질 측정	1. 적용범위 2. 분석방법의 종류 3. 시료채취, 분석 및 농도산출
			2. 대기중 오염물질 측정	1. 적용범위 2. 측정방법의 종류 3. 시료채취, 분석 및 농도산출
			3. 연속자동측정	1. 적용범위 2. 측정방법의 종류 3. 성능 및 성능시험방법 4. 장치구성 및 측정조작
			4. 기타 오염인자의 측정	1. 적용범위 및 원리 2. 장치구성 3. 분석방법 및 농도계산
대기 환경 관계 법규	20	1. 대기환경 보전법	1. 총칙	
			2. 사업장 등의 대기 오염물 질 배출규제	
			3. 생활환경상의 대기 오염 물질 배출규제	
			4. 자동차·선박 등의 배출 가스의 규제	
			5. 보칙	
			6. 벌칙 (부칙포함)	
		2. 대기환경 보전법 시행령	1. 시행령 전문 (부칙 및 별표 포함)	
		3. 대기환경 보전법 시행규칙	1. 시행규칙 전문 (부칙 및 별표, 서식 포함)	
		4. 대기환경 관련법	1. 대기환경보전 및 관리, 오염 방지와 관련된 기타법령(환 경정책기본법, 악취방지법, 실내공기질 관리법 등 포함)	

● 대기환경산업기사 출제기준(필기)

직무 분야	환경 · 에너지	중직무 분야	환경	자격 종목	대기환경 산업기사	적용 기간	2020.1.1.~2024.12.31

○ 직무내용 : 대기분야에서 측정망을 설치하고 그 지역의 대기오염 상태를 측정하여 다각적인 연구
와 실험분석을 통해 대기오염에 대한 대책을 강구하고, 대기오염 물질을 제거 또는 감
소시키기 위한 오염방지 시설을 설계, 시공, 운영하는 업무

필기검정방법	객관식	문제수	80	시험시간	2시간

필 기 과목명	문제수	주요항목	세부항목	세세항목
대기 오염 개론	20	1. 대기오염	1. 대기오염의 특성	1. 대기오염의 정의 2. 대기오염의 원인 3. 대기오염인자
			2. 대기오염의 현황	1. 대기오염물질 배출원 2. 대기오염물질 분류
			3. 실내공기오염	1. 배출원 2. 특성 및 영향
		2. 대기환경 기상	1. 기상영향	1. 대기안정도의 분류 및 판정 2. 안정도에 따른 오염물질의 확산 및 예측 3. 대기확산이론
			2. 기상인자	1. 바람 2. 체감율 3. 역전현상 4. 열섬효과 등
		3. 광화학오염	1. 광화학반응	1. 이론 2. 영향인자 3. 반응
		4. 대기오염의 영향 및 대책	1. 대기오염의 피해 및 영향	1. 인체에 미치는 영향 2. 동 · 식물에 미치는 영향 3. 재료와 구조물에 미치는 영향
			2. 대기오염사건	1. 대기오염사건별 특징 2. 대기오염사건의 피해와 그 영향
			3. 광화학오염	1. 원인 물질의 종류 2. 특징 3. 영향 및 피해
			4. 산성비	1. 원인 물질의 종류 2. 특징 3. 영향 및 피해

필기 과목명	문제수	주요항목	세부항목	세세항목
			5. 대기오염대책	1. 연료 대책 2. 자동차 대책 3. 기타 산업시설의 대책 등
		5. 기후변화 대응	1. 지구온난화	1. 원인 물질의 종류 2. 특징 3. 영향 및 대책 4. 국제적 동향
			2. 오존층 파괴	1. 원인 물질의 종류 2. 특징 3. 영향 및 대책 4. 국제적 동향
대기 오염 방지 기술	20	1. 입자 및 집진의 기초	1. 입자동력학	1. 입자에 작용하는 힘 2. 입자의 종말침강속도 산정 등
			2. 입경과 입경분포	1. 입경의 정의 및 분류 2. 입경분포의 해석
			3. 먼지의 발생 및 배출원	1. 먼지의 발생원 2. 먼지의 배출원
			4. 집진원리	1. 집진의 기초이론 2. 통과율 및 집진효율 계산 등
		2. 집진기술	1. 집진방법	1. 직렬 및 병렬연결 2. 건식집진과 습식집진 등
			2. 집진장치의 종류 및 특징	1. 중력집진장치의 원리 및 특징 2. 관성력집진장치의 원리 및 특징 3. 원심력집진장치의 원리 및 특징 4. 세정식집진장치의 원리 및 특징 5. 여과집진장치의 원리 및 특징 6. 전기집진장치의 원리 및 특징 7. 기타집진장치의 원리 및 특징
			3. 집진장치 설계	1. 각종 집진장치의 기본설계시 고려 인자 2. 각종 집진장치의 처리성능과 특성 3. 각종 집진장치의 효율산정 등
			4. 집진장치의 운전 및 유지 관리	1. 중력집진장치의 운전 및 유지관리 2. 관성력집진장치의 운전 및 유지관리 3. 원심력집진장치의 운전 및 유지관리 4. 세정식집진장치의 운전 및 유지관리 5. 여과집진장치의 운전 및 유지관리 6. 전기집진장치의 운전 및 유지관리 7. 기타집진장치의 운전 및 유지관리

필 기 과목명	문제수	주요항목	세부항목	세세항목
		3. 유해가스 및 처리	1. 유해가스의 특성 및 처리 이론	1. 유해가스의 특성 2. 유해가스의 처리이론(흡수, 흡착 등)
			2. 유해가스의 발생 및 처리	1. 황산화물 발생 및 처리 2. 질소산화물 발생 및 처리 3. 휘발성유기화합물 발생 및 처리 4. 악취 발생 및 처리 5. 기타 배출시설에서 발생하는 유해 가스 처리
			3. 유해가스 처리설비	1. 흡수 처리설비 2. 흡착 처리설비 3. 기타 처리설비 등
			4. 연소기관 배출가스 처리	1. 배출 및 발생 억제기술 2. 배기가스 처리기술
		4. 환기 및 통풍	1. 환기	1. 자연환기 2. 국소환기
			2. 통풍	1. 통풍의 종류 2. 통풍장치
			3. 유체의 특성	1. 유체의 흐름 2. 유체역학 방정식
		5. 연소이론	1. 연료의 종류 및 특성	1. 고체연료의 종류 및 특성 2. 액체연료의 종류 및 특성 3. 기체연료의 종류 및 특성
			2. 공기량	1. 이론산소량 및 이론공기량 2. 공기비(과잉공기계수) 3. 연소에 소요되는 공기량
			3. 연소가스 분석 및 농도산출	1. 연소가스량 및 성분분석 2. 연소생성물의 농도계산 3. 연소설비
			4. 발열량과 연소온도	1. 발열량의 정의와 종류 2. 발열량 계산 3. 연소실 열발생율 및 연소온도 계 산 등
			5. 연소기관 및 오염물	1. 연소기관의 분류 및 구조 2. 연소기관별 특징 및 배출오염물질

필 기 과목명	문제수	주요항목	세부항목	세세항목
대기 오염 공정 시험 기준 (방법)	20	1. 일반분석	1. 분석의 기초	1. 총칙 2. 적용범위
			2. 일반분석	1. 단위 및 농도, 온도표시 2. 시험의 기재 및 용어 3. 시험기구 및 용기 4. 시험결과의 표시 및 검토 등
			3. 기기분석	1. 기체크로마토그래피 2. 자외선가시선분광법 3. 원자흡수분광광도법 4. 비분산적외선분광분석법 5. 이온크로마토그래피 6. 흡광차분광법 등
			4. 유속 및 유량 측정	1. 유속 측정 2. 유량 측정
			5. 압력 및 온도 측정	1. 압력 측정 2. 온도 측정
		2. 시료채취	1. 시료채취방법	1. 적용범위 2. 채취지점수 및 위치선정 3. 일반사항 및 주의사항 등
			2. 가스상물질	1. 시료채취법 종류 및 원리 2. 시료채취장치 구성 및 조작
			3. 입자상 물질	1. 시료채취법 종류 및 원리 2. 시료채취장치 구성 및 조작
		3. 측정방법	1. 배출오염물질측정	1. 적용범위 2. 분석방법의 종류 3. 시료채취, 분석 및 농도산출
			2. 대기중 오염물질 측정	1. 적용범위 2. 측정방법의 종류 3. 시료채취, 분석 및 농도산출
			3. 연속자동측정	1. 적용범위 2. 측정방법의 종류 3. 성능 및 성능시험방법 4. 장치구성 및 측정조작
			4. 기타 오염인자의 측정	1. 적용범위 및 원리 2. 장치구성 3. 분석방법 및 농도계산

필 기 과목명	문제수	주요항목	세부항목	세세항목
대기 환경 관계 법규	20	1. 대기환경 보전법	1. 총칙	
			2. 사업장 등의 대기 오염물질 배출규제	
			3. 생활환경상의 대기 오염물 질 배출규제	
			4. 자동차·선박 등의 배출가 스의 규제	
			5. 보칙	
			6. 벌칙(부칙포함)	
		2. 대기환경 보전법 시행령	1. 시행령 전문 (부칙 및 별표 포함)	
		3. 대기환경 보전법 시행규칙	1. 시행규칙 전문 (부칙 및 별표 포함)	
		4. 대기환경 관련법	1. 대기환경보전 및 관리, 오 염 방지와 관련된 기타법 령(환경정책기본법, 악취방 지법, 실내공기질 관리법 등 포함)	

전체목차...

세부목차...

PART 04 핵심필수문제(이론)

PART 05 기출문제 풀이

핵심
필수문제
이론

01 대기권의 구조에 관한 설명 중 가장 거리가 먼 것은?

㉮ 대기의 수직온도 분포에 따라 대류권, 성층권, 중간권, 열권으로 구분할 수 있다.

㉯ 대류권 기상요소의 수평분포는 위도, 해륙분포 등에 의해 다르지만 연직방향에 따른 변화는 더욱 크다.

㉰ 대류권의 높이는 통상적으로 여름철에 낮고 겨울철에 높으며, 고위도 지방이 저위도 지방에 비해 높다.

㉱ 대류권의 하부 1~2km까지를 대기경계층이라고 하며, 지표면의 영향을 직접 받아서 기상요소의 일변화가 일어나는 층이다.

(풀이) 대류권의 고도는 겨울철이 낮고, 여름철에 높으며 보통 저위도 지방이 고위도 지방에 비해 높다.

02 대기의 특성에 관한 설명 중 틀린 것은?

㉮ 성층권에서는 오존이 자외선을 흡수하여 성층권의 온도를 상승시킨다.

㉯ 지표 부근의 표준상태에서의 건조공기의 구성성분은 부피농도로 질소>산소>아르곤>이산화탄소의 순이다.

㉰ 대기의 온도는 위쪽으로 올라갈수록, 대류권에서는 하강, 성층권에서는 상승, 열권에서는 하강한다.

㉱ 대류권의 고도는 겨울철에 낮고, 여름철에 높으며, 보통 저위도 지방이 고위도 지방에 비해 높다.

(풀이) 대기의 온도는 위쪽으로 올라갈수록, 대류권에서는 하강, 성층권에서는 상승, 중간권에서는 하강, 다시 열권에서는 상승한다.

03 성층권에 관한 다음 설명 중 옳지 않은 것은?

㉮ 하층부의 밀도가 커서 매우 안정한 상태를 유지하므로 공기의 상승이나 하강 등의 연직운동은 억제된다.

㉯ 화산분출 등에 의하여 미세한 분진이 이 권역에 유입되면 수년간 남아 있게 되어 기후에 영향을 미치기도 한다.

㉰ 성층권에서 고도에 따라 온도가 상승하는 이유는 성층권의 오존이 태양광산 중의 자외선을 흡수하기 때문이다.

㉱ 오존의 밀도는 하층부(11~15km)일수록 높으며, 이와 같이 오존이 많이 분포한 층을 오존층이라 한다.

(풀이) 오존농도의 고도분포는 지상 약 20~25km 내에서 평균적으로 약 10ppm(10,000ppb)의 최대농도를 나타낸다.

04 대기의 구조에 관한 다음 설명 중 틀린 것은?

㉮ 대류권에서는 고도가 높아짐에 따라 단열팽창에 의해 약 6.5℃/km씩 낮아지는 기온감률 때문에 공기의 수직혼합이 일어난다.

㉯ 대류권은 평균 12km(위도 45도의 경우) 정도이며, 극지방으로 갈수록 낮아진다.

㉰ 오존층에서는 오존의 생성과 소멸이 계속적으로 일어나면서 오존의 농도를 유지한다.

㉱ 자외선 복사에너지는 성층권을 통과할수록 서서히 증가하고, 가장 낮은 온도는 성층권 상부에서 나타난다.

(풀이) 대기층에서 가장 낮은 온도를 나타내는 부분은 중간권의 상층부분으로 약 -90℃ 정도이다.

05 대기권의 성질을 설명한 것 중 틀린 것은?

⑦ 대류권의 높이는 보통 여름철보다는 겨울철에, 저위도보다는 고위도에서 낮게 나타난다.

⑭ 대기의 밀도는 기온이 낮을수록 높아지므로 고도에 따른 기온분포로부터 밀도분포가 결정된다.

⑭ 대류권에서의 대기 기온체감률은 −1℃/ 100 m이며, 기온변화에 따라 비교적 비균질한 기층(Hetetogeneous Layer)이 형성된다.

⑭ 대기의 상하운동이 활발한 정도를 난류강도라 하고, 이는 열적인 난류와 역학적인 난류가 있으며, 이들을 고려한 안정도로서 리차드슨 수가 있다.

🔵풀이 균질층(Homosphere)은 지상 0~80km 정도까지의 고도를 가지며, 수분을 제외하고는 질소 및 산소 등 분자조성비가 어느 정도 일정하다.

06 다음 오염물질의 균질층 내에서의 건조공기 중 체류시간의 순서배열로 옳게 나열된 것은?(단, 긴 시간>짧은 시간)

⑦ $N_2 > CO > CO_2 > H_2$

⑭ $N_2 > O_2 > CH_4 > CO$

⑭ $O_2 > N_2 > H_2 > CO$

⑭ $CO_2 > H_2 > N_2 > CO$

🔵풀이 균질층 대기성분의 부피비율(표준상태에서 건조공기 조성)

$N_2 > O_2 > Ar > CO_2 > Ne > He$

07 다음 중 대기 내에서의 오염물질의 일반적인 체류시간 순서로 옳은 것은?

⑦ $CO_2 > N_2O > CO > SO_2$

⑭ $N_2O > CO_2 > CO > SO_2$

⑭ $CO_2 > SO_2 > N_2O > CO$

⑭ $N_2O > SO_2 > CO_2 > CO$

🔵풀이 건조공기의 성분조성비 및 체류시간(0℃, 1atm)

성분	농도(체적)	체류시간
N_2(질소)	78.09%	4×10^8year
O_2(산소)	20.94%	6,000year
Ar(아르곤)	0.93%	주로 축적
CO_2(이산화탄소)	0.035%	7~10year
Ne(네온)	18.01ppm	주로 축적
He(헬륨)	5.20ppm	주로 축적
H_2(수소)	0.4~1.0ppm	4~7year
CH_4(메탄)	1.5~1.7ppm	3~8year
CO(일산화탄소)	0.01~0.2ppm	0.5year
H_2O(물)	0~4.0ppm	변동성
O_3(오존)	0.02~0.07ppm	변동성
N_2O(아산화질소)	0.05~0.33ppm	5~50year
NO_2(이산화질소)	0.001ppm	1~5day
SO_2(아황산가스)	0.0002ppm	1~5day

08 성층권 내의 지상 25~30km 부근에서의 O_3의 최고농도로 가장 적합한 것은?

⑦ 1ppt 정도

⑭ 10ppt 정도

⑭ 1,000ppm 정도

⑭ 10,000ppb 정도

🔵풀이 오존농도의 고도분포는 지상 약 20~25km 내에서 평균적으로 약 10ppm(10,000ppb)의 최대농도를 나타낸다.

09 대기권의 오존층과 관련된 설명으로 가장 거리가 먼 것은?

⑦ 오존농도의 고도분포는 지상 약 20~25km에서 평균적으로 약 10,000ppb의 최대농도를 나타낸다.

⑭ 지구 전체의 평균 오존량은 약 300Dobson 전

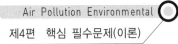
후이지만, 지리적 또는 계절적으로는 평균치의 ±100% 정도까지 변화한다.

㉰ 290nm 이하의 단파장인 UV-C는 대기 중의 산소와 오존 분자 등의 가스 성분에 의해 그 대부분이 흡수되어 지표면에 거의 도달하지 않는다.

㉱ 오존의 생성 및 분해반응에 의해 자연상태의 성층권 영역에서는 일정한 수준의 오존량이 평형을 이루고, 다른 대기권영역에 비해 오존 농도가 높은 오존층이 생긴다.

(풀이) 지구 전체의 평균오존량은 약 300Dobson 전후이지만, 지리적 또는 계절적으로는 평균치의 ±50% 정도까지 변환한다.

10 다음 중 지표부근의 건조대기의 조성이 부피 농도로 0.06~0.2ppm이고, 그 체류시간이 약 0.5년인 물질로 가장 적합한 것은?

㉮ Ar   ㉯ Ne   ㉰ N_2O ㉱ CO

(풀이) 7번 풀이 참조

11 현재 대기 중 이산화탄소(CO_2)의 농도는?

㉮ 약 170ppm   ㉯ 약 370ppm
㉰ 약 570ppm   ㉱ 약 770ppm

(풀이) 7번 풀이 참조

12 다음 중 메탄의 지표부근 배경농도 값으로 가장 적합한 것은?

㉮ 약 1.5ppm   ㉯ 약 15ppm
㉰ 약 150ppm   ㉱ 약 1,500ppm

(풀이) 7번 풀이 참조

13 다음 중 지구 규모의 문제가 아닌 것은?

㉮ 오존층 파괴
㉯ 지구온난화
㉰ 체르노빌 원자력 발전소 사건
㉱ 광화학 반응에 의한 오존 생성

(풀이) 광화학 Smog 현상은 도시 규모의 문제이다.

14 대기오염이 장거리까지 확산되어 오염되고 있는 형태를 의미하는 것은?

㉮ 광역오염   ㉯ 지구오염
㉰ 국지오염   ㉱ 지역오염

15 PSI(Polutants Standard Index)가 150일 때 대기질 상태는?

㉮ 양호(Good)
㉯ 보통(Moderate)
㉰ 나쁨(Unhealthful)
㉱ 매우 나쁨(Very Healthful)

(풀이) PSI 값과 대기질 상태

PSI 값	대기질 구분
0~50	양호(Good)
51~100	보통(Moderate)
101~200	나쁨(Unhealthful)
201~300	매우 나쁨(Very Unhealthful)
301~500	위험(위해 : Hazardous)

16 ORAQI(Oak Ridge Air Quality Index) 지표에 사용되는 오염물질이 아닌 것은?

㉮ H_2S　　　　　㉯ CO
㉰ NO_2　　　　　㉱ TSP(PM10)

(풀이) ORAQI 지표에 사용되는 오염물질

① SCO_2　　　　② CO
③ NO_2　　　　　④ O_3
⑤ TSP(PM10)

17 대기오염의 원인에 관한 설명 중 바르지 않은 것은?

㉮ 자연적인 발생원에 의한 대기오염물질 발생량은 인위적인 발생원에서의 발생량보다 훨씬 많다.
㉯ 자연적인 발생원에서 배출되는 오염물질은 좁은 공간으로 확산 및 분산되어 그 농도가 아주 높게 된다.
㉰ 자연적인 발생원에서 배출되는 오염물질들은 강우현상, 대기 중 산화반응 및 토양으로의 흡수를 통하여 자정될 수도 있다.
㉱ 인위적인 발생원에서 배출되는 오염물질들은 국지적으로 분산되므로 대기 중에서 그 농도는 높아진다.

(풀이) 자연적인 발생원에서 배출되는 오염물질들은 넓은 공간으로 확산 및 분산되어 그 농도가 아주 낮게 된다.

18 다음 중 2차 오염물질(Secondary Pollutants)은?

㉮ SiO_2　　　　㉯ N_2O_3
㉰ NaCl　　　　㉱ NOCl

(풀이) 2차 대기오염물질의 종류

에어로졸(H_2SO_4 mist), O_3, PAN(CH_3COONO_2), 염화니트로실(NOCl), 과산화수소(H_2O_2), 아크롤레인(CH_2CHCHO), PBN($C_6H_5COOONO_2$), 알데히드(Aldehydes : RCHO), SO_2

19 다음 중 대기 중에서 태양광선을 받아 광화학 반응을 일으켜 생성되는 2차 오염물질에 해당하지 않는 것은?

㉮ CH_3ONO_2　　　㉯ O_3
㉰ H_2O_2　　　　　㉱ C_3H_8

20 다음 대기오염물질 중 2차 오염물질에 해당하는 것으로만 옳게 나열된 것은?

㉮ O_3, H_2S, PM10
㉯ NO, SO_2, HCl
㉰ PAN, 금속산화물, N_2O_3
㉱ PAN, RCHO, O_3

21 다음 중 1, 2차 대기오염물질(발생원에서 직접 및 대기 중에서 화학반응을 통해 생성되는 물질) 모두에 해당되지 않는 것은?

㉮ NO_2　　　　㉯ Aldehydes
㉰ Ketones　　　㉱ NOCl

(풀이) 1, 2차 대기오염물질

SO_2, SO_3, NO, NO_2, HCHO, 케톤, 유기산, 알데히드 등

22 다음 중 광화학 반응에 의해 생성된 2차 오염물질로만 연결된 것은?

㉮ SO_3 - NH_3 ㉯ H_2O_2 - O_3
㉰ NO_2 - HCl ㉱ $NaCl$ - SO_3

풀이 대표적 산화물질(옥시던트)
① PAN ② PB_2N
③ PBN ④ PPN
⑤ O_3 ⑥ H_2SO_4, HNO_3
⑦ Aldehyde ⑧ H_2O_2

23 오염물질과 그 발생원과의 연결로 가장 관계가 적은 것은?

㉮ HF - 도장공업, 석유정제
㉯ HCl - 소오다공법, 활성탄 제조, 금속제련
㉰ C_6H_6 - 포르말린 제조
㉱ Br_2 - 염료, 의약품, 농약 제조

풀이 불화수소(HF)의 주요 배출원
① 인산비료공업 ② 유리공업
③ 요업 ④ 알루미늄공업

24 다음 중 염화수소 또는 염소 발생 가능성이 가장 적은 업종은?

㉮ 소다공업 ㉯ 플라스틱공업
㉰ 활성탄 제조업 ㉱ 시멘트 제조업

풀이 염화수소(HCl)의 주요 배출원
① 소다공업 ② 활성탄 제조업
③ 금속제련 ④ 플라스틱 공업
⑤ 염산제조

25 다음 중 황화수소의 발생과 가장 관련된 깊은 업종은?

㉮ 석유정제, 석탄건류, 가스공업
㉯ 비료 제조, 표백, 색소 제조공업
㉰ 알루미늄, 요업, 인산비료공업
㉱ 피혁, 합성수지, 포르말린 제조공업

풀이 황화수소(H_2S)의 주요 배출원
① 석유정제 ② 석탄가루
③ 가스공업(도시가스 제조업 포함)
④ 형광물질원료 제조 ⑤ 하수처리장

26 다음은 주요 배출오염물질과 관련 업종을 나타낸 것이다. ( ) 안에 가장 알맞은 것은?

(①) : 소다공업, 화학공업, 농약 제조 등
(②) : 내연기관, 폭약, 비료, 필름제조 등

㉮ ① NH_3 ② HF ㉯ ① NH_3 ② NO_x
㉰ ① Cl_2 ② HF ㉱ ① Cl_2 ② NO_x

27 대기오염물질과 그 발생원의 연결로 가장 거리가 먼 것은?

㉮ 시안화수소 - 청산 제조업, 가스공업, 제철공업
㉯ 페놀 - 타르공업, 도장공업
㉰ 암모니아 - 소다공업, 인쇄공장, 농약 제조
㉱ 아황산가스 - 용광로, 제련소, 석탄화력발전소

풀이 암모니아(NH_3)의 주요 배출원
① 비료공업
② 냉동공업
③ 암모니아 제조공장
④ 나일론 제조공장
⑤ 표백 및 색소공장

28 다음 중 납 화합물의 주요 배출원으로 가장 거리가 먼 것은?

㉮ 고무가공 공장
㉯ 디젤자동차 배출가스
㉰ 축전지 제조공장
㉱ 도가니 제조공장

(풀이) 납(Pb) 화합물의 주요 배출원
① 도가니 제조공장
② 건전지 및 축전지 제조공장
③ 고무가공 공장
④ 가솔린 자동차 배출가스
⑤ 인쇄

29 다음 대기오염물질과 주요 배출 관련 업종의 연결로 가장 거리가 먼 것은?

㉮ 염화수소 - 소다공법, 활성탄 제조, 금속제련
㉯ 질소산화물 - 비료, 폭약, 필름 제조
㉰ 불화수소 - 인산비료공법, 유리공업, 요업
㉱ 염소 - 용광로, 염료 제조, 펄프 제조

(풀이) 염소(Cl_2)의 주요 배출원
① 소다공업
② 농약 제조

30 다음 중 C_6H_5OH 배출 관련 업종과 가장 거리가 먼 것은?

㉮ 타르공업
㉯ 화학공업
㉰ 정련공업
㉱ 도장공업

(풀이) 페놀(C_6H_5OH)의 주요 배출원
① 타르공업
② 화학공업
③ 도장공업
④ 의약품

31 다음 중 HCHO의 배출 관련 업종으로 가장 거리가 먼 것은?

㉮ 포르말린제조공업
㉯ 합성수지공업
㉰ 금속제련공업
㉱ 피혁공업

(풀이) 포름알데히드(HCHO)의 주요 배출원
① 포르말린 제조공업
② 합성수지 공업
③ 피혁제조 공업
④ 섬유공업

32 다음 오염물질 중 "건전지 및 축전지, 인쇄, 크레용, 에나멜, 페인트, 고무가공, 도가니공업" 등이 주된 배출 관련 업종인 것은?

㉮ Pb
㉯ HCl
㉰ HCHO
㉱ H_2O

33 대기오염물질 배출업소의 사업장 분류기준은?

㉮ 대기오염물질의 최고농도
㉯ 대기오염물질의 연간 총 발생량
㉰ 대기오염물질의 일 최대 배출량
㉱ 대기오염물질 배출시설의 굴뚝 규모

34 복사에 관한 다음 설명 중 거리가 먼 것은?

㉮ 대기 중에서의 복사는 보통 $0.1 \sim 100 \mu m$ 파장영역에 속한다.
㉯ 복사는 전자기장의 진동에 의한 파동 형태의 에너지 전달이다.
㉰ 대기 복사파장 영역 중 인간이 느낄 수 있는 가시광선은 보라색인 $0.36 \mu m \sim$ 붉은색인 $0.75 \mu m$ 까지이다.
㉱ 복사는 진공상태인 우주공간에서도 열을 전달할 수 있다.

풀이 전자기파 형태로 에너지가 매질을 통하지 않고 고온에서 저온의 물체로 직접 전달되므로 진공 상태인 우주공간상에서도 전달될 수 있다.

35 다음 설명에 해당하는 법칙으로 옳은 것은?

복사에너지 중 파장에 대한 에너지 강도가 최대가 되는 파장 λm과 흑체의 표면온도 $\lambda m = \dfrac{2,897}{T}$의 관계를 나타낸다.

(단, T : 절대온도, $\lambda m : \mu m$)

㉮ 스테판-볼츠만의 법칙
㉯ 플랑크 법칙
㉰ 비인의 변위법칙
㉱ 알베도 법칙

36 열역학의 복사이론 중 스테판-볼츠만 법칙을 나타낸 식으로 가장 적합한 것은?(단, E : 흑체의 단위 표면적에서 복사되는 에너지, T : 흑체의 표면온도(절대온도), K : 스테판-볼츠만 상수, 단위는 모두 적절하다고 가정함)

㉮ $E = K \times T$
㉯ $E = K \div T$
㉰ $E = K \times T^4$
㉱ $E = K \div T^4$

37 흑체에서 복사되는 에너지 중 파장 λ와 $\lambda + \Delta\lambda$ 사이에 들어 있는 에너지량(E_λ)을 아래 식으로 표현하는 것과 관련한 법칙은?

$$E_\lambda = C_1 \lambda^{-5} \left[\exp\left(\frac{C_2}{\lambda T} \right) - 1 \right]^{-1}$$

(단, T는 흑체의 온도, C_1, C_2는 상수)

㉮ 스테판-볼츠만의 법칙
㉯ 비인의 변위법칙
㉰ 플랑크의 법칙
㉱ 웨버훼이너의법칙

38 다음 설명을 나타내는 법칙은?

열역학 평형상태하에서는 어떤 주어진 온도에서 매질의 방출계수와 흡수계수의 비는 매질의 종류에 관계없이 온도에 의해서만 결정된다는 법칙

㉮ 키르히호프의 법칙
㉯ 알베도 법칙
㉰ 스테판-볼츠만의 법칙
㉱ 프랑크 법칙

39 다음은 태양상수에 관한 설명이다. ( ) 안에 가장 알맞은 것은?

대기권 밖에서 햇빛에 수직인 (①)의 면적에 (②) 동안에 들어오는 태양복사에너지의 양을 말하며, 그 값은 약 (③)이다.

㉮ ① $1cm^2$, ② 1분, ③ 약 $2cal/cm^2 \cdot min$
㉯ ① $1cm^2$, ② 1시간, ③ 약 $2cal/cm^2 \cdot min$
㉰ ① $1m^2$, ② 1분, ③ 약 $2cal/cm^2 \cdot min$
㉱ ① $1m^2$, ② 1시간, ③ 약 $2cal/cm^2 \cdot hr$

40 역사적인 대기오염의 사건별 특징이 잘못 연결된 것은?

[사건명]　　　[발생연도]　　　[주 오염물질]
㉮ 뮤즈벨리　　　1930년　　　　SO_2

㉯ 도노라　　　　1948년　　　SO_2
㉰ 런던스모그　　1952년　　　SO_2
㉱ L.A 스모그　　1964년　　광화학 스모그

(풀이) L.A형 Smog는 1954년 자동차 증가로 인한 석유계
연료소비에 따른 CO, CO_2, SO_3, NO_2, 올레핀계 탄
화수소, 광화학적 산화물이 원인물질이다.

41 다음 중 역사적 대기오염 사건에 관한 설
명으로 옳게 연결된 것은?

㉮ Krakatau섬 사건 - 인도 Krakatau섬 내 황산
공장의 폭발로 발생
㉯ Meuse Valley 사건 - 미국 펜실베이니아 주
피츠버그시의 남쪽에 위치한 공업지대에서
기온역전으로 연무 등과 같은 현상 발생
㉰ Poza Rica 사건 - 멕시코 공업지대에서 황화
수소 누출
㉱ Bhopal시 사건 - 인도 보팔시에서 아연정련
소의 황산 미스트 유출로 발생

(풀이) ㉮ Krakatau섬 사건 : 인도네시아 Krakatau섬에
대분화가 발생하여 유황을 포함하는 유해가
스 발생
㉯ Meuse Valley 사건 : 벨기에 Meuse Valley에
서 발생
㉱ Bhopal 사건 : 인도 보팔시에서의 메틸이소
시아네이트 유출사고

42 로스앤젤레스형 대기오염의 특성으로 옳
지 않은 것은?

㉮ 광화학적 산화물(Photochemical Oxidants)
을 형성하였다.
㉯ 질소산화물과 올레핀계 탄화수소 등이 원이
물질로 작용했다.

㉰ 자동차 연료인 석유계 연료가 주 원인물질로
작용했다.
㉱ 초저녁에 주로 발생하였고, 복사역전층과 무
풍상태가 계속되었다.

(풀이) L.A형 Smog는 한낮에 주로 발생하였고, 침강성
역전층과 3m/sec 이하의 풍무상태가 계속되었다.

43 과거의 역사적인 대기오염사건 중 Lon-
don형 Smog에 관한 설명으로 옳지 않은 것은?

㉮ 무풍상태
㉯ 기온 0~5℃의 이른 아침에 발생
㉰ 침강성 역전
㉱ 가정 난방용 석탄의 매연과 화력발전소 등의
굴뚝에서 배출된 매연이 주 오염원으로 추정

(풀이) London형 Smog는 복사성 역전과 관련이 있다.

44 런던형 스모그와 로스앤젤레스형 스모그
현상에 관한 비교 설명 중 옳지 않은 것은?

㉮ 로스앤젤레스형 스모그는 일사량이 많은 여
름철에 주로 발생하였다.
㉯ 로스앤젤레스형 스모그는 주로 자동차의 배
출가스가 주오염원으로 작용하였다.
㉰ 런던형 스모그는 방사성 역전에 해당된다.
㉱ 로스앤젤레스형 스모그는 식물 및 재산에 미
치는 피해가 비교적 심하며, 인체에 대한 피
해도 직접적이다.

(풀이) L.A형 Smog는 고무제품 균열 및 건축물 손상에
따른 재산성 손실을 발생시켰고, 인체에 대한 피
해로 눈, 코, 기도, 폐의 지속적 점막을 자극했다.

45 대기오염물질의 확산과 관련 있는 스모그현상과 기온역전에 관한 내용으로 가장 거리가 먼 것은?

㉮ 로스앤젤레스형 스모그 사건은 광화학스모그에 의한 침강성 역전이다.

㉯ 런던 스모그 사건은 주로 자동차 배출가스 중의 질소산화물과 탄화수소에 의한 것이다.

㉰ 방사성 역전은 밤과 아침 사이에 지표면이 냉각되어 공기온도가 낮아지기 때문에 발생한다.

㉱ 침강성 역전은 고기압권에서 공기가 하강하여 생기며, 넓은 범위에 걸쳐 시간에 무관하게 정기적으로 지속된다.

(풀이) London Smog 사건은 주로 공장 및 가정난방을 위한 석탄 및 석유계 연료의 연소, 배연이 주오염 배출원이다.

46 1984년 인도 중부지방의 보팔시에서 발생한 대기오염사건의 원인물질은?

㉮ SO_x ㉯ H_2S
㉰ CH_3CNO ㉱ $COCl_2$

47 대기오염 현상에 대한 설명으로 옳지 않은 것은?

㉮ 환경대기 중 미세먼지는 황산화물과 공존하면 더 큰 피해를 준다.

㉯ SO_2는 무색이고 자극성 냄새를 가지고 있는 가스상 오염물질로 비중이 약 2.2이다.

㉰ 카르보닐황은 대류권에서 매우 안정하기 때문에 거의 화학적인 반응을 하지 않고 서서히 성층권으로 유입된다.

㉱ 멕시코의 포자리카 사건은 산화시설물에서 누출된 메틸이소시아네이트에 의해 발생한 것이다.

(풀이) 멕시코의 포자리카 사건은 H_2S 누출사건으로 약 320명에게 기침, 호흡곤란, 점막자극 등 급성 중독을 발생시켰다.

48 대기오염사건과 주원인이 되는 물질을 짝지은 것으로 옳지 않은 것은?

㉮ Meuse Valley 사건 - 메틸이소시아네이트

㉯ Donora 사건 - 아황산가스, 황산미스트

㉰ Poza rica 사건 - 황화수소

㉱ London Smog 사건 - 아황산가스와 부유먼지

(풀이) Meuse Valley 사건의 주원인 물질은 SO_2, H_2SO_4, 불소화합물 CO, 미세입자 등이다.

49 다음 중 실내 건축재료에서 배출되고 있는 실내공간 오염물질이 아닌 것은?

㉮ 석면   ㉯ 안티몬
㉰ 포름알데히드   ㉱ 휘발성유기화합물

(풀이) 실내오염물질
1. 가스상 물질
   ① 라돈(Rn) : 건축재료, 물, 나무
   ② 포름알데히드(HCHO) : 가구류, 담배연기, 각종 절연재료
   ③ NH_3 : 대사작용
   ④ VOC : 용제류, 접착제, 화장품
   ⑤ PAH : 담배연기
2. 입자상 물질
   ① 석면 : 절연재료, 각종 난연성 물질
   ② 먼지(PM) : 도류, 방향제
   ③ 알레르기 : 진드기, 애완동물의 털

50 실내공기 오염물질인 '라돈'에 관한 설명으로 옳지 않은 것은?

㉮ 주기율표에서 원자번호가 238번으로, 화학적으로 활성이 큰 물질이며, 흙속에서 방사선 붕괴를 일으킨다.

㉯ 무색, 무취의 기체로 액화되어도 색을 띠지 않는 물질이다.

㉰ 반감기는 3.8일로 라듐이 핵분열할 때 생성되는 물질이다.

㉱ 자연계에 널리 존재하며, 주로 건축자재를 통하여 인체에 영향을 미치고 있다.

(풀이) 라돈은 화학적으로 거의 반응을 일으키지 않는 불활성 물질이다.

51 실내공기 오염물질에 관한 다음 설명으로 옳은 것은?

㉮ 라돈 : 우라늄-238 계열의 붕괴과정에서 만들어진 라듐-226의 괴변성 생성물질로서 인체에 폐암을 유발시키는 오염물질이다.

㉯ 포름알데히드 : 자극취가 있는 연녹색의 기체이며, 보통 10ppm에서 냄새를 느끼기 시작한다.

㉰ VOC : VOC 중 가장 독성이 강한 것은 사염화탄소이며, 다음은 에틸벤젠, 크실렌, 톨루엔 순으로 약하다.

㉱ 석면 : 석면이나 광물섬유들은 장력도와 열 및 전기적 절연성이 작고, 화학적으로는 잘 분해되지 않으며, 침착속도는 섬유길이에 가장 큰 영향을 받는다.

(풀이) ㉯ 포름알데히드 : 자극성을 갖는 가연성 무색기체로, 폭발의 위험성이 있다.
  ㉰ VOC : 톨루민>자일렌>에틸벤젠 순으로 독

성이 강하다.

㉱ 석면 : 자연계에서 산출되는 길고, 가늘고, 강한 섬유상 물질로 굴절성, 내열성, 내압성, 절연성, 불활성이 높고 산·알칼리 등 화학약품에 대한 저항성이 강하다.

52 다음 실내오염물질에 관한 설명으로 가장 거리가 먼 것은?

㉮ 라돈은 자연계의 물질 중에 함유된 우라늄이 연속 붕괴하면서 생성되는 라듐이 붕괴할 때 생성되는 것으로서 무색, 무취이다.

㉯ 포름알데히드는 자극성 냄새를 갖는 가연성 무색 기체로 폭발의 위험성이 있으며, 살균 방부제로도 이용된다.

㉰ VOCs의 인체영향으로 벤젠은 피부를 통해 약 50% 정도 침투되며, 체내에 흡수된 벤젠은 주로 근육조직에 분포하게 된다.

㉱ 석면은 자연계에서 산출되는 길고, 가늘고, 강한 섬유상 물질로서 내열성, 불활성, 절연성의 성질을 갖는다.

(풀이) 벤젠은 호흡기를 통해 약 50% 정도 흡수되며, 장기간 폭로 시 혈액장애, 간장장애를 일으키고 재생불량성 빈혈, 백혈병을 유발시킨다.

53 실내공기에 영향을 미치는 오염물질에 관한 설명 중 옳지 않은 것은?

㉮ 석면은 자연계에 존재하는 유화화(油和化)된 규산염광물의 총칭으로, 미국에서 가장 일반적인 것으로는 아크티놀라이트(백석면)가 있다.

㉯ 석면의 발암성은 청석면>아모사이트>온석면 순이다.

㉰ Rn-222의 반감기는 3.8일이며, 그 낭핵종도

같은 종류의 알파선을 방출하지만 화학적으로는 거의 불활성이다.

㉰ 우라늄과 라듐은 Rn-222의 발생원에 해당된다.

풀이 석면은 광물성규산염의 총칭이며 사문석, 각섬석이 지열 및 지하수의 작용으로 섬유화된 것이다.

54 실내공기오염에 관한 설명 중 옳지 않은 것은?

㉮ 빌딩증후군이란 밀폐된 공간 내 유해한 환경에 노출되었을 때에 눈 자극, 두통, 피로감, 후두염 등과 같은 증상이 일어나는 것을 말한다.

㉯ 대부분의 유기용제는 마취작용을 가지고 있고, 독성은 톨루엔>자일렌>에틸벤젠 순으로 독성이 강하다.

㉰ 포름알데히드는 자극취가 있는 적갈색의 기체이며, 물에 잘 녹고 15% 수용액은 포르말린이라고 한다.

㉱ 유기용제의 인체에 대한 영향을 고려해 보면 벤젠은 혈액에 대한 독성 작용이, 에틸벤젠은 신경계에 대한 독성 작용이 강하다.

풀이 포름알레히드는 자극성을 갖는 가연성 무색 기체로, 산화시키면 포름산이 되고 물에 잘 녹으며 40% 수용액을 포름말린이라 한다.

55 오염된 대기에서의 SO_2의 산화에 관한 다음 설명 중 가장 거리가 먼 것은?

㉮ 연소과정에서 배출되는 SO_2의 광분해는 상당히 효과적인데, 그 이유는 저공에 도달하는 것보다 더 긴 파장이 요구되기 때문이다.

㉯ 낮은 농도의 올레핀계 탄화수소도 NO가 존재하면 SO_2를 광산화시키는 데 상당히 효과적일 수 있다.

㉰ 파라핀계 탄화수소는 NO_2와 SO_2가 존재하여도 Aerosol을 거의 형성시키지 않는다.

㉱ 모든 SO_2의 광화학은 일반적으로 전자적으로 여기된 상태의 SO_2의 분자반응들만 포함한다.

풀이 연소과정에서 배출되는 SO_2는 대류권에서 거의 광분해되지 않으며, 파장 280~290nm 및 220nm 이하에서 광흡수가 나타난다. 광분해가 가능하지 않은 이유는 저공에 도달하는 것보다 더 짧은 파장이 요구되기 때문이다.

56 다음 중 황산화물(SO_x)이 인체에 미치는 영향으로 가장 거리가 먼 것은?

㉮ SO_2가 인체에 미치는 피해는 농도와 노출시간이 문제가 되며, 주로 호흡기 계통의 질환을 일으킨다.

㉯ 적당히 노출되면 상부호흡기에 영향을 미치며, 단독흡입보다 먼지나 액적 등과 동시에 흡입되면 황산미스트가 되어 SO_2보다 독성이 10배 정도로 증가한다.

㉰ SO_3는 호흡기 계통에서 분비되는 점막에 흡착되어 H_2SO_4가 된 후, 조직에 작용하여 궤양을 일으킨다.

㉱ 흡입된 SO_2의 95% 이상은 하기도에서 흡수되며, 잔여량이 비강 또는 인후에 흡수된다.

풀이 SO_2는 고농도일수록 비강 또는 인후에서 많이 흡수되며, 저농도인 경우에는 극히 낮은 비율로 흡수된다.

57 다음은 황화합물에 관한 설명이다. ( ) 안에 가장 알맞은 것은?

전 지구적 규모로 볼 때 해양을 통해 자연적 발생원 중 가장 많은 양의 황화합물이 ( ) 형태로 배출되고 있다.

㉮ H_2S
㉯ CS_2
㉰ $DMS[(CH_3)_2S]$
㉱ OCS

58 황화합물에 관한 다음 설명 중 가장 거리가 먼 것은?

㉮ SO_2는 물에 대한 용해도가 높아 구름의 액적, 빗방울, 지표수 등에 쉽게 녹아 H_2SO_3를 생성한다.
㉯ SO_2는 280~290nm에서 강한 흡수를 보이지만 대류권에서는 거의 광분해되지 않는다.
㉰ 대기 중 SO_2는 약 90% 정도가 황산염으로 전환되며, 평균체류시간은 약 20일 정도이다.
㉱ CS_2는 증발하기 쉬우며, CS_2 증기는 공기보다 약 2.6배 더 무겁다.

🅟 SO_2의 평균체류시간은 약 1~5day이다.

59 황화합물에 대한 설명으로 옳지 않은 것은?

㉮ 가스 상태의 SO_2는 대기압하에서 환원제 및 산화제로 모두 작용할 수 있다.
㉯ 황화합물은 산화상태가 클수록 증기압이 커지고, 용해성은 감소한다.
㉰ 해양을 통해 자연적 발생원 중 가장 많은 양의 황화합물이 DMS 형태로 배출되고 있으며, 일부는 H_2S, OCS, CS_2 형태로 배출되고

있다.
㉱ 대기 중으로 유입된 SO_2는 물에 잘 녹고 반응성이 크므로 입자성 물질의 표면이나 물방울에 흡착된 후 비균질반응에 의해 대부분 황산염으로 산화되어 제거된다.

🅟 황화합물은 산화상태가 클수록 증기압이 커지고 용해성도 증가한다.

60 다음은 황화합물에 관한 설명이다. ( ) 안에 가장 적합한 물질은?

( )은(는) 대류권에서 매우 안정하므로 거의 화학적인 반응을 하지 않고 서서히 성층권으로 유입되며 광분해반응에 종속된다. 반응성이 작아 청정대류권에서 가장 높은 농도를 나타내는 황화합물(수백 ppt 정도)로 간주되며, 거의 일정한 수준의 농도를 유지한다.

㉮ 황화수소(H_2S)
㉯ 이산화황(SO_2)
㉰ MSA(CH_3SO_3H)
㉱ 카르보닐황(OCS)

61 다음 대기오염물질 중 공기에 대한 비중이 1.6 정도이며, 질식성이 있고 적갈색을 나타내며 자극성을 가진 가스는?

㉮ NO
㉯ SO_2
㉰ Cl_2
㉱ NO_2

62 질소산화물(NO_x)에 관한 다음 설명 중 옳지 않은 것은?

㉮ 연소 시에 주로 배출되며, 탄화수소와 함께 태양광선에 의한 광화학 스모그를 생성한다.
㉯ 혈중 헤모글로빈과 결합하여 메타헤모글로

빈을 형성함으로써 산소 전달을 방해한다.

㉠ 직접적으로 눈에 대한 자극성이 강한 오염물질로 기관지염, 폐기종 및 폐렴 등을 일으키며, 천식까지 진행된다.

㉣ NO의 혈중 헤모글로빈과의 결합력은 CO보다 강하다.

풀이 직접적으로 눈에 자극을 주지 않으며, SO_2와 비슷한 기관지염, 폐기종 및 폐렴 등을 유발한다.

63 질소화합물에 관한 설명으로 가장 거리가 먼 것은?

㉮ 전 세계 질소화합물의 배출량 중 인위적인 추정 배출량은 약 70~80% 정도로, 연간 총배출량은 주로 배출원별로는 난방, 연료별로는 석탄 사용이 가장 큰 비중을 차지한다.

㉯ N_2O는 대류권에서는 온실가스로 알려져 있으며, 성층권에서는 오존층 파괴물질로 알려져 있다.

㉰ 연료 중의 질소화합물은 일반적으로 천연가스보다 석탄에 많다.

㉱ 대기 중에서의 추정 체류시간은 NO와 NO_2가 약 2~5일, N_2O가 약 20~100년 정도이다.

풀이 전 세계 질소화합물의 배출량 중 자연적인 추정배출량은 인위적인 추정배출량보다 약 5~15배 정도 많으며(인위적인 질소화합물 배출량은 자연적 배출량의 10% 정도로 거의 대부분이 연소과정에서 발생) 연간 총배출량은 주로 배출원별로는 난방, 연료별로는 석탄 사용 시 가장 큰 비중을 차지한다.

64 연소과정 중 고온에서 발생하는 주된 질소화합물의 형태로 가장 적합한 것은?

㉮ N_2 ㉯ NO   ㉰ NO_2 ㉱ NO_3

65 질소산화물(NO_x)의 특성으로 거리가 먼 것은?

㉮ NO_x는 혈중 헤모글로빈과 결합하여 메트헤모글로빈을 형성함으로써 산소 전달을 방해한다.

㉯ NO는 혈중 헤모글로빈과의 결합력이 CO보다 수백 배 더 강하고, NO_2는 NO보다 독성이 5배 정도 강하다.

㉰ NO_2의 자극성 가스로서 급성 피해로 눈과 코를 강하게 자극하고, 기관지염, 폐기종, 폐렴 등을 일으킨다.

㉱ NO_2의 농도가 $5\mu g/m^3$가 되면 인체에는 수주 내에 만성피해 현상이 나타난다.

풀이 NO_2에 의한 인체 피해증상

농도(ppm)	증상
1~3	취기감지
13	눈·코의 자극, 폐기관의 불쾌감, 중추신경장해
50~100	6~8주 폭로 시 기관지염, 폐렴
100 이상	3~5분 폭로 시 인후자극, 심한 기침
500 이상	3~5분 폭로 시 기관지폐렴, 급성 폐부종
2,000 이상 ($0.2\mu g/m^3$)	1~2시간 내 사망

66 질소산화물에 관한 설명 중 옳지 않은 것은?

㉮ NO는 주로 교통량이 많은 이른 아침에 하루 중 최고치를 나타낸다.

㉯ 전 세계 질소화합물 중 인위적인 질소화합물 배출량은 자연적 배출량의 10% 정도인 것으로 추정되고 있다.

㉰ N_2O는 대류권에서는 온실가스로 알려져 있

으며, 성층권에서는 오존을 분해하는 물질로 알려져 있다.

㉣ NO_2의 대기 중 체류시간은 2~5일이며, N_2O는 10~20일 정도로 추정되고 있다.

(풀이) NO_2의 대기 중 체류시간은 1~5일이며, N_2O는 5~50(20~100)년 정도이다.

67 이동 배출원이 주요한 배출원인 도심지역의 경우, 하루 중 시간대별 각 오염물의 농도 변화는 일정한 형태를 나타내는데, 일반적으로 가장 이른 시간에 하루 중 최대농도를 나타내는 물질은?

㉠ O_3
㉡ NO_2
㉢ NO
㉣ Aldehydes

68 질소산화물에 관한 설명 중 가장 거리가 먼 것은?

㉠ N_2O는 대류권에서는 온실가스로 알려져 있으며 성층권에서는 오존층 파괴물질로 알려져 있다.

㉡ 성층권에서는 N_2O가 오존과 반응하여 NO를 생성한다.

㉢ 대기 중에서의 체류시간은 NO와 NO_2가 2~5일 정도로 추정된다.

㉣ 연소실 온도가 낮을 때는 높을 때보다 많은 NO_x가 배출된다.

(풀이) 연소실 온도가 높을 때가 낮을 때보다 많은 NO_x가 배출된다.

69 다음 중 CO에 관한 설명으로 옳지 않은 것은?

㉠ 가연성분의 불완전 연소 시나 자동차에서 많이 발생된다.

㉡ 대기 중에서 이산화탄소로 산화되기 어렵다.

㉢ 수용성이므로 대기 중 농도는 강우에 의한 영향을 많이 받는다.

㉣ 대기 중에서 평균 체류시간은 발생량과 대기 중 평균 농도로부터 1~3개월로 추정되고 있다.

(풀이) 대기 중에서 CO_2로 산화되기 어렵고 물에 난용성이므로 수용성 가스와는 달리 강우에 의한 영향을 거의 받지 않는다.

70 다음 중 CO에 관한 설명으로 가장 거리가 먼 것은?

㉠ CO는 다른 물질에 대한 흡착현상을 거의 나타내지 않으며, 유해한 화학반응 또한 거의 일으키지 않는다.

㉡ CO의 자연적 발생원에는 화산폭발, 테르펜류의 산화, 클로로필의 분해 등이 있다.

㉢ 지구의 위도별 CO 농도는 남위 50도 부근에서 최대치를 보인다.

㉣ 도시 대기 중의 CO 농도가 높은 것은 연소 등에 의해 배출량은 많은 반면, 토양면적 등의 감소에 따라 제거능력이 감소하기 때문이다.

(풀이) 지구의 위도별 CO 농도는 북위 중위도 부근(북위 50° 부근)에서 최대치를 보인다.

71 대기 중 이산화탄소에 대한 설명으로 가장 거리가 먼 것은?

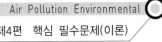

㉮ 고층대기에서 광화학적인 분해반응을 일으키는 경우를 제외하면 대류권 내에서는 화학적으로 극히 안정한 편이다.

㉯ 수증기와 함께 지구온난화에 중요하게 기여하고 있는 기체이다.

㉰ 전 지구적인 배출량은 자연적인 배출량보다 화석연료 등에 의한 인위적인 배출량이 훨씬 많다.

㉱ 미국 하와이 마우나로아에서 측정한 CO_2 계절별 농도는 1년을 주기로 봄, 여름에는 감소하는 경향을 나타낸다.

(풀이) 전 지구적인 배출량은 화석연료 연소 등에 의한 인위적인 배출량이 자연적인 배출량보다 훨씬 적다.

72 잠재적인 대기오염물질로 취급되고 있는 물질인 이산화탄소에 관한 설명으로 틀린 것은?

㉮ 지구온실효과에 대한 추정 기여도는 CO_2가 50% 정도로 가장 높다.

㉯ 대기 중의 이산화탄소 농도는 북반구의 경우 계절적으로는 보통 겨울에 증가한다.

㉰ 대기 중에 배출하는 이산화탄소의 약 5%가 해수에 흡수된다.

㉱ 지구 북반구의 이산화탄소의 농도가 상대적으로 높다.

(풀이) 대기 중에 배출되는 CO_2는 식물에 의한 흡수보다 몇십 배 해수에 의한 흡수가 많다.

73 도시대기 중의 오존(O_3) 농도에 관한 설명으로 옳은 것은?

㉮ 기온이 낮은 아침에 높은 농도를 나타낸다.

㉯ 일사(日射)량이 많은 계절에 농도가 높다.

㉰ 계절에 관계없이 교통량과 비례한다.

㉱ 구름이 많은 겨울에 농도가 높다.

(풀이) 도시대기 중의 오존(O_3) 농도는 일사량이 많은 계절, 즉 여름에 농도가 높게 나타난다.

74 대기 중에서 광화학스모그 생성에 기여하는 탄화수소류 중 평균적으로 광화학 활성이 가장 강한 것은?

㉮ 파라핀계 탄화수소

㉯ 올레핀계 탄화수소

㉰ 아세틸렌계 탄화수소

㉱ 방향족 탄화수소

75 다음 중 PAN(Peroxy Acetyl Nitrate)의 생성반응식으로 옳은 것은?

㉮ $CH_3COOO + NO_2 \rightarrow CH_3COONO_2$

㉯ $C_6H_5COOO + NO_2 \rightarrow C_6H_5COOONO_2$

㉰ $RCOO + O_2 \rightarrow RO_2 \cdot + CO_2$

㉱ $RO \cdot + NO_2 \rightarrow RONO_2$

(풀이) PAN 구조식

$$CH_3 - \overset{\overset{O}{\|}}{C} - O - O - NO_2$$

76 광화학 스모그를 설명하기 위한 반응식으로 NO_x의 광화학반응이 다음과 같다고 할 때, 식 ④의 (　) 안에 들어갈 생성물질만으로 옳게 나열한 것은?

$$2NO + O_2 \xrightarrow{hv} 2NO_2 \quad\cdots\cdots\cdots\cdots\cdots ①$$

$$NO_2 \xrightarrow{hv} NO + O \quad\cdots\cdots\cdots\cdots\cdots ②$$

$$O + O_2 + M \xrightarrow{hv} O_3 \quad\cdots\cdots\cdots\cdots\cdots ③$$

$$\left.\begin{array}{c} O \\ O_3 \end{array}\right] + O_2 \xrightarrow{hv} (\quad) \quad\cdots\cdots\cdots\cdots ④$$

㉮ PAN, NO_2, Aldehyde

㉯ PBzN, HC, CO

㉰ Aldehyde, CO, Ketone

㉱ Oxidants, Paraffin, CO_2

77 광화학 반응에 관한 다음 설명 중 옳지 않은 것은?

㉮ 대류권에서 광화학 대기오염에 영향을 미치는 대기오염상 중요한 물질은 900nm 이상의 빛을 흡수하는 물질이다.

㉯ 오존은 200~320nm의 파장에서 강한 흡수가, 450~700nm에서는 약한 흡수가 있다.

㉰ 광화학 스모그는 맑은 날 자외선의 강도가 클수록 잘 발생된다.

㉱ NO_2는 도시 대기오염물 중에서 가장 중요한 태양빛 흡수 기체라 할 수 있다.

(풀이) 대류권에서 광화학 대기오염에 영향을 미치는 대기오염상 중요한 물질은 900nm 이하의 빛을 흡수하는 물질이다.

78 서울을 포함한 대도시에서 하절기에 지표면 부근의 오존 농도가 증가하고 있는데, 이 지표 오존 농도의 저감대책으로 가장 거리가 먼 것은?

㉮ 염화불화탄소(CFCs)의 사용 규제

㉯ 차량의 배출허용기준 강화

㉰ 배연탈질설비의 설치

㉱ 연소 및 소각조건의 개선

(풀이) 염화불화탄소(CFCs)는 오존층을 파괴하는 물질이다.

79 광화학 반응에 관한 설명으로 가장 거리가 먼 것은?

㉮ 광화학 반응에 의한 생성물로는 PAN, 케톤, 아크롤레인, 질산 등이 있다.

㉯ 대기 중에서의 오존 농도는 보통 NO_2로 산화되는 NO의 양에 비례하여 증가한다.

㉰ 알데히드는 NO_2 생성에 앞서 반응 초기부터 생성되며, 탄화수소의 감소에 대응한다.

㉱ NO에서 NO_2로의 산화가 거의 완료되고, NO_2가 최고농도에 달하면서 O_3가 증가되기 시작한다.

(풀이) 알데히드는 O_3 생성에 앞서 반응초기부터 생성되며, 탄화수소의 감소에 대응한다.

80 광화학 반응 시 하루 중 NO_x 변화에 대한 설명으로 가장 적합한 것은?

㉮ NO_2는 오존의 농도값이 적을 때 비례적으로 가장 적은 값을 나타낸다.

㉯ NO_2는 오전 7시~9시경을 전후로 하여 일중 고농도를 나타낸다.

㉰ 오전 중의 NO의 감소는 오존의 감소와 시간적으로 일치한다.

㉱ 교통량이 많은 이른 아침 시간대에 오존농도가 가장 높고, NO_x는 오후 2~3시경이 가장 높다.

• 광화학 스모그의 형성과정에서 하루 중 농도의 최대치가 나타나는 시간대가 일반적으로 빠른 순서는 $NO > NO_2 > O_3$이다.
• NO와 HC의 반응에 의해 오전 7시경을 전후로 NO_2가 상당한 율로 발생하기 시작한다.
• 광화학 반응인자의 일중 농도변화

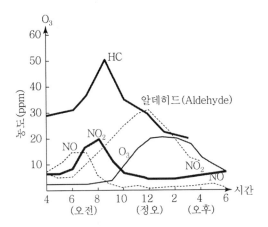

81 다음 광화학 반응에 관한 설명 중 가장 거리가 먼 것은?

㉮ NO 광산화율이란 탄화수소에 의하여 NO가 NO_2로 산화되는 율을 뜻하며, ppb/min의 단위로 표현한다.
㉯ 일반적으로 대기에서의 오존 농도는 NO_2로 산화된 NO의 양에 비례하여 증가한다.
㉰ 과산화기가 산소와 반응하여 오존이 생성될 수도 있다.
㉱ 오존의 탄화수소 산화(반응)율은 원자상태의 산소에 의한 탄화수소의 산화에 비해 빠르게 진행된다.

풀이 오존의 탄화수소 산화율은 원자상태의 산소에 의한 탄화수소의 산화에 비해 느리게 진행된다.

82 광화학 스모그의 형성과정에서 하루 중 농도의 최대치가 나타나는 시간대가 일반적으로 빠른 순서대로 나열된 것은?

㉮ $NO > NO_2 > O_3$ ㉯ $NO_2 > NO > O_3$
㉰ $O_3 > NO > NO_2$ ㉱ $NO > O_3 > NO_2$

83 다음은 오존의 생성원에 관한 설명이다. ( ) 안에 알맞은 것은?

대류권에서 자연적 오존은 질소산화물과 식물에서 방출된 탄화수소의 광화학반응으로 생성된다. 식물로부터 배출되는 탄화수소의 한 예로서 ( )는(은) 소나무에서 생기며, 소나무향을 가진다.

㉮ 사이토카닌 ㉯ 에틸렌
㉰ ABA ㉱ 테르펜

84 대류권의 오존(O_3)에 관한 설명으로 옳지 않은 것은?

㉮ 대류권의 오존은 국지적인 광화학스모그로 생성된 옥시던트의 지표물질이다.
㉯ 대류권에서 광화학 반응으로 생성된 오존은 대기 중에서 소멸되지 않고 축적되어 계속적인 오염을 유발시킨다.
㉰ 오염된 대기 중의 오존은 로스앤젤레스 스모그 사건에서 처음 확인되었다.
㉱ 대류권의 오존 자신은 온실가스로도 작용한다.

풀이 대류권에서 광화학 반응으로 생성된 오존은 대기 중에서 소멸되고 VOC에 의해 일부 축적된다.

85 대류권에서의 광화학반응에 대한 다음 설명 중 틀린 것은?

㉮ 성층권의 오존층이 대부분의 자외선을 차단 후 대류권으로 들어오는 태양빛의 파장은 280nm 이상이다.

㉯ 케톤은 파장 300~700nm에서 약한 흡수를 하여 광분해한다.

㉰ 알데히드($RCHO$)는 파장 313nm 이하에서 광분해한다.

㉱ SO_2는 파장 450~700nm에서 강한 흡수가 일어나 대류권에서 광분해한다.

⊕ SO_2는 파장 200~290nm에서 강한 흡수가 일어나지만 대류권에서는 광분해하지 않는다.

86 오염물질에 관한 다음 설명 중 가장 거리가 먼 것은?

㉮ PAN은 Peroxy Acetyl Nitrate의 약자이며, $CH_3COOONO_2$의 분자식을 갖는다.

㉯ PAN은 PBN(Peroxy Benzoyl Nitrate)보다 100배 이상 눈에 강한 통증을 주며, 빛을 흡수시키므로 가시거리를 감소시킨다.

㉰ 오존은 섬모운동의 기능장애를 일으키며, 염색체 이상이나 적혈구의 노화를 초래하기도 한다.

㉱ R기가 Propionyl기이면 PPN(Peroxy Propionyl Nitrate)이 된다.

⊕ PBN은 PAN보다 100배 이상 눈에 강한 통증을 주며, 빛을 흡수시키므로 가시거리를 감소시킨다.

87 다음 중 PPN(Peroxy Propionyl Nitrate)의 화학식으로 옳은 것은?

㉮ $C_6H_5COOONO_2$　　㉯ $C_2H_5COOONO_2$

㉰ $CH_3COOONO_2$　　㉱ $C_4H_9COOONO_2$

88 다음 광화학 스모그(Photochemical Smog)에 대한 설명 중 옳은 것은?

㉮ 태양광선 중 주로 적외선에 의해 강한 광화학 반응을 일으켜 광화학 스모그를 생성한다.

㉯ 대기 중의 PBN(Peroxy Butyl Nitrate)의 농도는 PAN과 비슷하며, PPN(Peroxy Propionyl Nitrate)은 PAN의 약 2배 정도이다.

㉰ 과산화기가 산소와 반응하여 오존이 생성될 수도 있다.

㉱ PAN은 안정한 화학물이므로 광화학 반응에 의해 분해되지 않는다.

⊕ 과산화기는 빠른 속도로 NO와 반응하여 NO_2로 산화 또는 오존, 알데히드류 등을 생성시킨다.

89 다음 중 PBzN(Peroxy Benzoyl Nitrate)의 구조식을 옳게 나타낸 것은?

㉮ $C_6H_5 - \overset{\overset{O}{\parallel}}{C} - O - O - NO_2$

㉯ $CH_3 - \overset{\overset{O}{\parallel}}{C} - O - O - NO_2$

㉰ $C_2H_5 - \overset{\overset{O}{\parallel}}{C} - O - O - NO_2$

㉱ $C_4H_8 - \overset{\overset{O}{\parallel}}{C} - O - O - NO_2$

90 광화학반응으로 생성된 광화학 산화제(Photochemical Oxidants)에 해당하지 않는 것은?

㉮ Ozone
㉯ PAN(Peroxy Acetyl Nitrate)
㉰ Hydrogen Peroxide
㉱ Hydrogen Chloride

91 광화학반응에 의해 생성되는 오존(O_3)에 관한 일반적인 설명 중 옳은 것은?

㉮ 오전 7~8시경에 하루 중 최고농도를 나타낸다.
㉯ 대기 중에 NO가 공존하면 O_3은 NO_2와 O_2로 되돌아가므로 O_3은 축적되지 않고 대기 중 O_3은 증가하지 않는다.
㉰ 상대습도가 높고 풍속이 큰 지역(10m/s 이상)이 광화학반응에 의한 고농도 O_3 생성에 유리하다.
㉱ 지표대기 중 O_3의 배경농도는 0.1~0.2ppm 정도이다.

(풀이) 오존은 하루 중 일사량이 높았을 때 최고농도를 나타내고, 상대습도가 낮고, 풍속이 2.5m/sec 이하로 작은 지역이 O_3 생성에 유리하며, 지표대기 중 O_3의 배경농도는 약 0.002~0.05ppm이다.

92 다음 중 산화성이 강한 물질이 아닌 것은?

㉮ O_3 ㉯ PAN
㉰ NH_3 ㉱ Aldehyde

93 대기오염물질 중 CO_2의 증가는 탄산염을 함유한 석회석 등으로 만든 건축물에 피해를 준다. 이때의 반응식으로 옳은 것은?

㉮ $CO_2 + CaCO_3 \rightarrow Ca(CO_2)_2 + O$
㉯ $CO_2 + CaCO_3 + H_2O \rightarrow Ca(HCO_3)_2$
㉰ $CO_2 + CO_3 + H_2O \rightarrow 2CO_3 + H_2$
㉱ $CO_2 + CaCO_3 + O \rightarrow Ca(CO_3)_2$

94 다음 설명과 가장 관련이 깊은 대기오염 물질은?

• 이 물질은 반응성이 풍부하므로 단분자로는 거의 존재하지 않는다.
• 주로 어린잎에 민감하며, 잎의 끝 또는 가장자리가 탄다.
• 이 오염물질에 강한 식물로는 담배, 목화, 고추 등이다.

㉮ 일산화탄소   ㉯ 염소 및 그 화합물
㉰ 오존 및 옥시던트   ㉱ 불소 및 그 화합물

95 다음은 어떤 대기오염물질에 대한 설명인가?

• 독특한 풀냄새가 나는 무색(시판용품은 담황녹색)의 기체(액화가스)로 끓는점은 약 8℃이다.
• 건조상태에서는 부식성이 없으나, 수분이 존재하면 가수분해되어 금속을 부식시킨다.

㉮ 시안화수소
㉯ 포스겐
㉰ 테트라에틸납
㉱ 폴리글로리네이트드바이페닐

96 유해가스상 물질의 독성에 관한 설명으로 거리가 먼 것은?

㉮ SO_2는 0.1~1ppm에서도 수 시간 내에 고등식물에게 피해를 준다.
㉯ CO_2 독성은 10ppm 정도에서 인체와 식물에 해롭다.

㉰ CO는 100ppm 정도에서 인체와 식물에 해롭다.

㉱ HCl은 SO_2보다 식물에 미치는 영향이 훨씬 적으며, 한계농도는 10ppm에서 수 시간 정도이다.

(풀이) CO_2 자체만으로는 특별한 특성이 없으나 호흡공기 중에 CO_2가 많아지면 상대적으로 O_2의 양이 부족해서 산소결핍증을 유발한다.

97 대기오염물질이 인체에 미치는 영향에 관한 설명 중 옳지 않은 것은?

㉮ 광화학 반응으로 생성된 옥시던트(Oxident)는 눈을 자극한다.

㉯ 3,4-벤조피렌 같은 탄화수소 화합물은 발암성 물질로 알려져 있다.

㉰ 황산화물은 부유먼지와 더불어 상승작용을 일으켜 인체에 미치는 영향이 크다.

㉱ 일산화질소의 유독성은 이산화질소의 독성보다 약 5~6배 강하다.

(풀이) 이산화질소(NO_2)의 유독성은 일산화질소(NO)의 독성보다 약 5~6(7)배 강하다.

98 다음 설명에 가장 적합한 오염물질은?

- 방부제, 옷감, 잉크 등의 원료로 사용되며, 피혁공업, 합성수지공업 등이 주된 배출업종이다.
- 피부, 눈 및 호흡기계에 강한 자극효과를 가지며 폐부종(급성폭로시)과 알레르기성 피부염 및 직업성 천식을 야기한다.

㉮ 불화수소   ㉯ 질소산화물
㉰ 염소   ㉱ 포름알데히드

99 다음 대기오염물질로 가장 적합한 것은?

상온에서는 무색 투명하며, 일반적으로 자극성 냄새를 내는 액체이다. 햇빛에 파괴될 정도로 불안정하지만, 부식성은 비교적 약하다. 끓는점은 46℃(760mmHg), 인화점은 -30℃이다.

㉮ CS_2 ㉯ $COCl_2$ ㉰ Br_2 ㉱ HCN

100 대기오염물질과 그 영향에 대한 설명 중 가장 거리가 먼 것은?

㉮ NO : 혈액 내 Hb(헤모글로빈)과의 친화력이 산소의 약 21배에 달해 산소운반 능력을 저하시킨다.

㉯ NO : 무색의 기체로 혈액 내 Hb과의 결합력이 CO보다 수백 배 더 강하다.

㉰ O_3 및 기타 광화학적 옥시던트 : DNA, RNA에도 작용하여 유전인자에 변화를 일으킨다.

㉱ HC : 올레핀계 탄화수소는 광화학적 스모그에 적극 반응하는 물질이다.

(풀이) CO는 혈액 내 Hb(헤모글로빈)과의 친화력이 산소의 약 210배에 달해 산소운반 능력을 저하시킨다.

101 다음 중 섬유의 인장강도를 가장 크게 떨어뜨리는 대기오염 피해의 원인이 되는 주요물질로 가장 적합한 것은?

㉮ 불화수소   ㉯ 오존
㉰ 황산화물   ㉱ 질소산화물

102 다음의 대기오염물질 중 1990~2000년 동안 서울을 비롯한 대도시 지역의 오염농도가 다른 오염물질에 비해 크게 감소하지 않은 것은?

㉮ 일산화탄소(CO) ㉯ 납(Pb)
㉰ 아황산가스(SO_2) ㉱ 이산화질소(NO_2)

103 대기 중의 광화학 반응에서 탄화수소를 주로 공격하는 화학종(種)은?

㉮ CO ㉯ OH 기 ㉰ NO ㉱ NO_2

104 다음 중 탄화수소류에 관한 설명으로 틀린 것은?

㉮ 탄화수소류 중 2중 결합을 가진 올레핀계 화합물은 방향족 탄화수소보다 보통 대기 중에서의 반응성이 크다.
㉯ 불포화탄화수소는 2중 결합 또는 3중 결합을 갖고 있으며, 반응성이 높아 광화학반응을 일으킨다.
㉰ 대기환경 중 탄화수소는 기체, 액체 및 고체로 존재하는데, 탄소수가 5개 이상인 것은 액체 또는 고체로 존재한다.
㉱ 방향족 탄화수소는 대기 중에서 기체로 존재하며, 메탄계 탄화수소의 지구배경농도는 약 1.5ppb이다.

(풀이) 방향족 탄화수소는 대기 중에서 고체로 존재한다.

105 벤젠에 관한 설명으로 옳지 않은 것은?

㉮ 체내에 흡수된 벤젠은 지방이 풍부한 피하조직과 골수에서 고농도로 축적되어 오래 잔존

할 수 있다.
㉯ 체내에서 마뇨산(Hippuric Acid)으로 대사하여 소변으로 배설된다.
㉰ 비점은 약 80℃ 정도이고, 체내 흡수는 대부분 호흡기를 통하여 이루어진다.
㉱ 벤젠 폭로에 의해 발생되는 백혈병은 주로 급성골수아성 백혈병(Acute Myeloblastic Leukemia)이다.

(풀이) 체내에서 페놀로 대사하여 황산 혹은 클루크론산과 결합하여 소변으로 배출된다.

106 각 오염물질에 관한 설명으로 거리가 먼 것은?

㉮ 포스겐은 수분이 있으면 가수분해하여 염산이 생기므로 금속을 부식시킨다.
㉯ 오존은 타이어나 고무절연제 등 고무제품에 균열을 일으키기도 한다.
㉰ 시안화수소는 무색 투명한 액체로 복숭아씨 냄새 비슷한 자극취를 내며, 비중은 약 0.7 정도이다.
㉱ 포스겐($CHCl_2$)은 화학반응성, 인화성, 폭발성 및 부식성이 강한 청록색의 기체이다.

(풀이) 포스겐의 화학식은 $COCl_2$이다.

107 할로겐화 탄화수소(Halogenated Hydrocarbon)류에 관한 설명으로 옳지 않은 것은?

㉮ 할로겐화 탄화수소의 독성은 화합물에 따라 차이는 있으나, 다발성이며 중독성이다.
㉯ 대부분의 할로겐화 탄화수소 화합물은 중추신경계 억제작용과 점막에 대한 중등도의 자극효과를 가진다.

㉠ 사염화탄소는 가열하면 포스겐이나 염소로 분해되며, 신장장애를 유발하고, 간에 대한 독작용이 심하다.
㉣ 할로겐화 탄화수소는 탄화수소화합물 중 수소원소가 할로겐원소로 치환된 것으로 가연성과 폭발성이 강하고, 비점이 200℃ 이상으로 높아 상온에서는 안정하다.

(풀이) 할로겐화 탄화수소는 탄화수소화합물 중 수소원자의 하나 또는 하나 이상이 할로겐화 원소(Cl, F, Br, I 등)로 치환된 화합물을 말하며, 표준비점은 약 −90~80℃ 정도이다.

108 다음 물질의 특성에 대한 설명 중 옳은 것은?

㉮ 탄소의 순환에서 탄소(CO_2로서)의 가장 큰 저장고 역할을 하는 부분은 대기이다.
㉯ 불소(Fluorine)는 주로 자연상태에서 존재하며, 주관련 배출업종은 황산제조공정, 연소공정 등이다.
㉰ 질소산화물은 연소시 연료의 성분으로부터 발생하는 fuel NO_x와 고온에서 공기 중의 질소와 산소가 반응하여 생기는 thermal NO_x 등이 있다.
㉱ 염화수소는 유독성을 가진 황록색 기체로서 비료공장, 표백공장 등에서 주로 발생한다.

(풀이) ㉮항 : 탄소의 순환에서 탄소(CO_2로서)의 가장 큰 저장고 역할을 하는 부분은 해수이다.
㉯항 : 불소는 불소화합물 형태로 인산비료, 알루미늄, 각종 준금속의 제조공정에서 발생한다.
㉱항 : 염화수소는 무색의 자극성 기체로 소다공법, 활성탄 제조, 금속제련, 플라스틱공업에서 발생한다.

109 휘발성유기화합물질(VOCs)은 다양한 배출원에서 배출되는데, 우리나라의 경우 최근 가장 큰 부분(총배출량)을 차지하는 배출원은?

㉮ 유기용제 사용
㉯ 자동차 등 도로이동오염원
㉰ 폐기물 처리
㉱ 에너지 수송 및 저장

110 휘발성유기화합물에 대한 설명으로 옳지 않은 것은?

㉮ 전 지구적으로 볼 때, 인위적인 NMHC(Non Methane Hydro Carbon)가 자연에서 발생되는 생물학적 NMHC보다 10배 이상 많다.
㉯ 일반적 의미의 휘발성유기화합물은 NMHC, 할로겐족 탄화수소화합물, 알코올, 알데히드, 케톤 같은 산소결합 탄화수소화합물들을 내포한다.
㉰ 자연적인 휘발성유기화합물은 대류권의 오존 생성 및 지구온난화 등과도 관련이 있다.
㉱ 인위적 배출량 중 페인트, 잉크, 용제 등의 사용에 의한 배출량도 많은 부분을 차지하고 있다.

(풀이) 전 지구적으로 볼 때 자연에서 발생하는 생물학적 NMHC 발생량이 인위적인 NMHC 발생량보다 많다.

111 대기오염물질에 관한 설명 중 옳지 않은 것은?

㉮ 암모니아는 무색의 자극성 가스로서 쉽게 액화하므로 액체상태로 공업분야에 많이 이용된다.

㉯ 포스겐은 수중에서 재빨리 염산으로 분해되어 거의 급성 전구증상 없이 치사량을 흡입할 수 있으므로 매우 위험하다.

㉰ 아황산가스는 물에 대한 용해도가 매우 높기 때문에 흡입된 대부분의 가스는 상기도 점막에서 흡수된다.

㉱ 브롬(취소)은 자극성의 질식성 냄새를 가진 무색 휘발성 기체로서 주로 하기도에 대하여 급성 흡입효과를 나타낸다.

(풀이) 브롬은 할로겐 원소의 하나이며, 상온에서는 적갈색의 자극적인 냄새가 나는 액체로 존재하며 부식성이 강하고 주로 하기도에 대하여 급성 흡입효과를 나타낸다.

112 대기오염물질의 특성에 관한 설명으로 가장 거리가 먼 것은?

㉮ 염화비닐(Vinyl Chloride)에 만성 폭로되면 레이노증후군, 말단 골연화증, 간·비장의 섬유화가 일어난다.

㉯ 삼염화에틸렌(Trichloroethylene)은 중추신경계를 억제하며, 간과 신장에 미치는 독성은 사염화탄소에 비해 낮은 편이다.

㉰ 아크릴 아마이드(Acryl Amide)는 주로 피부를 통해 흡수되며 다발성 신경염을 일으킨다.

㉱ 이황화탄소는 하기도를 통해서 흡수되기도 하지만 대부분 피부를 통해서 체내 흡수되며 폐부종을 일으킨다.

(풀이) CS_2는 대부분 상기도를 통해 체내에 흡수되면, 중추신경계에 대한 특정적인 독성작용으로는 심한 급성 혹은 아급성 뇌병증을 유발한다.

113 대기오염물질이 인체에 미치는 영향으로 가장 거리가 먼 것은?

㉮ 아크릴 아마이드는 지용성으로 인체 내 호흡기를 통해 주로 흡수되며, 이 물질에 폭로된 산업현장 근로자들은 비교적 긴 기간(10년 정도) 후에 중독증상을 보인다.

㉯ 삼염화에틸렌은 중추신경계를 억제하는데, 간과 신장에 미치는 독성은 사염화탄소에 비해 현저하게 낮다.

㉰ 이황화탄소는 대부분 상기도를 통해 체내에 흡수되며, 중추신경계에 대한 특징적인 독성작용으로 심한 급성 혹은 아급성 뇌병증을 유발한다.

㉱ 염화비닐에 장기간 폭로되면 간 조직세포의 증식과 섬유화가 일어나고 문맥압이 상승하여 식도 정맥류 및 식도 출혈을 일으킬 수 있다.

(풀이) 아크릴 아마이드(Acryl Amide)는 지용성으로 주로 피부를 통해 흡수되며 언어장애, 다발성 신경염을 일으킨다.

114 다음 설명하는 오염물질로 가장 적합한 것은?

비점이 19℃ 정도이고, 코를 찌르는 자극성 취기를 나타내며, 온도에 따라 액체나 기체로 존재하는 무색의 부식성 독성물질이다. 석유, 알루미늄, 플라스틱, 염료 등의 사업장에서 촉매제로 널리 이용된다.

㉮ Copper ㉯ Hydrogen Fluoride
㉰ Ozone ㉱ Cytochrome

115 다음 중 각 대기오염물질이 인체에 미치는 영향에 관한 설명으로 가장 거리가 먼 것은?

㉮ 카드뮴화합물이 만성 폭로되어 발생하는 흔한 증상으로 단백뇨가 있다.

㉯ 알킬수은 화합물의 탄소–수은 결합은 약하므로 중추신경계에 축적되기보다는 변을 통해 쉽게 배출된다.

㉰ 체내에 흡수된 크롬은 간장, 신장, 폐 및 골수에 축적되며, 대부분은 대변을 통해 배설된다.

㉱ 니켈은 위장관으로 거의 흡수되지 않으며 가용성 니켈염과 니켈 카보닐은 호흡기를 통해 쉽게 흡수된다.

(풀이) 알킬수은 화합물의 탄소–수은 결합은 강하고 대부분 담즙을 통해 소화관으로 배설되지만 재흡수도 일어난다.

116 대기오염물질과 그 영향에 관한 연결로 가장 거리가 먼 것은?

㉮ Oxidant – 눈 자극

㉯ CO – 혈액의 O_3 운반기능 저해

㉰ HF – 고농도 시엔 호흡기 점막 자극

㉱ Pb 화합물 – 헤모글로빈의 형성 억제

(풀이) CO – 혈액의 O_2 운반기능을 저해한다.

117 다음은 대기 중의 CO_2 농도 변화 경향에 대한 설명이다. ( ) 안에 알맞은 것은?

지난 30여 년간의 미국 하와이에서 측정한 대기 중 CO_2의 농도변화 경향을 살펴보면 일반적으로 봄~여름철에는 (①)이고, 겨울철에는 (②)하는 계절의 편차를 보인다. 이는 봄~여름철의 경

우 식물이 (③)작용으로 인해 CO_2를 (④)하기 때문인 것으로 해석된다.

㉮ ① 감소, ② 증가, ③ 광합성, ④ 흡수
㉯ ① 증가, ② 감소, ③ 광합성, ④ 방출
㉰ ① 감소, ② 증가, ③ 호흡, ④ 흡수
㉱ ① 증가, ② 감소, ③ 호흡, ④ 방출

118 다음 중 다환 방향족 탄화수소(Polycyclic Aromatic Hydrocarbons : PAH)에 관한 설명으로 가장 거리가 먼 것은?

㉮ 석탄, 기름, 가스, 쓰레기, 각종 유기물질의 불완전 연소가 일어나는 동안에 형성된 화학물질 그룹이다.

㉯ 대부분 공기역학적 직경이 $2.5\mu m$ 미만인 입자상 물질이다.

㉰ 대부분 PAH는 물에 잘 용해되며, 산성비의 주요원인물질로 작용한다.

㉱ 고리 형태를 갖고 있는 방향족 탄화수소로서 미량으로도 암 및 돌연변이를 일으킬 수 있다.

(풀이) 대부분 PAH는 물에 잘 용해되지 않고 공기 중에 쉽게 휘발하는 성질이 있다.

119 대기오염물질이 인체에 미치는 영향으로 가장 거리가 먼 것은?

㉮ 금속수은은 수은증기를 흡입하면 대부분 흡수되나 경구 섭취 시에는 소구를 형성하므로 위장관으로는 잘 흡수되지 않는다.

㉯ 석면폐증의 용혈작용은 석면 내의 Mn에 의해서 발생되며 적혈구의 급격한 감소증상이다.

㉰ 베릴륨 화합물은 흡입, 섭취 혹은 피부접촉으로는 거의 흡수되지 않는다.

㉣ 염소, 포스겐 및 질소산화물 등의 상기도 자극 증상은 경미한 반면, 수 시간 경과 후 오히려 폐포를 포함한 하기도의 자극증상은 현저하게 나타나는 편이다.

(풀이) 석면폐증의 용혈작용은 석면 내의 Mg에 의해서 발생되며 적혈구의 급격한 증가 증상이다.

120 입자상 물질 중 Fume에 해당하는 입자 크기의 범위로 가장 알맞은 것은?

㉮ $1\mu m$ 이하   ㉯ $10\mu m$ 이하
㉰ $100\mu m$ 이하   ㉱ $1,000\mu m$ 이하

(풀이) Fume은 금속이 용해되어 액상 물질로 되고 이것이 가스상 물질로 기화된 후 다시 응축되어 고체 미립자로 보통 크기가 0.1 또는 $1\mu m$ 이하이므로 호흡성 분진의 형태로 체내에 흡수되어 유해성도 커진다. 즉, Fum은 금속이 용해되어 공기에 의해 산화되어 미립자가 분산하는 것이다.

121 다음 중 안개(Fog)에 관한 설명으로 가장 거리가 먼 것은?

㉮ 분산질이 기체이고, 직경이 $1\mu m$ 이상인 입자를 말하며, 브라운 운동에 의해 이동한다.
㉯ 시정 수평거리가 보통 1km 미만이다.
㉰ 습도는 100% 또는 여기에 가까운 경우로 눈에 보이는 입자상 물질이다.
㉱ 대기오염물질과 수분이 반응하여 산성을 띤 산성안개도 있다.

(풀이) Fog의 분산질은 액체이고, 시정 수평거리는 보통 1km 미만이다.

122 1~2m 이하의 미세입자는 세정(Rain Out) 효과가 작은데, 그 이유로 가장 타당한 것은?

㉮ 응축효과가 크기 때문에
㉯ 브라운 운동을 하기 때문에
㉰ 휘산효과 크기 때문에
㉱ 입자가 부정형이 많기 때문에

123 입자상 오염물질 중 훈연(Fume)에 관한 설명으로 가장 거리가 먼 것은?

㉮ 금속 산화물과 같이 가스상 물질이 승화, 증류 및 화학반응 과정에서 응축될 때 주로 생성되는 고체입자이다.
㉯ $20{\sim}50\mu m$ 정도의 크기가 대부분이다.
㉰ 활발한 브라운 운동을 한다.
㉱ 아연과 납산화물의 훈연은 고온에서 휘발된 금속의 산화와 응축과정에서 생성된다.

(풀이) 훈연은 $1\mu m$ 이하의 고체입자이다.

124 다음 입자상 오염물질에 대한 설명 중 가장 거리가 먼 것은?

㉮ 훈연은 금속산화물과 같이 가스상 물질이 승화, 증류 및 화학적 반응과정에서 응축될 때 주로 생성되는 고체입자이다.
㉯ 조대입자(Coarse Particle)는 바람에 날린 토양 및 해염을 비롯하여 기계적 분쇄과정을 거쳐 주로 생성되는데, 자연적 발생원에 의한 것이 대부분이다.
㉰ PM-10은 공기역학경을 기준으로 $10\mu m$ 이하의 입자상 물질을 말하며, 호흡성 먼지량의 척도를 나타낸다고 할 수 있다.
㉱ 입자상 물질의 크기를 결정할 때 사용하는

마틴직경(Martin Diameter)은 입자상 물질의 그림자를 4개의 동면적으로 나눈 선의 길이를 직경으로 결정하며, 관찰방향에 상관없이 항상 동일한 값을 나타낸다.

풀이 마틴직경(Martin Diameter)은 입자상 물질의 면적을 2등분하는 선의 길이로 선의 방향은 항상 일정하여야 하며 과소평가할 수 있는 단점이 있다.

125 대기질 측정을 위한 Coh 식을 나타낸 것 중 옳은 것은?(단, O.D는 광학적 밀도이다.)

㉮ $\dfrac{O.D}{0.001}$

㉯ $\dfrac{O.D}{0.01}$

㉰ $\log\left(\dfrac{O.D}{0.001}\right)$

㉱ $\log\left(\dfrac{O.D}{0.01}\right)$

126 COH(Coefficient of Haze)에 관련된 설명으로 옳지 않은 것은?

㉮ COH 산출식에서 불투명도란 더러운 여과지를 통과한 빛 전달분율의 역수로 정의된다.

㉯ COH 산출식에서 광학적 밀도는 불투명도의 log 값으로 정의된다.

㉰ COH 값이 0이면 깨끗한 것이며, 빛 전달분율이 0.794이면 Coh 값은 1이 된다.

㉱ COH는 광학적 밀도를 0.01로 나눈 값이다.

풀이 COH값이 0이면 빛 전달률이 양호함을 의미하며, 빛 전달분율이 0.977이면 COH 값은 1이 된다.

127 다음 중 대기의 가시도에 관련된 용어가 아닌 것은?

㉮ Extinction Coefficient

㉯ Coefficient of Haze

㉰ Complex Index of Refraction

㉱ Merck Index

128 태양복사에너지는 지표면에 도달하기 전에 대기 중에 있는 여러 물질에 의해 산란되어 그 양이 줄어들게 된다. 특히 대기 중의 먼지나 입자의 직경이 전자파의 파장과 거의 같은 크기의 경우, 하늘은 백색이나 뿌옇게 흐려져 일사량의 감소를 초래하며 간접적으로 대기오염도를 예측할 수 있는데 이와 같은 현상을 무엇이라 하는가?

㉮ 연료산란(Fuel Scattering)

㉯ 미산란(Mie Scattering)

㉰ 광학산란(Optical Scattering)

㉱ 대기 약산란(Air Scattering)

129 다음 ( ) 안에 공통으로 들어갈 물질은?

( )은 금속양 원소로서 화성암, 황과 구리를 함유한 무기질 광석에 많이 분포되어 있으며, 상업용 ( )은 주로 구리의 전기분해 정련 시 찌꺼기로부터 추출된다. 또한 인체에 필수적인 원소로서 적혈구가 산화됨으로써 일어나는 손상을 예방하는 글루타티온과산화 효소의 보조인자 역할을 한다.

㉮ 칼슘

㉯ 티타늄

㉰ 바나듐

㉱ 셀레늄

130 납성분을 함유한 도료는 황화수소와 반응하여 PbS로 된다. 이때 PbS는 어떤 색상을 나타내는가?

㉮ 붉은색   ㉯ 노란색

㉰ 푸른색   ㉱ 검은색

131 다음은 대기오염물질에 관한 설명이다. ( ) 안에 공통으로 들어갈 가장 알맞은 것은?

( )은(는) 단단하면서 부서지기 쉬운 회색 금속으로 여러 형태의 산화화합물로 존재하며, 그 독성은 원자상태에 따라 달라진다. ( )은(는) 생체에 필수적인 금속으로서 결핍 시 인슐린의 저하로 인한 것과 같은 탄수화물의 대사 장애를 일으킨다. 저농도에서는 염증과 궤양을 일으키기도 한다.

㉮ CO   ㉯ Cr   ㉰ As   ㉱ V

132 다음 중 대기 내에서 금속의 부식속도가 일반적으로 빠른 것부터 순서대로 연결된 것은?

㉮ 알루미늄>철>아연>구리

㉯ 구리>아연>철>알루미늄

㉰ 철>아연>구리>알루미늄

㉱ 철>알루미늄>아연>구리

133 다음은 대기오염물질에 관한 설명이다. ( ) 안에 가장 적합한 것은?

( )은 생체 내에 미량 존재함으로써 생물의 생존에 필수적인 요소로서 당 대사과정에서의 탈탄산반응에 관여하는 동시에 비타민 E의 증가나 지방분 감소에도 효과가 있으며, 특히 As의 길항체로서도 관여한다. 인체 폭로 시 숨을 쉴

때나 땀을 흘릴 때 마늘냄새가 나며, 만성적인 기중 폭로 시 결막염을 일으키는데 이를 "rose eye"라고 부른다.

㉮ Vanadium   ㉯ Tallium

㉰ Selenium   ㉱ Beryllium

134 태양복사의 산란에 관한 다음 설명 중 가장 거리가 먼 것은?

㉮ 산란의 세기는 입사되는 빛의 파장(λ)에 대한 입자크기(반경)의 비에 의해 결정된다.

㉯ 입자의 크기가 입사되는 빛의 파장에 비해 아주 크게 되면 레일리산란이 발생한다.

㉰ 레일리산란의 경우 그 세기는 파장의 4승에 반비례한다.

㉱ 맑은 날 하늘이 푸르게 보이는 이유는 레일리산란 특성에 의해 파장이 짧은 청색광이 긴 적색광보다 더욱 강하게 산란되기 때문이다.

(풀이) 레일리산란은 입자의 반경이 입사광선의 파장보다 훨씬 작은 경우에 산란효과가 뚜렷하게 나타난다.

135 주로 화석연료, 특히 석탄 및 중유에 많이 포함되고, 코·눈·인후의 자극을 동반하여 격심한 기침을 유발하는 중금속은?

㉮ 아연(Zn)   ㉯ 카드뮴(Cd)

㉰ 바나듐(V)   ㉱ 납(Pb)

136 대기 중에 부유하는 중금속에 관한 설명으로 가장 거리가 먼 것은?

㉮ 수은은 증기 또는 먼지의 형태로 대기 중에 배출되고 미량으로도 인체에 영향을 미치며

널리 알려진 피해는 유기수은에 의한 미나마타병이다.

㉯ 카드뮴은 주로 산화카드뮴이나 황산카드뮴으로 존재하고 아연정련, 카드뮴축전기, 전기도금 공장 등에서 주로 배출된다.

㉰ 납은 주로 대기 중에 미세 입자로 존재하고, 석유정제, 석탄건류, 형광물질의 원료 제조 공장에서 주로 배출된다.

㉱ 크롬은 피혁공업, 염색공업, 시멘트제조업 등에서 발생되며 호흡기 또는 피부를 통하여 체내로 유입된다.

풀이 납(Pb)은 Knocking 방지제의 첨가 물질인 4에틸납 및 4메틸납 연소 시 대기 중으로 배출되며, 대기 중 납의 상당부분(≒95%)을 차지한다.

137 다음 오염물질로 가장 적합한 것은?

매우 가벼운 금속으로 높은 장력을 가지고 있으며, 회색빛이 난다. 그 합금은 전기 및 열의 전도성이 크며, 마모와 부식에 강하다. 이 화합물은 흡입, 섭취 혹은 피부접촉으로는 거의 흡수되지 않으며, 폐에 잔존할 수 있고, 뼈, 간, 비장에 침착될 수 있다. 신배설은 느리고 다양하며, 폭로되지 않은 사람에게서는 검출되지 않으므로 우선 폭로를 확진할 수 있다.

㉮ 크롬　　㉯ 비소　　㉰ 셀레늄　　㉱ 베릴륨

138 다음 설명하는 오염물질로 가장 적합한 것은?

• 이 물질은 부드러운 청회색의 금속으로 고밀도와 내식성이 강한 것이 특징이다.

• 소화기로 섭취된 이 물질은 입자의 크기에 따라 다르지만 약 10% 정도만이 소장에서 흡수되고 나머지는 대변으로 배출된다. 세포 내에서 이 물질은 SH기와 결합하여 헴(heme)합성에 관여하는 효소를 포함한 여러 세포의 효소작용을 방해한다.

• 만성 중독시에는 혈중 프로토폴피린이 현저하게 증가한다.

㉮ 납　　㉯ 수은　　㉰ 크롬　　㉱ 알루미늄

139 다음과 같이 인체에 영향을 미치는 오염물질로 가장 적합한 것은?

• 급성폭로 : 섭취 후 수분 내지 수 시간 내에 일어나며 오심, 구토, 복통, 피가 섞인 심한 설사 유발

• 국소증상 : 손발바닥의 각화증, 각막궤양, 탈모 등

• 혈관 내 용혈을 일으키며 두통, 오심, 흉부 압박감을 호소하기도 함

㉮ 니켈　　㉯ 비소　　㉰ 톨루엔　　㉱ 카드뮴

140 화학공업, 유리공업, 피혁상(박제), 과수원의 농약 분무 작업 등이 관련 배출업종이며, 인체에 피부암, 비중격 천공, 각화증 등을 유발하는 물질로 가장 적합한 것은?

㉮ 비소　　㉯ 납　　㉰ 구리　　㉱ 카드뮴

141 다음 설명하는 오염물질로 가장 적합한 것은?

아연광석의 채광이나 제련과정에서 부산물로 생성되며 내식성이 강하다. 주로 호흡기나 소화기를 통해 인체에 흡수되고, 만성 폭로 시 가장 흔한 증상은 단백뇨이며, 신장과 간장에 축적되고 그 배설은 느리다.

㉮ Mn   ㉯ Hg   ㉰ Cd   ㉱ Pb

142 다음은 어떤 물질에 대한 설명인가?

- 무색, 투명하며 향긋한 냄새를 지닌 휘발성 액체로 비점은 80℃ 정도이다.
- 체내 흡수는 대부분 호흡기를 통하여 이루어진다.
- 인체 내로 흡수된 이 물질은 지방이 풍부한 피하조직과 골수에서 고농도로 오래 잔존이 가능하여 혈중 농도보다 20배나 더 높은 농도를 유지하기도 한다.

㉮ Benzene   ㉯ Toluene
㉰ Carbon Disulfide   ㉱ Phenol

143 대기오염물질의 인체에 대한 영향으로 가장 거리가 먼 것은?

㉮ 가용성 니켈 화합물에 폭로된 후 흔한 증상은 피부증상이며, 니켈은 위장관으로는 거의 흡수되지 않는다.
㉯ 베릴륨 화합물은 흡입, 섭취 혹은 피부접촉으로는 거의 흡수되지 않으며, 폐에 잔존할 수 있고, 뼈, 간, 비장에 침착될 수 있다.
㉰ 바나듐에 폭로된 사람들에게는 혈장 콜레스

테롤치가 저하되며, 만성폭로 시 설태가 끼일 수 있다.
㉱ 탈리움의 수용성 염은 위장관, 피부, 호흡기를 통해 거의 흡수되지 않으나, 배설은 장관과 신장을 통해 비교적 빨리 일어난다.

(풀이) 탈리움의 수용성 염은 위장관, 피부, 호흡기를 통해 흡수되며 배설은 신장을 통해 주로하며 나머지는 다른 조직상에 저장된다.

144 다음 대기오염물질 중 황화수소(H_2S)에 비교적 강한 식물이 아닌 것은?

㉮ 복숭아   ㉯ 토마토
㉰ 딸기   ㉱ 사과

(풀이) 황화수소(H_2S)에 저항성이 강한 식물에는 복숭아, 딸기, 사과, 카네이션 등이 있다. 코스모스, 오이, 무, 토마토, 담배 등은 지표식물로 분류된다.

145 오존(O_3)에 관한 설명 중 옳지 않은 것은?

㉮ 폐수종과 폐충혈 등을 유발시키며, 섬모운동의 기능장애를 일으킨다.
㉯ 식물의 경우 주로 어린잎에 피해를 일으키며, 오존에 강한 식물로는 시금치, 파 등이 있다.
㉰ 오존에 약한 식물로는 담배, 자주개나리 등이 있다.
㉱ 인체의 DNA와 RNA에 작용하여 유전인자에 변화를 일으킬 수 있다.

(풀이) 오존(O_3)은 늙은 잎에 가장 민감하게 작용하고 저항성이 강한 식물로는 사과, 양파, 해바라기, 국화, 아카시아, 귤 등이 있다.

146 다음 중 O_3에 대한 반응이 가장 예민하고, 그 피해가 쉽게 나타나는 식물은?

㉮ 목화 ㉯ 아카시아
㉰ 시금치 ㉱ 사과

(풀이) 오존의 지표식물에는 파, 시금치, 토마토, 담배, 포도, 토란 등이 있다.

147 다음 설명으로 가장 적합한 오염물질은?

- 엽맥을 따라 형성되는 백화현상이나 테크로시스가 대표적이다.
- 자주개나리, 목화, 보리 등이 상대적으로 민감하며, 까치밤나무, 쥐똥나무 등은 저항성이 강하다.
- 식물의 피해한계는 약 0.8mg/m³(8hr 노출) 정도이다.

㉮ 아황산가스 ㉯ 이산화질소
㉰ 오존 ㉱ 일산화탄소

148 다음 중 각 대기오염물질에 대한 지표식물과 가장 거리가 먼 것은?

㉮ SO_2 - 알팔파
㉯ 에틸렌 - 스위트피
㉰ 불소화합물 - 글라디올러스
㉱ H_2S - 사과

(풀이) 황화수소의 지표식물로는 코스모스, 오이, 무, 토마토, 클로버, 담배 등이 있다.

149 질소산화물(NO_x)에 의한 피해 및 영향으로 가장 거리가 먼 것은?

㉮ NO_2의 광화학적 분해작용으로 대기 중의 O_3 농도가 증가하고 HC가 존재하는 경우에는 Smog를 생성시킨다.
㉯ NO_2는 가시광선을 흡수하므로 0.25ppm 정도의 농도에서 가시거리를 상당히 감소시킨다.
㉰ NO_2는 습도가 높은 경우 질산이 되어 금속을 부식시키며 산성비의 원인이 된다.
㉱ 인체에 미치는 영향 분석 시 동물을 사용한 연구결과에 의하면 NO_2는 주로 위장 장애현상을 초래한다.

(풀이) NO_2의 인체 영향은 주로 호흡기 질환에 대한 면역성을 감소시킨다.

150 다음 가스상 대기오염물질 중 식물에 영향이 가장 크며, 잎의 끝 또는 가장자리가 타거나 발육부진 등 특히 식물의 어린잎에 피해가 큰 물질은?

㉮ 오존 ㉯ 아황산가스
㉰ 질소산화물 ㉱ 플루오르화수소

151 다음 중 불화수소의 지표식물과 가장 거리가 먼 것은?

㉮ 옥수수 ㉯ 글라디올러스
㉰ 메밀 ㉱ 목화

(풀이) HF에 민감한 식물은 글라디올러스, 옥수수, 살구, 복숭아, 어린 소나무, 메밀 등이다.

152 다음 중 불소 및 그 화합물의 배출 및 피해에 관한 설명으로 가장 거리가 먼 것은?

㉮ 적은 농도에서도 피해를 주며, 특히 어린잎에 현저하다.

㉯ 지표식물로는 자주개나리, 목화, 시금치 등이 있다.

㉢ 주로 잎의 끝이나 가장자리의 발육부진이 두드러진다.

㉣ 불소 및 그 화합물은 알루미늄의 전해공장이나 인산비료 공장에서 HF 또는 SiF_4 형태로 배출된다.

153 다음 중 아황산가스에 대한 식물저항력이 가장 큰 것은?

㉮ 옥수수 ㉯ 호박 ㉢ 담배 ㉣ 보리

(풀이) 아황산가스에 저항성이 강한 식물로는 까치밤나무, 협죽도, 옥수수, 수랍목, 감귤, 양배추, 무궁화, 개나리 등이 있다.

154 다음 중 암모니아의 지표식물과 가장 거리가 먼 것은?

㉮ 아카시아 ㉯ 메밀

㉢ 해바라기 ㉣ 토마토

(풀이) 암모니아의 지표식물로는 토마토, 해바라기, 메밀 등이 있다.

155 다음 대기오염물질 중 다음과 같이 식물에 대한 특성을 나타내는 것으로 가장 적합한 것은?

- 피해증상 - 유리화, 은백색 광택화
- 피해성숙도 - 어린잎에 가장 민감
- 피해부분 - 해면 연조직
- 감수성(지표)식물 - 시금치, 상추, 셀러리 등

㉮ SO_2 ㉯ HCl ㉢ PAN ㉣ NO_x

156 다음 고등식물에 피해를 주는 대기오염물질의 일반적인 독성정도 크기를 나타낸 것 중 옳은 것은?(단, 큰 순서>작은 순서)

㉮ $Cl_2 > HF > CO > NO_2$

㉯ $SO_2 > Cl_2 > HF > CO$

㉢ $HF > SO_2 > NO_2 > CO$

㉣ $O_3 > NH_3 > HF > CO$

157 산성비에 의한 토양의 영향에 대한 설명으로 틀린 것은?

㉮ 산성강수가 가해지면 토양은 산적 성격이 강한 교환기부터 순서적으로 K^+, Na^+, Mg^{2+}, Ca^{2+} 등의 교환성 염기를 흡수하고, 대신 H^+를 방출한다.

㉯ 교환성 Al은 산성의 토양에만 존재하는 물질이고, 교환성 H와 함께 토양 산성화의 주요한 요인이 된다.

㉢ Al^{3+}은 뿌리의 세포분열이나 Ca 또는 P의 흡수나 흐름을 저해한다.

㉣ 토양의 양이온 교환기는 강산적 성격을 갖는 부분과 약산성 성격을 갖는 부분으로 나누는데, 결정성의 검토광물은 강산적이다.

(풀이) 산성비가 토양에 내리면 토양은 산적 성격이 약한 교환기로부터 순차적으로 Ca^{2+}, Mg^{2+}, Na^+, K^+ 등의 교환성 염기를 방출하고, 그 교환자리에 H^+가 흡착되어 치환된다.

158 산성비와 관련된 다음 설명 중 가장 거리가 먼 것은?

㉮ 산성비란 보통 빗물의 pH가 5.6보다 낮게 되는 경우를 말하는데, 이는 자연상태에 존재하는 CO_2가 빗방울에 흡수되었을 때의 pH를 기준으로 한 것이다.

㉯ 산성비는 인위적으로 배출된 SO_x 및 NO_x 화합물질이 대기 중으로 황산 및 질산으로 변환되어 발생한다.

㉰ 산성비가 토양에 내리면 토양은 산적 성격이 약한 교환기부터 순서적으로 Ca^{2+}, Mg^{2+}, Na^+, K^+ 등의 교환성 염기를 방출하고, 그 교환자리에 H^+가 흡착되어 치환된다.

㉱ 산성비 방지를 위한 국제적인 노력으로 국가 간 장거리 이동 대기오염조약인 몬트리올 의정서가 채택되었다.

(풀이) 산성비와 관련된 국제협약으로는 제네바협약, 헬싱키 의정서, 소피아 의정서 등이 있다.

159 산성비와 관련된 토양성질에 관한 설명 중 가장 거리가 먼 것은?

㉮ 토양의 성질 중 결정성의 점토광물은 약산성이고, 결정도가 낮은 점토광물은 강산성이다.

㉯ 토양과 흡착되어 있는 양이온을 교환성 양이온이라 하고, 이 중 양적으로 많은 것은 Ca^{2+}, Mg^{2+}, Na^+, K^+, Al^{3+}, H^+ 등 6종이다.

㉰ Al^{3+}와 H^+ 이외의 양이온을 교환성 염기라 하며, 토양의 pH는 흡착되어 있는 교환성 양이온에 의해 결정된다.

㉱ 토양입자는 일반적으로 ⊖ 하전으로 대전되어 각종 양이온을 정전기적으로 흡착하고 있다.

(풀이) 토양의 양이온 교환기는 강산성 성격을 갖는 부분과 약산성 성격을 갖는 부분으로 나누는데 결정성의 점토광물은 강산성이고, 결정도가 낮은 점토광물은 약산성이다.

160 다음 중 일반적으로 대도시의 산성강우 속에 가장 미량(mg/L)으로 존재할 것으로 예상되는 것은?(단, 산성강우는 pH 5.6으로 본다.)

㉮ SO_4^{2-} ㉯ NO_3^- ㉰ Cl^- ㉱ OH^-

161 다음 국제협약 중 질소산화물 배출량 또는 국가 간 이동량의 최저 30% 삭감에 관한 국가 간 장거리 이동 대기오염조약 의정서(협약)에 해당하는 것은?

㉮ 몬트리올 의정서 ㉯ 런던협약

㉰ 오슬로협약 ㉱ 소피아 의정서

162 다음 ( ) 안에 들어갈 말로 알맞은 것은?

전 지구의 평균 지상기온은 지구가 태양으로부터 받고 있는 태양에너지와 지구가 (①) 형태로 우주로 방출하고 이는 에너지의 균형으로부터 결정된다. 이 균형은 대기 중의 (②), 수증기 등의 (①)을(를) 흡수하는 기체가 큰 역할을 하고 있다.

㉮ ① : 자외선, ② : CO

㉯ ① : 적외선, ② : CO

㉰ ① : 자외선, ② : CO_2

㉱ ① : 적외선, ② : CO_2

163 지구온난화에 영향을 미치는 온실가스와 가장 거리가 먼 것은?

㉮ CO_2 ㉯ CH_4

㉰ CFC-11 & CFC-12 ㉱ NO_2

(풀이) 6종류의 온실가스 설정(저감 및 관리대상 온실가스)

CO_2, CH_4, N_2O, HFC(수소불화탄소), PFC(과불화탄소), SF_6(육불화황)

단, CFC는 몬트리올 의정서에 의해 미리 규제를 받고 있고 H_2O는 자연계에서 순환되므로 제외하였다.

온실가스	지구온난화지수(GWP)	온난화기여도(%)	수명(연)	주요배출원
CO_2	1	55	100~250	연소반응/산업공정(소성반응)
CH_4	21	15	12	폐기물처리과정/농업/가축배설물(축산)
N_2O	310	6	120	화학산업/농업(비료)
HFCs	140~11,700 (1,300)	24	70~550	냉매/용제/발포제/세정제
PFCs	6,500~11,700 (7,000)			냉동기/소화기/세정제
SF_6	23,900			전자제품 및 변압기의 절연체

164 다음이 설명하는 것은?

1992년 6월 '지구를 건강하게, 미래를 풍요롭게'라는 슬로건 아래 개최된 지구 정상회담에서 환경과 개발에 관한 기본원칙을 표방하며, 인간은 지속 가능한 개발을 위한 관심의 중심으로 자연과 조화를 이룬 건강하고 생산적인 삶을 향유하여야 한다는 주요원칙을 담고 있다.

㉮ 바젤협약
㉯ 몬트리올 의정서
㉰ 교토 의정서
㉱ 리우선언

165 다음 중 최근까지 알려진 것으로 온실효과에 영향을 미치는 기여도(%)가 가장 큰 물질은?

㉮ CH_4 ㉯ CFCs ㉰ O_3 ㉱ CO_2

166 다음 중 온실효과를 유발하는 원일물질과 가장 거리가 먼 것은?

㉮ CH_4 ㉯ CO ㉰ CO_2 ㉱ H_2O

(풀이) 163번 풀이 참고

167 온실기체와 관련한 다음 설명 중 ( ) 안에 가장 알맞은 것은?

(①)는 지표부근 대기 중 농도가 약 1.5ppm 정도이고 주로 미생물의 유기물 분해작용에 의해 발생하며, (②)의 특수파장을 흡수하여 온실기체로 작용한다.

㉮ ① CO_2, ② 적외선
㉯ ① CO_2, ② 자외선
㉰ ① CH_4, ② 적외선
㉱ ① CH_4, ② 자외선

168 지구온난화의 원인으로 주목되는 온실효과를 유발하는 물질과 가장 거리가 먼 것은?

㉮ 아산화질소(N_2O)
㉯ 암모니아(NH_3)
㉰ 이산화탄소(CO_2)
㉱ 메탄(CH_4)

169 대기 중에 존재하는 기체상의 질소산화물 중 대류권에서는 온실가스로 알려져 있고 일명 웃음가게라고도 하며, 성층권에서는 오존층 파괴물질로 알려져 있는 것은?

㉮ N_2O ㉯ NO_2 ㉰ NO_3 ㉱ N_2O_5

170 다음 온실가스 중 동일한 부피에서 가장 무거운 물질은?

㉮ CO_2　　㉯ CH_4　　㉰ N_2O　　㉱ O_3

(풀이) O_3는 온실가스 중 동일한 부피에서 분자량이 가장 크므로 가장 무거운 물질이다.

171 다음 중 온실효과(Green House Effect)에 관한 설명으로 옳은 것은?

㉮ 온실효과에 대한 기여도는 H_2O > CFC11 & 12 > CH_4 > CO_2 순이다.

㉯ CO_2 농도는 일정주기로 증감이 되풀이되는데 1년 주기로 봄부터 여름에는 증가하고, 가을부터 겨울에는 감소한다.

㉰ 온실가스들은 각각 적외선 흡수대가 있으며, CO_2의 주요 흡수대는 파장 $13 \sim 17\mu m$ 정도이다.

㉱ 오슬로협약은 기후변화협약에 따른 온실가스 감축목표와 관련한 국제협약이다.

(풀이) ㉮항 : 온실효과 기여도는 CO_2 > CFC11, CFC12 > CH_4 > N_2O이다.

㉯항 : CO_2 농도는 1년 주기로 봄부터 여름에는 감소하고, 가을부터 겨울에는 감소한다.

㉱항 : 오슬로협약은 폐기물의 해양투기로 인한 해양오염을 방지하기 위해 마련된 국제협약이다.

172 다음 (　　) 안에 알맞은 것은?

(　　)이란 적도무역풍이 평년보다 강해지며, 서태평양의 해수면의 수온이 평년보다 상승하게 되고, 찬해수의 용승현상 때문에 적도 동태평양

에서 저수온 현상이 강화되어 나타나는 현상으로 해수면의 온도가 6개월 이상 0.5℃ 이상 낮은 현상이 지속되는 것을 말한다.

㉮ 엘니뇨 현상　　㉯ 사헬 현상
㉰ 라니냐 현상　　㉱ 헤들리셀 현상

173 다음 중 온실가스 감축, 오존층 보호를 위한 국제협약(의정서)으로 가장 거리가 먼 것은?

㉮ 몬트리온 의정서　　㉯ 교토 의정서
㉰ 바젤 협약　　㉱ 비엔나 협약

(풀이) 바젤 협약은 유해폐기물의 국가 간 이동 및 처리에 관한 규제를 다루고 폭발성, 인화성, 독성 등을 가진 폐기물을 규제대상물질로 정하여 국가 간 이동을 금지하는 것이 주요 내용이다.

174 온실효과에 관한 설명 중 가장 적합한 것은?

㉮ 일산화탄소의 기여도가 가장 큰 것으로 알려져 있다.

㉯ 실제 온실에서의 보온작용과 같은 원리이다.

㉰ 가스차단기, 소화기 등에 주요 사용되는 NO_2는 온실효과에 대한 기여도가 CH_4 다음으로 크다.

㉱ 온실효과 가스가 증가하면 대류권에서 적외선 흡수량이 많아져서 온실효과가 증대된다.

175 엘니뇨(El Nino)현상에 관한 설명으로 거리가 먼 것은?

㉮ 스페인어로 여자아이(the girl)라는 뜻으로, 엘니뇨가 발생하면 동남아시아, 호수 북부 등에서는 홍수가 주로 발생한다.

㉯ 열대 태평양 남미해안으로부터 중태평양에 이르는 넓은 범위에서 해수면의 온도가 평년보다 보통 0.5℃ 이상 높은 상태가 6개월 이상 지속되는 현상을 의미한다.

㉰ 엘니뇨가 발생하는 이유는 태평양 적도 부근에서 동태평양의 따뜻한 바닷물을 서쪽으로 밀어내는 무역풍이 불지 않거나 불어도 약하게 불기 때문이다.

㉱ 엘니뇨로 인한 피해가 주요 농산물 생산지역인 태평양 연안국에 집중되어 있어 농산물 생산이 크게 감축되고 있다.

(풀이) 스페인어로 아기예수 또는 귀여운 소년(남자아이)이란 뜻이다.

176 온실효과 및 지구 온난화에 관한 설명으로 가장 적합한 것은?

㉮ 지구온난화지수(GWP)는 SF_6가 HFC_s에 비해 크다.

㉯ 대기의 온실효과는 실제 온실에서의 보온작용과 같은 원리이다.

㉰ 온실효과에 대한 기여도는 N_2O > CFC11 & 12이다.

㉱ 북반구에서의 계절별 CO_2 농도경향은 봄·여름·가을·겨울철보다 높은 편이다.

(풀이) ㉯항 : 대기의 온실효과는 실제 온실에서의 보온작용과 같은 원리가 아니며, 온실기체가 대기 중에서 계속 축적되어 발생하는 지구대류권의 온도 증가 현상이다.

㉰항 : 온실효과 기여도 CFC11, CFC12 > N_2O이다.

㉱항 : 북반구에서의 계절별 CO_2 농도경향은 봄, 여름이 가을, 겨울보다 낮은 편이다.

177 다음 ( ) 안에 들어갈 알맞은 것은?

성층권을 비행하는 초음속 여객기(SST plane)에서 ( )가 배출되며, ( )는 촉매적으로 오존을 파괴한다.

㉮ SO_2 ㉯ Cl   ㉰ CO   ㉱ NO

178 대기 중에 존재하는 기체상의 질소산화물 중 대류권에서는 온실가스로 알려져 있고 일명 웃음기체라고도 하며, 성층권에서는 오존층 파괴물질로 알려져 있는 것은?

㉮ NO_2 ㉯ N_2O ㉰ NO_3 ㉱ N_2O_5

179 오존층에 관한 다음 설명 중 옳지 않은 것은?

㉮ 오존층이란 성층권에서도 오존이 더욱 밀집해 분포하고 있는 지상 50~60km 구간을 말한다.

㉯ 오존층의 두께를 표시하는 단위는 돕슨(Dobson)이며, 지구대기 중의 오존총량을 표준상태에서 두께로 환산했을 때 1mm를 100돕슨으로 정하고 있다.

㉰ 오존총량은 적도상에서 약 200돕슨, 극지방에서 약 400돕슨 정도인 것으로 알려져 있다.

㉱ 오존은 성층권에서는 대기 중의 산소분자가 주로 240nm 이하의 자외선에 의해 광분해되어 생성된다.

180 다음 중 오존량(두께)을 표시하는 단위로 옳은 것은?

㉮ Phon   ㉯ Ozonosphere
㉰ Dobson   ㉱ TSM

㊀ 오존층의 두께를 표시하는 단위는 돕슨(Dobson)
이며, 지구 대기 중의 오존 총량을 표준상태에서
두께로 환산했을 때 1mm를 100돕슨으로 정하고
있다. 즉, 1Dobson은 지구 대기 중 오존의 총량을
0℃, 1기압의 표준상태에서 두께로 환산하였을
때 0.01mm에 상당하는 양이다.

181 오존층과 관련된 설명으로 가장 거리가 먼 것은?

㉮ 오존층이란 성층권에서도 오존이 더욱 밀집해
분포하는 지상 약 20~30km 구간을 말한다.
㉯ 오존층에서는 오존의 생성과 소멸이 계속적
으로 일어나면서 오존의 농도를 유지하며 또
한 지표면의 생물체에 유해한 자외선을 흡수
한다.
㉰ 지구 전체의 평균 오존량은 약 300Dobson
정도이고, 지리적 또는 계절적으로 평균치의
±50% 정도까지 변화한다.
㉱ CFC는 독성과 활성이 강한 물질로서 대기
중으로 배출될 경우 빠르게 오존층에 도달하
며, 비엔나협약을 통하여 생산과 소비량을
줄이기로 결의하였다.

㊀ CFC는 인체에 독성이 없고 매우 안정한 물질로
서 몬트리올 의정서를 통하여 생산과 소비량을
줄이기로 결의하였다.

182 다음 중 오존층 보호를 위한 국제협약은?

㉮ 바젤 협약   ㉯ 비엔나 협약
㉰ 람사 협약   ㉱ 오슬로 협약

㊀ 오존층 보호를 위한 국제협약에는 비엔나 협약
(1985), 몬트리올 의정서(1987), 런던회의(1990),
코펜하겐 회의(1992) 등이 있다.

183 다음 각종 환경 관련 국제협약(조약)에 관한 주요 내용으로 틀린 것은?

㉮ 몬트리올 의정서 : 오존층 파괴물질인 염화
불화탄소의 생산과 사용규제를 위한 협약
㉯ 바젤 협약 : 폐기물의 해양투기로 인한 해양
오염을 방지하기 위한 협약
㉰ 람사 협약 : 자연자원의 보존과 현명한 이용
을 위한 습지보전 협약
㉱ CITES : 멸종위기에 처한 야생동식물의 보
호를 위한 협약

㊀ 바젤 협약은 유해폐기물의 국가 간 이동 및 처리
에 관한 규제를 다루고 폭발성, 인화성, 독성 등
을 가진 폐기물을 규제대상물질로 정하여 국가
간 이동을 금지하는 것이 주요 내용이다.

184 다음 중 오존 파괴지수(ODP)가 가장 큰 것은?

㉮ CFC-114   ㉯ HCFC-22
㉰ CCl_4 ㉱ Halon-1301

㊀ 특정물질 오존파괴지수(ODP)
  ㉮ CFC-114[$C_2F_4Cl_2$] : 1.0
  ㉯ HCFC-22[CHF_2Cl] : 0.055
  ㉰ CCl_4 : 1.1
  ㉱ Halon-1301[CF_3Br] : 10.0
  일반적으로 Halon gas의 ODP가 높다.

185 다음 특성물질 중 오존파괴지수가 가장 낮은 것은?

㉮ CFC-13 ㉯ CFC-114

㉰ CFC-115 ㉴ CFC-11

(풀이) 특정물질 오존파괴지수(ODP)

㉮ CFC-13[CF_3Cl] : 1.0

㉯ CFC-114[$C_2F_4Cl_2$] : 1.0

㉰ CFC-115[C_2F_5Cl] : 0.6

㉴ CFC-11[$CFCl_3$] : 1.0

186 다음은 오존층 파괴물질에 관한 설명이다. 가장 적합한 것은?

- 용도 : 냉각, 거품크림 안정제
- ODP : 0.6
- 대류권 잔류기간 : 약 500년

㉮ CFC-115 ㉯ Halon-1301

㉰ Halon-1211 ㉴ CCl_4

187 특정물질의 화학식 및 오존파괴지수의 연결로 틀린 것은?

구분	특정물질의 종류	화학식	오존파괴지수
①	CFC-217	C_3F_7Cl	1.0
②	HCFC-21	$CHFCl_2$	0.04
③	CFC-115	C_2F_5Cl	0.6
④	CFC-113	$C_2F_3Cl_3$	0.4

㉮ ① ㉯ ② ㉰ ③ ㉴ ④

(풀이) CFC-113의 오존파괴지수(ODP)는 0.8이다.

188 다음 중 오존파괴지수(ODP)가 가장 큰 것은?

㉮ CCl_4 ㉯ Halon-1301

㉰ Halon-1211 ㉴ Halon-2402

(풀이) 특정물질 오존파괴지수(ODP)

㉮ CCl_4 : 1.1

㉯ Halon-1301[CF_3Br] : 10.0

㉰ Halon-1211[CF_2BrCl] : 3.0

㉴ Halon-2402[$C_2F_4Br_2$] : 6.0

189 다음 특정물질 중 오존파괴지수가 가장 높은 것은?

㉮ $C_2H_2FCl_3$ ㉯ $C_2H_2F_3Cl$

㉰ $CHFBr_2$ ㉴ CH_2FBr

(풀이) 특정물질 오존파괴지수(ODP)

㉮ $C_2H_2FCl_3$[HCFC-131] : 0.007~0.05

㉯ $C_2H_2F_3Cl$[HCFC-133] : 0.02~0.06

㉰ $CHFBr_2$: 1.00

㉴ CH_2FBr : 0.73

190 다음 특정물질 중 오존파괴지수가 가장 높은 것은?

㉮ $CHCl_2CF_3$ ㉯ C_3H_6FBr

㉰ CH_2FBr ㉴ $C_2F_4Br_2$

(풀이) 특정물질 오존파괴지수(ODP)

㉮ $CHCl_2CF_3$[HCFC-123] : 0.02

㉯ C_3H_6FBr : 0.02~0.7

㉰ CH_2FBr : 0.73

㉴ $C_2F_4Br_2$[Halon-2402] : 6.0

191 다음 특정물질 중 오존파괴지수가 가장 큰 것은?

㉮ $CHFBr_2$
㉯ CHF_2Br
㉰ CH_2FBr
㉱ C_2HFBr_4

풀이 특정물질 오존파괴지수(ODP)

㉮ $CHFBr_2$: 1.00
㉯ CHF_2Br[HBFC-22BI] : 0.74
㉰ CH_2FBr : 0.73
㉱ C_2HFBr_4 : 0.3~0.8

192 다음 특정물질 중 오존파괴지수가 가장 큰 것은?

㉮ CF_2BrCl
㉯ $CHFClCF_3$
㉰ C_3HF_6Cl
㉱ $C_3H_3F_4Cl$

풀이 특정물질 오존파괴지수(ODP)

㉮ CF_2BrCl[Halon-1211] : 3.0
㉯ $CHFClCF_3$[HCFC-124] : 0.022
㉰ C_3HF_6Cl[HCFC-231] : 0.05~0.09
㉱ $C_3H_3F_4Cl$[HCFC-224] : 0.009~0.14

193 성층권의 오존층 파괴의 원인물질인 CFC 화합물 중 CFC-12의 화학식은?

㉮ CF_2Cl_2
㉯ $CHFCl_2$
㉰ $CFCl_3$
㉱ CHF_2Cl

194 다음 중 CFC-11의 올바른 화학식은?

㉮ $CHFCl_2$
㉯ CF_3Br
㉰ CF_3Cl
㉱ $CFCl_3$

195 다음 특정물질 중 펜타클로로플루오르에 탄(CFC-111)의 화학식으로 옳은 것은?

㉮ $C_3H_2FCl_5$
㉯ C_2FCl_5
㉰ $C_3F_3Cl_5$
㉱ $C_3HF_2Cl_5$

196 지구상에 분포하는 오존에 관한 설명으로 옳지 않은 것은?

㉮ 몬트리올 의정서는 오존층파괴물질의 규제와 관련한 국제협약이다.
㉯ 오존량은 돕슨(Dobson)단위로 나타내는데, 1Dobson은 지구 대기 중 오존의 총량을 0℃, 1기압의 표준상태에서 두께로 환산하였을 때 0.001mm에 상당하는 양이다.
㉰ 오존의 생성 및 분해반응에 의해 자연상태의 성층권영역에는 일정 수준의 오존량이 평형을 이루게 되고, 다른 대기권에 비해 오존의 농도가 높은 오존층이 생긴다.
㉱ 지구 전체의 평균오존 총량은 약 300Dobson 이지만, 지리적 또는 계절적으로 그 평균값의 ±50% 정도까지 변화하고 있다.

풀이 오존량은 돕슨(Dobson)단위로 나타내는데, 1Dobson은 지구 대기 중 오존의 총량을 0℃, 1기압의 표준상태에서 두께로 환산하였을 때 0.01mm에 상당하는 양이다.

197 바람에 관여하는 힘 중에서 바람 발생의 근본 원인이 되는 것은?

㉮ 전향력
㉯ 원심력
㉰ 마찰력
㉱ 기압경도력

198 바람을 일으키는 힘 중 「전향력」에 관한 설명으로 가장 거리가 먼 것은?

㉮ 지구의 자전에 의해 생기는 힘을 전향력이라 한다.

㉯ 전향력은 극지방에서 최소가 되고 적도지방에서 최대가 된다.

㉰ 북반구에서는 항상 움직이는 물체의 운동방향의 오른쪽 90° 방향으로 작용한다.

㉱ 전향력의 크기는 위도, 지구자전각속도, 풍속의 함수로 나타낸다.

⊙ 전향력은 극지방에서 최대가 되고 적도지방에서 최소가 된다.

199 바람에 작용하는 여러 힘 중 전향인자를 타나낸 식으로 옳은 것은?(단, Ω : 지구자전각속도, ϕ : 물체의 위도)

㉮ $2\Omega\sin\phi$ ㉯ $2\Omega\cos\phi$

㉰ $\Omega^2\sin\phi$ ㉱ $\Omega^2\cos\phi$

200 마찰층(Friction Layer)과 관련한 바람에 관한 설명으로 거리가 먼 것은?

㉮ 마찰층 내의 바람은 높이에 따라 항상 반시계방향으로 각천이(Angular Shift)가 생긴다.

㉯ 마찰층 내의 바람은 위로 올라갈수록 실제 풍향은 서서히 지균풍에 가까워진다.

㉰ 마찰층 내의 바람은 위로 올라갈수록 그 변화량이 감소한다.

㉱ 마찰층 이상 고도에서 바람의 고도변화는 근본적으로 기온분포에 의존한다.

⊙ 마찰층 내의 바람은 높이에 따라 항상 시계방향으로 각천이가 생긴다.

201 경도풍은 3가지 힘이 평형을 이루면서 부는 바람을 말한다. 이와 관련이 가장 적은 힘은?

㉮ 마찰력   ㉯ 기압경도력
㉰ 원심력   ㉱ 전향력

⊙ 경도풍은 등압선이 곡선인 경우 원심력, 기압경도력, 전향력의 세 힘이 평형을 이루는 상태에서 등압선을 따라 부는 바람이다.

202 전향력에 관한 다음 설명 중 옳지 않은 것은?

㉮ 전향인자(f)는 $2\Omega\sin\phi$로 나타내며, ϕ는 위도, Ω는 지구 자전 각속도로서 $7.27\times10^{-5}\text{rad}\cdot\text{s}^{-1}$이다.

㉯ 지구 북반구에서 나타나는 전향력은 물체의 이동방향에 대해 오른쪽 직각방향으로 작용한다.

㉰ 전향력은 극지방에서 최대, 적도지방은 0이다.

㉱ 전향력은 전향인자를 속도로 나눈 값으로 정한다.

⊙ 전향력(C)은 전향인자(코리올리 인자)와 물체 속도의 곱하기 값으로 나타낸다.

203 바람을 일으키는 힘 중 전향력에 관한 설명으로 가장 거리가 먼 것은?

㉮ 북반구에서는 항상 움직이는 물체의 운동방향의 왼쪽 90° 방향으로 작용한다.

㉯ 전향력은 극지방에서 최대가 되고 적도지방에서 최소가 된다.

㉰ 지구의 자전에 의해 생기는 힘을 전향력이라 한다.

㉱ 전향력의 크기는 위도, 지구자전각속도, 풍속의 함수로 나타낸다.

(풀이) 전향력은 북반구에서 항상 움직이는 물체의 운동방향의 오른쪽 직각(90°)방향으로 작용한다.

204 지균풍에 관한 설명으로 가장 거리가 먼 것은?

㉮ 대기경계층 상부, 즉 고도 1km 이상의 상공에서 등압선이 직선일 때 등압선과 직각으로 부는 바람이다.

㉯ 고공풍이므로 마찰력의 영향이 거의 없다.

㉰ 지균풍에 영향을 주는 기압경도력과 전향력은 크기가 같고 방향은 반대이다.

㉱ 등압선이 평행인 경우 북반구에서는 관측자가 지구를 향하여 내려다보는 경우 저기압지역이 풍향의 왼쪽에 위치한다.

(풀이) 지균풍은 지표면으로부터의 마찰력이 무시될 수 있는 고도(상층 : 행성경계층 PBL보다 높은 고도로 약 1km 이상)에서 등압선이 직선(등압선과 평행)일 경우 코리올리 힘과 기압경도력의 두 힘만으로 완전히 평형을 이루고 있을 때 부는 수평바람을 의미한다.

205 등압선이 곡선인 경우 원심력, 기압경도력, 전향력의 세 힘이 평형을 이루는 상태에서 등압선을 따라 부는 바람을 무엇이라 하는가?

㉮ 지균풍   ㉯ 코리올리풍
㉰ 경도풍   ㉱ 마찰풍

206 바람에 관한 다음 설명 중 옳지 않은 것은?

㉮ 지표면으로부터의 마찰효과가 무시될 수 있는 층에서 기압경도력과 전향력의 평형에 의하여 이루어지는 바람을 지균풍이라고 한다.

㉯ 지구자전에 의한 전향력 때문에 북반구에서는 지로의 오른쪽 방향으로 남반구에서는 진로의 왼쪽 방향으로 바람의 방향이 변한다.

㉰ 기압경도력, 전향력 및 원심력의 평균으로 나타나는 바람을 경도풍이라고 한다.

㉱ 산악지형에서 발생하는 산곡풍 중 낮에는 산의 사면을 따라 하강류가 발생한다.

(풀이) 산악지형에서 발생하는 산곡풍 중 낮에는 산의 사면을 따라 상승하는 바람이 분다.

207 다음 중 교외지역에 비해 온도가 높게 나타나는 도시열섬효과(Heat Island Effect)를 가져오는 원인과 가장 거리가 먼 것은?

㉮ 인구 집중에 따른 인공열 발생의 증가
㉯ 건물 등 구조물에 의한 거칠기 길이의 변화
㉰ 지표면의 열적 성질 차이
㉱ 기온역전

208 열섬현상에 관한 설명으로 가장 거리가 먼 것은?

㉮ Dust Dome Effect라고도 하며, 직경 10km 이상의 도시에서 잘 나타나는 현상이다.

㉯ 도시지역 표면의 열적 성질의 차이 및 지표면에서의 증발잠열의 차이 등으로 발생된다.

㉰ 태양의 복사열에 의해 도시에 축적된 열이 주변지역에 비해 크기 때문에 형성된다.

㉱ 대도시에서 발생하는 기후현상으로 주변지역보다 비가 적게 오며, 건조해져 코, 기관지염증의 원인이 된다.

(풀이) 도시의 온도 증가에 따른 상승기류로 인하여 대기오염물질이 응결핵으로 작용하여 운량과 강우량이 증가한다.

209 해륙풍에 관한 다음 설명 중 옳지 않은 것은?

㉮ 낮에는 육지에서 바다로 바람이 분다.

㉯ 해풍은 바다에서 육지로, 육풍은 육지에서 바다로 분다.

㉰ 바다와 육지의 비열차에 의해 발생한다.

㉱ 해풍은 육풍보다 영향을 미치는 거리가 일반적으로 길다.

(풀이) 낮에는 바다에서 육지로 향해 해풍이 분다.

210 바람에 관한 다음 설명 중 옳지 않은 것은?

㉮ 북반구의 경도풍은 저기압에서는 시계바늘 반대방향으로 회전하고 위쪽으로 상승하면서 분다.

㉯ 마찰층 내 바람은 높이에 따라 시계방향으로 각천이가 생겨나며, 위로 올라갈수록 실제 풍향은 점점 지균풍과 가까워진다.

㉰ 곡풍은 경사면 → 계곡 → 주계곡으로 수렴하면서 풍속이 가속되기 때문에 낮에 산 위쪽으로 부는 산풍보다 더 강하다.

㉱ 해륙풍이 부는 원인은 낮에는 바다보다 육지가 빨리 데워져서 육지의 공기가 상승하기 때문에 바다에서 육지로 8~15km 정도까지 바람(해풍)이 분다.

(풀이) 곡풍은 산의 사면을 따라 상승하는 바람이며, 주로 낮에 분다.

211 바람에 대한 설명 중 옳지 않은 것은?

㉮ 마찰층 내의 바람은 높이에 따라 시계방향으로 각천이가 생기며 위로 올라갈수록 변하는 양이 감소한다.

㉯ 지균풍은 마찰력이 무시될 수 있는 고도에서 등압선이 직선일 때 기압경도력과 전향력이 평형을 이루어 등압선에 평행으로 부는 바람이다.

㉰ 해륙풍 중 육풍은 낮 동안 햇빛에 더워지기 쉬운 육지 쪽이 저기압으로 되어 바다로부터 육지 쪽으로 10~15km까지 분다.

㉱ 경도풍은 기압경도력과 전향력, 원심력이 평형을 이루어 부는 바람이다.

(풀이) 육풍은 바다의 온도 냉각률이 육지에 비해 작아서 기압차에 의해 육지에서 바다 쪽 5~6km 정도까지 바람이 불며 겨울철에 빈발한다.

212 대기 중 환경감률이 −4℃/km인 경우의 대기상태는?

㉮ 과단열 ㉯ 등온 ㉰ 미단열 ㉱ 역전

(풀이) 고도가 높아짐에 따라 기온감률이 −1℃/100m 보다 완만한 감률을 가지며, 대기상태는 다소 안정하게 된다.

213 Richardson Number에 관한 설명으로 옳지 않은 것은?

㉮ 기계적 난류와 대류난류 중 어느 것이 지배적인가를 추정할 수 있다.

㉯ 무차원 수이다.

㉰ 큰 음의 값을 가지면 대류가 지배적이어서 바람이 약하게 되어 강한 수직운동이 일어난다.

㉱ 0에 접근하면 분산이 증가한다.

(풀이) 0에 접근하면 분산이 줄어든다.

214 Richardson 수(Ri)의 크기가 아래와 같을 때, 대기의 혼합상태로 옳은 것은?

0 < Ri < 0.25

㉮ 성층(Stratification)에 의해서 약화된 기계적 난류가 존재한다.

㉯ 대류에 의한 혼합이 기계적 혼합을 지배한다.

㉰ 수직방향의 혼합이 없다.

㉱ 기계적 난류와 대류가 존재하거나 기계적 난류가 혼합을 주로 일으킨다.

215 다음은 대기의 동적 안정도를 나타내는 '리차드슨 수'에 관한 설명이다. (   ) 안에 가장 적합한 것은?

리차드슨 수(Ri)를 구하기 위해서는 두 층(보통 지표에서 수 m와 10m 내외의 고도)에서 (①)과 (②)을 동시에 측정하여야 하고, 이 값은 (③)에 반비례한다.

㉮ ① 기압, ② 기온, ③ 기온차의 제곱

㉯ ① 기온, ② 풍속, ③ 풍속차의 제곱

㉰ ① 기압, ② 기온, ③ 풍속차의 제곱

㉱ ① 기온, ② 풍속, ③ 기온차의 제곱

216 다음 중 Panofsky에 의한 리차드슨 수 (Ri) 크기와 대기의 혼합 간의 관계에 따른 설명으로 거리가 먼 것은?

㉮ Ri=0 : 수직방향의 혼합이 없다.

㉯ 0<Ri<0.25 : 성층에 의해 약화된 기계적 난류가 존재한다.

㉰ Ri< -0.04 : 대류에 의한 혼합이 기계적 혼합을 지배한다.

㉱ -0.03<Ri<0 : 기계적 난류와 대류가 존재하나 기계적 난류가 혼합을 주로 일으킨다.

🖉 Ri=0은 중립상태이며, 기계적 난류가 지배적인 상태이다.

217 Richardson 수(Ri)의 크기가 0<Ri<0.25 범위일 때 대기의 혼합상태로 옳은 것은?

㉮ 수직방향의 혼합이 없다.

㉯ 대류에 의한 혼합이 기계적 혼합을 지배한다.

㉰ 성층(Stratification)에 의해서 약화된 기계적 난류가 존재한다.

㉱ 기계적 난류와 대류가 존재하나 기계적 난류가 주로 혼합을 일으킨다.

218 온위(Potential Temperature)에 관한 설명으로 옳지 않은 것은?

㉮ 온위는 온도와 압력의 특수한 대기조합이 연관된 건조단열을 정의하는 한 방법이다.

㉯ 온위 $\theta = T\left(\dfrac{1,000}{P}\right)^{0.288}$ 로 나타낼 수 있으며, 여기서 P는 millibar, T는 K 단위로 표시된다.

㉰ 밀도는 온위는 비례한다.

㉱ 높이에 따라 온위가 감소하면 대기는 불안정하고, 증가하면 대기는 안정하다.

🖉 밀도는 온위에 반비례하고, 온위가 높을수록 공기의 밀도는 작아진다.

219 라디오존데(Radiosonde)는 주로 무엇을 측정하는 데 사용되는 장비인가?

㉮ 고층대기의 주파수를 측정하는 장비

⑭ 고층대기의 입자상 물질의 농도를 측정하는 장비

⑮ 고층대기의 가스상 물질의 농도를 측정하는 장비

⑯ 고층대기의 온도, 기압, 습도, 풍속 등을 측정하는 장비

220 파스킬(Pasquill)의 대기안정도에 관한 설명으로 옳지 않은 것은?

㉮ 낮에는 일사량과 풍속(지상 10m)으로, 야간에는 운량, 운고와 풍속 등으로부터 안정도를 구분한다.

㉯ 안정도는 A~F까지 6단계로 구분하며, A는 가장 불안정한 상태, F는 가장 안정한 상태를 뜻한다.

㉰ 낮에는 풍속이 약할수록(2m/s 이하), 일사량은 강할수록 대기안정도 등급은 가장 안정한 상태를 나타낸다.

㉱ 지표가 거칠고 열섬효과가 있는 도시나 지면의 성질이 균일하지 않은 곳에서는 오차가 크게 나타날 수 있다.

(풀이) 낮에는 풍속이 약할수록, 일사량은 강할수록 대기안정도 등급은 강한 불안정 상태를 나타낸다.

221 최대혼합깊이(Maximum Mixing Depth ; MMD)에 관한 설명으로 가장 거리가 먼 것은?

㉮ 열부상효과에 의하여 대류에 의한 혼합층의 깊이가 결정되는데 이를 최대혼합깊이라 한다.

㉯ 실제로 지표 위 수 km까지의 실제 공기의 온도 종단도를 작성함으로써 결정된다.

㉰ 계절적으로 보아 여름(6월경)이 최대가 된다.

㉱ 역전이 심할수록 큰 값을 가지며 대기오염의 심화를 나타낸다.

(풀이) 야간에 역전이 심할 경우에는 그 값이 거의 0이 될 수도 있고, 대기오염의 심화가 나타난다.

222 최대혼합깊이(MMD)에 관한 설명 중 옳지 않은 것은?

㉮ 야간에 역전이 심할 경우에는 그 값이 거의 0이 될 수도 있다.

㉯ 통상적으로 밤에 가장 크고, 계절적으로는 겨울에 최대가 된다.

㉰ 열부상효과에 의하여 대류에 의한 혼합층의 깊이가 결정되는데 이를 MMD라 한다.

㉱ 실제로 MMD는 지표 위 수 km까지의 실제 공기의 온도종단도를 작성함으로써 결정된다.

(풀이) 최대혼합깊이(MMD)는 통상적으로 밤에 가장 작고, 계절적으로는 겨울에 최소가 된다.

223 다음은 최대혼합고(MMD)에 관한 설명이다. ( ) 안에 가장 알맞은 것은?

> MMD 값은 통상적으로 (①)에 가장 낮으며, (②)시간 동안 증가한다. (②)시간 동안에는 통상 (③) 값을 나타내기도 한다.

㉮ ① 밤, ② 낮, ③ 20~30km

㉯ ① 밤, ② 낮, ③ 2,000~3,000m

㉰ ① 낮, ② 밤, ③ 20~30km

㉱ ① 낮, ② 밤, ③ 2,000~3,000m

224 대기오염물의 분산과정에서 최대혼합깊이(Maximum Mixing Depth)를 가장 적합하게 표현한 것은?

㉮ 열부상 효과에 의한 대류혼합층의 높이

㉯ 풍향에 의한 대류혼합층의 높이

㉰ 기압의 변화에 의한 대류혼합층의 높이

㉱ 오염물 간 화학반응에 의한 대류혼합층의 높이

225 최대혼합깊이(MMD)에 관한 설명으로 옳지 않은 것은?

㉮ 일반적으로 대단히 안정된 대기에서의 MMD는 불안정한 대기에서보다 작다.

㉯ 실제 측정 시 MMD는 지상에서 수 km 상공까지의 실제공기의 온도종단도로 작성하여 결정된다.

㉰ 일반적으로 MMD가 높은 날은 대기오염이 심하고 낮은 날에는 대기오염이 적음을 나타낸다.

㉱ 계절적으로 MMD는 이른 여름에 최대가 되고, 겨울에 최소가 된다.

⊕풀이 MMD 값이 1,500m 이하인 경우에 통상 대도시 지역에서의 대기오염이 심화된다.

226 다음 중 대기오염물질의 분산을 예측하기 위한 바람장미(Wind Rose)에 관한 설명으로 가장 거리가 먼 것은?

㉮ 바람장미는 풍향별로 관측된 바람의 발생빈도와 풍속을 16방향인 막대기형으로 표시한 기상도형이다.

㉯ 가장 빈번히 관측된 풍향을 주풍(Prevailing Wind)이라 하고, 막대의 굵기를 가장 굵게 표시한다.

㉰ 관측된 풍향별 발생빈도를 %로 표시한 것을 방향량(Vector)이라 하며, 바람장미의 중앙에 숫자로 표시한 것은 무풍률이다.

㉱ 풍속이 0.2m/sec 이하일 때는 정온(Calm) 상태로 본다.

⊕풀이 바람장미의 표시내용 중 풍향은 바람이 불어오는 쪽으로 막대모양으로 표시하고, 막대의 길이가 가장 긴 방향이 그 지역의 주풍이 된다.

227 바람장미에 관한 다음 설명 중 옳지 않은 것은?

㉮ 대기오염물질의 이동방향은 주풍(主風)과 같은 방향이며, 풍속은 막대 날개의 길이로 표시한다.

㉯ 방향량(Vector)은 관측된 풍향별 횟수를 백분율로 나타낸 값이다.

㉰ 주풍은 가장 빈번히 관측된 풍향을 말하며, 막대의 길이를 가장 길게 표시한다.

㉱ 풍속이 0.2m/s 이하일 때를 정온(Calm) 상태로 본다.

⊕풀이 바람장미의 표시내용으로 풍속은 막대 굵기로 표시한다.

228 다음은 풍향과 풍속의 빈도 분포를 나타낸 바람장미(Wind Rose)이다. 주풍은?

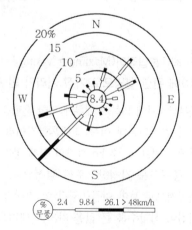

㉮ 북동풍 ㉯ 남동풍 ㉰ 서풍 ㉱ 남서풍

229 복사역전(Radiation Inversion)이 발생되기 쉬운 기상조건은?

㉮ 하늘이 맑고, 바람이 약하며, 습도가 낮을 때
㉯ 하늘이 흐리고, 바람이 강하며, 습도가 높을 때
㉰ 하늘이 흐리고, 바람이 약하며, 습도가 낮을 때
㉱ 하늘이 맑고, 바람이 강하며, 습도가 높을 때

(풀이) 복사역전은 일출 직전에 하늘이 맑고, 습도가 낮으며, 바람이 없는 경우에 강하게 생성된다.

230 침강역전(Subsidence Inversion)에 관한 다음 설명 중 옳지 않은 것은?

㉮ 고기압 중심부분에서 기층이 서서히 침강하면서 기온이 단열변화하여 승온되어 발생하는 현상이다.
㉯ 고기압이 정체하고 있는 넓은 범위에 걸쳐서 시간에 무관하게 장기적으로 지속된다.
㉰ 낮은 고도까지 하강하면 대기오염의 농도는 매우 낮아지는 경향이 있다.
㉱ 로스앤젤레스 스모그 발생과 밀접한 관계가 있는 역전형태이다.

(풀이) 침강역전이 낮은 고도까지 하강하면 대기오염의 농도는 증가하는 경향이 있다.

231 다음 기온역전의 발생기전에 관한 설명으로 옳은 것은?

㉮ 이류성 역전 - 따뜻한 공기가 차가운 지표면 위로 흘러갈 때 발생
㉯ 침강형 역전 - 저기압 중심부분에서 기층이

서서히 침강할 때 발생
㉰ 해풍형 역전 - 바다에서 더워진 바람이 차가운 육지 위로 불 때 발생
㉱ 전선형 역전 - 비교적 높은 고도에서 차가운 공기가 따뜻한 공기 위로 전선을 이룰 때 발생

(풀이) ㉯항 : 고기압 중심부분에서 기층이 서서히 침강할 때 발생
㉰항 : 바다에서 차가운 바람이 더워진 육지 위로 볼 때 발생
㉱항 : 비교적 높은 고도에서 따뜻한 공기와 차가운 공기가 부딪쳐 따뜻한 공기가 차가운 공기 위로 상승하면서 전선을 이룰 때 발생

232 침강역전과 상대 비교 시 복사역전에 관한 설명으로 거리가 먼 것은?

㉮ 대기오염물질 배출원이 위치하는 대기층에서 주로 생성된다.
㉯ 구름이 낀 날이나, 센 바람이 부는 날에는 잘 생기지 않는다.
㉰ 지표 가까이에 형성되므로 지표역전이라고도 한다.
㉱ 단기간보다는 장기간에 걸친 대기오염물질의 축적에 의한 문제를 주로 일으킨다.

(풀이) ㉱항은 침강역전에 해당하는 내용이다.

233 다음 역전 중 공중역전은?

㉮ 복사역전   ㉯ 접지역전
㉰ 이류성 역전   ㉱ 침강역전

(풀이) 공중역전에는 침강역전, 전선형 역전, 해풍형 역전, 난류역전이 있다.

234 다음 용어 설명 중 가장 거리가 먼 것은?

㉮ 대류권 : 지표면에서 평균 11km까지로 구름, 비 등의 기상현상이 발생

㉯ Down Wash : 바람이 불어오는 쪽의 반대로 부압 영역이 생겨 연기가 말려 들어가는 현상

㉰ 열섬현상 : 교외지역에 비해 도시지역에 고온의 공기층을 형성하는 현상

㉱ 복사역전 : 시간에 무관하게 장기간으로 지속되어 지표에서 발생한 오염물질의 수직확산을 방해

(풀이) 주로 맑은 날 야간에 지표면에서 발산되는 복사열로 인하여 복사냉각이 시작되면 이로 인해 온도가 상공으로 소실되어 지표 냉각이 일어나 지표면의 공기층이 냉각된 지표와 접하게 되어 주로 밤부터 이른 아침 사이에 복사역전이 형성되며 낮이 되면 일사에 의해 지면이 가열되므로 곧 소멸된다.

235 기온역전현상에 관한 설명으로 거리가 먼 것은?

㉮ 역전은 접지역전과 공중역전으로 나눌 수 있다.

㉯ 침강성 역전과 전선형 역전은 접지역전에 속한다.

㉰ 복사역전은 주로 밤에서 이른 아침 사이에 일어난다.

㉱ 굴뚝의 높이 상하에서 각각 침강역전과 복사역전이 동시에 발생하는 경우 플룸(Plume)의 형태는 구속형(Trapping)으로 된다.

(풀이) 침강성 역전과 전선형 역전은 공중역전에 속한다.

236 보통 가을부터 봄에 걸쳐 날씨가 좋고, 바람이 약하며, 습도가 적을 때 자정 이후 아침까지 잘 발생하고, 낮이 되면 일사로 인해 지면이 가열되면 곧 소멸되는 역전의 형태는?

㉮ Radiative Inversion

㉯ Subsidence Inversion

㉰ Lofting Inversion

㉱ Conning Inversion

237 다음 중 방사역전(Radiation Inversion)이 가장 잘 발생하는 계절과 시기는?

㉮ 여름철 맑은 날 정오

㉯ 여름철 흐린 날 오후

㉰ 겨울철 맑은 날 이른 아침

㉱ 겨울철 흐린 날 오후

238 공기덩어리 상부면(Top)과 하부면(Bottom)의 온도차(변화)를 바르게 표시한 것은?(단, $\dfrac{dT}{dP}$는 압력에 대한 온도 변화, 이상기체)

㉮ $\left(\dfrac{dT}{dP}\right)_{Top} < \left(\dfrac{dT}{dP}\right)_{Bottom}$

㉯ $\left(\dfrac{dT}{dP}\right)_{Top} > \left(\dfrac{dT}{dP}\right)_{Bottom}$

㉰ $\left(\dfrac{dT}{dP}\right)_{Top} = \left(\dfrac{dT}{dP}\right)_{Bottom}$

㉱ $\left(\dfrac{dT}{dP}\right)_{Top} \leqq \left(\dfrac{dT}{dP}\right)_{Bottom}$

239 굴뚝 높이 상하층에서 각각 침강역전과 복사역전이 동시에 발생되는 경우의 연기 형태는?

㉮ 환상형(Looping) ㉯ 원추형(Conning)

㉰ 훈증형(Fumigation) ㉱ 구속형(Trapping)

(풀이) 구속형 연기형태는 고기압지역에서 상층은 침강형 역전을 형성, 하층은 복사형 역전을 형성할 때 나타난다.

240 대기가 매우 불안정할 때 주로 나타나며, 맑은 날 오후에 주로 발생하기 쉽고, 또한 풍속이 매우 강하여 혼합이 크게 일어날 때 발생하게 되며, 굴뚝이 낮은 경우에는 풍하 쪽 지상에 강한 오염이 생기고, 저·고기압에 상관없이 발생하는 연기의 형태는?

㉮ Conning형
㉯ Looping형
㉰ Funning형
㉱ Trapping형

241 연돌에서 배출되는 연기의 형태가 Fanning형일 때 기상 조건에 관한 다음 설명 중 옳지 않은 것은?

㉮ 대기가 매우 안정한 상태일 때 아침과 새벽에 잘 발생한다.
㉯ 고기압 구역에서 하늘이 맑고 바람이 약하면 지표로부터 열방출이 커서 한밤으로부터 아침까지 복사역전층이 생길 때에 발생되는 연기 모양이다.
㉰ 굴뚝상단의 일정높이에 역전층이 존재하고, 그 하층에도 역전층이 존재하는 때에 관찰되며, 이러한 현상은 하루 중 30분 이상 지속되지 않는다.
㉱ 이 상태에서 연기의 수직방향 분산은 최소가 되고, 풍향에 수직되는 수평방향의 분산도 매우 적다.

(풀이) 연기가 배출되는 상당한 고도까지도 강안정한 대기가 유지될 경우, 즉 기온역전현상을 보이는 경우 연직운동이 억제되어 발생한다.

242 다음 대기상태에 해당되는 연기의 형태는?

굴뚝의 높이보다 더 낮게 지표 가까이에 역전층이 이루어져 있고, 그 상공에는 대기가 불안정한 상태일 때 주로 발생하며, 고기압 지역에서 하늘이 맑고 바람이 약한 늦은 오후나 이른 밤에 주로 발생하기 쉽다.

㉮ Looping
㉯ Conning
㉰ Fanning
㉱ Lofting

243 연기의 형태에 관한 다음 설명 중 옳지 않은 것은?

㉮ 지붕형 : 하층에 비하여 상층이 안정한 대기상태를 유지할 때 발생한다.
㉯ 환상형 : 과단열감률 조건일 때, 즉 대기가 불안정할 때 발생한다.
㉰ 원추형 : 오염의 단면분포가 전형적인 가우시안분포를 이루며, 대기가 중립 조건일 때 잘 발생한다.
㉱ 부채형 : 연기가 배출되는 상당한 고도까지도 강안정한 대기가 유지될 경우, 즉 기온역전현상을 보이는 경우 연직운동이 억제되어 발생한다.

(풀이) 지붕형은 하층이 안정하고, 상층은 불안정한 상태일 때 나타나는 연기의 형태이다.

244 굴뚝에서 배출되는 연기의 형태가 Lofting형일 때의 대기 상태로 옳은 것은?(단, 보기 중 상과 하의 구분은 굴뚝 높이 기준)

㉮ 상 : 불안정, 하 : 불안정
㉯ 상 : 안정, 하 : 안정

㉢ 상 : 안정, 하 : 불안정

㉣ 상 : 불안정, 하 : 안정

245 굴뚝에서 배출되는 연기의 확산형태 중 역전현상이 존재하는 형태로만 분류된 것은?

㉮ 부채형(Fanning), 지붕형(Lofting), 구속형 (Trapping)

㉯ 환상형(Looping), 부채형(Fanning), 훈증형 (Fumigation)

㉰ 훈증형(Fumigation), 원추형(Conning), 지 붕형(Lofting)

㉱ 원추형(Conning), 환상형(Looping), 부채형 (Fanning)

246 공기상층으로 갈수록 기온이 급격히 떨 어져서 대기상태가 크게 불안정하게 되며, 연기 는 상하 좌우 방향으로 크고 불규칙하게 난류를 일으키며 확산되는 형태는?

㉮ Looping형   ㉯ Fanning형

㉰ Lofting형   ㉱ Fumigation형

247 Plume 내의 오염물의 단면 분포가 전형 적인 가우시안 분포(Gaussian Distribution)를 이루고 있는 연기 모양은?

㉮ Fanning   ㉯ Lofting

㉰ Conning   ㉱ Fumigation

248 굴뚝에서 배출되는 연기모양 중 원추형 에 관한 설명으로 가장 적합한 것은?

㉮ 수직온도경사가 과단열적이고, 난류가 심할 때 주로 발생한다.

㉯ 지표역전이 파괴되면서 발생하며 30분 정도 이상은 지속하지 않는 경향이 있다.

㉰ 연기의 상하부분 모두 역전이 발생한다.

㉱ 구름이 많이 낀 날에 주로 관찰된다.

(풀이) 원추형의 발생 시기는 바람이 다소 강하거나, 구 름이 낀 날에 주로 관찰된다.

249 다음 연기형태 중 부채형(Fanning)에 관 한 설명으로 가장 거리가 먼 것은?

㉮ 주로 저기압 구역에서 굴뚝 높이보다 더 낮게 지표 가까이에 역전층이, 그 상공에는 불안 정상태일 때 발생한다.

㉯ 굴뚝의 높이가 낮으면 지표부근에 심각한 오 염문제를 발생시킨다.

㉰ 대기가 매우 안정된 상태일 때에 아침과 새벽 에 잘 발생한다.

㉱ 풍향이 자주 바뀔 때면 뱀이 기어가는 연기모 양이 된다.

(풀이) 고기압 구역에서 하늘이 맑고 바람이 약하면 지 표로부터 열방출이 커서 한밤으로부터 아침까지 복사역전층이 생길 때에 발생한다.

250 굴뚝으로부터 배출되는 연기의 확산모양 에 대한 다음 설명 중 틀린 것은?

㉮ 환상형(Looping)은 난류가 심할 때 발생하 고, 강한 난류에 의해 연기는 재빨리 분산되 나 연기가 지면에 도달할 경우 굴뚝 가까운 곳의 지표농도는 높게 될 수도 있다.

㉯ 고기압지역에서 상층은 침강형 역전이 형

성, 하층은 복사형 역전을 형성할 때 구속형(Trapping)으로 나타난다.

㉕ 부채형(Fanning)은 대기가 매우 안정상태에서 발생하며 상하의 확산 폭이 적어 굴뚝 부근 지표에 미치는 오염도는 적은 편이다.

㉖ 대기의 하층은 안정해졌으나 상층은 아직 불안정 상태일 경우 훈증형(Fumigation)이 나타나고 지표면에서의 오염도는 높다.

[풀이] 훈증형(Fumigation)은 대기의 하층은 불안정한 경우, 그 상층은 안정상태일 경우에 나타난다.

251 고도에 따른 온도분포가 Fumigation형에 대한 조건과 반대로서 역전층은 굴뚝높이보다 아래에 존재하고 불안정층은 상공에 존재하는 연기형태는?

㉮ Looping   ㉯ Fanning
㉰ Lofting   ㉱ Conning

252 환경체감률선이 그림과 같이 실선으로 형성되어 있다. 이때 굴뚝의 유효고도가 A지점인 경우 두 점선 사이에서 배출되는 연기의 형태는?

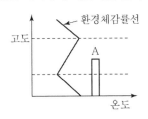

㉮ Conning   ㉯ Fanning
㉰ Fumigation   ㉱ Lotfing

253 아래의 식은 지표면으로부터 오염물질의 반사를 고려한 경우에 사용되는 가우시안 확산식이다. 이 식에 사용된 기호에 관한 설명으로 옳지 않은 것은?

$$C(x, y, z, H) = \frac{Q}{2\pi u \sigma_y \sigma_z} \left[\exp\left(-\frac{y^2}{2\sigma_y^2} \right) \right]$$
$$\left[\exp\left(-\frac{(z-H)^2}{2\sigma_z^2} \right) + \exp\left(-\frac{(z+H)^2}{2\sigma_z^2} \right) \right]$$

㉮ Z : 지표면으로부터 연직방향의 높이
㉯ H : 굴뚝 유효높이
㉰ σ_y, σ_z : 확산계수(또는 확산 폭)
㉱ u : 굴뚝 내 배출가스의 배출속도

[풀이] $C = \dfrac{Q}{2\pi u \sigma_y \sigma_z} \exp\left[-\dfrac{1}{2}\left(\dfrac{y^2}{\sigma_y^2} + \dfrac{z^2}{\sigma_z^2} \right) \right]$

여기서, C : 오염물질의 농도(g/m^3, $\mu g/m^3$)
Q : 배출원에서 오염물질 배출속도(배출량 : g/sec)
u : 굴뚝높이(굴뚝상단)에서의 평균풍속(m/sec)
σ_y : Y축에 대한 확산계수(수평방향의 확산계수 : Y축의 오염농도 표준편차 또는 확산폭 : m)
σ_z : Z축에 대한 확산계수(수직방향의 확산계수 : Y축의 오염농도 표준편차 또는 확산폭 : m)
h : 연기중심선에서의 수평거리
z : 지표면으로부터의 수직거리(연직방향의 높이)

254 다음 Gaussian 분산식에 대한 설명으로 가장 적합한 것은?

$$C(x, y, z) = \frac{Q}{2\pi u \sigma_y \sigma_z}\left[\exp\left(-\frac{y^2}{2\sigma_y^2}\right)\right]$$
$$\left[\exp\left(\frac{-(z-H)^2}{2\sigma_z^2}\right) + \exp\left(\frac{-(z+H)^2}{2\sigma_z^2}\right)\right]$$

㉮ 비정상상태에서 불연속적으로 배출하는 면 오염원으로부터 바람방향이 배출면에 수평인 경우 풍하 측의 지면농도를 산출하는 경우에 사용한다.

㉯ 공중역전이 존재할 경우 역전층의 오염물질의 상향 확산에 의한 일정고도상에서의 중심축상 선오염원의 농도를 산출하는 경우에 사용한다.

㉰ 지표면으로부터 고도 H에 위치하는 점원 - 지면으로부터 반사가 있는 경우에 사용한다.

㉱ 연속적으로 배출하는 무한의 선오염원으로부터 바람의 방향이 배출선에 수직인 경우 플룸 내에서 소멸되는 풍하 측의 지면농도를 산출하는 경우에 사용한다.

255 가우시안 확산모델은 여러 가지 경계조건을 달리 설정함으로써 오염원의 위치와 형태에 따라 오염물질의 농도를 예측할 수 있다. 다음 조건에서의 오염물질 농도를 예측하고자 할 경우 지표농도의 결과식으로 가장 적합한 것은?

[조건]
① 지표 중심선에 따른 오염물의 농도변화를 예측한다.
② 지표면에서 오염물질의 반사를 고려한다.
③ 굴뚝높이(H)는 지표로부터 유효고도를 의미한다.

㉮ $C = \frac{2Q}{\pi u \sigma_y \sigma_z}\exp\left[-\frac{1}{2}\left(\frac{y^2}{\sigma_y^2} + \frac{z^2}{\sigma_z^2}\right)\right]$

㉯ $C = \frac{Q}{2\pi u \sigma_z}\exp\left[-\frac{1}{2}\left(\frac{H}{\sigma_y}\right)^2\right]$

㉰ $C = \frac{Q}{2\pi u \sigma_y \sigma_z}\exp\left[-\frac{y^2}{2\sigma_y^2} + \frac{(z+1)^2}{\sigma_z^2}\right]$

㉱ $C = \frac{Q}{\pi u \sigma_y \sigma_z}\exp\left(-\frac{H^2}{2\sigma_z^2}\right)$

256 가우시안(Gaussian)모델에서의 표준편차(σ_y, σ_z)에 관한 설명으로 가장 거리가 먼 것은?

㉮ σ_y, σ_z 값의 성립조건으로 시료채취기간은 약 10분이다.

㉯ σ_y, σ_z 값은 대기의 안정상태와 풍하거리 x의 함수이다.

㉰ σ_y, σ_z는 평탄한 지형에 기준을 두고 있다.

㉱ σ_y, σ_z는 고도와 관계없이 일정한 값을 가지며, 일반적으로 수평대기 중에서 수 m에서 수백 m 이내로 국한된다.

(풀이) 표준편차 값은 고도에 따라 변하는 값으로 고도는 대기 중에서 하부 수백 m에 국한하여 사용한다.

257 가우시안(Gaussian) 분산모델에 있어서 수평 및 수직방향의 표준편차 δ_y와 δ_z에 관한 가정(설명)으로 가장 거리가 먼 것은?

㉮ 대기의 안정상태와는 관계 있지만, 연돌로부터의 풍하거리(Distance Downwind)와는 무관하다.

㉯ 고도에 따라 변하는 값으로 고도는 대기 중에서 하부 수백 m에 국한하여 사용한다.

㉰ 지표는 평탄하다고 간주한다.

㉱ 시료채취기간은 약 10분으로 간주한다.

(풀이) 대기의 안정상태와 풍하거리 x의 함수이다.

258 가우시안모델에 관한 설명 중 가장 거리가 먼 것은?

㉮ 주로 평탄지역에 적용하도록 개발되어 왔으나, 최근 복잡지형에도 적용이 가능하도록 개발되고 있다.

㉯ 간단한 화학반응을 묘사할 수 있다.

㉰ 점오염원에서는 모든 방향으로 확산되어가는 Plum은 동일하다고 가정하여 유도한다.

㉱ 장·단기적인 대기오염도 예측에 사용이 용이하다.

(풀이) 점오염원에서는 풍하방향으로 확산되는 Plum이 정규분포한다는 가정하에 유도한다.

259 Fick의 확산방정식을 실제 대기에 적용시키기 위해 추가하는 가정으로 거리가 먼 것은?

㉮ 바람에 의한 오염물의 주 이동방향은 x축이다.

㉯ 하류로의 확산은 오염물이 바람에 의하여 x축을 따라 이동하는 것보다 강하다.

㉰ 과정은 안정상태이고, 풍속은 x, y, z 좌표시스템 내의 어느 점에서는 일정하다.

㉱ 오염물은 점오염원으로부터 계속적으로 방출된다.

(풀이) 오염물이 x축을 따라 이동하는 것은 하류(풍하)로의 확산에 의한 물질이동보다 더 강하다.

260 Fick의 확산방정식 $\left(\dfrac{dC}{dt} = K_x \dfrac{\sigma^2 C}{\sigma x^2} + K_y \dfrac{\sigma^2 C}{\sigma y^2} + K_z \dfrac{\sigma^2 C}{\sigma z^2} \right)$을 실제 대기에 적용하기 위하여 일반적으로 추가하는 가정으로 가장 거리가 먼 것은?

㉮ 확산에 의한 오염물의 주 이동방향은 X축이다.

㉯ 과정은 안정상태 $\left(\dfrac{dC}{dt} = 0 \right)$이다.

㉰ 오염물은 점오염원으로부터 계속적으로 방출된다.

㉱ 풍속은 x, y, z 좌표시스템 내의 어느 점에서든 일정하다.

(풀이) 바람에 의한 오염물의 주 이동방향은 x축이다.

261 상자모델을 전개하기 위하여 설정된 가정으로 가장 거리가 먼 것은?

㉮ 오염물은 지면의 한 지점에서 일정하게 배출된다.

㉯ 고려된 공간에서 오염물의 농도는 균일이다.

㉰ 고려되는 공간의 수직단면에 직각방향으로 부는 바람의 속도가 일정하여 환기량이 일정하다.

㉱ 오염물의 분해는 일차반응에 의한다.

(풀이) 오염물 배출원의 지표면 전역에 균등하게 분포되어 있다.

262 수용모델(Receptor Model)과 분산모델(Dispersion Model)에 대한 설명으로 가장 거리가 먼 것은?

㉮ 수용모델은 새로운 오염원이나 불확실한 오염원을 정량적으로 확인·평가할 수 있다.

㉯ 수용모델은 지형이나 기상학적 정보 없이도 사용이 가능하나 미래예측이 어렵고, 측정자료를 입력자료로 사용하므로 시나리오 작성이 곤란하다.

㉰ 분사모델은 2차오염원의 확인이 가능하며, 지형 및 오염원의 조업조건에 영향을 받는다.

㉱ 분산모델을 이용한 분진의 영향 평가는 기상의 불확실성과 오염원이 미확인일 경우라도 효과적으로 평가 가능하다.

(풀이) 분산모델은 특정오염원의 영향을 평가할 수 있는 잠재력을 가지고 있으나 기상과 관련하여 대기 중의 무작위적인 특성을 적절하게 묘사할 수 없으므로 결과에 대한 불확실성이 크다.

263 수용모델(Receptor Model)의 특징이 아닌 항목은?

㉮ 불법배출 오염원을 정량적으로 확인 평가할 수 있다.

㉯ 2차 오염원의 확인이 가능하다.

㉰ 지형, 기상학적 정보 없이도 사용 가능하다.

㉱ 현재나 과거에 일어났던 일을 추정하여 미래를 위한 전략을 세울 수 있으나, 미래 예측은 어렵다.

(풀이) 2차 오염원의 확인이 가능한 것은 분산모델의 내용이다.

264 다음 중 수용모델의 특징에 해당하는 것은?

㉮ 지형 및 오염원의 조업조건에 영향을 받는다.

㉯ 2차 오염원의 확인이 가능하다.

㉰ 오염원의 조업 및 운영상태에 대한 정보 없이도 사용 가능하다.

㉱ 점·선·면 오염원의 영향을 평가할 수 있다.

265 분산모델에 관한 설명으로 거리가 먼 것은?

㉮ 미래의 대기질을 예측할 수 있다.

㉯ 2차 오염원의 확인이 가능하다.

㉰ 지형 및 오염원의 조업조건에 영향을 받지 않는다.

㉱ 새로운 오염원의 지역 내에 생길 때, 매번 재평가를 하여야 한다.

(풀이) 지형 및 오염원의 조업조건에 따라 영향을 받는다.

266 대기오염원의 영향 평가시 분산모델을 이용하기 위해 일반적으로 요구되는 입력자료로서 가장 거리가 먼 것은?

㉮ 오염물질의 배출속도

㉯ 굴뚝의 직경 및 재질

㉰ 오염원의 가동시간 및 방지시설의 효율

㉱ 오염물질 배출측정망 설치시기

(풀이) 대기오염원 영향 평가 시 요구되는 입력자료
① 오염물질의 배출속도(배출량) 및 온도
② 배출원의 위치 및 높이
③ 굴뚝의 높이(유효굴뚝높이) 및 재질, 직경
④ 오염원의 가동시간
⑤ 방지시설의 효율

267 다음 수용모델과 분산모델에 관한 설명으로 가장 거리가 먼 것은?

㉮ 분산모델은 지형 및 오염원의 조업조건에 영향을 받지 않으며, 현재나 과거에 일어났던 일을 추정, 미래를 위한 전략은 세울 수 있지만 미래예측은 어렵다.

㉯ 수용모델은 수용체에서 오염물질의 특성을 분석한 후 오염원의 기여도를 평가하는 것이다.

㉰ 분산모델은 특정오염원의 영향을 평가할 수

있는 잠재력을 가지고 있으나 기상과 관련하여 대기 중의 무작위적인 특성을 적절하게 묘사할 수 없으므로 결과에 대한 불확실성이 크다.

㉣ 분산모델은 특정한 오염원의 배출속도와 바람에 의한 분산요인을 입력자료로 하여 수용체 위치에서의 영향을 계산한다.

풀이 분산모델 특징

① 2차 오염원의 확인이 가능하다.
② 지형 및 오염원의 작업조건에 영향을 받는다.
③ 미래의 대기질을 예측할 수 있다.
④ 새로운 오염원이 지역 내에 생길 때, 매번 재평가를 하여야 한다.
⑤ 점, 선, 면 오염원의 영향을 평가할 수 있다.
⑥ 단기간 분석 시 문제가 된다.
⑦ 특정오염원의 영향을 평가할 수 있는 잠재력을 가지고 있으나 기상과 관련하여 대기 중의 무작위적인 특성을 적절하게 묘사할 수 없으므로 결과에 대한 불확실성이 크다.

---

268 다음 중 대기분산모델에 관한 설명으로 가장 거리가 먼 것은?

㉮ ISCST(Industrial Source Complex Model for Short Term)는 ISCLT와 같은 구조로서 주로 단기농도 예측에 사용된다.

㉯ ISCLT(Industrial Source Complex Model for Long Term)는 미국에서 널리 이용되는 범용적인 모델로 장기농도 계산용의 모델이다.

㉰ TCM(Texas Climatological Model)은 장기모델로 한국에서 많이 사용되었다.

㉱ ADM(Air Distribution Model)은 기상관측에 사용되는 바람장모델로 일본에서 많이 사용되었다.

풀이 바람장모델은 MM5, RAMS 등이 있다.

---

269 대기분산모델에 관한 다음 설명 중 거리가 먼 것은?

㉮ ADMS(Atmospheric Dispersion Model System)는 도시지역에서 오염물질의 이동을 계산하는 것으로 영국에서 많이 사용했던 모델이다.

㉯ RAMS(Regional Atmospheric Model System)는 바람장모델로 바람장과 오염물질의 분산을 동시에 계산한다.

㉰ CMAQ(Complex Multiscale Air Quality Modeling System)는 가우시안모델로 일본에서 개발한 모델이다.

㉱ AUSPLUME(Australian Plume Model)는 미국의 ISCST와 ISCLT모델을 개조하여 만든 모델로 호주에서 주로 사용되었다.

---

270 다음은 대기분산모델의 종류에 관한 설명이다. 가장 적합한 것은?

- 적용 모델식 : 광화학 모델
- 적용 배출원 형태 : 점, 면
- 개발국 : 미국
- 특징 : 도시지역에서 광화학반응을 고려하여 오염물질의 이동을 계산

㉮ ADMS(Atmospheric Dispersion Model System)
㉯ UAM(Urban Airshed Model)
㉰ TCM(Texas Climatological Model)
㉱ HIWAY-2

---

271 다음 대기분산모델 중 미국에서 개발되었으며, 바람장모델로 바람장을 계산, 기상예측에 주로 사용된 것은?

㉮ ADMS   ㉯ AUSPLUME
㉰ MM5   ㉱ SMOGSTOP

---

272 다음 대기분산모델 중 미국에서 개발되었으며, 바람장모델로서 바람장과 오염물질 분산을 동시에 계산할 수 있는 것은?

㉮ ADMS   ㉯ OCD
㉱ AUSPLUME   ㉰ RAMS

273 다음은 대기분산모델의 특징을 설명한 것이다. 가장 적합한 것은?

- 적용 모델식 : 가우시안모델
- 적용 배출원 형태 : 점, 면
- 개발국 : 미국
- 특징 : 복잡한 지형에 대해 오염물질의 이동 계산

㉮ ADMS   ㉯ CTDMPLUS
㉱ MM5   ㉰ SMOGSTOP

274 다음 중 유효굴뚝높이(Effective Stack Height)를 상승시키는 방법으로 가장 적합한 것은?

㉮ 배출가스의 토출속도를 줄인다.
㉯ 배출가스의 온도를 높인다.
㉱ 굴뚝 배출구의 직경을 확대한다.
㉰ 배출가스의 양을 감소시킨다.

275 SO_2의 착지 농도를 감소시키기 위한 방법 중 옳지 않은 것은?

㉮ 굴뚝 높이를 높게 한다.
㉯ 굴뚝 배기가스의 배출속도를 높인다.
㉱ 배기가스 온도를 가능한 낮춘다.
㉰ 저유황유를 사용한다.

276 Sutton의 지표상의 최대착지농도를 나타내는 확산 관계식에서 최대착지농도에 대한 설명으로 옳지 않은 것은?

㉮ 오염물질 배출률(량)에 비례한다.
㉯ 유효굴뚝 높이의 제곱에 반비례한다.
㉱ 평균풍속에 비례한다.
㉰ 수평 및 수직방향 확산계수와 반비례한다.

(풀이) 최대착지농도는 평균속도에 반비례한다.

277 SO_2의 착지농도를 감소시키기 위한 방법 중 옳지 않은 것은?

㉮ 배출가스 온도를 가능한 한 낮춘다.
㉯ 굴뚝 배출가스의 배출속도를 높인다.
㉱ 저유황유를 사용한다.
㉰ 굴뚝 높이를 높게 한다.

278 Down Wash 현상을 방지하기 위한 조건 중 가장 적합한 것은?(단, U : 풍속, V_s : 굴뚝 배출가스의 유속)

㉮ $\dfrac{U}{V_s} > 2$ ㉯ $\dfrac{V_s}{U} > 2$ ㉱ $\dfrac{U}{V_s} < 2$ ㉰ $\dfrac{V_s}{U} < 2$

279 다음은 바람과 대기오염의 관계에 대한 설명이다. ( ) 안에 알맞은 것은?

연기가 굴뚝 아래로 오염물질이 흩날리어 굴뚝 밑 부분에 오염물질의 농도가 높아지는 현상을 (①)(이)라고 하며, 이러한 현상을 없애려면 (②)이 되도록 한다.(단, V는 굴뚝높이에서의 풍속, V_s는 오염물질의 토출속도)

㉮ ① down wash, ② $V_s > 2V$

㉯ ① down wash, ② $V > 2V_s$

㉰ ① blow down, ② $V_s > 2V$

㉱ ① blow down, ② $V > 2V_s$

280 Down Wash 현상에 관한 설명은?

㉮ 원심력 집진장치에서 처리가스량의 5~10% 정도를 흡인하여 줌으로써 유효원심력을 증대시키는 방법이다.

㉯ 굴뚝의 높이가 건물보다 높을 경우 건물 뒤편에 공동현상이 생기고 이 공동에 대기오염물질의 농도가 낮아지는 현상을 말한다.

㉰ 해가 뜬 후 지표면이 가열되어 대기가 지면으로부터 열을 받아 지표면 부근부터 역전층이 해서되는 현상을 말한다.

㉱ 오염물질의 토출속도에 비해 굴뚝 높이에서의 풍속이 크면 연기가 굴뚝 아래로 오염물질을 흩날리어 굴뚝 일부분에 오염물질의 농도가 높아지는 현상을 말한다.

281 다음 연료 중 착화온도가 가장 높은 것은?

㉮ 갈탄(건조)　　㉯ 무연탄

㉰ 역청탄　　　　㉱ 목재

(풀이) 연료의 착화온도

㉮ 갈탄(건조) : 250~350℃(건조갈탄 250~400℃)

㉯ 무연탄 : 370~500℃

㉰ 역청탄 : 250~400℃

㉱ 목재 : 250~300℃(목탄 320~400℃)

282 착화온도에 관한 다음 설명 중 옳지 않은 것은?

㉮ 반응활성도가 클수록 낮아진다.

㉯ 분자구조가 간단할수록 높아진다.

㉰ 산소농도가 클수록 낮아진다.

㉱ 발열량이 낮을수록 낮아진다.

(풀이) 착화온도가 낮아지는 조건

① 동질 물질인 경우 화학적으로 발열량이 클수록

② 화학결합의 활성도가 클수록(반응활성도가 클수록)

③ 공기 중의 산소농도 및 압력이 높을수록

④ 분자구조가 복잡할수록(분자량이 클수록)

⑤ 비표면적이 클수록

⑥ 열전도율이 낮을수록

⑦ 석탄의 탄화도가 작을수록

⑧ 공기압, 가스압 및 습도가 낮을수록

⑨ 활성화 에너지가 작을수록

283 착화온도에 관한 설명으로 틀린 것은?

㉮ 동질성 물질에서 발열량이 클수록 낮아진다.

㉯ 화학결합의 활성도가 작을수록 낮아진다.

㉰ 비표면적이 클수록 낮아진다.

㉱ 공기의 산소농도 및 압력이 높을수록 낮아진다.

(풀이) 282번 풀이 참고

284 착화온도가 낮아는 조건으로 옳지 않은 것은?

㉮ 공기 중의 산소농도 및 압력이 높을수록

㉯ 화학반응이 클수록

㉰ 활성에너지가 낮을수록

㉱ 비표면적은 작고, 발열량은 낮을수록

(풀이) 282번 풀이 참고

285 착화온도에 대한 설명으로 옳지 않은 것은?

㉮ 공기의 산소농도 및 압력이 높을수록 착화온도는 낮아진다.

㉯ 석탄의 탄화도가 작을수록 착화온도는 낮아진다.

㉰ 화학결합의 활성도가 클수록 착화온도는 낮아진다.

㉱ 대체로 탄화수소의 착화온도는 분자량이 작을수록 낮아진다.

🔵 282번 풀이 참고

286 석탄의 탄화도가 증가하면 감소하는 것은?

㉮ 착화온도   ㉯ 비열

㉰ 발열량   ㉱ 고정탄소

🔵 탄화도가 높아질 경우의 현상
① 착화온도가 높아진다.
② 고정탄소가 증가한다.
③ 발열량이 높아진다.
④ 연료비[고정탄소(%)/휘발유(%)]가 증가한다.
⑤ 연소속도가 늦어진다.
⑥ 수분 및 휘발분이 감소한다.
⑦ 비열이 감소한다.
⑧ 산소의 양이 줄어든다.
⑨ 매연발생률이 감소한다.

287 석탄의 탄화도가 높아질 경우의 현상으로 틀린 것은?

㉮ 착화온도가 낮아진다.

㉯ 수분 및 휘발분이 감소한다.

㉰ 연료비가 증가한다.

㉱ 비열이 감소한다.

🔵 286번 풀이 참고

288 가연성 가스의 폭발범위에 따른 위험도 증가 요인으로 가장 적합한 것은?

㉮ 폭발하한농도가 높을수록 위험도가 증가하며, 폭발상한과 폭발하한의 차이가 작을수록 위험도가 커진다.

㉯ 폭발하한농도가 높을수록 위험도가 증가하며, 폭발상한과 폭발하한의 차이가 클수록 위험도가 커진다.

㉰ 폭발하한농도가 낮을수록 위험도가 증가하며, 폭발상한과 폭발하한의 차이가 작을수록 위험도가 커진다.

㉱ 폭발하한농도가 낮을수록 위험도가 증가하며, 폭발상한과 폭발하한의 차이가 클수록 위험도가 커진다.

289 다음 중 폭굉유도거리가 짧아지는 요건으로 거리가 먼 것은?

㉮ 정상의 연소속도가 작은 단일가스인 경우

㉯ 관 속에 방해물이 있거나 관내경이 작을수록

㉰ 압력이 높을수록

㉱ 점화원의 에너지가 강할수록

🔵 정상의 연소속도가 큰 혼합가스일수록 폭굉유도거리가 짧아진다.

290 다음 중 폭발성 혼합가스의 연소범위(L)를 구하는 식으로 옳은 것은?[단, n_n : 각 성분 단일의 연소한계(상한 또는 하한), p_n : 각 성분가스의 체적(%)]

㉮ $L = \dfrac{100}{\dfrac{n_1}{p_1} + \dfrac{n_2}{p_2} + \cdots}$

㉯ $L = \dfrac{100}{\dfrac{p_1}{n_1} + \dfrac{p_2}{n_2} + \cdots}$

ⓓ $L = \dfrac{n_1}{p_1} + \dfrac{n_2}{p_2} + \ldots$　　ⓔ $L = \dfrac{p_1}{n_1} + \dfrac{p_2}{n_2} + \ldots$

291 연소반응에서 반응속도상수 k를 온도의 함수인 다음 반응식으로 나타낸 법칙은?

$$k = k_0 e^{-\left(\frac{Ea}{RT}\right)}$$

㉮ 헨리의 법칙　　　㉯ 아레니우스의 법칙
㉰ 보일-샤를의 법칙　㉱ 반데르발스의 법칙

292 열역학적인 평형이동에 관한 원리로, 평형상태에 있는 물질계의 온도, 압력을 변화시키면 그 변화를 감소시키는 방향으로 반응이 진행되어 새로운 평형에 도달한다는 의미의 원리는?

㉮ 헤스의 원리　　　㉯ 라울의 원리
㉰ 반트호프의 원리　㉱ 르샤틀리에의 원리

293 다음은 연소학에서 이용하는 주된 무차원 수에 관한 설명이다. 어떤 무차원 수인가?

- 정의 : $\dfrac{\mu}{\rho D}$ (μ : 점성계수, ρ : 밀도, D : 확산계수)
- 의미 : $\dfrac{\text{운동량의 확산 속도}}{\text{물질의 확산 속도}}$

㉮ Karlovitz Number　㉯ Nusselt Number
㉰ Crashof Number　　㉱ Schmidt Number

294 화학반응속도론에 관한 다음 설명 중 가장 거리가 먼 것은?

㉮ 화학반응식에서 반응속도상수는 반응물 농도와 관련된다.
㉯ 화학반응속도는 반응물이 화학반응을 통하여 생성물을 형성할 때 단위시간당 반응물이나 생성물의 농도변화를 의미한다.
㉰ 영차반응은 반응속도가 반응물의 농도에 영향을 받지 않는 반응을 말한다.
㉱ 일련의 연쇄반응에서 반응속도가 가장 늦은 반응단계를 속도결정단계라 한다.

(풀이) 반응속도상수와 온도

Arrhenius법칙(반응속도상수를 온도의 함수로 나타낸 방정식)

$$K = Ae\left(-\dfrac{Ea}{RT}\right)$$

여기서, K : 반응속도상수
　　　　Ae : Frequency Factor(빈도계수)
　　　　Ea : 활성화 에너지
　　　　T : 절대온도

295 정상연소에서 연소속도를 지배하는 요인으로 가장 적합한 것은?

㉮ 연료 중의 불순물 함유량
㉯ 연료 중의 고정탄소량
㉰ 공기 중 산소의 확산속도
㉱ 배출가스 중의 N_2 농도

(풀이) 연소속도를 지배하는 요인
① 공기 중 산소의 확산속도(분무시스템의 확산)
② 연료 중 공기 중의 산소농도
③ 반응계의 온도 및 농도(반응계 : 가연물 및 산소)
④ 활성화 에너지
⑤ 산소와의 혼합비
⑥ 촉매

296 다음 중 기체의 연소속도를 지배하는 주요인자와 가장 거리가 먼 것은?

㉮ 발열량 ㉯ 촉매
㉰ 산소와의 혼합비 ㉱ 산소농도

297 다음 가연기체–공기혼합기체 중 최대(층류)연소속도가 가장 빠른 것은?(단, 대기압 25℃ 기준)

구분	가연기체	농도 vol%(당량비)
①	메탄	10(1.1)
②	수소	43(1.8)
③	일산화탄소	52(2.6)
④	프로판	4.6(1.1)

㉮ ① ㉯ ② ㉰ ③ ㉱ ④

풀이 가연물질의 연소속도

물질	수소	아세틸렌	프로판 및 일산화탄소	메탄
연소속도 (cm/sec)	290	150	43	37

298 석탄계 연료에 관한 다음 설명 중 가장 거리가 먼 것은?

㉮ 석탄을 대기 중에 방치하면 점차로 환원되어 표면광택이 저하되고, 연료비가 증가한다.
㉯ 석탄의 저장법이 나쁘면 완만하게 발생하는 열이 내부에 축적되어 온도 상승에 의한 발화가 촉진될 수 있는데 이를 자연발화라 한다.
㉰ 자연발화 가능성이 높은 갈탄 및 아탄은 정기적으로 탄층 내부의 온도를 측정할 필요가 있다.

㉱ 자연발화를 피하기 위해 저장은 건조한 곳을 택하고 퇴적은 가능한 한 낮게 한다.

풀이 석탄의 풍화작용이란 석탄을 대기 중에 장기간 방치하면 공기 중의 산소와 산화작용에 의해 표면광택이 저하되고 연료비가 감소하는 현상이다.

299 석탄의 성상에 관한 설명으로 옳지 않은 것은?

㉮ 석탄회분의 용융 시 SiO_2, Al_2O_3 등의 염기성 산화물량이 많으면 회분의 용융점이 낮아진다.
㉯ 점결성은 석탄에서 코크스를 생산할 때 중요한 성질이다.
㉰ 연료 조성변화에 따른 연소특성으로 수분은 착화불량과 열손실을, 회분은 발열량 저하 및 연소분량을 초래한다.
㉱ 석탄의 휘발분은 매연발생의 요인이 된다.

풀이 석탄회분의 용융 시 SiO_2, Al_2O_3 등의 염기성 산화물량이 많으면 회분의 용융점이 높아진다.

300 석탄슬러리 연소에 대한 설명으로 옳지 않은 것은?

㉮ 석탄 슬러리 연료는 석탄분말에 기름을 혼합한 COM과 물을 혼합한 CWM으로 대별된다.
㉯ 표면연소 시기에는 COM 연소의 경우 연소온도가 높아진 만큼 표면연소가 가속된다고 볼 수 있다.
㉰ 분해연소 시기에서는 CWM 연소의 경우 15wt%(w/w)의 물이 증발하여 증발열을 빼앗음과 동시에 휘발분과 산소를 희석하기 때문에 화염의 안정성이 좋다.

㉣ 분해연소 시기에서는 COM 연소의 경우 50 wt%(w/w) 중류에 휘발분이 추가되는 형태로 되기 때문에 미분탄 연소보다는 분무연소에 더 가깝다.

② 탄화수소비(C/H)가 커진다.(중유>경유>등유>가솔린)

③ 화염의 휘도가 커진다.(중유가 가장 큼)

④ 착화점(인화점)이 높아진다.(중유>경유>등유>가솔린)

⑤ 점도가 증가한다.

301 다음과 같은 특성을 갖는 액체 연료에 가장 적당한 것은?

- 비등점 : 30~200℃
- 고발열량 : 11,000~11,500kcal/kg
- 비중 : 0.7~0.8

㉮ 중유   ㉯ 경유   ㉰ 등유   ㉱ 휘발유

302 다음 설명하는 액체 연료에 해당하는 것은?

- 비점 : 200~320℃ 정도
- 비중 : 0.8~0.9 정도
- 정제한 것은 무색에 가깝고, 착화성 적부는 Cetane 값으로 표시된다.

㉮ Naphtha   ㉯ Heavey Oil

㉰ Light Oil   ㉱ Kerosene

303 석유류의 비중이 커질 때의 특성으로 거리가 먼 것은?

㉮ 탄수소비(C/H)가 커진다.

㉯ 발열량은 감소한다.

㉰ 화염의 휘도가 작아진다.

㉱ 착화점이 높아진다.

(풀이) 비중이 커질 때의 특성

① 연소온도가 낮아진다.

304 석유계 액체연료의 탄수소비(C/H)에 대한 설명 중 옳지 않은 것은?

㉮ C/H 비가 클수록 이론공연비가 증가한다.

㉯ C/H 비가 클수록 방사율이 크다.

㉰ 중질 연료일수록 C/H 비가 크다.

㉱ C/H 비가 크면 비교적 비점이 높은 연료는 매연이 발생되기 쉽다.

(풀이) 석유계 액체연료의 탄수소비(C/H)

① C/H 비가 클수록 이론공연비는 감소한다.

② C/H 비가 클수록 방사율이 크며(장염 발생), 휘도가 높아진다.

③ C/H 비가 클수록 비교적 비점이 높고 매연이 발생되기 쉽다.(파라핀계가 매연 발생량이 가장 높음)

④ 중질 연료일수록 C/H 비가 크다.(중유>경유>등유>휘발유)

⑤ C/H는 연소공기량 및 발열량, 연료의 연소특징에 영향을 준다.

⑥ C/H비 크기순서는 올레핀계>나프텐계>아세틸렌>프로필렌>프로판이다.

305 석유류의 특성에 관한 설명 중 가장 거리가 먼 것은?

㉮ 일반적으로 중질유는 방향족계 화합물을 30% 이상 함유하고, 상대적으로 밀도 및 점도가 높은 반면, 경질유는 방향족계 화합물을 10% 미만 함유하며 밀도 및 점도가 낮은 편이다.

㉯ 일반적으로 API가 10° 미만이면 경질유, 40° 이상이면 중질유로 분류된다.

㉰ 인화점이 낮은 경우에는 역화의 위험성이 있고, 높을 경우(140℃ 이상)에는 착화가 곤란하다.

㉱ 인화점은 보통 그 예열온도보다 약 5℃ 이상 높은 것이 좋다.

(풀이) 일반적으로 API가 34° 이상이면 경질유, API가 30° 이하이면 중질유로 분류한다.

306 석유의 물리적 성질에 관한 다음 설명 중 옳지 않은 것은?

㉮ 석유의 비중이 커지면 탄화수소비(C/H) 및 발열량이 커지고, 점도는 감소하여 인화점 및 착화점이 높아진다.

㉯ 점도는 유체가 운동할 때 나타나는 마찰의 정도를 나타내고, 동점도는 절대점도를 유체의 밀도로 나눈 것이다.

㉰ 석유의 증기압은 40℃에서 압력(kg/cm^2)으로 나타내며, 증기압이 큰 것은 인화점 및 착화점이 낮아서 위험하다.

㉱ 인화점은 화기에 대한 위험도를 나타내며, 인화점이 낮을수록 연소는 잘되나 위험하다.

(풀이) 비중이 커질 때 특성

① 연소온도가 낮아진다.
② 탄화수소비(C/H)가 커진다.(중유>경유>등유>가솔린)
③ 화염의 휘도가 커진다.(중유가 가장 큼)
④ 착화점(인화점)이 높아진다.(중유>경유>등유>가솔린)
⑤ 점도가 증가한다.

307 액체연료의 대부분은 원유의 정제에 의해 만드는 석유계연료로서 많은 탄화수소의 혼합물들이다. 다음 탄화수소의 분류 중 알카인(Alkyne)계의 일반식은?

㉮ C_nH_{2n}

㉯ C_nH_{2n+2}

㉰ C_nH_{2n-2}

㉱ C_nH_{2n-6}

(풀이) ① 알케인(Alkane) : 단일결합의 포화탄화수소 (파라핀계 탄화수소)
② 알켄(Alkene) : 이중결합의 불포화탄수소(올레핀 또는 에틸렌계 탄화수소)
③ 알카인(Alkyne) : 삼중결합의 불포화탄소(아세틸렌계 탄화수소)

308 액체연료에 관한 설명 중 가장 거리가 먼 것은?

㉮ 기체연료에 비해 밀도가 커 저장에 큰 장소를 필요로 하지 않고 연료의 수송도 간편한 편이다.

㉯ 완전 연소시 다량의 과잉공기가 필요하므로 연소장치가 대형화되는 단점이 있으며, 소화가 용이하지 않다.

㉰ 화재, 역화 등의 위험이 있고, 연소온도가 높기 때문에 국부가열의 위험성이 존재한다.

㉱ 국내자원이 적고, 수입에의 의존 비율이 높으며 회분은 거의 없으나 재속의 금속산화물이 장해원인이 될 수 있다.

(풀이) 액체연료의 장단점

1. 장점
① 타 연료에 비하여 발열량이 높다.
② 석탄 연소에 비하여 매연발생이 적다.
③ 연소효율 및 열효율이 높다.
④ 회분이 거의 없어 재의 발생이 없고 기체연료에 비해 밀도가 커 저장에 큰 장소를 필요로 하지 않고 연료의 수송도 간편하다.

⑤ 점화, 소화, 연소조절이 용이하며 일정한 품질을 구할 수 있다.

⑥ 계량과 기록이 쉽고 저장 중 변질이 적다.

2. 단점

① 역화, 화재(인화)가 발생할 수 있어 위험이 크며 연소온도가 높아 국부가열의 위험성이 존재한다.

② 중질유의 연소에서는 황성분으로 인하여 SO_2, 매연이 다량 발생한다.

③ 국내 자원이 적고, 수입에의 의존 비율이 높으며 소량의 재 중에 금속산화물이 장해원인이 될 수 있다.

④ 사용 버너에 따라 소음이 발생된다.

309 다음 중 옥탄가에 대한 설명으로 가장 거리가 먼 것은?

㉮ N-paraffine에서는 탄소수가 증가할수록 옥탄가가 저하하여 C_7에서 옥탄가는 0이다.

㉯ Iso-paraffine에서 methyl 측쇄가 적을수록, 특히 중앙집중보다는 분산될수록 옥탄가가 증가한다.

㉰ Naphthene계는 방향족 탄화수소보다는 옥탄가가 작지만 N-paraffine계보다는 큰 옥탄가를 가진다.

㉱ 방향족 탄화수소의 경우 벤젠고리의 측쇄가 C_3까지는 옥탄가가 증가하지만 그 이상이면 감소한다.

(풀이) 이소파라핀계(Iso-paraffine)에서는 methyl 측쇄가 많을수록, 특히 중앙부에 집중할수록 옥탄가는 증가한다.

310 기체연료에 관한 설명으로 가장 적절한 것은?

㉮ 적은 과잉공기로 완전 연소가 가능하다.

㉯ 연소율의 가연범위(Turn-down Ratio)가 좁다.

㉰ 저장 및 수송이 용이하다.

㉱ 회분 및 유해물질의 배출량이 많다.

(풀이) 기체연료의 장단점

1. 장점

① 적은 과잉공기(공기비)로 완전 연소가 가능하다.

② 연료 속에 회분 및 유황함유량이 적어 배연가스 중 SO_2 등 대기오염물질 발생량이 매우 적다.

③ 연소효율이 높고 연소조절, 점화 및 소화가 용이하다.

④ 저발열량의 것으로 고온을 얻을 수 있고 전열효율을 높일 수 있다.

⑤ 연소율의 가연범위(Turn-down Ratio, 부하변동범위)가 넓다.

2. 단점

① 다른 연료에 비해 취급이 곤란하다.

② 공기와 혼합해서 점화하면 폭발 등의 위험이 있다.

③ 저장이 곤란하고 시설비가 많이 든다.

311 기체연료에 관한 다음 설명으로 거리가 먼 것은?

㉮ 연료 속의 유황함유량이 적어 연소 배기가스 중 SO_2 발생량이 매우 적다.

㉯ 다른 연료에 비해 저장이 곤란하며, 공기와 혼합해서 점화하면 폭발 등의 위험도 있다.

㉰ 매탄을 주성분으로 하는 천연가스를 1기압 하에서 $-168℃$ 정도로 냉각하여 액화시킨 연료를 LNG라 한다.

㉱ 발생로가스란 코크스나 석탄을 불완전 연소시켜 얻는 가스로 주성분은 CH_4와 H_2이다.

(풀이) 발생로가스란 석탄이나 코크스, 목제 등을 적열상태에서 가열하여 불완전 연소시켜 얻어지는 가스

로서 다량의 질소를 함유하며, 일산화탄소(25~30%), 수소(10~15%) 및 약간의 CH_4를 함유하고 있다.

312 기체연료의 종류 중 액화석유가스에 관한 설명으로 가장 거리가 먼 것은?

㉮ LPG라 하며, 가정, 업무용으로 많이 사용되는 석유계 탄화수소가스이다.

㉯ 1기압하에서 −168℃ 정도로 냉각하여 액화시킨 연료이다.

㉰ 탄소수가 3~4개까지 포함되는 탄화수소류가 주성분이다.

㉱ 대부분 석유정제 시 부산물로 얻어진다.

(풀이) 액화석유가스(LPG)는 상온에서 약간의 압력(10~20atm)을 가하면 쉽게 액화시킬 수 있다.

313 다음 액화석유가스(LPG)에 대한 설명으로 거리가 먼 것은?

㉮ 비중이 공기보다 무거워 누출 시 인화·폭발의 위험성이 높은 편이다.

㉯ 액체에서 기체로 기화할 때 증발열이 5~10kcal/kg로 작아 취급이 용이하다.

㉰ 발열량이 높은 편이며, 황분이 적다.

㉱ 천연가스에서 회수되거나 나프타의 분해에 의해 얻어지기도 하지만 대부분 석유정제 시 부산물로 얻어진다.

(풀이) 액화석유가스(LPG)는 액체에서 기체로 될 때 증발열이 약 90~100kcal/kg이므로 취급상 주의를 요한다.

314 연료의 종류에 따른 연소 특성을 나타낸 것 중 가장 거리가 먼 것은?

㉮ 기체연료는 저발열량의 것으로 고온을 얻을 수 있고, 전열효율을 높일 수 있다.

㉯ 액체연료는 기체연료에 비해 적은 과잉 공기로 완전 연소가 가능하다.

㉰ 액체연료는 화재, 역화 등의 위험이 크며, 연소온도가 높아 국부가열을 일으키기 쉽다.

㉱ 액체연료의 경우 회분은 적지만, 재 속의 금속산화물이 장해 원인이 될 수 있다.

(풀이) 기체연료는 액체연료에 비해 적은 과잉공기(공기비)로 완전 연소가 가능하다.

315 기체연료 및 그 연소에 관한 설명 중 옳은 것은?

㉮ 가스버너의 종류에는 저압버너, 고압버너, 송풍버너 등이 있다.

㉯ LPG는 석유정제과정에서 주로 생기며 기화잠열이 20kcal/kg 정도로 작아 열손실이 적다.

㉰ LPG는 상온상압하에서 액체이지만, 가압 및 냉각하면 쉽게 기화되므로 수송 및 저장이 간단하다.

㉱ 코크스로 가스(석탄가스)는 코크스를 용광로에 넣어 선철을 제조할 때 발생하는 기체연료로서 고위발열량은 900kcal/Sm³ 정도이다.

(풀이) ㉯항 : LPG는 대부분 석유정제 시 부산물로 얻어지며 액체에서 기체로 기화 시 증발열이 90~100kcal/kg 정도이다.

㉰항 : LPG는 상온·상압하에서는 가스상태이며 상온에서 약간의 압력(10~20atm)을 가하면 쉽게 액화된다.

㉱항 : 코크스 가스는 제철소에서 코크스 제조 시 부산물로 발생되는 가스로 발열량은 약 5,000kcal/Sm³ 정도이다.

316 기체연료의 일반적 특징으로 가장 거리가 먼 것은?

㉮ 저발열량의 것으로 고온을 얻을 수 있고, 전열효율을 높일 수 있다.

㉯ 연소효율이 높고 검댕이 거의 발생하지 않으나, 많은 과잉공기가 소모된다.

㉰ 저장이 곤란하고 시설비가 많이 든다.

㉱ 연료 속에 황이 포함되지 않은 것이 많고, 연소조절이 용이하다.

(풀이) 기체연료는 적은 과잉공기로 완전 연소가 가능하다.

317 다음 기체연료의 일반적인 특징으로 가장 거리가 먼 것은?

㉮ 연소조절, 점화 및 소화가 용이한 편이다.

㉯ 회분이 거의 없어 먼지발생량이 적다.

㉰ 연료의 예열이 쉽고, 저질연료도 고온을 얻을 수 있다.

㉱ 부하변동의 범위가 좁다.

(풀이) 기체연료는 부하변동의 범위(가연범위)가 넓다.

318 다음 기체연료에 관한 설명 중 옳은 것은?

㉮ 프로판의 고위발열량은 메탄보다 높다.

㉯ LNG의 주성분은 프로판과 프로필렌이다.

㉰ 석탄의 완전 연소 시 얻어지는 발생로 가스의 주성분은 CO_2, H_2이며, 발열량은 23,000kcal/Sm³ 정도이다.

㉱ LPG의 고발열량은 10,000kcal/Sm³ 정도이다.

(풀이) ㉯항 : LNG의 중성분은 대부분 메탄이다.

㉰항 : 석탄 완전 연소 시 얻어지는 발생로가스의 주성분은 질소 및 일산화탄소이고 발

열량은 약 3,700kcal/Sm³ 정도이다.

㉱항 : LPG의 발열량은 약 20,000~30,000kcal/Sm³ 이상이다.

319 액화석유가스(LPG)에 관한 설명으로 가장 거리가 먼 것은?

㉮ 메탄, 프로판을 주성분으로 하는 혼합물로 1atm에서 −168℃ 정도로 냉각하면 쉽게 액체상태로 된다.

㉯ 비중은 공기의 1.5~2.0배 정도로 누출 시 인화의 위험성이 크다.

㉰ 천연가스 회수, 나프타 분해, 석유정제 시 부산물 등으로부터 얻어진다.

㉱ 액체에서 기체로 될 때 증발열이 있다.

(풀이) 액화석유가스(LPG)의 주성분은 프로판(C_3H_8)과 부탄(C_4H_{10})이며, 상온에서 약간의 압력(10~20atm)을 가하면 쉽게 액화시킬 수 있다.

320 다음 중 코크스나 석탄, 목재 등을 적열상태로 가열하여 공기 혹은 산소를 보내어 불완전 연소시킨 기체연료는?

㉮ 수성가스   ㉯ 오일가스

㉰ 발생로가스   ㉱ 분해가스

321 연소 가연물의 구비조건으로 옳지 않은 것은?

㉮ 화학적으로 활성이 강할 것

㉯ 활성화 에너지가 클 것

㉰ 표면적이 클 것

㉱ 반응력이 클 것

풀이 **가연물 구비조건**

① 반응열(발열량)이 클 것
② 열전도율이 낮을 것
③ 활성에너지가 작을 것
④ 산소와 친화력이 우수할 것
⑤ 연소접촉 표면적이 클 것
⑥ 연쇄반응을 일으킬 수 있을 것
⑦ 흡열반응을 일으키지 않을 것
⑧ 화학적으로 활성이 강할 것

322 COM 연소장치에 대한 설명 중 가장 거리가 먼 것은?

㉮ 중유 전용 보일러의 경우 별도의 개조 없이 COM을 연료로서 용이하게 사용할 수 있다.
㉯ 화염길이는 미분탄 연소에 가까운 반면, 화염 안정성은 중유연소에 가깝다.
㉰ 연소실 내의 체류시간의 부족, 분사변의 폐쇄와 마모, 재의 처리 등에 주의할 필요가 있다.
㉱ 중유보다 미립화 특성이 양호하다.

풀이 중유 전용 보일러의 경우 별도의 개조가 필요하다.

323 연소학에서 주로 사용되는 무차원수 중 온도의 확산속도에 대한 물질의 확산속도의 비를 의미하는 것은?

㉮ Pr(Prantle Number)
㉯ Nu(Nusselt Number)
㉰ Le(Lewis Number)
㉱ Gr(Grashof Number)

풀이 **루이스 수(Lewis Number)**

① 루이스 수는 물질 이동과 열 이동의 상관관계를 나타내는 무차원수이다.
② 온도의 확산속도에 대한 물질의 확산속도의

비를 의미한다.

③ 관련식

$$Le = \frac{hc}{D \cdot AB} = \frac{\text{온도의 확산속도}}{\text{물질의 확산속도}}$$

여기서, Le : 루이스 수
hc : 열확산도
D : 물질(질량)의 확산속도
A, B : 성분

324 현열에 관한 용어 설명으로 가장 적합한 것은?

㉮ 물질에 의하여 흡수 또는 방출된 열이 온도변화로는 나타나지 않고, 상태변화에만 사용되는 열
㉯ 물질에 의하여 흡수 또는 방출된 열이 온도변화로는 나타나고, 상태변화에는 사용되지 않는 열
㉰ 물질에 의하여 흡수 또는 방출된 열이 물질의 모든 변화로 나타나는 열
㉱ 물질에 의하여 흡수 또는 방출된 열이 계의 열용량에만 관계하고 물질의 상태변화 또는 온도변화에는 사용되지 않는 열

325 연료에 관한 다음 설명 중 가장 거리가 먼 것은?

㉮ 연료비는 탄화도의 정도를 나타내는 지수로서, 고정탄소/휘발분으로 계산된다.
㉯ 석유계 액체연료는 고위발열량이 10,000~12,000kcal/kg 정도이고, 메탄올과 같이 산소를 함유한 연료의 경우 발열량은 일반 석유계 액체연료보다 높아진다.
㉰ 일산화탄소의 고위발열량은 3,000kcal/Nm³ 정도이며, 프로판과 부탄보다는 발열량이 낮다.

㉣ LPG는 상온에서 압력을 주면 용이하게 액화되는 석유계의 탄화수소를 말한다.

(풀이) 메탄올과 같이 산소를 함유한 연료의 경우 발열량은 일반석유계 액체연료보다 낮아진다.

326 연소(화염)온도에 대한 설명으로 가장 적합한 것은?

㉮ 이론 단열 연소온도는 실제 연소온도보다 높다.
㉯ 공기비를 크게 할수록 연소온도는 높아진다.
㉰ 실제 연소온도는 연소로의 열손실에는 거의 영향을 받지 않는다.
㉣ 평형 단열 연소온도는 이론 단열 연소온도와 같다.

327 다음 연료 및 연소에 관한 설명으로 틀린 것은?

㉮ 휘발유, 등유, 경유, 중유 중 비점이 가장 높은 연료는 휘발유이다.
㉯ 연소라 함은 고속의 발열반응으로 일반적으로 빛을 수반하는 현상의 총칭이다.
㉰ 탄소성분이 많은 중질유 등의 연소에서는 초기에는 증발연소를 하고, 그 열에 의해 연료 성분이 분해되면서 연소한다.
㉣ 그을림 연소는 숯불과 같이 불꽃을 동반하지 않는 열분해와 표면연소의 복합형태라 볼 수 있다.

(풀이) 각 연료의 비점(비등점)
① 휘발유 : 30~200℃ ② 등유 : 150~280℃
③ 경유 : 200~320℃ ④ 중유 : 230~360℃

328 다음 중 연료의 이론공기량의 근사치 범위 $A_o(Sm^3/Sm^3)$로 가장 거리가 먼 것은?

㉮ 천연가스 : 8.0~9.5
㉯ 역청탄 : 7.5~8.5
㉰ 코크스 : 8.0~9.0
㉣ 발생로가스 : 5.0~8.0

(풀이) 발생로가스의 이론공기량은 0.93~1.29Sm³/Sm³

329 미분탄 연소에 관한 설명으로 가장 거리가 먼 것은?

㉮ 반응속도는 탄의 성질, 공기량 등에 따라 변하기는 하나, 연소에 요하는 시간은 대략 입자지름의 제곱에 비례한다.
㉯ 같은 양의 석탄에서는 표면적이 대단히 커지고, 공기와의 접촉 및 열전달도 좋아지므로 작은 공기비로 완전 연소가 된다.
㉰ 재비산이 많고 집진장치가 필요하다.
㉣ 점화 소화 시 열손실은 크나, 부하의 변동에는 쉽게 적용할 수 있다.

(풀이) 미분탄 연소는 일반 석탄 연소에 점화 및 소화 시 열손실을 적고 부하의 변동에 쉽게 적용할 수 있다.

330 미분탄 연소에 관한 설명으로 가장 거리가 먼 것은?

㉮ 반응속도에 영향을 주는 요인들이 많으나, 연소에 요하는 시간은 대략 입자 지름의 제곱에 반비례한다.
㉯ 같은 양의 석탄에서는 표면적이 대단히 커지고, 공기와의 접촉 및 열전달도 좋아지므로 작은 공기비로 완전 연소가 된다.

㉰ 재비산이 많고 집진장치가 필요하다.

㉱ 점화 및 소화 시 열손실은 적고 부하의 변동에 쉽게 적용할 수 있다.

(풀이) 반응속도는 탄의 성질, 공기량 등에 따라 변하며 연소에 요하는 시간은 대략 입자 지름의 제곱에 비례한다.

331 유동층 연소(Fluidized Bed Combustion)에 관한 설명으로 가장 거리가 먼 것은?

㉮ 유동매체는 불활성이고, 열 충격에 강하며, 융점은 높고, 미세하여야 한다.

㉯ 투입이나 유동화를 위해 파쇄가 필요 없고, 과잉공기가 커야 완전연소된다.

㉰ 유동매체의 열용량이 커서 약상, 기상 및 고형폐기물의 전소 및 혼소가 가능하다.

㉱ 일반 소각로에서 소각이 어려운 난연성 폐기물의 소각에 적합하며, 특히 폐유·폐윤활유 등의 소각에 탁월하다.

(풀이) 유동층 연소에서 대형의 고형폐기물은 투입이나 유동화를 위해 파쇄가 필요하며, 과잉 공기량이 낮아 NO_x 생성 억제에 효과가 있다.

332 고체연료의 연소방법 중 유동층 연소법에 관한 설명으로 가장 거리가 먼 것은?

㉮ 유동매체의 손실로 인한 보충이 필요하다.

㉯ 조대 고형물의 경우도 투입을 위한 파쇄가 불필요하다.

㉰ 로 내에서 산성가스의 제거가 가능하다.

㉱ 재나 미연탄소의 배출이 많다.

(풀이) 조대 고형물의 경우 투입을 위한 파쇄가 필요하다.

333 유동층 연소로의 특성과 거리가 먼 것은?

㉮ 유동층을 형성하는 분체와 공기와의 접촉면적이 크다.

㉯ 격심한 입자의 운동으로 층 내가 균일 온도로 유지된다.

㉰ 수명이 긴 Char는 연소가 완료되지 않고 배출될 수 있으므로 재연소장치에서의 연소가 필요하다.

㉱ 부하변동에 따른 적응력이 높다.

(풀이) 부하변동에 쉽게 대응할 수 없다.

334 유동층 연소에서 부하변동에 대한 적응성이 좋지 않은 단점을 보완하기 위한 방법으로 가장 거리가 먼 것은?

㉮ 공기분산판을 분할하여 층을 부분적으로 유동시킨다.

㉯ 층 내의 연료비율을 고정시킨다.

㉰ 유동층을 몇 개의 셀로 분할하여 부하에 따라 작동시키는 수를 변화시킨다.

㉱ 층의 높이를 변화시킨다.

(풀이) 층 내의 높이를 변화시킨다.

335 고체연료의 연소방법 중 유동층 연소법에 관한 설명으로 가장 거리가 먼 것은?

㉮ 연소온도가 미분탄연소로에 비해 높아 NO_x 생성 억제에 불리하다.

㉯ 조대 고형물의 경우 투입을 위한 파쇄가 필요하다.

㉰ 로 내에서 산성가스의 제거가 가능하다.

㉱ 재나 미연탄소의 배출이 많다.

(풀이) 유동층 연소법은 연소온도가 미분탄연소로에 비해 낮아 NO_x 생성억제에 효과가 있다.

336 화격자 연소에 관한 다음 설명 중 가장 거리가 먼 것은?

㉮ 상부 투입식은 투입되는 연료와 공기의 방향이 향류로 교차되는 형태이다.

㉯ 상부 투입식 정상상태에서의 고정층은 상부로부터 석탄층, 건조층, 건류층, 환원층, 산화층, 회층으로 구성된다.

㉰ 상부 투입식 연소에는 화격자상에 고정층을 형성하지 않으면 안 되므로 분상의 석탄은 그대로 사용하기에 곤란하다.

㉱ 하부 투입식에서는 저융점의 회분을 많이 포함한 연료의 연소에 적당하며, 착화성이 나쁜 연료도 유용하게 사용 가능하다.

(풀이) 하부 투입식에서는 수분이 많고 저위발열량이 낮은 연료, 난연성 및 착화하기 어려운 연료 연소에 적합하다.

337 공기를 아래에서 위로 통과시키는 화격자 연소장치에서 (1) – (2) – (3) – (4) 각각에 해당되는 물질은?[단, 아래 그림은 상입식 연소장치(석탄의 공급방향이 1차 공기의 공급방향과 반대)의 하부층에서부터 상부층까지의 성분가스의 체적분율(%)이다.]

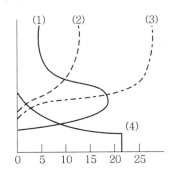

㉮ $CO_2 - CO - (H_2 + CH_4) - O_2$

㉯ $CO - (H_2 + CH_4) - O_2 - CO_2$

㉰ $(H_2 + CH_4) - O_2 - CO_2 - CO$

㉱ $(H_2 + CH_4) - O_2 - CO_2 - CO$

(풀이) 상부 투입식은 하부 투입식보다 더 고온이 되고, CO_2에서 CO로 변화속도가 빠르다.

338 로터리킬른의 특징으로 가장 거리가 먼 것은?

㉮ 소각 전처리가 크게 요구되지 않는다.

㉯ 소각재 배출 시 열손실이 적고, 별도의 후연소기가 불필요하다.

㉰ 소각 시 공기와의 접촉이 좋고 효율적으로 난류가 생성된다.

㉱ 여러 가지 형태의 폐기물(고체, 액체, 슬러지 등)을 동시 소각할 수 있다.

(풀이) 소각재 배출 시 열손실이 크고 후연소기가 필요하다.

339 코크스나 석탄 등이 고온연소 시 고체 표면이 빨갛게 빛을 내면서 반응하는 연소로, 화염이 없는 연소형태는?

㉮ 확산연소　　　㉯ 자기연소

㉰ 분해연소　　　㉱ 표면연소

340 다음 연소방식 및 연소장치에 관한 설명으로 가장 거리가 먼 것은?

㉮ 확산연소는 화염이 길고 그을음이 발생하기 쉽다.

㉯ 예혼합연소는 혼합기의 분출속도가 느릴 경우 역화의 위험이 있으므로 역화방지기를 부착해야 한다.

㉲ 유동층 연소는 저열량연료, 점착성 연료는 적용이 불가능하며, 탈황제의 주입 시 별도로 배연탈황설비가 필요하다.

㉳ 기화연소는 연료를 고온의 물체에 접촉 또는 충돌시켜 액체를 가연성 증기로 변환 후 연소시키는 방식이다.

(풀이) 유동층 연소는 일반속각로에서 소각이 어려운 난연성 폐기물의 소각에 적합하며 노 내에서 산성가스의 제거가 가능하여 별도의 배연탈황설비가 불필요하다.

341 유류연소버너 중 유압식 버너에 관한 설명으로 옳지 않은 것은?

㉮ 유압은 보통 50~90kg/cm² 정도이다.

㉯ 연료유의 분사각도는 기름의 압력, 점도 등으로 약간 달라지지만 40~90° 정도의 넓은 각도로 할 수 있다.

㉰ 대용량 버너 제작이 용이하다.

㉱ 유량 조절 범위가 좁아(환류식 1 : 3, 비환류식 1 : 2) 부하변동에 적용하기 어렵다.

(풀이) 유류연소버너 중 유압식 버너의 유압은 5~30kg/cm² 정도이다.

342 유류 버너의 종류에 관한 다음 설명 중 가장 거리가 먼 것은?

㉮ 유압식 버너에서 연료유의 분무각도는 압력, 점도 등으로 약간 달라지지만 40~90° 정도이다.

㉯ 회전식 버너의 유량조절범위는 1 : 5 정도이고, 유압식 버너에 비해 연료유의 분무화 입경은 비교적 크다.

㉲ 고압공기식 버너는 고점도 사용에도 적합하고, 분무각도가 20~30° 정도이며, 장염이나 연소시 소음이 발생된다.

㉳ 저압공기식 버너는 구조가 간단하고, 유량조절범위는 1 : 10 정도이며, 무화상태가 좋아서 대형 가열로에 주로 사용한다.

(풀이) 저압공기식 버너의 유량 조절범위는 1 : 5 정도이며 구조상 소형가열로 등에 적합하다.

343 액체연료의 연소장치 중 회전식 버너에 관한 설명으로 가장 거리가 먼 것은?

㉮ 유압식 버너에 비하여 연료유의 분무화 입경이 비교적 크다.

㉯ 연료유는 0.5kg/cm² 정도 가압하며 공급한다.

㉰ 유량조절 범위가 1 : 5 정도, 분무각도가 40~80°이다.

㉱ 연료유 분사유량은 벨트식이 1,000L/hr 이하, 직결식이 2,700L/hr 이하이다.

(풀이) 연료유 분사유량은 직결식이 1,000L/hr 이하, 벨트식이 2,700L/hr 이하이다.

344 다음 유류연소버너의 종류로 가장 적합한 것은?

- 화염의 형식 : 비교적 넓게 퍼지는 화염
- 용도 : 부하변동이 있는 중소형 보일러에 주로 사용
- 유압 : 0.5kg/cm² 전후

㉮ 회전식 ㉯ 유압식
㉰ 고압공기식 ㉱ 건타입식

345 다음은 유류연소버너에 관한 설명이다. 가장 적합한 것은?

- 화염의 형식 : 가장 좁은 각도의 긴 화염이다.
- 유량조절범위 : 약 1 : 10 정도이며, 대단히 넓다.
- 용도 : 제강용평로, 연속가열로, 유리용해로 등의 대형 가열로 등에 많이 사용된다.

㉮ 유압식 버너 　　㉯ 회전식 버너
㉰ 고압공기식 버너　㉱ 저압공기식 버너

346 연료유를 미립화해서 공기와 혼합하여 단시간에 완전 연소시키는 유류연소버너가 갖추어야 할 조건으로 가장 거리가 먼 것은?

㉮ 넓은 부하범위에 걸쳐 기름의 미립화가 가능할 것
㉯ 재를 제거하기 위한 장치가 있을 것
㉰ 소음 발생이 적을 것
㉱ 점도가 높은 기름도 적은 동력비로서 미립화가 가능할 것

(풀이) ㉮, ㉰, ㉱항 외에 연료유를 미립화해서 공기와 혼합한 후 단시간에 완전 연소시켜야 한다.

347 유류연소 버너에 관한 설명으로 틀린 것은?

㉮ 유압분무식 버너 : 연료의 점도가 크거나, 유압이 $5kg/cm^2$ 이하가 되면 분무화가 불량하다.
㉯ 회전식 버너 : 연료유 분사유량은 직결식의 경우 1,000L/hr 이하이다.
㉰ 고압기류 분무식 버너 : 분무각도는 30° 정도로 작은 편이며, 분무에 필요한 1차 공기량은 이론연소공기량의 7~12% 정도이다.

㉱ 저압기류 분무식 버너 : 비교적 좁은 각도의 긴 화염이며, 용량은 2,000~3,000L/hr로 주로 대형 가열로에 이용된다.

(풀이) 저압기류 분무식 버너는 비교적 좁은 각도의 짧은 화염을 가지며 용량은 2~300L/hr로 주로 소형 가열로 등에 적합하다.

348 다음 중 건타입(Gun Type) 버너에 관한 설명으로 틀린 것은?

㉮ 형식은 유압식과 공기분무식을 합한 것이다.
㉯ 유압은 보통 $7kg/cm^2$ 이상이다.
㉰ 연소가 양호하고, 전자동 연소가 가능하다.
㉱ 유량조절 범위가 넓어 대용량에 적합하다.

(풀이) 건타입(Gun Type) 버너의 형식은 소형으로 소용용량에 적합하다.

349 다음 설명하는 연소장치로 가장 적합한 것은?

- 증기압 또는 공기압은 $2~10kg/cm^2$이다.
- 유량조절범위는 1 : 10 정도이다.
- 분무각도는 20~30°, 연소 시 소음이 발생된다.
- 대형 가열로 등에 많이 사용된다.

㉮ 고압공기식 버너 　㉯ 유압식 버너
㉰ 저압공기분무식 버너㉱ 슬래그랩 버너

350 화염으로부터 열을 받으면 가연성 증기가 발생하는 연소로서 휘발유, 등유, 알코올, 벤젠 등의 액체연료의 연소 형태는?

㉮ 표면 연소 　　㉯ 자기 연소
㉰ 증발 연소 　　㉱ 발화 연소

351 다음 중 고압기류 분무식 버너에 관한 설명으로 거리가 먼 것은?

㉮ 연료분사범위는 외부혼합식이 500～1,000 L/hr, 내부혼합식이 1,200～2,400L/hr 정도이다.

㉯ 연료유의 점도가 큰 경우도 분무화가 용이하나 연소 시 소음이 크다.

㉰ 분무각도는 30° 정도이나 유량조절비는 1 : 10 정도로 커서 부하변동에 적응이 용이하다.

㉱ 분무에 필요한 1차 공기량은 이론연소공기량의 7～12% 정도이다.

풀이 고압기류 분무식 버너의 연료분사범위는 외부혼합식이 3～500L/hr, 내부혼합식이 10～1,200L/hr 정도이다.

352 액체연료의 연소장치에 관한 설명 중 옳지 않은 것은?

㉮ 건타입 버너는 연소가 양호하고, 소형이며, 전자동 연소가 가능하다.

㉯ 저압기류 분무식 버너의 분무각도는 30～60° 정도이다.

㉰ 고압기류 분부식 버너의 분무에 필요한 1차 공기량은 이론연소 공기량의 7～12% 정도이다.

㉱ 회전식 버너는 유압식 버너에 비해 연료유의 입경이 작으며, 직결식은 분무컵의 회전수가 전동기의 회전수보다 빠른 방식이다.

풀이 회전식 버너는 유압식 버너에 비해 분무입자가 비교적 크므로 중유의 점도가 작을수록 분무상태가 좋아지며, 직결식은 분무컵의 회전수와 전동기의 회전수가 일치하는 방식으로 3,000～3,500rpm 정도이다.

353 다음 중 유류 종류별 버너의 유량조절범위의 크기 순서로 옳은 것은?(단, 큰 순서>작은 순서)

㉮ 유압식>고압공기식>저압공기식

㉯ 저압공기식>고압공기식>회전식

㉰ 고압공기식>회전식>유압식

㉱ 회전식>저압공기식>고압공기식

풀이 유량조절범위
① 고압공기식 - 1 : 10
② 회전식 - 1 : 5
③ 유압식 - 환류식(1 : 3), 비환류식(1 : 2)

354 다음 중 분무각도가 40～90° 정도로 크며, 유량조절범위가 다른 버너에 비해 적어 부하변동에 적응하기 어렵고, 대용량 버너제작이 용이한 유류 버너 형태는?

㉮ 저압공기식 버너　　㉯ 고압공기식 버너
㉰ 회전식 버너　　　　㉱ 유압분무식 버너

355 화염이 길고, 그을음이 발생하기 쉬운 반면, 역화(Back Fire)의 위험이 없으며, 공기와 가스를 예열할 수 있는 연소방식은?

㉮ 예혼합가스　　　　㉯ 확산연소
㉰ 플라즈마연소　　　㉱ 콤팩트연소

356 기체연료의 연소방법에 대한 설명으로 가장 거리가 먼 것은?

㉮ 확산연소는 화염이 길고 그을음이 발생하기 쉽다.

㉯ 예혼합연소에는 포트형과 버너형이 있다.

㉰ 예혼합연소는 화염온도가 높아 연소부하가 큰 경우에 사용이 가능하다.

㉰ 예혼합연소는 혼합기의 분출속도가 느릴 경우 역화의 위험이 있다.

(풀이) 확산연소법은 공기의 양에 따라 전1차식, 분젠식, 세미분젠식 버너가 있다.

357 기체연료의 연소방식 중 확산연소에 관한 설명으로 틀린 것은?

㉮ 기체연료와 연소용 공기를 버너 내에서 혼합한다.

㉯ 확산연소에 사용되는 버너로는 포트형과 버너형이 있다.

㉰ 그을음의 발생이 쉽다.

㉱ 역화의 위험이 없으며, 공기를 예열할 수 있다.

(풀이) 확산연소법은 연료를 버너노즐부터 분리시켜 외부 공기와 일정 속도로 혼합하여 연소하는 방법이다.

358 다음 중 기체연료의 연소방식에 해당되는 것은?

㉮ 스토커연소   ㉯ 회전식 버너연소
㉰ 예혼합연소   ㉱ 유동층연소

(풀이) 가연물의 종류에 따른 연소형태 종류

연료	연소형태(연소방식)
기체 연료	예혼합연소(Premixed Burning) 확산연소(Diffusive Burning) 부분예혼합연소(Semi-Premixed Burning)
액체 연료	증발연소(Evaporating Combustion) 분무연소(Spray Burning) 액면연소(Pool Burning) 등심연소(Wick Combustion) : 심화연소
고체 연료	증발연소(Evaporating Combustion) 분해연소(Decomposing Combustion) 표면연소(Surface Combustion) 자기연소(내부연소)

359 확산연소에서 분류속도 변화에 따라 변화하는 분류확산화염에 대한 설명으로 가장 거리가 먼 것은?

㉮ 분류속도가 작은 영역에서는 화염이 표면이 매끈한 층류화염을 형성하고, 이 층류화염의 길이는 분류속도의 제곱에 비례하여 증가한다.

㉯ 층류화염에서 난류화염으로 전이하는 높이는 유속이 증가함에 따라 급속히 아래쪽으로 이동하여 층류화염의 길이가 감소된다.

㉰ 천이화염에서 유속을 더 증가시키면 대부분의 화염이 난류가 되고, 전체 화염의 길이는 크게 변화하지 않는다.

㉱ 층류화염에서 난류화염으로의 전이는 분류 레이놀즈 수에 의존한다.

(풀이) 분류속도가 작은 영역에서는 화염의 표면이 매끈한 층류화염을 형성하고, 이 층류화염의 길이는 버너구경의 제곱과 연료의 유속에 비례하여 증가한다.

360 다음 중 기체연료의 연소방법으로서 역화 위험이 가장 큰 것은?

㉮ 확산연소   ㉯ 부유연소
㉰ 난류연소   ㉱ 예혼합연소

361 확산형 가스버너 중 포트형에 관한 설명으로 가장 거리가 먼 것은?

㉮ 버너 자체가 로벽과 함께 내화벽돌로 조립되어 로 내부에 개구된 것이며, 가스와 공기를 함께 가열할 수 있는 이점이 있다.

㉯ 고발열량 탄화수소를 사용할 경우에는 가스 압력을 이용하여 노즐로부터 고속으로 분출

하게 하여 그 힘으로 공기를 흡인하는 방식
을 취한다.
㉰ 밀도가 큰 공기 출구는 상부에, 밀도가 작은
가스 출구는 하부에 배치되도록 한다.
㉲ 구조상 가스와 공기압이 높은 경우에 사용한다.

362 통풍방식 중 흡인통풍에 관한 설명으로
가장 거리가 먼 것은?

㉮ 노내압이 부압으로 냉기침입의 우려가 있다.
㉯ 송풍기의 점검 및 보수가 어렵다.
㉰ 연소용 공기를 예열할 수 있다.
㉲ 굴뚝의 통풍저항이 큰 경우에 적합하다.

(풀이) 대형의 배풍기가 필요하며, 연소용 공기를 예열
할 수 없다.

363 Thermal NO_x를 대상으로 한 저 NO_x 연
소법으로 가장 거리가 먼 것은?

㉮ 배기가스 재순환
㉯ 연료대체
㉰ 희박예혼합연소
㉲ 수분사와 수증기분사

(풀이) Thermal NO_x 억제 연소방법
① 희박예혼합연소
② 화염형상의 변경
③ 완만혼합
④ 배기가스 재순환
⑤ 수분사 및 수증기분사
⑥ 2단 연소
⑦ 저과잉공기 연소

364 연소시 발생되는 NO_x는 원인과 생성기
전에 따라 3가지로 분류하는데, 분류항목에 속
하지 않는 것은?

㉮ Fuel NO_x ㉯ Noxious NO_x
㉰ Prompt NO_x ㉲ Thermal NO_x

365 열생성 NO_x(Thermal NO_x)를 억제하는
연소방법에 관한 설명으로 가장 거리가 먼 것은?

㉮ 희박예혼합연소 : 당량비를 높여 NO_x 발생
온도를 현저히 낮추어(2,000K 이하) Prompt
NO_x로의 전환을 유도한다.
㉯ 화염형상의 변경 : 화염을 분할하거나 막상
으로 얇게 늘려서 열손실을 증대시킨다.
㉰ 완만혼합 : 연료와 공기의 혼합을 완만하게
하여 연소를 길게 함으로써 화염온도의 상승
을 억제한다.
㉲ 배기 재순환 : 팬을 써서 굴뚝가스를 로의 상
부에 피드백시켜 최고 화염온도와 산소농도
로 억제한다.

(풀이) 희박예혼합연소는 연료와 공기를 미리 혼합하고
이론 당량비 이하에서 연소시 생성되는 Thermal
NO_x를 저감할 수 있다.

366 매연 발생에 관한 다음 설명 중 옳지 않은
것은?

㉮ －C－C－의 탄소결합을 절단하기보다는 탈
수소가 쉬운 쪽에 매연이 생기기 쉽다.
㉯ 연료의 C/H의 비율이 작을수록 매연이 생기
기 쉽다.
㉰ 탈수소, 중합 및 고리화합물 등과 같은 반응
이 일어나기 쉬운 탄화수소일수록 매연이 잘

생긴다.

㉑ 분해하기 쉽거나, 산화하기 쉬운 탄화수소는 매연 발생이 적다.

(풀이) 일반적으로 탄수소(C/H)비가 클수록 매연이 생기기 쉽다.(C중유 > B중유 > A중유)

367 다음 중 매연 발생원인으로 가장 거리가 먼 것은?

㉮ 연소실의 체적이 적을 때

㉯ 통풍력이 부족할 때

㉰ 석탄 중에 황분이 많을 때

㉱ 무리하게 연소시킬 때

(풀이) 매연 발생원인

① 통풍력이 부족 또는 과대한 경우
② 연소실의 체적이 적은 경우
③ 무리하게 연소하는 경우
④ 연소실의 온도가 낮은 경우(화염온도가 높은 경우 매연 발생은 작으나 발열속도보다 전열면 등으로의 방열속도가 빨라 불꽃의 온도가 낮은 경우 발생하기 쉽다.)
⑤ 연소장치가 불량한 경우
⑥ 운전자의 취급이 미숙한 경우
⑦ 연료의 질이 해당 보일러에 적정하지 않은 경우

368 매연발생에 관한 다음 설명 중 가장 거리가 먼 것은?

㉮ −C−C−의 결합을 절단하기보다는 탈수소가 쉬운 쪽이 매연 발생이 어렵다.

㉯ 연료의 C/H 비율이 작을수록 매연 발생이 어렵다.

㉰ 탈수소, 중합 및 고리화합물 등과 같이 반응이 일어나기 쉬운 탄화수소일수록 매연이 잘

생긴다.

㉑ 분해하기 쉽거나, 산화하기 쉬운 탄화수소는 매연 발생이 적다.

(풀이) −C−C−의 탄소결합을 절단하기보다는 탈수소가 쉬운 쪽이 매연발생이 쉽다.

369 다음 중 저온부식의 원인과 대책에 관한 설명으로 가장 거리가 먼 것은?

㉮ 250℃ 이상의 전열면(傳熱面)에 응축하는 황산, 질산, 염산 등에 의하여 발생된다.

㉯ 예열공기를 사용하거나 보온시공을 한다.

㉰ 저온부식이 일어날 수 있는 금속표면은 피복을 한다.

㉱ 연소가스 온도를 산노점 온도보다 높게 유지해야 한다.

(풀이) 저온부식은 150℃ 이하의 전열면에 응축하는 황산, 질산, 염산 등의 산성염에 의하여 발생된다.

370 보일러에서 저온부식을 방지하기 위한 방법으로 가장 거리가 먼 것은?

㉮ 과잉공기를 줄여서 연소한다.

㉯ 가스온도를 산노점 이하가 되도록 조업한다.

㉰ 연료를 전처리하여 유황분을 제거한다.

㉱ 장치표면을 내식재료로 피복한다.

(풀이) 저온부식의 방지대책

① 내산성 금속재료를 사용한다.
② 저온부식이 일어날 수 있는 금속표면은 피복을 한다.
③ 연소가스온도를 산노점 온도보다 높게 유지해야 한다.
④ 예열공기를 사용하거나 보온 시공을 한다.
⑤ 과잉공기를 줄여서 연소한다.(SO₂의 산화 방지)

⑥ 연소를 전처리하여 유황분을 제거한다.
⑦ 연소실 및 연돌에 공기누입을 방지한다.

371 촉매연소법에 관한 설명 중 틀린 것은?

㉮ 배출가스 중의 가연성 오염물질을 연소로 내에서 파라듐, 코발트 등의 촉매를 사용하여 주로 연소한다.
㉯ 주로 오염물질 양이 많을 때 및 고농도의 VOC, 열용량이 높은 물질을 함유한 가스에 효과적으로 적용된다.
㉰ 일반적으로 구리, 은, 아연, 카드뮴 등은 촉매의 수명을 단축시킨다.
㉱ 대부분의 촉매는 800~900℃ 이하에서 촉매 역할이 활발하므로 촉매연소에서의 온도 상승은 50~100℃ 정도로 유지하는 것이 좋다.

(풀이) 일반적으로 VOC의 함유량이 적은 저농도의 가연물질과 공기를 함유하는 기체폐기물에 적용된다.

372 폐가스 소각과 관련한 다음 설명 중 가장 거리가 먼 것은?

㉮ 직접화염 재연소의 설계 시 반응시간은 1~3초 정도로 하는데, 이 방법은 다른 방법에 비해 NOₓ 발생이 적다.
㉯ 직접화염 소각은 가연성 폐가스의 배출량이 많은 경우에 유용하다.
㉰ 촉매산화법은 고온연소법에 비해 반응온도가 낮은 편이다.
㉱ 촉매산화법은 저농도의 가연물질과 공기를 함유하는 기체 폐기물에 대하여 적용되며, 보통 백금 및 파라디움이 촉매로 쓰인다.

(풀이) 직접화염 재연소기의 설계 시 반응시간은 0.2~

0.7초 정도로 하는데, 이 방법은 다른 방법에 비해 고온상태에서 NOₓ 발생이 많다.

373 다음은 직접화염 재연소기에 관한 설명이다. ( ) 안에 알맞은 것은?

> 설계 시 반응시간은 (①), 반응온도는 (②), 혼합은 연료 및 산소 오염물질이 잘 혼합되도록 하고, 배기가스의 적정 온도유지를 위해 혼합연료의 양과 연소가스량 및 체류시간 등을 잘 조절하여야 한다.

㉮ ① 0.2~0.7초, ② 650~870℃
㉯ ① 0.2~0.7초, ② 250~350℃
㉰ ① 15~30초, ② 650~870℃
㉱ ① 15~30초, ② 250~350℃

374 질소산화물(NOₓ) 생성 특성에 관한 설명으로 가장 거리가 먼 것은?

㉮ 일반적으로 동일 발열량을 기준으로 NOₓ 배출량은 석탄>오일>가스 순이다.
㉯ 연료 NOₓ는 주로 질소성분을 함유하는 연료의 연소과정에서 생성된다.
㉰ 천연가스에는 질소성분이 거의 없으므로 연료의 NOₓ 생성은 무시할 수 있다.
㉱ 고정오염원에서 배출되는 질소산화물은 주로 NO_2이며, 소량의 NO를 함유한다.

(풀이) 고정배출원에서 배출되는 질소산화물은 주로 NO이며 소량의 NO_2을 함유한다.

375 다음 설명하는 오염물질 제거법으로 가장 적합한 것은?

화염온도를 낮추기 위해 채택된 방법으로 1차적으로 이론 공기량의 85~95% 정도를 버너부분에 공급하고, 상부의 공기구멍에서 10~15%의 공기를 더 공급한다. 이 방법은 두 연소단계 사이에서 열의 일부가 제거되어 화염온도가 낮게 되는 과정을 거쳐서 연소가 이루어진다.

㉮ SO₂ 제거를 위한 연소구역 냉각법
㉯ 매연 제거를 위한 저과잉공기 연소법
㉰ NOₓ 제거를 위한 연소구역 냉각법
㉱ NOₓ 제거를 위한 2단 연소법

376 액체연료가 미립화되는 데 영향을 미치는 요인으로 가장 거리가 먼 것은?

㉮ 분사압력   ㉯ 분사속도
㉰ 연료의 점도   ㉱ 연료의 발열량

(풀이) 액체연료 미립화 영향
① 분사압력   ② 분사속도(분무유량)
③ 연료의 점도   ④ 분무거리
⑤ 분무각도

377 공기비가 클 경우에 일어나는 현상에 관한 설명으로 옳지 않은 것은?

㉮ 연소실 내 연소온도 감소
㉯ 배기가스에 의한 열손실이 증대
㉰ 가스폭발의 위험과 매연이 증가
㉱ SO₂, NO₂의 함량이 증가하여 부식이 촉진

(풀이) 공기비가 클 경우
① 연소실 내 연소온도가 낮아진다.
② 통풍력이 증대되어 배기가스에 의한 열손실이 증대된다.
③ 배기가스 중 황산화물(SO₂), 질소산화물(NO₂)

의 함량이 증가하여 연소장치의 전열면 부식이 촉진된다.

378 연소과정에서 공기비가 작을 경우(m<1) 발생되는 현상으로 가장 적합한 것은?

㉮ 배기가스 중 황산화물과 질소산화물의 함량이 많아져 연소장치의 부식을 가중시킨다.
㉯ 통풍력이 강하여 배기가스에 의한 열손실이 크다.
㉰ 연소배출가스 중의 일산화탄소가 증대된다.
㉱ 완전 연소에 의해 NOₓ가 증가한다.

(풀이) 공기비가 작을 경우
① 불완전 연소로 인하여 배기가스 내 매연의 발생이 크다.
② 불완전 연소로 인하여 연소가스의 폭발위험성이 크다.
③ 연소배출가스 중의 CO, HC의 오염물질 농도가 증가한다.
④ 열손실에 큰 영향을 준다.

379 연료 등의 연소 시에 과잉공기의 비율을 높임으로써 생기는 현상으로 가장 거리가 먼 것은?

㉮ CH₄, CO 및 C 등 연료 중의 가연성 물질의 농도가 감소되는 경향을 보인다.
㉯ 에너지 손실이 커진다.
㉰ 희석효과가 높아진다.
㉱ 화염의 크기가 커지고 불완전 연소 물질의 농도가 증가한다.

(풀이) 과잉공기의 비율이 높아지면 화염의 크기는 작아지고 완전 연소가 가능해진다.

380 다음 중 연소와 관련된 설명으로 가장 적합한 것은?

㉮ 공연비는 예혼합연소에 있어서의 연료에 대한 공기의 질량비(또는 부피비)이다.

㉯ 등가비가 1보다 큰 경우, 공기가 과잉인 경우로 열손실이 많아진다.

㉰ 등가비와 공기비는 상호 비례관계가 있다.

㉱ 최대탄산가스량(%)은 실제 건조연소가스량을 기준한 최대탄산가스의 용적백분율이다.

(풀이) ㉯항 : 등가비가 1보다 작을 경우, 공기가 과잉인 경우로 열손실이 많아진다.

㉰항 : 등가비와 공기비는 상호 반비례관계가 있다.

㉱항 : 최대탄산가스량(%)은 이론 건조연소가스량을 기준한 최대탄산가스의 용적백분율이다.

381 등가비(ϕ, Equivalent Ratio)와 연소상태와의 관계를 설명한 것 중 옳지 않은 것은?

㉮ $\phi = 1$ 경우는 완전 연소로 연료와 산화제의 혼합이 이상적이다.

㉯ $\phi > 1$ 경우는 연료가 과잉

㉰ $\phi < 1$ 경우는 공기가 부족하며, 불완전 연소가 발생

㉱ $\phi > 1$ 경우는 불완전 연소가 발생

(풀이) $\phi < 1$ 경우는 공기가 과잉으로 공급된 경우로 불완전 연소 형태이다.

382 등가비(ϕ, Equivalence Ratio)와 공기비(λ)의 관계로 옳은 것은?

㉮ $\phi = 2\lambda$

㉯ $\phi = (1-\lambda)$

㉰ $\phi\lambda = 1$

㉱ $\phi = \dfrac{\lambda}{2}$

383 등가비(ϕ, Equivalent Ratio)에 관한 설명으로 옳지 않은 것은?

㉮ 등가비(ϕ) = $\dfrac{\text{실제 연료량/산화제}}{\text{완전연소를 위한 이상적 연료량 /산화제}}$

㉯ $\phi < 1$ 경우 완전 연소로서 기대되며, CO는 최소가 된다.

㉰ $\phi = 1$ 경우 완전 연소로서 연료와 산화제의 혼합이 이상적이다.

㉱ $\phi > 1$ 경우 불완전 연소가 발생하며, 질소산화물(NO)이 최대가 된다.

(풀이) $\phi > 1$ 경우 일반적으로 CO는 증가하고 NO는 감소한다.

384 다음 중 공기비($m > 1$)에 관한 식으로 틀린 것은?[단, 실제공기량 : A, 이론공기량 : A_0, 배출가스 중 질소량 : $N_2(\%)$, 배출가스 중 산소량 : $O_2(\%)$]

㉮ $m = \dfrac{A}{A_0}$

㉯ $m = \dfrac{21}{(21 - O_2)}$

㉰ $m = 1 + \left(\dfrac{\text{과잉공기량}}{A_0}\right)$

㉱ $m = \dfrac{N_2}{(N_2 - 4.76 O_2)}$

(풀이) $m = \dfrac{N_2}{(N_2 - 3.76 O_2)}$

385 다음 중 과잉산소량(잔존 O_2량)을 옳게 표시한 것은?[단, A : 실제 공기량, A_0 : 이론공기량, m : 공기과잉계수($m > 1$), 표준상태이며, 부피기준임]

㉮ $0.21mA$ ㉯ $0.21mA_0$

㉰ $0.21(m-1)A$ ㉱ $0.21(m-1)A_0$

386 다음 각종 연료성분의 완전 연소 시 단위 체적당 고위발열량(kcal/Sm³)의 크기 순서로 옳은 것은?

㉮ 일산화탄소>메탄>프로판>부탄
㉯ 메탄>일산화탄소>프로판>부탄
㉰ 부탄>프로판>메탄>일산화탄소
㉱ 부탄>일산화탄소>프로판>메탄

🔖 기체연료의 발열량

[수소] $H_2+\frac{1}{2}O_2 \rightarrow H_2O+3,050\,kcal/m^3$

[일산화탄소] $CO+\frac{1}{2}O_2 \rightarrow CO_2+3,035\,kcal/m^3$

[메탄] $CH_4+2O_2 \rightarrow CO_2+2H_2O+9,530\,kca/m^3$

[아세틸렌] $2C_2H_2+5O_2$
$\rightarrow 4CO_2+2H_2O+14,080\,kcal/m^3$

[에틸렌] $C_2H_4+3O_2 \rightarrow 2CO_2+2H_2O+15,280\,kcal/m^3$

[에탄] $2C_2H_6+7O_2$
$\rightarrow 4CO_2+6H_2O+16,810\,kcal/m^3$

[프로필렌] $2C_3H_6+9O_2$
$\rightarrow 6CO_2+6H_2O+22,540\,kcal/m^3$

[프로판] $C_3H_8+5O_2$
$\rightarrow 3CO_2+4H_2O+23,700\,kcal/m^3$

[부틸렌] $C_4H_8+6O_2$
$\rightarrow 4CO_2+4H_2O+29,170\,kcal/m^3$

[부탄] $2C_4H_{10}+13O_2$
$\rightarrow 8CO_2+10H_2O+32,010\,kcal/m^3$

387 발열량에 관한 설명으로 옳지 않은 것은?

㉮ 단위질량의 연료가 완전 연소 후, 처음의 온도까지 냉각될 때 발생하는 열량을 말한다.
㉯ 일반적으로 수증기의 증발잠열은 이용이 잘

안 되기 때문에 저위발열량이 주로 사용된다.
㉰ 측정위치에 따라 고위 발열량과 저위 발열량으로 구분된다.
㉱ 고체연료의 경우 kcal/kg, 기체연료의 경우 kcal/Sm³의 단위를 사용한다.

🔖 증발잠열의 포함 여부에 따라 고위 발열량과 저위 발열량으로 구분된다.

388 기체연료 중 연소하여 수분을 생성하는 H_2와 C_xH_y 연소반응의 발열량 산출 식에서 아래의 480이 의미하는 것은?

$$H_1=H_h-480(H_2+\sum y/2\,C_xH_y)\,(kcal/Sm^3)$$

㉮ H_2O 1kg의 증발잠열
㉯ H_2 1kg의 증발잠열
㉰ H_2O 1Sm³의 증발잠열
㉱ H_2 1Sm³의 증발잠열

389 연소 시 매연 발생량이 가장 적은 탄화수소는?

㉮ 나프텐계 ㉯ 올레핀계
㉰ 방향족계 ㉱ 파라핀계

🔖 매연은 탄소수비가 클수록(분자량이 클수록) 발생량이 많다.

390 연소에 대한 설명으로 가장 거리가 먼 것은?

㉮ 연소장치에서 완전 연소 여부는 배출가스의 분석결과로 판정할 수 있다.
㉯ 최대탄산가스량(%)이란 실제 공기량으로 연소시 실제 연소가스 중의 최고 CO_2량을 뜻한다.

㉡ 연소용 공기 중의 수분은 연료 중의 수분이나
연소 시 생성되는 수분량에 비해 매우 적으
므로 보통 무시할 수 있다.
㉣ 이론공기량은 연료의 화학적 조성에 따라 다
르다.

풀이 최대탄산가스량(%)이란 이론공기량으로 완전
연소 시 CO_2의 백분율을 의미한다.

391 가솔린엔진과 디젤엔진의 상대적인 특성
을 비교한 내용으로 틀린 것은?

㉮ 가솔린엔진은 예혼합연소, 디젤엔진은 확산
연소에 가깝다.
㉯ 가솔린엔진은 연소실 크기에 제한을 받는 편
이다.
㉰ 디젤엔진은 공급공기가 많기 때문에 배기가
스 온도가 낮아 엔진 내구성에 유리하다.
㉱ 디젤엔진은 가솔린엔진에 비하여 자기착화
온도가 높아 검댕, CO, HC의 배출농도 및 배
출량이 많다.

풀이 가솔린이 디젤에 비하여 착화점이 높으며 일반
적으로 CO, HC, NO_x 농도가 높다.

392 불꽃 점화기관에서의 연소과정 중 생기
는 노킹현상을 효과적으로 방지하기 위한 기관
구조에 대한 설명으로 가장 거리가 먼 것은?

㉮ 3원촉매시스템을 사용한다.
㉯ 연소실을 구형(Circular Type)으로 한다.
㉰ 점화플러그는 연소실 중심에 부착시킨다.
㉱ 난류를 증가시키기 위해 난류 생성 Pot를 부
착시킨다.

풀이 노킹 방지대책
① 연소실을 구형(Circular Type)으로 함
② 점화플러그의 부착은 연소실 중심에 함
③ 난류를 증가시키기 위해 난류생성 Pot를 부
착함
④ 고옥탄가 연료 사용 및 점화시기를 정확히
조정함
⑤ 혼합비를 농후하게 하고 혼합가스의 와류를
증대함
⑥ 압축비, 혼합가스 및 냉각수의 온도를 낮춤
⑦ 화염전파속도를 빠르게 하거나 화염전파거
리(불꽃진행거리)를 단축시켜 말단가스가
고온·고압에 노출되는 시간을 짧게 함
⑧ 자연발화온도가 높은 연료를 사용함
⑨ 연소실 내에 침적된 카본 성분을 제거함
⑩ 말단가스의 온도·압력을 내림
⑪ 혼합기의 자기착화온도를 높게 하여 용이하
게 자발화하지 않도록 함

393 디젤기관이 가솔린기관에 비해 보다 문
제시되는 대기오염물질로 가장 적합한 것은?

㉮ 매연, NO_x ㉯ HC, NO_x
㉰ HC, CO   ㉱ 매연, HC

394 휘발유를 사용하는 가솔린기관에서 배출
되는 오염물질에 관한 설명 중 가장 거리가 먼
것은?(단, 휘발유의 대표적인 화학식은 Octene
으로 가정하고, AFR은 중량비 기준)

㉮ AFR을 10에서 14로 증가시키면 CO 농도는
감소한다.
㉯ AFR이 16까지는 HC 농도가 증가하나, 16이
지나면 HC 농도는 감소한다.
㉰ CO와 HC는 불완전 연소 시에 배출비율이 높
고, NO_x는 이론 AFR 부근에서 농도가 높다.

㉱ AFR이 18 이상 정도의 높은 영역은 일반 연소기관에 적용하기는 곤란하다.

풀이 공연비가 증가할수록 CO 및 HC의 농도는 감소한다.

395 가솔린기관과 디젤기관을 상대 비교할 때, 디젤기관의 특성으로 옳은 것은?

㉮ 압축비가 8~9 정도로 낮다.
㉯ 연료를 공기와 혼합시켜 실린더에 흡입·압축시킨 후 점화플러그에 의해 강제연소시킨다.
㉰ 소음 진동이 적다.
㉱ 정체가 심한 도심 주행에 있어서는 연료 소비가 적은 편이다.

풀이 디젤기관은 압축비가 15~20 정도로 높아 소음 진동이 심하고 공기만을 실린더에 흡입 후 압축시킨 연료를 미세한 입자형태로 분사시켜 연소, 폭발시키는 형태이다.

396 엔진작동상태에 따른 전형적인 자동차 배기가스 조성 중 감속 시 가장 큰 농도 증가를 나타내는 물질은?(단, 정상운행 조건 대비)

㉮ NO_2 ㉯ H_2O ㉰ CO_2 ㉱ HC

397 자동차 배출가스가 발생되는 가솔린 기관의 작동원리 중 4행정사이클의 기본동작에 해당되지 않은 것은?

㉮ 흡입행정 ㉯ 압축행정
㉰ 폭발행정 ㉱ 누출행정

풀이 4행정사이클은 흡입, 압축, 폭발, 배기행정이다.

398 경유를 사용하는 디젤 자동차에 대한 일반적인 설명으로 틀린 것은?

㉮ 압축비가 높아 최대효율이 가솔린 자동차에 비해 1.5배 정도이며, 연비는 가솔린기관에 비해 낮은 편이다.
㉯ 압축비가 높아 소음과 진동이 큰 편이다.
㉰ NO_x와 매연이 문제가 된다.
㉱ 기계식 분사 또는 전자제어 분사방식으로 연료를 공급한다.

풀이 디젤 자동차는 압축비가 높아 최대효율이 가솔린 자동차에 비해 1.5배 정도이며, 연비는 가솔린기관에 비해 높다.

399 대체연료 자동차 중 메탄올 자동차에 관한 설명으로 가장 거리가 먼 것은?

㉮ 가격이 싸고, 발열량이 휘발유의 약 5배 정도이므로 연료탱크의 크기가 보통 휘발유 자동차의 1/5 수준으로 1회 충전당 항속거리를 월등하게 길게 유지할 수 있다.
㉯ 옥탄가(Research법에 의한 옥탄가는 메탄올이 106~107 정도, 무연휘발유가 92~98 정도)와 압축비가 향상되므로 출력을 향상시킬 수 있다.
㉰ 윤활기능이 휘발유에 비해 매우 약하므로 금속이나 플라스틱 재료 모두를 쉽게 침식시킬 수 있다.
㉱ 메탄올의 연소 시 발생하는 발암성 폼알데하이드와 개미산의 생성에 따른 엔진부품의 부식 및 마모 등이 문제가 되기도 한다.

풀이 동일 체적당 발열량이 가솔린의 1/2 정도로 작아 동일거리 주행 시 2배의 연료탱크 용량이 필요하다.

Answer 395. ㉱ 396. ㉱ 397. ㉱ 398. ㉮ 399. ㉮

400 DME(Dimethyl Ether) 연료에 관한 설명으로 옳지 않은 것은?

㉮ 산소 함유율이 34.8% 정도로 높아 연소 시 매연이 적은 편이다.

㉯ 점도가 경유에 비해 높으며, 금속의 부식성이 문제가 된다.

㉰ 고무류와 반응하므로 재질에 주의해야 하며, 세탄가가 55 이상으로 높아 경유를 대체할 수 있다.

㉱ 물성이 LPG와 유사한 특성이 있으며, 발열량은 경유에 비해 낮은 편이다.

(풀이) DME는 공기 중에 장시간 노출되어도 안전한 화합물로서 비활성적이면서 부식성이 없고 발암성과 마취성이 없어 인체에 무해하다.

401 다음 대체연료 자동차의 설명으로 옳지 않은 것은?

㉮ 수소 자동차 - 생산된 단위에너지당의 연료의 무게가 적고, 연소에 의해 발생하는 가스상 오염물질의 양이 적다.

㉯ 천연가스 자동차 - 반응성 탄화수소 및 일산화탄소의 배출량이 매우 적다.

㉰ 전기 자동차 - 충전시간이 짧으며, 휘발유차량에 비해 1회 충전당 주행거리가 10배 이상으로 길다.

㉱ 메탄올 자동차 - 금속이나 플라스틱 재료의 침식가능성이 존재한다.

(풀이) 전기 자동차는 충전시간이 오래 걸리며, 일반 가솔린차에 비해 속도가 느리고, 배터리 1회 충전으로 주행할 수 있는 거리가 짧다.

402 자동차 내연기관의 공연비와 유해가스 발생농도와의 일반적인 관계를 옳게 설명한 것은?

㉮ 공연비를 이론치보다 높이면 NO_x는 감소하고 CO, HC는 증가한다.

㉯ 공연비를 이론치보다 낮추면 NO_x는 감소하고 CO, HC는 증가한다.

㉰ 공연비를 이론치보다 높이면 NO_x, CO, HC는 모두 증가한다.

㉱ 공연비를 이론치보다 낮추면 NO_x, CO, HC는 모두 감소한다.

403 다음 중 디젤노킹(Diesel Knocking) 방지법으로 가장 거리가 먼 것은?

㉮ 세탄가가 높은 연료를 사용한다.

㉯ 분사개시 때 분사량을 감소시킨다.

㉰ 기관의 압축비를 낮추어 압축압력을 낮게 한다.

㉱ 급기온도를 높인다.

(풀이) 디젤엔진의 노킹 방지대책
① 세탄가가 높은 연료를 사용한다.
② 분사개시 때 분사량을 감소시킨다.
③ 급기온도를 높인다.
④ 압축비, 압축압력 및 압축온도를 높인다.
⑤ 엔진의 온도와 회전속도를 높인다.
⑥ 분사개시 때 분사량을 감소시켜 착화지연을 가능한 짧게 한다.
⑦ 분사시기를 알맞게 조정한다.
⑧ 흡인공기에 와류가 일어나도록 한다.

404 다음 중 가솔린 자동차에 적용되는 삼원촉매기술과 관련된 오염물질과 거리가 먼 것은?

㉮ SO_x ㉯ NO_x ㉰ CO ㉱ HC

(풀이) 삼원촉매장치는 두 개의 촉매층이 직렬로 연결되어 CO와 HC 및 NOx를 동시에 80% 이상 저감할 수 있는 내연기관의 후처리기술 중 하나이다.

405 입경측정방법 중 간접측정방이 아닌 것은?

㉮ 표준체 측정법 ㉯ 관성충돌법
㉰ 액상침강법 ㉱ 광산란법

(풀이) 표준체 측정법 및 현미경 측정법은 직접측정법이다.

406 입자의 비표면적(단위 체적당 표면적)에 관한 설명 중 옳은 것은?

㉮ 입자의 입경이 작아질수록 비표면적은 커진다.
㉯ 입자의 비표면적이 작으면 원심력집진장치의 경우 입자가 장치의 벽면에 부착되어 장치벽면을 폐색시킨다.
㉰ 입자의 비표면적이 작으면 전기집진장치에서는 주로 먼지가 집진극에 퇴적되어 역전리 현상이 초래된다.
㉱ 입자의 비표면적이 커지면 응집성과 흡착력이 작아진다.

(풀이) ㉯항 : 입자의 비표면적이 크면 원심력집진장치의 경우 입자가 장치의 벽면에 부착하여 장치벽면을 폐색시킨다.
㉰항 : 입자의 비표면적이 크면 전기집진장치에서는 주로 먼지가 집진극에 퇴적되어 역전리 현상이 초래된다.
㉱항 : 입자의 비표면적이 커지면 응집성과 흡착력이 증가한다.

407 입자상 물질에 대한 다음 설명 중 가장 거리가 먼 것은?

㉮ 공기동력학경은 Stokes경과 달리 입자밀도를 $1g/cm^3$으로 가정함으로써 보다 쉽게 입경을 나타낼 수 있다.
㉯ 비구형 입자에서 입자의 밀도가 1보다 클 경우 공기동력학경은 Strokes경에 비해 항상 크다고 볼 수 있다.
㉰ 직경 d인 구형 입자의 비표면적은 d/6이다.
㉱ Cascade Impactor는 관성충돌을 이용하여 입경을 간접적으로 측정하는 방법이다.

(풀이) 직경 d인 구형 입자의 비표면적은 6/d이다.

408 공기동역학적 직경(Aerodynamic Diameter)에 관한 설명으로 가장 거리가 먼 것은?

㉮ 실제 대기오염 분야에서는 주로 공기동역학적 직경을 사용하여 입자의 크기를 나타낸다.
㉯ 입자의 크기가 밀도에 따라 다르기 때문에 입자의 밀도를 고려하여야 하는 문제점이 있다.
㉰ 공기동역학적 직경을 알고 있다면 입자의 광학적 크기, 형상계수 등의 물리적 변수는 크게 중요하지 않다.
㉱ Stokes 직경과 달리 입자의 밀도를 $1g/cm^3$으로 가정함으로써 보다 쉽게 입경을 나타낼 수 있다.

(풀이) 공기동력학적 직경(Aerodynamic Diameter)은 대상먼지와 침강속도가 같고 단위밀도가 $1g/cm^3$이며, 구형인 먼지의 직경으로 환산된 직경을 의미한다.

409 다음 입자상 물질의 크기를 결정하는 방법 중 입자상 물질의 그림자를 2개의 등면적으로 나눈 선의 길이를 직경으로 하는 입경은?

㉮ 마틴직경 ㉯ 등면적경

㉰ 피렛직경 ㉴ 투영면적경

410 배출가스 내 먼지의 입도분포를 대수확률 방안지에 Plot한 결과 직선이 되었고, 50% 입경과 84.13% 입경이 각각 $10.5\mu m$와 $5.5\mu m$이었다. 이때의 기하평균입경은?

㉮ $5.5\mu m$ ㉯ $8.0\mu m$ ㉰ $10.5\mu m$ ㉴ $16.0\mu m$

(풀이) 기하평균입경이라 함은 배기가스 내 분진의 입도분포를 대수확률지에 Plot하여 직선이 되었을 때 50%에 상당하는 입경을 말한다.

411 같은 화학적 조성을 갖는 먼지가 입경이 작아질 때 변하는 입자의 특성에 대한 설명으로 가장 적합한 것은?

㉮ Stokes식에 따른 입자의 침강속도는 커진다.

㉯ 입자의 비표면적은 커진다.

㉰ 입자의 원심력은 커진다.

㉴ 중력집진장치에서 집진효율과는 무관하다.

(풀이) 먼지의 입자가 작아질수록 입자의 비표면적은 커지며, 침강속도, 원심력은 작아지고 중력집진 장치에서 집진효율은 감소한다.

412 입자상 물질의 특성에 관한 다음 설명 중 가장 거리가 먼 것은?

㉮ 입자의 크기가 작을수록 표면에 존재하는 원자와 내부에 존재하는 원자와의 비가 크게 되어 상호 응집하거나 이물질에 쉽게 부착한다.

㉯ 입자의 크기가 작을수록 다른 물질과 쉽게 반응하여 폭발성을 지니게 될 경우가 많다.

㉰ 보통 $0.01\mu m$ 이하는 가스분자와 같이 브라운 운동을 하기 때문에 가스상 물질로 취급한다.

㉴ 입자의 크기는 발생원에 따라 달라지나 일반적으로 화학적 요인보다 물리적 요인에 의해 생성된 입자상 물질의 입경이 작게 된다.

(풀이) 입자의 크기는 발생원에 따라 달라지나 일반적으로 물리적 요인보다 화학적 요인에 의해 생성된 입자상 물질의 입경이 작게 된다.

413 먼지의 진비중(S)과 겉보기 비중(S_B)이 다음 같을 때 재비산 현상을 유발할 수 있는 가능성이 가장 큰 것은?

구분	먼지의 종류	진비중(S)	겉보기 비중(S_B)
①	미분탄보일러	2.10	0.52
②	시멘트킬른	3.00	0.60
③	산소제강로	4.75	0.65
④	황동용 전기로	5.40	0.36

㉮ ① ㉯ ② ㉰ ③ ㉴ ④

(풀이) 먼지입자 중 (진비중/겉보기 비중) 비율이 가장 큰 것은 황동용 전기로($\frac{5.40}{0.36}=15$)이다.

414 다음 중 각종 발생원에서 배출되는 먼지입자의 진비중(S)과 겉보기 비중(S_B)의 비(S/S_B)가 가장 큰 것은?

㉮ 시멘트킬른 발생먼지

㉯ 카본블랙 먼지

㉰ 골재건조기 먼지

㉴ 미분탄보일러 발생먼지

415 입자가 미세할수록 표면에너지는 커지게 되어 다른 입자 간에 부착하거나 혹은 동종 입자 간에 응집이 이루어지는데, 이러한 현상이 생기게 하는 결합력 중 거리가 먼 것은?

㉮ 분자 간의 인력

㉯ 정전기적 인력

㉰ 브라운 운동에 의한 확산력

㉱ 입자에 작용하는 항력

416 중력식집진장치의 이론적 집진효율을 계산하는데 응용되는 Stoke's law를 만족하는 가정에 부합되지 않는 것은?

㉮ $10^{-4} < N_{Re} < 0.6$

㉯ 구는 일정한 속도로 운동한다.

㉰ 구는 강체이다.

㉱ 전이영역흐름(Intermediate Flow)

풀이 Stoke's law에서의 가정조건은 층류흐름영역이다.

417 중력식집진장치에 관한 설명으로 옳지 않은 것은?

㉮ 중력에 의한 자연침강을 이용하는 방법으로 주로 입자의 크기가 $50\mu m$ 이상의 입자상 물질을 처리하는 데 사용된다.

㉯ 함진가스의 온도변화에 의한 영향을 거의 받지 않는다.

㉰ 침강실의 높이는 낮고, 길이는 길수록 집진율이 높아진다.

㉱ 유지비는 적게 드나 시설의 규모가 커 실치비가 많이 소요되며 신뢰도가 다소 낮다.

풀이 **중력집진장치의 특징**

① 타 집진장치보다 구조가 간단하고 압력손실이 적다.

② 전처리 장치로 많이 이용된다.

③ 함진가스의 온도변화에 의한 영향을 거의 받지 않는다.

④ 설치, 유지비가 낮고 유지관리가 용이하다.

⑤ 부하가 높고, 고온가스 처리가 용이하며 장치 운전시 신뢰도가 높다.

⑥ 집진효율이 낮고 미세입자 처리는 곤란하다.

⑦ 먼지부하 및 유량 변동에 적응성이 낮아 민감하다.

418 중력식 집진장치의 집진율 향상조건에 관한 다음 설명 중 옳지 않은 것은?

㉮ 침강실 내 처리가스의 속도가 작을수록 미립자가 포집된다.

㉯ 침강실 입구 폭이 클수록 유속이 느려지며 미세한 입자가 포집된다.

㉰ 다단일 경우에는 단수가 증가할수록 집진율은 커지나 압력손실도 증가한다.

㉱ 침강실의 높이가 높고 중력장의 길이가 짧을수록 집진율은 높아진다.

풀이 침강실의 높이가 작고, 중력장의 길이가 길수록 집진율은 높아진다.

419 중력집진장치의 효율 향상 조건으로 가장 거리가 먼 것은?

㉮ 침강실 내의 처리가스 속도를 작게 한다.

㉯ 침강실의 Blow Down 효과를 이용하여 난류 현상을 억제한다.

㉰ 침강실의 높이는 낮게 하고, 길이는 길게 한다.

㉱ 침강실의 입구 폭을 크게 한다.

(풀이) Blow Down 효과는 원심력식 집진장치에 해당하는 내용이다.

420 중력집진장치에서 수평이동속도 V_x, 침강실폭 B, 침강실 수평길이 L, 침강실 높이 H, 종말침강속도를 V_t라면 주어진 입경에 대한 부분집진효율은?(단, 층류기준)

㉮ $\dfrac{V_t \times L}{V_x \times H}$ ㉯ $\dfrac{V_t \times H}{V_x \times B}$

㉰ $\dfrac{V_x \times B}{V_t \times H}$ ㉱ $\dfrac{V_x \times H}{V_t \times L}$

421 관성력 집진장치에 관한 다음 설명 중 옳지 않은 물질은?

㉮ 충돌식과 반전식이 있으며, 일반적으로 고온 가스의 처리가 가능하므로 굴뚝 또는 배관 내에 적용될 때가 많다.

㉯ 충돌식은 일반적으로 충돌 직전의 처리가스 속도가 크고, 처리 후 가스 속도는 느릴수록 미립자의 제거가 쉽다.

㉰ 반전식은 기류의 방향전환시 곡률반경이 클수록, 방향 전환 횟수는 많을수록 압력손실은 커지나, 집진효율은 좋다.

㉱ 액체 입자의 포집에 사용되는 Multi Baffle형은 $1\mu m$ 전후의 미립자 제거가 가능하나, 완전하게 처리하기 위해 가스 출구에 충전층을 설치하는 것이 좋다.

(풀이) 기류의 방향전환 시 곡률반경이 작을수록, 전환 횟수가 많을수록 미세한 먼지를 분리 포집할 수 있다.

422 관성충돌계수(효과)를 크게 하기 위한 입자배출원의 특성 및 운전조건으로 적당하지 않은 것은?

㉮ 분진의 입경이 커야 한다.

㉯ 처리가스와 액적의 상대속도가 커야 한다.

㉰ 처리가스의 온도가 높아야 한다.

㉱ 액적의 직경이 작아야 한다.

(풀이) 처리가스의 온도가 낮아야 응집 작용하여 관성 충돌효과가 커진다.

423 관성력집진장치에 관한 설명 중 옳지 않은 것은?

㉮ 관성력에 의한 분리속도는 회전기류반경에 비례하고 입경의 제곱에 반비례한다.

㉯ 집진 가능한 입자는 주로 $10\mu m$ 이상의 조대 입자이며, 일반적으로 집진율은 $50 \sim 70\%$ 정도이다.

㉰ 기류의 방향전환각도가 작고, 방향전환횟수가 많을수록 압력손실은 커지나 집진을 잘된다.

㉱ 충돌식과 반전식이 있으며, 고온가스의 처리가 가능하다.

(풀이) 관성력집진장치의 관성력에 의한 분리속도는 회전 기류반경에 반비례하고 입경의 제곱에 비례한다.

424 관성력집진장치에서 집진율을 높이는 방법으로 옳지 않은 것은?

㉮ 충돌식의 경우 충돌 직전의 각속도가 클수록 집진율이 높아진다.

㉯ 반전식의 경우 방향전환을 하는 곡률반경이 작을수록 집진율이 높아진다.

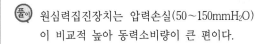
㉲ 함진가스의 방향 전환횟수가 많을수록 압력 손실은 커지고, 집진율은 높아진다.

㉳ 충돌식의 경우 장치 출구의 가스속도가 클수록 집진율이 높아진다.

(풀이) 충돌식의 경우 장치출구의 가스속도가 느릴수록 집진율이 높아진다.

425 관성력집진장치에 관한 설명으로 옳지 않은 것은?

㉮ 함진가스의 충돌 또는 기류의 방향전환 직전의 가스속도가 빠르고 방향 전환 시의 곡률반경이 작을수록 미세입자의 포집이 가능하다.

㉯ 일반적으로 고온가스의 처리가 불가능하므로 굴뚝이나 배관 등은 적용하기 어렵다.

㉰ 액체입자의 포집에 사용되는 Multi Battle형은 $1\mu m$ 전후의 미스트를 제거할 수 있지만 완전한 처리를 위해서는 처리가스 출구에 충전층을 설치하는 것이 좋다.

㉱ Poket형, Channel형과 같이 미로형에서는 먼지가 장치에 누적되므로 먼지의 성상을 충분히 파악하여 충격, 세정에 의하여 제거할 필요가 있다.

(풀이) 고온가스처리가 가능하므로 굴뚝이나 배관 내에 적용될 경우가 많다.

426 사이클론의 특징으로 가장 거리가 먼 것은?

㉮ 설치비와 유지비가 많이 요구되지 않는 편이다.

㉯ 먼지량이 많아도 처리가 가능하다.

㉰ 미세입자에 대한 집진효율이 낮다.

㉱ 압력손실($10\sim30mmH_2O$)이 낮아 동력소비량이 적은 편이다.

(풀이) 원심력집진장치는 압력손실($50\sim150mmH_2O$)이 비교적 높아 동력소비량이 큰 편이다.

427 사이클론에 관한 설명으로 가장 거리가 먼 것은?

㉮ 접선유입식 사이클론의 유입가스속도는 $3\sim6m/sec$ 범위로, 이 범위속도가 집진효율에 미치는 영향은 크다.

㉯ 반전형은 입구유속이 $10m/sec$ 전후이며, 접선유입식에 비해 압력손실이 적다.

㉰ 멀티사이클론은 처리가스량이 많고 높은 집진효율을 필요로 하는 경우에 사용한다.

㉱ 반전형은 Blow Down이 필요 없고, 함진가스 입구의 안내익(Aerodynamic Vane)에 따라 집진효율이 달라진다.

(풀이) 접선유입식 사이클론의 유입가스속도는 $7\sim15m/sec$ 범위로, 이 범위 속도가 집진효율에 미치는 영향이 크다.

428 다음 중 접선유입식 원심력집진장치의 특징을 옳게 설명한 것은?

㉮ 입구모양에 따라 나선형과 와류형으로 분류된다.

㉯ 장치입구의 가스속도는 $18\sim20cm/s$이다.

㉰ 장치의 압력손실은 $500mmH_2O$이다.

㉱ 도입선회식이라고도 하며, 반전형과 직진형이 있다.

(풀이) 접선유입식 원심력집진장치의 입구 가스속도는 $7\sim15m/sec$이고, 압력손실은 $100\sim150mmH_2O$ 정도이며, 반전형 및 직진형은 축류식 원심력집진장치이다.

429 Cyclone으로 집진 시 집진효율이 50%인 입경을 의미하는 것은?

㉮ Cut Size Diameter
㉯ Critical Diameter
㉰ Stokes Diameter
㉱ Aerodynamic Diameter

430 원심력 집진장치 중 분리계수(Separation Factor ; S)에 대한 설명으로 틀린 것은?

㉮ 분리계수는 중력가속도에 반비례한다.
㉯ 분리계수는 입자에 작용되는 원심력과 중력과의 관계이다.
㉰ 사이클론 원추하부의 반경이 클수록 분리계수는 커진다.
㉱ 원심력이 클수록 분리계수가 커지며 집진율도 증가한다.

(풀이) Cyclone의 원추하부의 반경(입자 회전반경)이 클수록 분리계수는 작아진다.

431 원심력집진장치에서 선회기류의 흐트러짐을 방지하고 집진된 먼지의 재비산 방지를 위한 운전방법에 해당하는 것은?

㉮ 블로 다운(Blow Down)
㉯ 펄스제트(Pulse Jet)
㉰ 기계적 진동(Mechanical Shaking)
㉱ 공기역류(Reverse Air)

432 원심력 집진장치의 성능인자에 관한 설명으로 가장 거리가 먼 것은?

㉮ 블로 다운(Blow-down) 효과를 적용하며 효율이 높아진다.
㉯ 내경(배출내관)이 작을수록 입경이 작은 먼지를 제거할 수 있다.
㉰ 한계(입구)유속 내에서는 유속이 빠를수록 효율이 감소한다.
㉱ 고농도는 병렬로 연결하고, 응집성이 강한 먼지는 직렬연결(단수 3단 한계)하여 주로 사용한다.

(풀이) 한계(입구)유속 내에서는 유속이 빠를수록 효율이 증가한다.

433 Cyclone의 집진율 향상 조건에 대한 설명 중 가장 거리가 먼 것은?

㉮ 미세 먼지의 재비산을 방지하기 위해 Skimmer와 Turning Vane 등을 설치한다.
㉯ 배기관경(내관)이 클수록 입경이 작은 먼지를 제거할 수 있다.
㉰ 먼지폐색(Dust Plugging)효과를 방지하기 위해 축류집진장치를 사용한다.
㉱ 고용량가스를 비교적 높은 효율로 처리해야 할 경우 소구경 Cyclone을 여러 개 조합시킨 Multi Cyclone을 사용한다.

(풀이) 배기관경(내경)이 작을수록 입경이 작은 먼지를 제거할 수 있다.

434 사이클론의 종류에 관한 다음 설명 중 가장 거리가 먼 것은?

㉮ 접선유입식 사이클론은 집진효율의 변화가 비교적 적은 편이다.
㉯ 접선유입식 사이클론의 일반적인 입구 가스

속도는 7~15m/s 정도이다.

ⓒ 축류식 사이클론은 반전형과 직선(직진)형으로 구분되며, 반전형은 입구 가스속도가 보통 25m/s 전후이다.

ⓓ 축류식 사이클론 중 반전형의 압력손실은 80~100mmH₂O이며, 집진효율은 일반적으로 접선유입식과 큰 차이는 없는 편이다.

(풀이) 축류식 사이클론은 반전형과 직선(직진)형으로 구분되며, 반전형은 입구 가스속도가 보통 10m/s 전후이다.

435 원심력 집진장치에서 블로 다운 방식에 관한 설명으로 거리가 먼 것은?

㉮ 원추하부에 가교현상을 촉진시켜 재비산을 방지한다.

㉯ 더스트 박스에서 유입유량의 5~10%에 상당하는 함진가스를 추출시켜 집진장치의 기능을 향상시킨다.

㉰ 유효원심력을 증가시킨다.

㉱ 원추하부 또는 출구에 먼지가 퇴적되는 것을 방지한다.

(풀이) 원추하부에 가교현상을 방지하여 장치 내부의 먼지퇴적을 억제한다.

436 원심력 집진장치 중 멀티사이클론(Multi Cyclone)에 적용할 수 있는 것으로 가장 적합하게 연결된 것은?

㉮ 충돌식 - 나선형   ㉯ 충돌식 - 와류형
㉰ 축류식 - 반전형   ㉱ 축류식 - 직진형

437 원심력 집진장치에서 압력손실의 감소 원인으로 가장 거리가 먼 것은?

㉮ 내통이 마모되어 구멍이 뚫려 함진가스가 by Pass될 경우

㉯ 호퍼 하단부위에 외기가 누입될 경우

㉰ 장치 내 처리가스가 선회되는 경우

㉱ 외통의 접합부 불량으로 함진가스가 누출될 경우

(풀이) 장치 내 처리가스의 선회가 원활하지 않은 경우

438 세정 집진장치의 원리에 대한 다음 설명 중 옳지 않은 것은?

㉮ 배기가스를 증습하면 입자의 응집이 낮아진다.

㉯ 액적에 입자가 충돌하여 부착된다.

㉰ 미립자가 확산되면 액적과의 접촉이 증가된다.

㉱ 액막과 기포에 입자가 접촉하여 부착된다.

(풀이) 배기가스를 증습하면 입자의 응집이 높아진다.

439 세정 집진장치의 입자포집원리에 관한 다음 설명 중 옳지 않은 것은?

㉮ 미립자 확산에 의하여 액적과의 접촉을 쉽게 한다.

㉯ 배기의 습도 감소에 의하여 입자가 서로 응집한다.

㉰ 입자를 핵으로 한 증기의 응결에 따라 응집성을 촉진시킨다.

㉱ 액적에 입자가 충돌하여 부착한다.

(풀이) 배기의 습도 증가에 의하여 입자가 서로 응집한다.

440 세정식 집진장치의 특성과 가장 거리가 먼 것은?

㉮ 소수성 입자의 집진효과가 크다.
㉯ 전기집진장치에 비해 협소한 장소에 설치할 수 있다.
㉰ 한 번 제거된 입자는 보통 처리가스 속으로 재비산되지 않는다.
㉱ 연소성 및 폭발성 가스의 처리가 가능하다.

(풀이) 세정식 집진장치는 친수성 입자의 집진율이 높고, 고온가스의 취급이 용이하다.

441 세정 집진장치의 장점으로 거리가 먼 것은?

㉮ 한 번 제거된 입자는 처리가스 속으로 재비산되지 않으며, 전기집진장치보다 협소한 장소에도 설치가 가능하다.
㉯ 점착성 및 조해성 분진의 처리가 가능하다.
㉰ 연소성 및 폭발성 가스의 처리가 가능하다.
㉱ 처리된 가스의 확산이 용이하다.

(풀이) 처리된 가스의 확산이 어렵다. 즉 배기의 상승확산력을 저하한다.

442 습식 세정장치의 특성으로 가장 거리가 먼 것은?

㉮ 부식성 가스와 먼지를 중화시킬 수 있다.
㉯ 가연성, 폭발성 먼지를 처리할 수 있다.
㉰ 단일장치에서 가스흡수와 먼지포집이 동시에 가능하다.
㉱ 가시적 연기를 피하기 위해 별도의 재가열이 불필요하고, 집진된 먼지의 회수가 용이하다.

(풀이) 가시적 연기를 피하기 위해 별도의 재가열시설이 필요하고 집진된 먼지의 회수가 용이하지 않다.

443 벤추리 스크러버에 관한 설명으로 옳지 않은 것은?

㉮ 효율이 좋고 광범위하게 사용된다.
㉯ 액가스비는 일반적으로 분진의 입경이 작고, 친수성이 아닐수록 커진다.
㉰ $10\mu m$ 이하의 미립자이거나 소수성의 입자일 경우는 액가스비가 $0.3L/m^3$ 정도이다.
㉱ 함진가스를 벤추리관의 목(Throat)부에 유속 $60{\sim}90m/s$로 빠르게 공급하여 목부 주변의 노즐로부터 세정액이 흡인 분사되게 함으로써 포집하는 방식이다.

(풀이) $10\mu m$ 이하의 미립자 또는 소수성의 입자일 경우는 액가스비가 $0.3{\sim}1.5L/m^3$ 정도이다.

444 다음 집진장치 중 압력손실이 가장 큰 것은?

㉮ 관성력 집진장치 ㉯ 벤추리 스크러버
㉰ 사이클론 ㉱ 백필터

(풀이) 벤추리 스크러버의 압력손실은 $300{\sim}800mmH_2O$ 정도로 가장 크다.

445 다음 세정집진장치 중 입구유속(기본유속)이 가장 빠른 것은?

㉮ Jet Scrubber ㉯ Venturi Scrubber
㉰ Theisen Washer ㉱ Cyclone Scrubber

(풀이) Venturi Scrubber의 목부 입구유속은 $60{\sim}90m/sec$ 정도이다.

446 벤추리 스크러버(Venturi Scrubber)에 관한 설명으로 가장 거리가 먼 것은?

㉮ 가압수식 중에서 집진율이 가장 높아 대단히 광범위하게 사용되며, 소형으로 대용량의 가스처리가 가능하다.

㉯ 액가스비는 보통 0.3~1.5L/m³ 정도, 압력손실은 300~800mmH₂O 전후이다.

㉰ 물방울 입경과 먼지 입경의 비는 충돌효율 면에서 10 : 1 전후가 좋다.

㉱ 목부의 처리가스속도는 보통 60~90m/s이다.

(풀이) 물방울 입경과 먼지 입경의 비는 충돌효율 면에서 150 : 1 전후가 좋다.

447 벤추리 스크러버의 액가스비를 크게 하는 요인으로 틀린 것은?

㉮ 먼지의 농도가 높을 때
㉯ 먼지입자의 친수성이 높을 때
㉰ 먼지입자의 점착성이 클 때
㉱ 처리가스의 온도가 높을 때

(풀이) 일반적으로 친수성이 높거나 입자가 큰 경우는 액가스비를 작게 한다.

448 다음 중 벤추리 스크러버의 액가스비 범위로 가장 적합한 것은?

㉮ 0.05~0.1L/m³   ㉯ 0.3~1.5L/m³
㉰ 3~10L/m³   ㉱ 10~50L/m³

449 다음 중 흡수장치에 대한 설명으로 틀린 것은?

㉮ 충전탑은 포말성 흡수액에도 적응성이 좋으나 충전층의 공극이 폐쇄되기 쉬우며 희석열이 심한 곳에는 부적합하다.

㉯ 분무탑은 가스의 흐름이 균일하지 못하고, 분무액과 가스의 접촉이 균일하지 못하여 효율이 낮은 편이다.

㉰ 벤추리 스크러버는 압력손실이 높으며, 소형으로 대용량의 가스처리가 가능하고, Mist의 발생이 적고, 흡수효율도 낮은 편이다.

㉱ 제트 스크러버는 가스의 저항이 적고, 수량이 많아 동력비가 많이 소요되며, 처리가스량이 많을 때에는 효과가 낮은 편이다.

(풀이) 벤추리 스크러버는 가압수식 중 효율이 가장 높아 광범위하게 사용된다.

450 다음 중 이젝터를 사용하여 물을 고압분무하여 수적과 접촉 포집하는 방식으로 송풍기를 사용하지 않는 것이 특징이며, 처리가스량이 많을 경우에는 효과가 적은 집진장치는?

㉮ 사이클론 스크러버   ㉯ 제트 스크러버
㉰ 벤추리 스크러버   ㉱ 임펄스 스크러버

451 다음 설명하는 세정집진장치로 가장 적합한 것은?

다수의 분사노즐을 사용하여 세정액을 미립화시켜 오염가스 중에 분무하는 방식으로, 가스의 압력손실은 작은 반면, 상당한 동력이 요구된다. 이 장치의 압력손실은 2~20mmH₂O 정도이고, 가스 겉보기 속도는 0.2~1m/s 정도이다.

㉮ Spray Tower   ㉯ Wet Wall Tower
㉰ Sieve Plate Tower   ㉱ Packed Tower

452 다음 설명하는 집진장치로 가장 적합한 것은?

> 고정 및 회전날개로 구성된 다익형 날개차(車)를 350~750rpm으로 고속선회하여 함진가스와 세정수를 교반시켜 먼지를 제거하는 장치로 미세먼지를 99% 정도까지 제거 가능하고, 별도의 송풍기는 필요 없다. 액가스비는 0.5~2L/m³ 정도이다.

㉮ Theisen Washer
㉯ Spray Tower
㉰ Venturi Scrubber
㉱ Hydro Filter

453 유수식 세정집진장치의 종류와 가장 거리가 먼 것은?

㉮ 가스분수형
㉯ 스크루형
㉰ 임펠러형
㉱ 로타형

(풀이) 유수식은 세정액 속으로 처리가스를 유입하여 이때 생성된 세정액의 액적, 액막, 기포를 형성, 배기가스를 세정하는 방식으로 종류로는 S 임펠러형, 로타형, 가스분수형, 나선안내익형, 오리피스 스크러버 등이 있다.

454 세정식 집진장치의 효율 향상에 관한 설명으로 옳지 않은 것은?

㉮ 벤추리 스크러버에서는 Throat부의 배기가스 속도를 크게 해준다.
㉯ 분무액의 압력은 높게, 액적·액막 등의 표면적은 크게 해준다.
㉰ 충전탑에서는 탑 내의 처리가스속도를 크게 해준다.
㉱ 회전식에서는 원주속도를 크게 해준다.

(풀이) 충전탑에서는 탑 내의 처리가스 속도를 1m/sec 정도로 작게 한다.

455 세정집진장치에서 관성충돌계수를 크게 하는 조건이 아닌 것은?

㉮ 액적의 직경이 커야 한다.
㉯ 먼지의 밀도가 커야 한다.
㉰ 처리가스의 액적의 상대속도가 커야 한다.
㉱ 먼지의 입경이 커야 한다.

(풀이) 액적 직경이 작아야 관성충돌계수가 상승한다.

456 여과집진장치에서 "직경이 $0.1\mu m$ 이하인 미세입자"의 주요 메커니즘으로 가장 적합한 집진원리는?

㉮ 관성충돌
㉯ 세정응축
㉰ 중력침강
㉱ 확산

457 여과집진장치에서 먼지제거 메커니즘으로 가장 거리가 먼 것은?

㉮ 관성충돌(Inertial Impaction)
㉯ 확산(Diffustion)
㉰ 직접차단(Direct Interecption)
㉱ 무화(Atomization)

(풀이) 입자제거 메커니즘
① 직접 차단
② 관성충돌
③ 확산
④ 중력침강
⑤ 정전기 침강

458 여과집진장치 중 여재에 관한 설명으로 옳은 것은?

㉮ 털어서 떨어뜨리는 방식에 의하여 높은 집진율을 얻기 위해서는 연속적으로 떨어뜨리는 방식을 취한다.

㉯ 고농도 함진 배출가스의 처리에는 간헐적으로 떨어뜨리는 방식을 취함으로써 효율의 증대를 가져올 수 있다.

㉰ 목면은 값이 저렴하나 흡수성이 높고, Poly-ester계 섬유는 내산성과 내구성이 우수하다.

㉱ 직포는 장섬유와 단섬유로 구성되어 있는데, 장섬유는 1차 부착층의 형성이 빠르고 먼저의 포집률도 크며, 단섬유는 강도가 높고 부착성이 강한 먼지의 포집에 적당하다.

(풀이) ㉮항 : 연속식은 탈진공정시 먼지의 재비산이 발생하므로 간헐식에 비하여 집진효율이 낮다.

㉯항 : 고농도, 대용량의 배출가스를 처리할 경우는 연속식 방식을 취함으로써 효율의 증대를 가져올 수 있다.

459 다음 특성을 가지는 산업용 여과재로 가장 적당한 것은?

- 최대허용온도가 약 80℃
- 내산성은 나쁨, 내알칼리성은 (약간) 양호

㉮ Cotton ㉯ Teflon ㉰ Orlon ㉱ Glass

460 다음 여과재의 재질 중 내산성 여과재로 적합하지 않은 것은?

㉮ 목면   ㉯ 카네카론
㉰ 비닐론   ㉱ 글라스파이버

461 여과집진장치에서 처리가스 중 SO_2, HCl 등을 함유한 200℃ 정도의 고온 배출가스를 처리하는 데 가장 적합한 여재는?

㉮ 목면(Cooton)
㉯ 유리섬유(Glass Fiber)
㉰ 나일론(Ester)
㉱ 양모(Wool)

462 여과집진장치의 여과방식 중 내면여과에 관한 설명으로 옳지 않은 것은?

㉮ 여재를 비교적 느슨하게 틀 속에 충전하여 이것을 여과층으로 하여 함진가스 중의 먼지 입자를 포집하는 방식으로 여재 내면에서 포집된다.

㉯ Package형 Filter, 방사성 먼지용 Air Filter 등이 이 여과방식에 속하여, 여과속도가 적고, 압력손실은 보통 $30mmH_2O$ 이하이다.

㉰ 습식인 경우 부착된 입자의 제거가 곤란하므로 일정량 이상의 입자가 부착되면 새로운 여재로 교환해야 한다.

㉱ 이 방식은 주로 고농도의 함진가스의 오염공기를 처리할 때 사용된다.

(풀이) 내면여과는 주로 저농도, 저용량의 함진가스의 오염공기 처리 시 사용된다.

463 여과집진장치의 탈진방식 중 간헐식에 관한 설명으로 틀린 것은?

㉮ 간헐식 중 진동형은 여포의 음파진동, 횡진동, 상하진동에 의해 포집된 먼지층을 털어내는 방식으로 접착성 먼지의 집진에는 사용할 수 없다.

㉯ 집진실을 여러 개의 방으로 구분하고 방 하나씩 처리가스의 흐름을 차단하여 순차적으로 탈진하는 방식이며, 여포의 수명은 연속식에 비해 길다.

㉰ 간헐식 중 역기류형의 적정 여과속도는 3～5cm/s이고, Glass Fiber는 역기류형 중 가장 저항력이 강하다.

㉱ 연속식에 비하면 먼지의 재비산이 적고, 높은 집진율을 얻을 수 있다.

[풀이] 간헐식 중 역기류형의 적정 여과속도는 0.5～1.5cm/sec이며 Glass Fiber를 적용하는 데 한계가 있다.

464 여과집진장치의 탈진방식에 관한 다음 설명 중 옳지 않은 것은?

㉮ 연속식에는 역제트기류 분사형과 충격제트기류 분사형 등이 있다.

㉯ 연속식은 포집과 탈질이 동시에 이루어지므로 압력손실이 거의 일정하고 고농도, 대용량의 가스를 처리할 수 있다.

㉰ 간헐식은 먼지의 재비산이 적고, 높은 집진율을 얻을 수 있으며, 여포의 수명은 연속식에 비해 길다.

㉱ 충격제트기류 분사형은 여과자루에 상하로 이동하는 블로워에 몇 개의 슬롯을 설치하고 여기에 고속제트기류를 주입하여 여과자루를 위·아래로 이동하면서 탈진하는 방식으로 내면여과이다.

[풀이] 충격제트기류 분사형은 고압력의 충격제트기류를 사용하여 여과포 내부의 포집분자 층을 털어내는 외면(표면) 여과방식이다.

465 여과집진장치에 관한 설명으로 옳지 않은 것은?

㉮ 다양한 여과재의 사용으로 인하여 설계시 융통성이 있다.

㉯ 세정집진장치보다 압력손실과 동력소모가 적다.

㉰ 여과재의 교환으로 유지비가 고가이다.

㉱ 수분이나 여과속도에 대한 적응성이 높다.

[풀이] 여과집진장치는 수분이나 여과속도에 적응성이 낮다.

466 여과집진장치의 특성에 관한 설명으로 옳지 않은 것은?

㉮ 점성이 있는 조대분진을 탈진할 경우 간헐식 탈진방식 중 진동형은 여포 손상의 경우가 적고, 연속식에 비해 대량의 가스처리에 적합한 방식이다.

㉯ 간헐식 탈진방식은 분진의 재비산이 적고, 높은 집진율을 얻을 수 있으며, 여포 수명은 연속식에 비해 길다.

㉰ 연속식 탈진방식은 포집과 탈진이 동시에 이루어지므로 압력손실이 거의 일정이다.

㉱ Reverse Jet형과 Pulse Jet형은 연속식 탈진방식에 속한다.

[풀이] 여과집진장치의 간헐식 탈진방식은 점성이 있는 조대분진을 탈진할 경우 진동형은 여포 손상을 일으키며, 대량의 가스처리에 부적합하다.

467 여과집진장치의 특성으로 거리가 먼 것은?

㉮ 방사성 먼지용 Air Fiter는 내면여과방식에 해당한다.

㉯ 표면여과방식에서 초층의 눈막힘을 방지하기 위해 처리가스의 온도를 산노점 이상으로 유지한다.

㉲ 내면여과방식은 습식도 있지만 일반적으로 건식으로 사용된다.

㉱ Package형 Filter는 표면여과방식에 해당하며 여과속도는 크지만, 여재의 압력손실이 낮아 많이 사용된다.

(풀이) Package형 Filter는 내면여과방식에 해당하며, 여과속도가 느리고 압력손실은 보통 30mmH₂O 이하이다.

468 여과집진장치에 사용되는 여포에 관한 설명 중 가장 거리가 먼 것은?

㉮ 여포의 형상은 원통형, 평판형, 봉투형 등이 있으나 주로 원통형을 사용한다.

㉯ 여포는 내열성이 약하므로 가스온도 250℃를 넘지 않도록 주의한다.

㉰ 고온가스를 냉각시킬 때에는 산노점(Dew Point) 이하로 유지하도록 하여 여포의 눈막힘을 방지한다.

㉱ 여포재질 중 Glass Fiber는 최고사용온도가 250℃ 정도이며, 내산성이 양호한 편이다.

(풀이) 여과재는 재질보전을 위하여 최고사용온도를 넘지 않도록 주의해야 하며, 특히 고온가스를 냉각시킬 때는 산노점 이상으로 유지하여 여포의 눈막힘을 방지한다.

469 다음 중 직물여과기(Fabric Filter)의 여과직물을 청소하는 방법과 거리가 먼 것은?

㉮ 진동형   ㉯ 임팩트 제트형
㉰ 역기류형   ㉱ 펄스 제트형

470 여과집진장치에 관한 다음 설명 중 가장 거리가 먼 것은?

㉮ 내면여과는 여과속도가 15m/s, 압력손실은 보통 150mmH₂O 정도이다.

㉯ Package형 Filter, 방사성 먼지용 Air filter 등은 내면여과방식에 해당된다.

㉰ 내면여과는 일반적으로 건식으로서 사용되지만 점착성 기름을 여재에 바른 습식도 있다.

㉱ 여포는 내열성이 약하므로 가스온도가 250℃를 넘지 않도록 주의하고, 고온가스 냉각시에는 산노점 이상으로 유지해야 한다.

(풀이) 내면여과의 압력손실은 보통 30mmH₂O 이하이다.

471 여과집진장치 설계시 고려사항 중 가장 거리가 먼 것은?

㉮ 여과주머니의 직경에 대한 길이의 비(L/D)를 너무 크게 하면 주머니들끼리 마찰할 위험이 있고, 먼지 제거가 곤란하므로 통상 L/D비는 20 이하가 좋다.

㉯ 제거된 먼지의 자동 연속적 작동방식은 소제를 위해 주기적인 가동중단이 요구되지 않거나 불가능한 경우에 주로 채택된다.

㉰ 여과섬유 중 Teflon은 여과율이 1~2m/min 정도이며, 연소 유지성이 Cotton 및 Nylon에 비해 우수하며, 경제적이다.

㉱ 여포는 가스 온도가 가급적 250℃를 넘지 않도록 주의해야 하고, 특히 고온가스의 냉각시에는 산노점 이상으로 유지해야 한다.

(풀이) 여과재질 중 테프론은 250℃까지 고온에 사용 가능하며 내산성, 내알칼리성이 뛰어나지만 가격이 고가이며 인장강도가 낮고 마모에 약하다.

472 여과집진장치에 관한 설명 중 옳지 않은 것은?

㉮ $1\mu m$ 이하의 미세먼지 포집을 위해서는 여과속도를 보통 7~15m/s 정도로 하는 것이 좋다.

㉯ 간헐식 탈리방법은 대량가스의 처리에는 부적합하나 여포의 수명은 연속식에 비해 길다.

㉰ 연속식 탈리방법은 Reverse Jet, Pulse Jet형이 있으며, 압력손실이 거의 일정하다.

㉱ 내면여과방식에는 Package형 Filter, 방사성 먼지용 Air Filter 등이 해당된다.

(풀이) $1\mu m$ 이하의 미세먼지 포집을 위해서는 여과속도를 보통 1~2cm/sec 정도로 하는 것이 좋다.

473 전기집진장치의 장애현상 중 역전리 현상 (Back Corona)의 원인과 가장 거리가 먼 것은?

㉮ 입구의 유속이 클 때

㉯ 미분탄 연소 시

㉰ 분진 비저항이 너무 클 때

㉱ 배출가스의 점성이 클 때

474 전기집진장치에서 먼지의 겉보기 전기저항을 낮추기 위해 주입하는 비저항 조절제로 거리가 먼 것은?

㉮ 물 또는 수증기

㉯ 소다회(Soda Lime)

㉰ 암모니아 가스

㉱ H_2O_2

(풀이) 암모니아는 겉보기 전기저항이 낮을 경우 비저항 조절제로 사용된다.

475 전기집진장치를 사용하여 집진할 때 입자의 비저항이 $10^4 \Omega \cdot cm$ 이하인 경우에 관한 설명으로 거리가 먼 것은?

㉮ 포집된 먼지가 처리가스 내로 재비산된다.

㉯ 암모니아를 주입하여 Conditioning하는 방법이 쓰인다.

㉰ 집진극에 흡착된 대전입자의 중화가 빠르다.

㉱ 역전리 현상이 일어난다.

(풀이) $10^{11} \Omega \cdot cm$ 이상일 때 절연파괴현상이 발생하고 역코로나 및 역전리 현상이 일어나 재비산되어 집진율이 저하된다.

476 습식 전기집진장치의 특징에 관한 설명 중 틀린 것은?

㉮ 작은 전기저항에 의해 생기는 먼지의 재비산을 방지할 수 있다.

㉯ 집진면이 청결하여 높은 전계강도를 얻을 수 있다.

㉰ 건식에 비하여 가스의 처리속도를 2배 정도 크게 할 수 있다.

㉱ 고저항의 먼지로 인한 역전리 현상이 일어나기 쉽다.

(풀이) 습식 전기집진장치는 역전리 현상 및 재비산 현상이 건식에 비하여 상대적으로 아주 적게 발생한다.

477 다음 중 전기집진장치의 특징으로 옳지 않은 것은?

㉮ 고온가스 처리가 가능하다.

㉯ 부식성 가스가 함유된 먼지도 처리가 가능하다.

㉰ 압력손실이 높다.

㉱ 전력소비가 적다.

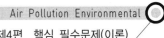

풀이 전기집진장치는 비교적 압력손실(10~20mmH₂O)이 낮고 대용량의 처리가스가 가능하다.

478 전기집진기의 집진율 향상에 관한 설명으로 옳지 않은 것은?

㉮ 분진의 겉보기 고유저항이 낮을 경우는 NH_3 가스를 주입한다.

㉯ 분진의 비저항이 $10^5 \sim 10^{10} \, \Omega \cdot cm$의 범위면 입자의 대전과 집진된 분진의 탈진이 정상적으로 진행된다.

㉰ 처리가스 내 수분은 그 함유량이 증가하면 비저항이 감소하므로, 고비저항의 분진은 수증기를 분사하거나 물을 뿌려 비저항을 낮출 수 있다.

㉱ 온도조절 시 장치의 부식을 방지하기 위해서는 노점 온도 이하로 유지해야 한다.

479 다음 전기집진장치 내의 입자에 작용하는 전기력 중 가장 지배적으로 작용하는 힘은?

㉮ 전계강도에 의한 힘

㉯ 대전입자의 하전에 의한 쿨롱의 힘

㉰ 입자 간의 흡인력

㉱ 전기풍에 의한 힘

480 다음 중 전기집진장치에서 입자에 적용하는 전기력의 종류로 가장 거리가 먼 것은?

㉮ 대전입자의 하전에 의한 쿨롱력

㉯ 전계강도에 의한 힘

㉰ 브라운 운동에 의한 확산력

㉱ 전기풍에 의한 힘

풀이 전기력의 종류

① 대전입자의 하전에 의한 쿨롱력

② 전계강도에 의한 힘

③ 입자 간의 흡인력

④ 전기풍에 의한 힘

481 전기집진장치의 유지관리에 관한 사항으로 옳지 않은 것은?

㉮ 비저항이 높은 경우에는 건식집진장치를 사용하거나 NH_3 가스를 주입한다.

㉯ 배기가스 내 수분량이 증가할수록 먼지 비저항이 감소한다.

㉰ 분진의 비저항이 낮으면($10^4 \Omega \cdot cm$ 이하) 분진 입자의 반발로 인해 분진은 가스 중으로 재비산한다.

㉱ 분진의 비저항이 높으면($10^{12} \Omega \cdot cm$ 이상) 역전리 현상이 발생하므로 집진효율은 감소한다.

풀이 전기저항이 높을 경우($10^{11} \Omega \cdot cm$ 이상)에는 비저항 조절제(물 또는 수증기, 소다회, 트리에틸아민, 황산, 이산화황 등)를 투입하여 겉보기 전기저항을 낮춘다.

482 전기집진장치에서 입자의 저항이 $10^{12} \sim 10^{13} \Omega$-cm 범위에서 일어나는 현상으로 가장 적합한 것은?

㉮ 포집먼지의 중화가 적당한 속도로 일어나 포집효율이 현저히 높아진다.

㉯ 스파크 발생은 없으나 절연파괴를 일으킨다.

㉰ 대전입자의 중화가 빠르고 포집된 먼지가 재비산된다.

㉱ 집진극 측으로부터 음극코로나가 발생하게 되고, 집진율이 떨어진다.

483 전기집진장치에 관한 설명으로 옳지 않은 것은?

㉮ 처리가스가 적은 경우 다른 고성능 집진장치에 비해 건설비가 비싸다.

㉯ 부식성 가스가 함유된 먼지도 처리가 가능하다.

㉰ 350℃의 고온에서도 처리가 가능하다.

㉱ 주어진 조건에 따른 부하변동 적응이 용이하다.

🔘 전기집진장치는 전압변동과 같은 조건변동에 쉽게 적응이 곤란하다.

484 전기집진장치의 유지관리 사항 중 가장 거리가 먼 것은?

㉮ 조습용 스프레이 노즐은 운전 중 막히기 쉽기 때문에 운전 중에도 점검, 교환이 가능해야 한다.

㉯ 운전 중 2차 전류가 매우 적을 때에는 조습용 스프레이의 수량을 증가시켜 겉보기 저항을 낮춘다.

㉰ 시동 시 애자 등의 표면을 깨끗이 닦아 고전압 회로의 절연저항이 100Ω 이하가 되도록 한다.

㉱ 접지저항은 적어도 연 1회 이상 점검하여 10Ω 이하가 되도록 유지한다.

🔘 시동 시 애자 등의 표면을 깨끗이 닦아 고전압회로의 절연저항이 100MΩ 이상 되도록 한다.

485 전기집진장치의 유지관리에 관한 사항 중 가장 거리가 먼 것은?

㉮ 시동 시에는 배출가스를 도입하기 최소 6시간 전에 애관용 히터를 가열하여 애자관 표면에 수분이나 먼지의 부착을 방지한다.

㉯ 운전 시에 2차 전류가 심하게 변하는 것은 전극 간 거리(Pitch)의 불균일 또는 변형으로 국부적인 단락을 일으키기 때문인 경우가 많다.

㉰ 운전 시에 2차 전류가 매우 적을 때는 조습용 스프레이의 수량을 줄여 겉보기 전기저항을 높여야 한다.

㉱ 정지 시에는 접지저항을 연 1회 이상 점검하고, 10Ω 이하로 유지한다.

🔘 전기집진장치에서 2차 전류가 매우 적을 때는 조습용 스프레이의 수량을 늘려 겉보기 저항을 낮추어 주어야 한다.

486 전기집진장치의 장애현상 중 2차 전류가 많이 흐를 때의 원인으로 틀린 것은?

㉮ 먼지의 농도가 너무 낮을 때

㉯ 공기 부하시험을 행할 때

㉰ 방전극이 너무 가늘 때

㉱ 이온 이동도가 적은 가스를 처리할 때

🔘 이온 이동도가 큰 가스를 처리할 때 2차 전류가 많이 흐른다.

487 전기집진장치의 장애현상 중 먼지의 비저항이 비정상적으로 높아 2차 전류가 현저하게 떨어질 때의 대책으로 다음 중 가장 적합한 것은?

㉮ Baffle을 설치한다.

㉯ 방전극을 교체한다.

㉰ 스파크 횟수를 늘린다.

㉱ 바나듐을 투입한다.

🔘 2차 전류가 현저하게 떨어질 때의 대책
  ① 스파크의 횟수를 늘린다.
  ② 조습용 스프레이 수량을 늘린다.
  ③ 입구먼지 농도를 적절히 조절한다.

488 다음 중 전기집진장치의 방전극의 재질로서 가장 거리가 먼 것은?

㉮ 폴로늄   ㉯ 티타늄 합금
㉰ 고탄소강   ㉱ 스테인리스

(풀이) 방전극은 코로나방전이 용이하도록 직경 0.13~0.38cm 정도로 가늘어야 하고, 재료는 부식에 강한 티타늄 합금, 고탄소강, 스테인리스, 알루미늄 등이 사용된다.

489 집진장치에 관한 설명 중 옳지 않은 것은?

㉮ Venturi Scrubber에서의 액가스비(L/m³)는 일반적으로 분진의 입경이 작고, 친수성이 아닐수록 작아진다.
㉯ 중력식 집진장치는 보통 50~100μm 이상의 큰 입자의 포집에 주로 사용되며, 압력손실은 5~10mmH₂O 정도이다.
㉰ Bag Filter는 여과집진의 대표적인 1μm 이하의 미립자도 포집 가능하다.
㉱ 음파집진장치는 함진가스 중의 입자에 음파진동을 부여하여 입자를 응집·제진한다.

(풀이) Venturi Scrubber에서의 액가스비(L/m³)는 일반적으로 분진의 입경이 작고, 친수성이 아닐수록 커진다.

490 다음 중 확산력과 관성력을 주로 이용하는 집진장치로 가장 적합한 것은?

㉮ 중력집진장치   ㉯ 전기집진장치
㉰ 원심력집진장치   ㉱ 세정집진장치

491 다음 각 집진장치의 유속과 집진특성에 대한 설명 중 옳지 않은 것은?

㉮ 중력집진장치와 여과집진장치는 기본유속이 작을수록 미세한 입자를 포집한다.
㉯ 원심력집진장치는 적정 한계 내에서는 입구유속이 빠를수록 효율이 높은 반면 압력손실도 높아진다.
㉰ 벤추리스크러버와 제트스크러버는 기본유속이 작을수록 집진율이 높다.
㉱ 건식 전기집진장치는 재비산 한계 내에서 기본유속을 정한다.

(풀이) 벤추리스크러버와 제트스크러버는 기본유속이 클수록 작은 액적이 형성되어 미세입자를 제거한다.

492 집진장치에 관한 설명으로 옳지 않은 것은?

㉮ 전기집진장치에서 방전극은 굵고 짧을수록 Corona 방전을 일으키기 쉽다.
㉯ 세정식 집진장치 중 가압수식인 벤추리스크러버, 제트스크러버 등은 목(Throat)부의 기본유속이 클수록 작은 액적이 형성되어 미세한 입자를 제거할 수 있다.
㉰ 관성력 집진장치에서 반전식의 경우 방향전환을 하는 가스의 곡률반경이 작을수록 미세한 먼지를 분리포집할 수 있다.
㉱ 중력식 집진장치는 일정한 유속에 대하여 침강실의 높이는 낮을수록 길이는 길수록 높은 제진율을 얻는다.

(풀이) 전기집진장치에서 방전극은 얇고 짧을수록 Corona 방전을 일으키기 쉽다.

493 물을 가압(加壓) 공급하여 함진가스를 세정하는 형식의 가압수식 스크러버가 아닌 것은?

㉮ Venturi Scrubber   ㉯ Impulse Scrubber
㉰ Spray Tower   ㉱ Jet Scrubber

(풀이) Impulse Scrubber는 Theisen Washer와 같이 회전식 스크러버이다.

494 다음 흡수장치의 종류 중 기체분산형 흡수장치에 해당되는 것은?

㉮ Plate Tower   ㉯ Packed Tower
㉰ Spray Tower   ㉱ Venturi Scrubber

(풀이) 기체분산형 흡수장치는 다공판탑(Sieve Plate Tower), 포종탑(Tray Tower) 등의 단탑과 기포탑 등이 있다.

495 다음 중 가스분산형 흡수장치에 해당하는 것은?

㉮ 기포탑   ㉯ 사이클론스크러버
㉰ 분무탑   ㉱ 충전탑

496 흡수에 있어서 물에 대한 용해도가 높은 가스의 경우 액분산형 흡수장치가 사용된다. 다음 중 액분산형 흡수장치로 처리하기에 가장 부적합 가스는?

㉮ 암모니아   ㉯ 일산화탄소
㉰ 크롬산미스트   ㉱ 황화수소

(풀이) 액분산형 흡수장치는 용해도가 크고, 가스측 저항이 지배적일 때 사용된다.

497 다음 중 유해가스처리 시 흡수제로 물을 사용하는 경우 물질이동량이 액상측 저항에 의하여 지배되는 가스는?

㉮ CO   ㉯ NH₃   ㉰ SO₂   ㉱ HF

(풀이) 액상측 저항이 지배적인 물질은 헨리상수 값이 큰 것을 의미한다.
$CO > H_2S > SO_2 > Cl_2 > SO_2 > NH_3 > HF > HCl$

498 유해가스 처리를 위한 흡수액의 구비요건 중 가장 거리가 먼 것은?

㉮ 휘발성이 낮아야 한다.
㉯ 어는점이 높아야 한다.
㉰ 점도가 낮아야 한다.
㉱ 용해도가 커야 한다.

(풀이) 흡수액의 구비조건 중 빙점(어는점)은 낮고 비점(끓는점)은 높아야 한다.

499 흡수탑에 적용되는 흡수액 선정 시 고려할 사항으로 가장 거리가 먼 것은?

㉮ 비표면적이 커야 한다.
㉯ 용해도가 커야 한다.
㉰ 비점은 높아야 한다.
㉱ 점도는 낮아야 한다.

(풀이) 흡수액과 비표면적은 관계가 없다.

500 유해가스 처리에 사용되는 세정액 선택 시 그 정도가 높을수록 좋은 것은?

㉮ 점도   ㉯ 휘발성   ㉰ 응고점   ㉱ 용해도

(풀이) 흡수액은 용해도가 높을수록 좋다.

501 세정집진장치 중 Spray Tower에 관한 설명으로 옳지 않은 것은?

㉮ 탑 내에 몇 개의 살수노즐을 사용하여 함진가스를 향류접촉시켜 분진을 제거한다.

㉯ 구조가 간단하고 보수가 용이하다.

㉰ 액가스비는 $10 \sim 50 L/m^3$이다.

㉱ 충전제를 쓰지 않기 때문에 압력손실의 증가는 없다.

(풀이) Spray Tower의 액가스비는 $0.5 \sim 1.5(2 \sim 3) L/m^3$ 정도이다.

502 분무탑(Spray Tower)에 관한 설명 중 옳지 않은 것은?

㉮ 유해가스 속도가 느릴 경우를 제외하고는 비말동반의 위험이 있다.

㉯ 액분산형 흡수장치에 해당한다.

㉰ 충전탑에 비하여 설비비 및 유지비가 적게든다.

㉱ 충전탑에 비해 압력손실이 크다.

(풀이) Spray Tower는 구조가 간단하고 보수가 용이하며 충전제를 쓰지 않기 때문에 압력손실의 증가는 없다.

503 분무탑에 관한 설명으로 옳지 않은 것은?

㉮ 흡수가 잘 되는 수용성 기체에 효과적이다.

㉯ 분무액과 가스의 접촉이 균일하여 효율이 우수한 장점이 있다.

㉰ 분무에 상당한 동력이 필요하고, 가스의 유출 시 비말동반이 많다.

㉱ 침전물이 생기는 경우에 적합하며, 충전탑에 비해 설비비 및 유지비가 적게 드는 장점이 있다.

(풀이) 유해가스 속도가 느릴 경우를 제외하고는 가스의 유출 시 비말동반의 위험이 있고 효율이 낮다.

504 불화규소 제거를 위한 세정탑의 형식으로 가장 거리가 먼 것은?

㉮ Venturi Scrubber   ㉯ Jet Scrubber

㉰ Packed Tower   ㉱ Spray Tower

505 다음 중 가스의 압력손실은 작은 반면, 상당한 동력이 요구되며, 장치의 압력손실은 $2 \sim 20 mmH_2O$, 가스 겉보기 속도는 $0.2 \sim 1 m/s$ 정도인 세정집진장치에 해당하는 것은?

㉮ Sieve Plate Tower   ㉯ Orifice Scrubber

㉰ Spray Tower   ㉱ Packed Tower

506 충전탑에 관한 설명으로 가장 거리가 먼 것은?

㉮ 충전제는 화학적으로 불활성이어야 한다.

㉯ 충전제를 규칙적으로 충전하면 불규칙적으로 충전하는 방법에 비하여 압력손실이 적어진다.

㉰ 편류현상은 [탑의 직경/충전제 직경]의 비가 $9 \sim 10$ 범위일 때 최소가 된다.

㉱ 보통 가스유속은 부하점(Loading Point)에서의 유속의 $70 \sim 80\%$ 조작이 적당하다.

풀이 충전탑의 가스유속은 부하점 유속의 40~70% 범위에서 선정한다.

507 유해가스 흡수장치 중 충전탑에 관한 설명으로 틀린 것은?

㉮ 흡수액을 통과시키면서 유량속도를 증가시키면 충전층 내의 액보유량이 증가하는 점을 편류점(Channelling Point)이라 한다.

㉯ 충전탑의 원리는 충전물질의 표면을 흡수액으로 도포하여 흡수액의 엷은 층을 형성시킨 후 가스와 흡수액을 접촉시켜 흡수시킨다.

㉰ 액분산형 가스흡수장치에 속하며, 효율 증대를 위해서는 가스의 용해도를 증가시키고, 액가스비를 증가시켜야 한다.

㉱ 온도의 변화가 큰 곳에는 적응성이 낮고, 희석열이 심한 곳에는 부적합하다.

풀이 일정한 양의 흡수액을 통과시키면서 유량속도를 증가시키면 압력손실은 가스속도의 대수값에 비례하며 충전층 내의 액보유량이 증가하는 점을 부하점이라 한다.

508 충전탑(Packed Tower) 내 충전물에 요구되는 일반사항으로 가장 거리가 먼 것은?

㉮ 단위체적당 넓은 표면적을 가질 것
㉯ 압력손실이 작을 것
㉰ 충분한 화학적 저항성을 가질 것
㉱ 충전밀도가 작을 것

풀이 충전밀도가 커야 한다.

509 유해가스의 흡수장치 중 다공판탑(가스분사형)에 관한 설명으로 옳지 않은 것은?

㉮ 판간격은 40cm, 액가스비는 0.3~5L/m³ 정도이다.

㉯ 비교적 소량의 액량으로 처리가 가능하다.

㉰ 효율은 높지만 고체 부유물을 생성하는 경우에는 부적합하다.

㉱ 판수를 증가시키면 고농도 가스 처리도 가능하다.

풀이 다공판탑형은 고체 부유물 생성 시 적합하다.

510 유해가스 흡수장치 중 다공판탑에 관한 설명으로 옳지 않은 것은?

㉮ 비교적 대량의 흡수액이 소요되고, 가스 겉보기 속도는 10~20m/s 정도이다.

㉯ 액가스비는 0.3~5L/m³, 압력손실은 100~200mmH$_2$O/단 정도이다.

㉰ 고체부유물 생성 시 적합하다.

㉱ 가스량의 변동이 격심할 때는 조업할 수 없다.

풀이 다공판탑은 비교적 소량의 액량으로 처리가 가능하고 가스속도는 0.1~1m/sec 정도이다.

511 헨리의 법칙에 관한 다음 설명 중 옳지 않은 것은?

㉮ 비교적 용해도가 적은 기체에 적용된다.

㉯ 헨리상수의 단위는 atm/m³·kmol이다.

㉰ 일정온도에서 특정 유해가스 압력은 용해가스의 액 중 농도에 비례한다는 법칙이다.

㉱ 헨리상수는 온도에 따라 변하며 온도는 높을수록 용해도는 적을수록 커진다.

풀이 헨리상수의 단위는 atm·m³/kmol이다.

512 다음 중 헨리법칙이 가장 잘 적용되는 물질은?

㉮ H_2　　㉯ Cl_2　　㉰ HCl　　㉱ HF

풀이 ① 헨리법칙에 잘 적용되는 기체(난용성 : 용해도가 적은 기체)

H_2, O_2, N_2, CO, CO_2, NO, NO_2, H_2S, CH_2

② 헨리법칙에 잘 적용되지 않는 기체(가용성 : 용해도가 큰 기체)

Cl_2, HCl, NH_3, SO_2, SiF_4, HF

513 다음 기체 중 물에 대한 헨리상수(atm · m^3/kmol) 값이 가장 큰 물질은?(단, 온도는 30℃, 기타 조건은 동일하다고 본다.)

㉮ HF　　㉯ HCl　　㉰ H_2S　　㉱ SO_2

풀이 ① 헨리상수(H)는 온도에 따라 변하며 온도는 높을수록 용해도는 적을수록 커진다.

② 헨리상수 값이 큰 물질순서

$CO > H_2S > SO_2 > Cl_2 > SO_2 > NH_3 > HF > HCl$

③ 액상 측 저항이 지배적인 물질은 헨리상수 값이 큰 것을 의미한다.

514 헨리법칙을 이용하여 유도된 총괄물질이동계수와 개별물질이동계수와의 관계를 옳게 나타낸 식은?(단, K_G : 기상총괄물질이동계수, k_ℓ : 액상물질이동계수, k_g : 기상물질이동계수, H : 헨리정수)

㉮ $\dfrac{1}{K_G} = \dfrac{1}{k_g} + \dfrac{H}{k_\ell}$　　㉯ $\dfrac{1}{K_G} = \dfrac{1}{k_\ell} + \dfrac{k_g}{H}$

㉰ $\dfrac{1}{K_G} = \dfrac{1}{k_\ell} + \dfrac{H}{k_g}$　　㉱ $\dfrac{1}{K_G} = \dfrac{H}{k_g} + \dfrac{k_g}{k_\ell}$

515 흡수장치에 관한 설명으로 가장 거리가 먼 것은?

㉮ 분무탑의 경우 가스의 압력손실은 적은 반면, 세정액 분무를 위해서는 상당한 동력이 필요하다.

㉯ 가스 측 저항이 큰 경우는 가스분산형 흡수장치를 쓰는 것이 유리하다.

㉰ 가스분산형 흡수장치로는 포종탑, 다공판탑 등이 있다.

㉱ 충전탑의 경우 편류현상을 최소화하기 위해서는 보통탑의 직경(D)과 충전제 직경(d)의 비 D/d가 8~10일 때이다.

풀이 가스측 저항이 지배적일 경우는 액분산형 흡수장치를 쓰는 것이 유리하다.

516 다음 흡수장치 중 액가스비가 가장 크고, 수량이 많아 동력비가 많이 들며, 가스량이 많을 때는 불리한 흡수장치는?

㉮ 충전탑　　　　㉯ 스프레이탑

㉰ 제트스크러버　　㉱ 벤추리스크러버

517 가스흡수에서는 기-액의 접촉면적을 크게 하는 것이 필요한데 실제 유효접촉면적 a (m^2/m^3)의 참값을 구하기가 쉽지 않으므로, 액상 총괄물질이동계수 K_L과의 곱인 $K \cdot a$를 계수로 사용한다. 이 계수를 무엇이라 하는가?

㉮ 액체용량계수　　㉯ 액체유효면적계수

㉰ 액체전달계수　　㉱ 액체분배계수

518 유해가스 처리를 위한 흡수에 관한 설명으로 가장 거리가 먼 것은?

㉮ 두 상(Phase)이 접할 때 두 상이 접한 경계면의 양측에 경막이 존재한다는 가정을 Lewis -Whitman의 이중경막설이라 한다.

㉯ 확산을 일으키는 추진력은 두 상(Phase)에서의 확산물질의 농도차 또는 분압차가 주원인이다.

㉰ 액상으로의 가스흡수는 기-액 두 상(Phase)의 본체에서 확산물질의 농도 기울기는 큰 반면, 기-액의 각 경막 내에서는 농도 기울기가 거의 없는데, 이것은 두 상의 경계면에서 효과적인 평형을 이루기 위함이다.

㉱ 주어진 온도, 압력에서 평형상태가 되면 물질의 이동은 정지한다.

⏣ 액상으로의 가스흡수는 기-액 두 상의 본체에서 확산물질의 농도기울기는 거의 없으며 기-액의 각 경막 내에서는 농도기울기가 있으며 이것은 두 상의 경계면에서 효과적인 평형을 이루기 위함이다.

519 흡착에 대한 다음 설명으로 옳은 것은?

㉮ 화학적 흡착은 흡착과정이 가역적이므로 흡착제의 재생이나 오염가스의 회수에 매우 편리하다.

㉯ 물리적 흡착은 흡착과정에서의 발열량이 화학적 흡착보다 많다.

㉰ 일반적으로 물리적 흡착에서 흡착되는 양은 온도가 낮을수록 많다.

㉱ 물리적 흡착은 분자 간의 결합이 화학적 흡착에서보다 더 강하다.

⏣ ㉮항 : 화학적 흡착은 흡착과정이 비가역 반응이

기 때문에 흡착제 재생이나 오염가스 회수를 할 수 없다.

㉯항 : 물리적 흡착은 흡착과정에서의 발열량이 화학적 흡착보다 작다.

㉱항 : 물리적 흡착은 분자 간의 결합이 화학적 흡착에서보다 약하다.

520 다음 중 물리적 흡착에 관한 설명으로 옳지 않은 것은?

㉮ 기체분자량이 클수록 잘 흡착한다.

㉯ 압력을 낮추거나 온도를 높임으로써 흡착물질을 흡착제로부터 탈착시킬 수 있다.

㉰ 흡착제 표면에 여러 층으로 흡착이 일어날 수 있다.

㉱ 흡착열은 반응엔탈피와 비슷하고 그 크기는 $20 \sim 40 \, kJ/g \cdot mole$ 정도이다.

⏣ 물리적 흡착에서 흡착열은 약 $40 kJ/g \cdot mol$ 이하이다.

521 물리적 흡착공정에 대한 설명으로 옳지 않은 것은?

㉮ Van der Waals 결합력으로 약하게 결합되어 있다.

㉯ 가역성이 높다.

㉰ 임계온도 이상에서 흡착성이 우수하다.

㉱ 가스 중의 분자 간 상호의 인력보다 고체표면과의 인력이 크게 되는 때에 일어난다.

⏣ 물리적 흡착공정의 흡착물질은 임계온도 이상에서는 흡착되지 않는다.

522 흡착제의 종류와 용도와의 연결로 거리가 먼 것은?

㉮ 활성탄 - 용제회수, 가스정제

㉯ 알루미나 - 휘발유 및 용제 정제

㉰ 실리카겔 - NaOH 용액 중 불순물 제거

㉱ 보크사이트 - 석유 중의 유분 제거, 가스 및 용액 건조

(풀이) 알루미나의 용도는 일반적으로 가스(공기) 및 액체에 이용된다.

523 다음 중 다공성 흡착제인 활성탄으로 제거하기에 가장 효과가 낮은 유해가스는?

㉮ 알코올류　　　　㉯ 일산화탄소

㉰ 담배연기　　　　㉱ 벤젠

(풀이) 분자량이 클수록 흡착력이 커지며 흡착법으로 제거 가능한 유기성 가스의 분자량은 최소 45 이상이어야 한다.

524 다음 중 활성탄으로 흡착 시 가장 효과가 적은 것은?

㉮ 초산　　　　　　㉯ 알코올류

㉰ 일산화질소　　　㉱ 담배연기

(풀이) 활탄성에서는 메탄, 일산화탄소, 일산화질소 등은 흡착되지 않는다.

525 흡착법에서 사용되는 흡착제에 관한 설명으로 옳지 않은 것은?

㉮ 표면적이라 함은 흡착제 내부의 기공에서의 면적을 말한다.

㉯ 비표면적과 친화력이 크면 클수록 흡착효과는 커진다.

㉰ 보크사이트는 가성소다용액 중의 불순물 제거에 주로 사용된다.

㉱ 활성탄은 유기용제회수, 악취제거, 가스정화 등에 주로 사용된다.

(풀이) 보크사이트는 석유 중의 유분제거, 가스 및 용액의 건조에 이용된다.

526 다음은 흡착제에 관한 설명이다. ( ) 안에 가장 적합한 것은?

> 현재 분자체로 알려진 ( )이/가 흡착제로 많이 쓰이는데, 이것은 제조과정에서 그 결정구조를 조절하여 특정한 물질을 선택적으로 흡착시키거나 흡착속도를 다르게 할 수 있는 장점이 있으며, 극성이 다른 물질이나 포화정도가 다른 탄화수소의 분리가 가능하다.

㉮ Activared Carbon

㉯ Synthetic zeolite

㉰ Silica Gel

㉱ Activated Alumina

527 흡착제에 관한 설명 중 가장 거리가 먼 것은?

㉮ 활성탄의 표면적은 $600 \sim 1,400 m^2/g$ 정도로 용제회수, 악취제거, 가스정화 등에 사용된다.

㉯ 합성지올라이트는 특정한 물질을 선택적으로 흡착시키는 데 이용할 수 있다.

㉰ 흡착제의 비표면적과 흡착물질에 대한 친화력이 클수록 흡착의 효과는 커진다.

㉱ 실리카겔은 흡착제 중 사용온도범위가 높아 500℃ 정도까지 가능하나, 수분과 같은 극성 물질에 대한 흡착력은 약하다.

(풀이) 실리카겔은 250℃ 이하에서 물과 유기물을 잘 흡착하며 일반적으로 NaOH 용액 중 불순물 제거에 이용된다.

528 흡착은 유체로부터 기체(또는 액체) 성분을 어떤 고체상 물질에 의해 선택적으로 제거할 수 있는 분리공정이다. 다음 중 흡착법이 유용한 경우와 가장 거리가 먼 것은?

㉮ 기체상 오염물질이 비연소성이거나 태우기 어려운 경우
㉯ 오염물질의 회수가치가 충분한 경우
㉰ 분자량이 큰 고분자 입자로서 용해도가 높은 경우
㉱ 배기 내의 오염물 농도가 대단히 낮은 경우

(풀이) ㉰항의 경우는 흡수법으로 처리한다.

529 유동상 흡착장치에 관한 설명으로 옳지 않은 것은?

㉮ 가스의 유속을 크게 할 수 있다.
㉯ 흡착제의 마모가 적다.
㉰ 가스와 흡착제를 향류 접촉시킬 수 있다.
㉱ 주어진 조업조건의 변동이 어렵다.

(풀이) 유동상 흡착장치는 흡착제의 유동수송에 의한 마모가 크게 일어난다.

530 유해가스 처리를 위한 흡착장치에 관한 다음 설명 중 가장 거리가 먼 것은?

㉮ 고정상 흡착장치에서 처리가스를 연속적으로 처리하고자 할 경우에는 회분식(Batch Type) 흡착장치 2개를 병렬로 연결하여 흡착과 재생을 교대로 한다.
㉯ 고정상 흡착장치에서 활성탄의 재생은 흡착된 오염물질의 탈착, 활성탄 냉각 및 재사용의 3단계로 구분할 수 있다.
㉰ 유동상 흡착장치는 가스의 유속을 크게 유지할 수 있고, 고체와 기체의 접촉을 좋게 할 수 있다.
㉱ 고정상 흡착장치에서 처리가스의 양이 적을 경우에는 수평형이나 실린더형이 유용하지만, 많을 경우에는 수직형이 더 유리하다.

(풀이) 고정상 흡착장치에서 보통수직형은 처리가스량이 적은 소규모에 적합하고, 수평형 및 실린더형은 처리가스량이 많은 대규모에 적합하다.

531 흡착과정에 대한 설명으로 틀린 것은?

㉮ 포화점(Saturation Point)에서는 주어진 온도와 압력조건에서 흡착제가 가장 많은 양의 흡착질을 흡착하는 점이다.
㉯ 흡착제층 전체가 포화되어 배출가스 중에 오염가스 일부가 남게 되는 점을 파과점(Break Point)이라 하고, 이 점 이후부터는 오염가스의 농도가 급격히 증가한다.
㉰ 파과곡선의 형태는 흡착탑의 경우에 따라서 비교적 기울기가 큰 것이 바람직하다.
㉱ 실제의 흡착은 비정상상태에서 진행되므로 흡착의 초기에는 흡착이 천천히 진행되다가 어느 정도 흡착이 진행되면 빠르게 흡착이 이루어진다.

(풀이) 흡착은 흡착 초기에 빠르고 효과적으로 진행되다가 어느 정도 흡착이 진행되면 점차 천천히 진행된다.

532 배출가스 흡착과정에서 파과점(Break Point)을 가장 잘 설명한 것은?

㉮ 주어진 온도와 압력조건에서 흡착제가 가장 많은 양의 흡착질을 흡착하는 점
㉯ 흡착탑 출구에서 오염물질 농도가 급격히 증가되기 시작하는 점
㉰ 처리가스 중 오염물질이 최대가 되는 점
㉱ 흡착탑 출구에서 오염물질 농도가 급격히 감소되기 시작하는 점

533 화학적 흡착과 비교한 물리적 흡착의 특성에 관한 설명으로 옳지 않은 것은?

㉮ 흡착제의 재생이나 오염가스의 회수에 용이하다.
㉯ 온도가 낮을수록 흡착량이 많다.
㉰ 표면에 단분자막을 형성하며, 발열량이 크다.
㉱ 압력을 감소시키면 흡착물질이 흡착제로부터 분리되는 가역적 흡착이다.

⟨풀이⟩ 물리적 흡착은 다분자 흡착층 흡착이며, 흡착열이 낮다.

534 다음은 물리적 흡착과 화학적 흡착의 일반적인 특성을 상대 비교한 것이다. 옳지 않은 것은?

	구분	물리적 흡착	화학적 흡착
①	흡착과정	가역성이 높음	가역성이 낮음
②	오염가스의 회수	용이	어려움
③	온도범위	대체로 높은 온도	낮은 온도
④	흡착열	낮음	높음

㉮ ①   ㉯ ②   ㉰ ③   ㉱ ④

⟨풀이⟩ 화학적 흡착은 반응열을 수반하여 온도가 높고, 물리적 흡착은 상대적으로 낮다.

535 다음 흡착제의 재생방법으로 가장 거리가 먼 것은?

㉮ 수증기를 불어 넣는다.
㉯ 압력을 가하여 피흡착질을 탈착시킨다.
㉰ 물로 세척한다.
㉱ 고온의 불활성 기체를 가한다.

⟨풀이⟩ 감압에 의하여 피흡착질을 탈착시킨다.

536 유해가스를 처리하는 데 있어서 촉매연소법에 관한 설명 중 옳지 않은 것은?

㉮ 악취성분을 함유하는 가스를 촉매에 의해 비교적 고온(600~800℃)에서 산화분해한다.
㉯ 촉매에는 백금, 코발트, 니켈 등이 있으나, 그 중 고가이지만 성능이 우수한 백금계의 것을 많이 사용한다.
㉰ 활성도가 높은 촉매를 사용하는 것이 바람직하지만 내열성과 촉매독(毒)의 문제가 있다.
㉱ 이 방법은 직접연소법과 비교하여 연료소비량이 적기 때문에 운전비가 절감되지만, 촉매의 수명이 문제가 된다.

⟨풀이⟩ 악취성분을 함유하는 가스를 촉매를 이용하여 저온(400~500℃) 정도에서 불꽃 없이 산화시키는 방법이다.

537 악취물질을 직접불꽃소각방식에 의해 제거할 경우 다음 중 가장 적합한 연소온도 범위는?

㉮ 100~200℃ ㉯ 200~300℃

㉰ 300~450℃ ㉱ 600~800℃

538 유해가스 처리를 위한 가열소각법에 관한 설명으로 가장 거리가 먼 것은?

㉮ After Burner법이라고도 하며, Hydrocarbons, H_2, NH_3, HCN 등의 제거에 유용하다.

㉯ 오염기체의 농도가 낮을 경우 보조연료가 필요하며 보통 경제적으로 오염가스의 농도가 연소하한치(LEL)의 50% 이상일 때 적합하다.

㉰ 보통 연소실 내의 온도는 1,200~1,500℃, 체류시간은 5~10초 정도로 설계하고 있다.

㉱ 그을음은 연료 중의 C/H 비가 3 이상일 때 주로 발생되므로 수증기 주입으로 C/H 비를 낮추면 해결가능하다.

⊕ 보통 연소실 내의 온도는 650~850℃, 체류시간은 0.7~0.9(0.2~0.8)초 정도로 설계한다.

539 석회석을 사용하는 배연탈황법의 특성으로 가장 거리가 먼 것은?

㉮ 석회석을 가루로 만들어 연소로에 직접 주입하는 방법으로 초기 투자비가 적다.

㉯ 아주 짧은 시간에 아황산가스와 반응해야 하므로, 흡수효율은 낮으며, 연소로 내에서 scale을 생성한다.

㉰ 이 반응은 pH의 영향을 많이 받으므로 흡수액의 pH는 9로 지정하고, SO_3의 산화는 pH 10 이상에서 진행한다.

㉱ 소규모 보일러나 노후된 보일러에 추가로 설치할 때 사용된다.

540 다음 중 석회석 주입에 의한 황산화물 제거방법으로 옳지 않은 것은?

㉮ 대형보일러에 주로 사용되며, 배기가스의 온도가 떨어지는 단점이 있다.

㉯ 연소로 내에서 아주 짧은 접촉시간과 아황산가스가 석회분말의 표면 안으로 침투되기 어려우므로 아황산가스 제거효율이 낮은 편이다.

㉰ 석회석 값이 저렴하므로 재생하여 쓸 필요가 없고 석회석의 분쇄와 주입에 필요한 장비 외에 별도의 부대시설이 크게 필요 없다.

㉱ 배기가스 중 재와 석회석이 반응하여 연소로 내에 달라 붙어 압력손실을 증가시키고, 열전달을 낮춘다.

⊕ 황산화물 제거방법 중 석회석 주입법은 초기투자비용이 적게 들어 소규모 보일러나 노후된 보일러에 추가로 설치할 때 사용한다.

541 다음 촉매 산화법에 의한 SO_2 제거 시 ( ) 안의 촉매제로 가장 적합한 것은?

$$SO_2 + (\ \ ) \rightarrow SO_3$$
$$SO_3 + H_2O \rightarrow H_2SO_4$$
$$SO_3 + 2NH_4OH \rightarrow (NH_4)_2SO_4 + H_2O$$

㉮ MnO_2 ㉯ CaO

㉰ NH_3 ㉱ V_2O_5

542 배연탈황법의 습식법과 건식법에 대한 상대비교 특성으로 가장 거리 먼 것은?

㉮ 습식법은 연돌에서의 확산이 나쁘다.

㉯ 건식법은 장치의 규모는 작으나, 배출가스의 온도저하가 큰 편이다.

㉰ 습식법의 경우 반응 효율은 높으나, 수질오염의 문제가 있다.
㉱ 건식법에는 석회석주입법, 활성탄흡착법, 산화법 등이 있다.

풀이 건식법은 장치의 규모가 크고 배출가스의 온도 저하가 거의 없다.

543 다음 중 황산화물 처리방법으로 가장 거리가 먼 것은?

㉮ 석회석 주입법 ㉯ 석회수 세정법
㉰ 암모니아 흡수법 ㉱ 2단 연소법

풀이 2단 연소법은 질소산화물 억제 대책이다.

544 습식 배연탈황법 중 석회석-석고법은 흡수탑 및 탑 이후의 배관에서 스켈링을 일으킨다. 이 스켈링 방지방법으로 가장 거리가 먼 것은?

㉮ 흡수탑 순환액에 산화탑에서 생성한 석고를 반송하고 흡수액 슬러리 중의 석고농도를 5% 이상으로 유지하여 석고의 결정화를 촉진한다.
㉯ 흡수액량을 적게 하여 탑 내에서의 결착을 촉진시킨다.
㉰ 순환액 pH 값 변동을 적게 한다.
㉱ 탑 내의 내장물을 가능한 한 설치하지 않는다.

풀이 흡수액량을 많게 하여 탑 내에서의 결착을 방지한다.

545 무촉매환원법에 의한 배출가스 중 NO_x 제거에 관한 설명으로 가장 거리가 먼 것은?

㉮ NO의 암모니아에 의한 환원에는 보통 산소의 공존이 필요하다.
㉯ 1,000℃ 정도의 고온과 NH_3/NO가 2 이상의 암모니아의 첨가가 필요하다.
㉰ NO_x의 제거율은 비교적 높아 98% 이상이다.
㉱ 반응기 등의 설비가 필요하지 않아 설비비는 작고, 특히 더러운 NO_x의 제거에 적합하다.

풀이 질소산화물의 처리방법 중 무촉매환원법은 촉매를 사용하지 않고 환원제와 반응시켜 NO를 N_2로 환원하는 방법이고, 제거효율은 약 40~70%로 낮은 편이다.

546 배출가스 내의 NO_x 제거방법 중 환원제를 사용하는 접촉환원법에 관한 설명으로 가장 거리가 먼 것은?

㉮ 선택적 환원제로는 NH_3, H_2S 등이 있다.
㉯ 선택적인 접촉환원법에서 Al_2O_3계의 촉매는 SO_2, SO_3, O_2와 반응하여 황산염이 되기 쉽고, 촉매의 활성이 저하된다.
㉰ 선택적인 접촉환원법은 과잉의 산소를 먼저 소모한 후 첨가된 반응물인 질소산화물을 선택적으로 환원시킨다.
㉱ 비선택적 접촉환원법의 촉매로는 Pt뿐만 아니라, CO, Ni, Cu, Cr 등의 산화물도 이용 가능하다.

풀이 선택적인 접촉환원법은 연소가스 중의 NO_x는 촉매를 사용하여 환원제와 반응시켜 N_2와 H_2O로 O_2와 상관없이 접촉환원시키는 방법이다.

547 배연탈질 시 이용되는 촉매환원법에 관한 설명으로 옳지 않은 것은?

Answer 543. ㉱ 544. ㉯ 545. ㉰ 546. ㉰ 547. ㉮

㉮ 비선택적 촉매환원법에서 NO_x와 환원제의 반응서열은 $CH_4 > H_2 > CO$이며, 탄화수소의 경우 탄소수의 감소에 따라 일반적으로 반응성이 개선된다고 볼 수 있다.

㉯ 비선택적 촉매환원법에서 NO 환원제는 아세틸렌계 > 올레핀계 > 방향족계 > 파라핀계 순으로 불포화도가 높은 만큼 반응성이 좋다.

㉰ H_2S를 사용하는 선택적 촉매환원법은 Claus 반응에 따라 아황산가스 제거도 가능한 NO_x, SO_x 동시제거법으로 제안되기도 하였다.

㉱ 선택적 촉매환원법에서 NH_3를 환원제로 사용하는 탈질법은 산소 존재에 의해 반응속도가 증대하는 특이한 반응이고, 2차 공해의 문제도 적은 편이므로 광범위하게 적용된다.

(풀이) 비선택적 촉매환원법에서 NO_x와 환원제의 반응서열은 $CH_4 > H_2 > CO$이며 탄화수소의 경우 탄소수의 증가에 따라 일반적으로 반응성이 개선된다고 볼 수 있다.

548 배출가스 중에 함유된 질소산화물 처리를 위한 건식법 중 선택적 촉매환원법(SCR)에 대한 설명으로 옳지 않은 것은?

㉮ 환원제로는 NH_3가 사용된다.

㉯ 질소산화물 전환율은 반응온도에 따라 종모양(Bell-shape)을 나타낸다.

㉰ 질소산화물이 촉매에 의하여 선택적으로 환원되어 질소분자와 물로 전환된다.

㉱ 촉매 선택성에 의해 NO의 환원반응만 있고, 기타 산화반응 등의 부반응은 없다.

(풀이) NH_3를 환원제로 사용하는 탈질법은 산소 존재에 의해 반응속도가 증대하는 특이한 반응이다.

549 연료 연소 중에 생성되는 NO_x를 저감시키기 위한 대책으로 가장 거리가 먼 것은?

㉮ 연소온도를 낮게 한다.

㉯ NO_x 함량이 적은 연료를 사용한다.

㉰ 연소 영역에서 산소 농도를 높게 한다.

㉱ 연소 영역에서 연소 가스의 체류시간을 짧게 한다.

(풀이) 연소 영역에서 산소의 농도를 낮게 하여 질소와 산소가 반응할 수 있는 기회를 적게 한다.

550 질소산화물 배출제어에 관한 다음 설명 중 가장 거리가 먼 것은?

㉮ 고온에서 고온 NO는 빠르게 형성되지만, 형성에 필요한 시간은 평형에 도달하지 못할 정도로 짧다.

㉯ 프롬프트 NO는 온도와 촉매에 의해 강한 영향을 받는 수소-산소 연소에서 생성된다.

㉰ 화염에서 대부분의 NO_x는 일반적으로 NO 90%, NO_2 10% 정도이다.

㉱ 연소가스 중의 NO는 환원제와 반응하여 N_2로 재전환될 수 있으며, 일반적으로 내연기관엔진에서의 환원제는 CO이고, 화력발전소에서는 NH_3이다.

(풀이) Prompt NO는 연료와 공기 중 질소성분의 결합으로 발생한다. 즉, 연료가 열분해 시 질소가 HC 및 C와 반응하여 HCN 또는 CN이 생성되며, 이들은 OH 및 O_2 등과 결합하여 중간생성물질(NCO)을 형성하여 NO의 발생에 관계가 있다는 학설이다.

551 NO$_x$의 제어는 연소방식의 변경과 배연가스의 처리기술 두 가지로 구분할 수 있는데, 다음 중 연소방식을 변환시켜 NO$_x$의 생성을 감축시키는 방안으로 가장 거리가 먼 것은?

㉮ 접촉산화법 ㉯ 물주입법
㉰ 저과잉공기연소법 ㉱ 배기가스재순환법

552 연소조절에 의한 질소산화물(NO$_x$) 저감대책으로 거리가 먼 것은?

㉮ 과잉공기량을 줄인다.
㉯ 배출가스를 재순환시킨다.
㉰ 연소용 공기의 예열온도를 높인다.
㉱ 2단계 연소법을 사용한다.

⟨풀이⟩ 연소용 공기의 예열온도를 낮춘다.

553 염소를 함유한 폐가스를 소석회와 반응시켜 생성되는 물질은?

㉮ 실리카겔 ㉯ 표백분
㉰ 차아염소산나트륨 ㉱ 포스겐

⟨풀이⟩ $2Ca(OH)_2+2Cl_2 \rightarrow CaCl_2+Ca(OCl)_2$[표백분]$+2H_2O$

554 악취물질의 처리방법에 관한 다음 설명 중 옳지 않은 것은?

㉮ 통풍 및 희석 : 높은 굴뚝을 통해 방출시켜 대기 중에 분산 희석시키는 방법이다.
㉯ 흡착에 의한 처리 : 유량이 비교적 적은 경우 활성탄 등 흡착제를 이용하여 냄새를 제거하는 방식이다.

㉰ 응축법에 의한 처리 : 냄새를 가진 가스를 냉각 응축시키는 것으로 유기용제를 비교적 저농도(50g/Sm^3) 이하로 함유한 배기가스에 적용한다.
㉱ 촉매산환법은 백금이나 금속산화물 등의 촉매를 이용하여 250~450℃ 정도의 온도에서 산화시키는 방법이다.

⟨풀이⟩ 응축법에 의한 처리는 유기용매 증기를 고농도(200 g/Sm^3) 이상으로 함유한 배기가스에 적용한다.

555 악취제거 시 화학적 산화법에 사용하는 산화제로 가장 거리가 먼 것은?

㉮ O_3 ㉯ $Fe_2(SO_4)_3$
㉰ $KMnO_4$ ㉱ $NaOCl$

⟨풀이⟩ 화학적 산화법에 사용하는 산화제로는 O_3, $KMnO_4$, $NaOCl$, Cl_2, ClO_2, H_2O_2 등이다.

556 악취처리방법에 관한 설명으로 옳지 않은 것은?

㉮ 촉매연소법은 약 300~400℃의 온도에서 산화분해시킨다.
㉯ 직접연소법은 700~800℃에서 0.5초 정도가 일반적이다.
㉰ 황화수소는 촉매연소로의 처리가 불가능하다.
㉱ 촉매에 바람직하지 않은 원소는 납, 비소, 수은 등이다.

⟨풀이⟩ 황화수소는 촉매연소 처리 후 SO_2 및 SO_3로 된다.

557 화합물별 주요 원인물질 및 냄새특징을 나타낸 것으로 가장 거리가 먼 것은?

	화합물	원인물질	냄새특징
①	황화합물	황화메틸	양파, 양배추 썩는 냄새
②	질소화합물	암모니아	분뇨 냄새
③	지방산류	에틸아민	새콤한 냄새
④	탄화수소류	톨루엔	가솔린 냄새

㉮ ①　　㉯ ②　　㉰ ③　　㉱ ④

풀이 주요 악취물질의 특성

원인 물질명	냄새	발생원	최소감지 농도 (ppm)	비고
황화수소 (H_2S)	달걀 썩는 냄새	정유공장, 펄프제조	0.00047	황화합물
메틸메르캅탄 (CH_3SH)	양배추(양파) 썩는 냄새	펄프제조, 분뇨, 축산	0.0021	황화합물
이산화황 (SO_2)	유황 냄새	화력발전 연소	0.47	황화합물
암모니아 (NH_3)	분뇨자극성 냄새	분뇨, 축산, 수산	46.8	질소화합물
트리메틸아민 [$(CH_3)_3N$]	생선 썩은 냄새	분뇨, 축산, 수산	0.00021	질소화합물
아세트알데하이드 (CH_3CHO)	자극적 곰팡이 냄새	화학공정	0.21	알데하이드류
프로피온 알데하이드 [$(CH_3)_2CH_2CHO$]	자극적이고 새콤하고 타는 듯한 냄새			알데하이드류
톨루엔($C_6H_5CH_3$) 스티렌($C_6H_5CH=CH_2$) 자일렌[$C_6H_4(CH_3)_2$] 벤젠(C_6H_6)	용제, 신너 (가솔린) 냄새	화학공정	2.14~4.68	탄화수소류
염소(Cl_2)	자극적 냄새	화학공정	0.314	할로겐원소
피로피온산 노말부티르산	자극적인 신 냄새 땀 냄새			지방산류

558 악취의 세기와 악취물질 농도 사이에는 다음과 같은 관계식이 성립한다. 이와 관련된 법칙은?

$$I = k \cdot \log C + b$$
I : 냄새(악취) 세기
C : 악취물질의 농도
k : 냄새물질별 상수
b : 상수(무취농도의 가상대수치)

㉮ Kirchhoff 법칙
㉯ Weber-Fechner 법칙
㉰ Stefan-Bolzmann 법칙
㉱ Albedo 법칙

559 다음 악취물질 중 "자극적이며, 새콤하고 타는 듯한 냄새"와 가장 가까운 것은?

㉮ CH_3SH
㉯ $(CH_3)_2CH_2CHO$
㉰ CH_3SSCH_3
㉱ $(CH_3)_2S$

풀이 557번 풀이 참조

560 불소화합물 처리에 관한 설명으로 거리가 먼 것은?

㉮ 물에 대한 용해도가 비교적 크므로 수세에 의한 처리가 적당하다.
㉯ 충전탑과 같은 세정장치가 적절하다.
㉰ 스프레이 탑을 사용할 때에 분무 노즐의 막힘이 없도록 보수관리에 주의가 필요하다.
㉱ 처리 중 고형물을 생성하는 경우가 많다.

풀이 침전물이 생겨 공극폐쇄를 유발하므로 충전탑과 같은 세정장치를 불소처리하여 사용하는 것은 부적절하다.

561 유해가스 종류별 처리제 및 그 생성물과의 연결로 옳지 않은 것은?

[유해가스]	[처리제]	[생성물]
① Cl_2^-	$Ca(OH)_2$	$Ca(ClO_3)_2$
② F_2	$NaOH$	NaF
③ HF	$Ca(OH)_2$	CaF_2
④ SiF_4	H_2O	SiO_2

풀이 $\underline{2HCl} + \underline{Ca(OH)_2} \rightarrow \underline{CaCl_2} + 2H_2O$
(유해가스)   (처리제)   (생성물)

562 배출가스 중의 일산화탄소를 제거하는 방법 중 가장 실질적이고, 확실한 방법은?

㉮ 벤추리스크러버나 충전탑 등으로 세정하여 제거

㉯ 백금계 촉매를 사용하여 무해한 이산화탄소로 산화시켜 제거

㉰ 황산나트륨을 이용하여 흡수하는 시보드법을 적용하여 제거

㉱ 분무탑 내에서 알칼리용액으로 중화하여 흡수 제거

563 CO를 백금계 촉매를 사용하여 CO_2로 완전산화시켜서 처리할 때 촉매독으로 작용하는 물질과 가장 거리가 먼 것은?

㉮ Sn   ㉯ As   ㉰ Cl   ㉱ Zr

풀이 CO를 백금계 촉매를 사용하여 CO_2로 완전산화시켜서 처리 시 촉매독으로 작용하는 물질은 Hg, Pb, n, As, S, 할로겐물질(F, Cl, Br), 먼지 등이다.

564 유해가스별 제거공정으로 가장 거리가 먼 것은?

㉮ 불화수(HF) : 산화철 침전법

㉯ 염화수소(HCl) : 수세법

㉰ 불소(F_2) : 가성소다에 의한 흡수법

㉱ 황화수소(H_2S) : 중화법 및 산화법

풀이 HF는 물에 대한 용해도가 비교적 크므로 수세에 의한 처리가 적당하다.

565 휘발성유기화합물(VOCs)의 제거기술로 가장 거리가 먼 것은?

㉮ 직접 소각   ㉯ 촉매환원법

㉰ 활성탄흡착   ㉱ 생물여과법

풀이 휘발성유기화합물(VOCs)의 제거기술
  ① 흡착법
  ② 후연소(직접화염소각법, 열소각법)
  ③ 촉매소각법
  ④ 흡수(세정)법
  ⑤ 생물막(여과)법
  ⑥ 저온응축법

566 VOCs를 98% 이상 제거하기 위한 VOCs 제어기술과 가장 거리가 먼 것은?

㉮ 후연소

㉯ 루프(Loop)산화

㉰ 재생(Regenerative) 열산화

㉱ 저온(Cryogenic) 응축

풀이 565번 풀이 참조

567 VOCs의 종류 중 지방족 및 방향족 HC의 적용 제어기술로 가장 거리가 먼 것은?

㉮ 촉매소각   ㉯ 생물막
㉰ 흡수   ㉱ UV 산화

568 휘발성유기화합물질(VOCs) 제거방법에 관한 설명으로 가장 거리가 먼 것은?

㉮ 촉매소각에서 촉매의 수명은 한정되어 있는데, 이는 저해물질이나 먼지에 의한 막힘, 열노화 등에 의해 촉매활성이 떨어지기 때문이다.
㉯ 흡수(세정)법에서 흡수장치는 Con-current 나 Cross 형태로 가스상과 액상에 흐르는 경우도 있으나, 대부분은 Con-current 형태가 일반적이다.
㉰ 흡수(세정)법에서 분사실은 VOC 흡수를 위해 충진제를 사용하고, 주로 소용량으로 적용하기 쉬우며 VOC 제거효율이 가장 좋다.
㉱ 생물막법은 미생물을 사용하여 VOC를 이산화탄소, 물, 광물염으로 전환시키는 일련의 공정을 말한다.

569 다음 중 SO_x와 NO_x를 동시에 제어하는 기술로 거리가 먼 것은?

㉮ Filter Cage 공정   ㉯ 활성탄 공정
㉰ NOXSO 공정   ㉱ CuO 공정

570 알루미나 담체에 탄산나트륨을 3.5~3.8% 정도 첨가하여 제조된 흡착제를 사용하여 황산화물과 질소산화물을 동시에 제거하는 공정은?

㉮ Bio Scrubbing

㉯ Bio Filter 공정
㉰ Dual Acid Scrubbing
㉱ NOXSO 공정

571 건식 탈황·탈질방법 중 하나인 전자선조사법의 프로세스 특징으로 가장 거리가 먼 것은?

㉮ 연소배기가스에 암모니아 등을 첨가해 α, β, γ선, 전리성 방사선 등을 조사하여 배가스 중 NO_x, SO_x 화합물을 고체상 입자로 동시에 처리하는 방법이다.
㉯ 부생물로 황산암모늄 및 질산암모늄을 생성한다.
㉰ 구성이 복잡해 계내의 압력손실이 높고, 배가스의 변동 등에 대처가 어렵다.
㉱ NO_x 및 SO_x 제거율이 80% 이상을 달성할 수 있는 건식의 제거프로세스이다.

⊙풀이 구성이 간단하여 계내의 압력손실이 낮다.

572 다음은 Dioxin의 특징에 관한 설명이다. ( ) 안에 알맞은 것은?

> • (①)은 증기압
> • (②)은 수용성
> • 완전분해 후 연소가스 배출 시 (③)에서 재생성이 가능하다.

㉮ ① 높, ② 낮, ③ 700~800℃
㉯ ① 낮, ② 낮, ③ 300~400℃
㉰ ① 높, ② 높, ③ 300~400℃
㉱ ① 낮, ② 높, ③ 700~800℃

573 다이옥신을 이루고 있는 원소 구성으로 가장 알맞게 연결된 것은?(단, 산소는 2개)

㉮ 1개의 벤젠고리, 2개 이상의 염소
㉯ 2개의 벤젠고리, 2개 이상의 불소
㉰ 1개의 벤젠고리, 2개 이상의 불소
㉱ 2개의 벤젠고리, 2개 이상의 염소

574 다이옥신에 관한 설명으로 거리가 먼 것은?

㉮ 독성이 가장 강한 것으로 알려진 2, 3, 7, 9-PCDD의 독성잠재력을 1로 보고, 다른 이성질체에 대해서는 상대적인 독성등가인자를 사용하여 주로 표시한다.
㉯ 다이옥신은 산소원자가 2개인 PCDD와 산소원자가 1개인 PCDF를 통칭하는 용어이다.
㉰ 다이옥신은 전구물질의 연소뿐만 아니라, 유기화합물과 염소화합물이 고온에서 연소하여도 생성된다.
㉱ 증기압과 수용성은 낮으나, 벤젠 등에는 용해되는 지용성으로 토양 등에 흡수될 수 있다.

(풀이) 독성이 가장 강한 것으로 알려진 2, 3, 7, 8-TCDD의 독성잠재력을 1로 본다.

575 다이옥신에 관한 설명으로 가장 거리가 먼 것은?

㉮ PCB의 불완전 연소에 의해서 발생한다.
㉯ 저온에서 촉매화 반응에 의해 먼지와 결합하여 생성된다.
㉰ 수용성이 커서 토양오염 및 하천오염의 주원인으로 작용한다.
㉱ 다이옥신의 주요 구성요소는 두 개의 산소, 두 개의 벤젠, 두 개 이상의 염소이다.

(풀이) 다이옥신은 증기압이 낮고, 물에 대한 용해도가 극히 낮으나 벤젠 등에 용해되는 지용성이며 비점이 높아 열적 안정성이 높다.

576 다음 중 다이옥신에 관한 설명으로 가장 거리가 먼 것은?

㉮ 가장 유독한 다이옥신은 2, 3, 7, 8-terachloro dibenzo-p-dioxin으로 알려져 있다.
㉯ PCDF계는 75개, PCDD계는 135개의 동족체가 존재한다.
㉰ 벤젠 등에 용해되는 지용성으로서 열적 안정성이 좋다.
㉱ 유기성 고체물질로서 용출실험에 의해서도 거의 추출되지 않는 특징을 가지고 있다.

(풀이) PCDF계는 135개, PCDD계는 75개의 이성질체가 존재한다.

577 다음 중 다이옥신의 광분해에 가장 효과적인 파장범위는?

㉮ 100~150nm
㉯ 250~340nm
㉰ 500~800nm
㉱ 1,200~1,500nm

578 소각시설에 배출되는 다이옥신 생성량을 줄이기 위한 방법 중 적당하지 않은 것은?

㉮ 소각로의 연소 온도를 850℃ 이상 올린다.
㉯ 연소실에 2차 공기를 주입하여 난류개선을 한다.
㉰ 산소와 일산화탄소 농도 측정을 통해 연소조건을 조정한다.
㉱ 연소실에서의 체류시간을 0.5초 정도로 되도록 짧게 한다.

(풀이) 연소실에서의 체류시간을 2sec 정도로 유지하여 2차 발생을 억제한다.

579 다이옥신 제어방법으로 가장 거리가 먼 것은?

㉮ 촉매분해법은 촉매로 V_2O_5 등의 금속산화물, Pt, Pd 등의 귀금속을 사용한다.

㉯ 열분해법은 산소가 충분한 분위기에서 염소첨가반응, 탈수소화반응 등에 의해 제거시키는 방법

㉰ 집진장치의 온도는 200℃ 이하로 내리는 것이 바람직하다.

㉱ 오존분해법은 염기성 조건일수록, 온도는 높을수록 분해속도가 커진다.

(풀이) 열분해법은 산소가 아주 적은 분위기에서 탈염소화, 수소첨가반응 등에 의해 다이옥신을 분해하는 방법이다.

580 다음 중 석유정제 시 배출되는 H_2S의 제거에 널리 사용되어 왔던 세정제는?

㉮ 암모니아수　　　㉯ 사염화탄소
㉰ 다이에탄올아민용액　㉱ 수산화칼슘용액

581 다음은 불소화합물 처리에 설명이다. ( ) 안에 알맞은 화학식은?

┌─────────────────────────────┐
│ 사불화규소는 물과 반응해서 콜로이드 상태의 │
│ 규산과 ( )이 생성된다. │
└─────────────────────────────┘

㉮ CaF_2　　　　　㉯ $NaHF_2$
㉰ $NaSiF_6$　　　　㉱ H_2SiF_6

582 다음 유해가스 처리에 관한 설명 중 가장 거리가 먼 것은?

㉮ 염화인(PCl_3)은 물에 대한 용해도가 낮아 암모니아를 불어넣어 병류식 충전탑에서 흡수 처리한다.

㉯ 시안화수소는 물에 대한 용해도가 매우 크므로 가스를 물로 세정하여 처리한다.

㉰ 아크로레인은 그대로 흡수가 불가능하며 NaClO 등의 산화제를 혼입한 가성소다 용액으로 흡수 제거한다.

㉱ 이산화셀렌은 코트럴집진기로 포집, 결정으로 석출, 물에 잘 용해되는 성질을 이용해 스크러버에 의해 세정하는 방법 등이 이용된다.

(풀이) 염화인은 물에 대한 용해도가 높아 물에 흡수시켜 제거하나 아인산과 염화수소로 가수분해되어 염화수소 기체를 방출한다.

583 다음 각 유해가스 처리방법으로 가장 거리가 먼 것은?

㉮ 벤젠은 촉매연소법을 이용하여 처리한다.

㉯ 브롬은 가성소다 수용액을 이용하여 처리한다.

㉰ 시안화수소는 물에 대한 용해도가 크므로 가스를 물로 세정하여 제거한다.

㉱ 아크로레인은 황화수소 가스를 투입하여 황화합물로 침전시켜 제거한다.

(풀이) 아크로레인은 그대로 흡수가 불가능하며 NaNIO, NaClO 등의 산화제를 혼입한 가성소다 용액으로 흡수 제거한다.

584 후드의 제어속도(Control Velocity)에 관한 설명으로 옳은 것은?

㉮ 확산조건, 오염원의 주변 기류에는 영향이 크지 않다.

㉯ 유해물질의 발생조건이 조용한 대기 중 거의 속도가 없는 상태로 비산하는 경우(가스 흄 등)의 제거속도 범위는 1.5~2.5m/sec 정도이다.

㉰ 유해물질의 발생조건에서 빠른 공기의 움직임이 있는 곳에서 활발히 비산하는 경우(분쇄기 등)의 제어속도 범위는 15~25m/sec 정도이다.

㉱ 오염물질의 발생속도를 이겨내고 오염물질을 후드 내로 흡인하는 데 필요한 최소의 기류속도를 말한다.

(풀이) • ㉮항 : 제어속도는 확산조건, 주변 공기의 흐름이나 열 등에 많은 영향을 받는다.

• ㉯, ㉰항

작업조건	작업공정사례	제어속도 (m/sec)
• 움직이지 않는 공기 중에서 속도 없이 배출되는 작업조건 • 조용한 대기 중에 실제 거의 속도가 없는 상태로 발산하는 경우의 작업조건	• 액면에서 발생하는 가스나 증기 흄 • 탱크에서 증발, 탈지 시설	0.25~0.5
• 비교적 조용한(약간의 공기 움직임) 대기 중에서 저속도로 비산하는 작업조건	• 용접, 도금 작업 • 스프레이도장 • 저속 컨베이어 운반	0.5~1.0
• 발생기류가 높고 오염물질이 활발하게 발생하는 작업조건	• 스프레이도장, 용기 충전 • 컨베이어 적재 • 분쇄기	1.0~2.5
• 초고속기류가 있는 작업 장소에 초고속으로 비산하는 경우	• 회전연삭작업 • 연마작업 • 블라스트 작업	2.5~10

585 후드의 형식 중 수형 후드(Receiving Hoods)에 해당하는 것은?

㉮ Canopy Type ㉯ Cover Type
㉰ Slot Type ㉱ Booth type

(풀이) 레시버식(수형) 후드의 종류는 천개형(Canopy), 그라인더형(Grinder), 자립형(Free Standing) 등이 있다.

586 아래의 설명에 해당하는 후드 형식으로 가장 적합한 것은?

> 작업을 위한 하나의 개구면을 제외하고 발생원 주위를 전부 에워싼 것으로 그 안에서 오염물질이 발산된다.
> 이 방식은 오염물질의 송풍시 낭비되는 부분이 적은데 이는 개구면 주변의 벽이 라운지 역할을 하고, 측벽은 외부로부터의 분기류에 의한 방해에 대하여 방해관 역할을 하기 때문이다.

㉮ 수(Receiving)형 후드
㉯ 슬롯(Slot)형 후드
㉰ 부스(Booth)형 후드
㉱ 캐노피(Canopy)형 후드

587 작업의 성질상 포위식이나 Booth Type으로 할 수 없을 때 부득이 발생원에서 격리시켜 설치하는 형태로 도금세척, 분무도장 등에서 이용되며 외부의 난기류에 의해 그 효과가 많이 감소되는 단점이 있는 외부식 후드형식은?

㉮ Glove Box Type ㉯ Cover Type
㉰ Slot Type ㉱ Canopy Type

588 후드 개구의 바깥 주변에 플랜지(Flange) 부착 시 발생하는 현상과 가장 거리가 먼 것은?

㉮ 포착속도가 커진다.
㉯ 동일한 오염물질 제거에 있어 압력손실을 감소한다.
㉰ 후드 뒤쪽의 공기 흡입을 방지할 수 있다.
㉱ 동일한 오염물질 제거에 있어 송풍량은 증가한다.

(풀이) Flange가 없는 후드에 비해 동일 지점에 동일한

제어속도를 얻는 데 필요한 송풍량을 약 25% 감소시킬 수 있다.

589 후드의 형식 및 설치 위치의 결정에 관한 설명 중 옳지 않은 것은?

㉮ 후드 개구의 바깥 주변에 플랜지를 부착하면 후드 뒤쪽의 공기흡입을 유도할 수 있고, 그 결과 포착속도를 높일 수 있다.

㉯ 가능한 한 발생원을 모두 포위할 수 있는 포위식 또는 부스식을 선택한다.

㉰ 작업 또는 공정상 발생원을 포위할 수 없는 경우 외부식을 선택한다.

㉱ 오염물질의 발생상태를 조사한 결과 오염기류가 공정 또는 작업 자체에 의해 일정방향으로 발생하고 있을 경우 레시버식을 선택한다.

🅟 후드 개구의 바깥 주변에 플랜지를 부착하면 후드 뒤쪽의 공기흡입을 방지할 수 있고, 그 결과 포착속도를 높일 수 있다.

590 스프레이 도장, 용접, 도금, 저속 컨베이어의 운반 등 약간의 공기 움직임이 있고 낮은 속도로 배출되는 작업조건에서의 제어속도 범위로 가장 적합한 것은?

㉮ 0.15~0.5m/sec   ㉯ 0.5~1.0m/sec

㉰ 1.0~5.0m/sec   ㉱ 5.0~10.0m/sec

🅟 584번 풀이 참조

591 덕트설치 시 주요 원칙과 거리가 먼 것은?

㉮ 덕트는 가능한 한 짧게 배치되도록 한다.

㉯ 공기가 아래로 흐르도록 하향구배를 만든다.

㉰ 밴드는 가능하면 90°가 되도록 한다.

㉱ 밴드 수는 가능한 한 적게 하도록 한다.

🅟 덕트설치시 고려사항

① 가능한 한 길이는 짧게 하고 굴곡부의 수는 적게 할 것

② 접속부의 내면은 돌출된 부분이 없도록 할 것

③ 곡관 전후에 청소구를 설치하는 등 청소하기 쉬운 구조로 할 것

④ 덕트 내 오염물질이 쌓이지 아니하도록 이송속도를 유지할 것

⑤ 연결부위 등은 외부공기가 들어오지 아니하도록 할 것(연결 방법을 가능한 한 용접할 것)

⑥ 가능한 후드의 가까운 곳에 설치할 것

⑦ 송풍기를 연결할 때는 최소 덕트 직경에 6배 정도 직선구간을 확보할 것

⑧ 직관은 공기가 아래로 흐르도록 하향구배로 하고 직경이 다른 덕트를 연결할 때는 경사 30° 이내의 테이퍼를 부착할 것

⑨ 가급적 원형덕트를 사용하며 부득이 사각형 덕트를 사용할 경우에는 가능한 정방형을 사용하고 곡관의 수를 적게 할 것

⑩ 곡관의 곡률반경은 최소 덕트 직경의 1.5 이상, 주로 2.0을 사용할 것(곡관의 밴드는 가급적 90°를 피하고 밴드 수를 가능한 적게 한다.)

⑪ 수분이 응축될 경우 덕트 내로 들어가지 않도록 경사나 배수구를 마련할 것

⑫ 덕트의 마찰계수는 작게 하고 분지관을 가급적 적게 할 것

592 송풍관(Duct)에서 흄(Fume) 및 매우 가벼운 건조 먼지(예 : 나무 등의 미세한 먼지와 산화아연, 산화알루미늄 등의 흄)의 반송속도로 가장 적합한 것은?

㉮ 2m/s   ㉯ 10m/s   ㉰ 25m/s   ㉱ 50m/s

풀이

유해물질	예	반송속도 (m/sec)
가스, 증기, 흄 및 매우 가벼운 물질	각종 가스, 증기, 산화아연 및 산화알루미늄 등의 흄, 목재분진, 고무분, 합성수지분	10
가벼운 건조먼지	원면, 곡물분, 고무, 플라스틱, 경금속 분진	15
일반 공업 분진	털, 나무부스러기, 대패부스러기, 샌드블라스트, 글라인더 분진, 내화벽돌분진	20
무거운 분진	납분진, 주조 및 모래털기 작업 시 먼지, 선반작업 시 먼지	25
무겁고 비교적 큰 입자의 젖은 먼지	젖은 납 분진, 젖은 주조작업 발생 먼지	25 이상

593 송풍기의 크기와 유체의 밀도가 일정할 때 송풍기 회전속도를 2배로 증가시켰을 때 다음 중 옳은 것은?

㉮ 동력은 4배 증가한다.
㉯ 유량은 2배 증가한다.
㉰ 배출속도는 4배 증가한다.
㉱ 정압은 8배 증가한다.

풀이 송풍기의 크기가 같고 유체밀도(비중)가 일정할 때

① 유량
송풍기의 회전속도비에 비례한다.

$$Q_2 = Q_1 \times \left[\frac{N_2}{N_1}\right]$$

② 풍압
송풍기의 회전속도비의 2승에 비례한다.

$$FTP_2 = FTP_1 \times \left[\frac{N_2}{N_1}\right]^2$$

③ 동력
송풍기의 회전속도비의 3승에 비례한다.

$$kW_2 = kW_1 \times \left[\frac{N_2}{N_1}\right]^3$$

594 다음 중 송풍기에 관한 법칙 표현으로 옳지 않은 것은?(단, 송풍기의 크기와 유체의 밀도는 일정하며, Q : 풍량, N : 회전수, W : 동력, V : 배출속도, ΔP : 정압)

㉮ $\frac{W_1}{N_1^3} = \frac{W_2}{N_2^3}$ ㉯ $\frac{Q_1}{N_1} = \frac{Q_2}{N_2}$

㉰ $\frac{V_1}{N_1^3} = \frac{V_2}{N_2^3}$ ㉱ $\Delta P_1 N_2^2 = \Delta P_2 N_1^2$

풀이 593번 풀이 참조

595 다음 송풍기로 가장 적합한 것은?

같은 주속도에서 가장 높은 풍압(최고 750mmH₂O)을 발생시키나, 효율은 3종류의 송풍기 중 가장 낮아서 약 40~70% 정도, 여유율은 1.15~1.25 정도이고, 제한된 장소나 저압에서 대풍량(20,000m³/min 이하)을 요하는 시설에 이용된다.

㉮ 다익송풍기 ㉯ 터보송풍기
㉰ 평탄송풍기 ㉱ 레디얼송풍기

596 표준형 평판날개형보다 비교적 고속에서 가동되고, 후항날개형을 정밀하게 변형시킨 것으로서 원심력 송풍기 중 효율이 가장 좋아 대형 냉난방 공기조화장치, 산업용 공기청정장치 등에 주로 이용되며, 에너지 절감효과가 뛰어난 송풍기 유형은?

㉮ 비행기날개형(Airfoil Blade)

㉯ 방사날개형(Radial Blade)
㉰ 프로펠러형(Propeller)
㉱ 전향날개형(Forward Curved)

597 다음 송풍기 중 소음이 크나 구조가 간단하여 설치장치의 제약이 적고, 고온, 고압의 대용량에 적합하며, 압입통풍기로 주로 사용되는 것으로 효율이 좋은 것은?

㉮ 터보형   ㉯ 평판형
㉰ 다익형   ㉱ 프로펠러형

598 다음 설명하는 축류송풍기의 유형은?

축차는 두 개 이상의 두꺼운 날개를 틀 속에 가지고 있고, 효율은 낮으며 저압 응용 시 사용된다. 덕트가 없는 벽에 부착되어, 공간 내 공기의 순환에 응용되고, 대용량 공기 운송에 이용된다.

㉮ 후향날개형   ㉯ 방사경사형
㉰ 프로펠러형   ㉱ 고정날개축류형

599 환기장치의 요소로서 덕트 내의 동압에 대한 설명으로 옳은 것은?

㉮ 속도압과 관계없다.
㉯ 공기유속의 제곱에 반비례한다.
㉰ 공기밀도에 비례한다.
㉱ 액체의 높이로 표시할 수도 없다.

(풀이) 동압은 속도압과 같은 의미이며 공기유속의 제곱에 비례하고 액체의 높이로 표시할 수 있다.

600 송풍기의 덕트가 송출관은 있고 흡입관이 없을 때 송풍기 정압(kg/m^2)을 구하는 식으로 옳은 것은?[단, 송출기 전압(Pt), 송출구에서 전압(Pt_2), 흡입구에서 전압(Pt_1), 송풍기 전압(Ps), 송출구에서 정압(Ps_2), 흡입구에서 정압(Ps_1)은 송풍기 동압(Pb), 송출구에서의 동압(Pd_2), 흡입구에서의 동압(Pb_1)이고, 압력의 단위는 kg/m^2]

㉮ Ps_2 ㉯ $-(Ps_1 + Pd_1)$
㉰ $Ps_2 + Pd_2$ ㉱ Ps_1

601 유체가 관로를 흐를 때 발생되는 압력손실에 관한 설명으로 옳지 않은 것은?

㉮ 유체의 비중량에 반비례한다.
㉯ 관의 내경에 반비례한다.
㉰ 관의 길이에 비례한다.
㉱ 유체의 평균유속의 제곱에 비례한다.

(풀이) 압력손실(ΔP)은 유체의 비중량에 비례한다.

$$\Delta P = \lambda(f) \times \frac{L}{D} \times \frac{\gamma V^2}{2g}$$

602 가스가 덕트를 통과할 때 발생하는 압력손실에 대한 다음 설명 중 맞는 것은?

㉮ 덕트의 길이에 반비례한다.
㉯ 덕트의 직경에 반비례한다.
㉰ 가스통과 유속에 반비례한다.
㉱ 가스의 밀도에 반비례한다.

(풀이) 601번 풀이 참조
덕트의 압력손실은 덕트의 직경에 반비례한다.

603 레이놀즈 수(Reynold Number)에 관한 설명으로 옳지 않은 것은?(단, 유체 흐름 기준)

㉮ $\dfrac{관성력}{점성력}$ 으로 나타낼 수 있다.

㉯ 무차원의 수이다.

㉰ $\dfrac{(유체밀도 \times 유속 \times 유체흐름관직경)}{유체점도}$ 으로 나타낼 수 있다.

㉱ $\dfrac{점성계수}{밀도}$ 로 나타낼 수 있다.

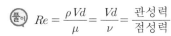 $Re = \dfrac{\rho Vd}{\mu} = \dfrac{Vd}{\nu} = \dfrac{관성력}{점성력}$

여기서, Re : 레이놀즈 수(무차원)

ρ : 유체밀도(kg/m^3)

d : 유체가 흐르는 직경(m)

V : 유체의 평균유속(m/sec)

μ : 유체의 점성계수[kg/m·s(Poise : Pa·s)] : 유체 점도

ν : 유체의 동점성계수(m^2/sec)

604 관속 유체흐름을 판별하는 레이놀즈 수를 바르게 나타낸 식은?

㉮ $\dfrac{관성력}{점성력}$

㉯ $\dfrac{관성력}{탄성력}$

㉰ $\dfrac{점성력}{탄성력}$

㉱ $\dfrac{점성력}{관성력}$

605 가로 a, 세로 b인 직사각형의 유로에 유체가 흐를 경우 상당직경(Equivalent Diameter)을 산출하는 간이식은?

㉮ $\sqrt{ab}$

㉯ $2ab$

㉰ $\sqrt{\dfrac{2(a+b)}{ab}}$

㉱ $\dfrac{2ab}{a+b}$

606 다음 중 유체의 점도를 나타내는 단위표현이 아닌 것은?

㉮ $\dfrac{g}{cm \cdot s}$

㉯ poise

㉰ Pa·s

㉱ liter·atm

607 다음 중 프루드 수(Froude Number)에 해당하는 것은?(단, g는 중력가속도, V는 속도, L은 길이다.)

㉮ $\dfrac{V^2}{\sqrt{gL}}$

㉯ $\dfrac{\sqrt{gL}}{V^2}$

㉰ $\dfrac{V}{\sqrt{gL}}$

㉱ $\dfrac{\sqrt{gL}}{V}$

608 다음과 같은 일반적인 베르누이의 정리에 적용되는 조건이 아닌 것은?

$$\dfrac{P}{\rho g} + \dfrac{V^2}{2g} = \text{constant}$$

㉮ 정상상태의 흐름이다.

㉯ 직선관에서만의 흐름이다.

㉰ 같은 유선성에 있는 흐름이다.

㉱ 마찰이 없는 흐름이다.

풀이 비압축성, 비점성 흐름이다.

609 유체의 운동을 결정하는 점도(Viscosity)에 대한 설명으로 옳은 것은?

㉮ 온도가 증가하면 대개 액체의 점도는 증가한다.

㉯ 온도가 감소하면 대개 기체의 점도는 증가한다.

㉰ 액체의 점도는 기체에 비해 아주 크며, 대개 분자량이 증가하면 증가한다.

㉑ 온도에 따른 액체의 운동점도(Kinematic Viscosity)의 변화폭은 절대점도의 경우보다 넓다.

🔵 점도는 온도가 증가하면 대개 액체의 점도는 감소하고, 기체의 점도는 상승한다. 또한 온도에 따른 액체의 운동점도의 변화폭은 절대점도의 경우보다 좁다.

610 베르누이(Bernoulli)방정식에 대한 설명으로 옳지 않은 것은?

㉮ 비압축성 유체로 유선을 따라 흐르는 흐름에 적용된다.

㉯ 이상유체의 정상상태의 흐름이다.

㉰ 액체 및 속도가 높은 기체의 경우에만 비교적 잘 맞는다.

㉱ 압력수두, 속도수두, 위치수두의 합이 일정하다.

🔵 유체가 기체인 경우 위치수두(Z)의 값이 매우 작아 무시한다.

611 대기오염물질 배출허용기준 중 일산화탄소 표준산소농도는 12%를 적용한다. A공장 굴뚝에서 실측산소농도가 14%일 때 일산화탄소 농도(C)는?[단, C_a : 일산화탄소의 실측농도(ppm)이다.]

㉮ $C(\text{ppm}) = C_a \times \dfrac{9}{7}$

㉯ $C(\text{ppm}) = C_a \times \dfrac{7}{9}$

㉰ $C(\text{ppm}) = C_a \times \dfrac{12}{14}$

㉱ $C(\text{ppm}) = C_a \times \dfrac{14}{12}$

🔵
$$C(\text{ppm}) = C_a \times \frac{21 - O_s}{21 - O_a} = C_a \times \frac{21 - 12}{21 - 14}$$
$$= C_a \times \frac{9}{7}$$

612 HCl 배출허용기준 30ppm 인 소각시설에서의 측정결과가 다음과 같았다. 이때 표준산소농도로 보정한 HCl의 농도는?

- HCl의 실측농도 : 20ppm
- O_2 실측농도 : 9.1%
- O_2 표준농도 : 4%

㉮ 14ppm
㉯ 21ppm
㉰ 28.6ppm
㉱ 42.9ppm

🔵
$$C(\text{ppm}) = C_a \times \frac{21 - O_s}{21 - O_a} = 20 \times \frac{21 - 4}{21 - 9.1}$$
$$= 28.6(\text{ppm})$$

613 A오염물질의 실측 배출가스 유량이 250 m³/day 이고, 이때 실측 산소농도가 3.5% 이다. A오염물질의 배출가스 유량은?(단, A오염물질은 표준산소농도를 적용받으며, 표준산소농도는 4 %이다.)

㉮ 217m³/day
㉯ 257m³/day
㉰ 287m³/day
㉱ 303m³/day

🔵 배출가스유량
$$= 실측배출가스유량 \div \frac{21 - 표준산소농도}{21 - 실측산소농도}$$
$$= 250\text{m}^3/\text{day} \div \frac{21 - 4}{21 - 3.5} = 257.35\text{m}^3/\text{day}$$

614 SO_2 1pphm을 ppm과 ppb로 표시하면?

㉮ 100ppm, 10ppb ㉯ 100ppm, 100ppb

㉰ 0.01ppm, 10ppb ㉱ 0.01ppm, 100ppb

(풀이) $1pphm \times \dfrac{10^{-2}ppm}{1pphm} = 0.01ppm$

$1pphm \times \dfrac{10ppb}{1pphm} = 10ppb$

615 배출허용기준 중 표준산소농도를 적용받는 어떤 오염물질의 보정된 배출가스 유량이 $100Sm^3/day$이었다. 이때 배출가스를 분석하니 실측산소농도는 5%, 표준산소농도는 4%일 때 측정된 실측배출가스 유량(Sm^3/kg)은?

㉮ 106 ㉯ 110 ㉰ 114 ㉱ 118

(풀이) $Q(Sm^3/day) = Q_a \div \dfrac{21 - O_s}{21 - O_a}$

$Q_a = $실측배출가스유량

$100 = Q_a \div \dfrac{21 - 4}{21 - 5}$

$Q_a = 106.25Sm^3/day$

616 수산화나트륨 50g을 물에 용해시켜 950mL로 하였을 경우 이 용액의 농도(N)는?

㉮ 0.98 ㉯ 1.32 ㉰ 1.56 ㉱ 1.75

(풀이) $NaOH(eq/L) = 50g/0.95L \times 1eq/40g$

$= 1.32N(eq/L)$

617 비중 1.3인 황산이 50%의 순황산을 포함하였을 경우 규정농도(N)는?

㉮ 7.27 ㉯ 9.27 ㉰ 10.27 ㉱ 13.27

(풀이) $H_2SO_4(eq/L) = 1.3kg/L \times 1eq/(\dfrac{98}{2})g \times 0.5$

$\times 1,000g/1kg$

$= 13.27eq/L(N)$

618 농도 0.02mol/L의 H_2SO_4 50mL를 중화하는 데 필요한 N/10 NaOH의 용량(mL)은?

㉮ 75 ㉯ 100 ㉰ 125 ㉱ 150

(풀이) $N_1V_1 = N_2V_2$

$0.04N \times 50mL = 0.1N \times NaOH(mL)$

$NaOH(mL) = 125mL$

619 0.1N H_2SO_4 용액 1,000mL를 만들려고 한다. 95% H_2SO_4를 약 몇 mL 취하여야 하는가? (단, H_2SO_4 비중 1.84)

㉮ 약 1.5mL ㉯ 약 2.8mL

㉰ 약 4.5mL ㉱ 약 6mL

(풀이) $N_1V_1 = N_2V_2$

$0.1eq/L \times 1,000mL \times 1L/1,000mL$

$= H_2SO_4(mL) \times 1.84g/mL \times 1eq/(\dfrac{98}{2})g \times 0.95$

$H_2SO_4(mL) = 2.8mL$

620 A농황산의 비중은 약 1.84 이며, 농도는 약 95% 이다. 이 경우 몰농도(mol/L)로 환산하면?

㉮ 25.6mol/L ㉯ 22.4mol/L

㉰ 17.8mol/L ㉱ 9.56mol/L

(풀이) $H_2SO_4(mol/L) = 1.84g/mL \times 1mol/98g \times$

$1,000mL/1L \times 0.95$

$= 17.84mol/L$

621 어느 분리관의 보유시간(t_R)이 5분, 피크의 좌우변곡점에서 접선이 자르는 바탕선이 길이(W) 10mm, 기록지 이동속도가 6m/min이었다면 이론단수는?

㉮ 104 ㉯ 124 ㉰ 144 ㉱ 164

풀이 이론단수(N) $= 16 \times \left(\dfrac{t_R}{W} \right)^2$

$= 16 \times \left(\dfrac{6\text{m/min} \times 5\text{min}}{10\text{mm}} \right)^2$

$= 144$

622 다음 조건을 이용하여 가스크로마토그래프법에서 계산된 보유시간(min)은?

- 이론단수 : 1,600
- 기록지 이동속도 : 5m/min
- 피크의 좌우변곡점에서 접선이 자르는 바탕선길이 : 10mm

㉮ 5min ㉯ 10min
㉰ 15min ㉱ 20min

풀이 이론단수(N) $= 16 \times \left(\dfrac{t_R}{W} \right)^2$

$1,600 = 16 \times \left(\dfrac{5 \times 보유시간}{10} \right)^2$

보유시간(min) $= 20\text{min}$

623 어느 가스크로마토그램에 있어 성분 A의 보유시간은 5분, 피크 폭은 5mm였다. 이 경우 성분 A의 HETP는?(단, 분리관 길이는 2m, 기록지의 속도는 매분 10mm)

㉮ 1.25mm ㉯ 1.5mm
㉰ 1.75mm ㉱ 2.0mm

풀이 HETP $= \dfrac{L}{N}$

N(이론단수)

$= 16 \times \left(\dfrac{t_R}{W} \right)^2$

$= 16 \times \left(\dfrac{10\text{mm/min} \times 5\text{min}}{5\text{mm}} \right)^2$

$= 1,600$

$= \dfrac{2,000}{1,600} = 1.25\text{mm}$

624 Lambert Beer 법칙에 의한 흡광도 측정 입사광의 55%가 흡수되었을 때 흡광도는?

㉮ 0.15 ㉯ 0.25 ㉰ 0.35 ㉱ 0.45

풀이 A(흡광도) $= \log \dfrac{1}{투과율} = \log \dfrac{1}{(1 - 0.55)}$

$= 0.35$

625 흡광광도법을 사용하여 어떤 시료의 발색액을 측정한 결과 투과퍼센트가 80%였다. 이 경우 흡광도는?

㉮ 약 0.05 ㉯ 약 0.1 ㉰ 약 0.2 ㉱ 약 0.7

풀이 A(흡광도) $= \log \dfrac{1}{투과율} = \log \dfrac{1}{0.8} = 0.1$

626 굴뚝 내 배출가스 유속을 피토관으로 측정한 결과 그 동압이 35mmH$_2$O였다면 굴뚝 내의 유속(m/sec)은?(단, 배출가스 온도는 225℃, 공기의 비중량은 1.3kg/Sm^3, 피토관 계수는 0.98이다.)

㉮ 약 15 ㉯ 약 20 ㉰ 약 25 ㉱ 약 30

풀이 $V(\text{m/sec}) = C\sqrt{\dfrac{2gP_v}{r}}$

$$= 0.98\sqrt{\dfrac{2 \times 9.8 \times 35}{1.3 \times \dfrac{273}{273+225}}}$$

$$= 30.4\,\text{m/sec}$$

627
A연도 배출가스 중의 수분량을 흡습관법으로 측정한 결과 다음과 같은 결과를 얻었다. 습배출가스 중의 수증기 배분율(%)은?(단, 표준상태기준)

- 건조가스 흡인유량 : 20L
- 측정 전 흡습관 질량 : 96.16g
- 측정 후 흡습관 질량 : 97.69g

㉮ 약 6.4 ㉯ 약 7.1 ㉰ 약 8.7 ㉱ 약 9.5

풀이 수증기 백분율(%) $= \dfrac{\text{수증기 부피}}{\text{습한 가스 부피}} \times 100$

수증기 부피(L)
$= (97.69 - 96.16) \times 1.244$
$= 1.90\,\text{L}$

습한 가스 부피(L)
$= 20\text{L} + (1.244 \times 1.53)$
$= 21.90\,\text{L}$

$= \dfrac{1.90}{21.90} \times 100$

$= 8.68\%$

628
A보일러 굴뚝의 배출가스 온도 240℃, 압력 760mmHg, 피토관에 의한 동압측정치는 0.552mmHg이었다. 이때 굴뚝배출가스 평균유속은?(단, 굴뚝 내 습배출가스의 밀도는 1.3kg/Sm³, 피토관계는 1이다.)

㉮ 7.8m/s ㉯ 9.6m/s
㉰ 12.3m/s ㉱ 14.6m/s

풀이 $V(\text{m/sec}) = C\sqrt{\dfrac{2gP_v}{r}}$

$r = 1.3\,\text{kg/Sm}^3 \times \dfrac{273}{273+240} = 0.692\,\text{kg/Sm}^3$

$P_v = 0.552\,\text{mmHg} \times \dfrac{10{,}332\,\text{mmH}_2\text{O}}{760\,\text{mmHg}}$

$= 7.50\,\text{mmH}_2\text{O}$

$= 1 \times \sqrt{\dfrac{2 \times 9.8 \times 7.5}{0.692}}$

$= 14.57\,\text{m/sec}$

629
피토관으로 굴뚝 배기가스를 측정한 결과 동압이 0.74mmHg였다. 이때 배출가스의 평균유속은?(단, 굴뚝 내의 습한 배출가스의 밀도는 1.3kg/m³, 피토관 계수는 1.20이다.)

㉮ 11.5m/sec ㉯ 12.3m/sec
㉰ 13.2m/sec ㉱ 14.8m/sec

풀이 $V = C\sqrt{\dfrac{2 \cdot g \cdot P_v}{r}}$

$$= 1.2\sqrt{\dfrac{2 \times 9.8 \times 10.06}{1.3}}$$

$$= 14.78\,\text{m/s}$$

630
A 굴뚝 배출가스의 유속을 피토관으로 측정하였다. 배출가스 온도는 120℃, 동압 측정 시 확대율이 10배 되는 경사마노미터를 사용하였고, 그 내부액은 비중이 0.85의 톨루엔을 사용하여 경사마노미터의 액주(液柱)로 측정한 동압은 45mm·톨루엔주였다. 이때의 배출가스 유속은?(단, 피토관의 계수 : 0.9594, 배출가스의 표준상태에서의 밀도 : 1.3kg/Sm³)

㉮ 약 7.8m/s ㉯ 약 8.7m/s
㉰ 약 9.5m/s ㉱ 약 10.2m/s

$$\text{풀이} \quad V(\text{m/sce}) = C\sqrt{\frac{2g}{r}} \times \sqrt{h}$$

$$r = 1.3\text{kg/Sm}^3 \times \frac{273}{273+120}$$

$$= 0.9031\text{kg/Sm}^3$$

$$h = 45 \times \frac{1}{10} \times 0.85$$

$$= 3.825\text{mmH}_2\text{O}$$

$$= 0.9594 \times \sqrt{\frac{2 \times 9.8 \times 3.825}{0.9031}}$$

$$= 8.74\text{m/sec}$$

631 어떤 덕트의 가스를 피토관으로 측정하였더니 동압이 13mmH₂O, 유속은 25m/sec였다. 이 덕트의 밸브를 전부 열어 측정된 동압이 26mmH₂O이었다면 이때의 유속(m/sec)은? (단, 기타 조건은 변함 없음)

㉮ 약 35 ㉯ 약 40 ㉰ 약 45 ㉱ 약 50

$$\text{풀이} \quad V = C\sqrt{\frac{2g}{r}} \times \sqrt{h}$$

$V, \sqrt{h}$ 는 비례

$$25\text{m/sec} : \sqrt{13} = x(\text{m/sec}) : \sqrt{26}$$

$$x(\text{m/sec}) = \frac{25\text{m/sec} \times \sqrt{26}}{\sqrt{13}}$$

$$= 35.36\text{m/sec}$$

632 A굴뚝 배출가스의 유속을 피토관으로 측정하여 다음과 같은 결과를 얻었다. 이 배출가스의 유속은?

- 배출가스온도 : 150℃
- 비중 0.85의 톨루엔을 사용한 경사마노미터의 동압 : 7.0mm 톨루엔주
- 피토관 계수 : 0.8584
- 배출가스의 밀도(표준상태) : 1.3kg/Sm³

㉮ 8.3m/s ㉯ 9.4m/s
㉰ 10.1m/s ㉱ 11.8m/s

$$\text{풀이} \quad V(\text{m/sec}) = C\sqrt{\frac{2g}{r}} \times \sqrt{h}$$

$$r = 1.3\text{kg/Sm}^3 \times \frac{273}{273+150} = 0.839\text{kg/Sm}^3$$

$$h = 7 \times 0.85 = 5.95\text{mmH}_2\text{O}$$

$$= 0.8584 \times \sqrt{\frac{2 \times 9.8 \times 5.95}{0.839}}$$

$$= 10.12\text{m/sec}$$

633 원통 여과지의 포집기를 사용하여 배출가스 중의 먼지를 포집하였다. 측정치는 다음과 같다고 할 때 먼지농도는 약 몇 mg/Sm³인가?

- 대기압 : 765mmHg
- 가스미터의 흡인가스온도 : 15℃
- 가스게이지압 : 4mmHg
- 15℃의 포화수증기압 : 12.87mmHg
- 먼지포집 전의 원통여지 무게 : 6.2721g
- 먼지포집 후의 원통여지 무게 : 6.2821g
- 습식가스미터에서 흡인한 습윤가스량 : 55.2L

㉮ 193 ㉯ 203 ㉰ 213 ㉱ 223

$$\text{풀이} \quad \text{먼지농도}(\text{mg/Sm}^3) = \frac{md}{V_N'}$$

$$= \frac{\text{포집된 먼지의 무게}(\text{g})}{\text{표준상태의 흡인건조 배출가스량}(\text{Sm}^3)}$$

$$V_N' = V_m \times \frac{273}{273+\theta_m} \times \frac{P_a+P_m-P_v}{760} \times 10^{-3}$$

$$= 55.2 \times \frac{273}{273+15} \times \frac{765+4-12.87}{760}$$

$$\times 10^{-3} = 0.052\text{Sm}^3$$

$$= \frac{(6.2821-6.2721)\text{g} \times 1,000\text{mg/g}}{0.052\text{Sm}^3}$$

$$= 192.31\text{mg/Sm}^3$$

634 굴뚝배출가스 중의 유속을 피토관으로 측정했을 때 평균유속이 14.5m/sec였다. 이때의 동압(mmHg)은?(단, 피토관계수는 1.0 이며, 굴뚝 내의 습한배출가스의 밀도는 1.2kg/m³이다.)

㉮ 0.55 　 ㉯ 0.75 　 ㉰ 0.85 　 ㉱ 0.95

(풀이)
$$VP(동압) = \frac{rV^2}{2g}(mmH_2O)$$
$$= \frac{1.2 \times 14.5^2}{2 \times 9.8}$$
$$= 12.87 mmH_2O \times \frac{760mmHg}{10,332mmH_2O}$$
$$= 0.95 mmHg$$

635 단면 모양이 4각형인 어느 굴뚝을 4개의 같은 면적으로 구분하여 수동식 채취기로 각 측정점에서의 유속과 먼지 농도를 측정한 결과, 유속은 각각 4.2, 4.5, 4.8, 5.0m/sec, 먼지 농도는 각각 0.5, 0.55, 0.58, 0.60g/Sm³이었다. 전체 평균 먼지농도(g/Sm³)는?

㉮ 0.46 　 ㉯ 0.56 　 ㉰ 0.66 　 ㉱ 0.76

(풀이)
$$\overline{C_N} = \frac{(4.2 \times 0.5) + (4.5 \times 0.55) + (4.8 \times 0.58) + (5.0 \times 0.6)}{4.2 + 4.5 + 4.8 + 5.0}$$
$$= 0.56 g/Sm³$$

636 분진을 포함하는 건조가스가 상온상압으로 굴뚝 내에서 20m/s의 유속으로 흐르고 있다. 함진공기를 구경 10mm의 흡인노즐을 사용 측정할 경우, 등속흡인을 위한 흡인 유량은 몇 L/min인가?(단, 흡인량의 측정은 건식 가스미터를 사용하였고, 측정법은 먼지측정방법 중 수동측정방법임)

㉮ 약 91 　 ㉯ 약 94 　 ㉰ 약 98 　 ㉱ 약 100

(풀이)
$$Q(L/min) = A \times V$$
$$= \left(\frac{3.14 \times 0.01^2}{4}\right)m² \times 20m/sec$$
$$\times 1,000L/m³ \times 60sec/min$$
$$= 94.2L/min$$

637 굴뚝배출가스 중 수분량이 체적백분율로 10%이고, 배출가스의 온도는 80℃, 시료채취량은 10L, 대기압은 0.6기압, 가스미터게이지압은 25mmHg, 가스미터온도 80℃에서의 수증기포화압이 255mmHg라 할 때, 흡수된 수분량(g)은?

㉮ 0.459 　 ㉯ 0.328 　 ㉰ 0.205 　 ㉱ 0.147

(풀이)
$$X_w(수분량)$$
$$= \frac{\frac{22.4}{18} \times m_a}{V_m \times \frac{273}{273 + \theta_m} \times \frac{P_a + P_m - P_v}{760} + \frac{22.4}{18} \times m_a}$$
$$\times 100$$
$$10 = \frac{1.244 m_a}{\left(10 \times \frac{273}{273 + 80}\right) \times \left(\frac{456 + 25 - 255}{760}\right)}$$
$$\frac{}{+ 1.224 \times m_a} \times 100$$
$$\left[456mmHg = 0.6atm \times \frac{760mmHg}{1atm}\right]$$
$$m_a = 0.205g$$

638 굴뚝배출가스 중 수분측정을 위하여 흡습제에 10L의 시료를 흡인하여 유입시킨 결과 흡습제의 중량 증가가 0.8500g이었다. 이 배출가스 중의 수증기 부피백분율은?(단, 건식가스미터의 흡인가스온도 : 27℃, 가스미터에서의 가스게이지압 + 대기압 : 760mmHg)

㉮ 10.4% 　 ㉯ 9.5% 　 ㉰ 7.3% 　 ㉱ 5.5%

X_w(수분량)

$$= \frac{\dfrac{22.4}{18} \times m_a}{V_m{}' \times \dfrac{273}{273+\theta_m} \times \dfrac{P_a+P_m}{760} + \dfrac{22.4}{18} \times m_a} \times 100$$

$$= \frac{1.244 \times 0.85}{\left(10 \times \dfrac{273}{273+27}\right) \times \left(\dfrac{760}{760}\right) + (1.244 \times 0.85)} \times 100$$

$$= 10.4(\%)$$

639 굴뚝 내의 온도(θ_s)는 133℃, 정압(P_s)은 15mmHg이며 대기압(P_a)은 745mmHg이다. 이때 굴뚝 내의 배출가스 밀도를 구하면?[단, 표준상태의 공기의 밀도(γ_o)는 1.3kg/Sm³이고, 굴뚝 내 기체 성분은 대기와 같다.]

㉮ 0.744kg/m³ 　　　㉯ 0.874kg/m³
㉰ 0.934kg/m³ 　　　㉱ 0.984kg/m³

밀도(kg/m³)

$$= 1.3 \text{kg/Sm}^3 \times \frac{273}{273+133} \times \frac{745+15}{760}$$

$$= 0.874 \text{kg/m}^3$$

640 굴뚝배출가스 중 먼지측정을 위해 보통형 흡인노즐을 사용할 경우 가스미터에서 등속흡인을 위한 흡인량(L/min)은?

- 대기압 : 760mmHg
- 가스미터의 흡인가스온도 : 25℃
- 가스미터 흡인가스 게이지압 : 1mmHg
- 배출가스온도 : 125℃
- 배출가스유속 : 8m/sec

- 배출가스 중 수증기의 부피백분율 : 10%
- 흡인노즐 내경 : 6mm
- 측정점에서의 정압 : −1.5mmHg

㉮ 9.12 　㉯ 10.12 　㉰ 11.12 　㉱ 12.12

보통형 흡인노즐 사용 시 흡인유량(q_m)

$$q_m = \frac{\pi}{4} d^2 v \left(1 - \frac{X_w}{100}\right) \frac{273+\theta_w}{273+\theta_s}$$
$$\times \frac{P_a+P_s}{P_a+P_m-P_v} \times 60 \times 10^{-3}$$
$$= \frac{\pi}{4} \times (6)^2 \times 8 \times \left(1 - \frac{10}{100}\right) \times \frac{273+25}{273+125}$$
$$\times \frac{760+(-1.5)}{760+1} \times 60 \times 10^{-3}$$
$$= 9.12 \text{L/min}$$

641 다음과 같은 조건일 때 건조시료 가스상 물질의 시료채취량(L)은?

- 가스미터로 측정한 흡인가스량 : 20L
- 가스미터의 온도 : 40℃
- 측정공 위치의 대기압 : 758mmHg
- 가스미터의 게이지압 : 15mmHg
- 40℃에서의 포화수증기압 : 55mmHg
- ※ 채취부로 흡수병, 파이패스용 세척병, 펌프, 건식 가스미터를 조립하여 사용하였다.

㉮ 약 18 　㉯ 약 20 　㉰ 약 22 　㉱ 약 24

$$V_n{}'(\text{L}) = V_m{}' \times \frac{273}{273+\theta_m} \times \frac{P_a+P_m}{760}$$
$$= 20\text{L} \times \frac{273}{273+40} \times \frac{758+15}{760}$$
$$= 17.74\text{L}$$

642 굴뚝배출가스 중의 수분을 측정한 결과 건조배출가스 1Sm³당 50.6g이었다면 건조배출가스에 대한 수분의 용량비(%)는?

㉮ 5.0   ㉯ 6.3   ㉰ 7.0   ㉱ 8.3

(풀이) $X_w(\%) = \dfrac{\dfrac{22.4}{18}m_a}{V_m} \times 100$

$= \dfrac{\dfrac{22.4L}{18g} \times 50.6g}{1,000L} \times 100$

$= 6.3\%$

$(1Sm^3 = 1kL = 1,000L)$

643 가스크로마토그래피에서 A, B 성분의 보유시간이 각각 2분, 3분이었으며, 피크 폭은 32초, 38초이었다면 이때 분리도는?

㉮ 1.7   ㉯ 1.9   ㉰ 2.1   ㉱ 2.5

(풀이) 분리도(R) $= \dfrac{2(t_{R_2} - t_{R_1})}{w_1 + w_2}$

$= \dfrac{2(3 \times 60 - 2 \times 60)}{32 + 38}$

$= 1.71$

644 가스크로마토그래피에서 1, 2 시료의 분석치가 다음과 같을 때 분리계수는?

• 피크 1의 보유시간 : 3분
• 피크 2의 보유시간 : 5분
• 피크 1의 폭 : 33초
• 피크 2의 폭 : 44초

㉮ 1.1   ㉯ 1.3   ㉰ 1.5   ㉱ 1.7

(풀이) 분리계수(d) $= \dfrac{t_{R_2}}{t_{R_1}} = \dfrac{5}{3} = 1.7$

645 특정발생원에서 일정한 굴뚝을 거치지 않고 외부로 비산되는 먼지를 하이볼륨에어샘플러로 측정한 결과 다음과 같은 자료를 얻었다. 이때 비산먼지의 농도는 몇 mg/m³인가?

• 포집먼지량이 가장 많은 위치에서의 먼지농도 : 65mg/m³
• 대조위치에서의 먼지농도 : 0.23mg/m³
• 풍향보정계수 : 1.5
• 풍속보정계수 : 1.2

㉮ 87   ㉯ 94   ㉰ 102   ㉱ 117

(풀이) 비산먼지농도(mg/m³)

$= (C_H - C_B) \times W_D \times W_S$

$= (65 - 0.23) \times 1.5 \times 1.2$

$= 116.59(mg/m^3)$

646 외부로 비산 배출되는 먼지를 하이볼륨에어샘플러법으로 측정한 조건이 다음과 같을 때 비산먼지의 농도는?

• 대조위치의 먼지농도 : 0.15mg/m³
• 포집먼지량이 가장 많은 위치의 먼지농도 : 4.69mg/m³
• 전 시료 채취기간 중 주풍향이 90° 이상 변했으며, 풍속이 0.5m/sec 미만 또는 10m/sec 이상 되는 시간이 전 채취시간의 50% 미만이었다.

㉮ 2.8   ㉯ 4.8   ㉰ 6.8   ㉱ 10.8

(풀이) 비산먼지농도(mg/m³)

$= (C_H - C_B) \times W_D \times W_S$

$= (4.69 - 0.15) \times 1.5 \times 1.0$

$= 6.81mg/m^3$

(1) 풍향에 대한 보정

풍향변화범위	보정계수
전 시료채취 기간 중 풍향이 90°이상 변할 때	1.5
전 시료채취 기간 중 풍향이 45~90° 변할 때	1.2
전 시료채취 기간 중 풍향이 변동이 없을 때(45° 미만)	1.0

(2) 풍속에 대한 보정

풍속범위	보정계수
풍속이 0.5m/초 미만 또는 10m/초 이상되는 시간이 전 채취시간의 50% 미만일 때	1.0
풍속이 0.5m/초 미만 또는 10m/초 이상되는 시간이 전 채취시간의 50% 이상일 때	1.2

647 굴뚝배출가스 중 염소를 오르토톨리딘법으로 분석한 결과치가 다음과 같을 때 염소농도(ppm)는?(단, 건조시료 가스량 : 100mL이고, 분석용 시료용액 200mL에서 표준액의 흡광도는 0.45, 시료용액의 흡광도는 0.4이다.)

㉮ 9.56 ㉯ 10.20 ㉰ 11.25 ㉱ 12.46

풀이 염소농도(ppm) $= \dfrac{0.05 \times \dfrac{A}{A_s} \times 20}{V_s} \times 1,000$

$= \dfrac{0.05 \times \dfrac{0.45}{0.4} \times 20}{100} \times 1,000$

$= 11.25\,ppm$

648 다음은 중화적정법에 의해 배출가스 중의 황산화물을 분석한 결과이다. 황산화물의 농도는?

• 건조시료가스 채취량 : 20L(0℃, 1기압)
• 분석용 시료용액의 전량 : 250mL
• 분석용 시료용액의 분취량 : 50mL
• 적정에 사용한 N/10 수산화나트륨 용액의 양 : 2.2mL
• 바탕시험에 사용한 N/10 수산화나트륨 용액의 양 : 0.2mL
• N/10 수산화나트륨 용액의 역가 : 1.0

㉮ 720ppm ㉯ 640ppm
㉰ 560ppm ㉱ 480pm

풀이 농도(ppm) $= \dfrac{1.12 \times (a-b)f \times \dfrac{250}{V}}{V_s} \times 1,000$

$= \dfrac{1.12 \times (2.2-0.2) \times 1 \times \dfrac{250}{50}}{20}$
$\times 1,000$

$= 560\,ppm$

649 배기가스 중 황산화물을 분석하기 위하여 중화적정법에 의해 술파민산 표준시약 2.0g을 물에 녹여 250mL로 하고, 이 용액 25mL를 분취하여 N/10-NaOH 용액으로 중화 적정한 결과 21.6mL가 소요되었다. 이때 N/10-NaOH 용액의 factor 값은?(단, 술파민산의 분사량은 97.1이다.)

㉮ 0.90 ㉯ 0.95 ㉰ 1.00 ㉱ 1.05

풀이 N/10-NaOH 용액의 factor

$= \dfrac{W \times \dfrac{25}{250}}{V' \times 0.00971} = \dfrac{2.0 \times \dfrac{25}{250}}{21.6 \times 0.00971}$
$= 0.954$

650 어느 굴뚝배출가스 중의 황산화물을 침전적정법(아르세나죠 III)으로 측정하여 다음과 같은 결과를 얻었다. 이때 황산화물의 농도는?

- 건조시료가스 채취량 : 30L(25℃)
- 분석용 시료용액 전량 : 250mL
- 분석용 시료용액 분취량 : 10mL
- 적정에 소요된 N/100 초산바륨량 : 5.2mL
  (f : 1.00)
- 공시험에 소요된 N/100 초산바륨량 : 0.1mL
- N/100 초산바륨 1mL는 황산화물 0.112mL에 상당한다.(표준상태)

㉮ 621.5ppm ㉯ 601.3ppm

㉰ 554.3ppm ㉱ 519.6ppm

풀이 농도(ppm)

$$= \frac{0.112(a-b) \times f \times \dfrac{250}{V}}{V_s} \times 1,000$$

$$= \frac{0.112 \times (5.2-0.1) \times 1 \times \dfrac{250}{10}}{30 \times \dfrac{273}{273+25}} \times 1,000$$

$$= 519.6(\text{ppm})$$

651 굴뚝배출가스 중 무기 불소화합물을 용량법으로 분석하여 1,200ppm의 HF 농도를 얻었다. 이 농도를 F 농도($\mu g/m^3$)로 환산하면?

㉮ 819 ㉯ 900 ㉰ 918 ㉱ 1,018

풀이 F($\mu g/m^3$) = 1.2mL/m³ × 19mg/22.4mL
$\qquad$ × 10³μg/mg
$\qquad$ = 1,017.86$\mu g/m^3$

652 A 굴뚝에서 배출되는 매연을 링겔만 매연농도표를 사용하여 측정한 결과가 다음과 같았다. 이때 매연의 농도(%)는?

㉮ 1.1% ㉯ 10.9% ㉰ 21.8% ㉱ 42.0%

풀이 매연의 농도는 평균 도수를 구하여 20을 곱하여 계산

$$농도(\%) = \frac{\sum N \cdot V}{\sum N} \times 20$$

$$= \frac{\substack{(5 \times 8) + (4 \times 12) + (3 \times 35) + \\ (2 \times 45) + (1 \times 66) + (0 \times 154)}}{320}$$

$$\times 20$$

$$= 21.81(\%)$$

653 A 공장 굴뚝배출가스 중 페놀류를 가스크로마토그래피법(내부표준법)으로 분석하였더니 아래 표와 같은 결과와 식이 제시되었을 때, 시료 중 페놀류의 농도는?

- 건조시료가스량 : 10L
- 정량에 사용된 분석용 시료용액의 양 : 8μL
- 분석용 시료용액의 제조량 : 5mL
- 검량선으로부터 구한 정량에 사용된 분석용 시료용액 중 페놀류의 양 : 6μg
- 페놀류의 농도 산출식(C)

$$C = \frac{0.238 \times a \times V_\ell}{S_L \times V_S} \times 1,000$$

㉮ 89V/V ppm ㉯ 99V/V ppm

㉰ 109V/V ppm ㉱ 119V/V ppm

풀이 C(V/V ppm) $= \dfrac{0.238 \times a \times V_\ell}{S_L \times V_S} \times 1,000$

$$= \frac{0.238 \times 6 \times 5}{8 \times 10} \times 1,000$$

$$= 89.25 \text{V/V ppm}$$

654 하이볼륨에어샘플러로 비산먼지를 포집할 때 포집개시 직후의 유량이 1.6m³/min, 포집 종료 직전의 유량이 1.4m³/min이었다면 총 흡인공기량은?(단, 포집시간은 25시간이었다.)

㉮ 1,125m³   ㉯ 2,250m³

㉰ 3,210m³   ㉱ 4,155m³

풀이 총 흡인공기량(m³) $= \dfrac{Q_s + Q_e}{2} \times t$

$= \dfrac{1.6 + 1.4}{2} \times 25 \times 60$

$= 2,250(\text{m}^3)$

메모...

메모...

기출문제
풀이

2018년 제1회 대기환경산업기사

제1과목 대기오염개론

01 불활성 기체로 일명 웃음의 기체라고도 하며, 대류권에서는 온실가스로 성층권에서는 오존층 파괴물질로 알려진 것은?

① NO
② NO_2
③ N_2O
④ N_2O_3

(풀이) N_2O(아산화질소)

㉠ 질소가스와 오존의 반응으로 생성되거나 미생물 활동에 의해 발생하며, 특히 토양에 공급되는 비료의 과잉 사용이 문제가 되고 있다.

㉡ N_2O는 대류권에서는 태양에너지에 대하여 매우 안정한 온실가스로 알려져 있고, 성층권에서는 오존층 파괴물질(오존분해물질)로 알려져 있다.

㉢ 웃음가스라고도 하며 주로 사용하는 용도는 마취제이다.

02 대기 중 탄화수소(HC)에 대한 설명으로 옳지 않은 것은?

① 지구 규모의 발생량으로 볼 때 자연적 발생량이 인위적 발생량보다 많다.
② 탄화수소는 대기 중에서 산소, 질소, 염소 및 황과 반응하여 여러 종류의 탄화수소 유도체를 생성한다.
③ 탄화수소류 중에서 이중결합을 가진 올레핀 화합물은 포화 탄화수소나 방향족 탄화수소보다 대기 중에서의 반응성이 크다.
④ 대기환경 중 탄화수소는 기체, 액체, 고체로 존재하며 탄소원자 1~12개인 탄화수소는 상온, 상압에서 기체로, 12개를 초과하는 것은 액체 또는 고체로 존재한다.

(풀이) 대기환경 중 탄화수소는 기체, 액체, 고체로 존재하며 탄소원자 1~4개인 탄화수소는 상온, 상압에서 기체로, 5개를 초과하는 것은 액체 또는 고체로 존재한다.

03 다음 대기오염과 관련된 역사적 사건 중 주로 자동차 등에서 배출되는 오염물질로 인한 광화학반응에 기인한 것은?

① 뮤즈(Meuse) 계곡 사건
② 런던(London) 사건
③ 로스앤젤레스(Los Angeles) 사건
④ 포자리카(Pozarica) 사건

(풀이) 로스앤젤레스(Los Angeles) 사건
광화학적 산화반응
$HC + NOx + h\nu \rightarrow$ 산화형 smog

04 자동차 배출가스 발생에 관한 설명으로 가장 거리가 먼 것은?

① 일반적으로 자동차의 주요 유해배출가스는 CO, NOx, HC 등이다.
② 휘발유 자동차의 경우 CO는 가속 시, HC는 정속 시, NOx는 감속 시에 상대적으로 많이 발생한다.
③ CO는 연료량에 비하여 공기량이 부족할 경우에 발생한다.
④ NOx는 높은 연소온도에서 많이 발생하며, 매연은 연료가 미연소하여 발생한다.

(풀이) 휘발유 자동차의 경우 CO는 공전 시, HC는 감속 시, NOx는 가속 시에 상대적으로 많이 발생한다.

05
A공장에서 배출되는 가스양이 480m³/min (아황산가스 0.20%(V/V)를 포함)이다. 연간 25%(부피기준)가 같은 방향으로 유출되어 인근 지역의 식물생육에 피해를 주었다고 할 때, 향후 8년 동안 이 지역에 피해를 줄 아황산가스 총량은?(단, 표준상태 기준, 공장은 24시간 및 365일 연속가동된다고 본다.)

① 약 2,548톤
② 약 2,883톤
③ 약 3,252톤
④ 약 3,604톤

(풀이) 아황산가스 총량(ton)

$= 480\text{m}^3/\text{min} \times 0.002 \times 0.25 \times 64\text{kg}/22.4\text{Sm}^3$
$\times \text{ton}/10^3\text{kg} \times 8\text{year} \times 365\text{day}/\text{year}$
$\times 24\text{hr}/\text{day} \times 60\text{min}/\text{hr}$
$= 2,883.29\text{ton}$

06
SO_2의 식물 피해에 관한 설명으로 가장 거리가 먼 것은?

① 낮보다는 밤에 피해가 심하다.
② 식물잎 뒤쪽 표피 밑의 세포가 피해를 입기 시작한다.
③ 반점 발생경향은 맥간반점을 띤다.
④ 협죽도, 양배추 등이 SO_2에 강한 식물이다.

(풀이) SO_2는 기공이 열려 있는 낮 동안과 습도가 높을 때 피해 현상이 뚜렷이 나타난다.

07
다음 중 인체 내에서 콜레스테롤, 인지질 및 지방분의 합성을 저해하거나 기타 다른 영양물질의 대사장애를 일으키며, 만성폭로 시 설태가 끼는 대기오염물질의 원소기호로 가장 적합한 것은?

① Se
② Tl
③ V
④ Al

(풀이) 바나듐(V)

㉠ 은회색의 전이금속으로 단단하나 연성(잡아 늘이기 쉬운 성질)과 전성(펴 늘일 수 있는 성질)이 있고 주로 화석연료, 특히 석탄 및 중유에 많이 포함되고 코·눈·인후의 자극을 동반하여 격심한 기침을 유발한다.
㉡ 원소 자체는 반응성이 커서 자연상태에서는 화합물로만 존재하며 산화물 보호피막을 만들기 때문에 공기 중 실온에서는 잘 산화되지 않으나 가열하면 산화된다.
㉢ 바나듐에 폭로된 사람들은 인지질 및 지방분의 합성, 혈장 콜레스테롤치가 저하되며, 만성폭로 시 설태가 낄 수 있다.

08
다음 국제적인 환경 관련 협약 중 오존층 파괴물질인 염화불화탄소의 생산과 사용을 규제하려는 목적에서 제정된 것은?

① 람사협약
② 몬트리올의정서
③ 바젤협약
④ 런던협약

(풀이) 몬트리올 의정서
1987년 9월 오존층 파괴물질의 생산 및 소비감축, 즉 생산, 소비량을 규제하기 위해 채택된 의정서이다.

09
경도모델(또는 K – 이론모델)을 적용하기 위한 가정으로 거리가 먼 것은?

① 연기의 축에 직각인 단면에서 오염의 농도분포는 가우스분포(정규분포)이다.
② 오염물질은 지표를 침투하지 못하고 반사한다.
③ 배출원에서 오염물질의 농도는 무한하다.
④ 배출원에서 배출된 오염물질은 그 후 소멸하고, 확산계수는 시간에 따라 변한다.

(풀이) 경도모델(또는 K – 이론모델)의 가정

ㄱ 오염배출원에서 무한히 멀어지면 오염농도는 0이 된다.

ㄴ 오염물질은 지표를 침투하지 못하고 반사한다.

ㄷ 배출된 오염물질은 소멸하거나 생성되지 않고 계속 흘러만 갈 뿐이다.

ㄹ 배출원에서 배출된 오염물질량 및 오염물질의 농도는 무한하다.

ㅁ 연기의 축에 직각인 단면에서 오염물질의 농도분포는 가우스분포이다.

ㅂ 풍하 측으로 지표면은 평형하고 균일하다.

ㅅ 대기안정도 및 확산계수는 일정하다.

10 라디오존데(radiosonde)는 주로 무엇을 측정하는 데 사용되는 장비인가?

① 고층대기의 초고주파의 주파수(20kHz 이상) 이동상태를 측정하는 장비

② 고층대기의 입자상 물질의 농도를 측정하는 장비

③ 고층대기의 가스상 물질의 농도를 측정하는 장비

④ 고층대기의 온도, 기압, 습도, 풍속 등의 기상요소를 측정하는 장비

(풀이) 라디오존데(radiosonde)

대기 상층의 기상요소를 자동적으로 측정하여 소형 송신기에 의해 지상으로 송신하는 장치이다.

11 체적이 100m³인 복사실의 공간에서 오존(O_3)의 배출량이 분당 0.4mg인 복사기를 연속 사용하고 있다. 복사기 사용 전의 실내오존(O_3)의 농도가 0.2ppm이라고 할 때 3시간 사용 후 오존농도는 몇 ppb인가?(단, 환기가 되지 않음, 0℃, 1기압 기준으로 하며, 기타 조건은 고려하지 않음)

① 268   ② 383

③ 424   ④ 536

(풀이) 오존농도

= 복사기 사용 전 농도 + 복사기 사용 후 농도

복사기 사용 전 농도

$= 0.2ppm \times 10^3 ppb/ppm$

$= 200ppb$

복사기 사용 후 농도

$= 0.4m^3/min \times 180min \times 22.4mL/48mg$

$= 0.336ppm \times 10^3 ppb/ppm$

$= 336ppb$

$= 200 + 336 = 536ppb$

12 대기오염현상 중 광화학스모그에 대한 설명으로 거리가 먼 것은?

① 미국 로스앤젤레스에서 시작되어 자동차 운행이 많은 대도시지역에서도 관측되고 있다.

② 일사량이 크고 대기가 안정되어 있을 때 잘 발생된다.

③ 주된 원인물질은 자동차배기가스 내 포함된 SO_2, CO 화합물의 대기확산이다.

④ 광화학산화물인 오존의 농도는 아침에 서서히 증가하기 시작하여 일사량이 최대인 오후에 최대의 경향을 나타내고 다시 감소한다.

(풀이) 주된 원인물질은 자동차배기가스 내 포함된 질소산화물, 탄화수소이다.

13 공기 중에서 직경 $2\mu m$의 구형 매연입자가 스토크스 법칙을 만족하며 침강할 때, 종말 침강속도는?(단, 매연입자의 밀도는 2.5g/cm³, 공기의 밀도는 무시하며, 공기의 점도는 $1.81 \times 10^{-4} g/cm \cdot sec$)

① 0.015cm/s   ② 0.03cm/s

③ 0.055cm/s   ④ 0.075cm/s

풀이 $V_g(\text{cm/sec})$

$$= \frac{d_p{}^2(\rho_p - \rho)g}{18\mu}$$

$$= \frac{(2\times10^{-6}\text{m})^2 \times 2,500\text{kg/m}^3 \times 9.8\text{m/sec}^2}{18 \times 1.81 \times 10^{-5}\text{kg/m}\cdot\text{sec}}$$

$$= 3.023 \times 10^{-4}\text{m/sec} \times 100\text{cm/m}$$

$$= 0.0302\text{cm/sec}$$

14 포스겐에 관한 설명으로 가장 적합한 것은?

① 분자량 98.9이고, 수분 존재 시 금속을 부식시킨다.

② 물에 쉽게 용해되는 기체이며, 인체에 대한 유독성은 약한 편이다.

③ 황색의 수용성 기체이며, 인체에 대한 급성 중독으로는 과혈당과 소화기관 및 중추신경계의 이상 등이 있다.

④ 비점은 120℃, 융점은 58℃ 정도로서 공기 중에서 쉽게 가수분해되는 성질을 가진다.

풀이 ② 물에 쉽게 용해되지 않는 기체이며, 인체에 대한 유독성이 강한 편이다.

③ 무색의 기체이며 인체에 대한 급성중독증상으로는 최루·흡입에 의한 재채기, 호흡곤란, 폐수종 등이 있다.

④ 비점은 8.2℃, 융점은 −128℃ 정도로서 벤젠, 톨루엔에 쉽게 용해되는 성질을 가진다.

15 광화학적 스모그(smog)의 3대 주요원인 요소와 거리가 먼 것은?

① 아황산가스   ② 자외선

③ 올레핀계 탄화수소   ④ 질소산화물

풀이 광화학적 스모그(smog)의 3대 주요원인요소

ㄱ 질소산화물

ㄴ 올레핀계 탄화수소

ㄷ 자외선

16 대기구조를 대기의 분자 조성에 따라 균질층(homosphere)과 이질층(heterosphere)으로 구분할 때 다음 중 균질층의 범위로 가장 적절한 것은?

① 지상 0~50km

② 지상 0~88km

③ 지상 0~155km

④ 지상 0~200km

풀이 지상 0~88km 정도까지의 균질층은 수분을 제외하고는 질소 및 산소 등 분자 조성비가 어느 정도 일정하다.

17 유효굴뚝높이가 130m인 굴뚝으로부터 SO_2가 30g/sec로 배출되고 있고, 유효고 높이에서 바람이 6m/sec로 불고 있다고 할 때, 다음 조건에 따른 지표면 중심선의 농도는?(단, 가우시안형의 대기오염 확산방정식 적용, σ_y : 220m, σ_z : 40m)

① $0.92\mu\text{g/m}^3$ ② $0.73\mu\text{g/m}^3$

③ $0.56\mu\text{g/m}^3$ ④ $0.33\mu\text{g/m}^3$

풀이 가우시안식

$$C(x,y,z,H) = \frac{Q}{2\pi\,\sigma_y\sigma_z\,U}\exp\left[-\frac{1}{2}\left(\frac{y}{\sigma_y}\right)^2\right]$$

$$\times\left[\exp\left\{-\frac{1}{2}\left(\frac{z-H}{\sigma_z}\right)^2\right\} + \exp\left\{-\frac{1}{2}\left(\frac{z+H}{\sigma_z}\right)^2\right\}\right]$$

중심선상($y=0$)의 지표농도($z=0$)를 대입하면

$$C = \frac{Q}{\pi\,U\sigma_y\sigma_z}\exp\left(-\frac{H^2}{2\sigma_z{}^2}\right)$$

$$= \frac{30\text{g/sec}\times10^6\mu\text{g/g}}{3.14\times6\text{m/sec}\times220\text{m}\times40\text{m}}\exp\left[-\frac{1}{2}\left(\frac{130\text{m}}{40\text{m}}\right)^2\right]$$

$$= 0.92\mu\text{g/m}^3$$

18 기본적으로 다이옥신을 이루고 있는 원소 구성으로 가장 옳게 연결된 것은?(단, 산소는 2개 이다.)

① 1개의 벤젠고리, 2개 이상의 염소
② 2개의 벤젠고리, 2개 이상의 불소
③ 1개의 벤젠고리, 2개 이상의 불소
④ 2개의 벤젠고리, 2개 이상의 염소

🗨 다이옥신은 2개의 벤젠고리, 2개의 산소, 2개 이상의 염소가 있는 형태이다.

19 다음 중 복사역전(radiation inversion)이 가장 잘 발생하는 계절과 시기는?

① 여름철 맑은 날 정오
② 여름철 흐린 날 오후
③ 겨울철 맑은 날 이른 아침
④ 겨울철 흐린 날 오후

🗨 복사역전(radiation inversion)은 바람이 약하고 맑게 개인 새벽부터 이른 아침과 습도가 적은 가을부터 봄에 걸쳐서 잘 발생한다.

20 악취처리방법 중 특히 인체에 독성이 있는 악취 유발물질이 포함된 경우의 처리방법으로 가장 부적합한 것은?

① 국소환기(local ventilation)
② 흡착(adsorption)
③ 흡수(absorption)
④ 위장(masking)

🗨 위장(masking)법
강한 향기를 가진 물질을 이용하여 악취를 은폐(위장)시키는 방법으로 유해도가 약한 악취에 적용된다.

제2과목 **대기오염공정시험기준(방법)**

21 자외선가시선분광법에서 장치 및 장치 보정에 관한 설명으로 옳지 않은 것은?

① 가시부와 근적외부의 광원으로는 주로 텅스텐 램프를 사용하고 자외부의 광원으로는 주로 중수소 방전관을 사용한다.
② 일반적으로 흡광도 눈금의 보정은 110℃에서 3시간 이상 건조한 과망간산포타슘(1급 이상)을 N/10 수산화소듐 용액에 녹인 과망간산소듐 용액으로 보정한다.
③ 광전관, 광전자증배관은 주로 자외 내지 가시파장 범위에서 광전지는 주로 가시파장 범위 내에서의 광전측광에 사용된다.
④ 광전광도계는 파장 선택부에 필터를 사용한 장치로 단광속형이 많고 비교적 구조가 간단하여 작업분석용에 적당하다.

🗨 일반적으로 흡광도 눈금의 보정은 110℃에서 3시간 이상 건조한 다이크롬산포타슘(1급 이상)을 N/20 수산화포타슘 용액에 녹인 다이크롬산포타슘용액으로 보정한다.

22 굴뚝 내의 배출가스 유속을 피토관으로 측정한 결과 그 동압이 2.2mmHg이었다면 굴뚝 내의 배출가스의 평균유속(m/sec)은?(단, 배출가스 온도 250℃, 공기의 비중량 1.3kg/Sm³, 피토관 계수 1.2이다.)

① 8.6
② 16.9
③ 25.5
④ 35.3

풀이 배출가스 평균유속(V)

$$= C \times \sqrt{\frac{2gh}{\gamma}}$$

$$h = 2.2 \text{mmHg} \times \frac{10,332 \text{mmH}_2\text{O}}{760 \text{mmHg}}$$

$$= 29.91 \text{mmH}_2\text{O}$$

$$\gamma = 1.3 \text{kg/Sm}^3 \times \frac{273}{273+250}$$

$$= 0.6786 \text{kg/m}^3$$

$$= 1.2 \times \sqrt{\frac{2 \times 9.8 \text{m/sec}^2 \times 29.91 \text{mmH}_2\text{O}}{0.6786 \text{kg/m}^3}}$$

$$= 35.27 \text{m/sec}$$

23 링겔만 매연 농도표를 이용한 방법에서 매연 측정에 관한 설명으로 옳지 않은 것은?

① 농도표는 측정자의 앞 16cm에 놓는다.
② 농도표는 굴뚝배출구로부터 30~45cm 떨어진 곳의 농도를 관측 비교한다.
③ 측정자의 눈높이에 수직이 되게 관측 비교한다.
④ 매연의 검은 정도를 6종으로 분류한다.

풀이 매연 측정 시 농도표는 측정자의 앞 16m에 놓는다.

24 어느 지역에 환경기준시험을 위한 시료채취 지점 수(측정점 수)는 약 몇 개소인가?

• 그 지역 거주지 면적 = 80km^2
• 그 지역 인구밀도 = 1,500명/km^2
• 전국평균인구밀도 = 450명/km^2
  (단, 인구비례에 의한 방법 기준)

① 6개소 ② 11개소
③ 18개소 ④ 23개소

풀이 인구비례에 의한 방법
측정점 수

$$= \frac{\text{그 지역 거주지 면적}}{25 \text{km}^2} \times \frac{\text{그 지역 인구밀도}}{\text{전국 평균인구밀도}}$$

$$= \frac{80 \text{km}^2}{25 \text{km}^2} \times \frac{1,500 \text{명/km}^2}{450 \text{명/km}^2}$$

$$= 10.66 = 11(\text{개소})$$

25 다음은 굴뚝 배출가스 중 크롬화합물을 자외선가시선분광법으로 측정하는 방법이다. ( ) 안에 알맞은 것은?

시료용액 중의 크롬을 과망간산포타슘에 의하여 6가로 산화하고, (㉠)을/를 가한 다음, 아질산소듐으로 과량의 과망간산염을 분해한 후 다이페닐카바자이드를 가하여 발색시키고, 파장 (㉡)nm 부근에서 흡수도를 측정하여 정량하는 방법이다.

① ㉠ 아세트산 ㉡ 460
② ㉠ 요소 ㉡ 460
③ ㉠ 아세트산 ㉡ 540
④ ㉠ 요소 ㉡ 540

풀이 시료용액 중의 크롬을 과망간산포타슘에 의하여 6가로 산화하고, 요소를 가한 다음, 아질산소듐으로 과량의 과망간산염을 분해한 후 다이페닐카바자이드를 가하여 발색시키고, 파장 540nm 부근에서 흡수도를 측정하여 정량하는 방법이다.

26 대기오염공정시험기준에서 정하고 있는 온도에 대한 설명으로 옳지 않은 것은?

① 냉수 : 15℃ 이하
② 찬 곳은 따로 규정이 없는 한 0~15℃의 곳
③ 온수 : 35~50℃
④ 실온 : 1~35℃

Answer 23. ① 24. ② 25. ④ 26. ③

풀이 냉수는 15℃ 이하, 온수는 60~70℃, 열수는 약 100℃를 말한다.

27 굴뚝배출가스 중의 아황산가스 측정방법 중 연속자동측정법이 아닌 것은?

① 용액전도율법   ② 적외선형광법
③ 정전위전해법   ④ 불꽃광도법

풀이 굴뚝배출가스 중의 아황산가스 측정방법의 종류
ㄱ 용액전도율법   ㄴ 적외선흡수법
ㄷ 자외선흡수법   ㄹ 정전위전해법
ㅁ 불꽃광도법

28 비분산적외선분광분석법 분석계의 최저 눈금값을 교정하기 위하여 사용하는 가스는?

① 비교가스   ② 제로가스
③ 스팬가스   ④ 혼합가스

풀이 분석계의 최저 눈금값을 교정하기 위하여 사용하는 가스는 제로가스이다.

29 다음은 굴뚝에서 배출되는 먼지측정방법에 관한 설명이다. ( ) 안에 알맞은 말을 순서대로 옳게 나열한 것은?

"수동식 채취기를 사용하여 굴뚝에서 배출되는 기체 중의 먼지를 측정할 때 흡입가스양은 원칙적으로 (ㄱ)여과지 사용 시 포집면적 $1cm^2$당 (ㄴ)mg 정도이고, (ㄷ)여과지 사용 시 전체 먼지포집량이 (ㄹ)mg 이상이 되도록 한다."

① ㄱ 원통형 ㄴ 0.5 ㄷ 원형 ㄹ 1
② ㄱ 원통형 ㄴ 1 ㄷ 원형 ㄹ 5
③ ㄱ 원형 ㄴ 0.5 ㄷ 원통형 ㄹ 1
④ ㄱ 원형 ㄴ 1 ㄷ 원통형 ㄹ 5

풀이 흡입가스양은 원칙적으로 채취량이 원형 여과지일 때 채취면적 $1cm^2$당 1mg 정도, 원통형 여과지일 때는 전체 채취량이 5mg 이상 되도록 한다.

30 비분산적외선분광분석법에 관한 설명으로 옳지 않은 것은?

① 선택성 검출기를 이용하여 적외선의 흡수량 변화를 측정하여 시료 중 성분의 농도를 구하는 방법이다.
② 광원은 원칙적으로 니크롬선 또는 탄화규소의 저항체에 전류를 흘려 가열한 것을 사용한다.
③ 대기 중 오염물질을 연속적으로 측정하는 비분산 정필터형 적외선 가스분석계에 대하여 적용한다.
④ 비분산(Nondispersive)은 빛을 프리즘이나 회절격자와 같은 분산소자에 의해 충분히 분산하는 것을 말한다.

풀이 비분산은 빛을 프리즘이나 회절격자와 같은 분산소자에 의해 분산하지 않는 것을 말한다.

31 대기오염공정시험기준상 용기에 관한 용어 정의로 옳지 않은 것은?

① 용기라 함은 시험용액 또는 시험에 관계된 물질을 보존, 운반 또는 조작하기 위하여 넣어두는 것으로 시험에 지장을 주지 않도록 깨끗한 것을 뜻한다.
② 밀폐용기라 함은 물질을 취급 또는 보관하는 동안에 이물이 들어가거나 내용물이 손실되지 않도록 보호하는 용기를 뜻한다.
③ 기밀용기라 함은 광선을 투과하지 않는 용기 또는 투과하지 않게 포장을 한 용기로서 취급 또는 보관하는 동안에 내용물의 광화학적 변화를 방지할 수 있는 용기를 뜻한다.

④ 밀봉용기라 함은 물질을 취급 또는 보관하는 동안에 기체 또는 미생물이 침입하지 않도록 내용물을 보호하는 용기를 뜻한다.

풀이 기밀용기

물질을 취급 또는 보관하는 동안에 외부로부터의 공기 또는 다른 가스가 침입하지 않도록 내용물을 보호하는 용기를 뜻한다.

32 굴뚝에서 배출되는 염소가스를 분석하는 오르토톨리딘법에서 분석용 시료의 시험온도로 가장 적합한 것은?

① 약 0℃ ② 약 10℃
③ 약 20℃ ④ 약 50℃

풀이 약 20℃에서 5~20min 사이에 분석용 시료를 10mm 셀에 취한다.

33 굴뚝 배출가스 중 납화합물 분석을 위한 자외선가시선분광법에 관한 설명으로 옳은 것은?

① 납착염의 흡광도를 450nm에서 측정하여 정량하는 방법이다.
② 시료 중 납이온이 디티존과 반응하여 생성되는 납 디티존 착염을 사염화탄소로 추출한다.
③ 납착물은 시간이 경과하면 분해되므로 20℃ 이하의 빛이 차단된 곳에서 단시간에 측정한다.
④ 시료 중 납성분 추출 시 시안화포타슘 용액으로 세정조작을 수회 반복하여도 무색이 되지 않는 이유는 다량의 비소가 함유되어 있기 때문이다.

풀이 ⊙ 납착염의 흡광도를 520nm에서 측정하여 정량하는 방법이다.
ⓒ 시료 중 납이온이 디티존과 반응하여 생성되는 납 디티존 착염을 클로로포름으로 추출한다.

④ 시료 중 납성분 추출 시 시안화포타슘 용액으로 세정조작을 수회 반복하여도 무색이 되지 않는 이유는 다량의 비스무트(Bi)가 함유되어 있기 때문이다.

34 다음은 환경대기 시료 채취방법에 관한 설명이다. 가장 적합한 것은?

이 방법은 측정 대상 기체와 선택적으로 흡수 또는 반응하는 용매에 시료가스를 일정 유량으로 통과시켜 채취하는 방법으로 채취관 – 여과재 – 채취부 – 흡입펌프 – 유량계(가스미터)로 구성된다.

① 용기채취법
② 채취용 여과지에 의한 방법
③ 고체흡착법
④ 용매채취법

풀이 환경대기 시료 채취방법 중 용매채취법에 대한 내용이다.

35 아황산가스(SO₂) 25.6g을 포함하는 2L 용액의 몰농도(M)는?

① 0.02M ② 0.1M
③ 0.2M ④ 0.4M

풀이 $M(mol/L) = \dfrac{질량}{부피} \times \dfrac{mol}{분자량}$
$= 25.6g/2L \times mol/64g$
$= 0.2mol/L(M)$

36 다음 중 배출가스유량 보정식으로 옳은 것은?(단, Q : 배출가스유량(Sm^3/일), O_s : 표준산소농도(%), O_a : 실측산소농도(%), Q_a : 실측배출가스유량(Sm^3/일))

① $Q = Q_a \div \dfrac{21 - Q_s}{21 - O_a}$ ② $Q = Q_a \times \dfrac{21 - O_s}{21 - O_a}$

③ $Q = Q_a \div \dfrac{21 + O_s}{21 + O_a}$ ④ $Q = Q_a \times \dfrac{21 + O_s}{21 + O_a}$

풀이 ㉠ 배출가스 유량 보정식

$$Q = Q_s \div \frac{21 - O_s}{21 - O_a}$$

㉡ 오염물질 농도 보정식

$$C = C_s \times \frac{21 - O_s}{21 - O_a}$$

37 환경대기 중 먼지를 고용량 공기시료 채취기로 채취하고자 한다. 이 방법에 따른 시료채취유량으로 가장 적합한 것은?

① 10~300L/min   ② 0.5~1.0m^3/min

③ 1.2~1.7m^3/min   ④ 2.2~2.8m^3/min

풀이 유량은 보통 1.2~1.7m^3/min 정도 되도록 하고 유량계의 눈금은 유량계 부자의 중앙부를 읽는다.

38 환경대기 중 아황산가스 농도를 측정함에 있어 파라로자닐린법을 사용할 경우 알려진 주요 방해물질과 거리가 먼 것은?

① Cr   ② O_3

③ NOx   ④ NH_3

풀이 환경대기 중 아황산가스 농도 측정 시 주요 방해물질
질소산화물(NOx), 오존(O_3), 망간(Mn), 철(Fe), 크롬(Cr)

39 굴뚝 배출가스 중 먼지 채취 시 배출구(굴뚝)의 직경이 2.2m의 원형 단면일 때, 필요한 측정점의 반경 구분 수와 측정점 수는?

① 반경 구분 수 1, 측정점 수 4

② 반경 구분 수 2, 측정점 수 8

③ 반경 구분 수 3, 측정점 수 12

④ 반경 구분 수 4, 측정점 수 16

풀이 원형 연도의 측정점 수

굴뚝 직경 $2R$(m)	반경 구분 수	측정점 수
1 미만	1	4
1~2 미만	2	8
2~4 미만	3	12
4~4.5 미만	4	16
4.5 이상	5	20

40 다음은 굴뚝 배출가스 중의 질소산화물을 아연 환원 나프틸에틸렌디아민법으로 분석 시 시약과 장치의 구비조건이다. ( ) 안에 알맞은 것은?

질소산화물 분석용 아연분말은 시약 1급의 아연분말로서 질산이온의 아질산이온으로의 환원율이 (㉠) 이상인 것을 사용하고, 오존발생장치는 오존이 (㉡) 정도의 오존농도를 얻을 수 있는 것을 사용한다.

① ㉠ 65%   ㉡ 부피분율 0.1%

② ㉠ 90%   ㉡ 부피분율 0.1%

③ ㉠ 65%   ㉡ 부피분율 1%

④ ㉠ 90%   ㉡ 부피분율 1%

풀이 질소산화물 분석용 아연분말은 시약 1급의 아연분말로서 질산이온의 아질산이온으로의 환원율이 90% 이상인 것을 사용하고, 오존발생장치는 오존이 부피분율 1% 정도의 오존농도를 얻을 수 있는 것을 사용한다.

제3과목 **대기오염방지기술**

41

흡수탑을 이용하여 배출가스 중의 염화수소를 수산화나트륨 수용액으로 제거하려고 한다. 기상 총괄이동단위높이(H_{OG})가 1m인 흡수탑을 이용하여 99%의 흡수효율을 얻기 위한 이론적 흡수탑의 충전높이는?

① 4.6m ② 5.2m
③ 5.6m ④ 6.2m

풀이 충전높이 $= H_{OG} \times N_{OG}$

$$= 1.0m \times \ln\left(\frac{1}{1-0.99}\right)$$

$$= 4.61m$$

42

분자식이 C_mH_n인 탄화수소가스 $1Sm^3$의 완전연소에 필요한 이론산소량(Sm^3)은?

① $4.8m + 1.2n$ ② $0.21m + 0.79n$
③ $m + 0.56n$ ④ $m + 0.25n$

풀이 $C_mH_n + \left(m + \dfrac{n}{4}\right)O_2 \rightarrow mCO_2 + \dfrac{n}{2}H_2O$

이론산소량 $= m + \dfrac{n}{4}$

$$= m + 0.25n\,Sm^3/Sm^3 \times 1Sm^3$$

$$= m + 0.25n\,Sm^3$$

43

미분탄연소의 장점으로 거리가 먼 것은?

① 연소량의 조절이 용이하다.
② 비산먼지의 배출량이 적다.
③ 부하변동에 쉽게 응할 수 있다.
④ 과잉공기에 의한 열손실이 적다.

풀이 미분탄연소
석탄을 잘게 부수어 분말상으로 한 다음 1차 연소용 공기와 함께 버너로 분출시켜 연소시키는 방법으로 연도에서 비산분진의 배출이 많은 것이 단점에 해당한다.

44

배출가스 중 질소산화물의 처리방법인 촉매환원법에 적용하고 있는 일반적인 환원가스와 거리가 먼 것은?

① H_2S ② NH_3
③ CO_2 ④ CH_4

풀이 환원제의 종류
ㄱ H_2S ㄴ NH_3
ㄷ CH_4 ㄹ H_2
ㅁ HC

45

다음은 무엇에 관한 설명인가?

> 굵은 입자는 주로 관성충돌작용에 의해 부착되고, 미세한 분진은 확산작용 및 차단작용에 의해 부착되어 섬유의 올과 올 사이에 가교를 형성하게 된다.

① 브리지(bridge) 현상
② 블라인딩(blinding) 현상
③ 블로 다운(blow down) 효과
④ 디퓨저 튜브(diffuser tube) 현상

풀이 브리지(Bridge) 현상
굵은 입자($1\mu m$ 이상)는 주로 관성충돌작용에 의해 부착되고 미세분진($0.1\mu m$ 이하)은 확산과 차단작용에 의해 부착되어 섬유의 올과 올 사이에 가교를 형성하게 되는 현상을 말한다.

46 흡착에 관한 다음 설명 중 옳은 것은?

① 물리적 흡착은 가역성이 낮다.
② 물리적 흡착량은 온도가 상승하면 줄어든다.
③ 물리적 흡착은 흡착과정의 발열량이 화학적 흡착보다 많다.
④ 물리적 흡착에서 흡착물질은 임계온도 이상에서 잘 흡착된다.

풀이 ① 물리적 흡착은 가역성이 높다.
③ 물리적 흡착은 흡착과정의 발열량이 화학적 흡착보다 적다.
④ 물리적 흡착에서 흡착물질은 임계온도 이상에서는 흡착되지 않는다.

47 배기가스 중에 부유하는 먼지의 응집성에 관한 설명으로 옳지 않은 것은?

① 미세 먼지입자는 브라운 운동에 의해 응집이 일어난다.
② 먼지의 입경이 작을수록 확산운동의 영향을 받고 응집이 된다.
③ 먼지의 입경분포 폭이 작을수록 응집하기 쉽다.
④ 입자의 크기에 따라 분리속도가 다르기 때문에 응집한다.

풀이 먼지의 입경분포 폭이 넓을수록 응집하기 쉽다.

48 원형관에서 유체의 흐름을 파악하는 데 레이놀즈수(N_{Re})가 사용되는데, 다음 중 레이놀즈수와 거리가 먼 것은?

① 관의 직경
② 유체 점도
③ 입자의 밀도
④ 유체 평균유속

풀이 레이놀즈수는 관성력과 점성력의 비로 무차원수이다.

$$N_{Re} = \frac{관성력}{점성력} = \frac{DV\rho}{\mu} = \frac{DV}{\nu}$$

여기서, D : 관의 직경
ν : 유체 평균유속
ρ : 가스(유체) 밀도
μ : 가스(유체) 점도

49 전기집진장치에서 방전극과 집진극 사이의 거리가 10cm, 처리가스의 유입속도가 2m/sec, 입자의 분리속도가 5cm/sec일 때, 100% 집진 가능한 이론적인 집진극의 길이(m)는?(단, 배출가스의 흐름은 층류이다.)

① 2
② 4
③ 6
④ 8

풀이 집진극 길이(L) $= \dfrac{R \times V}{W_e}$

$$= \frac{0.1\text{m} \times 2\text{m}/\text{sec}}{0.05\text{m}/\text{sec}} = 4\text{m}$$

50 벤젠을 함유한 유해가스의 일반적 처리방법은?

① 세정법
② 선택환원법
③ 접촉산화법
④ 촉매연소법

풀이 벤젠의 일반적인 처리방법
㉠ 촉매연소법
㉡ 활성탄흡착법

51 연료에 관한 다음 설명 중 가장 거리가 먼 것은?

① 중유는 인화점을 기준으로 하여 주로 A, B, C 중유로 분류된다.

② 인화점이 낮을수록 연소는 잘되나 위험하며, C 중유의 인화점은 보통 70℃ 이상이다.

③ 기체연료는 연소 시 공급연료 및 공기량을 밸브를 이용하여 간단하게 임의로 조절할 수 있어 부하변동범위가 넓다.

④ 4℃ 물에 대한 15℃ 중유의 중량비를 비중이라고 하며, 중유 비중은 보통 0.92~0.97 정도이다.

(풀이) 중유는 점도를 기준으로 하여 주로 A, B, C 중유로 분류된다.

52 원심력 집진장치에 대한 설명으로 옳지 않은 것은?

① 사이클론의 배기관경이 클수록 집진율은 좋아진다.

② 블로 다운(blow down) 효과가 있으면 집진율이 좋아진다.

③ 처리 가스양이 많아질수록 내통경이 커져 미세한 입자의 분리가 안 된다.

④ 입구 가스속도가 클수록 압력손실은 커지나 집진율은 높아진다.

(풀이) 사이클론의 배기관경이 클수록 집진율은 낮아진다.

53 세정집진장치에서 관성충돌계수를 크게 하는 조건이 아닌 것은?

① 먼지의 밀도가 커야 한다.

② 먼지의 입경이 커야 한다.

③ 액적의 직경이 커야 한다.

④ 처리가스와 액적의 상대속도가 커야 한다.

(풀이) 관성충돌계수가 크려면 액적의 직경은 작아야 하며, 분진의 입경은 커야 한다.

54 같은 화학적 조성을 갖는 먼지의 입경이 작아질 때 입자의 특성변화에 관한 설명으로 가장 적합한 것은?

① Stokes 식에 따른 입자의 침강속도는 커진다.

② 중력집진장치에서 집진효율과는 무관하다.

③ 입자의 원심력은 커진다.

④ 입자의 비표면적은 커진다.

(풀이) ① Stokes 식에 따른 입자의 속도는 작아진다.
② 중력집진장치에서 집진효율과 밀접한 관계가 있다.
③ 입자의 원심력은 작아진다.

55 자동차 배출가스에서 질소산화물(NOx)의 생성을 억제시키거나 저감시킬 수 있는 방법과 가장 거리가 먼 것은?

① 배기가스 재순환장치(EGR)

② De – NOx 촉매장치

③ 터보차저 및 인터쿨러 사용

④ 외관 도장 실시

(풀이) 외관 도장 실시는 질소산화물 저감과 관련이 없다.

56 여과집진장치의 간헐식 탈진방식에 관한 설명으로 옳지 않은 것은?

① 분진의 재비산이 적다.

② 높은 집진율을 얻을 수 있다.

③ 고농도, 대용량의 처리가 용이하다.

④ 진동형과 역기류형, 역기류 진동형이 있다.

(풀이) 간헐식 탈진방식은 처리효율이 높고, 소량가스 처리에 적합하다.

57
두 개의 집진장치를 직렬로 연결하여 배출가스 중의 먼지를 제거하고자 한다. 입구 농도는 14g/m³이고, 첫 번째와 두 번째 집진장치의 집진효율이 각각 75%, 95%라면 출구 농도는 몇 mg/m³인가?

① 175 ② 211
③ 236 ④ 241

(풀이) $\eta_T = \eta_1 + \eta_2(1 - \eta_1)$
　　　$= 0.75 + [0.95(1 - 0.75)] = 0.9875$
　　$C_o = C_i \times (1 - \eta_T)$
　　　$= 14g/m^3 \times (1 - 0.9875)$
　　　$= 0.175g/m^3 \times 10^3 mg/g = 175mg/m^3$

58
공극률이 20%인 분진의 밀도가 1,700 kg/m³이라면, 이 분진의 겉보기 밀도(kg/m³)는?

① 1,280 ② 1,360
③ 1,680 ④ 2,040

(풀이) 겉보기 밀도 = 밀도 × (1 - 공극률)
　　　　　　 $= 1,700kg/m^3 \times (1 - 0.2)$
　　　　　　 $= 1,360kg/m^3$

59
중유 1kg에 수소 0.15kg, 수분 0.002kg이 포함되어 있고, 고위발열량이 10,000kcal/kg일 때, 이 중유 3kg의 저위발열량은 대략 몇 kcal인가?

① 29,990 ② 27,560
③ 10,000 ④ 9,200

(풀이) $H_l = H_h - 600(9H + W)$
　　　$= 10,000 - 600[(9 \times 0.15) + 0.002]$
　　　$= 9,188.8kcal/kg \times 3kg$
　　　$= 27,566.4kcal$

60
다음 연소장치 중 대용량 버너 제작이 용이하나 유량조절범위가 좁아(환류식 1 : 3, 비환류식 1 : 2 정도) 부하변동에 적응하기 어려우며, 연료 분사범위가 15~2,000L/hr 정도인 것은?

① 회전식 버너 ② 건타입 버너
③ 유압분무식 버너 ④ 고압기류 분무식 버너

(풀이) 유압분무식 버너
　　㉠ 연료분사범위(연소용량)
　　　　30~3,000L/hr(또는 15~2,000L/hr)
　　㉡ 유량조절범위
　　　　환류식 1 : 3, 비환류식 1 : 2로 유량조절범위가 좁아 부하변동에 적응하기 어렵다.
　　㉢ 유압
　　　　5~30kg/cm² 정도
　　㉣ 분사(분무)각도
　　　　40~90° 정도의 넓은 각도

제4과목　대기환경관계법규

61
대기환경보전법규상 환경기술인을 임명하지 아니한 경우 4차 행정처분기준으로 옳은 것은?

① 경고 ② 조업정지 5일
③ 조업정지 10일 ④ 선임명령

(풀이) 행정처분 기준
　　　1차(선임명령) → 2차(경고) → 3차(조업정지 5일) → 4차(조업정지 10일)

62 대기환경보전법규상 한국환경공단이 환경부장관에게 행하는 위탁업무 보고사항 중 "자동차 배출가스 인증생략현황"의 보고횟수 기준으로 옳은 것은?

① 연 4회 ② 연 2회
③ 연 1회 ④ 수시

풀이 위탁업무 보고사항

업무내용	보고횟수	보고기일
수시검사, 결함확인검사, 부품결함 보고서류의 접수	수시	위반사항 적발 시
결함확인검사 결과	수시	위반사항 적발 시
자동차배출가스 인증생략현황	연 2회	매 반기 종료 후 15일 이내
자동차 시험검사 현황	연 1회	다음 해 1월 15일까지

63 대기환경보전법규상 환경부령으로 정하는 바에 따라 사업자 스스로 방지시설을 설계·시공하고자 하는 사업자가 시·도지사에게 제출해야 하는 서류로 가장 거리가 먼 것은?

① 기술능력현황을 적은 서류
② 공사비내역서
③ 공정도
④ 방지시설의 설치명세서와 그 도면

풀이 자가방지설비를 설계·시공하고자 하는 사업자가 시·도지사에게 제출해야 하는 서류
㉠ 배출시설의 설치명세서
㉡ 공정도
㉢ 원료(연료를 포함한다) 사용량, 제품생산량 및 대기오염물질 등의 배출량을 예측한 명세서
㉣ 방지시설의 설치명세서와 그 도면
㉤ 기술능력현황을 적은 서류

64 악취방지법규상 악취배출시설 중 가죽제조시설(원피저장시설)의 용적규모(기준)는?

① 1m³ 이상 ② 2m³ 이상
③ 5m³ 이상 ④ 10m³ 이상

풀이 악취배출시설 중 가죽제조시설(원피저장시설)

시설 종류	시설 규모의 기준
가죽제조시설	• 용적이 10m³ 이상인 원피저장시설 • 연료사용량이 시간당 30kg 이상이거나 용적이 3m³ 이상인 석회적, 탈모, 탈회, 무두질, 염색 또는 도장·도장마무리용 건조공정을 포함하는 시설(인조가죽 제조시설을 포함한다)

65 악취방지법규상 지정악취물질인 메틸아이소뷰틸케톤의 악취 배출허용기준은?(단, 단위는 ppm이며, 공업지역)

① 35 이하 ② 30 이하
③ 4 이하 ④ 3 이하

풀이 지정악취물질 중 메틸아이소뷰틸케톤

구분	배출허용기준(ppm)		엄격한 배출허용기준의 범위(ppm)
	공업지역	기타 지역	공업지역
메틸아이소뷰틸케톤	3 이하	1 이하	1~3

66 대기환경보전법규상 구분하고 있는 건설기계에 해당하는 종류와 거리가 먼 것은?

① 불도저 ② 골재살포기
③ 천공기 ④ 전동식 지게차

풀이 전동식 지게차는 건설기계에 해당하는 종류에서 제외한다.

67 대기환경보전법규상 자동차연료 제조기준 중 90% 유출온도(℃) 기준으로 옳은 것은? (단, 휘발유 적용)

① 200 이하　　② 190 이하
③ 180 이하　　④ 170 이하

풀이 자동차연료 제조기준(휘발유)

항목	제조기준
방향족화합물 함량(부피%)	24(21) 이하
벤젠 함량(부피%)	0.7 이하
납 함량(g/L)	0.013 이하
인 함량(g/L)	0.0013 이하
산소 함량(무게%)	2.3 이하
올레핀 함량(부피%)	16(19) 이하
황 함량(ppm)	10 이하
증기압(kPa, 37.8℃)	60 이하
90% 유출온도(℃)	170 이하

68 대기환경보전법규상 제1차 금속 제조시설 중 금속의 용융·용해 또는 열처리시설에서 대기오염물질 배출시설기준으로 옳지 않은 것은?

① 시간당 100킬로와트 이상인 전기아크로(유도로를 포함한다)
② 노상면적이 4.5제곱미터 이상인 반사로
③ 1회 주입 연료 및 원료량의 합계가 0.5톤 이상인 제선로
④ 1회 주입 원료량이 0.5톤 이상이거나 연료사용량이 시간당 30킬로그램 이상인 도가니로

풀이 금속의 용융·제련 또는 열처리시설 중 대기오염물질 배출시설기준
　㉠ 시간당 300킬로와트 이상인 전기아크로[유도로를 포함한다]
　㉡ 노상면적이 4.5제곱미터 이상인 반사로
　㉢ 1회 주입 연료 및 원료량의 합계가 0.5톤 이상이거나 풍구(노복)면의 횡단면적이 0.2제곱미터 이상인 다음의 시설

　• 용선로 또는 제선로
　• 용융·용광로 및 관련시설
　㉣ 1회 주입 원료량이 0.5톤 이상이거나 연료사용량이 시간당 30킬로그램 이상인 도가니로
　㉤ 연료사용량이 시간당 30킬로그램 이상이거나 용적이 1세제곱미터 이상인 다음의 시설

• 전로	• 정련로
• 배소로	• 소결로 및 관련시설
• 환형로	• 가열로
• 용융·용해로	• 열처리로
• 전해로	• 건조로

69 대기환경보전법규상 사업자 등은 굴뚝배출가스 온도측정기를 새로 설치하거나 교체하는 경우에는 국가표준기본법에 의한 교정을 받아야 하는데 그 기록은 최소 몇 년 이상 보관하여야 하는가?

① 1년 이상　　② 2년 이상
③ 3년 이상　　④ 10년 이상

풀이 측정기기의 운영·관리 기준에서 굴뚝배출가스 온도측정기를 새로 설치하거나 교체하는 경우에는 국가표준기본법에 따른 교정을 받아야 한다. 이때 그 기록은 최소 3년 이상 보관하여야 한다.

70 대기환경보전법령상 대기오염 경보단계 중 "중대경보 발령" 시 조치사항만으로 옳게 나열한 것은?

① 자동차 사용의 자제 요청, 사업장의 연료사용량 감축 권고
② 주민의 실외활동 및 자동차 사용의 자제 요청
③ 자동차 사용의 제한명령 및 사업장의 연료사용량 감축 권고
④ 주민의 실외활동 금지 요청, 사업장의 조업시간 단축명령

중대경보 발령 시 조치사항
  ㉠ 주민의 실외활동 금지요청
  ㉡ 자동차의 통행금지
  ㉢ 사업장의 조업시간 단축명령

71 대기환경보전법규상 자동차연료 검사기관은 검사대상 연료의 종류에 따라 구분하고 있는데, 다음 중 그 구분으로 옳지 않은 것은?

① 휘발유 · 경유 검사기관
② 오일샌드 · 셰일가스 검사기관
③ 엘피지(LPG) 검사기관
④ 천연가스(CNG) · 바이오가스 검사기관

풀이 검사대상 연료의 종류
  휘발유 · 경유 · 바이오디젤, LPG · CNG · 바이오가스가 있다.

72 대기환경보전법상 환경부장관은 대기오염물질과 온실가스를 줄여 대기환경을 개선하기 위한 대기환경개선 종합계획을 몇 년마다 수립하여 시행하여야 하는가?

① 3년
② 5년
③ 10년
④ 15년

풀이 환경부장관은 대기오염물질과 온실가스를 줄여 대기환경을 개선하기 위하여 대기환경개선 종합계획(이하 "종합계획"이라 한다)을 10년마다 수립하여 시행하여야 한다.

73 대기환경보전법규상 정밀검사대상 자동차 및 정밀검사 유효기간기준으로 옳지 않은 것은?

① 비사업용 승용자동차로서 차령 4년 경과된 자동차의 검사유효기간은 2년이다.
② 비사업용 기타자동차로서 차령 3년 경과된 자동차의 검사유효기간은 1년이다.
③ 사업용 승용자동차로서 차령 2년 경과된 자동차의 검사유효기간은 2년이다.
④ 사업용 기타자동차로서 차령 2년 경과된 자동차의 검사유효기간은 1년이다.

풀이 정밀검사 대상 자동차 및 정밀검사 유효기간

차종		정밀검사 대상 자동차	검사 유효기간
비사업용	승용자동차	차령 4년 경과된 자동차	2년
	기타자동차	차령 3년 경과된 자동차	
사업용	승용자동차	차령 2년 경과된 자동차	1년
	기타자동차	차령 2년 경과된 자동차	

74 대기환경보전법령상 초과부과금 부과대상 오염물질과 거리가 먼 것은?

① 이황화탄소
② 염화수소
③ 탄화수소
④ 염소

풀이 초과부과금 부과대상 오염물질
  ㉠ 황산화물
  ㉡ 암모니아
  ㉢ 황화수소
  ㉣ 이황화탄소
  ㉤ 먼지
  ㉥ 불소화물
  ㉦ 염화수소
  ㉧ 질소산화물
  ㉨ 시안화수소
  ※ 법규 변경사항이므로 풀이의 내용으로 학습하시기 바랍니다.

75 대기환경보전법규상 2016년 1월 1일 이후 제작자동차의 배출가스 보증기간 적용기준으로 옳지 않은 것은?

① 휘발유 경자동차 : 15년 또는 240,000km
② 휘발유 대형 승용 · 화물자동차 : 2년 또는 160,000km
③ 가스 초대형 승용 · 화물자동차 : 2년 또는 160,000km
④ 가스 경자동차 : 5년 또는 80,000km

(풀이) 배출가스 보증기간

사용연료	자동차의 종류	적용기간	
휘발유	경자동차, 소형 승용 · 화물자동차, 중형 승용 · 화물자동차	15년 또는 240,000km	
	대형 승용 · 화물자동차, 초대형 승용 · 화물자동차	2년 또는 160,000km	
	이륜자동차	최고속도 130km/h 미만	2년 또는 20,000km
		최고속도 130km/h 이상	2년 또는 35,000km
가스	경자동차	10년 또는 192,000km	
	소형 승용 · 화물자동차, 중형 승용 · 화물자동차	15년 또는 240,000km	
	대형 승용 · 화물자동차, 초대형 승용 · 화물자동차	2년 또는 160,000km	

76 대기환경보전법상 이륜자동차 소유자는 배출가스가 운행차배출허용기준에 맞는지 이륜자동차 배출가스 정기검사를 받아야 한다. 이를 받지 아니한 경우 과태료 부과기준으로 옳은 것은?

① 100만 원 이하의 과태료를 부과한다.
② 50만 원 이하의 과태료를 부과한다.
③ 30만 원 이하의 과태료를 부과한다.
④ 10만 원 이하의 과태료를 부과한다.

(풀이) 대기환경보전법 제94조 참조

77 실내공기질 관리법규상 신축 공동주택의 실내공기질 권고기준으로 옳지 않은 것은?

① 에틸벤젠 $360\mu g/m^3$ 이하
② 폼알데하이드 $210\mu g/m^3$ 이하
③ 벤젠 $300\mu g/m^3$ 이하
④ 톨루엔 $1,000\mu g/m^3$ 이하

(풀이) 신축공동주택의 실내공기질 권고기준(2019년 7월부터 적용)
  ㉠ 폼알데하이드 : $210\mu g/m^3$ 이하
  ㉡ 벤젠 : $30\mu g/m^3$ 이하
  ㉢ 톨루엔 : $1,000\mu g/m^3$ 이하
  ㉣ 에틸벤젠 : $360\mu g/m^3$ 이하
  ㉤ 자일렌 : $700\mu g/m^3$ 이하
  ㉥ 스티렌 : $300\mu g/m^3$ 이하
  ㉦ 라돈 : $148Bq/m^3$ 이하

78 대기환경보전법령상 사업자가 기본부과금의 징수유예나 분할납부가 불가피하다고 인정되는 경우, 기본부과금의 징수유예기간과 분할납부 횟수기준으로 옳은 것은?

① 유예한 날의 다음 날부터 다음 부과기간의 개시일 전일까지, 24회 이내
② 유예한 날의 다음 날부터 다음 부과기간의 개시일 전일까지, 12회 이내
③ 유예한 날의 다음 날부터 다음 부과기간의 개시일 전일까지, 6회 이내
④ 유예한 날의 다음 날부터 다음 부과기간의 개시일 전일까지, 4회 이내

(풀이) 징수유예 기간 중의 분할납부의 횟수
  ㉠ 기본부과금 : 유예한 날의 다음 날부터 다음 부과기간의 개시일 전일까지, 4회 이내
  ㉡ 초과부과금 : 유예한 날의 다음 날부터 2년 이내, 12회 이내

79 대기환경보전법상 한국자동차환경협회의 정관으로 정하는 업무와 가장 거리가 먼 것은? (단, 그 밖의 사항 등은 고려하지 않는다.)

① 운행차 저공해화 기술개발 및 배출가스저감장치의 보급
② 자동차 배출가스 저감사업의 지원과 사후관리에 관한 사항
③ 운행차 배출가스 검사와 정비기술의 연구 · 개발사업
④ 삼원촉매장치의 판매 및 보급

(풀이) 한국자동차환경협회의 업무
　㉠ 운행차 저공해화 기술개발 및 배출가스저감장치의 보급
　㉡ 자동차 배출가스 저감사업의 지원과 사후관리에 관한 사항
　㉢ 운행차 배출가스 검사와 정비기술의 연구 · 개발사업
　㉣ 환경부장관 또는 시 · 도지사로부터 위탁받은 업무
　㉤ 그 밖에 자동차 배출가스를 줄이기 위하여 필요한 사항

80 대기환경보전법령상 초과부과금 산정기준에서 다음 오염물질 중 오염물질 1킬로그램당 부과금액이 가장 큰 것은?

① 불소화합물　　② 암모니아
③ 시안화수소　　④ 황화수소

(풀이) 초과부과금 산정기준

오염물질 \ 구분	오염물질 1킬로그램당 부과금액
황산화물	500
먼지	770
질소산화물	2,130
암모니아	1,400
황화수소	6,000

	이황화탄소	1,600
특정 유해물질	불소화물	2,300
	염화수소	7,400
	시안화수소	7,300

※ 법규 변경사항이므로 풀이의 내용으로 학습하시기 바랍니다.

2018년 제2회 대기환경산업기사

제1과목 대기오염개론

01 다음 중 리차드슨 수에 대한 설명으로 가장 적합한 것은?

① 리차드슨 수가 큰 음의 값을 가지면 대기는 안정한 상태이며, 수직방향의 혼합은 없다.
② 리차드슨 수가 0에 접근할수록 분산이 커진다.
③ 리차드슨 수는 무차원수로 대류난류를 기계적인 난류로 전환시키는 율을 측정한 것이다.
④ 리차드슨 수가 0.25보다 크면 수직방향의 혼합이 커진다.

(풀이) ① 리차드슨 수가 큰 음의 값을 가지면 대기는 불안정한 상태이며, 수직방향의 혼합이 지배적이다.
② 리차드슨 수가 0에 접근할수록 분산이 줄어든다.
④ 리차드슨 수가 0.25보다 크면 수직방향의 혼합은 거의 없게 되고 수평상의 소용돌이만 남게 된다.

02 대기의 상태가 약한 역전일 때 풍속은 3m/s이고, 유효굴뚝 높이는 78m이다. 이때 지상의 오염물질이 최대 농도가 될 때의 착지거리는?(단, Sutton의 최대 착지거리의 관계식을 이용하여 계산하고, K_y, K_z는 모두 0.13, 안정도 계수(n)는 0.33을 적용할 것)

① 2,123.9m
② 2,546.8m
③ 2,793.2m
④ 3,013.8m

(풀이)
$$X_{max} = \left(\frac{H_e}{K_z}\right)^{\frac{2}{2-n}} = \left(\frac{78m}{0.13}\right)^{\frac{2}{2-0.33}}$$
$$= 2,123.87m$$

03 경도모델(K – 이론모델)의 가정으로 옳지 않은 것은?

① 오염물질은 지표를 침투하며 반사되지 않는다.
② 배출원에서 오염물질의 농도는 무한하다.
③ 풍하 측으로 지표면은 평평하고 균등하다.
④ 풍하 쪽으로 가면서 대기의 안정도는 일정하고 확산계수는 변하지 않는다.

(풀이) 오염물질은 지표를 침투하지 못하고 반사한다.

04 다음 중 "CFC – 114"의 화학식 표현으로 옳은 것은?

① CCl_3F
② $CClF_2 \cdot CClF_2$
③ $CCl_2F \cdot CClF_2$
④ $CCl_2F \cdot CCl_2F$

(풀이) CFC – 114 화학식
$C_2F_4Cl_2[CClF_2 \cdot CClF_2]$
※ 114에서 4는 F의 수를 의미한다.

05 A공장에서 배출되는 이산화질소의 농도가 770ppm이다. 이 공장에서 시간당 배출가스양이 108.2Sm³라면 하루에 발생되는 이산화질소는 몇 kg인가?(단, 표준상태 기준, 공장은 연속 가동됨)

① 1.71
② 2.58
③ 4.11
④ 4.56

(풀이) NO_2(kg/day)
$$= 108.2Sm^3/hr \times 770mL/m^3 \times \frac{46mg}{22.4mL}$$
$$\times kg/10^6mg \times 24hr/day$$
$$= 4.106kg$$

06 다음 중 이산화황에 약한 식물과 가장 거리가 먼 것은?

① 보리
② 담배
③ 옥수수
④ 자주개나리

풀이 이산화황에 약한 식물
㉠ 자주개나리, 목화, 보리, 콩, 담배, 시금치 등
㉡ 옥수수는 이산화황에 강한 식물이다.

07 "수용모델"에 관한 설명으로 가장 거리가 먼 것은?

① 새로운 오염원, 불확실한 오염원과 불법 배출 오염원을 정량적으로 확인 평가할 수 있다.
② 지형, 기상학적 정보 없이도 사용 가능하다.
③ 측정자료를 입력자료로 사용하므로 시나리오 작성이 용이하다.
④ 현재나 과거에 일어났던 일을 추정하여 미래를 위한 계획을 세울 수 있으나 미래 예측은 어렵다.

풀이 수용모델은 측정자료를 입력자료로 사용하므로 시나리오 작성이 곤란하다.

08 어떤 대기오염 배출원에서 아황산가스를 0.7%(V/V) 포함한 물질이 47m³/s로 배출되고 있다. 1년 동안 이 지역에서 배출되는 아황산가스의 배출량은?(단, 표준상태를 기준으로 하며, 배출원은 연속가동된다고 한다.)

① 약 29,644t
② 약 48,398t
③ 약 57,983t
④ 약 68,000t

풀이 아황산가스양

$$= 47\text{m}^3/\text{sec} \times 0.007 \times \frac{64\text{kg}}{22.4\text{Sm}^3} \times \text{ton}/10^3\text{kg}$$
$$\times 60\text{sec/min} \times 60\text{min/hr}$$
$$\times 24\text{hr/day} \times 365\text{day/year}$$
$$= 29,643.84\text{ton}$$

09 주변환경 조건이 동일하다고 할 때, 굴뚝의 유효고도가 1/2로 감소한다면 하류 중심선의 최대지표농도는 어떻게 변화하는가?(단, Sutton의 확산식을 이용)

① 원래의 1/4
② 원래의 1/2
③ 원래의 4배
④ 원래의 2배

풀이 $C_{\max} \propto \dfrac{1}{H_e^2} = \dfrac{1}{(1/2)^2} = 4$ (4배로 증가)

10 2차 대기오염물질로만 옳게 나열한 것은?

① O_3, NH_3
② SiO_2, NO_2
③ HCl, PAN
④ H_2O_2, $NOCl$

풀이 2차 오염물질의 종류
대부분 광산화물로서 O_3, PAN($CH_3COOONO_2$), H_2O_2, $NOCl$, 아크롤레인(CH_2CHCHO), SO_3, NO_2 등

11 대기권의 성질에 대한 설명 중 옳지 않은 것은?

① 대류권의 높이는 보통 여름철보다는 겨울철에, 저위도보다는 고위도에서 낮게 나타난다.
② 대기의 밀도는 기온이 낮을수록 높아지므로 고도에 따른 기온분포로부터 밀도분포가 결정된다.
③ 대류권에서의 대기 기온체감률은 $-1℃/100\text{m}$이며, 기온변화에 따라 비교적 비균질한 기층(hetero-geneous layer)이 형성된다.

④ 대기의 상하운동이 활발한 정도를 난류강도라 하고, 여기에 열적인 난류와 역학적인 난류가 있으며, 이들을 고려한 안정도로서 리차드슨 수가 있다.

(풀이) 대류권에서의 대기기온 체감률은 $-0.65℃/100m$ 이며, 기온변화에 따라 비교적 균질한 기층이 형성된다.

12 다음은 대기오염물질이 인체에 미치는 영향에 관한 설명이다. ( ) 안에 가장 적합한 것은?

( )은(는) 혈관 내 용혈을 일으키며, 두통, 오심, 흉부 압박감을 호소하기도 한다. 10ppm 정도에 폭로되면 혼미, 혼수, 사망에 이른다. 대표적 3대 증상으로는 복통, 황달, 빈뇨가 있으며, 만성적인 폭로에 의한 국소 증상으로는 손·발바닥에 나타나는 각화증, 각막궤양, 비중격 천공, 탈모 등을 들 수 있다.

① 납   ② 수은
③ 비소   ④ 망간

(풀이) 비소(As)
  ㉠ 대표적 3대 증상으로는 복통, 황달, 빈뇨가 있다.
  ㉡ 만성적인 폭로에 의한 국소증상으로는 손·발바닥에 나타나는 각화증, 각막궤양, 비중격 천공, 탈모 등을 들 수 있다.
  ㉢ 급성폭로는 섭취 후 수분 내지 수 시간 내에 일어나며 오심, 구토, 복통, 피가 섞인 심한 설사를 유발한다.
  ㉣ 급성 또는 만성중독 시 용혈을 일으켜 빈혈, 과빌리루빈혈증 등이 생긴다.
  ㉤ 급성중독일 경우 치료방법으로는 활성탄과 하제를 투여하고 구토를 유발시킨다.
  ㉥ 쇼크의 치료에는 강력한 수액제와 혈압상승제를 사용한다.

13 오존 전량이 330DU이라는 것을 오존의 양을 두께로 표시하였을 때는 어느 정도인가?

① 3.3mm   ② 3.3cm
③ 330mm   ④ 330cm

(풀이) 오존층의 두께를 표시하는 단위는 돕슨(Dobson)이다. 지구대기 중의 오존 총량을 표준상태에서 두께로 환산했을 때 1mm를 100돕슨으로 정하고 있다.

14 교토의정서상 온실효과에 기여하는 6대 물질과 거리가 먼 것은?

① 이산화탄소   ② 메탄
③ 과불화규소   ④ 아산화질소

(풀이) 6대 온실가스
  이산화탄소, 메탄, 아산화질소, 수소불화탄소, 과불화탄소, 육불화황

15 입자의 커닝험(Cunningham) 보정계수 (C_f)에 관한 설명으로 가장 적합한 것은?

① 커닝험계수 보정은 입경 $d \gg 3\mu m$ 일 때, $C_f > 1$ 이다.
② 커닝험계수 보정은 입경 $d \ll 3\mu m$ 일 때, $C_f = 1$ 이다.
③ 유체 내를 운동하는 입자직경이 항력계수에 어떻게 영향을 미치는가를 설명하는 것이다.
④ 커닝험계수 보정은 입경 $d \gg 3\mu m$ 일 때, $C_f < 1$ 이다.

(풀이) 커닝험(Cunningham) 보정계수(C_f)
  ㉠ 유체 내를 운동하는 입자의 직경이 항력계수에 어떻게 영향을 미치는가를 설명하는 것이다.
  ㉡ 커닝험 보정계수는 통상 1 이상이며, 이 값은 가스의 온도가 높을수록, 분진이 미세할수록, 가스분자의 직경이 작을수록, 가스압력이 낮

을수록 증가하게 된다.

ⓒ 커닝험계수 보정은 입경 $d \gg 3\mu m$일 때, $C_f = 1$이다.

16 다음 중 메탄의 지표 부근 배경농도 값으로 가장 적합한 것은?

① 약 0.15ppm   ② 약 1.5ppm

③ 약 30ppm   ④ 약 300ppm

(풀이) 표준상태에서 건조공기 중 메탄의 농도는 1.5~1.7ppm 정도이다.

17 다음 대기오염물질 중 아래 표와 같이 식물에 대한 특성을 나타내는 것으로 가장 적합한 것은?

- 피해증상 – 잎의 선단부나 엽록부에 피해를 주는 방식으로 나타남
- 피해성숙도 – 매우 적은 농도에서의 피해를 주며, 어린 잎에 현저하게 나타나는 편임
- 저항력이 약한 것 – 글라디올러스
- 저항력이 강한 것 – 명아주, 질경이 등

① SO_2 ② O_3

③ PAN   ④ 불소화합물

(풀이) 불소 및 불소화합물

ⓐ 주로 잎의 끝이나 가장자리의 발육부진이 두드러지며 균에 의한 병이 발생하며 어린 잎에 피해가 현저한 편이다.(잎의 선단부나 엽록부에 피해)

ⓑ HF에 저항성이 강한 식물 : 자주개나리, 장미, 콩, 담배, 목화, 라일락, 시금치, 토마토, 민들레, 명아주, 질경이 등

ⓒ HF에 민감한(약한) 식물 : 글라디올러스, 옥수수, 살구, 복숭아, 어린 소나무, 메밀, 자두 등

18 다음 대기오염물질과 주요 배출 관련 업종의 연결이 잘못 짝지어진 것은?

① 염화수소 – 소다공업, 활성탄 제조

② 질소산화물 – 비료, 폭약, 필름제조

③ 불화수소 – 인산비료공업, 유리공업, 요업

④ 염소 – 용광로, 식품가공

(풀이) 염소배출업종

소다공법, 농약제조, 화학공업

19 정상적인 대기의 성분을 농도(V/V%)순으로 표시하였다. 올바른 것은?

① $N_2 > O_2 > Ne > CO_2 > Ar$

② $N_2 > O_2 > Ar > CO_2 > Ne$

③ $N_2 > O_2 > CO_2 > Ar > Ne$

④ $N_2 > O_2 > CO_2 > Ne > Ar$

(풀이) 대기 성분의 부피비율(농도)

$N_2 > O_2 > Ar > CO_2 > Ne > He > H_2 > CO > Kr > Xe$

20 다음 ( ) 안에 공통으로 들어갈 물질은?

( )은 금속양 원소로서 화성암, 퇴적암, 황과 구리를 함유한 무기질 광석에 많이 분포되어 있으며, 상업용 ( )은 주로 구리의 전기분해 정련 시 찌꺼기로부터 추출된다. 또한 인체에 필수적인 원소로서 적혈구가 산화됨으로써 일어나는 손상을 예방하는 글루타티온 과산화 효소의 보조인자 역할을 한다.

① Ca   ② Ti

③ V   ④ Se

(풀이) 셀레늄(Se)

ⓐ 생체 내에 미량 존재하며 생물의 생존에 필수적인 요소로서 당 대사과정에서의 탈탄산반응에 관여하는 동시에 비타민 E의 증가나 지방분

감소에도 효과가 있으며, 특히 As의 길항제로서도 관여한다.
ⓛ 인체에 폭로 시 숨을 쉴 때나 땀을 흘릴 때 마늘냄새가 나며, 만성적인 대기 중 폭로 시 오심과 소화불량과 같은 위장관 증상도 호소하며 결막염을 일으키는데, 이를 'Rose Eye'라고 부른다.
ⓒ 급성폭로 시 심한 호흡기 자극을 일으켜 기침, 흉통, 호흡곤란 등을 유발하며, 심한 경우 폐부종을 동반한 화학성 폐렴이 생기기도 한다.

제2과목 대기오염공정시험기준(방법)

21 다음 분석대상물질과 그 측정법과의 연결이 잘못 짝지어진 것은?

① 시안화수소 – 피리딘 피라졸론법
② 포름알데히드 – 크로모트로핀산법
③ 황화수소 – 메틸렌블루법
④ 불소화합물 – 페놀디설폰산법

(풀이) 배출가스 중 불소화합물의 분석방법
ㄱ 자외선/가시선 분광법(란탄 – 알리자린 컴플렉션법)
ㄴ 적정법(질산토륨 – 네오트린법)

22 굴뚝 배출가스 중의 먼지 측정 시 등속흡입 정도를 알기 위한 등속흡입계수 I(%) 범위기준은?(단, 다시 시료채취를 행하지 않는 범위기준)

① 90~110% ② 95~115%
③ 95~110% ④ 90~105%

(풀이) 등속흡입 정도를 알기 위하여 다음 식에 의해 구한 값이 95~110% 범위여야 한다.

$$I(\%) = \frac{V_m}{q_m \times t} \times 100$$

23 자외선가시선분광법 분석장치 구성에 관한 설명으로 옳지 않은 것은?

① 일반적인 장치 구성순서는 시료부 – 광원부 – 파장선택부 – 측광부 순이다.
② 단색장치로는 프리즘, 회절격자 또는 이 두 가지를 조합시킨 것을 사용하며 단색광을 내기 위하여 슬릿(slit)을 부속시킨다.
③ 광전관, 광전자증배관은 주로 자외 내지 가시파장 범위에서, 광전도셀은 근적외 파장범위에서 사용한다.
④ 광전분광광도계에는 미분측광, 2파장측광, 시차측광이 가능한 것도 있다.

(풀이) 자외선가시선분광법의 장치 구성순서는 광원부 – 파장선택부 – 시료부 – 측광부 순이다.

24 대기오염물질의 시료 채취에 사용되는 그림과 같은 기구를 무엇이라 하는가?

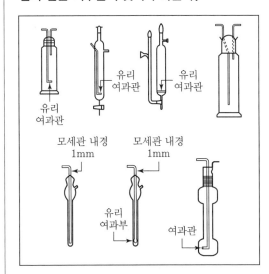

유리 여과관
유리 여과관
유리 여과관

모세관 내경 1mm
모세관 내경 1mm

유리 여과부
여과관

① 흡수병 ② 진공병
③ 채취병 ④ 채취관

(풀이) 시료 채취에 사용되는 흡수병을 나타낸 그림이다.

25 굴뚝 배출가스 중의 산소를 자동으로 측정하는 방법으로 원리 면에서 자기식과 전기화학식 등으로 분류할 수 있다. 다음 중 전기화학식 방식에 해당하지 않는 것은?

① 정전위 전해형　　② 덤벨형
③ 폴라로그래프형　　④ 갈바니전지형

(풀이) 굴뚝 배출가스 중의 산소를 자동으로 측정하는 방법
　ㄱ 자기식
　　• 자기풍방식
　　• 자기력방식(덤벨형, 압력검출형)
　ㄴ 전기화학식
　　• 질코니아 방식
　　• 전극방식(정전위 전해형, 폴라로그래프형, 갈바니 전지형)

26 배출허용기준 시험방법에 준하여 질소산화물(표준산소 농도를 적용받음) 실측농도를 측정한 결과 280ppm이었고, 실측 산소농도는 3.7%이다. 표준산소 농도로 보정한 질소산화물 농도는 얼마인가?(단, 표준산소 농도 : 4%)

① 265ppm　　　② 270ppm
③ 275ppm　　　④ 285ppm

(풀이) $C = C_a \times \dfrac{21 - O_s}{21 - O_a} = 280\text{ppm} \times \dfrac{21 - 4}{21 - 3.7}$

$= 275.14\text{ppm}$

27 자동연속측정기에 의한 아황산가스의 불꽃광도측정법에서 시료를 공기 또는 질소로 묽힌 후 수소불꽃 중에 도입하여 발광광도를 측정하여야 하는 파장은?

① 265nm 부근　　② 394nm 부근
③ 470nm 부근　　④ 560nm 부근

(풀이) 환원성 수소불꽃에 도입된 아황산가스가 불꽃 중에서 환원될 때 발생하는 빛 가운데 394nm 부근의 빛에 대한 발광강도를 측정하여 연도배출가스 중 아황산가스 농도를 구한다.

28 시험에 사용하는 시약이 따로 규정 없이 단순히 보기와 같이 표시되었을 때 다음 중 그 규정한 농도(%)가 일반적으로 가장 높은 값을 나타내는 것은?

① HNO_3　　　② HCl
③ CH_3COOH　　④ HF

(풀이) 시약의 농도

명칭	화학식	농도(%)	비중(약)
염산	HCl	35.0~37.0	1.18
질산	HNO_3	60.0~62.0	1.38
황산	H_2SO_4	95% 이상	1.84
초산(Acetic Acid)	CH_3COOH	99.0% 이상	1.05
인산	H_3PO_4	85.0% 이상	1.69
암모니아수	NH_4OH	28.0~30.0 (NH_3로서)	0.90
과산화수소	H_2O_2	30.0~35.0	1.11
불화수소산	HF	46.0~48.0	1.14
요오드화수소산	HI	55.0~58.0	1.70
브롬화수소산	HBr	47.0~49.0	1.48
과염소산	$HClO_4$	60.0~62.0	1.54

29 굴뚝배출가스상 물질 시료채취장치 중 연결관에 관한 설명으로 옳지 않은 것은?

① 연결관은 가능한 한 수직으로 연결해야 하고 부득이 구부러진 관을 쓸 경우에는 응축수가 흘러나오기 쉽도록 경사지게(5° 이상) 한다.
② 연결관의 안지름은 연결관의 길이, 흡입가스의 유량, 응축수에 의한 막힘 또는 흡입펌프의 능력 등을 고려해서 4~25mm로 한다.

③ 하나의 연결관으로 여러 개의 측정기를 사용할 경우 각 측정기 앞에서 연결관을 병렬로 연결하여 사용한다.

④ 연결관의 길이는 되도록 길게 하며, 10m를 넘지 않도록 한다.

(풀이) 연결관의 길이는 되도록 짧게 하고, 부득이 길게 해서 쓰는 경우에는 이음매가 없는 배관을 써서 접속 부분을 적게 하고 받침기구로 고정해서 사용해야 하며, 76m를 넘지 않도록 한다.

30 굴뚝 배출가스 중 금속화합물을 자외선/가시선 분광법으로 분석할 때, 다음 중 측정하는 흡광도의 파장값(nm)이 가장 큰 금속화합물은?

① 아연　　　　　② 수은
③ 구리　　　　　④ 니켈

(풀이) 흡광도의 파장값
　① 아연 : 535nm　② 수은 : 490nm
　③ 구리 : 400nm　④ 니켈 : 450nm

31 자외선가시선분광법에서 흡수셀의 세척 방법에 관한 설명 중 가장 거리가 먼 것은?

① 탄산소듐(Na_2CO_3) 용액(2W/V%)에 소량의 음이온 계면활성제(보기 : 액상 합성세제)를 가한 용액에 흡수셀을 담가 놓고 필요하면 40~50℃로 약 10분간 가열한다.

② 흡수셀을 꺼내 물로 씻은 후 질산(1+5)에 소량의 과산화수소를 가한 용액에 약 30분간 담가둔다.

③ 흡수셀을 새로 만든 크롬산과 황산용액에 약 1시간 담근 다음 흡수셀을 꺼내어 물로 충분히 씻어내어 사용해도 된다.

④ 빈번하게 사용할 때는 물로 잘 씻은 다음 식염수(9%)에 담가두고 사용한다.

(풀이) 빈번하게 사용할 때는 물로 잘 씻은 다음 증류수를 넣은 용기에 담가두고 사용한다.

32 흡광광도 측정에서 최초광의 75%가 흡수되었을 때 흡광도는 약 얼마인가?

① 0.25　　　　　② 0.3
③ 0.6　　　　　④ 0.75

(풀이) $흡광도(A) = \log\dfrac{1}{투과율}$
　　　$= \log\dfrac{1}{(1-0.75)} = 0.60$

33 다음은 방울수에 관한 정의이다. ( ) 안에 알맞은 것은?

> 방울수라 함은 (㉠)℃에서 정제수 (㉡)방울을 떨어뜨릴 때 그 부피가 약 (㉢)mL가 되는 것을 말한다.

① ㉠ 10, ㉡ 10, ㉢ 1
② ㉠ 10, ㉡ 20, ㉢ 1
③ ㉠ 20, ㉡ 10, ㉢ 1
④ ㉠ 20, ㉡ 20, ㉢ 1

(풀이) 방울수
20℃에서 정제수 20방울을 떨어뜨릴 때 그 부피가 약 1mL가 되는 것을 말한다.

34 배출가스 중의 총탄화수소를 불꽃이온화 검출기로 분석하기 위한 장치구성에 관한 설명과 가장 거리가 먼 것은?

① 시료도관은 스테인리스강 또는 불소수지 재질로 시료의 응축방지를 위해 검출기까지의 모든 라인이 150~180℃를 유지해야 한다.

② 시료채취관은 유리관 재질의 것으로 하고 굴뚝 중심 부분의 30% 범위 내에 위치할 정도의 길이의 것을 사용한다.

③ 기록계를 사용하는 경우에는 최소 4회/min이 되는 기록계를 사용한다.

④ 영점 및 교정가스를 주입하기 위해서는 3방콕이나 순간연결장치(quick connector)를 사용한다.

(풀이) 시료채취관은 스테인리스강 또는 이와 동등한 재질의 것으로 휘발성유기화합물의 흡착과 변질이 없어야 하고 굴뚝 중심 부분의 10% 범위 내에 위치할 정도의 길이의 것을 사용한다.

35 이온크로마토그래피 구성장치에 관한 설명으로 옳지 않은 것은?

① 서프레서는 관형과 이온교환막형이 있으며, 관형은 음이온에는 스티롤계 강산형(H⁺) 수지가 사용된다.

② 분리관의 재질은 내압성, 내부식성으로 용리액 및 시료액과 반응성이 큰 것을 선택하며 주로 스테인리스관이 사용된다.

③ 용리액조는 용출되지 않는 재질로서 용리액을 직접공기와 접촉시키지 않는 밀폐된 것을 선택한다.

④ 검출기는 분리관 용리액 중 시료성분의 유무와 양을 검출하는 부분으로 일반적으로 전도도 검출기를 많이 사용하는 편이다.

(풀이) 분리관의 재질은 내압성, 내부식성으로 용리액 및 시료액과 반응성이 작은 것을 선택하며 에폭시수지관 또는 유리관이 사용된다. 일부는 스테인리스관이 사용되지만 금속이온 분리용으로는 좋지 않다.

36 냉증기 원자흡수분광광도법으로 굴뚝 배출가스 중 수은을 측정하기 위해 사용하는 흡수액으로 옳은 것은?(단, 질량분율)

① 4% 과망간산포타슘 / 10% 질산

② 4% 과망간산포타슘 / 10% 황산

③ 10% 과망간산포타슘 / 6% 질산

④ 6% 과망간산포타슘 / 10% 질산

(풀이) 10% 황산(H_2SO_4, sulfuric acid, 분자량 : 98.08, 순도 : 1급 이상)에 과망간산포타슘($KMnO_4$, potassium permanganate, 분자량 : 158.03, 순도 : 1급 이상) 40g을 넣어 10% 황산을 가하여 최종 부피를 1L로 한다.

37 환경대기 중 시료채취 방법에서 인구비례에 의한 방법으로 시료채취지점 수를 결정하고자 한다. 그 지역의 인구밀도가 4,000명/km², 그 지역 거주지 면적이 5,000km², 전국 평균 인구밀도가 5,000명/km²일 때, 시료채취지점 수는?

① 110개 ② 160개
③ 250개 ④ 320개

(풀이) 인구비례에 의한 방법
측정점 수
$$= \frac{\text{그 지역 거주지 면적}}{25km^2} \times \frac{\text{그 지역 인구밀도}}{\text{전국 평균인구밀도}}$$
$$= \frac{5,000km^2}{25km^2} \times \frac{4,000\text{명}/km^2}{5,000\text{명}/km^2} = 160\text{개}$$

38 대기오염공정시험기준상 시험의 기재 및 용어의 의미로 옳은 것은?

① "정확히 단다"라 함은 규정한 양의 검체를 취하여 분석용 저울로 0.1mg까지 다는 것을 뜻한다.

② 고체성분의 양을 "정확히 취한다"라 함은 홀피펫, 메스플라스크 등으로 0.1mL까지 취하는 것을 뜻한다.

③ "감압 또는 진공"이라 함은 따로 규정이 없는 한 15mmH₂O 이하를 뜻한다.

④ 시험조작 중 "즉시"라 함은 10초 이내에 표시된 조작을 하는 것을 뜻한다.

풀이 ② 액체성분의 양을 "정확히 취한다"라 함은 홀피펫, 메스플라스크 또는 이와 동등 이상의 정도를 갖는 용량계를 사용하여 조작하는 것을 뜻한다.

③ "감압 또는 진공"이라 함은 따로 규정이 없는한 15mmHg 이하를 뜻한다.

④ 시험조작 중 "즉시"라 함은 30초 이내에 표시된 조작을 하는 것을 뜻한다.

39 시료 전처리 방법 중 산분해(acid digestion)에 관한 설명과 가장 거리가 먼 것은?

① 극미량 원소의 분석이나 휘발성 원소의 정량분석에는 적합하지 않은 편이다.

② 질산이나 과염소산의 강한 산화력으로 인한 폭발 등의 안전문제 및 플루오르화수소산의 접촉으로 인한 화상 등을 주의해야 한다.

③ 분해 속도가 빠르고 시료 오염이 적은 편이다.

④ 염산과 질산을 매우 많이 사용하며, 휘발성 원소들의 손실 가능성이 있다.

풀이 산분해법은 다량의 시료를 처리할 수 있고 가까이서 반응과정을 지켜볼 수 있는 장점이 있으나 분해 속도가 느리고 시료가 쉽게 오염될 수 있는 단점이 있다.

40 기체크로마토그래피 정량법 중 정량하려는 성분으로 된 순물질을 단계적으로 취하여 크로마토그램을 기록하고 봉우리 넓이 또는 봉우리 높이를 구하는 방법으로서 성분량을 횡축으로, 봉우리 넓이 또는 봉우리 높이를 종축으로 하는 것은?

① 보정넓이백분율법

② 절대검정곡선법

③ 넓이백분율법

④ 표준물첨가법

풀이 절대검량선법

㉠ 정량하려는 성분으로 된 순물질을 단계적으로 취하여 크로마토그램을 기록하고 봉우리 넓이 또는 봉우리 높이를 구한다.

㉡ 성분량을 횡축에 봉우리 넓이 또는 봉우리 높이를 종축에 취하여 검량선을 작성한다.

제3과목　대기오염방지기술

41 97% 집진효율을 갖는 전기집진장치로 가스의 유효 표류속도가 0.1m/sec인 오염공기 180m³/sec를 처리하고자 한다. 이때 필요한 총집진판 면적(m²)은?(단, Deutsch-Anderson식에 의함)

① 6,456　　　　② 6,312

③ 6,029　　　　④ 5,873

풀이
$$\eta = 1 - \exp\left(-\frac{A \times W_e}{Q}\right)$$

$$A = -\frac{A}{W}\ln(1-\eta)$$

$$= -\frac{180\text{m}^3/\text{sec}}{0.1\text{m}/\text{sec}} \times \ln(1-0.97)$$

$$= 6,312\text{m}^2$$

42 가로, 세로 높이가 각 0.5m, 1.0m, 0.8m인 연소실에서 저발열량이 8,000kcal/kg인 중유를 1시간에 10kg 연소시키고 있다면 연소실 열발생률은?

① $2.0 \times 10^5 kcal/h \cdot m^3$

② $4.0 \times 10^5 kcal/h \cdot m^3$

③ $5.0 \times 10^5 kcal/h \cdot m^3$

④ $6.0 \times 10^5 kcal/h \cdot m^3$

풀이 연소실 열발생률(Q)

$$Q = \frac{G \times H_l}{V} (kcal/m^3 \cdot hr)$$

$$= \frac{10kg/hr \times 8,000kcal/kg}{(0.5 \times 1.0 \times 0.8)m^3}$$

$$= 2.0 \times 10^5 kcal/m^3 \cdot hr$$

43 여과집진장치의 먼지부하가 360g/m²에 달할 때 먼지를 탈락시키고자 한다. 이때 탈락시간 간격은?(단, 여과집진장치에 유입되는 함진농도는 10g/m³, 여과속도는 7,200cm/hr이고, 집진효율은 100%로 본다.)

① 25min   ② 30min

③ 35min   ④ 40min

풀이 먼지부하(L_d) $= C_i \times V_f \times \eta \times t$

t(탈락시간)

$$= \frac{360g/m^2}{10g/m^3 \times 72m/hr \times hr/60min \times 1.0}$$

$$= 30min$$

44 배출가스 중 황산화물 처리방법으로 가장 거리가 먼 것은?

① 석회석 주입법   ② 석회수 세정법

③ 암모니아 흡수법   ④ 2단 연소법

풀이 2단 연소법은 질소산화물 처리방법이다.

45 세정집진장치의 장점과 가장 거리가 먼 것은?

① 입자상 물질과 가스의 동시 제거가 가능하다.

② 친수성, 부착성이 높은 먼지에 의한 폐쇄 염려가 없다.

③ 집진된 먼지의 재비산 염려가 없다.

④ 연소성 및 폭발성 가스의 처리가 가능하다.

풀이 세정집진장치는 친수성, 부착성이 높은 먼지에 의한 폐쇄 발생 우려가 있다.

46 분쇄된 석탄의 입경 분포식 $[R(\%) = 100\exp(-\beta d_p{}^n)]$에 관한 설명으로 옳지 않은 것은?(단, n : 입경지수, β : 입경계수)

① 위 식을 Rosin Rammler식이라 한다.

② 위 식에서 $R(\%)$은 체상누적분포(%)를 나타낸다.

③ n이 클수록 입경분포 폭은 넓어진다.

④ β가 커지면 임의의 누적분포를 갖는 입경 d_p는 작아져서 미세한 분진이 많다는 것을 의미한다.

풀이 n은 입경지수로 입경분포 범위를 의미하며, 클수록 입경분포 폭은 좁아진다.

47 Methane과 Propane이 용적비 1 : 1의 비율로 조성된 혼합가스 1Sm³를 완전연소시키는 데 20Sm³의 실제공기가 사용되었다면 이 경우 공기비는?

① 1.05   ② 1.20

③ 1.34   ④ 1.46

풀이 $CH_4 + 2O_2 \rightarrow CO_2 + 2H_2O$

$C_3H_8 + 5O_2 \rightarrow 3CO_2 + 4H_2O$

$A_o = \dfrac{(2 \times 0.5) + (5 \times 0.5)}{0.21} = 16.67 Sm^3/Sm^3$

$m = \dfrac{A}{A_o} = \dfrac{20Sm^3/Sm^3}{16.67Sm^3/Sm^3} = 1.20$

48 집진장치의 압력손실 240mmH₂O, 처리가스양이 36,500m³/h이면 송풍기 소요동력(kW)은?(단, 송풍기 효율 70%, 여유율 1.2)

① 30.6   ② 35.2
③ 40.9   ④ 44.5

풀이 소요동력(kW)

$= \dfrac{Q \times \Delta P}{6,120 \times \eta} \times \alpha$

$= \dfrac{(36,500m^3/hr \times hr/60min) \times 240mmH_2O}{6,120 \times 0.7} \times 1.2$

$= 40.90 kW$

49 직경 20cm, 길이 1m인 원통형 전기집진장치에서 가스유속이 1m/s이고, 먼지입자의 분리속도가 30cm/s라면 집진율은 얼마인가?

① 93.63%   ② 94.24%
③ 96.02%   ④ 99.75%

풀이 $\eta = 1 - \exp\left(-\dfrac{A \times W_e}{Q}\right)$

$A = 3.14 \times 0.2m \times 1m = 0.628m^2$

$Q = \left(\dfrac{3.14 \times 0.2^2}{4}\right)m^2 \times 1m/sec$

$\quad = 0.0314m^3/sec$

$= 1 - \exp\left(-\dfrac{0.628m^2 \times 0.3m/sec}{0.0314m^3/sec}\right)$

$= 0.9975 \times 100\% = 99.75\%$

50 전기집진장치의 집진극에 대한 설명으로 옳지 않은 것은?

① 집진극의 모양은 여러 가지가 있으나 평판형과 관(管)형이 많이 사용된다.
② 처리가스양이 많고 고집진효율을 위해서는 관형 집진극이 사용된다.
③ 보통 방전극의 재료와 비슷한 탄소함량이 많은 스테인리스강 및 합금을 사용한다.
④ 집진극면이 항상 깨끗하여야 강한 전계를 얻을 수 있다.

풀이 처리가스양이 많고 고집진효율을 위해서는 평판형 집진극을 사용한다.

51 흡수법에 의한 유해가스 처리 시 흡수이론에 관한 설명으로 가장 거리가 먼 것은?

① 두 상(phase)이 접할 때 두 상이 접한 경계면의 양측에 경막이 존재한다는 가정을 Lewis–Whitman의 이중격막설이라 한다.
② 확산을 일으키는 추진력은 두 상(phase)에서의 확산물질의 농도차 또는 분압차가 주원인이다.
③ 액상으로의 가스흡수는 기–액 두 상(phase)의 본체에서 확산물질의 농도 기울기는 큰 반면, 기–액의 각 경막 내에서는 농도 기울기가 거의 없는데, 이것은 두 상의 경계면에서 효과적인 평형을 이루기 위함이다.
④ 주어진 온도, 압력에서 평형상태가 되면 물질의 이동은 정지한다.

풀이 액상으로의 가스흡수는 기–액 두 상의 본체에서 확산물질의 농도 기울기는 거의 없고, 기–액의 각 경막 내에서는 농도 기울기가 있으며, 이것은 두 상의 경계면에서 효과적인 평형을 이루기 위함이다.

52 후드의 유입계수와 속도압이 각각 0.87, 16mmH₂O일 때 후드의 압력 손실은?

① 약 3.5mmH₂O ② 약 5mmH₂O
③ 약 6.5mmH₂O ④ 약 8mmH₂O

풀이 후드압력손실(ΔP)
$= F \times VP$
$F = \dfrac{1}{C_e{}^2} - 1 = \dfrac{1}{0.87^2} - 1 = 0.32$
$= 0.32 \times 16 = 5.13 \, \mathrm{mmH_2O}$

53 다음 중 연소조절에 의해 질소산화물 발생을 억제시키는 방법으로 가장 적합한 것은?

① 이온화연소법 ② 고산소연소법
③ 고온연소법 ④ 배출가스 재순환법

풀이 배출가스 재순환법
연소용 공기에 일부 냉각된 배출가스를 섞어 연소실로 재순환하여 온도 및 산소농도를 낮춤으로써 NOx 생성을 저감할 수 있다.

54 여과집진장치에 사용되는 여과재에 관한 설명 중 가장 거리가 먼 것은?

① 여과재의 형상은 원통형, 평판형, 봉투형 등이 있으나 원통형을 많이 사용한다.
② 여과재는 내열성이 약하므로 가스온도 250℃를 넘지 않도록 주의한다.
③ 고온가스를 냉각시킬 때에는 산노점(dew point) 이하로 유지하도록 하여 여과재의 눈막힘을 방지한다.
④ 여과재 재질 중 유리섬유는 최고사용온도가 250℃ 정도이며, 내산성이 양호한 편이다.

풀이 초층의 눈막힘을 방지하기 위해 처리가스의 온도를 산노점 이상으로 유지한다.

55 어떤 가스가 부피로 H₂ 9%, CO 24%, CH₄ 2%, CO₂ 6%, O₂ 3%, N₂ 56%의 구성비를 갖는다. 이 기체를 50%의 과잉공기로 연소시킬 경우 연료 1Sm³당 요구되는 공기량은?

① 약 1.00Sm³ ② 약 1.25Sm³
③ 약 1.70Sm³ ④ 약 2.55Sm³

풀이 $A = m \times A_o$
$A_o = \dfrac{1}{0.21}(0.5H_2 + 0.5CO + 2CH_4 - O_2)$
$= \dfrac{1}{0.21} \times [(0.5 \times 0.09) + (0.5 \times 0.24)$
$+ (2 \times 0.02) - 0.03]$
$= 0.833 \, \mathrm{Sm^3/Sm^3}$
$m = 1.5$
$= 1.5 \times 0.833 \, \mathrm{Sm^3/Sm^3}$
$= 1.25 \, \mathrm{Sm^3/Sm^3} \times 1 \mathrm{Sm^3} = 1.25 \mathrm{Sm^3}$

56 원심력 집진장치(cyclone)에 관한 설명으로 옳지 않은 것은?

① 저효율 집진장치 중 압력손실은 작고, 고집진율을 얻기 위한 전문적 기술이 요구되지 않는다.
② 구조가 간단하고, 취급이 용이한 편이다.
③ 집진효율을 높이는 방법으로 blow down 방법이 있다.
④ 고농도 함진가스 처리에 유리한 편이다.

풀이 저효율 집진장치 중 압력손실은 크고, 고집진율을 얻기 위한 전문적 기술이 요구된다.

57 충전탑의 액가스비 범위로 가장 적합한 것은?

① 0.1~0.3L/m³ ② 2~3L/m³
③ 5~10L/m³ ④ 10~30L/m³

풀이 충전탑(Packed)

ㄱ 원리 : 탑 내에 충전물을 넣어 배기가스와 세정 액과의 접촉표면적을 크게 하여 세정하는 방식이다. 즉, 충전물질의 표면을 흡수액으로 도포하여 흡수액의 엷은 층을 형성시킨 후 가스와 흡수액을 접촉시켜 흡수시킨다.

ㄴ 탑 내 이동속도 : 1m/sec 이하(0.3~1m/sec or 0.5~1.5m/sec)

ㄷ 액기비 : $1\sim10L/m^3(2\sim3L/m^3)$

ㄹ 압력손실 : $50\sim100mmH_2O(100\sim250 mmH_2O)$

58 비중 0.95, 황성분 3.0%의 중유를 매 시간마다 1,000L씩 연소시키는 공장 배출가스 중 $SO_2(m^3/h)$ 양은?(단, 중유 중 황성분의 90%가 SO_2로 되며, 온도변화 등 기타 변화는 무시한다.)

① 12

② 18

③ 24

④ 36

풀이 $S + O_2 \rightarrow SO_2$

32kg : $22.4Sm^3$

$1,000L/hr\times0.95kg/L\times0.03\times0.9 : SO_2(Sm^3/hr)$

$$SO_2(Sm^3/hr)=\dfrac{\begin{array}{c}1,000L/hr\times0.95kg/L\\ \times0.03\times0.9\times22.4Sm^3\end{array}}{32kg}$$
$$=17.96Sm^3/hr$$

59 직경이 203.2mm인 관에 $35m^3/min$의 공기를 이동시키면 이때 관 내 이동 공기의 속도는 약 몇 m/min인가?

① 18m/min

② 72m/min

③ 980m/min

④ 1,080m/min

풀이 $Q= A\times V$

$$V=\dfrac{Q}{A} = \dfrac{35m^3/min}{\left(\dfrac{3.14\times0.2032^2}{4}\right)m^2}$$
$$= 1,080.25m/min$$

60 시간당 $10,000Sm^3$의 배출가스를 방출하는 보일러에 먼지 50%를 제거하는 집진장치가 설치되어 있다. 이 보일러를 24시간 가동했을 때 집진되는 먼지량은?(단, 배출가스 중 먼지농도는 $0.5g/Sm^3$이다.)

① 50kg

② 60kg

③ 100kg

④ 120kg

풀이 먼지량$=10,000Sm^3/hr\times0.5g/Sm^3\times0.5$
$\times24hr\times kg/10^3g$
$=60kg$

제4과목 대기환경관계법규

61 대기환경보전법령상 3종 사업장 분류기준으로 옳은 것은?

① 대기오염물질발생량의 합계가 연간 20톤 이상 80톤 미만인 사업장

② 대기오염물질발생량의 합계가 연간 20톤 이상 60톤 미만인 사업장

③ 대기오염물질발생량의 합계가 연간 10톤 이상 20톤 미만인 사업장

④ 대기오염물질발생량의 합계가 연간 10톤 이상 50톤 미만인 사업장

풀이 사업장 분류기준

종별	오염물질발생량 구분
1종 사업장	대기오염물질발생량의 합계가 연간 80톤 이상인 사업장
2종 사업장	대기오염물질발생량의 합계가 연간 20톤 이상 80톤 미만인 사업장
3종 사업장	대기오염물질발생량의 합계가 연간 10톤 이상 20톤 미만인 사업장
4종 사업장	대기오염물질발생량의 합계가 연간 2톤 이상 10톤 미만인 사업장
5종 사업장	대기오염물질발생량의 합계가 연간 2톤 미만인 사업장

62 환경정책기본법령상 이산화질소(NO_2)의 대기환경기준이다. 다음 (   )에 들어갈 내용으로 옳은 것은?

- 연간 평균치 : (㉠)ppm 이하
- 24시간 평균치 : (㉡)ppm 이하
- 1시간 평균치 : (㉢)ppm 이하

① ㉠ 0.02, ㉡ 0.05, ㉢ 0.15
② ㉠ 0.03, ㉡ 0.06, ㉢ 0.10
③ ㉠ 0.06, ㉡ 0.10, ㉢ 0.15
④ ㉠ 0.10, ㉡ 0.12, ㉢ 0.30

풀이 대기환경기준

항목	기준	측정방법
이산화질소(NO_2)	• 연간 평균치 0.03ppm 이하 • 24시간 평균치 0.06ppm 이하 • 1시간 평균치 0.10ppm 이하	화학 발광법 (Chemiluminescence Method)

63 대기환경보전법령상 선박의 디젤기관에서 배출되는 대기오염물질 중 대통령령으로 정하는 대기오염물질에 해당하는 것은?

① 황산화물
② 일산화탄소
③ 염화수소
④ 질소산화물

풀이 선박의 디젤기관에서 배출되는 대기오염물질 중 대통령령으로 정하는 대기오염물질이란 질소산화물을 말한다.

64 대기환경보전법령상 배출허용기준 초과와 관련하여 개선명령을 받은 사업자는 특별한 사유에 의한 연장신청이 없는 경우에는 개선계획서를 며칠 이내에 시·도지사에게 제출하여야 하는가?

① 5일 이내
② 7일 이내
③ 15일 이내
④ 30일 이내

풀이 개선명령을 받은 사업자는 시·도지사에게 그 명령을 받은 날부터 15일 이내에 개선계획서를 제출하여야 한다.

65 대기환경보전법령상 일일초과배출량 및 일일유량의 산정방법에서 일일유량 산정을 위한 측정유량의 단위는?

① m^3/sec
② m^3/min
③ m^3/h
④ m^3/day

풀이 일일유량＝측정유량×일일조업시간
측정유량단위 : m^3/hr
일일조업시간은 배출량을 측정하기 전 최근 조업한 30일 동안의 배출시설조업시간 평균치를 시간으로 표시한다.

66 환경정책기본법상 이 법에서 사용하는 용어의 뜻으로 옳지 않은 것은?

① "환경용량"이란 일정한 지역에서 환경오염 또는 환경훼손에 대하여 환경이 스스로 수용, 정화 및 복원하여 환경의 질을 유지할 수 있는 한계를 말한다.

② "자연환경"이란 지하·지표(해양을 포함한다) 및 지상의 모든 생물과 이들을 둘러싸고 있는 비생물적인 것을 포함한 자연의 상태(생태계 및 자연경관을 포함한다)를 말한다.

③ "환경"이란 자연환경과 인간환경, 생물환경을 말한다.

④ "환경훼손"이란 야생동식물의 남획 및 그 서식지의 파괴, 생태계질서의 교란, 자연경관의 훼손, 표토의 유실 등으로 자연환경의 본래적 기능에 중대한 손상을 주는 상태를 말한다.

풀이 "환경"이란 자연환경과 생활환경을 말한다.

67 대기환경보전법규상 대기오염물질 배출시설기준으로 옳지 않은 것은?

① 소각능력이 시간당 25kg 이상의 폐수·폐기물소각시설

② 입자상 물질 및 가스상 물질 발생시설 중 동력 5kW 이상의 분쇄시설(습식 및 이동식 포함)

③ 용적이 5세제곱미터 이상이거나 동력이 2.25kW 이상인 도장시설(분무·분체·침지도장시설, 건조시설 포함)

④ 처리능력이 시간당 100kg 이상인 고체입자상물질 포장시설

풀이 입자상 물질 및 가스상 물질 발생시설 중 동력 15kW 이상의 분쇄시설(단, 습식은 제외)

68 대기환경보전법규상 측정기기의 부착 및 운영 등과 관련된 행정처분기준 중 사업자가 부착한 굴뚝 자동측정기기의 측정결과를 굴뚝 원격감시체계 관제센터로 측정자료를 전송하지 아니한 경우의 각 위반차수별 행정처분기준(1차~4차 순)으로 옳은 것은?

① 경고－조업정지 10일－조업정지 30일－허가취소 또는 폐쇄

② 경고－조치명령－조업정지 10일－조업정지 30일

③ 조업정지 10일－조업정지 30일－개선명령－허가취소

④ 조업정지 30일－개선명령－허가취소－사업장 폐쇄

풀이 행정처분 기준

1차(경고) → 2차(조치명령) → 3차(조업정지 10일) → 4차(조업정지 30일)

69 대기환경보전법규상 정밀검사대상 자동차 및 정밀검사 유효기간 중 차령 2년 경과된 사업용 기타자동차의 검사유효기간 기준으로 옳은 것은?(단, "정밀검사대상 자동차"란 자동차관리법에 따라 등록된 자동차를 말하며, "기타자동차"란 승용자동차를 제외한 승합·화물·특수자동차를 말한다.)

① 1년 ② 2년

③ 3년 ④ 5년

풀이 정밀검사대상 자동차 및 정밀검사 유효기간

차종		정밀검사대상 자동차	검사 유효기간
비사업용	승용자동차	차령 4년 경과된 자동차	2년
	기타자동차	차령 3년 경과된 자동차	
사업용	승용자동차	차령 2년 경과된 자동차	1년
	기타자동차	차령 2년 경과된 자동차	

70 악취방지법규상 악취검사기관과 관련한 행정처분기준 중 검사시설 및 장비가 부족하거나 고장 난 상태로 7일 이상 방치한 경우 1차 행정처분기준으로 옳은 것은?

① 지정 취소 ② 시설 이전
③ 업무정지 3개월 ④ 경고

⊙풀이 각 위반차수별 행정처분기준(1차~4차순)
경고－업무정지 1개월－업무정지 3개월－지정 취소

71 대기환경보전법규상 고체연료 사용시설 설치기준 중 석탄사용시설의 설치기준은?

① 배출시설의 굴뚝높이는 50m 이상으로 하되, 굴뚝상부 안지름, 배출가스 온도 및 속도 등을 고려한 유효굴뚝높이가 100m 이상인 경우에는 굴뚝높이를 25m 이상 50m 미만으로 할 수 있다.
② 배출시설의 굴뚝높이는 60m 이상으로 하되, 굴뚝상부 안지름, 배출가스 온도 및 속도 등을 고려한 유효굴뚝높이가 100m 이상인 경우에는 굴뚝높이를 30m 이상 60m 미만으로 할 수 있다.
③ 배출시설의 굴뚝높이는 60m 이상으로 하되, 굴뚝상부 안지름, 배출가스 온도 및 속도 등을 고려한 유효굴뚝높이가 100m 이상인 경우에는 굴뚝높이를 50m 이상 60m 미만으로 할 수 있다.
④ 배출시설의 굴뚝높이는 100m 이상으로 하되, 굴뚝상부 안지름, 배출가스 온도 및 속도 등을 고려한 유효굴뚝높이가 440m 이상인 경우에는 굴뚝높이를 60m 이상 100m 미만으로 할 수 있다.

⊙풀이 석탄사용시설의 경우 배출시설의 굴뚝높이는 100m 이상으로 하되, 굴뚝상부 안지름, 배출가스 온도 및 속도 등을 고려한 유효굴뚝높이(굴뚝의 실제 높이에 배출가스의 상승고도를 합산한 높이를 말한다. 이하 같다)가 440m 이상인 경우에는 굴뚝높이를 60m 이상 100m 미만으로 할 수 있다. 기타 고체연료 사용시설의 경우는 배출시설의 굴뚝높이는 20m 이상이어야 한다.

72 실내공기질 관리법규상 "지하도상가" 폼알데하이드($\mu g/m^3$) 실내공기질 유지기준은?

① 100 이하 ② 400 이하
③ 500 이하 ④ 1,000 이하

⊙풀이 실내공기질 관리법상 유지기준(2019년 7월부터 적용)

오염물질 항목 다중이용시설	미세먼지 (PM－10) ($\mu g/m^3$)	미세먼지 (PM－2.5) ($\mu g/m^3$)	이산화 탄소 (ppm)	폼알데 하이드 ($\mu g/m^3$)	총 부유세균 (CFU/m^3)	일산화 탄소 (ppm)
지하역사, 지하도상가, 철도역사의 대합실, 여객자동차터미널의 대합실, 항만시설 중 대합실, 공항시설 중 여객터미널, 도서관·박물관 및 미술관, 대규모점포, 장례식장, 영화상영관, 학원, 전시시설, 인터넷컴퓨터게임시설제공업의 영업시설, 목욕장업의 영업시설	100 이하	50 이하	1,000 이하	100 이하	－	10 이하
의료기관, 산후조리원, 노인요양시설, 어린이집	75 이하	35 이하		80 이하	800 이하	
실내주차장	200 이하	－		100 이하	－	25 이하
실내 체육시설, 실내 공연장, 업무시설, 둘 이상의 용도에 사용되는 건축물	200 이하	－	－	－	－	－

※ 법규 변경사항이므로 풀이의 내용으로 학습하시기 바랍니다.

73 대기환경보전법규상 자동차연료 제조기준 중 휘발유의 90% 유출온도(℃) 기준은?

① 200 이하   ② 190 이하

③ 185 이하   ④ 170 이하

(풀이) 자동차연료 제조기준(휘발유)

항목	제조기준
방향족화합물 함량(부피%)	24(21) 이하
벤젠 함량(부피%)	0.7 이하
납 함량(g/L)	0.013 이하
인 함량(g/L)	0.0013 이하
산소 함량(무게%)	2.3 이하
올레핀 함량(부피%)	16(19) 이하
황 함량(ppm)	10 이하
증기압(kPa, 37.8℃)	60 이하
90% 유출온도(℃)	170 이하

74 다음은 대기환경보전법규상 자동차연료 검사기관의 기술능력 기준이다. (   ) 안에 알맞은 것은?

검사원의 자격은 국가기술자격법 시행규칙상 규정 직무분야의 기사자격 이상을 취득한 사람이어야 하며, 검사원은 (㉠) 이상이어야 하며, 그 중 (㉡) 이상은 해당 검사 업무에 (㉢) 이상 종사한 경험이 있는 사람이어야 한다.

① ㉠ 3명, ㉡ 1명, ㉢ 3년

② ㉠ 3명, ㉡ 2명, ㉢ 5년

③ ㉠ 4명, ㉡ 2명, ㉢ 3년

④ ㉠ 4명, ㉡ 2명, ㉢ 5년

(풀이) 검사원의 자격은 국가기술자격법 시행규칙상 규정 직무분야의 기사자격 이상을 취득한 사람이어야 하며, 검사원은 4명 이상이어야 하며, 그 중 2명 이상은 해당 검사 업무에 5년 이상 종사한 경험이 있는 사람이어야 한다.

75 악취방지법상 악취의 배출허용기준 초과와 관련하여 배출허용기준 이하로 내려가도록 조치명령을 이행하지 아니한 자에 대한 과태료 부과기준은?

① 50만 원 이하의 과태료

② 100만 원 이하의 과태료

③ 200만 원 이하의 과태료

④ 300만 원 이하의 과태료

(풀이) 악취방지법 제30조 참조

76 대기환경보전법규상 대기오염 경보단계별 대기오염물질의 농도기준 중 "주의보" 발령기준으로 옳은 것은?(단, 미세먼지(PM-10)을 대상물질로 한다.)

① 기상조건 등을 고려하여 해당지역의 대기자동측정소 PM-10 시간당 평균농도가 $150\mu g/m^3$ 이상 2시간 이상 지속인 때

② 기상조건 등을 고려하여 해당지역의 대기자동측정소 PM-10 시간당 평균농도가 $100\mu g/m^3$ 이상 2시간 이상 지속인 때

③ 기상조건 등을 고려하여 해당지역의 대기자동측정소 PM-10 시간당 평균농도가 $100\mu g/m^3$ 이상 1시간 이상 지속인 때

④ 기상조건 등을 고려하여 해당지역의 대기자동측정소 PM-10 시간당 평균농도가 $75\mu g/m^3$ 이상 2시간 이상 지속인 때

풀이 대기오염경보 단계별 대기오염물질의 농도기준

대상 물질	경보 단계	발령기준	해제기준
미세먼지 (PM−10)	주의보	기상조건 등을 고려하여 해당지역의 대기자동측정소 PM−10 시간당 평균농도가 $150\mu g/m^3$ 이상 2시간 이상 지속인 때	주의보가 발령된 지역의 기상조건 등을 검토하여 대기자동측정소의 PM−10 시간당 평균농도가 100 $\mu g/m^3$ 미만인 때
	경보	기상조건 등을 고려하여 해당지역의 대기자동측정소 PM−10 시간당 평균농도가 $300\mu g/m^3$ 이상 2시간 이상 지속인 때	경보가 발령된 지역의 기상조건 등을 검토하여 대기자동측정소의 PM−10 시간당 평균농도가 150 $\mu g/m^3$ 미만인 때는 주의보로 전환

77 다음은 악취방지법상 기술진단 등에 관한 사항이다. ( ) 안에 알맞은 것은?

시·도지사, 대도시의 장 및 시장·군수·구청장은 악취로 인한 주민의 건강상 위해(危害)를 예방하고 생활환경을 보전하기 위하여 해당 지방자치단체의 장이 설치·운영하는 다음 각 호의 악취배출시설에 대하여 ( )마다 기술진단을 실시하여야 한다.

① 1년 　　　② 2년
③ 3년 　　　④ 5년

풀이 시·도지사, 대도시의 장 및 시장·군수·구청장은 악취로 인한 주민의 건강상 위해를 예방하고 생활환경을 보전하기 위하여 해당 지방자치단체의 장이 설치·운영하는 다음 각 호의 악취배출시설에 대하여 5년마다 기술진단을 실시하여야 한다.

78 대기환경보전법령상 천재지변으로 사업자의 재산에 중대한 손실이 발생할 경우로 납부기한 전에 부과금을 납부할 수 없다고 인정될 경우, 초과부과금 징수유예기간과 그 기간 중의 분할납부 횟수기준으로 옳은 것은?

① 유예한 날의 다음 날부터 2년 이내, 4회 이내
② 유예한 날의 다음 날부터 2년 이내, 12회 이내
③ 유예한 날의 다음 날부터 3년 이내, 4회 이내
④ 유예한 날의 다음 날부터 3년 이내, 12회 이내

풀이 징수유예기간과 그 기간 중의 분할납부의 횟수
　㉠ 기본부과금 : 유예한 날의 다음 날부터 다음 부과기간의 개시일 전일까지, 4회 이내
　㉡ 초과부과금 : 유예한 날의 다음 날부터 2년 이내, 12회 이내

79 실내공기질 관리법규상 장례식장의 각 오염물질 항목별 실내공기질 유지기준으로 틀린 것은?

① PM−10($\mu g/m^3$) : 150 이하
② CO_2(ppm) : 1,000 이하
③ CO(ppm) : 25 이하
④ HCHO($\mu g/m^3$) : 100 이하

풀이 실내공기질 관리법상 유지기준(2019년 7월부터 적용)

오염물질 항목 / 다중이용시설	미세먼지 (PM−10) ($\mu g/m^3$)	미세먼지 (PM−2.5) ($\mu g/m^3$)	이산화탄소 (ppm)	폼알데하이드 ($\mu g/m^3$)	총부유세균 (CFU/m^3)	일산화탄소 (ppm)
지하역사, 지하도상가, 철도역사의 대합실, 여객자동차터미널의 대합실, 항만시설 중 대합실, 공항시설 중 여객터미널, 도서관·박물관 및 미술관, 대규모점포, 장례식장, 영화상영관, 학원, 전시시설, 인터넷컴퓨터게임시설제공업의 영업시설, 목욕장업의 영업시설	100 이하	50 이하	1,000 이하	100 이하	−	10 이하
의료기관, 산후조리원, 노인요양시설, 어린이집	75 이하	35 이하		80 이하	800 이하	
실내주차장	200 이하	−		100 이하	−	25 이하
실내 체육시설, 실내 공연장, 업무시설, 둘 이상의 용도에 사용되는 건축물	200 이하	−		−	−	

※ 법규 변경사항이므로 풀이의 내용으로 학습하시기 바랍니다.

80 대기환경보전법령상 초과부과금 산정기준에서 오염물질 1킬로그램당 부과 금액이 다음 중 가장 적은 오염물질은?

① 불소화합물　　② 염화수소

③ 염소　　　　　④ 시안화수소

풀이 초과부과금 산정기준

오염물질	구분	오염물질 1킬로그램당 부과금액
황산화물		500
먼지		770
질소산화물		2,130
암모니아		1,400
황화수소		6,000
이황화탄소		1,600
특정유해물질	불소화물	2,300
	염화수소	7,400
	시안화수소	7,300

※ 법규 변경사항이므로 풀이의 내용으로 학습하시기 바랍니다.

제1과목　대기오염개론

01 상대습도가 70%이고, 상수를 1.2로 정의할 때, 가시거리가 10km라면 먼지 농도는 대략 얼마인가?

① $50\mu g/m^3$

② $120\mu g/m^3$

③ $200\mu g/m^3$

④ $280\mu g/m^3$

풀이
$$L_v(\text{km}) = \frac{A \times 10^3}{G}$$

$$10(\text{km}) = \frac{1.2 \times 10^3}{G}$$

$$G = 120\mu g/m^3$$

02 실제 굴뚝높이 120m에서 배출가스의 수직 토출속도가 20m/s, 굴뚝 높이에서의 풍속은 5m/s이다. 굴뚝의 유효고도가 150m가 되기 위해서 필요한 굴뚝의 직경은?(단, $\Delta H = \{(1.5 \times V_s) \cdot D\}/U$를 이용할 것)

① 2.5m　　　　② 5m

③ 20m　　　　④ 25m

풀이
$$\Delta H = 1.5 \times \left(\frac{V_s}{U}\right) \times D$$

$$30\text{m} = 1.5 \times \left(\frac{20\text{m/sec}}{5\text{m/sec}}\right) \times D$$

$$D = 5\text{m}$$

03 다음 그림은 탄화수소가 존재하지 않는 경우 NO_2의 광화학사이클(Photolytic cycle)이다. 그림의 A가 O_2일 때 B에 해당하는 물질은?

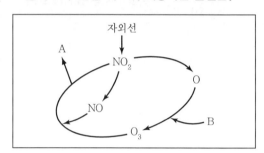

① NO　　　　　② CO_2

③ NO_2　　　　④ O_2

풀이 NO_2의 광화학반응(광분해) Cycle

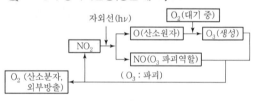

04 연소과정 중 고온에서 발생하는 주된 질소화합물의 형태로 가장 적합한 것은?

① N_2　　　　　② NO

③ NO_2　　　　④ NO_3

풀이 연소과정 중 고온에서 발생하는 질소산화물은 NO와 NO_2이며, 대부분이 NO이다.

05 다음에서 설명하는 오염물질로 가장 적합한 것은?

> 광부나 석탄연료 배출구 주위에 거주하는 사람들의 폐 중 농도가 증대되고, 배설은 주로 신장을 통해 이루어진다. 뼈에 소량 축적될 수 있고, 만성 폭로 시 설태가 끼이며, 혈장 콜레스테롤치가 저하될 수 있다.

① 구리 ② 카드뮴
③ 바나듐 ④ 비소

풀이 바나듐(V)
  ㉠ 은회색의 전이금속으로 단단하나 연성(잡아 늘이기 쉬운 성질)과 전성(펴 늘일 수 있는 성질)이 있고 주로 화석연료, 특히 석탄 및 중유에 많이 포함되고 코 · 눈 · 인후의 자극을 동반하여 격심한 기침을 유발한다.
  ㉡ 원소 자체는 반응성이 커서 자연상태에서는 화합물로만 존재하며 산화물 보호피막을 만들기 때문에 공기 중 실온에서는 잘 산화되지 않으나 가열하면 산화된다.
  ㉢ 바나듐에 폭로된 사람들에게는 인지질 및 지방분의 합성, 혈장 콜레스테롤치가 저하되며, 만성폭로 시 설태가 낄 수 있다.

06 다이옥신에 대한 설명으로 가장 거리가 먼 것은?

① PCB의 불완전연소에 의해서 발생한다.
② 저온에서 촉매화 반응에 의해 먼지와 결합하여 생성된다.
③ 수용성이 커서 토양오염 및 하천오염의 주원인으로 작용한다.
④ 다이옥신은 두 개의 산소, 두 개의 벤젠, 그 외에 염소가 결합된 방향족 화합물이다.

풀이 다이옥신은 증기압이 낮고, 물에 대한 용해도가 극히 낮으나 벤젠 등에 용해되는 지용성이다.

07 다음 오염물질에 관한 설명으로 가장 적합한 것은?

> 이 물질의 직업성 폭로는 철강제조에서 매우 많다. 생물의 필수금속으로서 동 · 식물에서는 종종 결핍이 보고되고 있으며 인체에 급성으로 과다폭로 되면 화학성 폐렴, 간 독성 등을 나타내며, 만성 폭로 시 파킨슨 증후군과 거의 비슷한 증후군으로 진전되어 말이 느리고 단조로워진다.

① 납 ② 불소
③ 구리 ④ 망간

풀이 망간(Mn)
  철강제조에서 직업성 폭로가 가장 많고 합금, 용접봉의 용도를 가지며 계속적인 폭로로 전신의 근무력증, 수전증, 파킨슨씨 증후군이 나타나며 금속열을 유발한다.

08 대기오염물질이 인체에 미치는 영향으로 가장 거리가 먼 것은?

① 이산화질소의 유독성은 일산화질소의 독성보다 강하여 인체에 영향을 끼친다.
② 3, 4 – 벤조피렌 같은 탄화수소 화합물은 발암성 물질로 알려져 있다.
③ SO_2는 고농도일수록 비강 또는 인후에서 많이 흡수되며 저농도인 경우에는 극히 저율로 흡수된다.
④ 일산화탄소는 인체 혈액 중의 헤모글로빈과 결합하기 매우 용이하나, 산소보다 낮은 결합력을 가지고 있다.

풀이 일산화탄소는 인체 혈액 중의 헤모글로빈과 결합력이 매우 높은 물질이며, 산소의 결합력보다 약 210배 정도 높은 결합력을 가지고 있다.

09 대기 내 질소산화물(NOx)이 LA 스모그와 같이 광화학 반응을 할 때, 다음 중 어떤 탄화수소가 주된 역할을 하는가?

① 파라핀계 탄화수소
② 메탄계 탄화수소
③ 올레핀계 탄화수소
④ 프로판계 탄화수소

(풀이) 광화학적 스모그(smog)의 3대 생성요소
　　ⓐ 질소산화물(NOx)
　　ⓑ 올레핀(Olefin)계 탄화수소
　　ⓒ 자외선

10 다음 반사영역이 고려된 가우시안 확산모델에서 각 항에 대한 설명으로 옳지 않은 것은?

$$C(x, y, z) = \frac{Q}{2\pi u \sigma_y \sigma_z} \left[\exp\left(\frac{-y^2}{2\sigma_y{}^2} \right) \right]$$
$$\times \left[\exp\left\{ \frac{-(z-H)^2}{2\sigma_z{}^2} \right\} + \exp\left\{ \frac{-(z+H)^2}{2\sigma_z{}^2} \right\} \right]$$

① y : 수직방향의 확산폭이다.
② z : 농도를 구하려는 지점의 높이로서 농도 지점과 지표면으로부터의 수직거리이다.
③ u : 굴뚝높이의 풍속을 말한다.
④ H : 유효굴뚝높이다.

(풀이) y는 수평방향의 확산폭이다.

11 1984년 인도의 보팔시에서 발생한 대기오염사건의 주원인 물질은?

① 황화수소
② 황산화물
③ 멀캡탄
④ 메틸이소시아네이트

(풀이) 보팔시 대기오염사건
　인도의 보팔시에 있는 비료공장 저장탱크에서 메틸이소시아네이트(MIC) 가스가 유출되어 발생한 사건이다.

12 가솔린자동차의 엔진작동상태에 따른 일반적인 배기가스 조성 중 감속 시에 가장 큰 농도 증가를 나타내는 물질은?(단, 정상운행 조건대비)

① NO_2　　　　② H_2O
③ CO_2　　　　④ HC

(풀이) 감속 시에는 HC가 가장 많이 배출되며 공회전 시에는 CO, 정속주행 시에는 NOx 농도가 높다.

13 굴뚝에서 배출되는 연기의 형태가 Lofting형일 때의 대기상태로 옳은 것은?(단, 보기 중 상과 하의 구분은 굴뚝 높이 기준)

① 상 : 불안정, 하 : 불안정
② 상 : 안정, 하 : 안정
③ 상 : 안정, 하 : 불안정
④ 상 : 불안정, 하 : 안정

(풀이) Lofting(지붕형)
　　ⓐ 굴뚝의 높이보다 더 낮게 지표 가까이에 역전층(안정)이 이루어져 있고, 그 상공에는 대기가 불안정한 상태일 때 주로 발생한다.
　　ⓑ 고기압 지역에서 하늘이 맑고 바람이 약한 늦은 오후(초저녁)나 이른 밤에 주로 발생하기 쉽다.
　　ⓒ 연기에 의한 지표에 오염도는 가장 적게 되며 역전층 내에서 지표배출원에 의한 오염도는 크게 나타난다.

14 지상 10m에서의 풍속이 8m/s이라면 지상 60m에서의 풍속(m/s)은?(단, $P = 0.12$, Deacon식을 적용)

① 약 8.0　　　　② 약 9.9

③ 약 12.5　　　④ 약 14.8

풀이
$$U_2 = U_1 \times \left(\frac{Z_2}{Z_1}\right)^p = 8\text{m/sec} \times \left(\frac{60\text{m}}{10\text{m}}\right)^{0.12}$$
$$= 9.92\text{m/sec}$$

15 다음 중 기후·생태계 변화유발물질과 가장 거리가 먼 것은?

① 육불화황　　　② 메탄

③ 수소염화불화탄소　④ 염화나트륨

풀이 기후·생태계 변화유발물질

기후온난화 등으로 생태계의 변화를 가져올 수 있는 기체상 물질로서 온실가스(이산화탄소, 메탄, 아산화질소, 수소불화탄소, 과불화탄소, 육불화황) 및 환경부령이 정하는 것(염화불화탄소, 수소염화불화탄소)을 말한다.

16 PAN(Peroxyacetyl Nitrate)의 생성반응식으로 옳은 것은?

① $CH_3COOO + NO_2 \rightarrow CH_3COOONO_2$

② $C_6H_5COOO + NO_2 \rightarrow C_6H_5COOONO_2$

③ $RCOO + O_2 \rightarrow RO_2 \cdot + CO_2$

④ $RO \cdot + NO_2 \rightarrow RONO_2$

풀이 PAN(Peroxyacetyl Nitrate)의 생성반응식

$CH_3COOO + NO_2 \rightarrow CH_3COOONO_2$
대기 중 탄화수소로부터의 광화학 반응으로 생성된다.

17 단열압축에 의하여 가열되어 하층의 온도가 낮은 공기와의 경계에 역전층을 형성하고 매우 안정하며 대기오염물질의 연직확산을 억제하는 역전현상은?

① 전선역전

② 이류역전

③ 복사역전

④ 침강역전

풀이 침강역전은 고기압 중심부분에서 기층이 서서히 침강하면서 기온이 단열압축으로 승온되어 발생하는 현상이다.

18 다음 수용모델과 분산모델에 관한 설명으로 가장 거리가 먼 것은?

① 분산모델은 지형 및 오염원의 조업조건에 영향을 받으며 미래의 대기질 예측을 할 수 있다.

② 수용모델은 수용체에서 오염물질의 특성을 분석한 후 오염원의 기여도를 평가하는 것이다.

③ 분산모델은 특정오염원의 영향을 평가할 수 있는 잠재력을 가지고 있으며, 기상과 관련하여 대기 중의 특성을 적절하게 묘사할 수 있어 정확한 결과를 도출할 수 있다.

④ 분산모델은 특정한 오염원의 배출속도와 바람에 의한 분산요인을 입력자료로 하여 수용체 위치에서의 영향을 계산한다.

풀이 분산모델

특정오염원의 영향을 평가할 수 있는 잠재력을 가지고 있으나 기상과 관련하여 대기 중의 무작위적인 특성을 적절하게 묘사할 수 없으므로 결과에 대한 불확실성이 크다.

19 A공장의 현재 유효연돌고가 44m이다. 이 때의 농도에 비해 유효연돌고를 높여 최대지표농도를 1/2로 감소시키고자 한다. 다른 조건이 모두 같다고 가정할 때 Sutton 식에 의한 유효연돌고는?

① 약 62m ② 약 66m
③ 약 71m ④ 약 75m

(풀이) $C_{max} \propto \dfrac{1}{H_e^2}$

$C_{max} : \dfrac{1}{44^2} = \dfrac{1}{2} C_{max} : \dfrac{1}{H_e^2}$

$\dfrac{1}{2} \times \dfrac{1}{44^2} C_{max} = C_{max} \times \dfrac{1}{H_e^2}$

$H_e = 62.25m$

20 다음 특정물질 중 오존 파괴지수가 가장 큰 것은?

① HCFC − 261
② HCFC − 221
③ CFC − 115
④ CCl_4

(풀이) 특성물질 중 오존층 파괴지수

	특정물질의 종류	화학식	오존 파괴지수
①	HCFC-261	$C_3H_5FCl_2$	0.002 − 0.02
②	HCFC-221	C_3HFCl_6	0.015 − 0.07
③	CFC-115	C_2F_5Cl	0.6
④	사염화탄소	CCl_4	1.1

21 다음은 원자흡수분광광도법에서 검량선 작성과 정량법에 관한 설명이다. ( ) 안에 가장 적합한 것은?

( )은 목적원소에 의한 흡광도 A_S와 표준원소에 의한 흡광도 A_R의 비를 구하고 A_S/A_R 값과 표준물질 농도와의 관계를 그래프에 작성하여 검량선을 만드는 방법이다. 이 방법은 측정치가 흩어져 상쇄하기 쉬우므로 분석값의 재현성이 높아지고 정밀도가 향상된다.

① 내부표준물질법 ② 외부표준물질법
③ 표준첨가법 ④ 검정곡선법

(풀이) 원자흡수분광광도법의 내부표준물질법에 관한 내용이다.

22 환경대기 내의 옥시던트(오존으로서) 측정 방법 중 중성요오드화포타슘법(수동)에 관한 설명으로 옳지 않은 것은?

① 시료를 채취한 후 1시간 이내에 분석할 수 있을 때 사용할 수 있으며 1시간 이내에 측정할 수 없을 때는 알칼리성 요오드화포타슘법을 사용하여야 한다.
② 대기 중에 존재하는 오존과 다른 옥시던트가 pH 6.8의 요오드화포타슘 용액에 흡수되면 옥시던트 농도에 해당하는 요오드가 유리되며 이 유리된 요오드를 파장 217nm에서 흡광도를 측정하여 정량한다.
③ 산화성 가스로는 아황산가스 및 황화수소가 있으며 이들은 부(−)의 영향을 미친다.
④ PAN은 오존의 당량, 몰, 농도의 약 50%의 영향을 미친다.

(풀이) 중성요오드화포타슘법(수동)

대기 중에 존재하는 오존과 다른 옥시던트가 pH 6.8의 요오드화포타슘 용액에 흡수되면 옥시던트 농도에 해당하는 요오드가 유리되며 이 유리된 요오드를 파장 352nm에서 흡광도를 측정하여 정량한다.

23 다음 각 장치 중 이온크로마토그래피의 주요 장치 구성과 거리가 먼 것은?

① 용리액조   ② 송액펌프
③ 서프레서   ④ 회전섹터

(풀이) 이온크로마토그래피의 구성

용리액조 – 송액펌프 – 시료주입장치 – 분리관 – 서프레서 – 검출기 – 기록계

24 화학분석 일반사항에 관한 설명으로 옳지 않은 것은?

① 표준품을 채취할 때 표준액이 정수로 기재되어 있어도 실험자가 환산하여 기재수치에 "약"자를 붙여 사용할 수 있다.
② "방울수"라 함은 20℃에서 정제수 20 방울을 떨어뜨릴 때 그 부피가 약 1mL 되는 것을 뜻한다.
③ 실온은 1~35℃로 하고, 찬 곳은 따로 규정이 없는 한 0~15℃의 곳을 뜻한다.
④ "밀봉용기"라 함은 물질을 취급 또는 보관하는 동안에 외부로부터의 공기 또는 다른 가스가 침입하지 않도록 내용물을 보호하는 용기를 뜻한다.

(풀이) 밀봉용기

물질을 취급 또는 보관하는 동안에 기체 또는 미생물이 침입하지 않도록 내용물을 보호하는 용기를 뜻한다.

25 자외선가시선분광법에 이용되는 램버트비어(Lambert – Beer)의 법칙을 옳게 나타낸 식은?(단, I_0 : 입사광 강도, I_t : 투사광 강도, c : 농도, l : 빛의 투사거리, ε : 흡광계수)

① $I_o = I_t \cdot 10^{-\varepsilon cl}$ ② $I_o = I_t \cdot 100^{-\varepsilon cl}$
③ $I_t = I_o \cdot 10^{-\varepsilon cl}$ ④ $I_t = I_o \cdot 100^{-\varepsilon cl}$

(풀이) 램버트비어(Lambert – Beer)의 법칙

강도 I_o 되는 단색광속이 그림과 같이 농도 c, 길이 l이 되는 용액층을 통과하면 이 용액에 빛이 흡수되어 입사광의 강도가 감소한다.

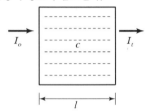

[흡광광도분석방법의 원리도]

$I_t = I_o \cdot 10^{-\varepsilon cl}$

여기서, I_o : 입사광의 강도
       I_t : 투사광의 강도
       c : 농도
       l : 빛의 투사거리
       ε : 비례상수로서 흡광계수라 하고, $c = 1mol$, $l = 10mm$일 때의 ε의 값을 몰흡광계수라 하며 K로 표시한다.

26 현행 대기오염공정시험기준에서 환경대기 중 탄화수소 측정방법(수소염이온화 검출기법)으로 규정되지 않은 것은?

① 총탄화수소 측정법
② 램프식 탄화수소 측정법
③ 비메탄 탄화수소 측정법
④ 활성 탄화수소 측정법

(풀이) 환경대기 중의 탄화수소 농도를 측정하기 위한 시험방법
　　㉠ 총탄화수소 측정법
　　㉡ 비메탄 탄화수소 측정법
　　㉢ 활성 탄화수소 측정법

27 환경대기 중의 먼지 측정에 사용되는 저용량 공기 시료채취기 장치 중 흡인펌프가 갖추어야 하는 조건으로 거리가 먼 것은?

① 연속해서 30일 이상 사용할 수 있어야 한다.
② 진공도가 높아야 한다.
③ 맥동이 순차적으로 발생되어야 한다.
④ 유량이 크고 운반이 용이하여야 한다.

(풀이) 흡인펌프
　　㉠ 진공도가 높아야 한다.
　　㉡ 유량이 커야 한다.
　　㉢ 맥동이 없이 고르게 작동해야 한다.
　　㉣ 운반이 용이해야 한다.

28 굴뚝을 통하여 대기 중으로 배출되는 가스상 물질의 시료 채취방법 중 채취부에 관한 기준으로 옳은 것은?

① 수은 마노미터는 대기와 압력차가 50mmHg 이상인 것을 쓴다.
② 펌프보호를 위해 실리콘 재질의 가스건조탑을 쓰며, 건조제는 주로 활성알루미나를 쓴다.
③ 펌프는 배기능력 10~20L/분인 개방형인 것을 쓴다.
④ 가스미터는 일회전 1L의 습식 또는 건식 가스미터로 온도계와 압력계가 붙어 있는 것을 쓴다.

(풀이) 가스상 물질의 시료 채취부의 관한 기준
　　㉠ 수은 마노미터는 대기와 압력 차이가 100mmHg 이상인 것을 쓴다.

㉡ 펌프 보호를 위해 유리로 만든 가스건조탑을 쓰며, 건조제는 주로 입자상태의 실리카켈, 염화칼슘을 쓴다.
㉢ 펌프는 배기능력 0.5~5L/분인 밀폐형인 것을 쓴다.

29 굴뚝 배출가스 중 먼지 측정을 위해 수동식 측정법으로 측정하고자 할 때 사용되는 분석기기에 관한 설명으로 거리가 먼 것은?

① 흡입노즐은 안과 밖의 가스 흐름이 흐트러지지 않도록 흡입노즐 안지름(d)은 1mm 이상으로 한다.
② 흡입노즐의 꼭짓점은 30° 이하의 예각이 되도록 하고 매끈한 반구 모양으로 한다.
③ 분석용 저울은 0.1mg까지 정확하게 측정할 수 있는 저울을 사용하여야 하며 측정표준 소급성이 유지된 표준기에 의해 교정되어야 한다.
④ 건조용기는 시료채취 여과지의 수분평형을 유지하기 위한 용기로서 20±5.6℃ 대기 압력에도 적어도 24시간을 건조시킬 수 있어야 한다.

(풀이) 흡입노즐의 안과 밖의 가스흐름이 흐트러지지 않도록 흡입노즐 안지름(d)은 4mm 이상으로 한다. 흡입노즐의 안지름 d는 정확히 측정하여 0.1mm 단위까지 구하여 둔다.

30 화학분석 일반사항에 관한 설명으로 옳지 않은 것은?

① 10억분율은 pphm로 표시하고 따로 표시가 없는 한 기체일 때는 용량 대 용량(V/V), 액체일 때는 중량 대 중량(W/W)을 표시한 것을 뜻한다.
② 냉수(冷水)는 15℃ 이하, 온수(溫水)는 60~70℃를 말한다.

③ 각조의 시험은 따로 규정이 없는 한 상온에서 조작하고 조작 직후 그 결과를 관찰한다.
④ 황산(1 : 2)이라고 표시한 것은 황산 1용량에 물 2용량을 혼합한 것이다.

(풀이) 10억분율은 ppb로 표시하고 따로 표시가 없는 한 기체일 때는 용량 대 용량(V/V), 액체일 때는 중량 대 중량(W/W)을 표시한 것을 뜻한다.

31 굴뚝 배출가스 중 황산화물 측정 시 사용하는 아르세나조 Ⅲ법에서 사용되는 시약이 아닌 것은?

① 과산화수소수   ② 아이소프로필알코올
③ 아세트산바륨   ④ 수산화소듐

(풀이) ㉠ 아르세나조 Ⅲ법에서 사용되는 시약
- 과산화수소수
- 아이소프로필알코올
- 아르세나조 Ⅲ 지시약
- 아세트산바륨 용액
- 황산 용액
- 아세트산
㉡ 수산화소듐은 황산화물 측정 시 중화적정법에 사용된다.

32 배출가스 중의 비소화합물을 자외선가시선분광법으로 분석할 때 간섭물질에 관한 설명으로 옳지 않은 것은?

① 비소화합물 중 일부 화합물은 휘발성이 있으므로 채취 시료를 전처리하는 동안 비소의 손실 가능성이 있어 마이크로파산분해법으로 전처리하는 것이 좋다.
② 황화수소에 대한 영향은 아세트산납으로 제거할 수 있다.

③ 안티몬은 스티빈(stibine)으로 산화되어 610 nm에서 최대 흡수를 나타내는 착화합물을 형성케 함으로써 비소 측정에 간섭을 줄 수 있다.
④ 메틸 비소화합물은 pH 1에서 메틸수소화비소를 생성하여 흡수용액과 착화합물을 형성하고 총 비소 측정에 영향을 줄 수 있다.

(풀이) 안티몬은 스티빈(stibine)으로 환원되어 510nm에서 최대 흡수를 나타내는 착화합물을 형성케 함으로써 비소 측정에 간섭을 줄 수 있다.

33 굴뚝 배출가스 중 황화수소를 아이오딘 적정법으로 분석할 때 적정시약은?

① 황산 용액
② 사이오황산소듐 용액
③ 티오시안산암모늄 용액
④ 수산화소듐 용액

(풀이) 배출가스 중 황화수소(아이오딘 적정법)
시료 중의 황화수소를 아연아민착염 용액에 흡수시킨 다음 염산산성으로 하고, 아이오딘 용액을 가하여 과잉의 아이오딘을 사이오황산소듐 용액으로 적정하여 황화수소를 정량한다.

34 이온크로마토그래피의 설치조건으로 거리가 먼 것은?

① 대형변압기, 고주파 가열 등으로부터 전자유도를 받지 않아야 한다.
② 부식성 가스 및 먼지 발생이 적고 환기가 잘 되어야 한다.
③ 실온 10~25℃, 상대습도 30~85% 범위로 급격한 온도변화가 없어야 한다.
④ 공급전원은 기기의 사양에 지정된 전압 전기용량 및 주파수로 전압 변동은 15% 이하여야 한다.

풀이 이온크로마토그래피의 설치조건

  ⊙ 실온 10℃~25℃, 상대습도 30%~85% 범위
    로 급격한 온도변화가 없어야 한다.
  ⓒ 진동이 없고 직사광선을 피해야 한다.
  ⓒ 부식성 가스 및 먼지 발생이 적고 환기가 잘 되
    어야 한다.
  ⓒ 대형변압기, 고주파 가열 등으로부터의 전자
    유도를 받지 않아야 한다.
  ⓜ 공급전원은 기기의 사양에 지정된 전압 전기용
    량 및 주파수로 전압 변동은 10% 이하이고 주
    파수 변동이 없어야 한다.

35 A농황산의 비중은 약 1.84이며, 농도는 약 95%이다. 이것을 몰 농도로 환산하면?

① 35.6mol/L   ② 22.4mol/L

③ 17.8mol/L   ④ 11.2mol/L

풀이 M(mol/L)농도

  $= 1.84kg/L \times 1mol/98g \times 95/100 \times 10^3 g/kg$
  $= 17.84 mol/L(N)$

36 비분산 적외선 분석계의 측정기기 성능 유지기준으로 거리가 먼 것은?

① 재현성 : 동일 측정조건에서 제로가스와 스팬
  가스를 번갈아 10회 도입하여 각각의 측정값의
  평균으로부터 편차를 구하며 이 편차는 전체 눈
  금의 ±1% 이내이어야 한다.
② 감도 : 최대눈금범위의 ±1% 이하에 해당하는
  농도변화를 검출할 수 있는 것이어야 한다.
③ 유량변화에 대한 안정성 : 측정가스의 유량이
  표시한 기준유량에 대하여 ±2% 이내에서 변
  동하여도 성능에 지장이 있어서는 안 된다.
④ 전압 변동에 대한 안정성 : 전원전압이 설정 전
  압의 ±10% 이내로 변화하였을 때 지시값 변화
  는 전체 눈금의 ±1% 이내여야 하고, 주파수가

설정 주파수의 ±2%에서 변동해도 성능에 지장이 있어서는 안 된다.

풀이 재현성

  동일 측정조건에서 제로가스와 스팬가스를 번갈아 3회 도입하여 각각의 측정값의 평균으로부터 편차를 구한다. 이 편차는 전체 눈금의 ±2% 이내이어야 한다.

37 굴뚝으로 배출되는 온도 150℃, 상압의 배출가스의 피토관으로 측정한 결과 동압이 12 mmH₂O였다. 가스 유속(m/sec)은 약 얼마인가?(단, 피토관계수 = 1, 공기밀도 = 1.3kg/m³)

① 9m/sec   ② 11m/sec

③ 13m/sec   ④ 17m/sec

풀이 $V(m/sec)$

  $$= C\sqrt{\frac{2gh}{\gamma}}$$

  $$= 1.0 \times \sqrt{\frac{2 \times 9.8m/sec^2 \times 12mmH_2O}{1.3kg/Sm^3 \times \frac{273}{273+150}}}$$

  $$= 16.74m/sec$$

38 굴뚝직경 1.7m인 원형단면 굴뚝에서 배출가스 중 먼지(반자동식 측정)를 측정하기 위한 측정점 수로 적절한 것은?

① 4   ② 8

③ 12   ④ 16

풀이 원형 연도의 측정점 수

굴뚝 직경 $2R$(m)	반경 구분 수	측정점 수
1 미만	1	4
1~2 미만	2	8
2~4 미만	3	12
4~4.5 미만	4	16
4.5 이상	5	20

39

A사업장의 굴뚝에서 실측한 SO_2 농도가 600ppm이었다. 이때 표준산소농도는 6%, 실측 산소농도는 8%이었다면 오염물질의 농도는?

① 962.3ppm   ② 692.3ppm

③ 520ppm   ④ 425ppm

풀이

$$C = C_a \times \frac{21 - O_s}{21 - O_a}$$

$$= 600 \times \frac{21 - 6}{21 - 8} = 692.3ppm$$

40

원자흡수분광광도법에서 사용되는 용어에 관한 설명으로 옳지 않은 것은?

① 슬롯버너(Slot Burner, Fish Tail Burner) : 가스의 분출구가 세극상으로 된 버너

② 선프로파일(Line Profile) : 불꽃 중에서의 광로를 길게 하고 흡수를 증대시키기 위하여 반사를 이용하여 불꽃 중에 빛을 여러 번 투과시키는 것

③ 공명선(Resonance Line) : 원자가 외부로부터 빛을 흡수했다가 다시 먼저 상태로 돌아갈 때 방사하는 스펙트럼선

④ 역화(Flame Back) : 불꽃의 연소속도가 크고 혼합기체의 분출속도가 작을 때 연소현상이 내부로 옮겨지는 것

풀이 선프로파일(Line Profile)

파장에 대한 스펙트럼선의 강도를 나타내는 곡선

41

프로판(C_3H_8)과 부탄(C_4H_{10})의 용적비가 4 : 1로 혼합된 가스 $1Sm^3$을 연소할 때 발생하는 CO_2양(Sm^3)은?(단, 완전연소)

① 2.6   ② 2.8

③ 3.0   ④ 3.2

풀이

$$C_3H_8 + 5O_2 \rightarrow 3CO_2 + 4H_2O : \frac{4}{4+1}$$

$$C_4H_{10} + 6.5O_2 \rightarrow 4CO_2 + 5H_2O : \frac{1}{4+1}$$

$$CO_2 \text{양} = \left(3 \times \frac{4}{5}\right) + \left(4 \times \frac{1}{5}\right) = 3.2Sm^3/Sm^3$$

42

승용차 1대당 1일 평균 50km를 운행하며 1km 운행에 26g의 CO를 방출한다고 하면 승용차 1대가 1일 배출하는 CO의 부피는?(단, 표준상태)

① 1,625L/day   ② 1,300L/day

③ 1,180L/day   ④ 1,040L/day

풀이 $CO = 26g/km \times 50km/\text{대} \cdot day \times 22.4L/28g$

$= 1,040L/day \cdot \text{대}$

43

흡수제의 구비조건과 관련된 설명으로 옳지 않은 것은?

① 흡수제의 손실을 줄이기 위하여 휘발성이 커야 한다.

② 흡수제가 화학적으로 유해가스 성분과 비슷할 때 일반적으로 용해도가 크다.

③ 흡수율을 높이고 범람을 줄이기 위해서는 흡수제의 점도가 낮아야 한다.

④ 빙점은 낮고, 비점은 높아야 한다.

(풀이) 흡수액의 구비조건

㉠ 용해도가 클 것
㉡ 휘발성이 적을 것
㉢ 부식성이 없을 것
㉣ 점성이 작고 화학적으로 안정되고 독성이 없을 것
㉤ 가격이 저렴하고 용매의 화학적 성질과 비슷할 것

44 일산화탄소 $1Sm^3$를 연소시킬 경우 배출된 건연소가스양 중 $(CO_2)_{max}$(%)는?(단, 완전연소)

① 약 28%　　　　② 약 35%

③ 약 52%　　　　④ 약 57%

(풀이) $CO + 0.5O_2 \rightarrow CO_2$

$$CO_{2max}(\%) = \frac{CO_2 양}{G_{od}} \times 100$$

$$G_{od} = 0.79A_o + CO_2$$
$$= \left(0.79 \times \frac{0.5}{0.21}\right) + 1$$
$$= 2.88 Sm^3/Sm^3$$

$$= \frac{1Sm^3/Sm^3}{2.88Sm^3/Sm^3} \times 100$$
$$= 34.71\%$$

45 원심력 집진장치에 관한 설명으로 옳지 않은 것은?

① 처리 가능 입자는 $3 \sim 100\mu m$이며, 저효율 집진 장치 중 집진율이 우수한 편이다.
② 구조가 간단하고 보수관리가 용이한 편이다.
③ 고농도의 함진가스 처리에 적당하다.
④ 점(흡)착성이 있거나 딱딱한 입자가 함유된 배출가스 처리에 적합하다.

(풀이) 점(흡)착성이 있거나 딱딱한 입자가 함유된 배출 가스 처리에 부적합하다.

46 가스겉보기 속도가 $1 \sim 2m/sec$, 액가스비는 $0.5 \sim 1.5 L/m^3$, 압력손실이 $10 \sim 50mmH_2O$ 정도인 처리장치는?

① 제트 스크러버　　　② 분무탑

③ 벤투리 스크러버　　④ 충전탑

(풀이) 분무탑(Spray Tower)

㉠ 원리 : 다수의 분사노즐을 사용하여 세정액을 미립화시켜 오염가스 중에 분무하는 방식이다.
㉡ 가스유속 : $0.2 \sim 1m/sec$
㉢ 액기비 : $2 \sim 3 L/m^3$
㉣ 압력손실 : $2(10) \sim 20(50)mmH_2O$

47 전기집진장치의 장점과 거리가 먼 것은?

① 집진효율이 높다.
② 압력손실이 낮은 편이다.
③ 전압변동과 같은 조건변동에 적응하기 쉽다.
④ 고온(약 500℃ 정도) 가스처리가 가능하다.

(풀이) 전기집진장치는 전압변동과 같은 조건변동에 쉽게 적응하기 어렵다.

48 에탄(C_2H_6) 5kg을 연소시켰더니 154,000 kcal의 열이 발생하였다. 탄소 1kg을 연소할 때 30,000kcal 열이 생긴다면, 수소 1kg을 연소시킬 때 발생하는 열량은?

① 28,000kcal　　　② 30,000kcal

③ 32,000kcal　　　④ 34,000kcal

(풀이) C_2H_6 분자량 $= (12 \times 2) + (1 \times 6) = 30$

154,000kcal/5kg

$$= \left(30,000kcal/kg \times \frac{24}{30}\right) + \left(Hkcal/kg \times \frac{6}{30}\right)$$

$H(kcal) = 34,000kcal/kg \times 1kg = 34,000kcal$

49
중량비가 C = 75%, H = 17%, O = 8%인 연료 2kg을 완전연소시키는 데 필요한 이론공기량(Sm^3)은?(단, 표준상태 기준)

① 약 9.7 ② 약 12.5

③ 약 21.9 ④ 약 24.7

(풀이)
$$A_o = \frac{O_o}{0.21}$$
$$O_o = (1.867 \times 0.75) + (5.6 \times 0.17)$$
$$- (0.7 \times 0.08)$$
$$= 2.296 Sm^3/kg$$
$$= \frac{2.296 Sm^3/kg}{0.21} \times 2kg = 21.87 Sm^3$$

50
직경 21.2cm 원형관으로 $34m^3$/min의 공기를 이동시킬 때 관내유속은?

① 약 1,248m/min ② 약 963m/min

③ 약 524m/min ④ 약 482m/min

(풀이)
$$Q = A \times V$$
$$V = \frac{Q}{A} = \frac{34m^3/min}{\left(\frac{3.14 \times 0.212^2}{4}\right)m^2} = 963.2m/min$$

51
염소가스 제거효율이 80%인 흡수탑 3개를 직렬로 연결했을 때, 유입공기 중 염소가스 농도가 75,000ppm이라면 유출공기 중 염소가스 농도는?

① 500ppm ② 600ppm

③ 1,000ppm ④ 1,200ppm

(풀이) 염소가스농도(ppm)
$$= 75,000ppm \times (1 - 0.80)^3 = 600ppm$$

52
점도에 관한 설명으로 옳지 않은 것은?

① 유체이동에 따라 발생하는 일종의 저항이다.

② 단위는 P(poise) 또는 cP를 사용하며, 20℃ 물의 점도는 약 1cP이다.

③ 순물질의 기체나 액체에서 점도는 온도와 압력의 함수이다.

④ 물질 특유의 성질에 해당한다.

(풀이) 순물질의 기체나 액체에서 점도는 온도의 영향을 받지만 압력과 습도의 영향은 거의 받지 않는다.

53
A중유보일러의 배출가스를 분석한 결과 부피비가 CO 3%, O_2 7%, N_2 90%일 때, 공기비는 약 얼마인가?

① 1.3 ② 1.65

③ 1.82 ④ 2.19

(풀이) 공기비$(m) = \dfrac{N_2}{N_2 - 3.76(O_2 - 0.5CO)}$
$$= \frac{90}{90 - 3.76[7 - (0.5 \times 3)]} = 1.3$$

54
황 함유량이 5%이고, 비중이 0.95인 중유를 300L/hr로 태울 경우 SO_2의 이론발생량(Sm^3/hr)은 약 얼마인가?(단, 표준상태 기준)

① 8 ② 10

③ 12 ④ 15

(풀이) $S + O_2 \rightarrow SO_2$
$$32kg \quad : \quad 22.4 Sm^3$$
$$300L/hr \times 0.95kg/L \times 0.05 : SO_2(Sm^3/hr)$$
$$SO_2(Sm^3/hr)$$
$$= \frac{300L/hr \times 0.95kg/L \times 0.05 \times 22.4 Sm^3}{32kg}$$
$$= 9.98 Sm^3/hr$$

55 헨리법칙이 적용되는 가스가 물속에 2.0kg$-$mol/m³로 용해되어 있고 이 가스의 분압은 19 mmHg이다. 이 유해가스의 분압이 48mmHg가 되었다면 이때 물속의 가스농도(kg$-$mol/m³)는?

① 1.9   ② 2.8
③ 3.6   ④ 5.1

 $P = H \times C$ ($P \propto C$ 관계)

2.0kg$-$mol/m³ : 19mmHg$= C : 48$mmHg

C (kg$-$mol/m³)

$= \dfrac{2.0\text{kg}-\text{mol/m}^3 \times 48\text{mmHg}}{19\text{mmHg}}$

$= 5.05$kg$-$mol/m³

56 공기 중의 산소를 필요로 하지 않고 분자 내의 산소에 의해서 내부연소하는 물질은?

① LNG   ② 알코올
③ 코크스   ④ 니트로글리세린

내부연소의 예로 니트로글리세린, 화약, 폭약 등이 있다.

57 연료에 대한 설명으로 거리가 먼 것은?

① 액체연료는 대체로 저장과 운반이 용이한 편이다.
② 기체연료는 연소효율이 높고 검댕이 거의 발생하지 않는다.
③ 고체연료는 연소 시 다량의 과잉 공기를 필요로 한다.
④ 액체연료는 황분이 거의 없는 청정연료이며, 가격이 싼 편이다.

액체연료는 황분이 많이 포함되어 있고, 가격이 비싼 편이다.

58 염소가스를 함유하는 배출가스를 45kg의 수산화나트륨이 포함된 수용액으로 처리할 때 제거할 수 있는 염소가스의 최대 양은?

① 약 20kg   ② 약 30kg
③ 약 40kg   ④ 약 50kg

$Cl_2 + 2NaOH \rightarrow NaCl + NaOCl + H_2O$

71kg : 2×40kg

Cl_2(kg) : 45kg

Cl_2(kg) $= \dfrac{71\text{kg} \times 45\text{kg}}{2 \times 40\text{kg}} = 39.94$kg

59 연소에 있어서 등가비(ϕ)와 공기비(m)에 관한 설명으로 옳지 않은 것은?

① 공기비가 너무 큰 경우에는 연소실 내의 온도가 저하되고, 배가스에 의한 열손실이 증가한다.
② 등가비(ϕ) < 1인 경우, 연료가 과잉인 경우로 불완전연소가 된다.
③ 공기비가 너무 적을 경우 불완전연소로 연소효율이 저하된다.
④ 가스버너에 비해 수평수동화격자의 공기비가 큰 편이다.

등가비(ϕ) < 1인 경우, 공기가 과잉인 경우 완전연소가 기대되며 CO는 최소가 된다.

60 유해가스 처리를 위한 장치 중 흡수장치와 거리가 먼 것은?

① 충전탑   ② 흡착탑
③ 다공판탑   ④ 벤투리 스크러버

흡착탑은 유해가스 처리장치 중 흡착장치이다.

제4과목   대기환경관계법규

61 대기환경보전법규상 자동차 운행정지표지에 관한 내용으로 옳지 않은 것은?

① 운행정지기간 중 주차장소도 운행정지표지에 기재되어야 한다.
② 운행정지표지는 자동차의 전면유리 좌측하단에 붙인다.
③ 운행정지표지는 운행정지기간이 지난 후에 담당공무원이 제거하거나 담당공무원의 확인을 받아 제거하여야 한다.
④ 문자는 검정색으로, 바탕색은 노란색으로 한다.

(풀이) 운행정지표지는 자동차의 전면유리 우측상단에 붙인다.

62 악취실태 조사기준에 관한 설명 중 (   ) 안에 알맞은 것은?

악취방지법규상 특별시장·광역시장 등은 규정에 의한 악취발생실태 조사를 위한 계획을 수립하고, 그 조사주기는 (㉠)으로 하여, 실시한 악취실태조사 결과를 (㉡)까지 환경부장관에게 보고하여야 한다.

① ㉠ 분기당 1회 이상   ㉡ 당해 12월 31일
② ㉠ 분기당 1회 이상   ㉡ 다음 해 1월 15일
③ ㉠ 반기당 1회 이상   ㉡ 당해 12월 31일
④ ㉠ 반기당 1회 이상   ㉡ 다음 해 1월 15일

(풀이) 악취방지법규상 특별시장·광역시장 등은 규정에 의한 악취발생실태 조사를 위한 계획을 수립하고, 그 조사주기는 분기당 1회 이상으로 하여, 실시한 악취실태조사 결과를 다음 해 1월 15일까지 환경부장관에게 보고하여야 한다.

63 대기환경보전법규상 운행차의 정밀검사방법·기준 및 검사대상 항목의 일반기준으로 거리가 먼 것은?

① 운행차의 정밀검사방법 및 기준 외의 사항에 대해서는 국토교통부장관이 정하여 고시한다.
② 휘발유와 가스를 같이 사용하는 자동차는 연료를 가스로 전환한 상태에서 배출가스검사를 실시하여야 한다.
③ 특수 용도로 사용하기 위하여 특수장치 또는 엔진성능 제어장치 등을 부착하여 엔진최고회전수 등을 제한하는 자동차인 경우에는 해당 자동차의 측정 엔진최고회전수를 엔진정격회전수로 수정·적용하여 배출가스검사를 시행할 수 있다.
④ 차대동력계상에서 자동차의 운전은 검사기술인력이 직접 수행하여야 한다.

(풀이) 운행차의 정밀검사방법 및 기준 외의 사항에 대해서는 환경부장관이 정하여 고시한다.

64 대기환경보전법령상 황 함유기준을 초과하여 해당 유류의 회수처리명령을 받은 자가 시·도지사에게 이행완료보고서를 제출할 때 구체적으로 밝혀야 하는 사항으로 가장 거리가 먼 것은?

① 유류제조회사가 실험한 황 함유량 검사 성적서
② 해당 유류의 회수처리량, 회수처리방법 및 회수처리기간
③ 해당 유류의 공급기간 또는 사용기간과 공급량 또는 사용량
④ 저황유의 공급 또는 사용을 증명할 수 있는 자료 등에 관한 사항

(풀이) 유류의 회수처리명령 또는 사용금지명령을 받은 자는 명령을 받은 날부터 5일 이내에 다음 각 호의 사항을 구체적으로 밝힌 이행완료보고서를 시·도지사에게 제출하여야 한다.

㉠ 해당 유류의 공급기간 또는 사용기간과 공급량 또는 사용량

㉡ 해당 유류의 회수처리량, 회수처리방법 및 회수처리기간

㉢ 저황유의 공급 또는 사용을 증명할 수 있는 자료 등에 관한 사항

65 실내공기질 관리법규상 "공항시설 중 여객터미널"의 PM – 10($\mu g/m^3$) 실내공기질 유지기준은?

① 200 이하　　　　② 150 이하
③ 100 이하　　　　④ 25 이하

풀이 실내공기질 관리법상 유지기준(2019년 7월부터 적용)

오염물질 항목 다중 이용시설	미세먼지 (PM – 10) ($\mu g/m^3$)	미세먼지 (PM – 2.5) ($\mu g/m^3$)	이산화 탄소 (ppm)	폼알데 하이드 ($\mu g/m^3$)	총 부유세균 (CFU/m^3)	일산화 탄소 (ppm)
지하역사, 지하도상가, 철도역사의 대합실, 여객자동차터미널의 대합실, 항만시설 중 대합실, 공항시설 중 여객터미널, 도서관·박물관 및 미술관, 대규모점포, 장례식장, 영화상영관, 학원, 전시시설, 인터넷컴퓨터게임시설제공업의 영업시설, 목욕장업의 영업시설	100 이하	50 이하	1,000 이하	100 이하	–	10 이하
의료기관, 산후조리원, 노인요양시설, 어린이집	75 이하	35 이하		80 이하	800 이하	
실내주차장	200 이하	–		100 이하	–	25 이하
실내 체육시설, 실내 공연장, 업무시설, 둘 이상의 용도에 사용되는 건축물	200 이하	–		–	–	

※ 법규 변경사항이므로 풀이의 내용으로 학습하시기 바랍니다.

66 대기환경보전법령상 대기오염물질발생량에 따른 사업장 종별 분류기준에 관한 사항으로 옳지 않은 것은?

① 대기오염물질발생량의 합계가 연간 100톤 발생하는 사업장은 1종 사업장에 해당한다.
② 대기오염물질발생량의 합계가 연간 80톤 발생하는 사업장은 1종 사업장에 해당한다.
③ 대기오염물질발생량의 합계가 연간 30톤 발생하는 사업장은 3종 사업장에 해당한다.
④ 대기오염물질발생량의 합계가 연간 3톤 발생하는 사업장은 4종 사업장에 해당한다.

풀이 사업장 분류기준

종별	오염물질발생량 구분
1종 사업장	대기오염물질발생량의 합계가 연간 80톤 이상인 사업장
2종 사업장	대기오염물질발생량의 합계가 연간 20톤 이상 80톤 미만인 사업장
3종 사업장	대기오염물질발생량의 합계가 연간 10톤 이상 20톤 미만인 사업장
4종 사업장	대기오염물질발생량의 합계가 연간 2톤 이상 10톤 미만인 사업장
5종 사업장	대기오염물질발생량의 합계가 연간 2톤 미만인 사업장

67 대기환경보전법규상 배출허용기준 초과와 관련한 개선명령을 받은 경우로서 개선계획서에 포함되어야 할 사항과 가장 거리가 먼 것은? (단, 개선하여야 할 사항이 배출시설 또는 방지시설인 경우)

① 배출시설 및 방지시설의 개선명세서 및 설계도
② 오염물질의 처리방식 및 처리효율
③ 공사기간 및 공사비
④ 배출허용기준 초과사유 및 대책

풀이 개선계획서에 포함 또는 첨부되어야 하는 사항
- ㉠ 배출시설 또는 방지시설의 개선명세서 및 설계도
- ㉡ 대기오염물질의 처리방식 및 처리효율
- ㉢ 공사기간 및 공사비
- ㉣ 다음의 경우에는 이를 증명할 수 있는 서류
  - 개선기간 중 배출시설의 가동을 중단하거나 제한하여 대기오염물질의 농도나 배출량이 변경되는 경우
  - 개선기간 중 공법 등의 개선으로 대기오염물질의 농도나 배출량이 변경되는 경우

68 대기환경보전법령상 기본부과금의 지역별부과 계수에서 Ⅱ지역에 해당되는 부과계수는?(단, 지역구분은 국토의 계획 및 이용에 관한 법률에 따른 지역을 기준으로 하고, Ⅰ지역은 주거지역, Ⅱ지역은 공업지역, Ⅲ지역은 녹지지역을 대표지역으로 함)

① 2.0 ② 1.5
③ 0.5 ④ 1.0

풀이 기본부과금의 지역별 부과계수

구분	지역별 부과계수
Ⅰ지역	1.5
Ⅱ지역	0.5
Ⅲ지역	1.0

69 대기환경보전법규상 시설의 가동시간, 대기오염물질 배출량 등에 관한 사항을 대기오염물질 배출시설 및 방지시설의 운영기록부에 매일 기록하고 최종 기재한 날부터 얼마 동안 보존하여야 하는가?

① 6개월간 ② 1년간
③ 2년간 ④ 3년간

풀이 배출시설 및 방지시설의 운영기록부에 매일 기록하고 최종 기재한 날부터 1년간 보존하여야 한다.
- ㉠ 시설의 가동시간
- ㉡ 대기오염물질 배출량
- ㉢ 자가측정에 관한 사항
- ㉣ 시설관리 및 운영자
- ㉤ 그 밖에 시설운영에 관한 중요사항

70 대기환경보전법규상 가스를 연료로 사용하는 경자동차의 배출가스 보증기간 적용기준으로 옳은 것은?(단, 2016년 1월 1일 이후 제작자동차)

① 10년 또는 192,000km
② 2년 또는 160,000km
③ 2년 또는 10,000km
④ 6년 또는 100,000km

풀이 배출가스 보증기간

	경자동차	10년 또는 192,000km
가스	소형 승용·화물자동차, 중형 승용·화물자동차	15년 또는 240,000km
	대형 승용·화물자동차, 초대형 승용·화물자동차	2년 또는 160,000km

71 다음은 대기환경보전법령상 부과금 조정신청에 관한 사항이다. ( ) 안에 가장 적합한 것은?

> 부과금납부자는 대통령령으로 정하는 사유에 해당하는 경우에는 부과금의 조정을 신청할 수 있고, 이에 따른 조정신청은 부과금납부통지서를 받은 날부터 (㉠)에 하여야 한다. 시·도지사는 조정신청을 받으면 (㉡)에 그 처리결과를 신청인에게 알려야 한다.

① ㉠ 30일 이내 ㉡ 15일 이내
② ㉠ 30일 이내 ㉡ 30일 이내
③ ㉠ 60일 이내 ㉡ 15일 이내
④ ㉠ 60일 이내 ㉡ 30일 이내

(풀이) 부과금납부자는 대통령령으로 정하는 사유에 해당하는 경우에는 부과금의 조정을 신청할 수 있고, 이에 따른 조정신청은 부과금납부통지서를 받은 날부터 60일 이내에 하여야 한다. 시·도지사는 조정신청을 받으면 30일 이내에 그 처리결과를 신청인에게 알려야 한다.

72 대기환경보전법령상 특별대책지역에서 휘발성 유기화합물을 배출하는 시설로서 대통령령으로 정하는 시설은 환경부장관 등에게 신고하여야 하는데, 다음 중 "대통령령으로 정하는 시설"로 가장 거리가 먼 것은?

① 목재가공시설
② 주유소의 저장시설
③ 저유소의 출하시설
④ 세탁시설

(풀이) 특별대책지역에서 휘발성 유기화합물을 배출하는 시설로서 대통령령으로 정하는 시설
　㉠ 석유정제를 위한 제조시설, 저장시설 및 출하시설과 석유화학제품 제조업의 제조시설, 저장시설 및 출하시설
　㉡ 저유소의 저장시설 및 출하시설
　㉢ 주유소의 저장시설 및 주유시설
　㉣ 세탁시설
　㉤ 그 밖에 휘발성유기화합물을 배출하는 시설로서 환경부장관이 관계 중앙행정기관의 장과 협의하여 고시하는 시설

73 대기환경보전법령상 대기오염경보의 대상지역 경보단계 및 단계별 조치사항 중 "주의보 발령"시 조치사항으로 옳은 것은?

① 주민의 실외활동 및 자동차 사용의 자제 요청 등
② 주민의 실외활동 제한 요청 및 자동차 사용의 제한 요청 등

③ 주민의 실외활동 제한 요청 및 자동차 사용의 제한 명령 등
④ 주민의 실외활동 금지 요청 및 사업장의 조업시간 단축 요청 등

(풀이) 경보단계별 조치사항
　㉠ 주의보 발령
　　주민의 실외활동 및 자동차 사용의 자제 요청 등
　㉡ 경보 발령
　　주민의 실외활동 제한 요청, 자동차 사용의 제한 및 사업장의 연료사용량 감축 권고 등
　㉢ 중대경보 발령
　　주민의 실외활동 금지 요청, 자동차의 통행금지 및 사업장의 조업시간 단축명령 등

74 다음은 대기환경보전법규상 첨가제·촉매제 제조기준에 맞는 제품의 표시방법(기준)이다. ( ) 안에 알맞은 것은?

> 기준에 맞게 제조된 제품임을 나타내는 표시를 첨가제 또는 촉매제 용기 앞면의 제품명 밑에 제품명 글자 크기의 ( ) 이상에 해당하는 크기로 표시하여야 한다.

① 100분의 20　　② 100분의 30
③ 100분의 50　　④ 100분의 70

(풀이) 첨가제 또는 촉매제 용기 앞면의 제품명 밑에 제품명 글자 크기의 100분의 30 이상에 해당하는 크기로 표시하여야 한다.

75 실내공기질 관리법규상 실내공기질 권고기준(ppm)으로 옳은 것은?(단, "실내주차장"이며, "이산화질소" 항목)

① 0.03 이하　　② 0.05 이하
③ 0.06 이하　　④ 0.30 이하

(풀이) 실내공기질 관리법상 권고기준(2019년 7월부터 적용)

다중이용시설 \ 오염물질 항목	이산화질소 (ppm)	라돈 (Bq/m³)	총휘발성 유기화합물 (μg/m³)	곰팡이 (CFU/m³)
지하역사, 지하도상가, 철도역사의 대합실, 여객자동차터미널의 대합실, 항만시설 중 대합실, 공항시설 중 여객터미널, 도서관·박물관 및 미술관, 대규모점포, 장례식장, 영화상영관, 학원, 전시시설, 인터넷컴퓨터게임시설제공업의 영업시설, 목욕장업의 영업시설	0.1 이하	148 이하	500 이하	–
의료기관, 어린이집, 노인요양시설, 산후조리원	0.05 이하		400 이하	500 이하
실내주차장	0.3 이하		1,000 이하	–

※ 법규 변경사항이므로 풀이의 내용으로 학습하시기 바랍니다.

76 대기환경보전법규상 자동차연료형 첨가제의 종류와 가장 거리가 먼 것은?

① 유동성 향상제   ② 다목적 첨가제
③ 청정첨가제   ④ 매연억제제

(풀이) 자동차연료형 첨가제의 종류
ㄱ 세척제   ㄴ 청정분산제
ㄷ 매연억제제   ㄹ 다목적 첨가제
ㅁ 옥탄가 향상제   ㅂ 세탄가 향상제
ㅅ 유동성 향상제   ㅇ 윤활성 향상제

77 대기환경보전법상 대기오염물질 배출사업자에게 배출부과금을 부과할 때 고려해야 하는 사항으로 가장 거리가 먼 것은?(단, 그 밖의 사항 등은 고려하지 않는다.)

① 배출허용기준 초과 여부
② 대기오염물질의 배출량 및 기간
③ 배출되는 대기오염물질의 종류
④ 부과대상업체의 경영현황

(풀이) 배출부과금 부과 시 고려사항
ㄱ 배출허용기준 초과 여부
ㄴ 배출되는 오염물질의 종류
ㄷ 오염물질의 배출기간
ㄹ 오염물질의 배출량
ㅁ 자가측정을 하였는지 여부
ㅂ 그 밖에 대기환경의 오염 또는 개선과 관련되는 사항으로서 환경부령으로 정하는 사항

78 환경정책기본법령상 대기환경기준으로 옳은 것은?

① SO₂의 연간 평균치−0.05ppm 이하
② CO의 8시간 평균치−9ppm 이하
③ NO₂의 1시간 평균치−0.15ppm 이하
④ PM−10의 24시간 평균치−50μg/m³ 이하

(풀이) ① SO₂의 연간 평균치−0.02ppm 이하
③ NO₂의 1시간 평균치−0.10ppm 이하
④ PM−10의 24시간 평균치−100μg/m³ 이하

79 대기환경보전법규상 규모에 따른 자동차의 분류기준으로 옳지 않은 것은?(단, 2015년 12월 10일 이후)

① 경자동차 : 엔진배기량이 1,000cc 미만
② 소형 승용자동차 : 엔진배기량이 1,000cc 이상이고, 차량 총중량이 3.5톤 미만이며, 승차인원이 8명 이하
③ 이륜자동차 : 차량 총중량이 10톤을 초과하지 않는 것
④ 초대형 화물자동차 : 차량 총중량이 15톤 이상

이륜자동차란 자전거로부터 진화한 구조로서 사
람 또는 소형의 화물을 운송하기 위한 것으로 차량
총중량이 1천 킬로그램을 초과하지 않는 것을 말
한다.

80 실내공기질 관리법규상 규정하고 있는 오염물질에 해당하지 않는 것은?

① 브롬화수소(HBr)
② 미세먼지(PM-10)
③ 폼알데하이드(Formaldehyde)
④ 총부유세균(TAB)

 다중이용시설 등의 실내공기질 관리법규상 실내
공간오염물질

- 미세먼지(PM-10)
- 이산화탄소(CO_2)
- 폼알데하이드(HCHO)
- 총부유세균(TAB)
- 일산화탄소(CO)
- 이산화질소(NO_2)
- 라돈(Rn)
- 휘발성 유기화합물(VOCs)
- 석면
- 오존(O_3)
- 미세먼지(PM-2.5)
- 곰팡이
- 벤젠
- 톨루엔
- 에틸벤젠
- 자일렌
- 스티렌

제1과목 대기오염개론

01 대표적인 증상으로 인체 혈액 헤모글로빈의 기본요소인 포르피린 고리의 형성을 방해함으로써 헤모글로빈의 형성을 억제하므로, 중독에 걸렸을 경우 만성 빈혈이 발생할 수 있는 대기오염물질에 해당하는 것은?

① 납   ② 아연
③ 안티몬   ④ 비소

풀이 납(Pb)의 특성
- ㉠ 대부분의 납화합물은 물에 잘 녹지 않고 융점 327℃, 끓는점 1,620℃이며 무기납과 유기납으로 구분한다.
- ㉡ 소화기로 섭취된 납은 입자의 크기에 따라 다르지만 약 10% 정도만이 소장에서 흡수되고, 나머지는 대변으로 배출된다.
- ㉢ 세포 내에서 SH기와 결합하여 포르피린과 Heme 합성에 관여하는 효소를 포함한 여러 세포의 효소작용을 방해하고 적혈구 내의 전해질이 감소되어 적혈구 생존기간이 짧아지고 심한 경우 용혈성 빈혈이 나타나기도 한다.(인체혈액 헤모글로빈의 기본요소인 포르피린 고리의 형성을 방해함으로써 헤모글로빈의 형성을 억제함)
- ㉣ 헴(Heme) 합성의 장해로 주요증상은 빈혈증이며 혈색소량의 감소, 적혈구의 생존기간 단축, 파괴가 촉진된다. 즉, 헤모글로빈의 형성을 억제한다.

02 아래 그림에서 D상태에 해당되는 연기의 형태는?(단, 점선은 건조단열감률선)

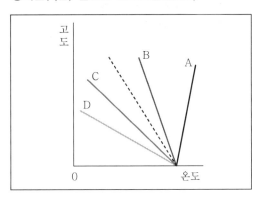

① fumigation   ② lofting
③ fanning   ④ looping

풀이 Looping(환상형)
- ㉠ 공기의 상층으로 갈수록 기온이 급격히 떨어져서 대기상태가 크게 불안정하게 되며, 연기는 상하 좌우방향으로 크고 불규칙하게 난류를 일으키며 확산되는 연기 형태이다.
- ㉡ 대기가 불안정하여 난류가 심할 때, 즉 풍속이 매우 강하여 혼합이 크게 일어날 때 발생한다.
- ㉢ 오염물질의 연직 확산이 굴뚝 부근의 지표면에서는 국지적, 일시적인 고농도 현상이 발생되기도 한다.(순간농도는 가장 높음)
- ㉣ 지표면이 가열되고 바람이 약한 맑은 날 낮(오후)에 주로 일어난다.
- ㉤ 과단열감률조건(환경감률이 건조단열감률보다 큰 경우)일 때, 즉 대기가 불안정할 때 발생한다.
- ※ D의 대기안정도는 불안정이다.

03 다음 설명하는 대기오염물질로 옳은 것은?

• 석유정제, 포르말린 제조 등에서 발생되며, 휘발성이 높은 물질로서 인체에는 급성중독 시 마취증상이 강하고, 두통, 운동실조 등을 일으킬 수 있다.
• 원유에서 콜타르를 분류하고 경유의 부분을 재증류하여 얻어지며, 석유의 접촉분해와 접촉개질에 의해서도 얻어진다.

① 벤젠 ② 이황화탄소
③ 불소 ④ 카드뮴

(풀이) 벤젠
ⓐ 상온, 상압에서 향긋한 냄새를 가진 무색투명한 휘발성 액체로 인화성이 강하며 분자량 78.11, 비점(끓는점) 80.1℃, 물에 대한 용해도는 1.8g/L이다.
ⓑ 석유정제, 포르말린 제조 등에서 발생되며 체내흡수는 대부분 호흡기를 통해 이루어지며 염료, 합성고무 등의 원료 및 페놀 등의 화학물질 제조에 사용되고 중추신경계에 대한 독성이 크다.
ⓒ 만성장해로서 조혈장해는 비가역적 골수손상을 유발하고 급성 장해로는 마취증상이 강하고 두통, 운동실조 등을 일으킬 수 있다.

04 원형굴뚝의 반경이 1.5m, 배출속도가 7m/s, 평균풍속은 3.5m/s일 때, 다음 식을 이용하여 Δh(유효상승고)를 계산하면?

$$\Delta h = 1.5\left(\frac{V_s}{u}\right) \times D$$

① 18m ② 9m
③ 6m ④ 4.5m

(풀이) $\Delta h = 1.5 \times \left(\frac{V_s}{u}\right) \times D$
$= 1.5 \times \frac{7\text{m/sec}}{3.5\text{m/sec}} \times (1.5 \times 2)\text{m} = 9\text{m}$

05 다음 대기오염의 역사적 사건에 대한 주 오염물질의 연결로 옳은 것은?

① 보팔시 사건 : SO_2, H_2SO_4 mist
② 포자리카 사건 : H_2S
③ 체르노빌 사건 : PCBs
④ 뮤즈계곡 사건 : methylisocynate

(풀이) ① 보팔시 사건 : 메틸이소시아네이트
③ 체르노빌 사건 : 방사성 물질
④ 뮤즈계곡 사건 : SO_2, H_2SO_4(황산미스트)

06 오존층 보호를 위한 국제협약으로만 연결된 것은?

① 헬싱키 의정서 – 소피아 의정서 – 람사르 협약
② 소피아의정서 – 비엔나 협약 – 바젤협약
③ 런던회의 – 비엔나 협약 – 바젤협약
④ 비엔나 협약 – 몬트리올 의정서 – 코펜하겐회의

(풀이) 오존층 보호를 위한 국제협약
ⓐ 비엔나 협약 ⓑ 몬트리올 의정서
ⓒ 런던회의 ⓓ 코펜하겐회의

07 유해가스상 대기오염물질이 식물에 미치는 영향에 관한 설명으로 가장 거리가 먼 것은?

① 고등식물에 대한 피해를 주는 대기오염물질 중에서 독성 성분 순으로 나열하면 $Cl_2 > SO_2 > HF > O_3 > NO_2$ 순이다.
② 아황산가스는 특히 소나무과, 콩과, 맥류 등이 피해를 많이 입는다.
③ 황화수소에 강한 식물로는 복숭아, 딸기, 사과 등이다.
④ 일산화탄소는 식물에는 별로 심각한 영향을 주지 않으나 500ppm 정도에서 토마토 잎에 피해를 나타낸다.

(풀이) 고등식물에 대한 피해를 주는 대기오염물질

$HF > SO_2 > NO_2 > CO$

08 다음 중 온실효과의 기여도가 가장 높은 것은?

① N_2O
② CFC 11&12
③ CO_2
④ CH_4

(풀이) 온실효과에 대한 기여도 순서

$CO_2 > CFC\ 11,\ CFC\ 12 > CH_4 > N_2O$

09 어떤 굴뚝의 배출가스 중 SO_2 농도가 240 ppm이었다. SO_2의 배출허용기준이 $400mg/m^3$ 이하라면 기준 준수를 위하여 이 배출시설에서 줄여야 할 아황산가스의 최소농도는 약 몇 mg/m^3 인가?(단, 표준상태 기준)

① 286
② 325
③ 452
④ 571

(풀이)
$$농도(mg/m^3) = 240ppm\,(mL/m^3) \times \frac{64mg}{22.4mL}$$
$$= 685.71mg/m^3$$
$$저감\ SO_2\ 농도(mg/m^3) = 685.71 - 400$$
$$= 285.71mg/m^3$$

10 Aerodynamic diameter의 정의로 가장 적합한 것은?

① 본래의 먼지보다 침강속도가 작은 구형입자의 직경
② 본래의 먼지와 침강속도가 동일하며, 밀도 1 g/cm^3인 구형입자의 직경
③ 본래의 먼지와 밀도 및 침강속도가 동일한 구형입자의 직경
④ 본래의 먼지보다 침강속도가 큰 구형입자의 직경

(풀이) 공기역학적 직경(Aero–Dynamic Diameter)
대상 먼지와 침강속도가 같고 단위밀도가 $1g/cm^3$ 이며, 구형인 먼지의 직경으로 환산된 직경이다. (측정하고자 하는 입자상 물질과 동일한 침강속도를 가지며 밀도가 $1g/cm^3$인 구형입자의 직경)

11 일산화탄소에 대한 설명으로 가장 거리가 먼 것은?

① 연료의 불완전연소에 의해 발생한다.
② 인체 내 호흡기관을 통해 들어오며 곧바로 배출되며, 축적성이 없다.
③ 비흡연자보다 흡연자의 체내 일산화탄소 농도가 높다.
④ 헤모글로빈의 일산화탄소에 대한 친화력은 산소보다 더 크다.

(풀이) 일산화탄소는 인체 내 호흡기관을 통해 들어오며 곧바로 배출되지 않으며 축적성이 있다.

12 대기권의 오존층과 관련된 설명으로 가장 거리가 먼 것은?

① 290nm 이하의 단파장인 UV–C는 대기 중의 산소와 오존분자 등의 가스 성분에 의해 대부분이 흡수되므로 지표면에 거의 도달하지 않는다.
② 오존의 생성 및 분해반응에 의해 자연상태의 성층권 영역에서는 일정한 수준의 오존량이 평형을 이루고, 다른 대기권 영역에 비해 오존 농도가 높은 오존층이 생긴다.
③ 오존농도의 고도분포는 지상 약 25km에서 평균적으로 약 10ppb의 최대농도를 나타낸다.
④ 지구 전체의 평균 오존량은 약 300Dobson 전후이지만, 지리적 또는 계절적으로 평균치의 ±50% 정도까지도 변화한다.

풀이 오존농도의 고도분포는 지상 약 20~25km에서 평균적으로 약 10ppm(10,000ppb)의 최대농도를 나타낸다.

13 다음 특정물질 중 오존파괴지수가 가장 큰 것은?

① CF_3Br
② CCl_4
③ CH_2BrCl
④ CH_2FBr

풀이 오존파괴지수
① CF_3Br(Halon-1301) : 10.0
② CCl_4 : 1.1
③ CH_2BrCl : 0.12
④ CH_2FBr : 0.73

14 라돈에 관한 설명으로 옳지 않은 것은?

① 지구상에서 발견된 자연 방사능 물질 중의 하나이다.
② 사람이 매우 흡입하기 쉬운 가스성 물질이다.
③ 반감기는 3.8일이며, 라듐의 핵분열 시 생성되는 물질이다.
④ 액화되면 푸른색을 띠며, 공기보다 1.2배 무거워 지표에 가깝게 존재하며, 화학적으로 반응을 나타낸다.

풀이 액화되어도 색을 띠지 않는 물질이며, 공기보다 약 9배 무거워 지표에 가깝게 존재하며 화학적으로는 거의 불활성이다.

15 대기 중에 존재하는 기체상의 질소산화물 중 대류권에서는 온실가스로 알려져 있고 일명 웃음기체라고도 하며, 성층권에서는 오존층 파괴물질로 알려져 있는 것은?

① N_2O
② NO_2
③ NO_3
④ N_2O_5

풀이 N_2O(아산화질소)
㉠ 질소가스와 오존의 반응으로 생성되거나 미생물 활동에 의해 발생하며, 특히 토양에 공급되는 비료의 과잉 사용이 문제가 되고 있다.
㉡ N_2O는 대류권에서는 태양에너지에 대하여 매우 안정한 온실가스로 알려져 있고, 성층권에서는 오존층 파괴물질(오존분해물질)로 알려져 있다.
㉢ 웃음가스라고도 하며 주로 사용하는 용도는 마취제이다.

16 로스앤젤레스형 대기오염의 특성으로 옳지 않은 것은?

① 광화학적 산화물(photochemical oxidants)을 형성하였다.
② 질소산화물과 올레핀계 탄화수소 등이 원인물질로 작용했다.
③ 자동차 연료인 석유계 연료 등이 주원인물질로 작용했다.
④ 초저녁에 주로 발생하였고 복사역전층과 무풍상태가 계속되었다.

풀이 로스앤젤레스형은 주간(한낮)에 주로 발생하였고, 침강성 역전층과 풍속 3m/sec 이하가 계속되었다.

17 대기오염물질과 그 영향에 대한 설명 중 가장 거리가 먼 것은?

① CO : 혈액 내 Hb(헤모글로빈)과의 친화력이 산소의 약 21배에 달해 산소운반능력을 저하시킨다.
② NO : 무색의 기체로 혈액 내 Hb과의 결합력이 CO보다 수백 배 더 강하다.
③ O_3 및 기타 광화학적 옥시던트 : DNA, RNA에도 작용하여 유전인자에 변화를 일으킨다.

④ HC : 올레핀계 탄화수소는 광화학적 스모그에 적극 반응하는 물질이다.

(풀이) CO는 혈액 내 Hb(헤모글로빈)과의 친화력이 약 210배에 달해 산소운반능력을 저하시킨다.

18 다음은 어떤 대기오염물질에 대한 설명인가?

- 독특한 풀냄새가 나는 무색(시판용품은 담황녹색)의 기체(액화가스)로 끓는점은 약 8℃이다.
- 건조상태에서는 부식성이 없으나 수분이 존재하면 가수분해되어 금속을 부식시킨다.

① $Pb(C_2H_5)_4$ ② H_2S
③ HCN ④ $COCl_2$

(풀이) $COCl_2$(포스겐)
ㄱ 분자량이 98.9이며, 독특한 풀냄새가 나는 무색(시판용품은 담황녹색)의 기체(액화가스)로 끓는점은 약 8℃이며 화학반응성, 인화성, 폭발성 및 부식성이 강하다.
ㄴ 클로로포름, 사염화탄소 등이 산화 시에도 생성되며 합성수지, 고무, 합성섬유, 도료, 의약품, 용제 등의 원료로 사용된다.
ㄷ 포스겐 자체는 자극성이 경미하고, 건조상태에서는 부식성이 없으나, 수분이 존재하면 가수분해되어 염산이 생기므로 금속을 부식시킨다.
ㄹ 최루, 흡입에 의한 재채기, 호흡곤란 등의 급성 중독 증상을 나타내며 몇 시간 후에 폐수종을 일으켜 사망할 수 있다.

19 지상 20m에서의 풍속이 3.9m/s라면 60m에서의 풍속은?(단, Deacon 법칙 적용, p =0.4)

① 약 4.7m/s   ② 약 5.1m/s
③ 약 5.8m/s   ④ 약 6.1m/s

(풀이) $\dfrac{U_2}{U_1} = \left(\dfrac{Z_2}{Z_1}\right)^p$

$U_2 = 3.9\text{m/sec} \times \left(\dfrac{60\text{m}}{20\text{m}}\right)^{0.4} = 6.05\text{m/sec}$

20 대류권에서 광화학 대기오염에 영향을 미치는 중요한 태양 빛 흡수 기체의 흡수성에 관한 설명으로 옳지 않은 것은?

① 오존은 200~320nm의 파장에서 강한 흡수가, 450~700nm에서는 약한 흡수가 있다.
② 이산화황은 파장 340nm 이하와 470~550nm에 강한 흡수를 보이며, 대류권에서 쉽게 광분해 된다.
③ 알데히드는 313nm 이하에서 광분해된다.
④ 케톤은 300~700nm에서 약한 흡수를 하여 광분해된다.

(풀이) 이산화황(SO_2)은 파장 200~290nm에서 강한 흡수가 일어나지만 대류권에서는 광분해하지 않는다.

제2과목 대기오염공정시험기준(방법)

21 다음 중 대기오염공정시험기준에서 아래의 조건에 해당하는 규정농도 이상의 것을 사용해야 하는 시약은?(단, 따로 규정이 없는 상태)

• 농도 : 85% 이상	• 비중 : 약 1.69

① $HClO_4$ ② H_3PO_4
③ HCl ④ HNO_3

(풀이) 인산(H_3PO_4)
ㄱ 규정농도 : 85.0% 이상
ㄴ 비중 : 약 1.69

22 굴뚝 배출가스 중 불소화합물 분석방법으로 옳지 않은 것은?

① 자외선/가시선분광법은 시료가스 중에 알루미늄(Ⅲ), 철(Ⅱ), 구리(Ⅱ) 등의 중금속 이온이나 인산이온이 존재하면 방해효과를 나타내므로 적절한 증류방법에 의해 분리한 후 정량한다.

② 자외선/가시선분광법은 증류온도를 145 ± 5 ℃, 유출속도를 3~5mL/min으로 조절하고, 증류된 용액이 약 220mL가 될 때까지 증류를 계속한다.

③ 적정법은 pH를 조절하고 네오트린을 가한 다음 수산화바륨용액으로 적정한다.

④ 자외선/가시선분광법의 흡수파장은 620nm를 사용한다.

(풀이) 적정법은 pH를 조절하고 네오트린을 가한 다음 질산소듐용액으로 적정한다.

23 다음은 배출가스 중의 페놀류의 기체크로마토그래피 분석방법을 설명한 것이다. ( ) 안에 알맞은 것은?

> 배출가스를 (㉠)에 흡수시켜 이 용액을 산성으로 한 후 (㉡)(으)로 추출한 다음 기체크로마토그래피로 정량하여 페놀류의 농도를 산출한다.

① ㉠ 증류수　　　㉡ 과망간산칼륨
② ㉠ 수산화소듐용액　㉡ 과망간산칼륨
③ ㉠ 증류수　　　㉡ 아세트산에틸
④ ㉠ 수산화소듐용액　㉡ 아세트산에틸

(풀이) 굴뚝배출가스 중 페놀류 분석방법(기체크로마토그래피)

배출가스 중의 페놀류를 측정하는 방법으로서 배출가스를 수산화소듐용액에 흡수시켜 이 용액을 산성으로 한 후 아세트산에틸로 추출한 다음 기체크로마토그래프로 정량하여 페놀류의 농도를 산출한다.

24 램버트 비어(Lambert – Beer)의 법칙에 대한 설명으로 옳지 않은 것은?(단, I_0=입사광의 강도, I_t=투사광의 강도, c=농도, l=빛의 투사거리, ε=흡광계수, t=투과도)

① $I_t = I_0 \cdot 10^{-\varepsilon c l}$로 표현한다.

② $\log(1/t)=A$를 흡광도라 한다.

③ ε는 비례상수로서 흡광계수라 하고, $c=1$ mmol, $l=1$mm일 때의 ε의 값을 몰 흡광계수라 한다.

④ $\dfrac{I_t}{I_o}= t$를 투과도라 한다.

(풀이) ε는 비례상수로서 흡광계수라 하고 $c=1$mol, $l=10$mm일 때의 ε의 값을 몰흡광계수라 한다.

25 기체크로마토그래피의 충전물에서 고정상 액체의 구비조건에 대한 설명으로 거리가 먼 것은?

① 분석대상 성분을 완전히 분리할 수 있는 것이어야 한다.

② 사용온도에서 증기압이 높은 것이어야 한다.

③ 화학적 성분이 일정한 것이어야 한다.

④ 사용온도에서 점성이 작은 것이어야 한다.

(풀이) 고정상 액체는 사용온도에서 증기압이 낮은 것이어야 한다.

26 휘발성 유기화합물(VOCs) 누출확인방법에서 사용하는 용어 정의 중 "응답시간"은 VOCs가 시료채취장치로 들어가 농도 변화를 일으키기 시작하여 기기 계기판의 최종값이 얼마를 나타내는 데 걸리는 시간을 의미하는가?(단, VOCs 측정기기 및 관련장비는 사양과 성능기준을 만족한다.)

① 80%   ② 85%
③ 90%   ④ 95%

(풀이) 휘발성 유기화합물질(VOCs) 누출확인방법 – 응답시간
VOCs가 시료채취장치로 들어가 농도변화를 일으키기 시작하여 기기계기판의 최종값이 90%를 나타내는 데 걸리는 시간이다.

27 화학분석 일반사항에 관한 설명으로 옳지 않은 것은?

① "약"이란 그 무게 또는 부피에 대하여 ±5% 이상의 차가 있어서는 안 된다.
② 표준품을 채취할 때 표준액이 정수로 기재되어 있어도 실험자가 환산하여 기재수치에 "약" 자를 붙여 사용할 수 있다.
③ "방울수"라 함은 20℃에서 정제수 20방울을 떨어뜨릴 때 그 부피가 약 1mL 되는 것을 뜻한다.
④ 시험에 사용하는 표준품은 원칙적으로 특급시약을 사용하며 표준액을 조제하기 위한 표준용 시약은 따로 규정이 없는 한 데시케이터에 보존된 것을 사용한다.

(풀이) "약"이란 그 무게 또는 부피에 대하여 ±10% 이상의 차가 있어서는 안 된다.

28 환경대기 중의 탄화수소 농도를 측정하기 위한 주 시험법은?

① 총탄화수소 측정법
② 비메탄 탄화수소 측정법
③ 활성 탄화수소 측정법
④ 비활성 탄화수소 측정법

(풀이) 환경대기 중 탄화수소 측정방법
㉠ 비메탄 탄화수소 측정법(주 시험법)
㉡ 총탄화수소 측정법
㉢ 활성 탄화수소 측정법

29 다음은 측정용어의 정의이다. ( ) 안에 가장 적합한 용어는?

• (㉠)(은)는 측정결과에 관련하여 측정량을 합리적으로 추정한 값의 산포 특성을 나타내는 인자를 말한다.
• (㉡)(은)는 측정의 결과 또는 측정의 값이 모든 비교의 단계에서 명시된 불확도를 갖는 끊어지지 않는 비교의 사슬을 통하여 보통 국가표준 또는 국제표준에 정해진 기준에 관련시켜질 수 있는 특성을 말한다.
• 시험분석 분야에서 (㉡)의 유지는 교정 및 검정 곡선 작성과정의 표준물질 및 순수물질을 적절히 사용함으로써 달성할 수 있다.

① ㉠ 대수정규분포도 ㉡ (측정의) 유효성
② ㉠ (측정)불확도 ㉡ (측정의) 유효성
③ ㉠ 대수정규분포도 ㉡ (측정의) 소급성
④ ㉠ (측정)불확도 ㉡ (측정의) 소급성

(풀이) 측정용어
㉠ (측정)불확도(Uncertainty)
측정결과와 관련하여, 측정량을 합리적으로 추정한 값의 산포 특성을 나타내는 인자를 말한다.

ⓛ (측정의) 소급성(Traceability)
측정의 결과 또는 측정의 값이 모든 비교의 단계에서 명시된 불확도를 갖는 끊어지지 않는 비교의 사슬을 통하여, 보통 국가표준 또는 국제표준에 정해진 기준에 관련될 수 있는 특성을 말한다.
ⓒ 시험분석 분야에서 소급성의 유지는 교정 및 검정곡선 작성과정의 표준물질 및 순수물질을 적절히 사용함으로써 달성할 수 있다.

30 배출가스 중 납화합물을 자외선/가시선분광법으로 분석할 때 사용되는 시약 또는 용액에 해당하지 않는 것은?

① 디티존　　　　② 클로로폼
③ 시안화포타슘 용액　④ 아세틸아세톤

(풀이) 굴뚝배출가스 중 납화합물(자외선/가시선 분광법)
납 이온이 시안화포타슘 용액 중에서 디티존과 반응하여 생성되는 납 디티존 착염을 클로로포름으로 추출하고, 과량의 디티존은 시안화포타슘 용액으로 씻어내어, 납착염의 흡광도를 520nm에서 측정하여 정량하는 방법이다.

31 배출가스 중 입자상 물질 시료채취를 위한 분석기기 및 기구에 관한 설명으로 옳지 않은 것은?

① 흡입노즐은 스테인리스강 재질, 경질유리 또는 석영 유리제로 만들어진 것으로 사용한다.
② 흡입노즐의 안과 밖의 가스흐름이 흐트러지지 않도록 흡입노즐 내경(d)은 3mm 이상으로 한다.
③ 흡입관은 수분응축을 방지하기 위해 시료가스 온도를 120±14℃로 유지할 수 있는 가열기를 갖춘 보로실리케이트, 스테인리스강 재질 또는 석영유리관을 사용한다.
④ 흡입노즐의 꼭짓점은 60° 이하의 예각이 되도록 하고 매끈한 반구모양으로 한다.

(풀이) 흡입노즐의 꼭짓점은 30° 이하의 예각이 되도록 하고 매끈한 반구모양으로 한다.

32 기체크로마토그래피에서 A, B 성분의 보유시간이 각각 2분, 3분이었으며, 피크폭은 32초, 38초이었다면 이때 분리도(R)는?

① 1.1　　　　② 1.4
③ 1.7　　　　④ 2.2

(풀이) $\text{분리도}(R) = \dfrac{2(tR_2 - tR_1)}{W_1 + W_2}$

$= \dfrac{2(3 \times 60 - 2 \times 60)}{32 + 38} = 1.71$

33 자동기록식 광전분광광도계의 파장교정에 사용되는 흡수 스펙트럼은?

① 홀뮴유리　　　② 석영유리
③ 플라스틱　　　④ 방전유리

(풀이) 자동기록식 광전분광광도계의 파장교정에 사용되는 흡수 스펙트럼은 홀뮴유리이다.

34 환경대기 시료채취방법에 관한 설명으로 옳지 않은 것은?

① 용기채취법은 시료를 일단 일정한 용기에 채취한 다음 분석에 이용하는 방법으로 채취관－용기 또는 채취관－유량조절기－흡입펌프－용기로 구성된다.
② 용기채취법에서 용기는 일반적으로 진공병 또는 공기주머니(air bag)를 사용한다.
③ 용매채취법은 측정대상 기체와 선택적으로 흡수 또는 반응하는 용매에 시료가스를 일정유량으로 통과시켜 채취하는 방법으로 채취관－여

과재 – 채취부 – 흡입 펌프 – 유량계(가스미터)
로 구성된다.

④ 직접채취법에서 채취관은 PVC관을 사용하며,
채취관의 길이는 10m 이내로 한다.

(풀이) 환경대기 시료채취방법(직접채취법)

ⓐ 채취관은 일반적으로 4불화에틸렌수지
(Teflon), 경질유리, 스테인리스강제 등으로
된 것을 사용한다.

ⓑ 채취관의 길이는 5m 이내로 되도록 짧은 것이
좋으며, 그 끝은 빗물이나 곤충 기타 이물질이
들어가지 않도록 되어 있는 구조이어야 한다.

ⓒ 채취관을 장기간 사용하여 내면이 오염되거나
측정 성분에 영향을 줄 염려가 있을 때는 채취
관을 교환하든가 잘 씻어 사용한다.

35 다음은 유류 중의 황 함유량 분석방법 중 연소관식 공기법에 관한 설명이다. ( ) 안에 알맞은 것은?

이 시험기준은 원유, 경유, 중유의 황 함유량을 측정하는 방법을 규정하며 유류 중 황 함유량이 질량분율 0.01% 이상의 경우에 적용한다. (㉠)로 가열한 석영재질 연소관 중에 공기를 불어넣어 시료를 연소시킨다. 생성된 황산화물을 과산화수소 3%에 흡수시켜 황산으로 만든 다음, (㉡) 표준액으로 중화적정하여 황 함유량을 구한다.

① ㉠ 450~550℃   ㉡ 질산칼륨
② ㉠ 450~550℃   ㉡ 수산화소듐
③ ㉠ 950~1,100℃   ㉡ 질산칼륨
④ ㉠ 950~1,100℃   ㉡ 수산화소듐

(풀이) 연료용 유류 중의 황 함유량 분석방법(연소관식 공기법)

ⓐ 원유, 경유, 중유의 황 함유량을 측정하는 방법을 규정하며 유류 중 황 함유량이 질량분율 0.01% 이상인 경우에 적용한다.

ⓑ 950~1,100℃로 가열한 석영재질 연소관 중에 공기를 불어넣어 시료를 연소시킨다.

ⓒ 생성된 황산화물을 과산화수소(3%)에 흡수시켜 황산으로 만든 다음, 수산화소듐 표준액으로 중화적정하여 황 함유량을 구한다.

36 다음은 배출가스 중 황화수소 분석방법에 관한 설명이다. ( ) 안에 알맞은 것은?

시료 중의 황화수소를 (㉠) 용액에 흡수시킨 다음 염산산성으로 하고, (㉡) 용액을 가하여 과잉의 (㉡)(을)를 사이오황산소듐 용액으로 적정하여 황화수소를 정량한다. 이 방법은 시료 중의 황화수소가 (㉢)ppm 함유되어 있는 경우의 분석에 적합하다.

① ㉠ 메틸렌블루   ㉡ 아이오딘
   ㉢ 5~1,000
② ㉠ 아연아민착염   ㉡ 디에틸아민동
   ㉢ 100~2,000
③ ㉠ 메틸렌블루   ㉡ 아이오딘
   ㉢ 100~2,000
④ ㉠ 아연아민착염   ㉡ 디에틸아민동
   ㉢ 5~1,000

(풀이) 배출가스 중 황화수소 분석방법 : 적정법(아이오딘적정법)

ⓐ 시료 중의 황화수소를 아연아민착염 용액에 흡수시킨 다음 염산산성으로 하고, 아이오딘 용액을 가하여 과잉의 아이오딘을 사이오황산소듐 용액으로 적정하여 황화수소를 정량한다.

ⓑ 시료 중의 황화수소가 100~2,000ppm 함유되어 있는 경우의 분석에 적합하다. 또 황화수소의 농도가 2,000ppm 이상인 것에 대하여는 분석용 시료 용액을 흡수액으로 적당히 희석하여 분석에 사용할 수가 있다.

ⓒ 다른 산화성 가스와 환원성 가스에 의하여 방해를 받는다.

37 굴뚝 배출가스 중 질소산화물의 연속자동 측정방법으로 가장 거리가 먼 것은?

① 화학발광법
② 이온전극법
③ 적외선흡수법
④ 자외선흡수법

풀이 굴뚝배출가스 중 질소산화물(연속자동측정방법)
    ㉠ 화학발광법
    ㉡ 적외선흡수법
    ㉢ 자외선흡수법

38 환경대기 중의 아황산가스 측정을 위한 시험방법이 아닌 것은?

① 불꽃광도법
② 용액전도율법
③ 파라로자닐린법
④ 나프틸에틸렌디아민법

풀이 환경대기 중 아황산가스 측정방법(자동연속측정법)
    ㉠ 수동 및 반자동측정법
      • 파라로자닐린법(Pararosaniline Method) (주 시험방법)
      • 산정량 수동법(Acidimetric Method)
      • 산정량 반자동법(Acidimetric Method)
    ㉡ 자동연속측정법
      • 용액 전도율법(Conductivity Method)
      • 불꽃광도법(Flame Photometric Detector Method)
      • 자외선형광법(Pulse U.V. Fluorescence Method)(주 시험방법)
      • 흡광차분광법(Differential Optical Absorption Spectroscopy : DOAS)

39 일반적으로 환경대기 중에 부유하고 있는 총부유먼지와 $10\mu m$ 이하의 입자상 물질을 여과지 위에 채취하여 질량농도를 구하거나 금속 등의 성분분석에 이용되며, 흡입펌프, 분립장치, 여과지홀더 및 유량측정부의 구성을 갖는 분석방법으로 가장 적합한 것은?

① 고용량 공기시료채취기법
② 저용량 공기시료채취기법
③ 광산란법
④ 광투과법

풀이 저용량 공기시료채취법(Low Volume Air Sampler법)
    ㉠ 원리 및 적용범위
      일반적으로 이 방법은 대기 중에 부유하고 있는 $10\mu m$ 이하의 입자상 물질을 저용량 공기시료채취기를 사용하여 여과지 위에 채취하고 질량농도를 구하거나 금속 등의 성분분석에 이용한다.
    ㉡ 장치의 구성
      저용량 공기시료채취기의 기본구성은 흡입펌프, 분립장치, 여과지 홀더 및 유량측정부로 구성된다.

40 굴뚝반경이 3.2m인 원형 굴뚝에서 먼지를 채취하고자 할 때의 측정점 수는?

① 8
② 12
③ 16
④ 20

풀이 원형 연도의 측정점 수

굴뚝 직경 $2R$(m)	반경 구분 수	측정점 수
1 미만	1	4
1~2 미만	2	8
2~4 미만	3	12
4~4.5 미만	4	16
4.5 이상	5	20

제3과목 대기오염방지기술

41 탄소 85%, 수소 11.5%, 황 2.0%가 들어 있는 중유 1kg당 12Sm³의 공기를 넣어 완전 연소시킨다면, 표준상태에서 습윤 배출가스 중의 SO_2 농도는?(단, 중유 중의 S 성분은 모두 SO_2 로 된다.)

① 708ppm   ② 808ppm
③ 1,107ppm   ④ 1,408ppm

풀이 SO_2(ppm)

$$= \frac{SO_2}{G_w} \times 10^6 = \frac{0.7 \times S}{G_w} \times 10^6$$

$$G_w = G_{ow} + (m-1)A_o$$

$$G_{ow} = 0.79A_o + CO_2 + H_2O + SO_2$$

$$A_o = \frac{1}{0.21}[(1.867 \times 0.85)$$
$$+ (5.6 \times 0.115) + (0.7 \times 0.02)]$$
$$= 10.69 Sm^3/kg$$
$$= (0.79 \times 10.69) + (1.867 \times 0.85)$$
$$+ (11.2 \times 0.115) + (0.7 \times 0.02)$$
$$= 11.33 Sm^3/kg$$

$$m = \frac{A}{A_o} = \frac{12 Sm^3/kg}{10.69 Sm^3/kg} = 1.122$$
$$= 11.33 + [(1.122 - 1) \times 10.69]$$
$$= 12.63 Sm^3/kg$$
$$= \frac{(0.7 \times 0.02) Sm^3/kg}{12.63 Sm^3/kg} \times 10^6 = 1,108.47 ppm$$

42 다음 집진장치 중 관성충돌, 확산, 증습, 응집, 부착성 등이 주 포집원리인 것은?

① 원심력 집진장치
② 세정집진장치
③ 여과집진장치
④ 중력집진장치

풀이 세정집진장치의 집진(포집)원리
㉠ 액적에 입자가 충돌하여 부착한다.
㉡ 배기가스 증습에 의하여 입자가 서로 응집한다.(증습하면 입자의 응집이 높아짐)
㉢ 미립자 확산에 의하여 액적과의 접촉을 쉽게 한다.
㉣ 액막과 기포에 입자가 충돌하여 부착된다.
㉤ 입자를 핵으로 한 증기의 응결에 따라 응집성을 촉진시킨다.

43 전기집진장치의 유지관리에 관한 설명으로 가장 거리가 먼 것은?

① 시동 시에는 배출가스를 도입하기 최소 1시간 전에 애관용 히터를 가열하여 애자관 표면에 수분이나 먼지의 부착을 방지한다.
② 시동 시에는 고전압회로의 절연저항이 100MΩ 이상이 되어야 한다.
③ 운전 시 2차 전류가 매우 적을 때에는 먼지농도가 높거나 먼지의 겉보기 저항이 이상적으로 높을 경우이므로 조습용 스프레이의 수량을 늘려 겉보기 저항을 낮추어야 한다.
④ 정지 시에는 접지저항을 적어도 연 1회 이상 점검하고 10Ω 이하로 유지한다.

풀이 시동 시에는 배출가스를 도입하기 최소 6시간 전에 애관용 히터를 가열하여 애자관 표면에 수분이나 먼지의 부착을 방지한다.

44 관성력 집진장치의 일반적인 효율 향상조건에 관한 설명으로 옳지 않은 것은?

① 기류의 방향전환 시 곡률반경이 작을수록 미립자의 포집이 가능하다.
② 기류의 방향전환 각도가 작고, 방향전환 횟수가 많을수록 압력손실은 커지지만 집진은 잘 된다.

③ 충돌 직전의 처리가스의 속도는 작고, 처리 후 출구 가스속도는 클수록 미립자의 제거가 쉽다.

④ 적당한 모양과 크기의 dust box가 필요하다.

(풀이) 충돌 직전의 처리가스속도가 크고, 처리 후 출구가스속도는 느릴수록 미립자의 제거가 쉬우며 집진효율이 높아진다.

45 다음 중 일반적으로 착화온도가 가장 높은 것은?

① 메탄   ② 수소

③ 목탄   ④ 중유

(풀이) 연료의 착화온도

    ◯ 고체연료

      • 코크스 : 500~600℃

      • 무연탄 : 370~500℃

      • 목탄 : 320~400℃

      • 역청탄 : 250~400℃

      • 갈탄 : 250~350℃, 갈탄(건조) : 250~400℃

    ◯ 액체연료

      • 경유 : 592℃

      • B중유 : 530~580℃

      • A중유 : 530℃

      • 휘발유 : 500~550℃

      • 등유 : 400~500℃

    ◯ 기체연료

      • 도시가스 : 600~650℃

      • 코크스 : 560℃

      • 수소가스 : 550℃

      • 프로판가스 : 493℃

      • LPG(석유가스) : 440~480℃

      • 천연가스(주 : 메탄) : 650~750℃

      • 발생로가스 : 700~800℃

46 메탄의 치환 염소화 반응에서 C_2Cl_4를 만들 경우 메탄 1kg당 부생되는 HCl의 이론량은? (단, 표준상태 기준)

① 4.2Sm³   ② 5.6Sm³

③ 6.4Sm³   ④ 7.8Sm³

(풀이)

$$2CH_4 + 6Cl_2 \rightarrow C_2Cl_4 + 8HCl$$

$2 \times 16kg$: $8 \times 22.4Sm^3$

$1kg$: $HCl(Sm^3)$

$$HCl(Sm^3) = \frac{1kg \times (8 \times 22.4)Sm^3}{2 \times 16kg} = 5.6Sm^3$$

47 유압분무식 버너에 관한 설명으로 옳지 않은 것은?

① 구조가 간단하여 유지 및 보수가 용이하다.

② 유량조절범위가 좁아 부하변동에 적응하기 어렵다.

③ 연료분사범위는 15~2,000kL/hr 정도이다.

④ 분무각도가 40~90° 정도로 크다.

(풀이) 유압분무식 버너의 연료분사범위는 30~3,000 L/hr(또는 15~2,000L/hr)이다.

48 A굴뚝 배출가스 중 염소가스의 농도가 150 mL/Sm³이다. 이 염소가스의 농도를 25mg/Sm³로 저하시키기 위하여 제거해야 할 양(mL/Sm³)은 약 얼마인가?

① 95   ② 111

③ 125   ④ 142

(풀이) 제거해야 할 양

= 처음농도 − 나중농도

$$나중농도 = 25mg/Sm^3 \times \frac{22.4mL}{71mg}$$

$$= 7.89mL/Sm^3$$

$$= 150 - 7.89 = 142.11mL/Sm^3$$

49 어떤 유해가스와 물이 일정 온도에서 평형상태에 있다. 유해가스의 분압이 기상에서 60mmHg일 때 수중 유해가스의 농도가 2.7kmol/m³이면 이때 헨리상수(atm·m³/kmol)는?(단, 전압은 1atm이다.)

① 0.01　　　　　② 0.02
③ 0.03　　　　　④ 0.04

풀이 $P = H \cdot C$

$$H = \frac{P}{C} = \frac{60\text{mmHg} \times \dfrac{1\text{atm}}{760\text{mmHg}}}{2.7\text{kmol/m}^3}$$
$$= 0.03\text{atm} \cdot \text{m}^3/\text{kmol}$$

50 유량 40,715m³/h의 공기를 원형 흡수탑을 거쳐 정화하려고 한다. 흡수탑의 접근유속을 2.5m/s로 유지하려면 소요되는 흡수탑의 지름(m)은?

① 약 2.8　　　　② 약 2.4
③ 약 1.7　　　　④ 약 1.2

풀이 $Q = A \times V$

$$A = \frac{Q}{V} = \frac{40,715\text{m}^3/\text{hr} \times \text{hr}/3,600\text{sec}}{2.5\text{m/sec}}$$
$$= 4.52\text{m}^2$$
$$A = \frac{3.14 \times D^2}{4}$$
$$D = \sqrt{\frac{4.52\text{m}^2 \times 4}{3.14}} = 2.4\text{m}$$

51 초기에 98%의 집진율로 운전되고 있던 집진장치가 성능의 저하로 집진율이 96%로 떨어졌다. 집진장치의 입구의 함진농도는 일정하다고 할 때 출구의 함진농도는 초기에 비해 어떻게 변화하겠는가?

① 1/4로 감소한다.
② 1/2로 감소한다.
③ 2배로 증가한다.
④ 4배로 증가한다.

풀이 초기통과량 = 100 − 98 = 2%
　　　나중통과량 = 100 − 96 = 4%
$$\text{배출농도비} = \frac{\text{나중통과량}}{\text{초기통과량}} = \frac{4}{2}$$
$$= 2\text{배(초기의 2배 배출농도 증가)}$$

52 먼지농도가 10g/Sm³인 매연을 집진율 80%인 집진장치로 1차 처리하고 다시 2차 집진장치로 처리한 결과 배출가스 중 먼지 농도가 0.2g/Sm³이 되었다. 이때 2차 집진장치의 집진율은?(단, 직렬 기준)

① 70%　　　　　② 80%
③ 85%　　　　　④ 90%

풀이 $\eta_T = \eta_1 + \eta_2(1 - \eta_1)$
$$\eta_T = \left(1 - \frac{C_o}{C_i}\right) \times 100 = \left(1 - \frac{0.2\text{g/Sm}^3}{10\text{g/Sm}^3}\right) \times 100$$
$$= 98\%$$
$$0.98 = 0.8 + \eta_2(1 - 0.8)$$
$$\eta_2 = 0.90 \times 100 = 90\%$$

53 다음 집진장치 중 일반적으로 압력손실이 가장 큰 것은?

① 여과집진장치
② 원심력집진장치
③ 전기집진장치
④ 벤투리 스크러버

풀이 벤투리 스크러버의 압력손실이 300~800mmH₂O로 가장 크다.

54 중력집진장치의 효율을 향상시키기 위한 조건에 관한 설명으로 거리가 먼 것은?

① 침강실 내의 처리가스의 속도가 작을수록 미립자가 포집된다.

② 침강실 내의 배기가스의 기류는 균일해야 한다.

③ 침강실의 높이는 작고 길이는 길수록 집진율이 높아진다.

④ 유입부의 유속이 클수록 처리효율이 높다.

(풀이) 유입부의 유속이 낮을수록 처리효율이 높다.

55 Butane $1Sm^3$을 공기비 1.05로 완전연소시면 연소가스(건조) 부피는 얼마인가?

① $10Sm^3$ ② $20Sm^3$

③ $30Sm^3$ ④ $40Sm^3$

(풀이) $C_4H_{10} + 6.5O_2 \rightarrow 4CO_2 + 5H_2O$

$G_d = (m - 0.21)A_o + CO_2$

$A_o = \dfrac{6.5}{0.21} = 30.95 Sm^3/Sm^3$

$= [(1.05 - 0.21) \times 30.95] + 4$

$= 30.0 Sm^3/Sm^3 \times 1Sm^3 = 30.0 Sm^3$

56 유해가스 제거를 위한 흡수제의 구비조건으로 옳지 않은 것은?

① 용해도가 크고, 무독성이어야 한다.

② 액가스비가 작으며, 점성은 커야 한다.

③ 착화성이 없으며, 비점은 높아야 한다.

④ 휘발성이 적어야 한다.

(풀이) 흡수제는 액가스비가 크며, 점성은 작아야 한다.

57 세정 집진장치에 관한 설명으로 옳지 않은 것은?

① 고온다습한 가스나 연소성 및 폭발성 가스의 처리가 가능하다.

② 점착성 및 조해성 먼지의 처리가 가능하다.

③ 소수성 입자의 집진율은 낮다.

④ 입자상물질과 가스의 동시 제거는 불가능하나, 타 집진장치와 비교 시 장기운전이나 휴식 후의 운전재개 시 장애는 거의 없다.

(풀이) 입자상물질과 가스의 동시 제거가 가능하나 타 집진장치와 비교 시 장기운전이나 휴식 후의 운전재개 시 장애가 발생될 수 있다.

58 송풍관(duct)에서 흄(fume) 및 매우 가벼운 건조 먼지(예 : 나무 등의 미세한 먼지와 산화아연, 산화알루미늄 등의 흄)의 반송속도로 가장 적합한 것은?

① $1 \sim 2m/s$ ② $10m/s$

③ $25m/s$ ④ $50m/s$

(풀이) 반송속도

유해물질	예	반송속도 (m/sec)
가스, 증기, 흄 및 매우 가벼운 물질	각종 가스, 증기, 산화아연 및 산화알루미늄 등의 흄, 목재분진, 고무분, 합성수지분	10
가벼운 건조 먼지	원면, 곡물분, 고무, 플라스틱, 경금속 분진	15
일반 공업 분진	털, 나무부스러기, 대패부스러기, 샌드블라스트, 그라인더 분진, 내화벽돌분진	20
무거운 분진	납분진, 주조 및 모래털기 작업 시 먼지, 선반작업 시 먼지	25
무겁고 비교적 큰 입자의 젖은 먼지	젖은 납 분진, 젖은 주조작업 발생 먼지	25 이상

59 Propane 432kg을 기화시킨다면 표준상태에서 기체의 용적은?

① 560Sm³   ② 540Sm³

③ 280Sm³   ④ 220Sm³

(풀이) $\text{용적}(Sm^3) = 432kg \times \dfrac{22.4Sm^3}{44kg} = 219.93Sm^3$

60 먼지의 진비중(S)과 겉보기 비중(S_B)이 다음과 같을 때 다음 중 재비산 현상을 유발할 가능성이 가장 큰 것은?

구분	먼지의 배출원	진비중(S)	겉보기 비중(S_B)
㉠	미분탄보일러	2.10	0.52
㉡	시멘트킬른	3.00	0.60
㉢	산소제강로	4.74	0.65
㉣	황동용 전기로	5.40	0.36

① ㉠   ② ㉡

③ ㉢   ④ ㉣

(풀이) 재비산 비율

㉠ 미분탄보일러 $= \dfrac{2.10}{0.52} = 4.04$

㉡ 시멘트킬른 $= \dfrac{3.00}{0.60} = 5.0$

㉢ 산소제강로 $= \dfrac{4.75}{0.65} = 7.31$

㉣ 황동용 전기로 $= \dfrac{5.40}{0.36} = 15$

재비산 현상을 유발할 가능성이 가장 큰 것은 황동용 전기로이다.

제4과목   대기환경관계법규

61 대기환경보전법령상 초과부과금 대상이 되는 대기오염물질에 해당되지 않는 것은?

① 일산화탄소   ② 암모니아

③ 먼지   ④ 염화수소

(풀이) 초과부과금 산정기준

오염물질 \ 구분		오염물질 1킬로그램당 부과금액
황산화물		500
먼지		770
질소산화물		2,130
암모니아		1,400
황화수소		6,000
이황화탄소		1,600
특정유해물질	불소화물	2,300
	염화수소	7,400
	시안화수소	7,300

※ 법규 변경사항이므로 풀이의 내용으로 학습하시기 바랍니다.

62 대기환경보전법령상 인증을 생략할 수 있는 자동차에 해당하지 않는 것은?

① 항공기 지상 조업용 자동차

② 주한 외국 군인의 가족이 사용하기 위하여 반입하는 자동차

③ 훈련용 자동차로서 문화체육관광부장관의 확인을 받은 자동차

④ 주한 외국 군대의 구성원이 공용 목적으로 사용하기 위한 자동차

(풀이) 인증을 생략할 수 있는 자동차

㉠ 국가대표선수용 자동차 또는 훈련용 자동차로서 문화체육관광부장관의 확인을 받은 자동차

㉡ 외국에서 국내의 공공기관 또는 비영리단체에 무상으로 기증한 자동차

ⓒ 외교관 또는 주한 외국 군인의 가족이 사용하기 위하여 반입하는 자동차

ⓔ 항공기 지상 조업용 자동차

ⓜ 인증을 받지 아니한 자가 그 인증을 받은 자동차의 원동기를 구입하여 제작하는 자동차

ⓗ 국제협약 등에 따라 인증을 생략할 수 있는 자동차

ⓢ 그 밖에 환경부장관이 인증을 생략할 필요가 있다고 인정하는 자동차

63 대기환경보전법령상 사업장별 환경기술인의 자격기준으로 거리가 먼 것은?

① 전체배출시설에 대하여 방지시설 설치면제를 받은 사업장은 5종사업장에 해당하는 기술인을 둘 수 있다.

② 4종사업장에서 환경부령에 따른 특정대기유해물질이 포함된 오염물질을 배출하는 경우에는 3종사업장에 해당하는 기술인을 두어야 한다.

③ 공동방지시설에서 각 사업장의 대기오염물질 발생량의 합계가 4종 및 5종 사업장의 규모에 해당하는 경우에는 4종 사업장에 해당되는 기술인을 둘 수 있다.

④ 대기오염물질배출시설 중 일반 보일러만 설치한 사업장과 대기오염물질 중 먼지만 발생하는 사업장은 5종사업장에 해당하는 기술인을 둘 수 있다.

풀이 공동방지시설에서 각 사업장의 대기오염물질 발생량의 합계가 4종 사업장과 5종 사업장의 규모에 해당하는 경우에는 3종 사업장에 해당하는 기술인을 두어야 한다.

64 환경정책기본법령상 납(Pb)의 대기환경기준($\mu g/m^3$)으로 옳은 것은?(단, 연간 평균치)

① 0.5 이하   ② 5 이하

③ 50 이하   ④ 100 이하

풀이 납(Pb)의 대기환경기준
연간 평균치 : $0.5\mu g/m^3$ 이하

65 악취방지법규상 배출허용기준 및 엄격한 배출허용기준의 설정범위와 관련한 다음 설명 중 옳지 않은 것은?

① 배출허용기준의 측정은 복합악취를 측정하는 것을 원칙으로 하지만 사업자의 악취물질 배출 여부를 확인할 필요가 있는 경우에는 지정악취물질을 측정할 수 있다.

② 복합악취의 시료 채취는 사업장 안에 지면으로부터 높이 5m 이상의 일정한 악취배출구와 다른 악취발생원이 섞여 있는 경우에는 부지경계선 및 배출구에서 각각 채취한다.

③ "배출구"라 함은 악취를 송풍기 등 기계장치등을 통하여 강제로 배출하는 통로(자연환기가 되는 창문·통기관 등을 제외한다)를 말한다.

④ 부지경계선에서 복합악취의 공업지역에서의 배출허용기준(희석배수)은 1,000 이하이다.

풀이 복합악취 배출허용기준 및 엄격한 배출허용기준

구분	배출허용기준 (희석배수)		엄격한 배출허용기준의 범위(희석배수)	
	공업지역	기타지역	공업지역	기타지역
배출구	1,000 이하	500 이하	500~1,000	300~500
부지 경계선	20 이하	15 이하	15~20	10~15

66 대기환경보전법령상 대기오염물질발생량의 합계에 따른 사업장 종별 구분 시 다음 중 "3종 사업장" 기준은?

① 대기오염물질발생량의 합계가 연간 20톤 이상 80톤 미만인 사업장
② 대기오염물질발생량의 합계가 연간 20톤 이상 50톤 미만인 사업장
③ 대기오염물질발생량의 합계가 연간 10톤 이상 20톤 미만인 사업장
④ 대기오염물질발생량의 합계가 연간 2톤 이상 10톤 미만인 사업장

(풀이) 사업장 분류기준

종별	오염물질발생량 구분
1종 사업장	대기오염물질발생량의 합계가 연간 80톤 이상인 사업장
2종 사업장	대기오염물질발생량의 합계가 연간 20톤 이상 80톤 미만인 사업장
3종 사업장	대기오염물질발생량의 합계가 연간 10톤 이상 20톤 미만인 사업장
4종 사업장	대기오염물질발생량의 합계가 연간 2톤 이상 10톤 미만인 사업장
5종 사업장	대기오염물질발생량의 합계가 연간 2톤 미만인 사업장

67 대기환경보전법규상 자동차연료(휘발유) 제조기준으로 옳지 않은 것은?

항목	구분	제조기준
㉠	벤젠 함량(부피%)	0.7 이하
㉡	납 함량(g/L)	0.013 이하
㉢	인 함량(g/L)	0.058 이하
㉣	황 함량(ppm)	10 이하

① ㉠　　　　　　② ㉡
③ ㉢　　　　　　④ ㉣

(풀이) 자동차연료 제조기준(휘발유)

항목	제조기준
방향족화합물 함량(부피%)	24(21) 이하
벤젠 함량(부피%)	0.7 이하
납 함량(g/L)	0.013 이하
인 함량(g/L)	0.0013 이하
산소 함량(무게%)	2.3 이하
올레핀 함량(부피%)	16(19) 이하
황 함량(ppm)	10 이하
증기압(kPa, 37.8℃)	60 이하
90% 유출온도(℃)	170 이하

68 악취방지법규상 악취검사기관의 검사시설·장비 및 기술인력 기준에서 대기환경기사를 대체할 수 있는 인력요건으로 거리가 먼 것은?

① 「고등교육법」에 따른 대학에서 대기환경분야를 전공하여 석사 이상의 학위를 취득한 자
② 국·공립연구기관의 연구직공무원으로서 대기환경연구분야에 1년 이상 근무한 자
③ 대기환경산업기사를 취득한 후 악취검사기관에서 악취분석요원으로 3년 이상 근무한 자
④ 「고등교육법」에 의한 대학에서 대기환경분야를 전공하여 학사학위를 취득한 자로서 같은 분야에서 3년 이상 근무한 자

(풀이) 대기환경산업기사를 취득한 후 악취검사기관에서 악취분석요원으로 5년 이상 근무한 사람

69 다음은 대기환경보전법규상 비산먼지의 발생을 억제하기 위한 시설의 설치 및 필요한 조치에 관한 엄격한 기준 중 "싣기와 내리기" 작업공정이다. ( ) 안에 알맞은 것은?

- 최대한 밀폐된 저장 또는 보관시설 내에서만 분체상물질을 싣거나 내릴 것
- 싣거나 내리는 장소 주위에 고정식 또는 이동식 물뿌림시설(물뿌림 반경 (㉠) 이상, 수압 (㉡) 이상)을 설치할 것

① ㉠ 5m,　　㉡ 3.5kg/cm²
② ㉠ 5m,　　㉡ 5kg/cm²
③ ㉠ 7m,　　㉡ 3.5kg/cm²
④ ㉠ 7m,　　㉡ 5kg/cm²

(풀이) 비산먼지발생억제조치(엄격한 기준) : 싣기와 내리기
　㉠ 최대한 밀폐된 저장 또는 보관시설 내에서만 분체상물질을 싣거나 내릴 것
　㉡ 싣거나 내리는 장소 주위에 고정식 또는 이동식 물뿌림시설(물뿌림 반경 7m 이상, 수압 5kg/cm² 이상)을 설치할 것

70 대기환경보전법상 장거리이동대기오염물질 대책위원회에 관한 사항으로 옳지 않은 것은?

① 위원회는 위원장 1명을 포함한 25명 이내의 위원으로 성별을 고려하여 구성한다.
② 위원회와 실무위원회 및 장거리이동대기오염물질 연구단의 구성 및 운영 등에 관하여 필요한 사항은 환경부령으로 정한다.
③ 위원장은 환경부차관으로 한다.
④ 위원회의 효율적인 운영과 안건의 원활한 심의 지원을 위해 실무위원회를 둔다.

(풀이) 위원회와 실무위원회 및 장거리이동대기오염물질 연구단의 구성 및 운영 등에 관하여 필요한 사항은 대통령령으로 정한다.

71 대기환경보전법규상 환경기술인의 준수사항 및 관리사항을 이행하지 아니한 경우 각 위반차수별 행정처분기준(1차~4차)으로 옳은 것은?

① 선임명령 – 경고 – 경고 – 조업정지 5일
② 선임명령 – 경고 – 조업정지 5일 – 조업정지 30일
③ 변경명령 – 경고 – 조업정지 5일 – 조업정지 30일
④ 경고 – 경고 – 경고 – 조업정지 5일

(풀이) 행정처분기준
1차(경고) → 2차(경고) → 3차(경고) → 4차(조업정지 5일)

72 다음은 실내공기질 관리법령상 이 법의 적용대상이 되는 "대통령령으로 정하는 규모"기준이다. ( ) 안에 가장 알맞은 것은?

의료법에 의한 연면적 (㉠) 이상이거나 병상수 (㉡) 이상인 의료기관

① ㉠ 2천 제곱미터　　㉡ 100개
② ㉠ 1천 제곱미터　　㉡ 100개
③ ㉠ 2천 제곱미터　　㉡ 50개
④ ㉠ 1천 제곱미터　　㉡ 50개

(풀이) 의료법에 의한 연면적 2천 제곱미터 이상이거나 병상 수 100 이상인 의료기관은 실내공기질 관리법상 적용대상이다.

73 환경정책기본법령상 각 항목에 대한 대기환경기준으로 옳은 것은?

① 아황산가스의 연간 평균치 : 0.03ppm 이하
② 아황산가스의 1시간 평균치 : 0.15ppm 이하
③ 미세먼지(PM-10)의 연간 평균치 : 100μg/m³ 이하
④ 오존(O₃)의 8시간 평균치 : 0.1ppm 이하

① 아황산가스의 연간평균치 : 0.02ppm 이하

③ 미세먼지(PM-10)의 연간평균치 : 50μg/m³ 이하

④ 오존(O_3)의 8시간 평균치 : 0.06ppm 이하

74 악취방지법규상 위임업무 보고사항 중 악취검사기관의 지정, 지정사항 변경보고 접수 실적의 보고횟수 기준은?

① 수시　　　　　② 연 1회

③ 연 2회　　　　④ 연 4회

풀이 위임업무의 보고사항

㉠ 업무내용 : 악취검사기관의 지정, 지정사항 변경보고 접수실적

㉡ 보고횟수 : 연 1회

㉢ 보고기일 : 다음 해 1월 15일까지

㉣ 보고자 : 국립환경과학원장

75 대기환경보전법규상 특정대기유해물질이 아닌 것은?

① 히드라진

② 크롬 및 그 화합물

③ 카드뮴 및 그 화합물

④ 브롬 및 그 화합물

풀이 브롬 및 그 화합물은 특정대기유해물질이 아니다.

76 대기환경보전법규상 휘발성 유기화합물 배출규제와 관련된 행정처분기준 중 휘발성 유기화합물 배출억제ㆍ방지시설 설치 등의 조치를 이행하였으나 기준에 미달하는 경우 위반차수(1차-2차-3차)별 행정처분기준으로 옳은 것은?

① 개선명령-개선명령-조업정지 10일

② 개선명령-조업정지 30일-폐쇄

③ 조업정지 10일-허가취소-폐쇄

④ 경고-개선명령-조업정지 10일

풀이 행정처분기준

1차(개선명령) → 2차(개선명령) → 3차(조업정지 10일)

77 실내공기질 관리법규상 신축 공동주택의 실내공기질 권고기준으로 틀린 것은?

① 벤젠 : 30μg/m³ 이하

② 톨루엔 : 1,000μg/m³ 이하

③ 자일렌 : 700μg/m³ 이하

④ 에틸벤젠 : 300μg/m³ 이하

풀이 신축공동주택의 실내공기질 권고기준(2019년 7월부터 적용)

㉠ 폼알데하이드 : 210μg/m³ 이하

㉡ 벤젠 : 30μg/m³ 이하

㉢ 톨루엔 : 1,000μg/m³ 이하

㉣ 에틸벤젠 : 360μg/m³ 이하

㉤ 자일렌 : 700μg/m³ 이하

㉥ 스티렌 : 300μg/m³ 이하

㉦ 라돈 : 148Bq/m³

78 대기환경보전법상 5년 이하의 징역이나 5천만 원 이하의 벌금에 처하는 기준은?

① 연료사용 제한조치 등의 명령을 위반한 자

② 측정기기 운영ㆍ관리기준을 준수하지 않아 조치명령을 받았으나, 이 또한 이행하지 않아 받은 조업정지명령을 위반한 자

③ 배출시설을 설치금지 장소에 설치해서 폐쇄명령을 받았으나 이를 이행하지 아니한 자

④ 첨가제를 제조기준에 맞지 않게 제조한 자

풀이 대기환경보전법 제90조 참조

79 대기환경보전법상 환경부장관은 대기오염물질과 온실가스를 줄여 대기환경을 개선하기 위하여 대기환경개선종합계획을 수립하여야 한다. 이 종합계획에 포함되어야 할 사항으로 거리가 먼 것은?(단, 그 밖의 사항 등은 고려하지 않음)

① 시, 군, 구별 온실가스 배출량 세부명세서
② 대기오염물질의 배출현황 및 전망
③ 기후변화로 인한 영향평가와 적응대책에 관한 사항
④ 기후변화 관련 국제적 조화와 협력에 관한 사항

(풀이) 대기환경개선종합계획 수립 시 포함사항
　　㉠ 대기오염물질의 배출현황 및 전망
　　㉡ 대기 중 온실가스의 농도변화 현황 및 전망
　　㉢ 대기오염물질을 줄이기 위한 목표설정과 이의 달성을 위한 분야별단계별 대책
　　㉣ 대기오염이 국민건강에 미치는 위해 정도와 이를 개선하기 위한 위해 수준의 설정에 관한 사항
　　㉤ 유해성 대기감시물질의 측정 및 감시 · 관찰에 관한 사항
　　㉥ 특정대기 유해물질을 줄이기 위한 목표 설정 및 달성을 위한 분야별 · 단계별 대책
　　㉦ 환경분야 온실가스 배출을 줄이기 위한 목표 설정과 이의 달성을 위한 분야별 · 단계별 대책
　　㉧ 기후변화로 인한 영향평가와 적응대책에 관한 사항
　　㉨ 대기오염물질과 온실가스를 연계한 통합대기환경 관리체계의 구축
　　㉩ 기후변화 관련 국제적 조화와 협력에 관한 사항
　　㉪ 그 밖에 대기환경을 개선하기 위하여 필요한 사항

80 대기환경보전법령상 "사업장의 연료사용량 감축 권고" 조치를 하여야 하는 대기오염 경보 발령단계 기준은?

① 준주의보 발령단계
② 주의보 발령단계
③ 경보발령단계
④ 중대경보 발령단계

(풀이) 경보발령단계별 조치사항
　　㉠ 주의보 발령
　　　주민의 실외활동 및 자동차 사용의 자제 요청 등
　　㉡ 경보 발령
　　　주민의 실외활동 제한 요청, 자동차 사용의 제한 및 사업장의 연료사용량 감축 권고 등
　　㉢ 중대경보 발령
　　　주민의 실외활동 금지 요청, 자동차의 통행금지 및 사업장의 조업시간 단축명령 등

2019년 제2회 대기환경산업기사

제1과목 대기오염개론

01 2,000m에서의 대기압력이 820mbar이고, 온도가 15℃이며 비열비가 1.4일 때 온위는?(단, 표준압력은 1,000mbar)

① 약 189K
② 약 236K
③ 약 305K
④ 약 371K

(풀이) 온위$(\theta) = T\left(\dfrac{1,000}{P}\right)^{0.288}$

$= (273+15) \times \left(\dfrac{1,000}{820}\right)^{0.288}$

$= 304.94K$

02 황화수소(H_2S)에 비교적 강한 식물이 아닌 것은?

① 복숭아
② 토마토
③ 딸기
④ 사과

(풀이) ㉠ H_2S에 저항성이 강한 식물
　　복숭아, 사과, 딸기, 카네이션 등
㉡ H_2S에 민감한(약한) 식물
　　코스모스, 무, 오이, 토마토, 클로버 등

03 다음 광화학반응에 관한 설명 중 가장 거리가 먼 것은?

① NO광산화율이란 탄화수소에 의하여 NO가 NO_2로 산화되는 율을 뜻하며, ppb/min의 단위로 표현된다.
② 일반적으로 대기에서의 오존농도는 NO_2로 산화된 NO의 양에 비례하여 증가한다.
③ 과산화기가 산소와 반응하여 오존이 생성될 수도 있다.
④ 오존의 탄화수소 산화(반응)율은 원자상태의 산소에 의한 탄화수소의 산화에 비해 빠르게 진행된다.

(풀이) 오존의 탄화수소 산화(반응)율은 원자상태의 산소에 의한 탄화수소의 산화에 비해 상당히 느리게 진행된다.

04 엘니뇨(El Nino) 현상에 관한 설명으로 틀린 것은?

① 스페인어로 여자아이(the girl)라는 뜻으로, 엘니뇨가 발생하면 동남아시아, 호주 북부 등에서는 홍수가 주로 발생한다.
② 열대 태평양 남미 해안으로부터 중태평양에 이르는 넓은 범위에서 해수면의 온도가 평년보다 보통 0.5℃ 이상 높은 상태가 6개월 이상 지속되는 현상을 의미한다.
③ 엘니뇨가 발생하는 이유는 태평양 적도 부근에서 동태평양의 따뜻한 바닷물을 서쪽으로 밀어내는 무역풍이 불지 않거나 불어도 약하게 불기 때문이다.
④ 엘니뇨로 인한 피해가 주요 농산물 생산지역인 태평양 연안국에 집중되어 있어 농산물 생산이 크게 감축되고 있다.

(풀이) 엘니뇨
스페인어로 '남자아이' 또는 '아기예수'라는 뜻으로 전 지구적으로 발생하는 대규모의 기상현상으로 대기와 해양의 상호작용으로 열대 동태평양에서 중태평양에 걸친 광범위한 구역에서 해수면의 상승을 유발한다.

05 다음 중 자동차 운행 때와 비교하여 감속할 경우 특징적으로 가장 크게 증가하는 것은?

① NOx   ② CO_2

③ H_2O ④ HC

풀이 자동차 배기가스

  ㉠ NOx : 가속 시

  ㉡ CO : 공회전 시

  ㉢ HC : 감속 시

06 다음 중 공중역전에 해당하지 않는 것은?

① 복사역전   ② 전선역전

③ 해풍역전   ④ 난류역전

풀이 ㉠ 접지(지표)역전

   • 복사역전   • 이류역전

  ㉡ 공중역전

   • 침강역전   • 전선형 역전

   • 해풍형 역전   • 난류역전

07 1985년 채택된 협약으로, 오존층 파괴 원인물질의 규제에 대한 것을 주 내용으로 하는 국제협약은?

① 제네바 협약   ② 비엔나 협약

③ 기후변화 협약   ④ 리우 협약

풀이 비엔나 협약

비엔나 협약은 1985년 3월에 만들어진 오존층 보호를 위한 최초의 협약이다. 즉, 오존층 파괴의 영향으로부터 지구와 인류를 보호하기 위해 최초로 만들어진 보편적인 국제협약이다.

08 다음 물질의 지구온난화지수(GWP)를 크기 순으로 옳게 배열한 것은?(단, 큰 순서>작은 순서)

① $N_2O > CH_4 > CO_2 > SF_6$

② $CO_2 > SF_6 > N_2O > CH_4$

③ $SF_6 > N_2O > CH_4 > CO_2$

④ $CH_4 > CO_2 > SF_6 > N_2O$

풀이 지구온난화지수(GWP)

  ㉠ SF_6 : 23,900   ㉡ N_2O : 310

    ㉢ CH_4 : 21   ㉣ CO_2 : 1

09 오존(O_3)에 관한 설명으로 옳지 않은 것은?

① 폐수종과 폐충혈 등을 유발시키며, 섬모운동의 기능장애를 일으킨다.

② 식물의 경우 고엽이나 성숙한 잎보다는 어린잎에 주로 피해를 일으키며, 오존에 강한 식물로는 시금치, 파 등이 있다.

③ 오존에 약한 식물로는 담배, 자주개나리 등이 있다.

④ 인체의 DNA와 RNA에 작용하여 유전인자에 변화를 일으킬 수 있다.

풀이 식물의 경우 어린잎보다는 고엽이나 성숙한 잎에 주로 피해를 일으키며 오존에 강한 식물로는 사과, 복숭아, 아카시아, 해바라기 등이 있다.

10 가우시안 연기모델에 도입된 가정으로 옳지 않은 것은?

① 연기의 분산은 시간에 따라 농도와 기상조건이 변하는 비정상상태이다.

② x방향을 주 바람방향으로 고려하면, y방향(풍횡방향)의 풍속은 0이다.

③ 난류확산계수는 일정하다.

④ 연기 내 대기반응은 무시한다.

(풀이) 연기의 분산은 시간에 따라 농도와 기상조건이 변하지 않는 정상상태로 가정한다.

11 유효굴뚝의 높이가 3배로 증가하면 최대 착지농도는 어떻게 변화되는가?(단, Sutton의 확산식에 의한다.)

① 1/3로 감소한다.   ② 1/9로 감소한다.
③ 1/27로 감소한다.   ④ 1/81로 감소한다.

(풀이) $C_{max} \propto \dfrac{1}{H_e^2} = \dfrac{1}{3^2} = \dfrac{1}{9}$ (1/9로 감소한다.)

12 다음은 바람과 관련된 설명이다. ( ) 안에 순서대로 들어갈 말로 옳은 것은?

풍향별로 관측된 바람의 발생빈도와 (   )을/를 동심원상에 그린 것을 (   )(이)라고 한다. 이때 풍향에서 가장 빈도수가 많은 것을 (   )(이)라고 한다.

① 풍속 − 바람장미 − 주풍
② 풍향 − 바람분포도 − 지균풍
③ 난류도 − 연기형태 − 경도풍
④ 기온역전도 − 환경감률 − 확산풍

(풀이) 바람장미(Wind Rose)
　㉠ 바람장미는 풍향별로 관측된 바람의 발생빈도와 풍속을 16방향인 막대기형으로 표시한 기상도형이다.
　㉡ 풍향은 중앙에서 바람이 불어오는 쪽으로 막대모양으로 표시하고, 풍향 중 주풍은 가장 빈번히 관측된 풍향을 말하며 막대의 길이가 가장 긴 방향이다.
　㉢ 관측된 풍향별로 발생빈도를 %로 표시한 것을 방향량(Vector)이라 하며, 바람장미의 중앙에 숫자로 표시한 것을 무풍률이라 한다.
　㉣ 풍속은 막대의 굵기로 표시하며 풍속이 0.2m/sec 이하일 때를 정온(Calm) 상태로 본다.

13 악취(냄새)의 물리적, 화학적 특성에 관한 설명으로 옳지 않은 것은?

① 일반적으로 증기압이 높을수록 냄새는 더 강하다고 볼 수 있다.
② 악취유발물질들은 paraffin과 CS_2를 제외하고는 일반적으로 적외선을 강하게 흡수한다.
③ 악취유발가스는 통상 활성탄과 같은 표면흡착제에 잘 흡착된다.
④ 악취는 물리적 차이보다는 화학적 구성에 의해서 결정된다는 주장이 더 지배적이다.

(풀이) 악취는 화학적 구성보다는 물리적 차이에 의해서 결정된다는 주장이 더 지배적이다.

14 다음 중 인체에 대한 피해로서 "발열"을 일으킬 수 있는 물질로 가장 적합한 것은?

① 바륨, 철화합물
② 황화수소, 일산화탄소
③ 망간화합물, 아연화합물
④ 벤젠, 나프탈렌

(풀이) 인체에 대한 피해로서 발열을 일으키는 물질은 금속증기열 발생원인 물질로 아연, 구리, 망간, 마그네슘, 니켈, 납 등이다.

15 다음 중 온실효과에 대한 기여도가 가장 큰 것은?

① CH_4 ② CFC 11 & 12
③ N_2O ④ CO_2

(풀이) 온실효과 기여도 크기 순서
　$CO_2(55\%) > CH_4(15\%) > N_2O(6\%)$

PART 01 PART 02 PART 03 PART 04 PART 05

16 직경이 25cm인 관에서 유체의 점도가 1.75×10^{-5}kg/m·sec이고, 유체의 흐름속도가 2.5 m/sec라고 할 때 이 유체의 레이놀즈수(N_{Re})와 흐름특성은?(단, 유체밀도는 1.15kg/m³이다.)

① 2,245, 층류　　② 2,350, 층류
③ 41,071, 난류　　④ 114,703, 난류

(풀이) $N_{Re} = \dfrac{\rho VD}{\mu}$

$= \dfrac{1.15\text{kg/m}^3 \times 2.5\text{m/sec} \times 0.25\text{m}}{1.75 \times 10^{-5}\text{kg/m·sec}}$

$= 41,071.43$

4,000보다 크므로 유체흐름 특성은 난류이다.

17 휘발성 유기화합물질(VOCs)은 다양한 배출원에서 배출되는데 우리나라의 경우 최근 가장 큰 부분(총배출량)을 차지하는 배출원은?

① 유기용제 사용
② 자동차 등 도로 이용 오염원
③ 폐기물처리
④ 에너지 수송 및 저장

(풀이) 최근 우리나라에서 휘발성 유기화합물질(VOCs) 배출원 중 유기용제 사용이 가장 큰 부분이다.

18 다음 역사적인 대기오염 사건 중 가장 먼저 발생한 사건은?

① 도노라 사건　　② 뮤즈계곡 사건
③ 런던스모그 사건　　④ 포자리카 사건

(풀이) ① 도노라 사건(1948년)
② 뮤즈계곡 사건(1930년)
③ 런던스모그 사건(1952년)
④ 포자리카 사건(1950년)

19 실내오염물질에 관한 설명으로 옳지 않은 것은?

① 라돈은 자연계의 물질 중에 함유된 우라늄이 연속 붕괴하면서 생성되는 라듐이 붕괴할 때 생성되는 것으로서 무색, 무취이다.
② 폼알데하이드는 자극성 냄새를 갖는 무색 기체로 폭발의 위험이 있으며, 살균 방부제로도 이용된다.
③ VOCs 중 하나인 벤젠은 피부를 통해 약 50% 정도 침투되며, 체내에 흡수된 벤젠은 주로 근육조직에 분포하게 된다.
④ 석면은 자연계에서 산출되는 가늘고 긴 섬유상 물질로서 내열성, 불활성, 절연성의 성질을 갖는다.

(풀이) VOCs 중 하나인 벤젠은 호흡기를 통해 약 50% 정도 침투되며, 장기간 폭로 시 혈액장애, 간장장애를 일으킨다.

20 "석유정제, 석탄건류, 가스공업, 형광물질의 원료 제조" 등과 가장 관련이 깊은 대기배출오염물질은?

① Br_2　　② HCHO
③ NH_3　　④ H_2S

(풀이) H_2S(황화수소) 배출원
㉠ 석유정제
㉡ 석탄건류
㉢ 가스공업
㉣ 형광물질 원료제조
㉤ 하수처리장

제2과목 대기오염공정시험기준(방법)

21 자외선/가시선분광법에 관한 설명으로 거리가 먼 것은?

① 흡수셀의 재질 중 유리제는 주로 가시 및 근적외부 파장범위, 석영제는 자외부 파장범위를 측정할 때 사용한다.
② 광전광도계는 파장 선택부에 필터를 사용한 장치로 단광속형이 많고 비교적 구조가 간단하여 작업 분석용에 적당하다.
③ 파장의 선택에는 일반적으로 단색화장치(mono-chrometer) 또는 필터(filter)를 사용하고, 필터에는 색유리 필터, 젤라틴 필터, 간접필터 등을 사용한다.
④ 광원부의 광원에는 중공음극램프를 사용하고, 가시부와 근적외부의 광원으로는 주로 중수소방전관을 사용한다.

(풀이) 광원부에서 가시부와 근적외부의 광원으로는 주로 텅스텐램프를 사용하고 자외부의 광원으로는 주로 중수소방전관을 사용한다.

22 휘발성 유기화합물(VOCs) 누출확인을 위한 휴대용 측정기기의 규격 및 성능기준으로 옳지 않은 것은?

① 기기의 계기눈금은 최소한 표시된 노출농도의 ±5%를 읽을 수 있어야 한다.
② 기기의 응답시간은 30초보다 작거나 같아야 한다.
③ VOCs 측정기기의 검출기는 시료와 반응하지 않아야 한다.
④ 교정 정밀도는 교정용 가스값의 10%보다 작거나 같아야 한다.

(풀이) VOCs 측정기기의 검출기는 시료와 반응하여야 한다.

23 다음은 배출가스 중 수은화합물 측정을 위한 냉증기 원자흡수분광광도법에 관한 설명이다. ( ) 안에 알맞은 것은?

> 배출원에서 등속으로 흡입된 입자상과 가스상 수은은 흡수액인 (㉠)에 채취된다. Hg^{2+} 형태로 채취한 수은은 Hg^0 형태로 환원시켜서, 광학셀에 있는 용액에서 기화시킨 다음 원자흡수분광광도계로 (㉡)에서 측정한다.

① ㉠ 산성 과망간산포타슘 용액 ㉡ 193.7nm
② ㉠ 산성 과망간산포타슘 용액 ㉡ 253.7nm
③ ㉠ 다이메틸글리옥심 용액 ㉡ 193.7nm
④ ㉠ 다이메틸글리옥심 용액 ㉡ 253.7nm

(풀이) 냉증기 – 원자흡수분광광도법
배출원에서 등속으로 흡입된 입자상과 가스상 수은은 흡수액인 산성 과망간산포타슘 용액에 채취된다. Hg^{2+} 형태로 채취한 수은을 Hg^0 형태로 환원시켜서, 광학셀에 있는 용액에서 기화시킨 다음 원자흡광분광광도계로 253.7nm에서 측정한다.

24 원자흡수분광광도법에 사용하는 불꽃 조합 중 불꽃의 온도가 높기 때문에 불꽃 중에서 해리하기 어려운 내화성 산화물(Refractory Oxide)을 만들기 쉬운 원소의 분석에 가장 적합한 것은?

① 아세틸렌 – 공기 불꽃
② 수소 – 공기 불꽃
③ 아세틸렌 – 아산화질소 불꽃
④ 프로판 – 공기 불꽃

(풀이) 원자흡수분석장치 시료원자화부 불꽃

- ㉠ 수소−공기와 아세틸렌−공기 : 거의 대부분의 원소분석에 유효하게 사용
- ㉡ 수소−공기 : 원자 외 영역에서의 불꽃 자체에 의한 흡수가 적기 때문에 이 파장영역에서 분석선을 갖는 원소의 분석
- ㉢ 아세틸렌−아산화질소 : 불꽃의 온도가 높기 때문에 불꽃 중에서 해리하기 어려운 내화성 산화물(Refractory Oxide)을 만들기 쉬운 원소의 분석
- ④ 프로판−공기 : 불꽃온도가 낮고 일부 원소에 대하여 높은 감도를 나타냄

25 배출가스 중 크롬을 원자흡수분광도법으로 정량할 때 측정 파장은?

① 217.0nm
② 228.8nm
③ 232.0nm
④ 357.9nm

(풀이) 배출가스 중 금속화합물−원자흡수분광도법 정량 시 파장

측정 금속	측정 파장(nm)
Cu	324.8
Pb	217.0/283.3
Ni	232.0
Zn	213.8
Fe	248.3
Cd	228.8
Cr	357.9

26 다음 중 분석대상가스가 이황화탄소(CS_2)인 경우 사용되는 채취관, 도관의 재질로 가장 적합한 것은?

① 보통강철
② 석영
③ 염화비닐수지
④ 네오프렌

(풀이) 분석물질의 종류별 채취관 및 연결관(도관) 등의 재질

분석대상가스, 공존가스	채취관, 연결관의 재질	여과재	비고
암모니아	①②③④⑤⑥	ⓐ ⓑ ⓒ	① 경질유리
일산화탄소	①②③④⑤⑥⑦	ⓐ ⓑ ⓒ	② 석영
염화수소	①② ⑤⑥⑦	ⓐ ⓑ ⓒ	③ 보통강철
염소	①② ⑤⑥⑦	ⓐ ⓑ ⓒ	④ 스테인리스강
황산화물	①② ④⑤⑥⑦	ⓐ ⓑ ⓒ	⑤ 세라믹
질소산화물	①② ④⑤⑥	ⓐ ⓑ ⓒ	⑥ 불소수지
이황화탄소	①② ⑥	ⓐ ⓑ	⑦ 염화비닐수지
포름알데하이드	①② ⑥	ⓐ ⓑ	⑧ 실리콘수지
황화수소	①② ④⑤⑥⑦	ⓐ ⓑ ⓒ	⑨ 네오프렌
불소화합물	④ ⑥	ⓒ	ⓐ알칼리 성분이
시안화수소	①② ④⑤⑥⑦	ⓐ ⓑ ⓒ	없는 유리솜
브롬	①② ⑥	ⓐ ⓑ	또는 실리카솜
벤젠	①② ⑥	ⓐ ⓑ	ⓑ 소결유리
페놀	①② ④ ⑥	ⓐ ⓑ	ⓒ 카보런덤
비소	①② ④⑤⑥⑦	ⓐ ⓑ ⓒ	

27 굴뚝연속자동측정기 설치방법 중 도관 부착방법으로 가장 거리가 먼 것은?

① 냉각 도관 부분에는 반드시 기체−액체 분리관과 그 아래쪽에 응축수 트랩을 연결한다.
② 응축수의 배출에 쓰는 펌프는 충분히 내구성이 있는 것을 쓰며, 이때 응축수 트랩은 사용하지 않아도 좋다.
③ 냉각도관은 될 수 있는 대로 수평으로 연결한다.
④ 기체−액체 분리관은 도관의 부착위치 중 가장 낮은 부분 또는 최저 온도의 부분에 부착하여 응축수를 급속히 냉각시키고 배관계의 밖으로 방출시킨다.

(풀이) 냉각도관은 될 수 있는 대로 수직으로 연결한다.

28 흡광차분광법에서 측정에 필요한 광원으로 적합한 것은?

① 200~900nm 파장을 갖는 중공음극램프
② 200~900nm 파장을 갖는 텅스텐램프
③ 180~2,850nm 파장을 갖는 중공음극램프
④ 180~2,850nm 파장을 갖는 제논램프

풀이 흡광차분광법

이 방법은 일반적으로 빛을 조사하는 발광부와 50~1,000m 정도 떨어진 곳에 설치되는 수광부(또는 발·수광부와 반사경) 사이에 형성되는 빛의 이동경로(Path)를 통과하는 가스를 실시간으로 분석하며, 측정에 필요한 광원은 180~2,850 nm 파장을 갖는 제논(Xenon) 램프를 사용한다.

29 황화수소를 아이오딘 적정법으로 정량할 때, 종말점의 판단을 위한 지시약은?

① 아르세나조Ⅲ   ② 염화제이철
③ 녹말용액   ④ 메틸렌 블루

풀이 황화수소 분석방법 중 아이오딘 정량법의 종말점은 무색이며 판단 지시약은 녹말용액이다.

30 굴뚝 배출가스 중 가스상 물질 시료채취 시 주의사항에 관한 설명으로 옳지 않은 것은?

① 습식가스미터를 이동 또는 운반할 때에는 반드시 물을 빼고, 오랫동안 쓰지 않을 때에도 그와 같이 배수한다.
② 가스미터는 250mmH₂O 이내에서 사용한다.
③ 시료가스의 양을 재기 위하여 쓰는 채취병은 미리 0℃ 때의 참부피를 구해둔다.
④ 시료채취장치의 조립에 있어서는 채취부의 조작을 쉽게 하기 위하여 흡수병, 마노미터, 흡입 펌프 및 가스미터는 가까운 곳에 놓는다.

풀이 굴뚝 배출가스 중 가스상 물질 시료 채취 시 가스미터는 100mmH₂O 이내에서 사용한다.

31 "항량이 될 때까지 건조한다"에서 "항량"의 범위는 벗어나지 않는 것은?

① 검체 8g을 1시간 더 건조하여 무게를 달아 보니 7.9975g이었다.
② 검체 4g을 1시간 더 건조하여 무게를 달아 보니 3.9989g이었다.
③ 검체 1g을 1시간 더 건조하여 무게를 달아 보니 0.9999g이었다.
④ 검체 100mg을 1시간 더 건조하여 무게를 달아 보니 99.9mg이었다.

풀이 '항량이 될 때까지 건조한다'는 같은 조건에서 1시간 더 건조 또는 강열할 때 전후 무게의 차가 g당 0.3mg 이하이다.

$$① \quad \frac{(8-7.9975)g}{8g} = \frac{0.3125mg}{g}$$

$$② \quad \frac{(4-3.9989)g}{4g} = \frac{0.275mg}{g}$$

$$③ \quad \frac{(1-0.999)g}{1g} = \frac{1mg}{g}$$

$$④ \quad \frac{(100-99.9)mg}{100mg} = \frac{1mg}{g}$$

32 다음은 형광분광광도법를 이용한 환경대기 내의 벤조(a)피렌 분석을 위한 박층판을 만드는 방법이다. ( ) 안에 알맞은 것은?

알루미나에 적당량의 물을 넣고 Slurry로 만들고 이것을 Applicator에 넣고 유리판 위에 약 250μm의 두께로 피복하여 방치한다. 이 Plate를 100℃에서 (㉠) 가열 활성하여 보통 황산수용액에서 상대습도를 약 45%로 조정시킨 진공 데시케이터 안에 넣고 (㉡) 보존시킨 것을 사용한다.

① ㉠ 30분간   ㉡ 2시간 이상
② ㉠ 30분간   ㉡ 3주 이상
③ ㉠ 2시간   ㉡ 2시간 이상
④ ㉠ 2시간   ㉡ 3주 이상

풀이 환경대기 중 벤조(a)피렌 분석방법 중 형광분광
광도법 박층판 만드는 방법

알루미나에 적당량의 물을 넣고 slurry로 만들고
이것을 Applicator에 넣고 유리판 위에 약 $250\mu m$
의 두께로 피복하여 방치한다. 이 Plate를 100℃
에서 30분간 가열 활성하여 보통 황산수용액에서
상대습도를 약 45%로 조성시킨 진공데시케이터
안에 넣고 3주 이상 보존시킨 것을 사용한다.

33 환경대기 내의 탄화수소 농도 측정방법 중
총탄화수소 측정법에서의 성능기준으로 옳지 않
은 것은?

① 응답시간 : 스팬가스를 도입시켜 측정치가 일
정한 값으로 급격히 변화되어 스팬가스 농도의
90%가 변화할 때까지의 시간은 2분 이하여야
한다.

② 지시의 변동 : 제로가스 및 스팬가스를 흘려보
냈을 때 정상적인 측정치의 변동은 각 측정단계
(Range)마다 최대 눈금치의 ±1%의 범위 내에
있어야 한다.

③ 예열시간 : 전원을 넣고 나서 정상으로 작동할
때까지의 시간은 6시간 이하여야 한다.

④ 재현성 : 동일 조건에서 제로가스와 스팬가스를
번갈아 3회 도입해서 각각의 측정치의 평균치로
부터 구한 편차는 각 측정단계(Range)마다 최
대 눈금치의 ±1%의 범위 내에 있어야 한다.

풀이 예열시간

전원을 넣고 나서 정상으로 작동할 때까지의 시간
은 4시간 이하여야 한다.

34 환경대기 중 먼지 측정방법 중 저용량 공기시
료채취기법에 관한 설명으로 가장 거리가 먼 것은?

① 유량계는 여과지홀더와 흡입펌프의 사이에 설
치하고, 이 유량계에 새겨진 눈금은 20℃, 1기
압에서 $10\sim30$L/min 범위를 0.5L/min까지
측정할 수 있도록 되어 있는 것을 사용한다.

② 흡입펌프는 연속해서 10일 이상 사용할 수 있
고, 진공도가 낮은 것을 사용한다.

③ 여과지 홀더의 충전물질은 불소수지로 만들어
진 것을 사용한다.

④ 멤브레인필터와 같이 압력손실이 큰 여과지를
사용하는 진공계는 유량의 눈금값에 대한 보정
이 필요하기 때문에 압력계를 부착한다.

풀이 흡입펌프는 연속해서 30일 이상 사용할 수 있고 진
공도가 높은 것을 사용한다.

35 NaOH 20g을 물에 용해시켜 800mL로 하
였다. 이 용액은 몇 N인가?

① 0.0625N   ② 0.625N
③ 6.25N   ④ 62.5N

풀이 $N(\text{eq/L}) = 20\text{g}/0.8\text{L} \times 1\text{eq}/40\text{g}$
$= 0.625\text{eq/L(N)}$

36 다음은 자외선/가시선분광법을 사용한 브
롬화합물 정량방법이다. (   ) 안에 알맞은 것은?

배출가스 중 브롬화합물을 수산화소듐 용액에 흡
수시킨 후 일부를 분취해서 산성으로 하여 (㉠)을
사용하여 브롬으로 산화시켜 (㉡)으로 추출한다.

① ㉠ 중성요오드화포타슘 용액   ㉡ 헥산
② ㉠ 중성요오드화포타슘 용액   ㉡ 클로로폼
③ ㉠ 과망간산포타슘 용액   ㉡ 헥산
④ ㉠ 과망간산포타슘 용액   ㉡ 클로로폼

배출가스 중 브롬화합물 분석방법 중 자외선/가시선 분광법

㉠ 배출가스 중 브롬화합물을 수산화소듐 용액에 흡수시킨 후 일부를 분취해서 산성으로 하여 과망간산 포타슘 용액을 사용하여 브롬으로 산화시켜 클로로포름으로 추출한다.

㉡ 클로로포름 층에 물과 황산제이철암모늄용액 및 사이오시안산 제2수은 용액을 가하여 발색한 물층의 흡광도를 측정해서 브롬을 정량하는 방법이다. 흡수파장은 460nm이다.

37 다음은 환경대기 내의 유해휘발성 유기화합물(VOCs)시험방법 중 고체흡착법에 사용되는 용어의 정의이다. (   ) 안에 알맞은 것은?

일정농도의 VOC가 흡착관에 흡착되는 초기 시점부터 일정시간이 흐르게 되면 흡착관 내부의 상당량의 VOC가 포화되기 시작하고 전체 VOC 양의 (   )가 흡착관을 통과하게 되는데, 이 시점에서 흡착관 내부로 흘러간 총 부피를 파과부피라 한다.

① 0.1%   ② 5%
③ 30%   ④ 50%

환경대기 중 유해 휘발성 유기화합물(VOCs) 시험방법 중 고체흡착법 용어(파과부피)

일정 농도의 VOC가 흡착관에 흡착되는 초기시점부터 일정 시간이 흐르게 되면 흡착관 내부에 상당량의 VOC가 포화되기 시작하고 전체 VOC양의 5%가 흡착관을 통과하게 되는데, 이 시점에서 흡착관 내부로 흘러간 총 부피를 파과부피라 한다.

38 굴뚝 배출가스 내 폼알데하이드 및 알데하이드류의 분석방법 중 고성능액체크로마토그래피(HPLC)에 관한 설명으로 옳지 않은 것은?

① 배출가스 중의 알데하이드류를 흡수액 2.4-다이나이트로페닐하이드라진(DNPH, dinitro-phenylhydrazine)과 반응하여 하이드라존 유도체(hydrazone derivative)를 생성한다.

② 흡입노즐은 석영제로 만들어진 것으로 흡입노즐의 꼭짓점은 45° 이하의 예각이 되도록 하고 매끈한 반구모양으로 한다.

③ 하이드라존(Hydrazone)은 UV영역, 특히 350~380nm에서 최대 흡광도를 나타낸다.

④ 흡입관은 수분응축 방지를 위해 시료가스 온도를 100℃ 이상으로 유지할 수 있는 가열기를 갖춘 보로실리케이트 또는 석영 유리관을 사용한다.

굴뚝 배출가스 내 폼알데하이드 및 알데하이드 분석방법 중 고성능액체크로마토그래피(HPL) 흡입노즐

흡입노즐은 스테인리스강 또는 유리제로 만들어진 것으로 다음과 같은 조건을 만족시키는 것이어야 한다.

㉠ 흡입노즐의 안과 밖의 가스흐름이 흐트러지지 않도록 흡입노즐 내경(d)은 3mm 이상으로 한다.

㉡ 흡입노즐의 꼭짓점은 30° 이하의 예각이 되도록 하고 매끈한 반구모양으로 한다.

㉢ 흡입노즐의 내외면은 매끄럽게 되어야 하며 급격한 단면의 변화와 굴곡이 없어야 한다.

39 다음 중 원자흡수분광광도법에서 광원부로 가장 적합한 장치는?

① 텅스텐램프   ② 플라즈마젯
③ 중공음극램프   ④ 수소방전관

원자흡수분광광도법의 장치구성 중 중공음극램프

㉠ 원자흡광 스펙트럼선의 선폭보다 좁은 선폭을 갖고 휘도가 높은 스펙트럼을 방사하는 중공음극램프가 많이 사용된다.

㉡ 중공음극램프는 양극(+)과 중공원통상의 음극(-)을 저압의 회유가스 원소와 함께 유리 또는 석영제의 창판을 갖는 유리관 중에 봉입한 것으로 음극은 분석하려고 하는 목적의 단일원소, 목적원소를 함유하는 합금 또는 소결합금으로 만들어져 있다.

40 원형 굴뚝 단면의 반경이 0.5m인 경우 측정점 수는?

① 1   ② 4
③ 8   ④ 12

(풀이) 원형 연도의 측정점 수

굴뚝 직경 $2R$(m)	반경 구분 수	측정점 수
1 미만	1	4
1~2 미만	2	8
2~4 미만	3	12
4~4.5 미만	4	16
4.5 이상	5	20

제3과목 대기오염방지기술

41 250Sm³/h의 배출가스를 배출하는 보일러에서 발생하는 SO_2를 탄산칼슘을 사용하여 이론적으로 완전제거하고자 한다. 이때 필요한 탄산칼슘의 양(kg/h)은?(단, 배출가스 중의 SO_2 농도는 2,500ppm이고, 이론적으로 100% 반응하며, 표준상태 기준)

① 0.28   ② 2.8
③ 28   ④ 280

(풀이) $SO_2 + CaCO_3 \rightarrow CaSO_3 + CO_2$

64kg : 100kg

$250Sm^3/hr \times 2,500mL/Sm^3 \times 64g/22,400mL$
$\times kg/1,000g : CaCO_3(kg/hr)$

$CaCO_3(kg/hr)$

$= \dfrac{250Sm^3/hr \times 2,500mL/Sm^3 \times 64g/22,400mL \times kg/1,000g \times 100kg}{64kg}$

$= 2.79kg/hr$

42 처리가스양 1,200m³/min, 처리속도 2cm/sec인 함진가스를 직경 25cm, 길이 3m의 원통형 여과포를 사용하여 집진하고자 할 때 필요한 원통형 여과포의 수는?

① 524개   ② 425개
③ 323개   ④ 223개

(풀이) 여과포 개수

$= \dfrac{처리가스양}{여과포\ 하나당\ 가스양}$

$= \dfrac{1,200m^3/min \times min/60sec}{(3.14 \times 0.25m \times 3m) \times 2cm/sec \times m/100cm}$

$= 424.63(425개)$

43 전기집진장치의 유지관리 사항 중 가장 거리가 먼 것은?

① 조습용 spray 노즐은 운전 중 막히기 쉽기 때문에 운전 중에도 점검, 교환이 가능해야 한다.
② 운전 중 2차 전류가 매우 적을 때에는 조습용 spray의 수량을 증가시켜 겉보기 저항을 낮춘다.
③ 시동 시 애자 등의 표면을 깨끗이 닦아 고전압회로의 절연저항이 50Ω 이하가 되도록 한다.
④ 접지저항은 적어도 연 1회 이상 점검하여 10Ω 이하가 되도록 유지한다.

(풀이) 시동 시 액자 등의 표면을 깨끗이 닦아 고전압회로의 절연저항이 100MΩ 이상 되도록 한다.

44 A집진장치의 입구와 출구에서의 먼지 농도가 각각 11mg/Sm³와 $0.2 \times 10^{-3}g/Sm^3$이라면 집진율(%)은?

① 96.2%   ② 97.2%
③ 98.2%   ④ 99.4%

풀이 집진율(%)

$$= \left(1 - \frac{C_o}{C_i}\right) \times 100$$

$$= \left(1 - \frac{0.2 \times 10^{-3}\text{g/Sm}^3 \times 10^3\text{mg/g}}{11\text{mg/Sm}^3}\right) \times 100$$

$$= 98.18\%$$

45 다음 각종 먼지 중 진비중/겉보기 비중이 가장 큰 것은?

① 카본블랙
② 미분탄보일러
③ 시멘트 원료분
④ 골재 드라이어

풀이
① 카본블랙 : 76
② 미분탄보일러 : 4.0
③ 시멘트 원료분 : 5.0
④ 골재 드라이어 : 2.7

46 입자를 크기별로 구분할 때 평균입자 지름이 $0.1\mu m$ 이하인 핵영역, $0.1 \sim 2.5\mu m$인 집적영역, $2.5\mu m$보다 큰 조대영역으로 나눌 수 있다. 각 영역 입자의 특성에 대한 설명으로 가장 거리가 먼 것은?

① 조대영역 입자는 대부분 기계적 작용에 의해 생성된다.
② 핵영역 입자는 연소 등 화학반응에 의해 핵으로 형성된 부분이다.
③ 집적영역의 입자는 핵영역이나 조대영역의 입자에 비해 대기에서 잘 제거되므로 체류시간이 짧다.
④ 핵영역과 집적영역의 미세입자는 입자에 의한 여러 대기오염 현상을 일으키는 데 큰 역할을 한다.

풀이 집적영역의 입자는 핵영역이나 조대영역의 입자에 비해 대기에서 잘 제거되지 않으므로 체류시간이 길다.

47 수소가스 3.33Sm^3를 완전연소시키기 위해 필요한 이론공기량(Sm^3)은?

① 약 32
② 약 24
③ 약 12
④ 약 8

풀이

$$H_2 \quad + \quad \frac{1}{2}O_2 \quad \rightarrow \quad H_2O$$

$$22.4\text{Sm}^3 : 0.5 \times 22.4\text{Sm}^3$$
$$3.33\text{Sm}^3 : \quad O_o(\text{Sm}^3)$$

$$O_o = \frac{3.33\text{Sm}^3 \times (0.5 \times 22.4)\text{Sm}^3}{22.4\text{Sm}^3} = 1.67\text{Sm}^3$$

$$A_o = \frac{1.67\text{Sm}^3}{0.21} = 7.93\text{Sm}^3$$

48 화합물별 주요 원인물질 및 냄새특징을 나타낸 것으로 가장 거리가 먼 것은?

	화합물	원인물질	냄새특징
㉠	황화합물	황화메틸	양파, 양배추 썩는 냄새
㉡	질소화합물	암모니아	분뇨냄새
㉢	지방산류	에틸아민	새콤한 냄새
㉣	탄화수소류	톨루엔	가솔린 냄새

① ㉠
② ㉡
③ ㉢
④ ㉣

풀이 지방산류
㉠ 원인물질 : 피로피온산, 노말부티르산
㉡ 냄새특징 : 자극적이고 신 냄새, 땀냄새

49 다음 유압식 Burner의 특징으로 옳은 것은?

① 분무각도는 40~90°이다.
② 유량조절범위는 1:10 정도이다.
③ 소형가열로의 열처리용으로 주로 쓰이며, 유압은 1~2kg/cm² 정도이다.
④ 연소용량은 2~5L/hr 정도이다.

풀이 ② 유량조절 범위는 환류식 1 : 3, 비환류식 1 : 2 정도이다.
③ 대형가열로의 열처리용으로 주로 쓰이며 5~30 kg/cm² 정도이다.
④ 연소용량은 30~3,000(15~2,000)L/hr 정도이다.

50 90° 곡관의 반경비가 2.25일 때 압력손실계수는 0.26이다. 속도압이 50mmH₂O라면 곡관의 압력손실은?

① 0.6mmH₂O
② 13mmH₂O
③ 22.2mmH₂O
④ 112.5mmH₂O

풀이 곡관의 압력손실(mmH₂O)

$$= \xi \times VP \times \frac{\theta}{90}$$

$$= 0.26 \times 50 \,\mathrm{mmH_2O} \times \frac{90}{90}$$

$$= 13 \,\mathrm{mmH_2O}$$

51 석회석을 연소로에 주입하여 SO₂를 제거하는 건식탈황방법의 특징으로 옳지 않은 것은?

① 연소로 내에서 긴 접촉시간과 아황산가스가 석회분말의 표면 안으로 쉽게 침투되므로 아황산가스의 제거효율이 비교적 높다.

② 석회석과 배출가스 중 재가 반응하여 연소로 내에 달라붙어 열전달을 낮춘다.
③ 연소로 내에서의 화학반응은 주로 소성, 흡수, 산화의 3가지로 나눌 수 있다.
④ 석회석을 재생하여 쓸 필요가 없어 부대시설이 거의 필요 없다.

풀이 연소로 내에서 아주 짧은 접촉시간과 아황산가스가 석회분말의 표면 안으로 침투되기 어려우므로 아황산가스의 제거효율이 낮은 편이다.

52 입자가 미세할수록 표면에너지는 커지게 되어 다른 입자 간에 부착하거나 혹은 동종 입자 간에 응집이 이루어지는데 이러한 현상이 생기게 하는 결합력 중 거리가 먼 것은?

① 분자 간의 인력
② 정전기적 인력
③ 브라운운동에 의한 확산력
④ 입자에 작용하는 항력

풀이 입자가 미세할수록 표면에너지는 커지게 되어 다른 입자 간에 부착하거나 혹은 동종입자 간에 응집이 이루어지는데 이러한 현상이 생기게 하는 결합력의 종류는 다음과 같다.
㉠ 분자 간의 인력
㉡ 정전기적 인력
㉢ 브라운운동에 의한 확산력

53 C=82%, H=14%, S=3%, N=1%로 조성된 중유를 12Sm³ 공기/kg 중유로 완전 연소했을 때 습윤 배출가스 중의 SO₂ 농도는 약 몇 ppm인가?(단, 중유의 황 성분은 모두 SO₂로 된다.)

① 1,784ppm
② 1,642ppm
③ 1,538ppm
④ 1,420ppm

(풀이) SO_2(ppm)

$$= \frac{SO_2}{G_w} \times 10^6 = \frac{0.7S}{G_w} \times 10^6$$

$$G_w = G_{ow} + (m-1)A_o$$

$$G_{ow} = (1-0.21)A_o + CO_2 + H_2O$$
$$+ SO_2 + N_2$$

$$A_o = \frac{1}{0.21} \times [(1.867 \times 0.82)$$
$$+ (5.6 \times 0.14) + (0.7 \times 0.03)]$$
$$= 11.12 Sm^3/kg$$

$$= (0.79 \times 11.12) + (1.867 \times 0.82)$$
$$+ (11.2 \times 0.14) + (0.7 \times 0.03)$$
$$+ (0.8 \times 0.01) = 11.91 Sm^3/kg$$

$$m = \frac{A}{A_o} = \frac{12 Sm^3/kg}{11.12 Sm^3/kg} = 1.08$$

$$= 11.91 Sm^3/kg + [(1.08-1) \times 11.12$$
$$Sm^3/kg]$$

$$= 12.80 Sm^3/kg$$

$$= \frac{0.7 \times 0.03}{12.80 Sm^3/kg} \times 10^6 = 1,640.63 ppm$$

54 다음 중 벤투리 스크러버(Venturi scrubber)에서 물방울 입경과 먼지 입경의 비는 충돌효율 면에서 어느 정도의 비가 가장 좋은가?

① 10:1　　　　② 25:1
③ 150:1　　　④ 500:1

(풀이) 벤투리 스크러버의 충돌효율은 물방울입경 : 먼지입경이 150 : 1인 정도에서 가장 좋다.

55 충전물이 갖추어야 할 조건으로 가장 거리가 먼 것은?

① 단위 부피 내의 표면적이 클 것
② 가스와 액체가 전체에 균일하게 분포될 것
③ 간격의 단면적이 작을 것

④ 가스 및 액체에 대하여 내식성이 있을 것

(풀이) 충전탑(Packed Tower) 충전물 간격의 단면적은 커야 한다.

56 A 집진장치의 압력손실 25.75mmHg, 처리용량 42m³/sec, 송풍기 효율 80%이다. 이 장치의 소요동력은?

① 13kW　　　　② 75kW
③ 180kW　　　④ 240kW

(풀이) 소요동력(kW)

$$= \frac{Q \times \Delta P}{6,120 \times \eta} \times \alpha$$

$$Q = 42 m^3/sec \times 60 sec/min$$
$$= 2,520 m^3/min$$

$$\Delta P = 25.75 mmHg \times \frac{10,332 mmH_2O}{760 mmHg}$$
$$= 350.06 mmH_2O$$

$$= \frac{2,520 m^3/min \times 350.06 mmH_2O}{6,120 \times 0.8} \times 1.0$$

$$= 180.18 kW$$

57 집진장치의 집진 효율이 99.5%에서 98%로 낮아지는 경우 출구에서 배출되는 먼지의 농도는 몇 배로 증가하게 되는가?

① 1.5배　　　　② 2배
③ 4배　　　　　④ 8배

(풀이) 초기통과량 $= 100 - 99.5 = 0.5\%$
나중통과량 $= 100 - 98 = 2\%$

배출농도비 $= \frac{\text{나중통과량}}{\text{초기통과량}} = \frac{2\%}{0.5\%}$
$$= 4배(초기의 4배로 배출농도 증가)$$

58 다음 중 흡착제의 흡착능과 가장 관련이 먼 것은?

① 포화(saturation)
② 보전력(retentivity)
③ 파괴점(break point)
④ 유전력(dielectric force)

(풀이) 흡착능은 흡착제의 능력을 의미하며 흡착능력은 포화, 보전력, 파괴점 등으로 나타낸다.

59 다음 중 전기집진장치의 집진실을 독립된 하전설비를 가진 단위집진실로 전기적 구획을 하는 주된 이유로 가장 적합한 것은?

① 순간 정전을 대비하고, 전기안전사고를 예방하기 위함이다.
② 집진효율을 높이고, 효율적으로 전력을 사용하기 위함이다.
③ 처리가스의 유량분포를 균일하게 하고, 먼지 입자의 충분한 체류시간을 확보하게 하기 위함이다.
④ 집진실 청소를 효과적으로 하기 위함이다.

(풀이) 전기집진장치 집진실을 독립된 하전설비를 가진 단위집진실로 구획화하는 주된 이유는 집진효율을 높이고 효율적인 전력 사용을 하기 위함이다.

60 층류 영역에서 Stokes의 법칙을 만족하는 입자의 침강속도에 관한 설명으로 옳지 않은 것은?

① 입자와 유체의 밀도차에 비례한다.
② 입자 직경의 제곱에 비례한다.
③ 가스의 점도에 비례한다.
④ 중력가속도에 비례한다.

(풀이) 종말침강속도(Stokes Law)

㉠ Stokes Law 가정
 • 구형입자
 • 층류 흐름영역
 • $10^{-4} < N_{Re} < 0.6$ (N_{Re} : 레이놀즈수)
 • 구는 일정한 속도로 운동

㉡ 관련식

$$V_s = \frac{d_p{}^2(\rho_p - \rho)g}{18\mu_g}$$

여기서, V_s : 종말침강속도(m/sec)
  d_p : 입자 직경(m)
  ρ_p : 입자 밀도(kg/m³)
  ρ : 가스(공기) 밀도(kg/m³)
  g : 중력가속도(9.8m/sec)
  μ_g : 가스의 점도
   (점성계수 : kg/m · sec²)
입자의 침강속도는 가스의 점도에 반비례한다.

제4과목 **대기환경관계법규**

61 대기환경보전법규상 자동차연료 · 첨가제 또는 촉매제의 검사를 받으려는 자가 국립환경과학원장 등에게 검사신청 시 제출해야 하는 항목으로 거리가 먼 것은?

① 검사용 시료
② 검사 시료의 화학물질 조성비율을 확인할 수 있는 성분분석서
③ 제품의 공정도(촉매제만 해당함)
④ 제품의 판매계획

(풀이) 자동차연료 · 첨가제 또는 촉매제의 검사절차 시 제출항목

㉠ 검사용 시료
㉡ 검사 시료의 화학물질 조성비율을 확인할 수 있는 성분분석서

ⓒ 최대 첨가비율을 확인할 수 있는 자료(첨가제만 해당한다.)

ⓓ 제품의 공정도(촉매제만 해당한다.)

62 대기환경보전법상 이 법에서 사용하는 용어의 뜻으로 옳지 않은 것은?

① "공회전제한장치"란 자동차에서 배출되는 대기오염물질을 줄이고 연료를 절약하기 위하여 자동차에 부착하는 장치로서 환경부령으로 정하는 기준에 적합한 장치를 말한다.

② "촉매제"란 배출가스를 증가시키기 위하여 배출가스증가장치에 사용되는 화학물질로서 환경부령으로 정하는 것을 말한다.

③ "입자상물질(粒子狀物質)"이란 물질이 파쇄 · 선별 · 퇴적 · 이적(移積)될 때, 그 밖에 기계적으로 처리되거나 연소 · 합성 · 분해될 때에 발생하는 고체상 또는 액체상의 미세한 물질을 말한다.

④ "온실가스 평균배출량"이란 자동차제작자가 판매한 자동차 중 환경부령으로 정하는 자동차의 온실가스 배출량의 합계를 해당 자동차 총 대수로 나누어 산출한 평균값(g/km)을 말한다.

풀이 "촉매제"란 배출가스를 줄이는 효과를 높이기 위하여 배출가스 저감장치에 사용되는 화학물질로서 환경부령으로 정하는 것을 말한다.

63 실내공기질 관리법규상 PM – 10의 실내공기질 유지기준이 $100\mu g/m^3$ 이하인 다중이용시설에 해당하는 것은?

① 실내주차장　　② 대규모 점포

③ 산후조리원　　④ 지하역사

풀이 실내공기질 관리법상 유지기준(2019년 7월부터 적용)

오염물질 항목 다중 이용시설	미세먼지 (PM – 10) ($\mu g/m^3$)	미세먼지 (PM – 2.5) ($\mu g/m^3$)	이산화 탄소 (ppm)	폼알데 하이드 ($\mu g/m^3$)	총 부유세균 (CFU/m^3)	일산화 탄소 (ppm)
지하역사, 지하도상가, 철도역사의 대합실, 여객자동차터미널의 대합실, 항만시설 중 대합실, 공항시설 중 여객터미널, 도서관 · 박물관 및 미술관, 대규모점포, 장례식장, 영화상영관, 학원, 전시시설, 인터넷컴퓨터게임시설제공업의 영업시설, 목욕장업의 영업시설	100 이하	50 이하	1,000 이하	100 이하	–	10 이하
의료기관, 산후조리원, 노인요양시설, 어린이집	75 이하	35 이하		80 이하	800 이하	
실내주차장	200 이하	–		100 이하	–	25 이하
실내 체육시설, 실내 공연장, 업무시설, 둘 이상의 용도에 사용되는 건축물	200 이하	–	–	–	–	–

※ 법규 변경사항이므로 풀이의 내용으로 학습하시기 바랍니다.

64 대기환경보전법령상 사업장의 분류기준 중 4종 사업장의 분류기준은?

① 대기오염물질발생량의 합계가 연간 20톤 이상 50톤 미만인 사업장

② 대기오염물질발생량의 합계가 연간 10톤 이상 20톤 미만인 사업장

③ 대기오염물질발생량의 합계가 연간 2톤 이상 10톤 미만인 사업장

④ 대기오염물질발생량의 합계가 연간 1톤 이상 10톤 미만인 사업장

사업장 분류기준

종별	오염물질발생량 구분
1종 사업장	대기오염물질발생량의 합계가 연간 80톤 이상인 사업장
2종 사업장	대기오염물질발생량의 합계가 연간 20톤 이상 80톤 미만인 사업장
3종 사업장	대기오염물질발생량의 합계가 연간 10톤 이상 20톤 미만인 사업장
4종 사업장	대기오염물질발생량의 합계가 연간 2톤 이상 10톤 미만인 사업장
5종 사업장	대기오염물질발생량의 합계가 연간 2톤 미만인 사업장

65 다음은 대기환경보전법규상 자동차의 규모기준에 관한 설명이다. (   ) 안에 알맞은 것은?(단, 2015년 12월 10일 이후)

소형승용자동차는 사람을 운송하기 적합하게 제작된 것으로, 그 규모기준은 엔진배기량이 1,000cc 이상이고, 차량총중량이 (㉠)이며, 승차인원이 (㉡)

① ㉠ 1.5톤 미만, ㉡ 5명 이하
② ㉠ 1.5톤 미만, ㉡ 8명 이하
③ ㉠ 3.5톤 미만, ㉡ 5명 이하
④ ㉠ 3.5톤 미만, ㉡ 8명 이하

풀이 소형승용자동차
　㉠ 정의
　　사람을 운송하기에 적합하게 제작된 것
　㉡ 규모
　　엔진배기량이 1,000cc 이상이고, 차량총중량이 3.5톤 미만이며, 승차인원이 8명 이하

66 대기환경보전법령상 자동차제작자는 부품의 결함 건수 또는 결함 비율이 대통령령으로 정하는 요건에 해당하는 경우 환경부장관의 명에 따라 그 부품의 결함을 시정해야 한다. 이와 관련하여 (   ) 안에 가장 적합한 건수기준은?

같은 연도에 판매된 같은 차종의 같은 부품에 대한 부품결함 건수(제작결함으로 부품을 조정하거나 교환한 건수를 말한다.)가 (   )인 경우

① 5건 이상
② 10건 이상
③ 25건 이상
④ 50건 이상

풀이 자동차제작자는 다음 각 호의 모두에 해당하는 경우에는 그 분기부터 매 분기가 끝난 후 90일 이내에 결함 발생원인 등을 파악하여 환경부장관에게 부품결함 현황을 보고하여야 한다.
　㉠ 같은 연도에 판매된 같은 차종의 같은 부품에 대한 결함시정 요구 건수가 50건 이상인 경우
　㉡ 결함시정 요구율이 4퍼센트 이상인 경우

67 대기환경보전법상 저공해자동차로의 전환 또는 개조 명령, 배출가스저감장치의 부착·교체 명령 또는 배출가스 관련 부품의 교체 명령, 저공해엔진(혼소엔진을 포함한다)으로의 개조 또는 교체 명령을 이행하지 아니한 자에 대한 과태료 부과기준은?

① 500만 원 이하의 과태료
② 300만 원 이하의 과태료
③ 200만 원 이하의 과태료
④ 100만 원 이하의 과태료

풀이 대기환경보전법 제94조 참조

68 다음은 악취방지법규상 악취검사기관과 관련한 행정처분기준이다. ( ) 안에 가장 적합한 처분기준은?

검사시설 및 장비가 부족하거나 고장 난 상태로 7일 이상 방지한 경우 4차 행정처분기준은 ( )이다.

① 경고
② 업무정지 1개월
③ 업무정지 3개월
④ 지정취소

(풀이) 각 위반차수별 행정처분기준(1차 ~ 4차순)
경고 – 업무정지 1개월 – 업무정지 3개월 – 지정취소

69 대기환경보전법령상 초과부과금 산정기준에서 다음 오염물질 중 오염물질 1킬로그램당 부과금액이 가장 적은 것은?

① 먼지
② 황산화물
③ 불소화물
④ 암모니아

(풀이) 초과부과금 산정기준

오염물질 \ 구분		오염물질 1킬로그램당 부과금액
황산화물		500
먼지		770
질소산화물		2,130
암모니아		1,400
황화수소		6,000
이황화탄소		1,600
특정 유해물질	불소화물	2,300
	염화수소	7,400
	시안화수소	7,300

※ 법규 변경사항이므로 풀이의 내용으로 학습하시기 바랍니다.

70 악취방지법상 악취배출시설에 대한 개선명령을 받은 자가 악취배출허용기준을 계속 초과하여 신고대상시설에 대해 시·도지사로부터 악취배출시설의 조업정지명령을 받았으나, 이를 위반한 경우 벌칙기준은?

① 1년 이하 징역 또는 1천만 원 이하의 벌금
② 2년 이하 징역 또는 2천만 원 이하의 벌금
③ 3년 이하 징역 또는 3천만 원 이하의 벌금
④ 5년 이하 징역 또는 5천만 원 이하의 벌금

(풀이) 악취방지법 제26조 참조

71 대기환경보전법규상 자동차연료 제조기준 중 휘발유의 황 함량기준(ppm)은?

① 2.3 이하
② 10 이하
③ 50 이하
④ 60 이하

(풀이) 자동차연료 제조기준(휘발유)

항목	제조기준
방향족화합물 함량(부피%)	24(21) 이하
벤젠 함량(부피%)	0.7 이하
납 함량(g/L)	0.013 이하
인 함량(g/L)	0.0013 이하
산소 함량(무게%)	2.3 이하
올레핀 함량(부피%)	16(19) 이하
황 함량(ppm)	10 이하
증기압(kPa, 37.8℃)	60 이하
90% 유출온도(℃)	170 이하

72 대기환경보전법규상 배출시설을 설치·운영하는 사업자에 대하여 조업정지를 명하여야 하는 경우로서 그 조업정지가 주민의 생활 등 그 밖에 공익에 현저한 지장을 줄 우려가 있다고 인정되는 경우 조업정지처분을 갈음하여 과징금을 부과할 수 있다. 이때 과징금의 부과기준에 적용되지 않는 것은?

① 조업정지일수
② 1일당 부과금액
③ 오염물질별 부과금액
④ 사업장 규모별 부과계수

(풀이) 과징금은 행정처분기준에 따라 조업정지일수에 1일당 부과금액과 사업장 규모별 부과계수를 곱하여 산정한다.

73 대기환경보전법규상 다음 정밀검사대상 자동차에 따른 정밀검사 유효기간으로 옳지 않은 것은?(단, 차종의 구분 등은 자동차관리법에 의함)

① 차령 4년 경과된 비사업용 승용자동차 : 1년
② 차령 3년 경과된 비사업용 기타자동차 : 1년
③ 차령 2년 경과된 사업용 승용자동차 : 1년
④ 차령 2년 경과된 사업용 기타자동차 : 1년

(풀이) 정밀검사대상 자동차 및 정밀검사 유효기간

차종		정밀검사대상 자동차	검사 유효기간
비사업용	승용자동차	차령 4년 경과된 자동차	2년
	기타자동차	차령 3년 경과된 자동차	
사업용	승용자동차	차령 2년 경과된 자동차	1년
	기타자동차	차령 2년 경과된 자동차	

74 대기환경보전법규상 배출시설에서 발생하는 오염물질이 배출허용기준을 초과하여 개선명령을 받은 경우, 개선해야 할 사항이 배출시설 또는 방지시설인 경우 개선계획서에 포함되어야 할 사항으로 거리가 먼 것은?

① 굴뚝 자동측정기기의 운영, 관리 진단계획
② 배출시설 또는 방지시설의 개선명세서 및 설계도
③ 대기오염물질의 처리방식 및 처리효율
④ 공사기간 및 공사비

(풀이) 개선계획서(배출시설 또는 방지시설인 경우)
개선명령을 받은 경우로서 개선하여야 할 사항이 배출시설 또는 방지시설인 경우
㉠ 배출시설 또는 방지시설의 개선명세서 및 설계도
㉡ 대기오염물질의 처리방식 및 처리효율
㉢ 공사기간 및 공사비
㉣ 다음의 경우에는 이를 증명할 수 있는 서류
  • 개선기간 중 배출시설의 가동을 중단하거나 제한하여 대기오염물질의 농도나 배출량이 변경되는 경우
  • 개선기간 중 공법 등의 개선으로 대기오염물질의 농도나 배출량이 변경되는 경우

75 대기환경보전법령상 시·도지사는 부과금을 부과할 때 부과대상 오염물질량, 부과금액, 납부기간 및 납부장소 등에 기재하여 서면으로 알려야 한다. 이 경우 부과금의 납부기간은 납부통지서를 발급한 날부터 얼마로 하는가?

① 7일
② 15일
③ 30일
④ 60일

(풀이) 부과금 납부기간은 납부통지서를 발급한 날부터 30일 이내로 한다.

76 다음은 대기환경보전법규상 비산먼지의 발생을 억제하기 위한 시설의 설치 및 필요한 조치에 관한 엄격한 기준이다. ( ) 안에 알맞은 것은?

> "싣기와 내리기 공정"인 경우 싣거나 내리는 장소 주위에 고정식 또는 이동식 물뿌림시설(물뿌림 반경 (㉠) 이상, 수압 (㉡) 이상)을 설치할 것

① ㉠ 1.5m   ㉡ 2.5kg/cm²
② ㉠ 1.5m   ㉡ 5kg/cm²
③ ㉠ 7m   ㉡ 2.5kg/cm²
④ ㉠ 7m   ㉡ 5kg/cm²

(풀이) 비산먼지발생억제조치(엄격한 기준) : 싣기와 내리기
　㉠ 최대한 밀폐된 저장 또는 보관시설 내에서만 분체상물질을 싣거나 내릴 것
　㉡ 싣거나 내리는 장소 주위에 고정식 또는 이동식 물뿌림시설(물뿌림 반경 7m 이상, 수압 5kg/cm² 이상)을 설치할 것

77 환경정책기본법령상 이산화질소(NO_2)의 대기환경기준으로 옳은 것은?

① 연간 평균치 0.03ppm 이하
② 24시간 평균치 0.05ppm 이하
③ 8시간 평균치 0.3ppm 이하
④ 1시간 평균치 0.15ppm 이하

(풀이) 대기환경기준

항목	기준	측정방법
이산화질소 (NO_2)	• 연간 평균치 : 0.03ppm 이하 • 24시간 평균치 : 0.06ppm 이하 • 1시간 평균치 : 0.10ppm 이하	화학발광법 (Chemiluminescence Method)

78 대기환경보전법규상 석유정제 및 석유 화학제품 제조업 제조시설의 휘발성유기화합물 배출억제 · 방지시설 설치 등에 관한 기준으로 옳지 않은 것은?

① 중간집수조에서 폐수처리장으로 이어지는 하수구(Sewer line)는 검사를 위해 대기 중으로 개방되어야 하며, 금 · 틈새 등이 발견되는 경우에는 30일 이내에 이를 보수하여야 한다.
② 휘발성유기화합물을 배출하는 폐수처리장의 집수조는 대기오염공정시험방법(기준)에서 규정하는 검출불가능 누출농도 이상으로 휘발성유기화합물이 발생하는 경우에는 휘발성유기화합물을 80퍼센트 이상의 효율로 억제 · 제거할 수 있는 부유지붕이나 상부덮개를 설치 · 운영하여야 한다.
③ 압축기는 휘발성유기화합물의 누출을 방지하기 위한 개스킷 등 봉인장치를 설치하여야 한다.
④ 개방식 밸브나 배관에는 뚜껑, 브라인드프렌지, 마개 또는 이중밸브를 설치하여야 한다.

(풀이) 중간집수조에서 폐수처리장으로 이어지는 하수구가 대기 중으로 개방되어서는 아니 되며, 금 · 틈새 등이 발견되는 경우에는 15일 이내에 이를 보수하여야 한다.

79 대기환경보전법규상 환경부장관이 그 구역의 사업장에서 배출되는 대기오염물질을 총량으로 규제하려는 경우 고시하여야 할 사항으로 거리가 먼 것은?(단, 그 밖의 사항 등은 제외)

① 총량규제구역
② 총량규제 대기오염물질
③ 대기오염방지시설 예산서
④ 대기오염물질의 저감계획

대기오염물질을 총량으로 규제하려는 경우 고시사항
- ㉠ 총량규제구역
- ㉡ 총량규제 대기오염물질
- ㉢ 대기오염물질의 저감계획
- ㉣ 그 밖에 총량규제구역의 대기관리를 위하여 필요한 사항

80 대기환경보전법규상 위임업무의 보고사항 중 수입자동차 배출가스 인증 및 검사현황의 보고기일 기준으로 옳은 것은?

① 다음 달 10일까지
② 매 분기 종료 후 15일 이내
③ 매 반기 종료 후 15일 이내
④ 다음 해 1월 15일까지

풀이 위임업무 보고사항

업무내용	보고 횟수	보고 기일	보고자
환경오염사고 발생 및 조치 사항	수시	사고발생 시	시·도지사, 유역환경청장 또는 지방환경청장
수입자동차 배출가스 인증 및 검사현황	연 4회	매 분기 종료 후 15일 이내	국립환경과학원장
자동차 연료 및 첨가제의 제조·판매 또는 사용에 대한 규제현황	연 2회	매 반기 종료 후 15일 이내	유역환경청장 또는 지방환경청장
자동차 연료 또는 첨가제의 제조기준 적합 여부 검사현황	• 연료 : 연 4회 • 첨가제 : 연 2회	• 연료 : 매 분기 종료 후 15일 이내 • 첨가제 : 매 반기 종료 후 15일 이내	국립환경과학원장
측정기기관리 대행업의 등록 (변경등록) 및 행정처분 현황	연 1회	다음 해 1월 15일까지	유역환경청장, 지방환경청장 또는 수도권대기환경청장

2019년 제4회 대기환경산업기사

제1과목 대기오염개론

01 Panofsky에 따른 Richardson수(Ri)의 크기와 대기의 혼합 간의 관계로 옳지 않은 것은?

① Richardson수가 0에 접근하면 분산은 줄어든다.

② $0.25 < Ri$: 수직방향의 혼합은 없다.

③ Ri가 0.2보다 크게 되면 수직혼합이 최대가 되고, 수평혼합은 없다.

④ $Ri = 0$: 기계적 난류만 존재한다.

(풀이) Ri가 0.2보다 크면 수직혼합은 거의 없게 되고 수평혼합만 남게 된다.

02 굴뚝 직경 2m, 굴뚝 배출가스 속도 5m/s, 굴뚝 배출가스 온도 400K, 대기온도 300K, 풍속 3m/s일 때 연기 상승높이(m)는?

(단, $F = g\left(\dfrac{D}{2}\right)^2 V_s\left(\dfrac{T_s - T_a}{T_a}\right)$,

$\Delta h = \dfrac{114 CF^{1/3}}{u}$, $C = 1.58$)

① 142.6m
② 152.3m
③ 168.5m
④ 198.2m

(풀이) 연기상승높이(Δh)

$$= \frac{114 CF^{1/3}}{u}$$

$$F(부력) = g\left(\frac{D}{2}\right)^2 V_s\left(\frac{T_s - T_a}{T_a}\right)$$

$$= 9.8 \times \left(\frac{2}{2}\right)^2 \times 5 \times \left(\frac{400-300}{300}\right)$$

$$= 16.33 \mathrm{m}^4/\sec^3$$

$$= \frac{114 \times 1.58 \times 16.33^{1/3}}{3} = 152.33\mathrm{m}$$

03 로스앤젤레스 스모그 사건에서 시간에 따른 광화학 스모그 구성 성분변화 추이 중 가장 늦은 시간에 하루 중 최고치를 나타내는 물질은?

① NO_2
② 알데하이드
③ 탄화수소
④ NO

(풀이) 늦은 시간에 하루 중 최고치를 나타내는 순서
알데하이드 > $NO_2 \approx HC > NO$

04 대기오염 사건과 관련된 설명 중 ( ) 안에 가장 알맞은 것은?

> 런던 스모그 사건은 (㉠)이 형성되고 거의 무풍 상태가 계속되었으며, 로스앤젤레스 스모그 사건은 (㉡)이 형성되고 해안성 안개가 낀 상태에서 발생하였다.

① ㉠ 복사역전 ㉡ 이류성 역전
② ㉠ 이류성 역전 ㉡ 침강역전
③ ㉠ 침강역전 ㉡ 복사역전
④ ㉠ 복사역전 ㉡ 침강역전

풀이

구분	London형	LA형
특징	Smoke+Fog의 합성	광화학 작용(2차성 오염물질의 스모그 형성)
반응·화학 반응	• 열적 환원반응 • 연기＋안개 → 환원형 Smog	• 광화학적 산화반응 • HC＋NOx＋$h\nu$ → 산화형 Smog
발생 시 기온	4℃ 이하	24℃ 이상(25~30℃)
발생 시 습도	85% 이상	70% 이하
발생시간	새벽~이른 아침, 저녁	주간(한낮)
발생계절	겨울(12~1월)	여름(7~9월)
일사량	없을 때	강한 햇빛
풍속	무풍	3m/sec 이하
역전 종류	복사성 역전(방사형) : 접지역전	침강성 역전(하강형)
주 오염 배출원	• 공장 및 가정난방 • 석탄 및 석유계 연료	• 자동차 배기가스 • 석유계 연료
시정거리	100m 이하	1.6~0.8km 이하
Smog 형태	차가운 취기가 있는 농무형	회청색의 농무형
피해	• 호흡기 장애, 만성 기관지염, 폐렴 • 심각한 사망률(인체에 대해 직접적 피해)	• 점막자극, 시정악화 • 고무제품 손상, 건축물 손상

05 다음 오염물질 중 수산기를 포함하는 것은?

① chloroform
② benzene
③ methyl mercaptan
④ phenol

풀이 벤젠고리에 히드록시기(수산기 : 수소와 산소로 이루어진 −OH)가 붙어있는 화합물을 Phenol [C_6H_5OH]이라고 한다.

06 연기의 배출속도 50m/s, 평균풍속 300 m/min, 유효굴뚝높이 55m, 실제굴뚝높이 24m 인 경우 굴뚝의 직경(m)은?(단, $\Delta H = 1.5 \times (V_s/U) \times D$ 식 적용)

① 0.3
② 1.6
③ 2.1
④ 3.7

풀이

$$\Delta H = 1.5 \times \left(\frac{V_s}{U}\right) \times D$$

$$(55-24)\text{m} = 1.5 \times \left(\frac{50\text{m/sec}}{300\text{m/min} \times \text{min}/60\text{sec}}\right) \times D$$

$$D = 2.07\text{m}$$

07 다음 중 "무색의 기체로 자극성이 강하며, 물에 잘 녹고, 살균·방부제로도 이용되고, 단열재, 피혁 제조, 합성수지 제조 등에서 발생하며, 실내공기를 오염시키는 물질"에 해당하는 것은?

① HCHO
② C_6H_5OH
③ HCl
④ NH_3

풀이 포름알데하이드(HCHO)

㉠ 상온에서 자극성 냄새를 갖는 가연성 무색 기체로 폭발의 위험성이 있으며 비중은 약 1.03 이고, 합성수지공업, 피혁공업 등이 주된 배출 업종이다.

㉡ VOC의 한 종류로 가장 일반적인 오염물질 중 하나이고, 건물 내부에서 발견되는 오염물질 중 가장 심각한 오염물질이다.

㉢ 환원성이 강한 물질이며 산화시키면 포름산이 되고 물에 잘 녹고, 40% 수용액을 포르말린이라 한다.

㉣ 방부제, 옷감, 잉크, 페놀수지의 원료로서 발포성 단열재, 실내가구, 가스난로의 연소, 광택제, 카펫, 접착제 등의 새 자재에서 주로 방출되며, 살균·방부제 등으로 이용된다.

08 분자량이 M인 대기오염 물질의 농도가 표준상태(0℃, 1기압)에서 448ppm으로 측정되었다. 표준상태에서 mg/m³로 환산하면?

① $\dfrac{1}{20M}$

② $\dfrac{M}{20}$

③ $20M$

④ $\dfrac{20}{M}$

풀이) 농도(mg/m³) $= 448\,\text{mL/m}^3 \times \dfrac{M\,\text{mg}}{22.4\,\text{mL}}$

$= 20M\,\text{mg/m}^3$

09 다음 중 2차 오염물질로 볼 수 없는 것은?

① 이산화황이 대기 중에서 산화하여 생성된 삼산화황
② 이산화질소의 광화학반응에 의하여 생성된 일산화질소
③ 질소산화물의 광화학반응에 의한 원자상 산소와 대기 중의 산소가 결합하여 생성된 오존
④ 석유 정제 시 수소 첨가에 의하여 생성된 황화수소

풀이) 2차 오염물질

발생원에서 배출된 1차 오염물질이 공기 또는 상호 간의 가수분해, 산화 혹은 광화학적 반응에 의해 대기 중에서 형성된 오염물질을 2차 대기오염물질이라고 한다.

※ ④는 1차 오염물질에 대한 내용이다.

10 오존층 보호를 위한 오존층 파괴 물질의 생산 및 소비 감축에 관한 내용의 국제협약으로 가장 적절한 것은?

① 바젤 협약
② 리우 선언
③ 그린피스 협약
④ 몬트리올 의정서

풀이) 몬트리올 의정서

1987년 9월 오존층 파괴물질의 생산 및 소비 감축을 위해, 즉 생산·소비량을 규제하기 위해 채택된 의정서이다.

11 교토의정서의 2020년까지 연장 및 한국의 녹색기후기금(GCF) 유치를 인준한 당사국 회의 개최 장소는?

① 모로코 마라케쉬
② 케냐 나이로비
③ 멕시코 칸쿤
④ 카타르 도하

풀이) 제18차 당사국 총회(COP 18)

ㄱ 2012년 카타르 도하에서 개최
ㄴ 2012년 만료되는 교토의정서를 2020년까지 연장(2013~2020년간 선진국의 온실가스 의무감축을 규정하는 교토의정서 개정안 채택)
ㄷ 선진국과 개도국이 참여하는 새로운 감축안을 만들기 위한 기반 조성
ㄹ 발리행동계획에 의하여 출범된 장기협력에 관한 협상트랙(AWG-LCA)이 종료되었으며, 2020년 이후 모든 당사국에 적용되는 신기후체제를 위한 협상회의(ADP)의 2013~2015년간 작업계획 마련
ㅁ 한국의 녹색기후기금(GCF) 유치를 인준

12 지구상에 분포하는 오존에 관한 설명으로 옳지 않은 것은?

① 오존량은 돕슨(Dobson) 단위로 나타내는데, 1Dobson은 지구 대기 중 오존의 총량을 0℃, 1기압의 표준상태에서 두께로 환산하였을 때 0.01cm에 상당하는 양이다.
② 오존층 파괴로 인해 피부암, 백내장, 결막염 등 질병유발과, 인간의 면역기능의 저하를 유발할 수 있다.

③ 오존의 생성 및 분해반응에 의해 자연상태의 성층권 영역에는 일정 수준의 오존량이 평형을 이루게 되고, 다른 대기권 영역에 비해 오존의 농도가 높은 오존층이 생성된다.

④ 지구 전체의 평균오존전량은 약 300Dobson이지만, 지리적 또는 계절적으로 그 평균값의 ±50% 정도까지 변화하고 있다.

(풀이) 오존량은 돕슨(Dobson) 단위로 나타내는데 1Dobson은 지구 대기 중 오존의 총량을 0℃, 1기압의 표준상태에서 두께로 환산하였을 때 0.001 cm에 상당하는 양이다.

13 수은에 관한 설명으로 옳지 않은 것은?

① 원자량 200.61, 비중 6.92이며, 염산에 용해된다.
② 만성중독의 경우 전형적인 증상은 특수한 구내염, 눈, 입술, 혀, 손발 등이 빠르고 엷게 떨린다.
③ 만성중독의 경우 손과 팔의 근력이 저하되며, 다발성 신경염도 일어난다고도 보고된다.
④ 일본의 미나마타 지방에서 발생한 미나마타병은 유기수은으로 인한 공해병이며, 구심성 시야흡착, 난청, 언어장해 등이 나타난다.

(풀이) 수은(Hg)은 원자량 200.59, 비중 13.6이며 금속을 잘 용해시키는 용매의 성질이 있다.

14 일반적으로 냄새의 강도와 농도 사이에 성립하는 법칙으로 가장 적합한 것은?

① Nernst-Planck의 법칙
② Weber Fechner의 법칙
③ Albedo의 법칙
④ Wien의 변위법칙

(풀이) 물리적 자극량과 인간의 감각강도의 관계는 Weber-Fechner 법칙이 잘 맞고 후각에도 잘 적용된다.

15 다음 대기오염물질 중 혈관 내 용혈을 일으키며, 3대 증상으로는 복통, 황달, 빈뇨이며, 급성중독일 경우 활성탄과 하제를 투여하고 구토를 유발시켜야 하는 것은?

① Asbestos
② Arsenic(As)
③ Benzo[a]pyrene
④ Bromine(Br)

(풀이) 비소(As)
  ㉠ 대표적 3대 증상으로는 복통, 황달, 빈뇨가 있다.
  ㉡ 만성적인 폭로에 의한 국소증상으로는 손·발바닥에 나타나는 각화증, 각막궤양, 비중격 천공, 탈모 등을 들 수 있다.
  ㉢ 급성폭로는 섭취 후 수분 내지 수 시간 내에 일어나며 오심, 구토, 복통, 피가 섞인 심한 설사를 유발한다.
  ㉣ 급성 또는 만성 중독 시 용혈을 일으켜 빈혈, 과빌리루빈혈증 등이 생긴다.
  ㉤ 급성중독일 경우 치료방법으로는 활성탄과 하제를 투여하고 구토를 유발시킨다.
  ㉥ 쇼크의 치료에는 강력한 수액제와 혈압상승제를 사용한다.

16 먼지농도가 $160\mu g/m^3$이고, 상대습도가 70%인 상태의 대도시에서의 가시거리는 몇 km인가?(단, $A = 1.2$)

① 4.2km
② 5.8km
③ 7.5km
④ 11.2km

(풀이) $L_v(\text{km}) = \dfrac{A \times 10^3}{G} = \dfrac{1.2 \times 10^3}{160\mu g/m^3} = 7.5\text{km}$

17 다음 대기오염물질 중 비중이 가장 큰 것은?

① 포름알데하이드　　② 이황화탄소
③ 일산화질소　　　　④ 이산화질소

풀이 분자량이 클수록 비중이 크다.
　① HCHO 분자량 : 30
　② CS₂ 분자량 : 76
　③ NO 분자량 : 30
　④ NO₂ 분자량 : 46

18 다음 그림에서 "가" 쪽으로 부는 바람은?

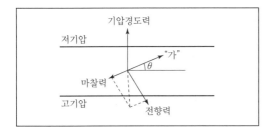

① geostropic wind　② Föhn wind
③ surface wind　　　④ gradient wind

풀이 마찰력에 의한 지상풍

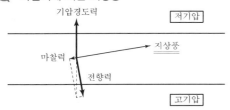

19 다음 대기분산모델 중 벨기에에서 개발되었으며, 통계모델로서 도시지역의 오존농도를 계산하는 데 이용했던 것은?

① ADMS(Atmospheric Dispersion ozone Model System)
② OCD(Offshore and Coastal ozone Dispersion model)

③ SMOGSTOP(Statistical Models Of Ground −level Short Term Ozone Pollution)
④ RAMS(Regional Atmospheric ozone Model System)

풀이 SMOGSTOP(Statistical Models Of Groundlevel Short Term Ozone Pollution)
　㉠ 벨기에에서 개발한 모델이다.
　㉡ 통계모델로서 도시지역의 오존농도를 계산하는 데 이용된다.

20 통상적으로 대기오염물질의 농도와 혼합고 간의 관계로 가장 적합한 것은?

① 혼합고에 비례한다.
② 혼합고의 2승에 비례한다.
③ 혼합고의 3승에 비례한다.
④ 혼합고의 3승에 반비례한다.

풀이 오염물질의 농도는 혼합고의 3승에 반비례한다.

$$C \simeq \frac{1}{H^3}$$

여기서, C : 오염농도(ppm), H : 혼합고(m)

제2과목　대기오염공정시험기준(방법)

21 굴뚝반경이 2.2m인 원형 굴뚝에서 먼지를 채취하고자 할 때의 측정점 수는?

① 8　　　　　　　② 12
③ 16　　　　　　④ 20

풀이 원형 연도의 측정점 수

굴뚝 직경 $2R$(m)	반경 구분 수	측정점 수
1 미만	1	4
1~2 미만	2	8
2~4 미만	3	12
4~4.5 미만	4	16
4.5 이상	5	20

22 굴뚝 배출가스 중 황화수소(H_2S)를 자외선 /가시선분광법(메틸렌블루법)으로 측정했을 때 농도범위가 5~100ppm일 때 시료채취량 범위로 가장 적합한 것은?

① 10~100mL ② 0.1~1L
③ 1~10L ④ 50~100L

(풀이) 굴뚝배출가스 황화수소(H_2S)−자외선/가시선분 광법(메틸렌블루법)의 시료채취량 및 흡입속도

황화수소 농도 (ppm)	(5~100)		(100~2,000)	
분석방법	채취량	흡입속도	채취량	흡입속도
메틸렌블루법	(1~10)L	(0.1~0.5) L/min	(0.1~1)L	0.1 L/min

23 기체크로마토그래피에 관한 설명으로 옳지 않은 것은?

① 일정유량으로 유지되는 운반가스(carrier gas)는 시료도입부로부터 분리관 내를 흘러서 검출기를 통하여 외부로 방출된다.
② 시료의 각 성분이 분리되는 것은 분리관을 통과하는 성분의 흡광성에 의한 속도변화 차이 때문이다.
③ 일반적으로 무기물 또는 유기물의 대기오염물질에 대한 정성, 정량 분석에 이용된다.
④ 기체시료 또는 기화한 액체나 고체시료를 운반가스(carrier gas)에 의하여 분리, 관 내에 전개시켜 기체상태에서 분리되는 각 성분을 크로마토그래피적으로 분석하는 방법이다.

(풀이) 시료도입부로부터 기체, 액체 또는 고체시료를 도입하면 기체는 그대로, 액체나 고체는 가열 기화되어 운반가스에 의하여 분리관 내로 송입되고 시료 중의 각 성분은 충전물에 대한 각각의 흡착성 또는 용해성의 차이에 따라 분리관 내에서의 이동속도가 달라지기 때문에 각각 분리되어 분리관 출구에 접속된 검출기를 차례로 통과하게 된다.

24 분석대상가스가 질소산화물인 경우 흡수액으로 가장 적합한 것은?(단, 페놀디술폰산법 기준)

① 황산+과산화수소+증류수
② 수산화소듐(0.5%) 용액
③ 아연아민착염 용액
④ 아세틸아세톤함유흡수액

(풀이) 질소산화물의 분석방법 및 흡수액
㉠ 아연환원 나프틸에틸렌다이아민법 – 물
㉡ 페놀디술폰산법 – 산화흡수제(황산+과산화수소수)

25 0.1N H_2SO_4 용액 1,000mL를 제조하기 위해서는 95% H_2SO_4를 약 몇 mL 취하여야 하는가?(단, H_2SO_4의 비중은 1.84)

① 약 1.2mL ② 약 3mL
③ 약 4.8mL ④ 약 6mL

(풀이)
$$X(\text{mL}) = 0.1\text{eq/L} \times 1\text{L} \times 49\text{g/1eq}$$
$$\times \frac{100}{95} \times \text{mL}/1.84\text{kg}$$
$$= 2.8\text{mL}$$

26 500mmH_2O는 약 몇 mmHg인가?

① 19mmHg ② 28mmHg
③ 37mmHg ④ 45mmHg

(풀이) 압력(mmHg)
$$= 500\text{mmH}_2\text{O} \times \frac{760\text{mmHg}}{10,332\text{mmH}_2\text{O}}$$
$$= 36.78\text{mmHg}$$

27 환경대기 중 아황산가스의 농도를 산정량 수동법으로 측정하여 다음과 같은 결과를 얻었다. 이때 아황산가스의 농도는?

- 적정에 사용한 0.01N – 알칼리 용액의 소비량 : 0.2mL
- 시료가스 채취량 : 1.5m³

① $43\mu g/m^3$ ② $58\mu g/m^3$

③ $65\mu g/m^3$ ④ $72\mu g/m^3$

 농도($\mu g/m^3$)

$$= \frac{32,000 \times N \times v}{V}$$

여기서, N : 알칼리의 규정농도(0.01N)

v : 적정에 사용한 알칼리의 양(mL)

V : 시료가스채취량(m^3)

$$= \frac{32,000 \times 0.01 \times 0.2}{1.5} = 42.67\mu g/m^3$$

28 대기오염공정시험기준 중 원자흡수분광 광도법에서 사용되는 용어의 정의로 옳지 않은 것은?

① 슬롯버너 : 가스의 분출구가 세극상으로 된 버너

② 충전가스 : 중공음극램프에 채우는 가스

③ 선프로파일 : 파장에 대한 스펙트럼선의 강도를 나타내는 곡선

④ 근접선 : 목적하는 스펙트럼선과 동일한 파장을 갖는 같은 스펙트럼선

(풀이) 근접선

목적하는 스펙트럼선에 가까운 파장을 갖는 다른 스펙트럼선

29 자외선/가시선분광법에 관한 설명으로 옳지 않은 것은? (단, I_o : 입사광의 강도, I_t : 투사광의 강도, C : 용액의 농도, l : 빛의 투사길이, ε : 비례상수(흡광계수))

① 램버트–비어의 법칙을 응용한 것이다.

② $\dfrac{I_t}{I_o}$ =투과도라 한다.

③ 투과도$\left(t = \dfrac{I_t}{I_o} \right)$를 백분율로 표시한 것을 투과퍼센트라 한다.

④ 투과도$\left(t = \dfrac{I_t}{I_o} \right)$의 자연대수를 흡광도라 한다.

(풀이) 흡광도$(A) = \log \dfrac{1}{\dfrac{I_t}{I_o}} = \log \dfrac{I_o}{I_t}$

30 원자흡수분광광도법으로 배출가스 중 Zn을 분석할 때의 측정파장으로 적합한 것은?

① 213.8nm   ② 248.3nm

③ 324.8nm   ④ 357.9nm

(풀이) 원자흡수분광광도법 측정파장

㉠ Zn : 213.8nm   ㉡ Fe : 248.5nm

㉢ Cu : 324.8nm   ㉣ Cr : 357.9nm

31 시험의 기재 및 용어에 대한 정의로 옳지 않은 것은?

① 용액의 액성표시는 따로 규정이 없는 한 유리전극법에 의한 pH 미터로 측정한 것을 뜻한다.

② 액체성분의 양을 정확히 취한다 함은 홀피펫, 눈금플라스크 또는 이와 동등 이상의 정도를 갖는 용량계를 사용하여 조작하는 것을 뜻한다.

③ 항량이 될 때까지 건조한다 함은 따로 규정이 없는 한 보통의 건조방법으로 1시간 더 건조할 때 전후 무게의 차가 매 g당 0.5mg 이하일 때를 뜻한다.

④ 바탕시험을 하여 보정한다 함은 시료에 대한 처리 및 측정을 할 때 시료를 사용하지 않고 같은 방법으로 조작한 측정치를 빼는 것을 뜻한다.

(풀이) 항량이 될 때까지 건조한다 함은 따로 규정이 없는 한 보통의 건조방법으로 1시간 더 건조할 때 전후 무게의 차가 매 g당 0.3mg 이하일 때를 뜻한다.

32 다음 중 특정 발생원에서 일정한 굴뚝을 거치지 않고 외부로 비산 배출되는 먼지를 고용량공기시료채취법으로 측정하여 농도계산 시 "전 시료채취 기간 중 주 풍향이 45˚~90˚ 변할 때"의 풍향 보정계수로 옳은 것은?

① 1.0
② 1.2
③ 1.5
④ 1.8

(풀이) 풍향에 대한 보정

풍향변화범위	보정계수
전 시료채취 기간 중 주 풍향이 90˚ 이상 변할 때	1.5
전 시료채취 기간 중 주 풍향이 45˚~90˚ 변할 때	1.2
전 시료채취 기간 중 풍향이 변동이 없을 때 (45˚ 미만)	1.0

33 황산 25mL를 물로 희석하여 전량을 1L로 만들었다. 희석 후 황산용액의 농도는?(단, 황산 순도는 95%, 비중은 1.84이다.)

① 약 0.3N
② 약 0.6N
③ 약 0.9N
④ 약 1.5N

(풀이)
$$X(\mathrm{N:eq/L})$$
$$= 25\mathrm{mL/L} \times 0.95 \times 1.84\mathrm{kg/L} \times 1\mathrm{eq}/49\mathrm{g}$$
$$\quad \times 1{,}000\mathrm{g/kg} \times \mathrm{L}/10^3\mathrm{mL}$$
$$= 0.89\mathrm{eq/L(N)}$$

34 환경대기 내의 옥시던트(오존으로서) 측정방법 중 알칼리성 요오드화칼륨법에 관한 설명으로 가장 거리가 먼 것은?

① 대기 중에 존재하는 저농도의 옥시던트(오존)를 측정하는 데 사용된다.

② 이 방법에 의한 오존 검출한계는 $0.1~65\mu g$이며, 더 높은 농도의 시료는 중성 요오드화칼륨법으로 측정한다.

③ 대기 중에 존재하는 미량의 옥시던트를 알칼리성 요오드화칼륨용액에 흡수시키고 초산으로 pH 3.8의 산성으로 하면 산화제의 당량에 해당하는 요오드가 유리된다.

④ 유리된 요오드를 파장 352nm에서 흡광도를 측정하여 정량한다.

(풀이) 이 방법에 의한 오존의 검출한계는 $1~16\mu g$이며, 더 높은 농도의 시료는 흡수액으로 적당히 묽혀 사용할 수 있다.

35 굴뚝 배출가스 내 휘발성유기화합물질(VOCs) 시료채취방법 중 흡착관법의 시료채취장치에 관한 설명으로 가장 거리가 먼 것은?

① 채취관 재질은 유리, 석영, 불소수지 등으로, 120℃ 이상까지 가열이 가능한 것이어야 한다.

② 시료채취관에서 응축기 및 기타 부분의 연결관은 가능한 한 짧게 하고, 불소수지 재질의 것을 사용한다.

③ 밸브는 스테인리스 재질로 밀봉윤활유를 사용하여 기체의 누출이 없는 구조이어야 한다.

④ 응축기 및 응축수 트랩은 유리재질이어야 하며, 응축기는 기체가 앞쪽 흡착관을 통과하기 전 기체를 20℃ 이하로 낮출 수 있는 부피이어야 한다.

(풀이) 밸브는 불소수지, 유리 및 석영재질로 밀봉그리스를 사용하지 않고 가스의 누출이 없는 구조이어야 한다.

36 굴뚝 배출가스 중 아황산가스를 연속적으로 분석하기 위한 시험방법에 사용되는 정전위 전해분석계의 구성에 관한 설명으로 옳지 않은 것은?

① 가스투과성 격막은 전해셀 안에 들어 있는 전해질의 유출이나 증발을 막고 가스투과성 성질을 이용하여 간섭성분의 영향을 저감시킬 목적으로 사용하는 폴리에틸렌 고분자격막이다.

② 작업전극은 전해셀 안에서 산화전극과 한 쌍으로 전기회로를 이루며 아황산가스를 정전위전해 하는 데 필요한 산화전극을 대전극에 가할 때 기준으로 삼는 전극으로서 백금전극, 니켈 또는 니켈화합물전극, 납 또는 납화합물전극 등이 사용된다.

③ 전해액은 가스투과성 격막을 통과한 가스를 흡수하기 위한 용액으로 약 0.5M 황산용액으로 사용한다.

④ 정전위전원은 작업전극에 일정한 전위의 전기에너지를 부가하기 위한 직류전원으로 수은전지가 이용된다.

(풀이) 정전위전해분석계의 전해셀 중 작업전극은 전해질 안으로 확산 흡수된 아황산가스가 전기에너지에 의해 산화될 때 그 농도에 대응하는 전해전류가 발생하는 전극으로 백금전극, 금전극, 팔라듐전극 또는 이듐전극 등이 있다.

37 굴뚝 배출가스 중 페놀화합물을 자외선/가시선분광법으로 측정할 때 시료액에 4-아미노안티피린용액과 헥사사이아노철(Ⅲ)산포타슘 용액을 가한 경우 발색된 색은?

① 황색
② 황록색
③ 적색
④ 청색

(풀이) 페놀화합물(흡광광도법)

시료 중의 페놀류를 수산화소듐용액(0.4W/V%)에 흡수시켜 포집한다. 이 용액의 pH를 10±0.2로 조절한 후 여기에 4-아미노 안티피린 용액과 페리시안산포타슘 용액을 순서대로 가하여 얻어진 적색액을 510nm의 가시부에서의 흡광도를 측정하여 페놀류의 농도를 산출한다.

38 대기오염공정시험기준에서 정의하는 기밀용기(機密容器)에 관한 설명으로 옳은 것은?

① 물질을 취급 또는 보관하는 동안에 이물이 들어가거나 내용물이 손실되지 않도록 보호하는 용기

② 물질을 취급 또는 보관하는 동안에 외부로부터의 공기 또는 다른 가스가 침입하지 않도록 내용물을 보호하는 용기

③ 물질을 취급 또는 보관하는 동안에 내용물이 광화학적 변화를 일으키지 않도록 보호하는 용기

④ 물질을 취급 또는 보관하는 동안에 기체 또는 미생물이 침입하지 않도록 내용물을 보호하는 용기

(풀이) 용기의 종류

구분	정의
밀폐용기	취급 또는 저장하는 동안에 이물질이 들어가거나 또는 내용물이 손실되지 아니하도록 보호하는 용기
기밀용기	취급 또는 저장하는 동안에 밖으로부터의 공기 또는 다른 가스가 침입하지 아니하도록 내용물을 보호하는 용기
밀봉용기	취급 또는 저장하는 동안에 기체 또는 미생물이 침입하지 아니하도록 내용물을 보호하는 용기

차광 용기	광선이 투과하지 않는 용기 또는 투과하지 않게 포장한 용기이며 취급 또는 저장하는 동안에 내용물이 광화학적 변화를 일으키지 아니하도록 방지할 수 있는 용기

39 외부로 비산 배출되는 먼지를 고용량공기 시료채취법으로 측정한 조건이 다음과 같을 때 비산먼지의 농도는?

- 대조위치의 먼지농도 : $0.15mg/m^3$
- 채취먼지량이 가장 많은 위치의 먼지농도 : $4.69mg/m^3$
- 전 시료채취 기간 중 주 풍향이 90° 이상 변했으며, 풍속이 0.5m/s 미만 또는 10m/s 이상 되는 시간이 전 채취시간의 50% 미만이었다.

① $4.54mg/m^3$ ② $5.45mg/m^3$
③ $6.81mg/m^3$ ④ $8.17mg/m^3$

풀이 비산먼지 농도(mg/m^3)
$$= (C_H - C_B) \times W_D \times W_S$$
$$= (4.69 - 0.15) \times 1.5 \times 1.0$$
$$= 6.81mg/m^3$$

40 굴뚝 배출가스 중 이황화탄소를 자외선/가시선분광법으로 측정 시 분석파장으로 가장 적합한 것은?

① 560nm   ② 490nm
③ 435nm   ④ 235nm

풀이 배출가스 중 이황화탄소(자외선/가시선분광법)
다이에틸아민구리 용액에서 시료가스를 흡수시켜 생성된 다이에틸다이티오카바민산구리의 흡광도를 435nm의 파장에서 측정하여 이황화탄소를 정량한다.

제3과목 **대기오염방지기술**

41 관성충돌, 확산, 증습, 응집, 부착원리를 이용하여 먼지입자와 유해가스를 동시에 제거할 수 있는 장점을 지닌 집진장치로 가장 적합한 것은?

① 음파집진장치   ② 중력집진장치
③ 전기집진장치   ④ 세정집진장치

풀이 세정집진장치는 관성충돌, 확산, 증습, 응집, 부착원리를 이용하여 입자상물질과 가스상물질을 동시에 제거할 수 있다.

42 다음 석탄의 특성에 관한 설명으로 옳은 것은?

① 고정탄소의 함량이 큰 연료는 발열량이 높다.
② 회분이 많은 연료는 발열량이 높다.
③ 탄화도가 높을수록 착화온도는 낮아진다.
④ 휘발분 함량과 매연 발생량은 무관하다.

풀이 ② 회분이 많은 연료는 발열량이 낮다.
③ 탄화도가 높을수록 착화온도는 상승한다.
④ 휘발분이 많을수록 연소효율이 저하되고 매연 발생이 심하다.

43 유압식과 공기분무식을 합한 것으로서 유압은 보통 $7kg/cm^2$ 이상이며, 연소가 양호하고, 소형이며, 전자동 연소가 가능한 연소장치는?

① 증기분무식 버너   ② 방사형 버너
③ 건타입 버너   ④ 저압기류분무식 버너

풀이 건타입(Gun Type) 버너
㉠ 유압식과 공기분무식을 합한 형식의 버너이다.
㉡ 유압은 보통 $7kg/cm^2$ 이상이다.
㉢ 연소가 양호하고 전자동 연소가 가능하다.
㉣ 소형으로서 소용량에 적합하다.

44

사이클론과 전기집진장치를 순서대로 직렬로 연결한 어느 집진장치에서 포집되는 먼지량이 각각 300kg/h, 195kg/h이고, 최종 배출구로부터 유출되는 먼지량이 5kg/h이면 이 집진장치의 총집진효율은?(단, 기타조건은 동일하며, 처리과정 중 소실되는 먼지는 없다.)

① 98.5% ② 99.0%

③ 99.5% ④ 99.9%

(풀이) 총집진효율

$$= \left(1 - \frac{출구량}{유입량}\right)$$

유입량 = 사이클론 제거량 + 전기집진장치

제거량 + 유출먼지량

$$= 300 + 195 + 5 = 500 kg/hr$$

$$= \left(1 - \frac{5}{500}\right) \times 100 = 99\%$$

45

기체연료의 연소방식 중 확산연소에 관한 설명으로 옳지 않은 것은?

① 확산연소 시 연료류와 공기류의 경계에서 확산과 혼합이 일어난다.

② 연소 가능한 혼합비가 먼저 형성된 곳부터 연소가 시작되므로 연소형태는 연소기의 위치에 따라 달라진다.

③ 화염이 길고 그을음이 발생하기 쉽다.

④ 역화의 위험이 있으며 가스와 공기를 예열할 수 없는 단점이 있다.

(풀이) 확산연소

㉠ 연소용 공기와 기체연료(가스)를 예열할 수 있다.

㉡ 붉고 화염이 길다.

㉢ 그을음이 발생하기 쉽다.(연료분출속도가 큰 경우)

㉣ 역화(Back Fire)의 위험이 없다.

㉤ 주로 탄화수소가 적은 발생로가스, 고로가스 등에 적용되는 연소방식이다.

46

불화수소를 함유하는 배기가스를 충전 흡수탑을 이용하여 흡수율 92.5%로 기대하고 처리하고자 한다. 기상총괄이동단위높이(H_{OG})가 0.44m일 때, 이론적인 충전탑의 높이는?(단, 흡수액상 불화수소의 평형분압은 0이다.)

① 0.91m ② 1.14m

③ 1.41m ④ 1.63m

(풀이) 충전탑 높이 $= H_{OG} \times N_{OG}$

$$= 0.44 m \times \left(\ln\frac{1}{1-0.925}\right) = 1.14 m$$

47

Propane gas 1Sm³를 공기비 1.21로 완전연소시켰을 때 생성되는 건조 배출가스양은? (단, 표준상태 기준)

① 26.8Sm³ ② 24.2Sm³

③ 22.3Sm³ ④ 20.8Sm³

(풀이) $C_3H_8 + 5O_2 \rightarrow 3CO_2 + 4H_2O$

$$G_d = G_{od} + (m-1)A_o$$

$$G_{od} = 0.79A_o + CO_2$$

$$A_o = \frac{5}{0.21} = 23.81 Sm^3/Sm^3$$

$$= (0.79 \times 23.81) + 3$$

$$= 21.81 Sm^3/Sm^3$$

$$= 21.81 + [(1.21-1) \times 23.81]$$

$$= 26.81 Sm^3/Sm^3 \times 1 Sm^3 = 26.81 Sm^3$$

48

유해가스와 물이 일정온도하에서 평형상태를 이루고 있을 때, 가스의 분압이 60mmHg, 물 중의 가스농도가 2.4kg · mol/m³이면, 이때 헨리정수는?(단, 전압은 1기압, 헨리정수의 단위는 atm · m³/kg · mol이다.)

① 0.014 ② 0.023

③ 0.033 ④ 0.417

（풀이） $P = HC$

$$H = \frac{P}{C} = \frac{60 \text{mmHg} \times \dfrac{1 \text{atm}}{760 \text{mmHg}}}{2.4 \text{kg} \cdot \text{mol/m}^3}$$

$$= 0.033 \text{atm} \cdot \text{m}^3/\text{kg} \cdot \text{mol}$$

49 적정조건에서 전기집진장치의 분리속도 (이동속도)는 커닝햄(Stokes Cunningham) 보정계수 K_m 에 비례한다. 다음 중 K_m 이 커지는 조건으로 알맞게 짝지은 것은?(단, $K_m \geq 1$)

① 먼지의 입자가 작을수록, 가스압력이 낮을수록
② 먼지의 입자가 작을수록, 가스압력이 높을수록
③ 먼지의 입자가 클수록, 가스압력이 낮을수록
④ 먼지의 입자가 클수록, 가스압력이 높을수록

（풀이） 커닝햄 보정계수는 가스온도가 높을수록, 미세입자일수록, 가스압력이 작을수록, 가스분자 직경이 작을수록 커지게 된다.

50 다음 연료 중 검댕의 발생이 가장 적은 것은?

① 저휘발분 역청탄　　② 코크스
③ 이탄　　　　　　　④ 고휘발분 역청탄

（풀이） 코크스의 연소형태는 열분해이므로 매연 발생이 거의 없다.

51 통풍에 관한 설명 중 옳지 않은 것은?

① 압입통풍은 역화의 위험성이 있다.
② 압입통풍은 로 앞에 설치된 가압송풍기에 의해 연소용 공기를 연소로 안으로 압입하며, 내압은 정압(＋)이다.
③ 흡인통풍은 연소용 공기를 예열할 수 있다.
④ 평형통풍은 2대의 송풍기를 설치, 운용하므로 설비비가 많이 소요되는 단점이 있다.

（풀이） 흡인통풍은 대형의 배풍기가 필요하며 연소용 공기를 예열할 수 없다.

52 공기가 과잉인 경우로 열손실이 많아지는 때의 등가비(ϕ) 상태는?

① $\phi = 1$　　　　　② $\phi < 1$
③ $\phi > 1$　　　　　④ $\phi = 0$

（풀이） 등가비(ϕ)에 따른 특성
　㉠ $\phi = 1$
　　• $m = 1$
　　• 완전연소에 알맞은 연료와 산화제가 혼합된 경우로 이상적 연소형태이다.
　㉡ $\phi > 1$
　　• $m < 1$
　　• 연료가 과잉으로 공급된 경우로 불완전 연소 형태이다.
　　• 일반적으로 CO는 증가하고 NO는 감소한다.
　㉢ $\phi < 1$
　　• $m > 1$
　　• 공기가 과잉으로 공급된 경우로 완전 연소형태이다.
　　• CO는 완전연소를 기대할 수 있어 최소가 되나, NO는 증가한다.

53 다음 중 사이클론 집진장치에서 50%의 효율로 집진되는 입자의 크기를 나타내는 것으로 가장 적합한 용어는?

① 임계입경　　　　　② 한계입경
③ 절단입경　　　　　④ 분배입경

（풀이） 절단입경(Cut Size Diameter)
　Cyclone에서 50% 처리효율로 제거되는 입자의 크기, 즉 50% 분리한계입경이다.

54 송풍기에 관한 설명으로 거리가 먼 것은?

① 원심력 송풍기 중 전향날개형은 송풍량이 적으나, 압력손실이 비교적 큰 공기조화용 및 특수 배기용 송풍기로 사용한다.

② 축류 송풍기는 축 방향으로 흘러 들어온 공기가 축 방향으로 흘러 나갈 때의 임펠러의 양력을 이용한 것이다.

③ 원심력 송풍기 중 방사날개형은 자체 정화기능을 가지기 때문에 분진이 많은 작업장에 사용한다.

④ 원심력 송풍기 중 후향날개형은 비교적 큰 압력손실에도 잘 견디기 때문에 공기정화장치가 있는 국소배기 시스템에 사용한다.

(풀이) 원심력 송풍기 중 전향날개형은 송풍량이 크나, 압력손실이 비교적 적은 가정용 화로, 중앙난방장치 및 에어컨과 같이 저압난방 및 환기 등에 이용된다.

55 다음 집진장치 중 통상적으로 압력손실이 가장 큰 것은?

① 충전탑　　　　② 벤투리 스크러버
③ 사이클론　　　④ 임펄스 스크러버

(풀이) 흡수장치 중 벤투리 스크러버의 압력손실은 300 ~800mmH₂O로 가장 크다.

56 후드를 포위식, 외부식, 레시버식으로 분류할 때, 다음 중 레시버식 후드에 해당하는 것은?

① Canopy type　　② Cover type
③ Glove box type　④ Booth type

(풀이) 레시버식 후드
ㄱ 캐노피형
ㄴ 원형 또는 장방형
ㄷ 포위형(그라인더형)

57 연소 시 발생되는 질소산화물(NOx)의 발생을 감소시키는 방법으로 옳지 않은 것은?

① 2단 연소
② 연소부분 냉각
③ 배기가스 재순환
④ 높은 과잉공기 사용

(풀이) 연소 시 발생되는 질소산화물의 발생을 감소시키기 위해서는 저산소 연소를 하여야 한다.

58 탄소 89%, 수소 11%로 된 경유 1kg을 공기과잉계수 1.2로 연소 시 탄소 2%가 그을음으로 된다면 실제 건조 연소가스 1Sm³ 중 그을음의 농도(g/Sm³)는 약 얼마인가?

① 0.8　　　　　② 1.4
③ 2.9　　　　　④ 3.7

(풀이) 그을음 농도(g/Sm³)

$$= \frac{검댕량(g/kg)}{건조연소가스양(Sm^3/kg)}$$

검댕량(g/kg) $= 0.89 \times 0.02kg/kg \times 10^3 g/kg$
$= 17.8 g/kg$

건조연소가스양(G_d)

$G_d = G_{od} + (m-1)A_o$

$G_{od} = 0.79A_o + CO_2$

$A_o = \frac{(1.867 \times 0.89) + (5.6 \times 0.11)}{0.21}$
$= 10.85 Sm^3/kg$
$= (0.79 \times 10.85) + (1.867 \times 0.89)$
$= 10.23 Sm^3/kg$
$= 10.23 + [(1.2-1) \times 10.85]$
$= 12.40 Sm^3/kg$

$= \frac{17.8 g/kg}{12.40 Sm^3/kg} = 1.44 g/Sm^3$

59 다음 중 각종 발생원에서 배출되는 먼지입자의 진비중(S)과 겉보기 비중(S_B)의 비(S/S_B)가 가장 큰 것은?

① 시멘트킬른
② 카본블랙
③ 골재건조기
④ 미분탄보일러

(풀이) 먼지의 진비중/겉보기 비중
　　① 시멘트킬른 : 5.0
　　② 카본블랙 : 76
　　③ 골재건조기 : 2.7
　　④ 미분탄보일러 : 4.0

60 VOC 제어를 위한 촉매소각에 관한 설명으로 가장 거리가 먼 것은?

① 촉매를 사용하여 연소실의 온도를 300~400℃ 정도로 낮출 수 있다.
② 고농도의 VOC 및 열용량이 높은 물질을 함유한 가스는 연소열을 낮춰 촉매활성화를 촉진시키므로 유용하게 사용할 수 있다.
③ 백금, 팔라듐 등이 촉매로 사용된다.
④ Pb, As, P, Hg 등은 촉매의 활성을 저하시킨다.

(풀이) 촉매연소법
　　VOC 성분을 함유하는 가스를 촉매에 의해 비교적 저온(300~ 400℃) 정도에서 불꽃 없이 산화시키는 방법으로 직접연소법에 비해 낮은 온도, 짧은 체류시간에서도 처리가 가능하며 저농도의 가연물질과 공기를 함유한 기체물질에 대하여 적용된다.

제4과목 대기환경관계법규

61 대기환경보전법규상 관제센터로 측정결과를 자동전송하지 않는 사업장 배출구의 자가측정 횟수기준으로 옳은 것은?(단, 제1종 배출구이며, 기타 경우는 고려하지 않음)

① 매주 1회 이상
② 매월 2회 이상
③ 2개월마다 1회 이상
④ 반기마다 1회 이상

(풀이) 자가측정의 대상 · 항목 및 방법
관제센터로 측정결과를 자동전송하지 않는 사업장의 배출구

구분	배출구별 규모	측정횟수	측정항목
제1종 배출구	먼지 · 황산화물 및 질소산화물의 연간 발생량 합계가 80톤 이상인 배출구	매주 1회 이상	별표 8에 따른 배출 허용기준이 적용되는 대기오염물질. 다만, 비산먼지는 제외한다.
제2종 배출구	먼지 · 황산화물 및 질소산화물의 연간 발생량 합계가 20톤 이상 80톤 미만인 배출구	매월 2회 이상	
제3종 배출구	먼지 · 황산화물 및 질소산화물의 연간 발생량 합계가 10톤 이상 20톤 미만인 배출구	2개월마다 1회 이상	
제4종 배출구	먼지 · 황산화물 및 질소산화물의 연간 발생량 합계가 2톤 이상 10톤 미만인 배출구	반기마다 1회 이상	
제5종 배출구	먼지 · 황산화물 및 질소산화물의 연간 발생량 합계가 2톤 미만인 배출구	반기마다 1회 이상	

62 다음은 대기환경보전법상 과징금 처분에 관한 사항이다. ( ) 안에 가장 적합한 것은?

환경부장관은 인증을 받지 아니하고 자동차를 제작하여 판매한 경우 등에 해당하는 때에는 그 자동차제작자에 대하여 매출액에 (㉠)을/를 곱한 금액을 초과하지 아니하는 범위에서 과징금을 부과할 수 있다. 이 경우 과징금의 금액은 (㉡)을 초과할 수 없다.

① ㉠ 100분의 3, ㉡ 100억 원
② ㉠ 100분의 3, ㉡ 500억 원
③ ㉠ 100분의 5, ㉡ 100억 원
④ ㉠ 100분의 5, ㉡ 500억 원

(풀이) 환경부장관은 인증을 받지 아니하고 자동차를 제작하여 판매한 경우 등에 해당하는 때에는 그 자동차제작자에 대하여 매출액에 100분의 5를 곱한 금액을 초과하지 아니하는 범위에서 과징금을 부과할 수 있다. 이 경우 과징금의 금액은 500억 원을 초과할 수 없다.

63 다음은 대기환경보전법규상 비산먼지 발생을 억제하기 위한 시설의 설치 및 필요한 조치에 관한 기준이다. ( ) 안에 알맞은 것은?

싣기 및 내리기(분체상 물질을 싣고 내리는 경우만 해당한다.) 배출공정의 경우, 싣거나 내리는 장소 주위에 고정식 또는 이동식 물을 뿌리는 시설(살수반경 (㉠) 이상, 수압 (㉡) 이상)을 설치·운영하여 작업하는 중 다시 흩날리지 아니하도록 할 것(곡물작업장의 경우는 제외한다.)

① ㉠ 3m, ㉡ 1.5kg/cm²
② ㉠ 3m, ㉡ 3kg/cm²
③ ㉠ 5m, ㉡ 1.5kg/cm²
④ ㉠ 5m, ㉡ 3kg/cm²

(풀이) 싣기 및 내리기(분체상 물질을 싣고 내리는 경우만 해당한다.) 배출공정의 경우, 싣거나 내리는 장소 주위에 고정식 또는 이동식 물을 뿌리는 시설(살수반경 5m 이상, 수압 3kg/cm² 이상)을 설치·운영하여 작업하는 중 다시 흩날리지 아니하도록 할 것(곡물작업장의 경우는 제외한다.)

64 다음은 대기환경보전법령상 변경신고에 따른 가동개시신고의 대상규모기준에 관한 사항이다. ( ) 안에 알맞은 것은?

배출시설에서 "대통령령으로 정하는 규모 이상의 변경"이란 설치허가 또는 변경허가를 받거나 설치신고 또는 변경신고를 한 배출구별 배출시설 규모의 합계보다 ( ) 증설(대기배출시설 증설에 따른 변경신고의 경우에는 증설의 누계를 말한다.)하는 배출시설의 변경을 말한다.

① 100분의 10 이상   ② 100분의 20 이상
③ 100분의 30 이상   ④ 100분의 50 이상

(풀이) 배출시설에서 "대통령령으로 정하는 규모 이상의 변경"이란 설치허가 또는 변경허가를 받거나 설치신고 또는 변경신고를 한 배출구별 배출시설 규모의 합계보다 100분의 20 이상 증설(대기배출시설 증설에 따른 변경신고의 경우에는 증설의 누계를 말한다.)하는 배출시설의 변경을 말한다.

65 대기환경보전법규상 개선명령과 관련하여 이행상태 확인을 위해 대기오염도 검사가 필요한 경우 환경부령으로 정하는 대기오염도 검사기관과 거리가 먼 것은?

① 유역환경청
② 환경보전협회
③ 한국환경공단
④ 시·도의 보건환경연구원

(풀이) 대기오염도 검사기관
　㉠ 국립환경과학원
　㉡ 특별시 · 광역시 · 특별자치시 · 도 · 특별자치
　　도의 보건환경연구원
　㉢ 유역환경청, 지방환경청 또는 수도권대기환경청
　㉣ 한국환경공단

66
대기환경보전법규상 대기환경규제지역 지정 시 상시 측정을 하지 않는 지역은 대기오염도가 환경기준의 얼마 이상인 지역을 지정하는가?

① 50퍼센트 이상　　② 60퍼센트 이상
③ 70퍼센트 이상　　④ 80퍼센트 이상

(풀이) 상시 측정을 하지 않는 지역은 대기오염물질배출량을 기초로 산정한 대기오염도가 환경기준의 80퍼센트 이상인 지역을 대기환경규제지역으로 지정할 수 있다.

67
대기환경보전법상 저공해자동차로의 전환 또는 개조 명령, 배출가스저감장치의 부착 · 교체 명령 또는 배출가스 관련 부품의 교체 명령, 저공해엔진(혼소엔진을 포함한다.)으로의 개조 또는 교체 명령을 이행하지 아니한 자에 대한 과태료 부과기준은?

① 1,000만 원 이하의 과태료
② 500만 원 이하의 과태료
③ 300만 원 이하의 과태료
④ 200만 원 이하의 과태료

(풀이) 대기환경보전법 제94조 참조

68
대기환경보전법상 거짓으로 배출시설의 설치허가를 받은 후에 시 · 도지사가 명한 배출시설의 폐쇄명령까지 위반한 사업자에 대한 벌칙기준으로 옳은 것은?

① 7년 이하의 징역이나 1억 원 이하의 벌금
② 5년 이하의 징역이나 3천만 원 이하의 벌금
③ 1년 이하의 징역이나 500만 원 이하의 벌금
④ 300만 원 이하의 벌금

(풀이) 대기환경보전법 제89조 참조

69
대기환경보전법령상 초과부과금 산정기준에서 다음 오염물질 중 1킬로그램당 부과금액이 가장 적은 것은?

① 염화수소　　　　② 시안화수소
③ 불소화물　　　　④ 황화수소

(풀이) 초과부과금 산정기준

오염물질 ＼ 구분		오염물질 1킬로그램당 부과금액
황산화물		500
먼지		770
질소산화물		2,130
암모니아		1,400
황화수소		6,000
이황화탄소		1,600
특정 유해물질	불소화물	2,300
	염화수소	7,400
	시안화수소	7,300

70
다음은 대기환경보전법상 장거리이동 대기오염물질 대책위원회에 관한 사항이다. (　) 안에 알맞은 것은?

위원회는 위원장 1명을 포함한 (㉠) 이내의 위원으로 성별을 고려하여 구성한다. 위원회의 위원장은 (㉡)이 된다.

① ㉠ 25명, ㉡ 환경부장관
② ㉠ 25명, ㉡ 환경부차관
③ ㉠ 50명, ㉡ 환경부장관
④ ㉠ 50명, ㉡ 환경부차관

풀이 장거리이동 대기오염물질 대책위원회

㉠ 위원회는 위원장 1명을 포함한 25명 이내의 위원으로 성별을 고려하여 구성한다.

㉡ 위원회의 위원장은 환경부차관이 된다.

71 실내공기질 관리법규상 실내공기 오염물질에 해당하지 않는 것은?

① 아황산가스
② 일산화탄소
③ 폼알데하이드
④ 이산화탄소

풀이 실내공기 오염물질

- 미세먼지(PM−10)
- 이산화탄소(CO_2 ; Carbon Dioxide)
- 포름알데하이드(Formaldehyde)
- 총부유세균(TAB ; Total Airborne Bacteria)
- 일산화탄소(CO ; Carbon Monoxide)
- 이산화질소(NO_2 ; Nitrogen dioxide)
- 라돈(Rn ; Radon)
- 휘발성유기화합물(VOCs ; Volatile Organic Compounds)
- 석면(Asbestos)
- 오존(O_3 ; Ozone)
- 미세먼지(PM−2.5)
- 곰팡이(Mold)
- 벤젠(Benzene)
- 톨루엔(Toluene)
- 에틸벤젠(Ethylbenzene)
- 자일렌(Xylene)
- 스티렌(Styrene)
- ※ 법규 변경사항이므로 풀이의 내용으로 학습하시기 바랍니다.

72 대기환경보전법규상 위임업무의 보고사항 중 '수입자동차 배출가스 인증 및 검사현황'의 보고 횟수 기준으로 적합한 것은?

① 연 1회
② 연 2회
③ 연 4회
④ 연 12회

풀이 위임업무 보고사항

업무내용	보고 횟수	보고 기일	보고자
환경오염사고 발생 및 조치 사항	수시	사고발생 시	시·도지사, 유역환경청장 또는 지방환경청장
수입자동차 배출가스 인증 및 검사현황	연 4회	매 분기 종료 후 15일 이내	국립환경과학원장
자동차 연료 및 첨가제의 제조·판매 또는 사용에 대한 규제현황	연 2회	매 반기 종료 후 15일 이내	유역환경청장 또는 지방환경청장
자동차 연료 또는 첨가제의 제조기준 적합 여부 검사현황	• 연료 : 연 4회 • 첨가제 : 연 2회	• 연료 : 매 분기 종료 후 15일 이내 • 첨가제 : 매 반기 종료 후 15일 이내	국립환경과학원장
측정기기관리대행법의 등록(변경등록) 및 행정처분 현황	연 1회	다음 해 1월 15일까지	유역환경청장, 지방환경청장 또는 수도권대기환경청장

73 실내공기질 관리법령상 이 법의 적용대상이 되는 다중이용시설로서 "대통령령으로 정하는 규모의 것"의 기준으로 옳지 않은 것은?

① 공항시설 중 연면적 1천5백 제곱미터 이상인 여객터미널

② 연면적 2천 제곱미터 이상인 실내주차장(기계식 주차장은 제외한다.)

③ 철도역사의 연면적 1천5백 제곱미터 이상인 대합실

④ 항만시설 중 연면적 5천 제곱미터 이상인 대합실

풀이 철도역사의 연면적 2천 제곱미터 이상인 대합실

74 환경정책기본법령상 오존(O_3)의 대기환경기준으로 옳은 것은?(단, 1시간 평균치)

① 0.03ppm 이하   ② 0.05ppm 이하
③ 0.1ppm 이하   ④ 0.15ppm 이하

(풀이) 대기환경기준

항목	기준	측정방법
오존 (O_3)	• 8시간 평균치 : 0.06ppm 이하 • 1시간 평균치 : 0.1ppm 이하	자외선 광도법 (U.V. Photometric Method)

75 대기환경보전법령상 규모별 사업장의 구분 기준으로 옳은 것은?

① 1종 사업장－대기오염물질발생량의 합계가 연간 70톤 이상인 사업장
② 2종 사업장－대기오염물질발생량의 합계가 연간 20톤 이상 80톤 미만인 사업장
③ 3종 사업장－대기오염물질발생량의 합계가 연간 10톤 이상 30톤 미만인 사업장
④ 4종 사업장－대기오염물질발생량의 합계가 연간 1톤 이상 10톤 미만인 사업장

(풀이) 사업장 분류기준

종별	오염물질발생량 구분
1종 사업장	대기오염물질발생량의 합계가 연간 80톤 이상인 사업장
2종 사업장	대기오염물질발생량의 합계가 연간 20톤 이상 80톤 미만인 사업장
3종 사업장	대기오염물질발생량의 합계가 연간 10톤 이상 20톤 미만인 사업장
4종 사업장	대기오염물질발생량의 합계가 연간 2톤 이상 10톤 미만인 사업장
5종 사업장	대기오염물질발생량의 합계가 연간 2톤 미만인 사업장

76 대기환경보전법규상 휘발유를 연료로 사용하는 소형 승용자동차의 배출가스 보증기간 적용기준은?(단, 2016년 1월 1일 이후 제작 자동차)

① 2년 또는 160,000km
② 5년 또는 150,000km
③ 10년 또는 192,000km
④ 15년 또는 240,000km

(풀이) 2016년 1월 1일 이후 제작 자동차

사용 연료	자동차의 종류	적용기간	
휘발유	경자동차, 소형 승용·화물자동차, 중형 승용·화물자동차	15년 또는 240,000km	
	대형 승용·화물자동차, 초대형 승용·화물자동차	2년 또는 160,000km	
	이륜자동차	최고속도 130 km/h 미만	2년 또는 20,000km
		최고속도 130 km/h 이상	2년 또는 35,000km

77 대기환경보전법령상 배출시설 설치허가를 받거나 설치신고를 하려는 자가 시·도지사 등에게 제출할 배출시설 설치허가신청서 또는 배출시설 설치신고서에 첨부하여야 할 서류가 아닌 것은?

① 배출시설 및 방지시설의 설치명세서
② 방지시설의 일반도
③ 방지시설의 연간 유지관리계획서
④ 환경기술인 임명일

(풀이) 배출시설 설치허가를 받거나 신고를 하려는 자가 배출시설 설치허가신청서 또는 배출시설 설치신고서에 첨부해야 하는 서류
  ㉠ 원료(연료를 포함한다.)의 사용량 및 제품 생산량과 오염물질 등의 배출량을 예측한 명세서
  ㉡ 배출시설 및 방지시설의 설치명세서
  ㉢ 방지시설의 일반도
  ㉣ 방지시설의 연간 유지관리 계획서

ⓛ 사용 연료의 성분 분석과 황산화물 배출농도 및 배출량 등을 예측한 명세서(배출시설의 경우에만 해당한다.)

ⓐ 배출시설설치허가증(변경허가를 신청하는 경우에만 해당한다.)

78 다음은 대기환경보전법규상 주유소 주유시설의 휘발성유기화합물 배출 억제·방지시설 설치 및 검사·측정결과의 기록보존에 관한 기준이다. ( ) 안에 알맞은 것은?

• 유증기 회수배관은 배관이 막히지 아니하도록 적절한 경사를 두어야 한다.
• 유증기 회수배관을 설치한 후에는 회수배관 액체막힘 검사를 하고 그 결과를 ( ) 기록·보존하여야 한다.

① 1년간 ② 2년간
③ 3년간 ④ 5년간

🗨 유증기 회수배관을 설치한 후에는 회수배관 액체막힘검사를 하고 그 결과를 5년간 기록·보존하여야 한다.

79 대기환경보전법규상 비산먼지 발생을 억제하기 위한 시설의 설치 및 필요한 조치에 관한 기준 중 "야외 녹 제거 배출공정" 기준으로 옳지 않은 것은?

① 야외 작업 시 이동식 집진시설을 설치할 것. 다만, 이동식 집진시설의 설치가 불가능할 경우 진공식 청소차량 등으로 작업현장에 대한 청소작업을 지속적으로 할 것
② 풍속이 평균초속 8m 이상(강선건조업과 합성수지선건조업인 경우에는 10m 이상)인 경우에는 작업을 중지할 것
③ 야외 작업 시에는 간이칸막이 등을 설치하여 먼지가 흩날리지 아니하도록 할 것

④ 구조물의 길이가 30m 미만인 경우에는 옥내작업을 할 것

🗨 비산먼지 발생을 억제하기 위한 시설의 설치 및 필요한 조치에 관한 기준
[야외 녹 제거]
가. 탈청구조물의 길이가 15m 미만인 경우에는 옥내작업을 할 것
나. 야외 작업 시에는 간이칸막이 등을 설치하여 먼지가 흩날리지 아니하도록 할 것
다. 야외 작업 시 이동식 집진시설을 설치할 것. 다만, 이동식 집진시설의 설치가 불가능할 경우 진공식 청소차량 등으로 작업현장에 대한 청소작업을 지속적으로 할 것
라. 작업 후 남은 것이 다시 흩날리지 아니하도록 할 것
마. 풍속이 평균초속 8m 이상(강선건조업과 합성수지선건조업인 경우에는 10m 이상)인 경우에는 작업을 중지할 것
바. 가목부터 마목까지와 같거나 그 이상의 효과를 가지는 시설을 설치하거나 조치하는 경우에는 가목부터 마목까지 중 그에 해당하는 시설의 설치 또는 조치를 제외한다.

80 다음은 대기환경보전법규상 배출시설별 배출원과 배출량 조사에 관한 사항이다. ( ) 안에 알맞은 것은?

시·도지사, 유역환경청장, 지방환경청장 및 수도권대기환경청장은 법에 따른 배출시설별 배출원과 배출량을 조사하고, 그 결과를 ( )까지 환경부장관에게 보고하여야 한다.

① 다음 해 1월 말 ② 다음 해 3월 말
③ 다음 해 6월 말 ④ 다음 해 12월 31일

🗨 시·도지사, 유역환경청장, 지방환경청장 및 수도권대기환경청장은 배출시설별 배출원과 배출량을 조사하고, 그 결과를 다음 해 3월 말까지 환경부장관에게 보고하여야 한다.

제1과목 대기오염개론

01 대기오염과 관련된 설명으로 옳지 않은 것은?

① 멕시코의 포자리카 사건은 황화수소의 누출에 의해 발생한 것이다.

② 카보닐황은 대류권에서 매우 안정하기 때문에 거의 화학적인 반응을 하지 않는다.

③ 대기 중의 황화수소(H_2S)는 거의 대부분 OH에 의해 산화 제거되며, 그 결과 SO_2를 생성한다.

④ 도노라 사건은 포자리카 사건 이후에 발생하였으며 1차 오염물질에 의한 사건이다.

📝 도노라 사건(1948)은 포자리카 사건(1950) 이전에 발생하였으며 2차 오염물질에 의한 사건이다.

02 [보기]와 같은 연기의 형태로 가장 적합한 것은?

[보기]
- 이 연기 내에서는 오염의 단면분포가 전형적인 가우시안 분포를 이룬다.
- 대기가 중립조건일 때 발생한다. 즉 날씨가 흐리고 바람이 비교적 약하면 약한 난류가 발생하여 생긴다.
- 지면 가까이에는 거의 오염의 영향이 미치지 않는다.

① 부채형 ② 원추형
③ 환상형 ④ 지붕형

📝 Conning(원추형)

㉠ 대기상태가 중립인 경우 연기의 배출형태이다.

㉡ 발생시기는 바람이 다소 강하거나 구름이 많이 낀 날에 자주 관찰된다.

㉢ 연기 Plume 내의 오염물의 단면분포가 전형적인 가우시안 분포를 나타낸다.

03 온실효과에 관한 설명으로 옳지 않은 것은?

① 온실효과에 대한 기여도(%)는 $CH_4 > N_2O$이다.

② CO_2의 주요 흡수파장영역은 $35{\sim}40\,\mu m$ 정도이다.

③ O_3의 주요 흡수파장영역은 $9{\sim}10\,\mu m$ 정도이다.

④ 가시광선은 통과시키고 적외선을 흡수해서 열을 밖으로 나가지 못하게 함으로써 보온작용을 하는 것을 대기의 온실효과라고 한다.

📝 온실가스들은 각각 적외선 흡수대가 있으며, CO_2의 주요 흡수대는 파장 $13{\sim}17\,\mu m$ 정도이다.

04 지상 25m에서의 풍속이 10m/s일 때 지상 50m에서의 풍속(m/s)은?(단, Deacon식을 이용하고, 풍속지수는 0.2를 적용한다.)

① 약 10.8 ② 약 11.5
③ 약 13.2 ④ 약 16.8

📝
$$\frac{U_2}{U_1} = \left(\frac{Z_2}{Z_1}\right)^p$$

$$U_2 = 10\text{m/sec} \times \left(\frac{50\text{m}}{25\text{m}}\right)^{0.2} = 11.49\text{m/sec}$$

○5 비스코스 섬유제조 시 주로 발생하는 무색의 유독한 휘발성 액체이며, 그 불순물은 불쾌한 냄새를 갖고 있는 대기오염물질은?

① 암모니아(NH_3)
② 일산화탄소(CO)
③ 이황화탄소(CS_2)
④ 포름알데히드($HCHO$)

(풀이) CS_2(이황화탄소)

㉠ 분자량 76.14, 녹는점 $-111.53℃$, 끓는점 $46.25℃$, 인화점 $-30℃$이다. 상온에서 무색 투명하고 휘발성이 강하면서 순수한 경우에는 냄새가 거의 없지만 일반적으로 불쾌한 냄새가 나는 유독성 액체로 공기 중에서 서서히 분해되어 황색을 나타낸다.(상온에서도 빛에 의해 서서히 분해되며 인화되기 쉽다.)
㉡ 주로 비스코스레이온과 셀로판 제조공정 중에 사용되어 배출하는 오염물질이며 사염화탄소 생산 시 원료로도 사용되어 배출된다.
㉢ 햇빛에 파괴될 정도로 불안정하지만, 부식성은 비교적 약하다.
㉣ CS_2의 증기는 공기보다 약 2.64배 정도 무겁다.

○6 NOx의 피해에 관한 설명으로 옳은 것은?

① 저항성이 약한 식물로는 담배, 해바라기 등이 있다.
② 식물에는 별로 심각한 영향을 주지 않으나, 주 지표식물로는 아스파라거스, 명아주 등이 있다.
③ 잎 가장자리에 주로 흰색 또는 은백색 반점을 유발하고, 인체독성보다 식물의 고목에 민감한 편이다.
④ 스위트피가 주 지표식물이며, 인체독성보다 식물의 고엽, 성숙한 잎에 민감한 편이며, 0.2 ppb 정도에서 큰 영향을 끼친다.

○7 지구대기의 연직구조에 관한 설명으로 옳지 않은 것은?

① 중간권은 고도증가에 따라 온도가 감소한다.
② 성층권 상부의 열은 대부분 오존에 의해 흡수된 자외선 복사의 결과이다.
③ 성층권은 라디오파의 송수신에 중요한 역할을 하며, 오로라가 형성되는 층이다.
④ 대류권은 대기의 4개 층(대류권, 성층권, 중간권, 열권) 중 가장 얇은 층이다.

(풀이) ③항은 열권의 내용이다.

○8 대기의 특성과 관련된 설명으로 옳지 않은 것은?

① 공기는 약 $0 \sim 50℃$의 온도범위 내에서 보통 이상기체의 법칙을 따른다.
② 공기의 절대습도란 이론적으로 함유된 수증기 또는 물의 함량을 말하며 단위는 %이다.
③ 대기안정도와 난류는 대기경계층에서 오염물질의 확산 정도를 결정하는 중요한 인자이다.
④ 지표면으로부터의 마찰효과가 무시될 수 있는 층에서 기압경도력과 전향력의 평형에 의하여 이루어지는 바람을 지균풍이라고 한다.

(풀이) 절대습도

공기 $1m^3$ 중 포함된 수증기의 양을 kg으로 나타낸 것으로 온도에 영향을 받지 않는다.

○9 유효 굴뚝높이 120m인 굴뚝으로부터 배출되는 SO_2이 지상 최대의 농도를 나타내는 지점(m)은?(단, Sutton의 식 적용, 수평 및 수직 확산계수는 0.05, 안정도계수는(n)는 0.25)

① 약 4,457   ② 약 5,647

③ 약 6,824   ④ 약 7,296

(풀이)
$$X_{max} = \left(\frac{H_e}{K_z}\right)^{\frac{2}{2-n}} = \left(\frac{120m}{0.05}\right)^{\frac{2}{2-0.25}}$$
$$= 7,296.2m$$

10 R.W. Moncrieff와 J.E. Ammore가 지적한 냄새물질의 특성과 거리가 먼 것은?

① 아민은 농도가 높으면 암모니아 냄새, 낮으면 생선냄새를 나타낸다.

② 냄새가 강한 물질은 휘발성이 높고, 또 화학반응성이 강한 것이 많다.

③ 동족체에서는 분자량이 클수록 강하지만 어느 한계 이상이 되면 약해진다.

④ 원자가가 낮고, 금속성물질이 냄새가 강하고, 비금속물질이 냄새는 약하다.

(풀이) 일반적으로 비금속화합물의 악취가 금속물질보다 심하다.

11 다음 설명과 관련된 복사법칙으로 가장 적합한 것은?

> 흑체의 단위(1cm²) 표면적에서 복사되는 에너지(E)의 양은 그 흑체 표면의 절대온도(K)의 4승에 비례한다.

① 빈의 법칙

② 알베도의 법칙

③ 플랑크의 법칙

④ 스테판–볼츠만의 법칙

(풀이) 스테판–볼츠만의 법칙

주어진 온도에서 이론상 최대에너지를 복사하는 가상인 물체를 흑체라 할 때, 흑체복사를 하는 물체에서 방출되는 복사에너지는 절대온도(K)의 4승에 비례한다는 법칙이다.

12 광화학적 스모그(smog)의 3대 생성요소와 가장 거리가 먼 것은?

① 자외선

② 염소(Cl_2)

③ 질소산화물(NO_X)

④ 올레핀(Olefin)계 탄수화물

(풀이) 광화학적 스모그(smog)의 3대 생성요소

ⓐ 질소산화물(NO_X)

ⓑ 올레핀(Olefin)계 탄화수소

ⓒ 자외선

13 다음 가스성분 중 일반적으로 대기 내의 체류시간이 가장 짧은 것은?(단, 표준상태 0℃, 760mmHg 건조공기)

① CO   ② CO_2

③ N_2O ④ CH_4

(풀이) 체류시간이 짧은 순서

$CO > CH_4 > CO_2 > N_2O$

14 다음은 입자 빛산란의 적용 결과에 관한 설명이다. ( ) 안에 알맞은 것은?

> (㉠)의 결과는 모든 입경에 대하여 적용되나, (㉡)의 결과는 입사 빛의 파장에 대하여 입자가 대단히 작은 경우에만 적용된다.

① ㉠ Mie, ㉡ Rayleigh

② ㉠ Rayleigh, ㉡ Mie

③ ㉠ Maxwell, ㉡ Tyndall

④ ㉠ Tyndall, ㉡ Maxwell

🗨풀이 ㉠ Mie 산란 : 모든 입경에 적용

㉡ Rayleigh 산란 : 입사 빛의 파장에 대하여 입자가 매우 작은 경우에만 적용

15 다음 [보기]가 설명하는 대기오염물질로 옳은 것은?

[보기]
• 석탄, 석유 등 화석연료의 연소에 의해서 주로 발생하는 입자상 물질에 함유되어 있는 물질
• 촉매제, 합금제조, 잉크와 도자기 제조공정 등에서도 발생
• 대기 중 $0.11 \sim 1\,\mu g/m^3$ 정도 존재하며 코, 눈 기도를 자극하는 물질

① 비소   ② 아연

③ 바나듐   ④ 다이옥신

🗨풀이 바나듐(V)

㉠ 은회색의 전이금속으로 단단하나 연성(잡아 늘이기 쉬운 성질)과 전성(펴 늘일 수 있는 성질)이 있고 주로 화석연료, 특히 석탄 및 중유에 많이 포함되고 코 · 눈 · 인후의 자극을 동반하여 격심한 기침을 유발한다.

㉡ 원소 자체는 반응성이 커서 자연상태에서는 화합물로만 존재하며 산화물 보호피막을 만들기 때문에 공기 중 실온에서는 잘 산화되지 않으나 가열하면 산화된다.

㉢ 바나듐에 폭로된 사람들은 인지질 및 지방분의 합성, 혈장 콜레스테롤치가 저하되며, 만성폭로 시 설태가 낄 수 있다.

16 다음 대기분산모델 중 가우시안모델식을 적용하지 않는 것은?

① RAMS   ② ISCST

③ ADMS   ④ AUSPLUME

🗨풀이 RAMS

미국에서 개발되었고, 바람장모델로서 바람장과 오염물질 분산을 동시에 계산할 수 있으며, 가우시안모델식을 적용하지 않는다.

17 다음 4종류의 고도에 따른 기온분포도 중 plume의 상하 확산 폭이 가장 적어 최대착지거리가 큰 것은?

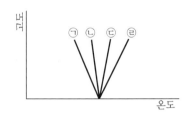

① ㉠   ② ㉡

③ ㉢   ④ ㉣

🗨풀이 최대 착지거리는 대기안정도가 불안정할수록 작고 안정할수록 크다. ㉠이 불안정하므로 확산폭이 가장 크고, ㉣이 안정하므로 확산폭이 가장 작다.

18 다음 [보기]의 설명에 적합한 입자상 오염물질은?

[보기]
금속 산화물과 같이 가스상 물질이 승화, 증류, 및 화학반응 과정에서 응축될 때 주로 생성되는 고체 입자

① 훈연(fume)   ② 먼지(dust)

③ 검댕(soot)   ④ 미스트(mist)

🗨풀이 훈연(fume)

금속이 용해되어 액상물질로 되고 이것이 가스상 물질로 기화된 후 다시 응축되어 생성된 고체미립자이다.

19 다음 물질 중 오존파괴지수가 가장 낮은 것은?

① CCl₄ ② CFC-115
③ Halon-2402 ④ Halon-1301

(풀이) 특정물질 오존파괴지수(ODP)
① CCl₄ : 1.1
② CFC-115 : 0.6
③ Halon-2402 : 6.0
④ Halon-1301 : 10.0

20 다음 대기오염물질 중 2차 오염물질이 아닌 것은?

① O₃ ② NOCl
③ H₂O₂ ④ CO₂

(풀이) 2차 오염물질의 종류
대부분 광산화물로서 O₃, PAN(CH₃COOONO₂), H₂O₂, NOCl, 아크롤레인(CH₂CHCHO), SO₃, NO₂ 등

제2과목 대기오염공정시험기준(방법)

21 대기오염공정시험기준상 굴뚝 배출가스 중의 일산화탄소 분석방법으로 가장 거리가 먼 것은?

① 정전위전해법
② 음이온전극법
③ 기체크로마토그래피
④ 비분산형 적외선분석법

(풀이) 배출가스 중 일산화탄소 분석방법
㉠ 비분산형 적외선분석법
㉡ 정전위전해법
㉢ 기체크로마토그래피

22 대기오염공정시험기준에서 정하고 있는 온도에 대한 설명으로 옳지 않은 것은?

① 실온 : 1~35℃
② 온수 : 35~50℃
③ 냉수 : 15℃ 이하
④ 찬 곳 : 따로 규정이 없는 한 0~15℃의 곳

(풀이) 냉수는 15℃ 이하, 온수는 60~70℃, 열수는 약 100℃를 말한다.

23 기체크로마토그래피에 사용되는 검출기 중 미량의 유기물을 분석할 때 유용한 것은?

① 질소인검출기(MPD)
② 불꽃이온화검출기(FID)
③ 불꽃광도검출기(FPD)
④ 전자포획검출기(ECD)

24 다음 중 환경대기 중의 탄화수소 농도를 측정하기 위한 시험방법과 가장 거리가 먼 것은?

① 총탄화수소 측정법
② 용융 탄화수소 측정법
③ 활성 탄화수소 측정법
④ 비메탄 탄화수소 측정법

(풀이) 환경대기 중 탄화수소 측정방법
㉠ 비메탄 탄화수소 측정법(주 시험법)
㉡ 총탄화수소 측정법
㉢ 활성 탄화수소 측정법

25 연료용 유류(원유, 경유, 중유)중의 황함유량을 측정하기 위한 분석방법으로 옳은 것은? (단, 황함유량은 질량분율 0.01% 이상이다.)

① 광산란법　　　　　② 광투과율법
③ 연소관식 공기법　　④ 전기화학식 분석법

🖋 연료용 유류 중의 황 함유량 분석방법(연소관식 공기법)
　　㉠ 원유, 경유, 중유의 황 함유량을 측정하는 방법을 규정하며 유류 중 황 함유량이 질량분율 0.01% 이상인 경우에 적용한다.
　　㉡ 950~1,100℃로 가열한 석영재질 연소관 중에 공기를 불어넣어 시료를 연소시킨다.
　　㉢ 생성된 황산화물을 과산화수소(3%)에 흡수시켜 황산으로 만든 다음, 수산화소듐 표준액으로 중화적정하여 황 함유량을 구한다.

26 굴뚝 배출가스 중의 산소농도를 오르자트 분석법으로 측정할 때 사용되는 탄산가스 흡수액은?

① 피로가롤용액
② 염화제일동용액
③ 물에 수산화포타슘을 녹인 용액
④ 포화식염수에 황산을 가한 용액

🖋 탄산가스 흡수액에는 수산화포타슘용액을 사용한다.

27 대기오염공정시험기준상 이온크로마토그래피의 장치에 관한 설명 중 ( ) 안에 알맞은 것은?

(　)(이)란 용리액에 사용되는 전해질 성분을 제거하기 위하여 분리관 뒤에 직렬로 접속시킨 것으로써 전해질을 물 또는 저 전도도의 용매로 바꿔줌으로서 전기 전도도 셀에서 목적이온 성분과 전기 전도도만을 고감도로 검출할 수 있게 해주는 것이다.

① 분리관　　　　　　② 용리액조
③ 송액펌프　　　　　④ 서프레서

🖋 서프레서
용리액에 사용되는 전해질 성분을 제거하기 위하여 분리관 뒤에 직렬로 접속시킨 것으로서 전해질을 물 또는 저전도도의 용매로 바꿔줌으로써 전기 전도도 셀에서 목적이온 성분과 전기 전도도만을 고감도로 검출할 수 있게 해주는 것이다. 서프레서는 관형과 이온교환막형이 있으며, 관형은 음이온에는 스티롤계 강산형(H^+) 수지가, 양이온에는 스티롤계 강염기형(OH^-)의 수지가 충진된 것을 사용한다.

28 대기오염공정시험기준상 다음 [보기]가 설명하는 것은?

[보기]
물질을 취급 또는 보관하는 동안에 기체 또는 미생물이 침입하지 않도록 내용물을 보호하는 용기를 뜻한다.

① 밀폐용기　　　　　② 기밀용기
③ 밀봉용기　　　　　④ 차광용기

🖋 용기의 종류

구분	정의
밀폐용기	취급 또는 저장하는 동안에 이물질이 들어가거나 또는 내용물이 손실되지 아니하도록 보호하는 용기
기밀용기	취급 또는 저장하는 동안에 밖으로부터의 공기 또는 다른 가스가 침입하지 아니하도록 내용물을 보호하는 용기
밀봉용기	취급 또는 저장하는 동안에 기체 또는 미생물이 침입하지 아니하도록 내용물을 보호하는 용기
차광용기	광선이 투과하지 않는 용기 또는 투과하지 않게 포장한 용기이며 취급 또는 저장하는 동안에 내용물이 광화학적 변화를 일으키지 아니하도록 방지할 수 있는 용기

29 다음은 배출가스 중 벤젠분석방법이다. ( ) 안에 알맞은 것은?

> 흡착관을 이용한 방법, 테들러 백을 이용한 방법을 시료채취방법으로 하고 열탈착장치를 통하여 (㉠)방법으로 분석한다. 배출가스 중에 존재하는 벤젠의 정량범위는 0.1~2,500ppm이며, 방법검출한계는 (㉡)이다.

① ㉠ 원자흡수분광광도, ㉡ 0.03ppm
② ㉠ 원자흡수분광광도, ㉡ 0.07ppm
③ ㉠ 기체크로마토그래피, ㉡ 0.03ppm
④ ㉠ 기체크로마토그래피, ㉡ 0.07ppm

풀이 ㉠ 흡착관을 이용한 방법, 테들러 백을 이용한 방법을 시료채취방법으로 하고 열탈착장치를 통하여 기체크로마토그래피 방법으로 분석한다.
㉡ 배출가스 중에 존재하는 벤젠의 정량범위는 0.1~2,500(ppm)이며, 방법검출한계는 0.03ppm이다.

30 냉증기 원자흡수분광광도법으로 굴뚝 배출가스 중 수은을 측정하기 위해 사용하는 흡수액으로 옳은 것은?(단, 흡수액의 농도는 질량분율이다.)

① 4% 과망간산포타슘, 10% 질산
② 4% 과망간산포타슘, 10% 황산
③ 10% 과망간산포타슘, 4% 질산
④ 10% 과망간산포타슘, 4% 황산

풀이 10% 황산(H_2SO_4, sulfuric acid, 분자량 : 98.08, 순도 : 1급 이상)에 과망간산포타슘($KMnO_4$, potassium permanganate, 분자량 : 158.03, 순도 : 1급 이상) 40g을 넣어 10% 황산을 가하여 최종 부피를 1L로 한다.

31 대기오염공정시험기준상 굴뚝에서 배출되는 가스와 분석방법의 연결이 옳지 않은 것은?

① 암모니아 – 인도페놀법
② 염화수소 – 오르토톨리딘법
③ 페놀 – 4–아미노 안티피린 자외선/가시선분광법
④ 포름알데히드 – 크로모트로핀산 자외선/가시선분광법

풀이 염화수소의 분석방법
㉠ 이온크로마토그래피법
㉡ 사이오시안산제이수은 자회선/가시선 분광법

32 대기오염공정시험기준상 원자흡수분광광도법에 대한 원리를 설명한 것으로 옳은 것은?

① 여기상태의 원자가 기저상태로 될 때 특유의 파장의 빛을 투과하는 현상 이용
② 여기상태의 원자가 이 원자 증기층을 투과하는 특유 파장의 빛을 흡수하는 현상 이용
③ 기저상태의 원자가 여기상태로 될 때 특유 파장의 빛을 투과하는 현상 이용
④ 기저상태의 원자가 이 원자 증기층을 투과하는 특유 파장의 빛을 흡수하는 현상 이용

풀이 원자흡수분광광도법
시료를 적당한 방법으로 해리시켜 중성원자로 증기화하여 생긴 기저상태(Ground State or Normal State)의 원자가 이 원자 증기층을 투과하는 특유파장의 빛을 흡수하는 현상을 이용하여 광전측광과 같은 개개의 특유 파장에 대한 흡광도를 측정하여 시료 중의 원소 농도를 정량하는 방법으로, 대기 또는 배출 가스 중의 유해 중금속, 기타 원소의 분석에 적용한다.

33
굴뚝 단면이 상·하 동일 단면적의 직사각형 굴뚝의 직경 산출방법으로 옳은 것은?(단, 가로 : 굴뚝 내부 단면 가로치수, 세로 : 굴뚝 내부 단면 세로치수)

① 환산직경 $= \left(\dfrac{\text{가로} \times \text{세로}}{\text{가로} + \text{세로}} \right)$

② 환산직경 $= 2 \times \left(\dfrac{\text{가로} \times \text{세로}}{\text{가로} + \text{세로}} \right)$

③ 환산직경 $= 4 \times \left(\dfrac{\text{가로} \times \text{세로}}{\text{가로} + \text{세로}} \right)$

④ 환산직경 $= 8 \times \left(\dfrac{\text{가로} \times \text{세로}}{\text{가로} + \text{세로}} \right)$

(풀이) 환산직경(등가직경) $= 2 \times \dfrac{(\text{가로} \times \text{세로})}{\text{가로} + \text{세로}}$

34
다음은 굴뚝 배출가스 중 크롬화합물의 자외선/가시선분광법으로 측정하는 방법이다. ( ) 안에 알맞은 것은?

> 시료용액 중의 크롬을 과망간산포타슘에 의하여 6가로 산화하고 (㉠)을/를 가한 다음, 아질산소듐으로 과량의 과망간산염을 분해한 후 다이페닐카바자이드를 가하여 발색시키고, 파장 (㉡)nm 부근에서 흡수도를 측정하여 정량하는 방법이다.

① ㉠ 요소, ㉡ 460

② ㉠ 요소, ㉡ 540

③ ㉠ 아세트산, ㉡ 460

④ ㉠ 아세트산, ㉡ 540

(풀이) 시료용액 중의 크롬을 과망간산포타슘에 의하여 6가로 산화하고, 요소를 가한 다음, 아질산소듐으로 과량의 과망간산염을 분해한 후 다이페닐카바자이드를 가하여 발색시키고, 파장 540nm 부근에서 흡수도를 측정하여 정량하는 방법이다.

35
다음은 시안화수소 분석에 관한 내용이다. ( ) 안에 가장 적합한 것으로 옳게 나열된 것은?

> 굴뚝 배출가스 중 시안화수소를 피리딘피라졸론법으로 분석할 때 ( ), ( ) 등의 영향을 무시할 수 있는 경우에 적용한다.

① 철, 동

② 알루미늄, 철

③ 인산염, 황산염

④ 할로겐, 황화수소

(풀이) 굴뚝 배출가스 중 시안화수소를 피리딘 피라졸론법으로 분석할 때에는 할로겐 등의 산화성 가스와 황화수소 등의 영향을 무시할 수 있는 경우에 적용한다.

36
굴뚝에서 배출되는 배출가스 중 암모니아를 중화적정법으로 분석하기 위하여 사용하는 흡수액으로 옳은 것은?

① 질산용액

② 붕산용액

③ 염화칼슘용액

④ 수산화소듐용액

(풀이) 암모니아는 붕산용액(질량분율 0.5%)으로 흡수한다.

37
흡광광도계에서 빛의 강도가 I_o인 단색광이 어떤 시료용액을 통화할 때 그 빛의 90%가 흡수될 경우 흡광도는?

① 0.05

② 0.2

③ 0.5

④ 1.0

(풀이) 흡광도$(A) = \log \dfrac{1}{\text{투과율}} = \log \dfrac{1}{1-0.9} = 1.0$

38 대기오염공정시험기준상 링겔만 매연 농도표를 이용한 배출가스 중 매연 측정에 관한 설명으로 옳지 않은 것은?

① 농도표는 측정자의 앞 16cm에 놓는다.

② 매연의 검은 정도를 6종으로 분류한다.

③ 링겔만 매연 농도표는 매연의 정도에 따라 색이 진하고 연하게 나타난다.

④ 굴뚝배출구에서 30~45cm 떨어진 곳의 농도를 측정자의 눈높이의 수직이 되게 관측 비교한다.

(풀이) 매연 측정 시 농도표는 측정자의 앞 16m에 놓는다.

39 농도 7%(w/v)의 H_2O_2 100mL가 이론상 흡수할 수 있는 SO_2의 양(L)으로 옳은 것은?

① 약 0.1　　　　② 약 0.5

③ 약 1.2　　　　④ 약 4.6

(풀이) 과산화수소의 양(g) = 7g/100mL × 100mL
$$= 7(g)$$
$SO_2 + H_2O_2 \rightarrow H_2SO_4$
22.4L : 34g
SO_2 : 7g
∴ SO_2(L) = 4.6(L)

40 수산화소듐 20g을 물에 용해시켜 750mL로 제조하였을 때 이용액의 농도(M)는?

① 0.33　　　　② 0.67

③ 0.99　　　　④ 1.33

(풀이) M(mol/L) = 20g/750mL × 1mol/40g
$$\times 10^3 mL/1L$$
$$= 0.67M$$

41 저위발열량 $5000kcal/Sm^3$의 기체연료 연소 시 이론 연소온도(℃)는?(단, 이론연소가스량은 $20Sm^3/Sm^3$, 연소가스의 평균정압비열은 $0.35kcal/Sm^3 \cdot ℃$이며, 기준온도는 실온(15℃)이며, 공기는 예열되지 않고, 연소가스는 해리되지 않는다.)

① 약 560　　　　② 약 610

③ 약 730　　　　④ 약 890

(풀이) 이론연소온도(℃)
$$= \frac{저위발열량}{이론연소가스양 \times 연소가스 \ 평균정압비열} + 실제온도$$
$$= \frac{5,000\,kcal/Sm^3}{20\,Sm^3/Sm^3 \times 0.35\,kcal/Sm^3 \cdot ℃} + 15℃$$
$$= 729.29℃$$

42 다음 연료 중 일반적으로 착화온도가 가장 높은 것은?

① 목탄　　　　② 무연탄

③ 역청탄　　　　④ 갈탄(건조)

(풀이) 연료의 착화온도
　ⓐ 고체연료
　　• 코크스 : 500~600℃
　　• 무연탄 : 370~500℃
　　• 목탄 : 320~400℃
　　• 역청탄 : 250~400℃
　　• 갈탄 : 250~350℃,
　　　갈탄(건조) : 250~400℃
　ⓑ 액체연료
　　• 경유 : 592℃
　　• B중유 : 530~580℃
　　• A중유 : 530℃
　　• 휘발유 : 500~550℃

• 등유 : 400~500℃
ⓒ 기체연료
  • 도시가스 : 600~650℃
  • 코크스 : 560℃
  • 수소가스 : 550℃
  • 프로판가스 : 493℃
  • LPG(석유가스) : 440~480℃
  • 천연가스(주 : 메탄) : 650~750℃
  • 발생로가스 : 700~800℃

입경과 분포상태를 알아 보는 측정방법으로 주로 $1\mu m$ 이상인 먼지의 입경측정에 이용된다.
ⓒ 측정장치 종류로는 앤더슨 피펫, 침강천칭, 광투과장치 등이 있다.

45 먼지의 입경(d_p, μm)을 Rosin–Rammler 분포에 의해 체상분포 $R(\%)=100\exp(-\beta d_p^n)$ 으로 나타낸다. 이 먼지는 입경 $35\mu m$ 이하가 전체의 약 몇 %를 차지하는가?(단, β=0.063, n=1)

① 11   ② 21
③ 79   ④ 89

(풀이) $35\mu m$ 이상 차지하는 분포를 구하여 계산하면
$$R(\%) = 100\exp(-\beta d_p^n)$$
$$= 100 \times \exp(-0.063 \times 35^1)$$
$$= 11.025\%$$
$35\mu m$ 이하 차지하는 분포$= 100 - 11.025$
$$= 88.97\%$$

43 입자상 물질에 대한 설명으로 옳지 않은 것은?

① 입경이 작을수록 집진이 어렵다.
② 단위 체적당 입자의 표면적은 입경이 작을수록 작아진다.
③ 입자는 반드시 구형만은 아니고 선형, 부정형 등이 있다.
④ 비중은 항상 일정한 값을 취하는 진비중과 입자의 집합 상태에 따라 달라지는 겉보기 비중으로 구별할 수 있다.

(풀이) 단위 체적당 입자의 표면적은 입경이 작을수록 커진다.

46 중량조성이 탄소 85%, 수소 15%인 액체 연료를 매시 100kg 연소한 후 배출가스를 분석하였더니 분석치가 CO_2 12.5%, CO 3%, O_2 3.5%, N_2 81%이었다. 이때 매시간당 필요한 공기량(Sm^3/h)은?

① 약 13   ② 약 157
③ 약 657   ④ 약 1271

(풀이) $A = m \times A_o$
$$m = \frac{N_2}{N_2 - 3.76(O_2 - 0.5CO)}$$
$$= \frac{81}{81 - 3.76[3.5 - (0.5 \times 3)]} = 1.102$$
$$A_o = \frac{1}{0.21}[(1.867 \times 0.85) + (5.6 \times 0.15)]$$
$$= 11.557 Sm^3/kg$$
$$= 1.102 \times 11.557 Sm^3/kg \times 100kg/hr$$
$$= 1,273.58 Sm^3/hr$$

44 먼지의 입경측정방법 중 주로 $1\mu m$ 이상 인 먼지의 입경측정에 이용되고, 그 측정 장치로는 앤더슨피펫, 침강천칭, 광투과장치 등이 있는 것은?

① 관성충돌법
② 액상 침강법
③ 표준체 측정법
④ Bacho 원심기체 침강법

(풀이) 액상침강법
  ⓐ 입자가 액체 중에서 침강하는 시간을 측정하여

47 점도(Viscosity)에 관한 설명으로 옳지 않은 것은?

① 기체의 점도는 온도가 상승하면 낮아진다.
② 점도는 유체 이동에 따라 발생하는 일종의 저항이다.
③ 액체인 경우 분자 간 응집력이 점도의 원인이다.
④ 일반적으로 액체의 점도는 온도가 상승함에 따라 낮아진다.

(풀이) 액체는 온도가 증가하면 점도는 작아지고 기체는 온도가 증가하면 점도는 증가한다.

48 사이클론의 운전조건이 집진율에 미치는 영향으로 옳지 않은 것은?

① 출구의 직경이 작을수록 집진율은 감소하고, 동시에 압력손실도 감소한다.
② 가스의 온도가 높아지면 가스의 점도가 커져 집진율은 저하되나 그 영향은 크지 않다.
③ 원통의 길이가 길어지면 선회류 수가 증가하여 집진율은 증가하나 큰 영향은 미치지 않는다.
④ 가스의 유입속도가 클수록 집진율은 증가하나, 10m/s 이상에서는 거의 영향을 미치지 않는다.

(풀이) 사이클론에서 출구의 직경이 작을수록 집진율은 증가하고, 동시에 압력손실도 증가한다.

49 다음 [보기]가 설명하는 송풍기의 종류로 가장 적합한 것은?

[보기]
• 타 기종에 비해 대풍량, 저정압 구조로서 설치면적이 작다.
• 날개의 형상에 따라 저속운전으로 저소음 및

운전상태가 정숙하다.
• 풍량변동에 따른 풍압의 변화가 적다.
• 베인댐퍼(Vane damper)의 설치로 풍량 및 정압조정이 용이해 position에 따라 정압조정이 용이하다.

① 터보팬
② 다익 송풍기
③ 레이디얼 팬
④ 익형 송풍기

(풀이) 문제상 [보기] 내용은 다익송풍기(전향날개형 송풍기)이다.

50 흡수장치의 총괄이동 단위높이(H_{OG})가 1.0m이고, 제거율이 95%라면, 이 흡수장치의 높이(m)는 약 얼마인가?

① 1.2
② 3.0
③ 3.5
④ 4.2

(풀이) 높이 $= H_{OG} \times N_{OG}$
$$N_{OG} = \ln\frac{1}{1-\eta}$$
$$= 1.0 \times \ln\frac{1}{1-0.95} = 3.0m$$

51 화학적 흡착과 비교한 물리적 흡착의 특성에 관한 설명으로 옳지 않은 것은?

① 흡착제의 재생이나 오염가스의 회수에 용이하다.
② 일반적으로 온도가 낮을수록 흡착량이 많다.
③ 표면에 단분자막을 형성하며, 발열량이 크다.
④ 압력을 감소시키면 흡착물질이 흡착제로부터 분리되는 가역적 흡착이다.

(풀이) 물리적 흡착은 표면에 다분자막을 형성하며, 발열량이 작다.

52 염소농도가 200ppm인 배출가스를 처리하여 15mg/Sm³로 배출한다고 할 때, 염소의 제거율(%)은?(단, 온도는 표준상태로 가정한다.)

① 95.7   ② 97.6
③ 98.4   ④ 99.6

(풀이) $\eta = \left(1 - \dfrac{C_o}{C_i}\right) \times 100$

$C_i = 200\text{mL/m}^3 \times \dfrac{71\text{mg}}{22.4\text{mL}}$

$\quad = 633.93\text{mg/m}^3$

$C_o = 10\text{mg/m}^3$

$= \left(1 - \dfrac{15}{633.93}\right) \times 100 = 97.63\%$

53 연소조절에 의한 질소산화물(NOx)저감 대책으로 가장 거리가 먼 것은?

① 과잉공기량을 크게 한다.
② 2단 연소법을 사용한다.
③ 배출가스를 재순환시킨다.
④ 연소용 공기의 예열온도를 낮춘다.

(풀이) 과잉공기량을 적게 해야 질소산화물의 생성이 저감된다.

54 세정집진장치에 관한 설명으로 옳지 않은 것은?

① 타이젠와셔는 회전식에 해당한다.
② 입자포집원리로 관성충돌, 확산작용이 있다.
③ 벤투리 스크러버에서 물방울 입경과 먼지 입경의 비는 5 : 1 정도가 좋다.
④ 사용하는 액체는 보통 물이지만 특수한 경우에는 표면활성제를 혼합하는 경우도 있다.

(풀이) 벤투리 스크러버의 충돌효율은 물방울입경 : 먼지입경이 150 : 1인 정도에서 가장 좋다.

55 다음 [보기]가 설명하는 연소장치로 가장 적합한 것은?

[보기]
기체연료의 연소장치로서 천연가스와 같은 고발열량 연료를 연소시키는 데 사용되는 버너

① 선회 버너
② 건식 버너
③ 방사형 버너
④ 유압분무식 버너

(풀이) 방사형 버너
천연가스와 같은 고발열량 연료를 연소시키는 데 가장 적합한 버너이다.

56 크기가 가로 1.2m, 세로 2.0m, 높이 1.5m인 연소실에서 저위발열량이 10,000kcal/kg인 중유를 1.5시간에 100kg씩 연소시키고 있다. 이 연소실의 열발생률(kcal/m³ · h)은?(단, 연료는 완전연소하며, 연료 및 공기의 예열이 없고 연소실 벽면을 통한 열손실도 전혀 없다고 가정한다.)

① 약 165,246
② 약 185,185
③ 약 277,778
④ 약 416,667

(풀이) 연소실 열발생률(kcal/m³ · hr)

$= \dfrac{H_l \times G}{V} = \dfrac{10,000\text{kcal/kg} \times 100\text{kg}/1.5\text{hr}}{(1.2 \times 1.5 \times 2.0)\text{m}^3}$

$= 185,185.19\text{kcal/m}^3 \cdot \text{hr}$

57 관성력 집진장치에 관한 설명으로 옳지 않은 것은?

① 충돌식과 반전식이 있으며, 고온가스의 처리가 가능하다.

② 관성력에 의한 분리속도는 회전기류반경에 비례하고, 입경의 제곱에 반비례한다.

③ 집진 가능한 입자는 주로 $10\mu m$ 이상의 조대입자이며, 일반적으로 집진율은 50~70% 정도이다.

④ 기류의 방향전환 각도가 작고, 방향전환 횟수가 많을수록 압력손실은 커지나 집진은 잘된다.

 관성력에 의한 분리속도는 회전기류반경에 반비례하고 입경의 제곱에 비례한다.

58 세정식 집진장치 중 가압수식에 해당하는 것은?

① 충전탑　　　② 로터형

③ 분수형　　　④ S형 임펠러

 가압수식 세정집진장치 종류

① 벤투리 스크러버
② 제트 스크러버
③ 사이클론 스크러버
④ 충전탑
⑤ 분무탑

59 하루에 5톤의 유비철광을 사용하는 아비산제조 공장에서 배출되는 SO_2를 NaOH용액으로 흡수하여 Na_2SO_3로 제거하려 한다. NaOH용액의 흡수효율을 100%라 하면 이론적으로 필요한 NaOH의 양(톤)은?(단, 유비철광 중의 유황분 함유량은 20%이고, 유비철광 중 유황분은 모두 산화되어 배출된다.)

① 0.5　　　　② 1.5

③ 2.5　　　　④ 3.5

$$S \;+\; O_2 \;\;\rightarrow SO_2$$
$$SO_2 + 2NaOH \rightarrow Na_2SO_3 + H_2O$$
$$S \;\;\;\rightarrow \;\;\;2NaOH$$
$$32kg \;\;\;\; : 2 \times 40kg$$
$$5ton \;\;\;\; : NaHO(ton)$$
$$NaOH(ton) = \frac{5ton \times (2 \times 40)kg}{32kg} = 2.5ton$$

60 아래 표는 전기로에 부설된 Bag filter의 유입구 및 유출구의 가스양과 먼지농도를 측정한 것이다. 먼지 통과율(%)로 옳은 것은?

구분	유입구	유출구
가스양(Sm^3/h)	11.4	16.2
먼지농도(g/Sm^3)	13.25	1.24

① 약 3.3　　　② 약 6.6

③ 약 10.3　　④ 약 13.3

 통과율$(P) = 100 - \eta$
$$\eta(\%) = \left(1 - \frac{C_o \cdot Q_o}{C_i \cdot Q_i}\right) \times 100$$
$$= \left(1 - \frac{1.24 \times 16.2}{13.25 \times 11.4}\right) \times 100$$
$$= 86.70(\%)$$
$$= 100 - 86.7 = 13.3\%$$

제4과목 **대기환경관계법규**

61 대기환경보전법상 과태료의 부과기준으로 옳지 않은 것은?

① 일반기준으로서 위반행위의 횟수에 따른 부과기준은 최근 1년간 같은 위반행위로 과태료 부과처분을 받은 경우에 적용한다.

② 일반기준으로서 부과권자는 위반행위의 동기와 그 결과 등을 고려하여 과태료 부과금액의 80% 범위에서 이를 감경한다.

③ 개별기준으로서 제작차배출허용기준에 맞지 않아 결함시정명령을 받은 자동차제작자가 결함시정 결과보고를 아니한 경우 1차 위반 시 과태료 부과금액은 100만 원이다.

④ 개별기준으로서 제작차배출허용기준에 맞지 않아 결함시정명령을 받은 자동차제작자가 결함시정결과보고를 아니한 경우 3차 위반 시 과태료 부과금액은 200만 원이다.

(풀이) 일반기준으로서 부과권자는 위반행위의 동기와 그 결과 등을 고려하여 과태료 부과금액의 2분의 1 범위에서 이를 감경한다.

62 대기환경보전법상 배출허용기준의 준수 여부 등을 확인하기 위해 환경부령으로 지정된 대기오염도 검사기관으로 옳은 것은?(단, 국가표준기본법에 따른 인정을 받은 시험 · 검사기관 중 환경부장관이 정하여 고시하는 기관은 제외한다.)

① 지방환경청
② 대기환경기술진흥원
③ 한국환경산업기술원
④ 환경관리연구소

(풀이) 대기오염도 검사기관
　㉠ 국립환경과학원
　㉡ 특별시 · 광역시 · 특별자치시 · 도 · 특별자치도의 보건환경연구원
　㉢ 유역환경청, 지방환경청 또는 수도권대기환경청
　㉣ 한국환경공단

63 대기환경보전법상 운행차의 정밀검사 방법 · 기준 및 검사대상 항목기준(일반기준)에 관한 설명으로 틀린 것은?

① 관능 및 기능검사는 배출가스검사를 먼저 한 후 시행하여야 한다.
② 휘발유와 가스를 같이 사용하는 자동차는 연료를 가스로 전환한 상태에서 배출가스검사를 실시하여야 한다.
③ 운행차의 정밀검사는 부하검사방법을 적용하여 검사를 하여야 하지만, 상시 4륜구동 자동차는 무부하검사방법을 적용할 수 있다.
④ 운행차의 정밀검사는 부하검사방법을 적용하여 검사를 하여야 하지만, 2행정 원동기 장착자동차는 무부하검사방법을 적용할 수 있다.

(풀이) 배출가스검사는 관능 및 기능검사를 먼저 한 후 시행하여야 한다.

64 대기환경보전법상 100만 원 이하의 과태료 부과대상인 자는?

① 황함유기준을 초과하는 연료를 공급 · 판매한 자
② 비산먼지의 발생억제시설의 설치 및 필요한 조치를 하지 아니하고 시멘트 · 석탄 · 토사 등 분체상 물질을 운송한 자
③ 배출시설 등 운영상황에 관한 기록을 보존하지 아니한 자
④ 자동차의 원동기 가동제한을 위반한 자동차의 운전자

(풀이) 대기환경보전법 제94조 참조

65 대기환경보전법상 수도권대기환경청장, 국립환경과학원장 또는 한국환경공단이 설치하는 대기오염측정망의 종류에 해당하지 않는 것은?

① 도시지역 또는 산업단지 인근지역의 특정대기유해물질(중금속을 제외한다)의 오염도를 측정하기 위한 유해대기물질측정망

② 산성 대기오염물질의 건성 및 습성 침착량을 측정하기 위한 산성강하물측정망

③ 도로변의 대기오염물질 농도를 측정하기 위한 도로변대기측정망

④ 장거리이동 대기오염물질의 성분을 집중 측정하기 위한 대기오염집중측정망

풀이 수도권대기환경청장, 국립환경과학원장 또는 한국환경공단이 설치하는 대기오염측정망의 종류
　㉠ 대기오염물질의 지역배경농도를 측정하기 위한 교외대기측정망
　㉡ 대기오염물질의 국가배경농도와 장거리이동 현황을 파악하기 위한 국가배경농도측정망
　㉢ 도시지역 또는 산업단지 인근지역의 특정대기유해물질(중금속을 제외한다)의 오염도를 측정하기 위한 유해대기물질측정망
　㉣ 도시지역의 휘발성 유기화합물 등의 농도를 측정하기 위한 광화학대기오염물질측정망
　㉤ 산성 대기오염물질의 건성 및 습성 침착량을 측정하기 위한 산성강하물측정망
　㉥ 기후·생태계 변화유발물질의 농도를 측정하기 위한 지구대기측정망
　㉦ 장거리이동 대기오염물질의 성분을 집중측정하기 위한 미세먼지성분측정망
　㉧ 미세먼지(PM-2.5)의 성분 및 농도를 집중측정하기 위한 미세먼지성분측정망

66 대기환경보전법상 위임업무 보고사항 중 "측정기기 관리대행업의 등록, 변경등록 및 행정처분 현황"에 대한 유역환경청장의 보고 횟수 기준은?

① 수시　　　　　② 연 4회
③ 연 2회　　　　④ 연 1회

풀이 위임업무 보고사항

업무내용	보고 횟수	보고 기일	보고자
환경오염사고 발생 및 조치사항	수시	사고발생 시	시·도지사, 유역환경청장 또는 지방환경청장
수입자동차 배출가스 인증 및 검사현황	연 4회	매 분기 종료 후 15일 이내	국립환경과학원장
자동차 연료 및 첨가제의 제조·판매 또는 사용에 대한 규제현황	연 2회	매 반기 종료 후 15일 이내	유역환경청장 또는 지방환경청장
자동차 연료 또는 첨가제의 제조기준 적합 여부 검사현황	• 연료 : 연 4회 • 첨가제 : 연 2회	• 연료 : 매 분기 종료 후 15일 이내 • 첨가제 : 매 반기 종료 후 15일 이내	국립환경과학원장
측정기기관리 대행업의 등록(변경등록) 및 행정처분 현황	연 1회	다음 해 1월 15일까지	유역환경청장, 지방환경청장 또는 수도권대기환경청장

67 다음 중 대기환경보전법상 특정대기유해물질에 해당하는 것은?

① 오존　　　　　② 아크롤레인
③ 황화에틸　　　④ 아세트알데히드

풀이 아세트알데히드는 특정대기유해물질이 아니다.

68 대기환경보전법상 Ⅲ지역에 대한 기본부과금의 지역별 부과계수는?(단, Ⅲ지역은 국토의 계획 및 이용에 관한 법률에 따른 녹지지역·관리지역·농림지역 및 자연환경보전지역이다.)

① 0.5 ② 1.0
③ 1.5 ④ 2.0

(풀이) 기본부과금 지역별 부과계수

구분	지역별 부과계수
Ⅰ지역	1.5
Ⅱ지역	0.5
Ⅲ지역	1.0

69 대기환경보전법상 연료를 연소하여 황산화물을 배출하는 시설에서 연료의 황함유량이 0.5% 이하인 경우 기본부과금의 농도별 부과계수 기준으로 옳은 것은?(단, 대기환경보전법에 따른 측정 결과가 없으며, 배출시설에서 배출되는 오염물질 농도를 추정할 수 없다.)

① 0.1 ② 0.2
③ 0.4 ④ 1.0

(풀이) 기본부과금의 농도별 부과계수

구분	연료의 황함유량(%)		
	0.5% 이하	1.0% 이하	1.0% 초과
농도별 부과계수	0.2	0.4	1.0

70 대기환경보전법상 환경부장관은 장거리이동 대기오염물질피해방지를 위하여 5년마다 관계 중앙행정기관의 장과 협의하고 시·도지사의 의견을 들은 후 장거리이동대기오염물질 대책위원회의 심의를 거쳐 종합대책을 수립하여야 하는데, 이 종합대책에 포함되어야 하는 사항으로 틀린 것은?

① 종합대책 추진실적 및 그 평가
② 장거리이동대기오염물질피해 방지를 위한 국내 대책
③ 장거리이동대기오염물질피해 방지 기금 모음
④ 장거리이동대기오염물질 발생 감소를 위한 국제협력

(풀이) 장거리 이동대기오염물질의 종합대책에 포함되어야 하는 사항
㉠ 장거리이동대기오염물질 발생 현황 및 전망
㉡ 종합대책 추진실적 및 그 평가
㉢ 장거리이동대기오염물질피해 방지를 위한 국내 대책
㉣ 장거리이동대기오염물질 발생 감소를 위한 국제협력
㉤ 그 밖에 장거리이동대기오염물질피해 방지를 위하여 필요한 사항

71 악취방지법상 위임업무 보고사항 중 "악취검사기관의 지정, 지정사항 변경보고 접수 실적"의 보고 횟수 기준은?(단, 보고자는 국립환경과학원장으로 한다.)

① 연 1회 ② 연 2회
③ 연 4회 ④ 수시

(풀이) 위임업무의 보고사항
㉠ 업무내용 : 악취검사기관의 지정, 지정사항 변경보고 접수실적
㉡ 보고횟수 : 연 1회
㉢ 보고기일 : 다음 해 1월 15일까지
㉣ 보고자 : 국립환경과학원장

72 대기환경보전법상 "기타 고체연료 사용시설"의 설치기준으로 틀린 것은?

① 배출시설의 굴뚝높이는 100m 이상이어야 한다.
② 연료와 그 연소재의 수송은 덮개가 있는 차량을

이용하여야 한다.
③ 연료는 옥내에 저장하여야 한다.
④ 굴뚝에서 배출되는 매연을 측정할 수 있어야 한다.

(풀이) 기타 고체연료 사용시설
　㉠ 배출시설의 굴뚝높이는 20m 이상이어야 한다.
　㉡ 연료와 그 연소재의 수송은 덮개가 있는 차량을 이용하여야 한다.
　㉢ 연료는 옥내에 저장하여야 한다.
　㉣ 굴뚝에서 배출되는 매연을 측정할 수 있어야 한다.

73 환경정책기본법상 대기환경기준이 설정되어 있지 않은 항목은?

① O_3 ② Pb
③ PM-10 ④ CO_2

(풀이) 대기환경 기준 설정 항목
　㉠ 아황산가스(SO_2) ㉡ 일산화탄소(CO)
　㉢ 이산화질소(NO_2) ㉣ 미세먼지(PM-10)
　㉤ 미세먼지(PM-2.5) ㉥ 오존(O_3)
　㉦ 납(Pb) ㉧ 벤젠(C_6H_6)

74 환경정책기본법상 일산화탄소의 대기환경기준으로 옳은 것은?

① 1시간 평균치 25ppm 이하
② 8시간 평균치 25ppm 이하
③ 24시간 평균치 9ppm 이하
④ 연간 평균치 9ppm 이하

(풀이) 대기환경기준

항목	기준	측정방법
일산화탄소 (CO)	8시간 평균치 9ppm 이하 1시간 평균치 25ppm 이하	비분산적외선 분석법 (Non-Dispersive Infrared Method)

75 다음 중 대기환경보전법상 대기오염경보에 관한 설명으로 틀린 것은?

① 대기오염경보 대상 지역은 시·도지사가 필요하다고 인정하여 지정하는 지역으로 한다.
② 환경기준이 설정된 오염물질 중 오존은 대기오염경보의 대상오염물질이다.
③ 대기오염경보의 단계별 오염물질의 농도기준은 시·도지사가 정하여 고시한다.
④ 오존은 농도에 따라 주의보, 경보, 중대경보로 구분한다.

(풀이) 대기오염경보의 단계별 오염물질의 농도기준은 환경부령이 정하여 고시한다.

76 대기환경보전법상 초과부과금 산정기준에서 다음 오염물질 중 1kg당 부과금액이 가장 높은 것은?

① 이황화탄소
② 먼지
③ 암모니아
④ 황화수소

(풀이) 초과부과금 산정기준

오염물질	구분	오염물질 1킬로그램당 부과금액
황산화물		500
먼지		770
암모니아		1,400
황화수소		6,000
이황화탄소		1,600
특정 유해물질	불소화합물	2,300
	염화수소	7,400
	시안화수소	7,300

77 다음 중 대기환경보전법상 휘발성 유기화합물 배출규제대상 시설이 아닌 것은?

① 목재가공시설

② 주유소의 저장시설

③ 저유소의 저장시설

④ 세탁시설

(풀이) **휘발성유기화합물 배출규제대상 시설**

ⓐ 석유정제를 위한 제조시설, 저장시설 및 출하시설과 석유화학제품 제조업의 제조시설, 저장시설 및 출하시설

ⓑ 저유소의 저장시설 및 출하시설

ⓒ 주유소의 저장시설 및 주유시설

ⓓ 세탁시설

ⓔ 그 밖에 휘발성유기화합물을 배출하는 시설로서 환경부장관이 관계 중앙행정기관의 장과 협의하여 고시하는 시설

78 대기환경보전법상 대기오염방지시설이 아닌 것은?

① 흡수에 의한 시설

② 소각에 의한 시설

③ 산화 · 환원에 의한 시설

④ 미생물을 이용한 처리시설

(풀이) **대기오염 방지시설**

- 중력집진시설
- 관성력집진시설
- 원심력집진시설
- 세정집진시설
- 여과집진시설
- 전기집진시설
- 음파집진시설
- 흡수에 의한 시설
- 흡착에 의한 시설
- 직접연소에 의한 시설
- 촉매반응을 이용하는 시설
- 응축에 의한 시설
- 산화 · 환원에 의한 시설
- 미생물을 이용한 처리시설
- 연소조절에 의한 시설

79 대기환경보전법상 자동차연료 제조기준 중 경유의 황함량 기준은?(단, 기타의 경우는 고려하지 않음)

① 10ppm 이하

② 20ppm 이하

③ 30ppm 이하

④ 50ppm 이하

(풀이) **자동차 연료(경유) 제조기준**

항목	제조기준
10% 잔류탄소량(%)	0.15 이하
밀도 @15℃(kg/m³)	815 이상 835 이하
황함량(ppm)	10 이하
다환방향족(무게%)	5 이하
윤활성(μm)	400 이하
방향족 화합물(무게%)	30 이하
세탄지수(또는 세탄가)	52 이상

80 대기환경보전법상 신고를 한 후 조업 중인 배출시설에서 나오는 오염물질의 정도가 배출허용기준을 초과하여 배출시설 및 방지시설의 개선명령을 이행하지 아니한 경우의 1차 행정처분기준은?

① 경고

② 사용금지명령

③ 조업정지

④ 허가취소

(풀이) **행정처분기준**

1차(조업정지) → 2차(허가취소 또는 폐쇄)

2020년 제3회 대기환경산업기사

제1과목 대기오염개론

01
유효굴뚝높이 60m에서 SO_2가 980,000 m^3/day, 1,200ppm으로 배출되고 있다. 이때 최대지표농도(ppb)는?(단, Sutton의 확산식을 사용하고, 풍속은 6m/s, 이 조건에서 확산계수 $K_y = 0.15$, $K_z = 0.18$이다.)

① 96
② 177
③ 361
④ 485

풀이 C_{max}

$$= \frac{2Q}{\pi e u H_e^2}\left(\frac{K_z}{K_y}\right)$$

$$= \frac{2 \times 980,000 m^3/\text{day} \times 1,200 ppm \times \text{day}/86,400 sec}{3.14 \times 2.72 \times 6 m/sec \times (60m)^2} \times \left(\frac{0.18}{0.15}\right)$$

$$= 0.177 ppm \times 10^3 ppb/ppm = 177 ppb$$

02
다음 중 2차 대기오염물질과 가장 거리가 먼 것은?

① NOCl
② H_2O_2
③ PAN
④ NaCl

풀이 2차 대기오염물질

대부분 광산화물로서 O_3, PAN($CH_3COOONO_2$), H_2O_2, NOCl, 아크롤레인(CH_2CHCHO), SO_3, NO_2 등이 여기에 속한다.
※ NaCl은 1차 대기오염물질이다.

03
국지풍에 관한 설명으로 옳지 않은 것은?

① 낮에 바다에서 육지로 부는 해풍은 밤에 육지에서 바다로 부는 육풍보다 보통 더 강하다.
② 열섬효과로 인해 도시의 중심부가 주위보다 고온이 되므로 도시 중심부에서는 상승기류가 발생하고 도시 주위의 시골(전원)에서 도시로 부는 바람을 전원풍이라 한다.
③ 고도가 높은 산맥에 직각으로 강한 바람이 부는 경우에는 산맥의 풍하쪽으로 건조한 바람이 불어내리는데 이러한 바람을 휀풍이라 한다.
④ 곡풍은 경사면 → 계곡 → 주계곡으로 수렴하면서 풍속이 가속화되므로 낮에 산 위쪽으로 부는 산풍보다 보통 더 강하다.

풀이 산풍은 경사면 → 계곡 → 주계곡으로 수렴하면서 풍속이 가속되기 때문에 낮에 산 위쪽으로 부는 산풍보다 일반적으로 더 강하다.

04
오존 및 오존층에 관한 설명으로 옳지 않은 것은?

① 오존은 약 90% 이상이 고도 10~50km 범위의 성층권에 존재하고 있다.
② 오존층에서는 오존의 생성과 소멸이 계속적으로 일어나며 지표면의 생물체에 유해한 자외선을 흡수한다.
③ 지구 전체의 평균 오존량은 약 300Dobson 정도이고, 지리적 또는 계절적으로 평균치의 ±50% 정도까지 변화한다.
④ CFCs는 독성과 활성이 강한 물질로서 대기 중으로 배출될 경우 빠르게 오존층에 도달한다.

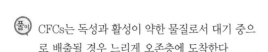
(풀이) CFCs는 독성과 활성이 약한 물질로서 대기 중으로 배출될 경우 느리게 오존층에 도착한다.

05 실내공기오염물질인 라돈에 관한 설명으로 옳지 않은 것은?

① 무색, 무취의 기체로 폐암을 유발한다.

② 반감기는 3.8일 정도이고 호흡기로의 흡입이 현저하다.

③ 토양, 콘크리트, 벽돌 등으로부터 공기 중에 방출된다.

④ 자연계에는 존재하지 않으며, 공기에 비해 약 3배 정도 무겁다.

(풀이) 라돈은 지구상에서 발견된 약 70여 가지의 자연방사능 물질 중 하나이며, 공기보다 9배 무거워 지표에 가깝게 존재하며 화학적으로 거의 반응을 일으키지 않는다.

06 다음 중 레일리 산란(Rayleigh Scattering) 효과가 가장 뚜렷이 나타나는 조건은?

① 입자의 반경이 입사광선의 파장보다 훨씬 큰 경우

② 입자의 반경이 입사광선의 파장보다 훨씬 작은 경우

③ 입자의 반경과 입사광선의 파장이 비슷한 크기인 경우

④ 입자의 반경과 입사광선 파장의 크기가 정확히 일치하는 경우

(풀이) 레일리 산란(Rayleigh Scattering)

㉠ 빛의 산란강도는 광선 파장의 4승에 반비례한다는 법칙으로 Rayleigh는 "맑은 하늘 또는 저녁노을은 공기분자에 의한 빛의 산란에 의한 것"이라는 것을 발견하였다.

㉡ 입자의 반경이 입사광선의 파장보다 훨씬 작은 경우에 산란효과가 뚜렷하게 나타난다. 즉, 산

란을 일으키는 입자의 크기가 전자파 파장보다 훨씬 작은 경우에 일어난다.(레일리 산란은 [파장/입자직경]이 10보다 클 때 나타나는 산란현상, 즉 전자기파가 그 파장의 1/10 이하의 반지름을 가지는 입자에 의해 산란되는 현상)

07 대류권 내 공기의 구성물질을 [보기]와 같이 분류할 때 다음 중 "쉽게 농도가 변하는 물질"에 해당하는 것은?

[보기]
• 농도가 가장 안정된 물질
• 쉽게 농도가 변하지 않는 물질
• 쉽게 농도가 변하는 물질

① Ne
② Ar
③ NO_2
④ CO_2

(풀이) 쉽게 농도가 변하는 물질은 체류시간이 짧은 물질을 의미한다.

① Ne의 체류시간 : 축적
② Ar의 체류시간 : 축적
③ NO_2의 체류시간 : 1~5일
④ CO_2의 체류시간 : 7~10년

08 다음 [보기]가 설명하는 연기 모양으로 옳은 것은?

[보기]
보통 30분 이상 지속되지 않으며, 일단 발생해 있던 복사역전층이 지표온도가 증가하면서 하층에서부터 해소되는 과정에서 상층은 역전상태로 안정층이 되고, 하층은 불안정층이 되어 굴뚝에서 배출된 오염물질이 아래로 지표면에까지 영향을 미치면서 발생하는 연기 모양

① Looping형
② Fanning형
③ Trapping형
④ Fumigation형

풀이 Fumigation(훈증형)

㉠ 대기의 하층은 불안정, 그 상층은 안정상태일 경우에 나타나는 연기의 형태이며 상층에서 역전이 발생하여 굴뚝에서 배출되는 연기가 아래쪽으로만 확산되는 형태로서 보통 30분 이상 지속되지는 않는다.

㉡ 오염물질 배출구 바로 주위에서 오염정도가 심하며 오염물질의 배출 높이가 역전층 높이보다 낮은 곳에 위치하는 경우에 지표면에서의 오염물질 농도가 일시적으로 높아질 수 있다.

㉢ 하늘이 맑고 바람이 약한 날의 아침에 주로 발생한다.

09 공업지역의 먼지 농도 측정을 위해 여과지를 이용하여 0.45m/s 속도로 3시간 포집한 결과 깨끗한 여과지에 비해 사용한 여과지의 빛전달률이 66%인 경우 1,000m당 Coh는 약 얼마인가?

① 3.0 　　　　② 3.2
③ 3.7 　　　　④ 4.0

풀이 $Coh_{1,000} = \dfrac{\log(1/t)/0.01}{L} \times 1,000$

광화학적 밀도 $= \log \dfrac{1}{0.66} = 0.18$

총 이동거리(L)
$= 0.45\text{m/sec} \times 3\text{hr} \times 3,600\text{sec/hr}$
$= 4,860\text{m}$

$= \dfrac{0.18/0.01}{4,860} \times 1,000 = 3.7$

10 다음 중 지구온난화의 주 원인물질로 가장 적합하게 짝지어진 것은?

① $CH_4 - CO_2$
② $SO_2 - NH_3$
③ $CO_2 - HF$
④ $NH_3 - HF$

풀이 온실효과 기여도 크기 순서
$CO_2(55\%) > CH_4(15\%) > N_2O(6\%)$

11 다음 [보기]가 설명하는 오염물질로 옳은 것은?

[보기]
• 급성 중독증상은 구토, 복통, 이질 등이 나타나며 기관지 염증을 일으키는 경우도 있다.
• 만성적인 경우에는 후각신경의 마비와 폐기종 등을 일으키는 한편 이로 인한 동맥경화증이나 고혈압증의 유발요인이 되기도 한다.
• 이것에 의한 질환은 수질오염으로 인하여 발생한 이따이이따이병이 있다.

① As 　　　　② Hg
③ Cr 　　　　④ Cd

풀이 카드뮴(Cd)

㉠ 만성폭로 시 가장 흔한 증상은 단백뇨이며 골격계 장해, 폐기능 장해를 유발한다.

㉡ 후각신경의 마비와 동맥경화증이나 고혈압증의 유발요인이 되기도 한다.

㉢ 급격폭로 증상은 화학성 폐렴, 폐기종 및 구토, 복통, 설사, 급성 위장염 등이 나타나며 기관지 염증을 일으키는 경우도 있다.

㉣ 이따이이따이병의 원인물질이다.

12 다음은 풍향과 풍속의 빈도 분포를 나타낸 바람장미(Wind Rose)이다. 여기서 주풍은?

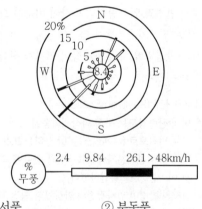

① 서풍 　　　　② 북동풍
③ 남동풍 　　　④ 남서풍

풀이 풍향은 중앙에서 바람이 불어오는 쪽으로 막대모양으로 표시하고, 풍향 중 주풍은 가장 빈번히 관측된 풍향을 말하며 막대의 길이가 가장 긴 방향이다.

13 다음 중 SO_2에 대한 저항력이 가장 강한 식물은?

① 콩   ② 옥수수
③ 양상추   ④ 사루비아

풀이 SO_2에 저항성이 강한 식물
옥수수, 까치밥나무, 수랍목, 협죽도 등이 있다.

14 다음 각 대기오염물질의 영향에 관한 설명으로 옳지 않은 것은?

① O_3는 DNA, RNA에 작용하여 유전인자에 변화를 일으키며, 염색체 이상이나 적혈구의 노화를 가져온다.
② 바나듐은 인체에 콜레스테롤, 인지질 및 지방분의 합성을 저해하거나 다른 영양물질의 대사장해를 일으키기도 한다.
③ 유기수은은 무기수은과 달리 창자로부터의 배출은 적고, 주로 신장으로 배출되며, 혈압강하가 주된 증상이다.
④ 납중독은 조혈기능 장애로 인한 빈혈을 수반하고, 신경계통을 침해하며, 더 나아가 시신경 위축에 의한 실명, 사지의 경련도 일으킬 수 있다.

풀이 유기수은은 모든 경로로 흡수가 잘되고 대변으로 주로 배출되며 일부는 땀으로도 배설된다. 또한 유기수은 중 메틸수은은 미나마타병을 발생시킨다.

15 연소과정에서 방출되는 NOx 배출가스 중 NO : NO_2의 개략적인 비는 얼마 정도인가?

① 5 : 95   ② 20 : 80
③ 50 : 50   ④ 90 : 10

풀이 화석연료 연소 시 배출하는 NO와 NO_2이며 개략적인 비는 90 : 10 정도이다.

16 벨기에의 뮤즈계곡 사건, 미국의 도노라 사건 및 런던 스모그 사건의 공통적인 주요 대기오염 원인물질로 가장 적합한 것은?

① SO_2 ② O_3
③ CS_2 ④ NO_2

풀이 각 사건의 주 오염물질
㉠ 뮤즈계곡 사건 : SO_2, H_2SO_4, 불소화합물, CO
㉡ 도노라 사건 : SO_2, 황산 mist
㉢ 런던 스모그 사건 : SO_2

17 흑체의 최대에너지가 복사될 때 이용되는 파장(λ_m : μm)과 흑체의 표면온도(T : 절대온도)와의 관계를 나타내는 다음 복사이론에 관한 법칙은?

$$\lambda_m = a/T$$
(단, 비례상수 a : 0.2898cm · K)

① 알베도의 법칙
② 플랑크의 법칙
③ 비인의 변위법칙
④ 스테판−볼츠만의 법칙

풀이 비인의 변위법칙(Wien's Displacement Law)
㉠ 정의
최대에너지 파장과 흑체 표면의 절대온도와는 반비례함을 나타내는 법칙으로 파장의 길이가 작을수록 표면온도가 높은 물체이다.
㉡ 관련식
$$\lambda_m = \frac{a}{T} = \frac{2,898}{T}$$
여기서, λ_m : 복사에너지 중 에너지 강도가 최대가 되는 파장(μm)
T : 흑체의 표면온도(K)
a : 비례상수

18 다음 각 오염물질에 대한 지표식물로 가장 거리가 먼 것은?

① PAN : 시금치
② 황화수소 : 토마토
③ 아황산가스 : 무궁화
④ 불소화합물 : 글라디올러스

(풀이) SO₂(아황산가스)의 지표식물은 자주개나리(알파파)이다.

19 보통 가을부터 봄에 걸쳐 날씨가 좋고, 바람이 약하며, 습도가 낮을 때 자정 이후부터 아침까지 잘 발생하고, 낮이 되면 일사로 인해 지면이 가열되면 곧 소멸되는 역전의 형태는?

① Lofting Inversion
② Coning Inversion
③ Radiative Inversion
④ Subsidence Inversion

(풀이) 복사역전(Radiative Inversion)

주로 맑은 날 야간에 지표면에서 발산되는 복사열로 인하여 복사냉각이 시작되면 이로 인해 온도가 상공으로 소실되어 지표 냉각이 일어나 지표면의 공기층이 냉각된 지표와 접하게 되어 주로 밤부터 이른 아침 사이에 복사역전이 형성되며 낮이 되면 일사에 의해 지면이 가열되므로 곧 소멸된다.

20 과거의 역사적으로 발생한 대기오염사건 중 런던형 스모그의 기상 및 안정도 조건으로 옳지 않은 것은?

① 침강성 역전
② 바람은 무풍상태
③ 기온은 4℃ 이하
④ 습도는 85% 이상

(풀이) London형 Smog와 LA형 Smog의 비교

구분	London형	LA형
특징	Smoke+Fog의 합성	광화학작용-(2차성 오염물질의 스모그 형성)
반응ㆍ화학반응	• 열적 환원반응 • 연기＋안개 → 환원형 Smog	• 광화학적 산화반응 • HC＋NOx＋hν → 산화형 Smog
발생 시 기온	4℃ 이하	24℃ 이상 (25~30℃)
발생 시 습도	85% 이상	70% 이하
발생 시간	새벽~이른 아침ㆍ저녁	주간(한낮)
발생 계절	겨울(12~1월)	여름(7~9월)
일사량	없을 때	강한 햇빛
풍속	무풍	3m/sec 이하
역전 종류	복사성 역전(방사형) : 접지역전	침강성 역전 (하강갱)
주오염 배출원	• 공장 및 가정난방 • 석탄 및 석유계 연료	• 자동차 배기가스 • 석유계 연료
시정거리	100m 이하	1.6~0.8km 이하
Smog 형태	차가운 취기가 있는 농무형	회청색의 농무형
피해	• 호흡기 장애, 만성기관지염, 폐렴 • 심각한 사망률(인체에 대해 직접적 피해)	• 점막자극, 시정악화 • 고무제품 손상, 건축물 손상

제2과목 대기오염공정시험기준(방법)

21 비분산적외선분광분석법에 관한 설명으로 옳지 않은 것은?

① 광원은 원칙적으로 중공음극램프를 사용하며 감도를 높이기 위하여 텅스텐램프를 사용하기도 한다.
② 대기 및 굴뚝 배출기체 중의 오염물질을 연속적으로 측정하는 비분산 정필터형 적외선 가스 분

석계에 대하여 적용한다.

③ 선택성 검출기를 이용하여 시료 중 특성성분에 의한 적외선의 흡수량 변화를 측정하여 시료 중 들어 있는 특정 성분의 농도를 측정한다.

④ 광학필터는 시료가스 중에 간섭 물질가스의 흡수파장역의 적외선을 흡수제거하기 위하여 사용하며, 가스필터와 고체필터가 있는데 이것은 단독 또는 적절히 조합하여 사용한다.

(풀이) 광원은 원칙적으로 흑체발광으로 니크롬선 또는 탄화규소의 저항체에 전류를 흘려 가열한 것을 사용한다. 광원의 온도가 올라갈수록 발광되는 적외선의 세기가 커지지만 온도가 지나치게 높아지면 불필요한 가시광선의 발광이 심해져 적외선 광학계의 산란광으로 작용하여 광학계를 교란시킬 우려가 있다. 따라서 적외선 및 가시광선의 발광량을 고려하여 광원의 온도를 정해야 하는데 1,000~1,300K 정도가 적당하다.

22 질산은 적정법으로 배출가스 중 시안화수소를 분석할 때 사용되는 시약이 아닌 것은?

① 질산(부피분율 10%)
② 수산화소듐 용액(질량분율 2%)
③ 아세트산(99.7%)(부피분율 10%)
④ p-다이메틸아미노벤질리덴로다닌의 아세톤 용액

(풀이) 배출가스 중 시안화수소(질산은 적정법) 분석시약
　㉠ 수산화소듐 용액(질량분율 2%)
　㉡ 아세트산(99.7%)(부피분율 10%)
　㉢ p-다이메틸아미노벤질리덴로다닌의 아세톤 용액
　㉣ N/100 질산은 용액

23 비분산적외선분석계의 장치구성에 관한 설명으로 옳지 않은 것은?

① 비교셀은 시료셀과 동일한 모양을 가지며 수소 또는 헬륨 기체를 봉입하여 사용한다.

② 시료셀은 시료가스가 흐르는 상태에서 양단의 창을 통해 시료광속이 통과하는 구조를 갖는다.

③ 광학필터는 시료가스 중에 간섭 물질가스의 흡수파장역의 적외선을 흡수제거하기 위하여 사용한다.

④ 검출기는 광속을 받아들여 시료가스 중 측정성분 농도에 대응하는 신호를 발생시키는 선택적 검출기 혹은 광학필터와 비선택적 검출기를 조합하여 사용한다.

(풀이) 비교셀은 시료셀과 동일한 모양을 가지며 아르곤 또는 질소 같은 불활성 기체를 봉입하여 사용한다.

24 이온크로마토그래피의 장치 요건으로 옳지 않은 것은?

① 송액펌프는 맥동이 적은 것을 사용한다.

② 검출기는 분리관 용리액 중의 시료성분의 유무와 양을 검출하는 부분으로 일반적으로 전도도 검출기를 많이 사용한다.

③ 서프레서는 관형과 이온교환막형이 있으며, 관형은 음이온에는 스티롤계 강산형(H^+) 수지가, 음이온에는 스티롤계 강염기형(OH^-) 수지가 충진된 것을 사용한다.

④ 용리액조는 이온성분이 잘 용출되는 재질로서 용리액과 공기와의 접촉이 효과적으로 되는 것을 선택하며, 일반적으로 실리카 재질의 것을 사용한다.

(풀이) 용리액조는 용출되지 않는 재질(폴리에틸렌, 경질 유리제)로서 용리액을 직접 공기와 접촉시키지 않는 밀폐된 것을 선택한다.

25 대기오염공정시험기준상 시약, 표준물질, 표준용액에 관한 설명으로 옳지 않은 것은?

① 시험에 사용하는 표준물질은 원칙적으로 특급 시약을 사용한다.

② 표준용액을 조제하기 위한 표준용 시약은 따로 규정이 없는 한 데시케이터에 보존된 것을 사용한다.

③ 시험시약 중 따로 규정이 없고, 단순히 질산으로 표시했을 때는, 그 비중은 약 1.38, 농도는 60.0~62.0(%) 이상의 것을 뜻한다.

④ 표준물질을 채취할 때 표준액이 정수로 기재되어 있는 경우에는 실험자가 환산하여 기재한 수치에 "약"자를 붙여 사용할 수 없다.

풀이 표준물질을 채취할 때 표준액이 정수로 기재되어 있어도 실험자가 환산하여 기재수치에 "약"자를 붙여 사용할 수 있다.

26 대기오염공정시험기준 총칙에 관한 사항으로 옳지 않은 것은?

① 냉수는 15℃ 이하, 온수는 (60~70)℃, 열수는 약 100℃를 말한다.

② 기체 중의 농도를 mg/m^3로 표시했을 때는 m^3은 표준상태(0℃, 1기압)의 기체용적을 뜻하고 Sm^3로 표시한 것과 같다.

③ "냉후"(식힌 후)라 표시되어 있을 때는 보온 또는 가열 후 표준상태 온도까지 냉각된 상태를 뜻한다.

④ 시험에 사용하는 물은 따로 규정이 없는 한 정제증류수 또는 이온교환수지로 정제한 탈염수를 사용한다.

풀이 냉후(식힌 후)라 표시되어 있을 때는 보온 또는 가열 후 실온까지 냉각된 상태를 뜻한다.

27 환경대기 중 위상차현미경법에 의한 석면먼지의 농도표시에 관한 설명으로 옳은 것은?

① 0℃, 1기압 상태의 기체 1mL 중에 함유된 석면섬유의 개수(개/mL)로 표시한다.

② 0℃, 1기압 상태의 기체 $1\mu L$ 중에 함유된 석면섬유의 개수(개/μL)로 표시한다.

③ 20℃, 1기압 상태의 기체 1mL 중에 함유된 석면섬유의 개수(개/mL)로 표시한다.

④ 20℃, 1기압 상태의 기체 $1\mu L$ 중에 함유된 석면섬유의 개수(개/μL)로 표시한다.

풀이 석면먼지의 농도표시
표준상태(20℃, 760mmHg)의 기체 1mL 중에 함유된 석면섬유의 개수(개/mL)로 표시한다.

28 다음은 환경대기 중 중금속화합물 동시분석을 위한 유도결합플라즈마분광법에 사용되는 용어 정의이다. ( ) 안에 알맞은 것은?

검출한계는 지정된 공정시험방법(기준)에 따라 시험하였을 때 바탕용액 농도의 오차범위와 통계적으로 다르게 나타나는 최소의 측정 가능한 농도를 의미하며, 보통 신호대 잡음비(S/N)가 (㉠)(이)가 되는 시료의 농도를 의미한다. 실제로는 바탕용액의 농도를 여러 번 측정하여, 이 값의 표준편차의 (㉡)을(를) 곱한 농도로 산출한다.

① ㉠ 1, ㉡ 2　　② ㉠ 2, ㉡ 3
③ ㉠ 5, ㉡ 10　　④ ㉠ 10, ㉡ 10

풀이 검출한계
바탕용액 농도의 오차범위와 통계적으로 다르게 나타나는 최소의 측정 가능한 농도를 의미하며, 보통 신호대 잡음비(S/N)가 2가 되는 시료의 농도를 의미한다. 실제로는 바탕용액의 농도를 여러 번 측정하여, 이 값의 표준편차에 3을 곱한 농도로 산출한다.

29 굴뚝 배출가스 중 수은화합물을 냉증기원자흡수분광광도법으로 분석할 때 측정파장(nm)으로 옳은 것은?

① 193.7 ② 253.7
③ 324.8 ④ 357.9

(풀이) 배출가스 중 수은화합물 분석방법(냉증기-원자흡수분광광도법)

배출원에서 등속으로 흡입된 입자상과 가스상 수은은 흡수액인 과망간산포타슘 용액에서 채취된다. Hg^{2+} 형태로 채취한 수은을 Hg^0 형태로 환원시켜서, 광학셀에 있는 용액에서 기화시킨 다음 원자흡수분광광도계로 253.7nm에서 측정한다.

30 단면의 모양이 4각형인 어느 연도를 6개의 등면적으로 구분하여 각 측정점에서 유속과 굴뚝 건조 배출가스 중 먼지농도를 수동식으로 측정한 결과가 다음과 같았다. 이때 전체 단면의 평균 먼지농도(g/Sm³)는?

측정점	1	2	3	4	5	6
먼지농도 (g/Sm³)	0.48	0.45	0.51	0.47	0.45	0.46
유속(m/s)	8.2	7.8	8.4	8.0	8.0	7.9

① 0.45 ② 0.47
③ 0.49 ④ 0.50

(풀이) 총평균 먼지농도($\overline{C_n}$)

$$\overline{C_n} = \frac{\begin{array}{c}(8.2 \times 0.48) + (7.8 \times 0.45) + (8.4 \times 0.5) \\ + (8.0 \times 0.47) + (8.0 \times 0.45) + (7.9 \times 0.46)\end{array}}{8.2 + 7.8 + 8.4 + 8.0 + 8.0 + 7.9}$$
$$= 0.47 \text{g/Sm}^3$$

31 환경대기 중 아황산가스 측정을 위한 파라로자닐린법(Pararosaniline Method)의 장치구성에 관한 설명으로 옳지 않은 것은?

① 필터는 0.8~2.0 μm의 다공질막 또는 유리솜 필터를 사용한다.

② 흡입펌프는 유량조절기와 펌프 사이에 적어도 0.7기압의 압력 차이를 유지하여야 한다.

③ 분광광도계로 376nm에서 흡광도를 측정하고, 측정에 사용되는 스펙트럼폭은 50nm이어야 한다.

④ 시료분산기는 외경 8mm, 내경 6mm, 및 길이 152mm의 유리관으로서 끝은 외경 0.3~0.8mm로 가늘게 만든 것을 사용한다.

(풀이) 환경대기 중 아황산가스 측정방법(흡광광도계, 분광광도계)

548nm에서 흡광도를 측정할 수 있어야 하고, 측정에 사용되는 스펙트럼폭은 15nm이어야 한다.

32 원자흡수분광광도법의 장치에 관한 설명으로 옳지 않은 것은?

① 아세틸렌-아산화질소 불꽃은 불꽃온도가 낮고 일부 원소에 대하여 높은 감도를 나타낸다.

② 램프점등장치 중 교류점등 방식은 광원의 빛 자체가 변조되어 있기 때문에 빛의 단속기(Chopper)는 필요하지 않다.

③ 원자흡광분석용 광원은 원자흡광스펙트럼선의 선폭보다 좁은 선폭을 갖고 휘도가 높은 스펙트럼을 방사하는 중공음극램프가 많이 사용된다.

④ 분광기(파장선택부)는 광원램프에서 방사되는 휘선스펙트럼 가운데서 필요한 분석선만을 골라내기 위하여 사용되는데 일반적으로 회절격자나 프리즘(Prism)을 이용한 분광기가 사용된다.

(풀이) 아세틸렌-아산화질소 불꽃

불꽃온도가 높기 때문에 불꽃 중에서 해리하기 어려운 내화성 산화물을 만들기 쉬운 원소의 분석에 적용한다.

33 다음은 환경대기 중 옥시던트 측정방법-중성요오드화칼륨법(Determination of Oxidants -Neutral Buffered Potassium Iodide Method)의 적용범위이다. ( ) 안에 가장 적합한 것은?

이 방법은 오존으로써 ( ) 범위에 있는 전체 옥시던트를 측정하는 데 사용되며 산화성 물질이나 환원성 물질이 결과에 영향을 미치므로 오존만을 측정하는 방법은 아니다.

① $0.0001 \sim 0.001 \mu mol/mol$

② $0.001 \sim 0.01 \mu mol/mol$

③ $0.01 \sim 10 \mu mol/mol$

④ $100 \sim 1,000 \mu mol/mol$

(풀이) 환경대기 중 옥시던트 측정방법(중성요오드화칼륨(포타슘)법)

오존으로써 $0.01 \sim 10 \mu mol/mol(ppm)$ 범위에 있는 전체 옥시던트를 측정하는 데 사용되며 산화성 물질이나 환원성 물질이 결과에 영향을 미치므로 오존만을 측정하는 방법은 아니다.

34 다음은 굴뚝 배출가스 중 시안화수소의 자외선/가시선 분광법(피리딘피라졸론법)에 관한 설명이다. ( ) 안에 알맞은 것은?

이 방법은 시안화수소를 흡수액에 흡수시킨 다음 발색시켜서 얻은 발색액에 대하여 흡광도를 측정하여 시안화수소를 정량하는 방법으로서, 이 방법의 방법검출한계는 ( )이다. 그리고 할로겐 등의 산화성 가스와 황화수소 등의 영향을 무시할 수 있는 경우에 적용한다.

① 0.005ppm ② 0.010ppm

③ 0.016ppm ④ 0.032ppm

(풀이) 배출가스 중 시안화수소의 자외선/가시선 분광법(피리딘피라졸론법)

㉠ 이 방법은 시안화수소를 흡수액에 흡수시킨 다음 이것을 발색시켜서 얻은 발색액에 대하여

흡광도를 측정하여 시안화수소를 정량한다.

㉡ 시료 채취량 100~1,000mL인 경우 시안화수소의 농도가 0.5~100ppm인 것의 분석에 적합하다. 또 0.05ppm 이하인 경우에는 시료 채취량을 많게 하고, 한편 100ppm 이상인 경우에는 분석용 시료용액을 흡수액으로 묽게 하여 사용한다.

㉢ 할로겐 등의 산화성 가스와 황화수소 등의 영향을 무시할 수 있는 경우에 적용한다.

㉣ 방법검출한계는 0.016ppm이다.

35 원자흡수분광광도법(Atomic Absorption Spectrophotometry)에서 사용되는 용어로 옳지 않은 것은?

① 제로 가스(Zero Gas)

② 멀티 패스(Multi-path)

③ 공명선(Resonance Line)

④ 선프로파일(Line Profile)

(풀이) 제로 가스(Zero Gas)는 비분산적외선분광분석법에서 사용되는 용어이다.

36 배출가스를 피토관으로 측정한 결과, 동압이 $6mmH_2O$일 때 배출가스 평균 유속(m/s)은? (단, 피토관 계수 = 1.5, 중력가속도 = $9.8m/s^2$, 굴뚝 내 습한 배출가스 밀도 = $1.3kg/m^3$)

① 12.8 ② 14.3

③ 15.8 ④ 16.5

(풀이) $V(m/sec)$

$$= C \sqrt{\frac{2gh}{\gamma}}$$

$$= 1.5 \times \sqrt{\frac{2 \times 9.8m/sec^2 \times 6mmH_2O}{1.3kg/m^3}}$$

$$= 14.27m/sec$$

37 굴뚝 배출가스 중 일산화탄소 분석방법으로 옳지 않은 것은?

① 정전위전해법 　　② 이온선택적정법

③ 비분산적외선분석법 ④ 기체크로마토그래피

(풀이) 배출가스 중 일산화탄소(CO) 분석방법

　㉠ 비분산형 적외선 분석법

　㉡ 정전위전해법

　㉢ 기체크로마토그래피

38 배출가스 중의 질소산화물을 페놀디설폰산법으로 측정할 경우 사용하는 시료가스 흡수액으로 옳은 것은?

① 붕산용액

② 암모니아수

③ 오르토톨리딘용액

④ 황산+과산화수소+증류수

(풀이) 질소산화물의 분석방법 및 흡수액

　㉠ 아연환원 나프틸에틸렌다이아민법 – 물

　㉡ 페놀디술폰산법 – 산화흡수제(황산+과산화수소수)

39 가스상 물질 시료채취장치에 대한 주의사항으로 옳지 않은 것은?

① 가스미터는 $100\text{mmH}_2\text{O}$ 이내에서 사용한다.

② 습식가스미터를 이동 또는 운반할 때는 반드시 물을 뺀다.

③ 시료가스의 양을 재기 위하여 쓰는 채취병은 미리 0℃ 때의 참부피를 구해둔다.

④ 흡수병은 각 분석법에 공용 사용을 원칙으로 하고, 대상 성분이 달라질 때마다 메틸 알콜로 3회 정도 씻은 후 사용한다.

(풀이) 시료채취 장치의 주의사항

　㉠ 흡수병은 각 분석법에 공용할 수 있는 것도 있으나, 대상 성분마다 전용으로 하는 것이 좋다. 만일

공용으로 할 때에는 대상 성분이 달라질 때마다 묽은 산 또는 알칼리 용액과 물로 깨끗이 씻은 다음 다시 흡수액으로 3회 정도 씻은 후 사용한다.

　㉡ 습식 가스미터를 이동 또는 운반할 때에는 반드시 물을 뺀다. 또 오랫동안 쓰지 않을 때에도 그와 같이 배수한다.

　㉢ 가스미터는 $100\text{ mmH}_2\text{O}$ 이내에서 사용한다.

　㉣ 습식 가스미터를 장시간 사용하는 경우에는 배출가스의 성상에 따라서 수위의 변화가 일어날 수 있으므로 필요한 수위를 유지하도록 주의한다.

　㉤ 가스미터는 정밀도를 유지하기 위하여 필요에 따라 오차를 측정해 둔다.

　㉥ 시료가스의 양을 재기 위하여 쓰는 채취병은 미리 0℃ 때의 참부피를 구해둔다.

　㉦ 주사통에 의한 시료가스의 계량에 있어서 계량 오차가 크다고 생각되는 경우에는 흡입펌프 및 가스미터에 의한 채취방법을 이용하는 것이 좋다.

　㉧ 시료가스 채취장치의 조립에 있어서는 채취부의 조작을 쉽게 하기 위하여 흡수병, 마노미터, 흡입펌프 및 가스미터는 가까운 곳에 놓는다. 또 습식 가스미터는 정확하게 수평을 유지할 수 있는 곳에 놓아야 한다.

　㉨ 배출가스 중에 수분과 미스트가 대단히 많을 때에는 채취부와 흡입펌프, 전기배선, 접속부 등에 물방울이나 미스트가 부착되지 않도록 한다.

40 굴뚝 배출가스 중 먼지를 연속적으로 자동측정하는 방법에서 사용되는 용어의 의미로 옳지 않은 것은?

① 검출한계 : 제로드리프트의 5배에 해당하는 지시치가 갖는 교정용 입자의 먼지농도를 말한다.

② 균일계 단분산 입자 : 입자의 크기가 모두 같은 것으로 간주할 수 있는 시험용 입자로서 실험실에서 만들어진다.

③ 교정용 입자 : 실내에서 감도 및 교정오차를 구할 때 사용하는 균일계 단분산 입자로서 기하평균 입경이 $0.3 \sim 3\mu\text{m}$인 인공입자로 한다.

④ 응답시간 : 표준교정판(필름)을 끼우고 측정을 시작했을 때 그 보정치의 95%에 해당하는 지시치를 나타낼 때까지 걸린 시간을 말한다.

🔵 굴뚝 연속자동측정기(먼지)
검출한계는 제로드리프트의 2배에 해당하는 지시치가 갖는 교정용 입자의 먼지농도를 말한다.

제3과목 대기오염방지기술

41 유입공기 중 염소가스의 농도가 80,000 ppm이고, 흡수탑의 염소가스 제거효율은 80% 이다. 이 흡수탑 3개를 직렬로 연결했을 때 유출공기 중 염소가스의 농도(ppm)는?

① 460 　　② 540
③ 640 　　④ 720

🔵 연소가스농도(ppm) $= 80,000 \text{ppm} \times (1-0.8)^3$
$= 640 \text{ppm}$

42 전기집진장치의 집진율이 98%이고 집진시설에서 배출되는 먼지농도가 0.25g/m³일 때 유입되는 먼지농도(g/m³)는?

① 12.5 　　② 15.0
③ 17.5 　　④ 20.0

🔵 집진효율(%) $= \left(1 - \dfrac{\text{출구농도}}{\text{입구농도}}\right) \times 100$

$98 = \left(1 - \dfrac{0.25}{\text{입구농도}}\right) \times 100$

$0.98 = \left(1 - \dfrac{0.25}{\text{입구농도}}\right)$

입구농도 $= 12.5 \text{g/m}^3$

43 기상농도와 액상농도의 평형관계를 나타내는 헨리법칙이 잘 적용되지 않는 기체는?

① O_2 　　② N_2
③ CO 　　④ Cl_2

🔵 헨리법칙은 난용성 기체에 적용하므로 물에 잘 녹는 수용성 기체인 Cl_2가 정답이다.

44 휘발성 유기화합물과 냄새를 생물학적으로 제거하기 위해 사용하는 생물여과의 일반적 특성으로 가장 거리가 먼 것은?

① 설치에 넓은 면적을 요한다.
② 습도제어에 각별한 주의가 필요하다.
③ 고농도 오염물질의 처리에는 부적합한 편이다.
④ 입자상 물질 및 생체량이 감소하여 장치 막힘의 우려가 없다.

🔵 생물여과법은 생체량의 증가로 장치가 막힐 수 있다.

45 연소계산에서 연소 후 배출가스 중 산소농도가 6.2%일 때 완전연소 시 공기비는?

① 1.15 　　② 1.23
③ 1.31 　　④ 1.42

🔵 공기비$(m) = \dfrac{21}{21-O_2} = \dfrac{21}{21-6.2} = 1.42$

46 습식세정장치의 특징으로 옳지 않은 것은?

① 가연성, 폭발성 먼지를 처리할 수 있다.
② 부식성 가스와 먼지를 중화시킬 수 있다.
③ 단일장치에서 가스흡수와 먼지포집이 동시에 가능하다.
④ 배출가스는 가시적인 연기를 피하기 위해 별도의 재가열시설이 필요하고, 집진된 먼지는 회수가 용이하다.

🔵 배출가스는 가시적인 연기를 피하기 위해 별도의 재가열시설이 필요하고, 집진된 먼지의 회수가 용이하지 않다.

47 다음 중 착화성이 좋은 경유의 세탄값 범위로 가장 적합한 것은?

① 0.1~1
② 1~5
③ 5~10
④ 40~60

일반적으로 경유의 세탄가는 45 이상으로 정하여져 있으며 착화성이 좋은 경우 40~60의 세탄값 범위를 갖는다.

48 옥탄(C_8H_{18})이 완전연소될 때 부피기준의 AFR(Air Fuel Ration)은?

① 약 15.0
② 약 59.5
③ 약 69.6
④ 약 71.2

C_8H_{18}의 연소반응식

C_8H_{18} + $12.5O_2$ → $8CO_2$ + $9H_2O$
1mole   12.5mole

부피기준 AFR = $\dfrac{산소의\ mole/0.21}{연료의\ mole}$ = $\dfrac{12.5/0.21}{1}$

= 59.5mole air/mole fuel

중량기준 AFR = $59.5 \times \dfrac{28.95}{114}$

= 15.14kg air/kg fuel

[114 : 옥탄의 분자량, 28.95 : 건조공기 분자량]

49 입자의 비표면적(단위 체적당 표면적)에 관한 설명으로 옳은 것은?

① 입자의 입경이 작아질수록 비표면적은 커진다.
② 입자의 비표면적이 커지면 응집성과 흡착력이 작아진다.
③ 입자의 비표면적이 작으면 원심력집진장치의 경우 입자가 장치의 벽면에 부착하여 장치벽면을 폐색시킨다.
④ 입자의 비표면적이 작으면 전기집진장치에서는 주로 먼지가 집진극에 퇴적되어 역전리 현상이 초래된다.

② 입자의 비표면적이 커지면 응집성과 흡착력도 증가한다.
③ 입자의 비표면적이 크면 원심력집진장치의 경우 입자가 장치의 벽면에 부착하여 장치벽면을 폐색시킨다.
④ 입자의 비표면적이 크면 전기집진장치에서는 주로 먼지가 집진극에 퇴적되어 역전리 현상이 초래된다.

50 여과집진장치에서 처리가스 중 SO_2, HCl 등을 함유한 200℃ 정도의 고온 배출가스를 처리하는 데 가장 적합한 여포재는?

① 양모(Wool)
② 목면(Cotton)
③ 나일론(Nylon)
④ 유리섬유(Glass Fiber)

글라스파이버는 최고사용온도가 250℃로 여과포 중 가장 높다.

51 유해가스 성분을 제거하기 위한 흡수제의 구비조건 중 옳지 않은 것은?

① 흡수제의 손실을 줄이기 위하여 휘발성이 적어야 한다.
② 흡수제는 화학적으로 안정해야 하며, 빙점은 높고, 비점은 낮아야 한다.
③ 흡수율을 높이고 범람(Flooding)을 줄이기 위해서는 흡수제의 점도가 낮아야 한다.
④ 적은 양의 흡수제로 많은 오염물을 제거하기 위해서는 유해가스의 용해도가 큰 흡수제를 선정한다.

흡수제는 화학적으로 안정해야 하며, 빙점은 낮고, 비점은 높아야 한다.

52 중력침강실 내 함진가스의 유속이 $2m/s$ 인 경우, 바닥면으로부터 $1m$ 높이(H)로 유입된 먼지는 수평으로 몇 m 떨어진 지점에 착지하겠는 가?(단, 층류 기준, 먼지의 침강속도는 $0.4m/s$)

① 2.5
② 3.0
③ 4.5
④ 5.0

풀이 $L = \dfrac{V \times H}{V_g} = \dfrac{2m/\sec \times 1m}{0.4m/\sec} = 5.0m$

53 A굴뚝 배출가스 중 염소농도를 측정하였더니 $100ppm$이었다. 이때 염소농도를 $50mg/Sm^3$로 저하시키기 위하여 제거해야 할 염소농도(mg/Sm^3)는?

① 약 32
② 약 50
③ 약 267
④ 약 317

풀이 제거해야 할 염소농도(mg/Sm^3)

＝초기농도－나중농도

초기농도 $= 100ppm \times \dfrac{71mg}{22.4mL}$

$= 316.96mg/Sm^3$

$= 316.96 - 50 = 266.96mg/Sm^3$

54 악취처리기술에 관한 설명으로 옳지 않은 것은?

① 흡수에 의한 방법 중 단탑은 충전탑에서 가스액의 분리가 문제될 때 유용하다.
② 흡착에 의한 방법에서 흡착제를 재생하기 위해서는 증기를 사용하여 충전층을 $340℃$ 정도로 가열하여 준다.
③ 통풍 및 희석에 의한 방법을 사용할 경우 가스 토출속도는 $50cm/s$ 정도로 하고 그 이하가 되면 다운워시(Down Wash) 현상을 일으킨다.
④ 흡수에 의한 처리방법을 사용할 경우 흡수에 의해 제거되는 가스상 오염물질은 세정액에 대해 가용성이어야 하고, H_2S의 경우는 에탄올과 아민 등에 흡수된다.

풀이 통풍(환기) 및 희석(Ventilation)

㉠ 높은 굴뚝을 통해 방출시켜 대기 중에 분산 희석시키는 방법, 즉 악취를 대량의 공기로 희석시키는 방법이다.
㉡ Down Draft 및 Down Wash 현상이 생기지 않도록 굴뚝 높이를 주위 건물의 2.5배 이상, 연돌 내 토출속도를 $18m/\sec$ 이상으로 해야 한다.
㉢ 운영비(Operation Cost)가 일반적으로 가장 적게 드는 방법이다.

55 직경 $0.3m$인 덕트로 공기가 $1m/s$로 흐를 때 이 공기의 레이놀즈 수(Re)는?(단, 공기밀도는 $1.3kg/m^3$, 점도는 $1.8 \times 10^{-4} kg/m \cdot s$이다.)

① 약 1,083
② 약 2,167
③ 약 3,251
④ 약 4,334

풀이 $Re = \dfrac{DV\rho}{\mu}$

$= \dfrac{0.3m \times 1m/\sec \times 1.3kg/m^3}{1.84 \times 10^{-4}kg/m \cdot \sec}$

$= 2,166.67$

56 다음 가스연료의 완전연소 반응식으로 옳지 않은 것은?

① 수소 : $2H_2 + O_2 \rightarrow 2H_2O$
② 메탄 : $CH_4 + O_2 \rightarrow CO_2 + 2H_2$
③ 일산화탄소 : $2CO + O_2 \rightarrow 2CO_2$
④ 프로판 : $C_3H_8 + 5O_2 \rightarrow 3CO_2 + 4H_2O$

풀이 탄화수소 연소반응식

$C_mH_n + \left(m + \dfrac{n}{4}\right)O_2 \rightarrow mCO_2 + \left(\dfrac{n}{2}\right)H_2O$

$CH_4 + \left(1 + \dfrac{4}{4}\right)O_2 \rightarrow CO_2 + \left(\dfrac{4}{2}\right)H_2O$

$CH_4 + 2O_2 \rightarrow CO_2 + 2H_2O$

57

사이클론의 직경이 56cm, 유입가스의 속도가 5.5m/s일 때 분리계수는?

① 약 11.0
② 약 23.3
③ 약 46.5
④ 약 55.2

풀이 분리계수$(S) = \dfrac{원심력}{중력}$

$$= \frac{V_\theta^2}{R \times g}$$

$$= \frac{(5.5\mathrm{m/sec})^2}{\left(0.56\mathrm{m} \times \dfrac{1}{2}\right) \times 9.8\mathrm{m/sec}^2}$$

$$= 11.03$$

58

선택적 촉매환원법(SCR)에서 질소산화물을 N_2로 환원시키는 데 가장 적당한 반응제는?

① 오존
② 염소
③ 암모니아
④ 이산화탄소

풀이 선택적 촉매환원법(SCR : Selective Catalytic Reduction)

연소가스 중의 NOx를 촉매(TiO_2와 V_2O_5를 혼합하여 제조)를 사용하여 환원제(NH_3, H_2S, CO, H_2 등)와 반응 N_2와 H_2O로 O_2와 상관없이 접촉환원시키는 방법이다.

59

오염가스의 처리를 위한 소각법에 관한 설명으로 옳지 않은 것은?

① 가열소각법의 연소실 내의 온도는 850~1,100℃, 체류시간 3~5초로 설계하고 있다.
② 촉매소각은 Pt, Co, Ni 등의 촉매를 사용하며 400~500℃ 정도에서 수백 분의 1초 동안에 소각시키는 방법이다.
③ 가열소각법은 오염기체의 농도가 낮을 경우 보조연료가 필요하며, 보통 경제적으로 오염가스

의 농도가 연소하한치의 50% 이상일 때 적합한 방법이다.
④ 촉매소각은 소각효율이 높고 압력손실이 작다는 장점이 있으나, Zn, Pb, Hg 및 분진과 같은 촉매독 때문에 촉매의 수명이 짧아지는 단점도 있다.

풀이 가열연소법의 연소실 내의 온도는 650~850℃, 체류시간은 0.7(0.2)~0.9(0.8)초 정도로 설계한다.

60

다음 [보기]가 설명하는 원심력 송풍기의 유형으로 옳은 것은?

[보기]
축차의 날개는 작고 회전축차의 회전방향 쪽으로 굽어 있다. 이 송풍기는 비교적 느린 속도로 가동되며, 이 축차는 때로는 '다람쥐 축차'라고 불린다. 주로 가정용 화로, 중앙난방장치 및 에어컨과 같이 저압 난방 및 환기 등에 이용된다.

① 프로펠러형
② 방사 날개형
③ 전향 날개형
④ 방사 경사형

풀이 전향 날개형(다익형) 송풍기

㉠ 전향 날개형(전곡 날개형(Forward-Curved Blade Fan))이라고 하며 익현 길이가 짧고 깃폭이 넓은 36~64매나 되는 다수의 전경깃이 강철판의 회전차에 붙여지고, 용접해서 만들어진 케이싱 속에 삽입된 형태의 팬으로, 시로코 팬이라고도 한다.
㉡ 송풍기의 임펠러가 다람쥐 쳇바퀴 모양으로 회전날개가 회전방향과 동일한 방향으로 설계되어 있으며 축차의 날개는 작고 회전축자의 회전방향 쪽으로 굽어 있다.

ff

제4과목 **대기환경관계법규**

61 대기환경보전법령상 초과부과금 산정 시 다음 오염물질 1kg당 부과금액이 가장 큰 오염물질은?

① 불소화물   ② 황화수소

③ 이황화탄소   ④ 암모니아

풀이 초과부과금 산정기준

구분 오염물질	오염물질 1킬로그램당 부과금액
황산화물	500
먼지	770
질소산화물	2,130
암모니아	1,400
황화수소	6,000
이황화탄소	1,600
특정유해물질 불소화물	2,300
염화수소	7,400
시안화수소	7,300

62 다음은 대기환경보전법령상 총량규제구역의 지정사항이다. ( ) 안에 가장 적합한 것은?

(㉠)은/는 법에 따라 그 구역의 사업장에서 배출되는 대기오염물질을 총량으로 규제하려는 경우에는 다음 각 호의 사항을 고시하여야 한다.
1. 총량규제구역
2. 총량규제 대기오염물질
3. (㉡)
4. 그 밖에 총량규제구역의 대기관리를 위하여 필요한 사항

① ㉠ 대통령, ㉡ 총량규제부하량
② ㉠ 환경부장관, ㉡ 총량규제부하량
③ ㉠ 대통령, ㉡ 대기오염물질의 저감계획
④ ㉠ 환경부장관, ㉡ 대기오염물질의 저감계획

풀이 대기오염물질을 총량으로 규제하려는 경우 고시 사항
㉠ 총량규제구역
㉡ 총량규제 대기오염물질
㉢ 대기오염물질의 저감계획
㉣ 그 밖에 총량규제구역의 대기관리를 위하여 필요한 사항
※ 대기환경보전법상 환경부장관이 그 구역의 사업장에서 배출되는 대기오염물질을 총량으로 규제하려는 경우 고시한다.

63 대기환경보전법령상 개선명령 등의 이행 보고 및 확인과 관련하여 환경부령으로 정한 대기오염도 검사기관과 거리가 먼 것은?

① 수도권대기환경청
② 시·도의 보건환경연구원
③ 지방환경보전협회
④ 한국환경공단

풀이 대기오염도 검사기관
㉠ 국립환경과학원
㉡ 특별시·광역시·특별자치시·도·특별자치도의 보건환경연구원
㉢ 유역환경청, 지방환경청 또는 수도권대기환경청
㉣ 한국환경공단

64 대기환경보전법령상 대기오염물질 배출시설의 설치가 불가능한 지역에서 배출시설의 설치허가를 받지 않거나 신고를 하지 아니하고 배출시설을 설치한 경우의 1차 행정처분기준으로 옳은 것은?

① 조업정지   ② 개선명령
③ 폐쇄명령   ④ 경고

풀이 배출시설의 설치가 불가능한 지역일 경우 배출시설 설치허가를 받지 않거나 신고를 하지 아니하고 배출시설을 설치한 경우의 1차 행정처분기준은 폐쇄명령이다.

65 실내공기질 관리법령상 실내공간 오염물질에 해당하지 않는 것은?

① 이산화탄소(CO_2) ② 일산화질소(NO)
③ 일산화탄소(CO) ④ 이산화질소(NO_2)

풀이 실내공기 오염물질
  ㉠ 미세먼지(PM-10)
  ㉡ 이산화탄소(CO_2 ; Carbon Dioxide)
  ㉢ 포름알데하이드(Formaldehyde)
  ㉣ 총부유세균(TAB ; Total Airborne Bacteria)
  ㉤ 일산화탄소(CO ; Carbon Monoxide)
  ㉥ 이산화질소(NO_2 ; Nitrogen Dioxide)
  ㉦ 라돈(Rn ; Radon)
  ㉧ 휘발성유기화합물(VOCs ; Volatile Organic Compounds)
  ㉨ 석면(Asbestos)
  ㉩ 오존(O_3 ; Ozone)
  ㉪ 미세먼지(PM-2.5)
  ㉫ 곰팡이(Mold)
  ㉬ 벤젠(Benzene)
  ㉭ 톨루엔(Toluene)
  ㉮ 에틸벤젠(Ethylbenzene)
  ㉯ 자일렌(Xylene)
  ㉰ 스티렌(Styrene)

66 대기환경보전법령상 시·도지사가 설치하는 대기오염 측정망의 종류에 해당하지 않는 것은?

① 도시지역의 대기오염물질 농도를 측정하기 위한 도시대기측정망
② 도로변의 대기오염물질 농도를 측정하기 위한 도로변대기측정망
③ 대기 중의 중금속 농도를 측정하기 위한 대기중금속측정망
④ 도시지역의 휘발성유기화합물 등의 농도를 측정하기 위한 광화학대기오염물질측정망

풀이 시·도지사가 설치하는 대기오염측정망의 종류
  ㉠ 도시지역의 대기오염물질 농도를 측정하기 위

한 도시대기측정망
  ㉡ 도로변의 대기오염물질 농도를 측정하기 위한 도로변대기측정망
  ㉢ 대기 중의 중금속 농도를 측정하기 위한 대기중금속측정망

67 대기환경보전법령상 자동차제작자는 자동차배출가스가 배출가스 보증기간에 제작차배출허용기준에 맞게 유지될 수 있다는 인증을 받아야 하는데. 이 인증받은 내용과 다르게 자동차를 제작하여 판매한 경우 환경부장관은 자동차제작자에게 과징금의 처분을 명할 수 있다. 이 과징금은 최대 얼마를 초과할 수 없는가?

① 500억 원 ② 100억 원
③ 10억 원 ④ 5억 원

풀이 환경부장관은 인증을 받지 아니하고 자동차를 제작하여 판매한 경우 등에 해당하는 때에는 그 자동차제작자에 대하여 매출액에 100분의 5를 곱한 금액을 초과하지 아니하는 범위에서 과징금을 부과할 수 있다. 이 경우 과징금의 금액은 500억 원을 초과할 수 없다.

68 대기환경보전법령상 기본부과금 산정을 위해 확정배출량 명세서에 포함되어 시·도지사 등에게 제출해야 할 서류목록으로 거리가 먼 것은?

① 황 함유분석표 사본
② 연료사용량 또는 생산일지
③ 조업일지
④ 방지시설개선 실적표

풀이 확정배출량 명세서에 포함되어 시·도지사에게 제출해야 할 서류목록
  ㉠ 황 함유분석표 사본(황 함유량이 적용되는 배출계수를 이용하는 경우에만 제출하며, 해당 부과기간 동안의 분석표만 제출한다)
  ㉡ 연료사용량 또는 생산일지 등 배출계수별 단위사용량을 확인할 수 있는 서류 사본(배출계수를

이용하는 경우에만 제출한다)
ⓒ 조업일지 등 조업일수를 확인할 수 있는 서류 사본(자가측정 결과를 이용하는 경우에만 제출한다)
ⓔ 배출구별 자가측정한 기록 사본(자가측정 결과를 이용하는 경우에만 제출한다)

69 대기환경보전법령상 위임업무 보고사항 중 자동차연료 제조기준 적합 여부 검사현황의 보고 횟수기준으로 옳은 것은?

① 수시　　　　② 연 1회
③ 연 2회　　　　④ 연 4회

풀이 위임업무 보고사항

업무내용	보고 횟수	보고 기일	보고자
환경오염사고 발생 및 조치 사항	수시	사고발생 시	시·도지사, 유역환경청장 또는 지방환경청장
수입자동차 배출가스 인증 및 검사현황	연 4회	매 분기 종료 후 15일 이내	국립환경과학원장
자동차 연료 및 첨가제의 제조·판매 또는 사용에 대한 규제현황	연 2회	매 반기 종료 후 15일 이내	유역환경청장 또는 지방환경청장
자동차 연료 또는 첨가제의 제조기준 적합 여부 검사현황	• 연료 : 연 4회 • 첨가제 : 연 2회	• 연료 : 매 분기 종료 후 15일 이내 • 첨가제 : 매 반기 종료 후 15일 이내	국립환경과학원장
측정기기관리대행업의 등록(변경등록) 및 행정처분현황	연 1회	다음 해 1월 15일까지	유역환경청장, 지방환경청장 또는 수도권대기환경청장

70 악취방지법령상 위임업무 보고사항 중 "악취검사기관의 지정, 지정사항 변경보고 접수 실적"의 보고 횟수 기준은?

① 연 1회　　　　② 연 2회
③ 연 4회　　　　④ 수시

풀이 위임업무의 보고사항
ⓐ 업무내용 : 악취검사기관의 지정, 지정사항 변경보고 접수실적
ⓑ 보고횟수 : 연 1회
ⓒ 보고기일 : 다음 해 1월 15일까지
ⓓ 보고자 : 국립환경과학원장

71 대기환경보전법령상 2016년 1월 1일 이후 제작자동차 중 휘발유를 연료로 사용하는 최고속도 130km/h 미만 이륜자동차의 배출가스 보증기간 적용기준으로 옳은 것은?

① 2년 또는 20,000km
② 5년 또는 50,000km
③ 6년 또는 100,000km
④ 10년 또는 192,000km

풀이 2016년 1월 1일 이후 제작 자동차

사용 연료	자동차의 종류		적용기간
휘발유	경자동차, 소형 승용·화물자동차, 중형 승용·화물자동차		15년 또는 240,000km
	대형 승용·화물자동차, 초대형 승용·화물자동차		2년 또는 160,000km
	이륜자동차	최고속도 130 km/h 미만	2년 또는 20,000km
		최고속도 130 km/h 이상	2년 또는 35,000km

72 다음은 대기환경보전법령상 오염물질 초과에 따른 초과부과금의 위반횟수별 부과계수이다. ( ) 안에 알맞은 것은?

> 위반횟수별 부과계수는 각 비율을 곱한 것으로 한다.
> • 위반이 없는 경우 : (㉠)
> • 처음 위반한 경우 : (㉡)
> • 2차 이상 위반한 경우 : 위반 직전의 부과계수에 (㉢)을(를) 곱한 것

① ㉠ 100분의 100, ㉡ 100분의 105, ㉢ 100분의 105
② ㉠ 100분의 100, ㉡ 100분의 105, ㉢ 100분의 110
③ ㉠ 100분의 105, ㉡ 100분의 110, ㉢ 100분의 110
④ ㉠ 100분의 105, ㉡ 100분의 110, ㉢ 100분의 115

(풀이) 초과부과금의 위반횟수별 부과계수
　㉠ 위반이 없는 경우 : 100분의 100
　㉡ 처음 위반한 경우 : 100분의 105
　㉢ 2차 이상 위반한 경우 : 위반 직전의 부과계수에 100분의 105를 곱한 것

73 대기환경보전법령상 청정연료를 사용하여야 하는 대상시설의 범위로 옳지 않은 것은?

① 산업용 열병합 발전시설
② 건축법 시행령에 따른 공동주택으로서 동일한 보일러를 이용하여 하나의 단지 또는 여러 개의 단지가 공동으로 열을 이용하는 중앙집중난방방식으로 열을 공급받고, 단지 내의 모든 세대의 평균 전용면적이 40.0m²를 초과하는 공동주택
③ 전체 보일러의 시간당 총 증발량이 0.2톤 이상인 업무용 보일러(영업용 및 공공용 보일러를 포함하되, 산업용 보일러는 제외)

④ 집단에너지사업법 시행령에 따른 지역냉난방사업을 위한 시설(단, 지역냉난방사업을 위한 시설 중 발전폐열을 지역냉난방용으로 공급하는 산업용 열병합발전시설로서 환경부장관이 승인한 시설은 제외)

(풀이) 청정연료를 사용하여야 하는 대상 시설
　㉠ 건축법 시행령에 따른 공동주택으로서 동일한 보일러를 이용하여 하나의 단지 또는 여러 개의 단지가 공동으로 열을 이용하는 중앙집중난방방식으로 열을 공급받고, 단지 내의 모든 세대의 평균 전용면적이 40.0m²를 초과하는 공동주택
　㉡ 전체 보일러의 시간당 총 증발량이 0.2톤 이상인 업무용 보일러(영업용 및 공공용 보일러를 포함하되, 산업용 보일러는 제외한다.)
　㉢ 집단에너지사업법 시행령에 따른 지역냉난방사업을 위한 시설(단, 지역냉난방사업을 위한 시설 중 발전폐열을 지역냉난방용으로 공급하는 산업용 열병합 발전시설로서 환경부장관이 승인한 시설은 제외)
　㉣ 발전시설. 다만, 산업용 열병합 발전시설은 제외한다.

74 대기환경보전법령상 유해성 대기감시물질에 해당하지 않는 것은?

① 불소화물　　　　② 이산화탄소
③ 사염화탄소　　　④ 일산화탄소

(풀이) 이산화탄소는 유해성 대기감시물질과 관련이 없다.

75 악취방지법령상 악취방지계획에 따라 악취방지에 필요한 조치를 하지 아니하고 악취배출시설을 가동한 자에 대한 벌칙기준은?

① 1년 이하의 징역 또는 1천만 원 이하의 벌금
② 500만 원 이하의 벌금
③ 300만 원 이하의 벌금
④ 100만 원 이하의 벌금

(풀이) 악취방지법 제28조 참조

76 환경정책기본법령상 오존(O_3)의 대기환경기준으로 옳은 것은?(단, 8시간 평균치 기준)

① 0.10ppm 이하 ② 0.06ppm 이하
③ 0.05ppm 이하 ④ 0.02ppm 이하

(풀이) 대기환경기준

항목	기준	측정방법
오존 (O_3)	• 8시간 평균치 : 0.06ppm 이하 • 1시간 평균치 : 0.1ppm 이하	자외선 광도법 (U.V. Photometric Method)

77 환경정책기본법령상 초미세먼지(PM-2.5)의 ㉠ 연간평균치 및 ㉡ 24시간 평균치 대기환경기준으로 옳은 것은?(단, 단위는 $\mu g/m^3$)

① ㉠ 50 이하, ㉡ 100 이하
② ㉠ 35 이하, ㉡ 50 이하
③ ㉠ 20 이하, ㉡ 50 이하
④ ㉠ 15 이하, ㉡ 35 이하

(풀이) 미세먼지(PM-2.5) 환경기준
㉠ 연간 평균치 : $15\mu g/m^3$ 이하
㉡ 24시간 평균치 : $35\mu g/m^3$ 이하

78 대기환경보전법령상 장거리이동대기오염물질 대책위원회에 관한 사항으로 거리가 먼 것은?

① 위원회는 위원장 1명을 포함한 25명 이내의 위원으로 성별을 고려하여 구성한다.
② 위원회의 위원장은 환경부차관이 된다.
③ 위원회와 실무위원회 및 장거리이동대기오염물질 연구단의 구성 및 운영 등에 관하여 필요한 사항은 환경부령으로 정한다.
④ 소관별 추진대책의 수립 · 시행에 필요한 조

사 · 연구를 위하여 위원회에 장거리이동대기오염물질 연구단을 둔다.

(풀이) 위원회와 실무위원회 및 장거리이동대기오염물질 연구단의 구성 및 운영 등에 관하여 필요한 사항은 대통령령으로 정한다.

79 대기환경보전법령상 비산먼지 발생사업 신고 후 변경신고를 하여야 하는 경우로 옳지 않은 것은?

① 사업장의 명칭 또는 대표자를 변경하는 경우
② 비산먼지 배출공정을 변경하려는 경우
③ 건설공사의 공사기간을 연장하려는 경우
④ 공사중지를 한 경우

(풀이) 비산먼지 발생사업 신고 후 변경신고 대상
㉠ 사업장의 명칭 또는 대표자를 변경하는 경우
㉡ 비산먼지 배출공정을 변경하는 경우
㉢ 사업의 규모를 늘리거나 그 종류를 추가하는 경우
㉣ 비산먼지 발생억제시설 또는 조치사항을 변경하는 경우
㉤ 공사기간을 연장하는 경우(건설공사의 경우에만 해당한다)

80 대기환경보전법령상 자동차에 온실가스 배출량을 표시하지 아니하거나 거짓으로 표시한 자에 대한 과태료 부과기준으로 옳은 것은?

① 500만 원 이하의 과태료
② 300만 원 이하의 과태료
③ 200만 원 이하의 과태료
④ 100만 원 이하의 과태료

(풀이) 대기환경보전법 제94조 참조

2021년 제1회 대기환경산업기사

제1과목 | 대기오염개론

01 불활성 기체로 일명 웃음의 기체라고도 하며, 대류권에서는 온실가스로 성층권에서는 오존층 파괴물질로 알려진 것은?

① NO
② NO_2
③ N_2O
④ N_2O_3

풀이 N_2O(아산화질소)

ㄱ 질소가스와 오존의 반응으로 생성되거나 미생물 활동에 의해 발생하며, 특히 토양에 공급되는 비료의 과잉 사용이 문제가 되고 있다.

ㄴ N_2O는 대류권에서는 태양에너지에 대하여 매우 안정한 온실가스로 알려져 있고, 성층권에서는 오존층 파괴물질(오존분해물질)로 알려져 있다.

ㄷ 웃음가스라고도 하며 주로 사용하는 용도는 마취제이다.

02 SO_2의 식물 피해에 관한 설명으로 가장 거리가 먼 것은?

① 낮보다는 밤에 피해가 심하다.
② 식물잎 뒤쪽 표피 밑의 세포가 피해를 입기 시작한다.
③ 반점 발생경향은 맥간반점을 띤다.
④ 협죽도, 양배추 등이 SO_2에 강한 식물이다.

풀이 SO_2는 기공이 열려 있는 낮 동안과 습도가 높을 때 피해 현상이 뚜렷이 나타난다.

03 체적이 100m³인 복사실의 공간에서 오존(O_3)의 배출량이 분당 0.4mg인 복사기를 연속 사용하고 있다. 복사기 사용 전의 실내오존(O_3)의 농도가 0.2ppm이라고 할 때 3시간 사용 후 오존농도는 몇 ppb인가?(단, 환기가 되지 않음, 0℃, 1기압 기준으로 하며, 기타 조건은 고려하지 않음)

① 268
② 383
③ 424
④ 536

풀이 오존농도
= 복사기 사용 전 농도 + 복사기 사용 후 농도

• 복사기 사용 전 농도
= 0.2ppm × 10³ppb/ppm = 200ppb

• 복사기 사용 후 농도
= 0.4m³/min × 180min × 22.4mL/48mg
= 0.336ppm × 10³ppb/ppm
= 336ppb

∴ 200 + 336 = 536ppb

04 광화학적 스모그(Smog)의 3대 주요원인요소와 거리가 먼 것은?

① 아황산가스
② 자외선
③ 올레핀계 탄화수소
④ 질소산화물

풀이 광화학적 스모그(Smog)의 3대 주요원인요소

ㄱ 질소산화물
ㄴ 올레핀계 탄화수소
ㄷ 자외선

05 악취처리방법 중 특히 인체에 독성이 있는 악취 유발물질이 포함된 경우의 처리방법으로 가장 부적합한 것은?

① 국소환기(Local Ventilation)
② 흡착(Adsorption)
③ 흡수(Absorption)
④ 위장(Masking)

풀이 위장(Masking)법

강한 향기를 가진 물질을 이용하여 악취를 은폐(위장)시키는 방법으로 유해도가 약한 악취에 적용된다.

06 A공장에서 배출되는 이산화질소의 농도가 770ppm이다. 이 공장에서 시간당 배출가스양이 108.2Sm³라면 하루에 발생되는 이산화질소는 몇 kg인가?(단, 표준상태 기준, 공장은 연속 가동됨)

① 1.71
② 2.58
③ 4.11
④ 4.56

풀이 NO_2(kg/day)

$$= 108.2Sm^3/hr \times 770mL/m^3 \times \frac{46mg}{22.4mL}$$

$$\times kg/10^6mg \times 24hr/day$$

$$= 4.106kg$$

07 2차 대기오염물질로만 옳게 나열한 것은?

① O_3, NH_3
② SiO_2, NO_2
③ HCl, PAN
④ H_2O_2, NOCl

풀이 2차 오염물질의 종류

대부분 광산화물로서 O_3, PAN($CH_3COOONO_2$), H_2O_2, NOCl, 아크롤레인(CH_2CHCHO), SO_3, NO_2 등

08 입자의 커닝험(Cunningham) 보정계수 (C_f)에 관한 설명으로 가장 적합한 것은?

① 커닝험계수 보정은 입경 $d \gg 3\mu m$일 때, $C_f > 1$이다.
② 커닝험계수 보정은 입경 $d \ll 3\mu m$일 때, $C_f = 1$이다.
③ 유체 내를 운동하는 입자직경이 항력계수에 어떻게 영향을 미치는가를 설명하는 것이다.
④ 커닝험계수 보정은 입경 $d \gg 3\mu m$일 때, $C_f < 1$이다.

풀이 커닝험(Cunningham) 보정계수(C_f)

㉠ 유체 내를 운동하는 입자의 직경이 항력계수에 어떻게 영향을 미치는가를 설명하는 것이다.
㉡ 커닝험 보정계수는 통상 1 이상이며, 이 값은 가스의 온도가 높을수록, 분진이 미세할수록, 가스분자의 직경이 작을수록, 가스압력이 낮을수록 증가하게 된다.
㉢ 커닝험계수 보정은 입경 $d \gg 3\mu m$일 때, $C_f = 1$이다.

09 다음 ( ) 안에 공통으로 들어갈 물질은?

( )은 금속양 원소로서 화성암, 퇴적암, 황과 구리를 함유한 무기질 광석에 많이 분포되어 있으며, 상업용 ( )은 주로 구리의 전기분해 정련 시 찌꺼기로부터 추출된다. 또한 인체에 필수적인 원소로서 적혈구가 산화됨으로써 일어나는 손상을 예방하는 글루타티온 과산화 효소의 보조인자 역할을 한다.

① Ca
② Ti
③ V
④ Se

풀이 셀레늄(Se)

㉠ 생체 내에 미량 존재하며 생물의 생존에 필수적인 요소로서 당 대사과정에서의 탈탄산반응

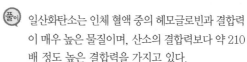

에 관여하는 동시에 비타민 E의 증가나 지방분 감소에도 효과가 있으며, 특히 As의 길항제로서도 관여한다.

ⓒ 인체에 폭로 시 숨을 쉴 때나 땀을 흘릴 때 마늘 냄새가 나며, 만성적인 대기 중 폭로 시 오심과 소화불량과 같은 위장관 증상도 호소하며 결막염을 일으키는데, 이를 'Rose Eye'라고 부른다.

ⓒ 급성폭로 시 심한 호흡기 자극을 일으켜 기침, 흉통, 호흡곤란 등을 유발하며, 심한 경우 폐부종을 동반한 화학성 폐렴이 생기기도 한다.

10 실제 굴뚝높이 120m에서 배출가스의 수직 토출속도가 20m/s, 굴뚝 높이에서의 풍속은 5m/s이다. 굴뚝의 유효고도가 150m가 되기 위해서 필요한 굴뚝의 직경은?(단, $\Delta H = \{(1.5 \times V_s) \cdot D\}/U$를 이용할 것)

① 2.5m
② 5m
③ 20m
④ 25m

풀이
$$\Delta H = 1.5 \times \left(\frac{V_s}{U}\right) \times D$$
$$30\text{m} = 1.5 \times \left(\frac{20\text{m/sec}}{5\text{m/sec}}\right) \times D$$
$$D = 5\text{m}$$

11 대기오염물질이 인체에 미치는 영향으로 가장 거리가 먼 것은?

① 이산화질소의 유독성은 일산화질소의 독성보다 강하여 인체에 영향을 끼친다.
② 3, 4 - 벤조피렌 같은 탄화수소 화합물은 발암성 물질로 알려져 있다.
③ SO_2는 고농도일수록 비강 또는 인후에서 많이 흡수되며 저농도인 경우에는 극히 저율로 흡수된다.
④ 일산화탄소는 인체 혈액 중의 헤모글로빈과 결

합하기 매우 용이하나, 산소보다 낮은 결합력을 가지고 있다.

풀이 일산화탄소는 인체 혈액 중의 헤모글로빈과 결합력이 매우 높은 물질이며, 산소의 결합력보다 약 210배 정도 높은 결합력을 가지고 있다.

12 지상 10m에서의 풍속이 8m/s라면 지상 60m에서의 풍속(m/s)은?(단, $P = 0.12$, Deacon 식을 적용)

① 약 8.0
② 약 9.9
③ 약 12.5
④ 약 14.8

풀이
$$U_2 = U_1 \times \left(\frac{Z_2}{Z_1}\right)^p = 8\text{m/sec} \times \left(\frac{60\text{m}}{10\text{m}}\right)^{0.12}$$
$$= 9.92\text{m/sec}$$

13 다음 수용모델과 분산모델에 관한 설명으로 가장 거리가 먼 것은?

① 분산모델은 지형 및 오염원의 조업조건에 영향을 받으며 미래의 대기질 예측을 할 수 있다.
② 수용모델은 수용체에서 오염물질의 특성을 분석한 후 오염원의 기여도를 평가하는 것이다.
③ 분산모델은 특정오염원의 영향을 평가할 수 있는 잠재력을 가지고 있으며, 기상과 관련하여 대기 중의 특성을 적절하게 묘사할 수 있어 정확한 결과를 도출할 수 있다.
④ 분산모델은 특정한 오염원의 배출속도와 바람에 의한 분산요인을 입력자료로 하여 수용체 위치에서의 영향을 계산한다.

풀이 **분산모델**
특정오염원의 영향을 평가할 수 있는 잠재력을 가지고 있으나 기상과 관련하여 대기 중의 무작위적인 특성을 적절하게 묘사할 수 없으므로 결과에 대한 불확실성이 크다.

14 최근 문제시되고 있는 석면에 관한 설명으로 옳지 않은 것은?

① 석면은 자연계에서 산출되는 길고, 가늘고, 강한 섬유상 물질이다.

② 석면에 폭로되어 중피종이 발생되기까지의 기간은 일반적으로 폐암보다는 긴 편이나 20년 이하에서 발생하는 예도 있다.

③ 석면은 절연성의 성질을 가지고, 화학적 불활성이 요구되는 곳에 사용될 수 있다.

④ 석면의 유해성은 백석면이 청석면보다 강하다.

풀이 석면의 유해성은 청석면이 백석면보다 강하다.

15 지상으로부터 500m까지의 평균 기온감률은 −1.3℃/100m이다. 100m 고도의 기온이 20℃라 하면 고도 300m에서의 기온은?

① 14.7℃   ② 15.8℃

③ 16.2℃   ④ 17.4℃

풀이 기온 = 20℃ − [1.3℃/100m × (300 − 100)m]
　　　= 17.4℃

16 바람장미(Wind Rose)에 기록되는 내용과 가장 거리가 먼 것은?

① 풍향   ② 풍속

③ 풍압   ④ 무풍률

풀이 바람장미의 표시내용으로 풍향은 무풍률을 포함한 전체 방향량을 100%로 하여 막대의 길이로 나타낸다. 풍향은 바람이 불어오는 쪽으로 표시하며, 막대의 길이가 가장 긴 방향이 그 지역의 주풍이 되며, 풍속은 살의 굵기로 구분한다.

17 공기역학직경(Aerodynamic Diameter)의 정의로 옳은 것은?

① 원래의 먼지와 침강속도가 동일하며, 밀도가 $1g/cm^3$인 구형입자의 직경

② 원래의 먼지와 밀도 및 침강속도가 동일한 구형입자의 직경

③ 먼지의 한쪽 끝 가장자리와 다른 쪽 끝 가장자리 사이의 거리

④ 먼지의 면적과 동일한 면적을 갖는 원의 직경

풀이 공기역학적 직경(Aero-Dynamic Diameter)
대상 먼지와 침강속도가 같고 단위밀도가 $1g/cm^3$이며, 구형인 먼지의 직경으로 환산된 직경이다.
(측정하고자 하는 입자상 물질과 동일한 침강속도를 가지며 밀도가 $1g/cm^3$인 구형입자의 직경)

18 다음 중 불화수소에 대한 저항성이 가장 큰 식물은?

① 옥수수   ② 글라디올러스

③ 메밀   ④ 목화

풀이 불화수소는 어린잎에 피해가 현저한 편이며, 강한 식물로는 담배, 목화 등이 있다.

19 지구대기 중의 오존총량을 표준상태(0℃, 1기압)에서 두께로 환산했을 때, 100Dobson으로 정하는 수치로 옳은 것은?

① 1cm   ② 0.1cm

③ 0.01mm   ④ 0.001mm

풀이 오존층의 두께를 표시하는 단위는 돕슨(Dobson)이며, 지구대기 중의 오존총량을 표준상태에서 두께로 환산했을 때 1mm(0.1cm)를 100돕슨으로 정하고 있다.

20 Chloro Fluoro Carbon – 11(CFC – 11)의 화학식으로 옳은 것은?

① CCl_3F
② CCl_2F_2
③ CCl_2FCClF_2
④ CH_3CCl_3

(풀이) 화학식 번호 + 90

CFC(11 + 90) = 1 : 0 : 1

C → 1개, H → 0개, F → 1개

Cl 개수 = 2(C + 1) − H − F = 2(1 + 1) − 0 − 1 = 3

CFC – 11의 화학식 → CCl_3F

제2과목 대기오염공정시험기준(방법)

21 굴뚝 배출가스 중 먼지를 반자동식 채취기에 의한 방법으로 측정하고자 할 경우 채취장치 구성에 관한 설명으로 옳지 않은 것은?

① 흡인노즐은 스테인리스강, 경질유리 또는 석영유리제로 만들어진 것으로서 흡인노즐의 안과 밖의 가스 흐름이 흐트러지지 않도록 흡인노즐 내경(d)은 4mm 이상으로 한다.
② 여과지 홀더장치는 플라스틱제로서 여과지 탈착(脫着)이 되지 않아야 한다.
③ 여과부 가열장치로는 시료 채취 시 여과지 홀더 주위를 120±14℃의 온도를 유지할 수 있고 주위온도를 3℃ 이내까지 측정할 수 있는 온도계를 모니터 할 수 있도록 설치하여야 한다.
④ 피토관은 피토관 계수가 정해진 L형 피토관(C : 1.0 전후) 또는 S형(웨스턴형 C : 0.85 전후) 피토관으로서 배출가스 유속의 계속적인 측정을 위해 흡인관에 부착하여 사용한다.

(풀이) 여과지 홀더는 원통형 또는 원형의 먼지포집 여과지를 지지해주는 장치를 말한다. 이 장치는 유리제 또는 스테인리스강 등으로 만들어진 것으로 내식성이 강하고 여과지 탈착이 쉬워야 한다. 또 여과지를 끼운 곳에서 공기가 새지 않아야 한다.

22 가스크로마토그래프법의 정량분석방법 중 도입한 시료의 모든 성분이 용출하며 또한 모든 용출 성분의 상대강도를 구하여 역수를 취한 후 각 성분의 피크 넓이에 곱하여 각 성분의 정확한 함유율을 알 수 있는 정량법으로 가장 적합한 것은?

① 피검성분추가법
② 내부표준법
③ 내부넓이 백분율법
④ 보정넓이 백분율법

(풀이) 보정넓이 백분율법에 대한 내용이다.

23 굴뚝 배출가스 내 휘발성 유기화합물질(VOC)의 시료채취방법 중 흡착관법에 쓰이는 흡착제의 종류와 거리가 먼 것은?

① Charcoal
② XAD – 2
③ Tedlar
④ Tenax

(풀이) 스테인리스 스틸 또는 유리재질 등의 상용화된 규격의 흡착관에 흡착제(Charcoal, Tenax, XAD – 2 등)가 충진된 것 또는 채취대상물질을 채취할 수 있는 흡착제를 충진하여 사용할 수 있다.

24 A공장 굴뚝 배출가스 중 페놀류를 가스크로마토그래프법(내표준법)으로 분석하였더니 아래와 같은 결과와 식이 제시되었을 때, 시료 중 페놀류의 농도는?

- 건조 시료 가스양 : 10L
- 정량에 사용된 분석용 시료용액의 양 : $10\mu L$
- 분석용 시료용액의 제조량 : 5mL
- 검량선으로부터 구한 정량에 사용된 분석용 시료용액 중 페놀류의 양 : $6\mu g$
- 페놀류의 농도 산출식 :

$$C = \frac{0.238 \times a \times V_1}{S_L \times V_S} \times 1,000 \text{를 이용할 것}$$

① 약 71V/V ppm   ② 약 89V/V ppm
③ 약 159V/V ppm   ④ 약 229V/V ppm

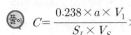

$$C = \frac{0.238 \times a \times V_1}{S_L \times V_S} \times 1,000$$

$$= \frac{0.238 \times 6 \times 5}{10 \times 10} \times 1,000$$

$$= 71.4 (\text{V/V ppm})$$

여기서, C : 시료 중 페놀류의 농도(V/V ppm)

a : 검량선으로부터 구한 정량에 사용된 분석용 시료용액 중의 페놀류의 양(μg)

V_1 : 분석용 시료 용액의 제조량(mL)

S_L : 정량에 사용된 분석용 시료용액의 양(μL)

V_S : 건조시료 가스양(L)

25 이온크로마토그래피에 관한 설명으로 가장 거리가 먼 것은?

① 서프레서에서 관형은 음이온인 경우 스티롤계 강산형(H^+) 수지가 충진된 것을 사용한다.
② 가시선흡수검출기(VIS 검출기)는 고성능 액체크로마토그래피 분야 및 분석화학 분야에 가장 널리 사용되는 검출기다.
③ 송액펌프는 액동이 적은 것을 사용한다.
④ 용리액조는 이온성분이 용출되지 않는 재질로서 일반적으로 폴리에틸렌이나 경질 유리제를 사용한다.

 자외선흡수검출기(UV 검출기)는 고성능 액체크로마토그래피 분야에서 가장 널리 사용되는 검출기이며, 최근에는 이온크로마토그래피에서도 전기 전도도 검출기와 병행하여 사용되기도 한다. 또한 가시선흡수검출기(VIS 검출기)는 전이금속 성분의 발색반응을 이용하는 경우에 사용된다.

26 철강공장의 아크로와 연결된 개방형 여과집진시설에서 배출되는 먼지채취방법에 대한 규정으로 가장 거리가 먼 것은?

① 등속흡인할 필요가 없으며 채취관은 대구경 흡인노즐(보통 10mm 정도)이 연결된 흡인관을 사용한다.
② 흡인관을 측정점까지 밀어넣고 출강에서 다음 출강 개시 전까지를 먼지 배출상태를 고려하여 적당한 시간간격으로 나누어 시료를 채취하여 구한 먼지농도를 출강에서 다음 출강개시 전까지의 평균먼지농도로 간주한다.
③ 시료채취 시 측정공을 헝겊 등으로 밀폐할 필요는 없으며 건옥백하우스의 경우는 장입 및 출강 시 20 ± 5 L/min의 유속으로 배출가스를 흡인한다.
④ 한 개의 원통형 여과지에 포집된 1회 먼지포집량을 20mg 이상 50mg 이하로 함을 원칙으로 한다.

한 개의 원통형 여과지에 포집된 1회 먼지포집량은 2mg 이상 20mg 이하로 함을 원칙으로 한다.

27 굴뚝 반경 1.3m인 원형굴뚝에서 먼지를 채취하고자 할 때 측정점 수는?

① 4   ② 8
③ 12   ④ 16

원형 연도의 측정점 수

굴뚝 직경 $2R$(m)	반경 구분 수	측정점 수
1 미만	1	4
1~2 미만	2	8
2~4 미만	3	12
4~4.5 미만	4	16
4.5 이상	5	20

28 환경대기 중의 질소산화물 농도를 측정하기 위한 야콥스 – 호흐하이저법에 관한 설명으로 가장 거리가 먼 것은?

① 포집시료는 적어도 6주간은 안전하다.

② 방해물질인 아황산가스는 분석 전에 과산화수소를 첨가하여 황산으로 변화시키는 데 따라 제거된다.

③ 수산화칼륨 용액에 시료대기를 흡수시키면 대기 중의 이산화질소가 아질산칼륨 용액으로 변화될 때 생성된 아질산이온을 발색시켜 740nm에서 측정된다.

④ $0.04\mu g\ NO_2^-$/mL의 농도는 1cm 셀을 사용했을 때 0.02의 흡광도에 해당된다.

풀이 수산화소듐 용액에 시료대기를 흡수시키면 대기 중의 이산화질소가 아질산소듐 용액으로 변화될 때 생성된 아질산이온을 발색시켜 540nm에서 측정된다.

29 특정 발생원에서 일정한 굴뚝을 거치지 않고 외부로 비산 배출되는 먼지를 하이볼륨에어샘플러법으로 분석하여 농도계산을 하고자 할 때 '전 시료채취 기간 중 주 풍향이 90° 이상 변할 때' 풍향보정계수는?

① 1.0
② 1.2
③ 1.5
④ 2.0

풀이 풍향에 대한 보정

풍향변화범위	보정계수
전 시료채취 기간 중 주 풍향이 90° 이상 변할 때	1.5
전 시료채취 기간 중 주 풍향이 45°~90° 변할 때	1.2
전 시료채취 기간 중 풍향이 변동이 없을 때(45° 미만)	1.0

30 굴뚝 배출가스 중의 무기 불소화합물을 불소이온으로 분석하는 방법에 관한 설명으로 옳지 않은 것은?

① 흡광광도법은 시료 흡수액을 일정량으로 묽게 한 다음 완충액을 가하여 pH를 조절하고 란탄과 알리자린콤플렉손을 가한 후 흡광광도를 측정하는 방법이다.

② 용량법은 불소이온을 방해이온과 분리한 다음 완충액을 가하여 pH를 조절하고 네오트린을 가한 다음 질산은 용액으로 적정한다.

③ 시료 중에 먼지가 혼입되는 것을 막기 위하여 시료 채취관의 적당한 곳에 넣는 여과재는 사불화에틸렌제 등으로 불소화합물의 영향을 받지 않아야 한다.

④ 시료 중의 무기 불소화합물과 수분이 응축하는 것을 막기 위하여 시료 채취관 및 시료 채취관에서부터 흡수병까지의 사이를 140℃ 이상으로 가열해 준다.

풀이 용량법(적정법)은 불소이온을 방해이온과 분리한 다음 완충액을 가하여 pH를 조절하고 네오트린을 가한 다음 질산소듐 용액으로 적정한다.

31 환경대기 내의 탄화수소 농도측정방법 중 총탄화수소 측정법에서의 성능기준으로 옳지 않은 것은?

① 응답시간 : 스팬가스를 도입시켜 측정치가 일정한 값으로 급격히 변화되어 스팬가스 농도의 90% 변화할 때까지의 시간은 2분 이하여야 한다.

② 지시의 변동 : 제로 가스 및 스팬 가스를 흘려보냈을 때 정상적인 측정치의 변동은 각 측정단계(Range)마다 최대 눈금치의 ±1%의 범위 내에 있어야 한다.

③ 예열시간 : 전원을 넣고 나서 정상으로 작동할 때까지의 시간은 6시간 이하여야 한다.

④ 재현성 : 동일 조건에서 제로 가스와 스팬 가스를 번갈아 3회 도입해서 각각의 측정치의 평균치로부터 구한 편차는 각 측정단계(Range)마다 최대 눈금치의 ±1%의 범위 내에 있어야 한다.

(풀이) 예열시간

전원을 넣고 나서 정상으로 작동할 때까지의 시간은 4시간 이하여야 한다.

32 굴뚝 배출가스 내의 페놀류의 분석방법 중 가스크로마토그래프법의 충전제로 아피에존 L을 사용할 때의 조건으로 옳지 않은 것은?

① 분리관 재질은 유리 또는 스테인리스 강을 사용한다.

② 분리관 규격은 내경 10mm, 길이 5~7m이다.

③ 검출기는 수소염이온화검출기를 사용한다.

④ 운반가스유량은 40~60mL/분이다.

(풀이) 아피에존 L을 사용할 경우 분리관 규격은 내경 3mm, 길이 2~4m를 사용한다. 또한 이때 분리관의 온도는 150℃가 적당하다.

33 원자흡광광도법에서 사용되는 가연성 가스와 조연성 가스의 조합으로 옳지 않은 것은?

① 수소－공기

② 아세틸렌－공기

③ 아세틸렌－아산화질소

④ 헬륨－산소

(풀이) 가연성 가스와 조연성 가스의 조합(원자흡광광도법)
ㄱ 수소－공기
ㄴ 아세틸렌－공기
ㄷ 아세틸렌－아산화질소
ㄹ 프로판－공기

34 배출가스 중 금속화합물을 유도결합플라스마 원자발광분광법(Inductively Coupled Plasma Atomic Emission Spectrometry)으로 분석하기 위한 시료 성상에 따른 전처리 방법으로 가장 거리가 먼 것은?

	시료 성상	처리방법
ㄱ	타르, 기타 소량의 유기물을 함유하는 시료	마이크로파 산분해법
ㄴ	셀룰로오스 섬유제 여과지를 사용한 시료	저온회화법
ㄷ	유기물을 함유하지 않는 시료	질산－염산법
ㄹ	다량의 유기물 유리탄소를 함유하는 시료	저온회화법

① ㄱ
② ㄴ
③ ㄷ
④ ㄹ

(풀이) 유기물을 함유하지 않은 시료의 전처리 방법은 질산법, 마이크로파 산분해법이 있다.

35 굴뚝 배출가스 중 페놀류 분석방법에 관한 설명으로 옳지 않은 것은?

① 자외선/가시선분광법에서는 시료 중의 페놀류를 수산화나트륨용액(0.4 W/V%)에 흡수시켜 포집한다.
② 자외선/가시선분광법에서는 염소, 취소 등의 산화성 가스 및 황화수소, 아황산가스 등의 환원성 가스가 공존하면 정(正)의 오차를 나타낸다.
③ 가스크로마토그래프법에서는 수소염 이온화 검출기(FID)를 구비한 가스크로마토그래프로 정량해서 페놀류의 농도를 산출한다.
④ 자외선/가시선분광법에서는 규정시약을 순서대로 가하여 얻은 적색(赤色)액을 510 nm의 가시부에서 흡광도를 측정하여 페놀류의 농도를 산출한다.

풀이 자외선/가시선분광법에서는 염소, 취소 등의 산화성 가스 및 황화수소, 아황산가스 등의 환원성 가스가 공존하면 부의 오차를 나타낸다.

36 다음은 환경대기 중 시료 채취방법에 관한 설명이다. 가장 적합한 것은?

• 측정대상 가스를 선택적으로 포집할 수 있다.
• 그 구성은 채취관 – 여과재 – 포집부 – 흡입펌프 – 유량계(가스미터)이다.
• 포집부는 주로 흡수병(흡수관)과 세척병(공병)으로 구성된다.

① 용기포집법　　② 여지포집법
③ 고체포집법　　④ 용매포집법

풀이 문제의 내용은 환경대기 중 시료채취방법 중에서 용매포집법에 관한 것이다.

37 다음은 굴뚝 배출가스 중 다이옥신류 분석을 위한 원통형 여과지의 사용 전 조치사항이다. ( ) 안에 가장 적합한 것은?

원통형 여과지는 사용에 앞서 (㉠)℃에서 2시간 작열시킨 후, (㉡)으로 각각 30분간 초음파 세정을 한 다음 진공건조시킨다.

① ㉠ 600, ㉡ 에탄올 및 노말헥산
② ㉠ 850, ㉡ 에탄올 및 노말헥산
③ ㉠ 600, ㉡ 아세톤 및 톨루엔
④ ㉠ 850, ㉡ 아세톤 및 톨루엔

풀이 굴뚝배출가스 중 다이옥신류 분석을 위한 원통형 여과지의 사용 전 조치사항
원통형 여과지는 사용에 앞서 850℃에서 2시간 작열시킨 후, 아세톤 및 톨루엔으로 각각 30분간 초음파 세정을 한 다음 진공건조시킨다.

38 굴뚝에서 배출되는 시안화수소의 질산은 적정법에 쓰이는 시약이 아닌 것은?

① P – 디메틸 아미노 벤질리덴 로다닌의 아세톤 용액
② 수산화소듐용액(2W/V%)
③ N/100 질산은용액
④ 질산(10V/V%)

풀이 시안화수소(질산은 적정법)
　㉠ P – 디메틸 아미노 벤질리덴 로다닌의 아세톤 용액
　㉡ 초산(10V/V%)
　㉢ 수산화소듐용액(2W/V%)
　㉣ N/100 질산은용액

39 흡광광도계에서 빛의 강도가 I_o의 단색광이 어떤 시료용액을 통과할 때 그 빛의 90%가 흡수될 경우 흡광도는?

① 0.05
② 0.2
③ 0.5
④ 1.0

$\circled{풀이}$ 흡광도$(A) = \log \dfrac{1}{투과율}$

$= \log \dfrac{1}{(1-0.9)} = 1.0$

40 가스크로마토그래피법의 정량법 중 정량하려는 성분으로 된 순물질을 단계적으로 취하여 크로마토그램을 기록하고 피크의 넓이 또는 높이를 구하는 방법으로서 성분량을 횡축에, 피크 넓이 또는 피크 높이를 종축으로 하는 것은?

① 보정넓이백분율법
② 절대검량선법
③ 넓이백분율법
④ 내부표준법

$\circled{풀이}$ 문제의 내용은 기체크로마토그래피법의 정량법 중 절대검량선법에 관한 것이다.

제3과목 대기오염방지기술

41 흡수탑을 이용하여 배출가스 중의 염화수소를 수산화나트륨 수용액으로 제거하려고 한다. 기상 총괄이동단위높이(H_{OG})가 1m인 흡수탑을 이용하여 99%의 흡수효율을 얻기 위한 이론적 흡수탑의 충전높이는?

① 4.6m
② 5.2m
③ 5.6m
④ 6.2m

$\circled{풀이}$ 충전높이 $= H_{OG} \times N_{OG}$

$= 1.0\text{m} \times \ln\left(\dfrac{1}{1-0.99}\right) = 4.61\text{m}$

42 흡착에 관한 다음 설명 중 옳은 것은?

① 물리적 흡착은 가역성이 낮다.
② 물리적 흡착량은 온도가 상승하면 줄어든다.
③ 물리적 흡착은 흡착과정의 발열량이 화학적 흡착보다 많다.
④ 물리적 흡착에서 흡착물질은 임계온도 이상에서 잘 흡착된다.

$\circled{풀이}$ ① 물리적 흡착은 가역성이 높다.
　③ 물리적 흡착은 흡착과정의 발열량이 화학적 흡착보다 적다.
　④ 물리적 흡착에서 흡착물질은 임계온도 이상에서는 흡착되지 않는다.

43 연료에 관한 다음 설명 중 가장 거리가 먼 것은?

① 중유는 인화점을 기준으로 하여 주로 A, B, C 중유로 분류된다.
② 인화점이 낮을수록 연소는 잘되나 위험하며, C 중유의 인화점은 보통 70℃ 이상이다.
③ 기체연료는 연소 시 공급연료 및 공기량을 밸브를 이용하여 간단하게 임의로 조절할 수 있어 부하변동범위가 넓다.
④ 4℃ 물에 대한 15℃ 중유의 중량비를 비중이라고 하며, 중유 비중은 보통 0.92~0.97 정도이다.

$\circled{풀이}$ 중유는 점도를 기준으로 하여 주로 A, B, C 중유로 분류된다.

44 여과집진장치의 간헐식 탈진방식에 관한 설명으로 옳지 않은 것은?

① 분진의 재비산이 적다.
② 높은 집진율을 얻을 수 있다.
③ 고농도, 대용량의 처리가 용이하다.
④ 진동형과 역기류형, 역기류 진동형이 있다.

(풀이) 간헐식 탈진방식은 처리효율이 높고, 소량가스 처리에 적합하다.

45 여과집진장치의 먼지부하가 $360g/m^2$에 달할 때 먼지를 탈락시키고자 한다. 이때 탈락시간 간격은?(단, 여과집진장치에 유입되는 함진농도는 $10g/m^3$, 여과속도는 $7,200cm/hr$이고, 집진효율은 100%로 본다.)

① 25min
② 30min
③ 35min
④ 40min

(풀이) 먼지부하$(L_d) = C_i \times V_f \times \eta \times t$

$$t(탈락시간) = \frac{360g/m^2}{10g/m^3 \times 72m/hr \times hr/60min \times 1.0}$$
$$= 30min$$

46 Methane과 Propane이 용적비 1 : 1의 비율로 조성된 혼합가스 $1Sm^3$를 완전연소시키는 데 $20Sm^3$의 실제공기가 사용되었다면 이 경우 공기비는?

① 1.05
② 1.20
③ 1.34
④ 1.46

(풀이) $CH_4 + 2O_2 \rightarrow CO_2 + 2H_2O$

$C_3H_8 + 5O_2 \rightarrow 3CO_2 + 4H_2O$

$$A_o = \frac{(2 \times 0.5) + (5 \times 0.5)}{0.21} = 16.67Sm^3/Sm^3$$

$$m = \frac{A}{A_o} = \frac{20Sm^3/Sm^3}{16.67Sm^3/Sm^3} = 1.20$$

47 흡수법에 의한 유해가스 처리 시 흡수이론에 관한 설명으로 가장 거리가 먼 것은?

① 두 상(Phase)이 접할 때 두 상이 접한 경계면의 양측에 경막이 존재한다는 가정을 Lewis-Whitman의 이중격막설이라 한다.
② 확산을 일으키는 추진력은 두 상(Phase)에서의 확산물질의 농도차 또는 분압차가 주원인이다.
③ 액상으로의 가스흡수는 기-액 두 상(Phase)의 본체에서 확산물질의 농도 기울기는 큰 반면, 기-액의 각 경막 내에서는 농도 기울기가 거의 없는데, 이것은 두 상의 경계면에서 효과적인 평형을 이루기 위함이다.
④ 주어진 온도, 압력에서 평형상태가 되면 물질의 이동은 정지한다.

(풀이) 액상으로의 가스흡수는 기-액 두 상의 본체에서 확산물질의 농도 기울기는 거의 없고, 기-액의 각 경막 내에서는 농도 기울기가 있으며, 이것은 두 상의 경계면에서 효과적인 평형을 이루기 위함이다.

48 충전탑의 액가스비 범위로 가장 적합한 것은?

① $0.1 \sim 0.3L/m^3$
② $2 \sim 3L/m^3$
③ $5 \sim 10L/m^3$
④ $10 \sim 30L/m^3$

(풀이) 충전탑(Packed)
㉠ 원리 : 탑 내에 충전물을 넣어 배기가스와 세정액과의 접촉표면적을 크게 하여 세정하는 방식이다. 즉, 충전물질의 표면을 흡수액으로 도포하여 흡수액의 얇은 층을 형성시킨 후 가스와 흡수액을 접촉시켜 흡수시킨다.

ⓒ 탑 내 이동속도 : 1m/sec 이하(0.3~1m/sec
or 0.5~1.5m/sec)
ⓒ 액기비 : 1~10L/m³(2~3L/m³)
ⓒ 압력손실 : 50~100mmH₂O
(100~250mmH₂O)

49 흡수제의 구비조건과 관련된 설명으로 옳지 않은 것은?

① 흡수제의 손실을 줄이기 위하여 휘발성이 커야 한다.
② 흡수제가 화학적으로 유해가스 성분과 비슷할 때 일반적으로 용해도가 크다.
③ 흡수율을 높이고 범람을 줄이기 위해서는 흡수제의 점도가 낮아야 한다.
④ 빙점은 낮고, 비점은 높아야 한다.

(풀이) 흡수액의 구비조건
ⓒ 용해도가 클 것
ⓒ 휘발성이 적을 것
ⓒ 부식성이 없을 것
ⓒ 점성이 작고 화학적으로 안정되고 독성이 없을 것
ⓒ 가격이 저렴하고 용매의 화학적 성질과 비슷할 것

50 직경 21.2cm 원형관으로 34m³/min의 공기를 이동시킬 때 관내유속은?

① 약 1,248m/min ② 약 963m/min
③ 약 524m/min   ④ 약 482m/min

(풀이) $Q = A \times V$

$V = \dfrac{Q}{A}$

$= \dfrac{34\text{m}^3/\text{min}}{\left(\dfrac{3.14 \times 0.212^2}{4}\right)\text{m}^2} = 963.2\text{m/min}$

51 헨리법칙이 적용되는 가스가 물속에 2.0 kg-mol/m³로 용해되어 있고 이 가스의 분압은 19mmHg이다. 이 유해가스의 분압이 48mmHg가 되었다면 이때 물속의 가스농도(kg-mol/m³)는?

① 1.9   ② 2.8
③ 3.6   ④ 5.1

(풀이) $P = H \times C \,(P \propto C \text{ 관계})$

$2.0\text{kg-mol/m}^3 : 19\text{mmHg} = C : 48\text{mmHg}$

$C\,(\text{kg-mol/m}^3)$

$= \dfrac{2.0\text{kg-mol/m}^3 \times 48\text{mmHg}}{19\text{mmHg}}$

$= 5.05\text{kg-mol/m}^3$

52 유해가스 처리를 위한 장치 중 흡수장치와 거리가 먼 것은?

① 충전탑
② 흡착탑
③ 다공판탑
④ 벤투리 스크러버

(풀이) 흡착탑은 유해가스 처리장치 중 흡착장치이다.

53 집진장치에서 후드(Hood)의 일반적인 흡인요령으로 거리가 먼 것은?

① 후드를 발생원에 근접시킨다.
② 국부적인 흡인방식을 택한다.
③ 충분한 포착속도를 유지한다.
④ 후드의 개구면적을 크게 한다.

(풀이) 후드의 개구면적을 작게 한다.

54 연소배출가스가 4,000Sm³/h인 굴뚝에서 정압을 측정하였더니 20mmH₂O였다. 여유율 20%인 송풍기를 사용할 경우 필요한 소요동력(kW)은?(단, 송풍기 정압효율은 80%, 전동기 효율은 70%이다.)

① 0.38
② 0.47
③ 0.58
④ 0.66

 소요동력(kW)

$$= \frac{Q \times \Delta P}{6,120 \times \eta} \times \alpha$$

$$= \frac{(4,000\text{Sm}^3/\text{hr} \times \text{hr}/60\text{min})}{6,120 \times 0.8 \times 0.7} \times 1.2$$

$$= 0.47\text{kW}$$

55 송풍관에 송풍량 40m³/min을 통과시켰을 때 20mmH₂O의 압력손실이 생겼다. 송풍량이 60m³/min로 증가된다면 압력손실(mmH₂O)은?

① 20
② 30
③ 35
④ 45

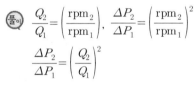 $\frac{Q_2}{Q_1} = \left(\frac{\text{rpm}_2}{\text{rpm}_1}\right),\ \frac{\Delta P_2}{\Delta P_1} = \left(\frac{\text{rpm}_2}{\text{rpm}_1}\right)^2$

$$\frac{\Delta P_2}{\Delta P_1} = \left(\frac{Q_2}{Q_1}\right)^2$$

$$\Delta P_2 = 20\text{mmH}_2\text{O} \times \left(\frac{60\text{m}^3/\text{min}}{40\text{m}^3/\text{min}}\right)^2$$

$$= 45\text{mmH}_2\text{O}$$

56 다음 중 다이옥신의 광분해에 가장 효과적인 파장범위는?

① 150~220nm
② 250~340nm
③ 360~540nm
④ 600~850nm

 광분해법은 자외선파장(250~340nm)이 가장 효과적인 것으로 알려져 있다.

57 저위발열량 11,000kcal/kg의 중유를 연소시키는 데 필요한 공기량(Sm³/kg)은?(단, Rosin식 적용)

① 약 8.5
② 약 11.4
③ 약 13.5
④ 약 19.6

 Rosin식

$$A_o = \frac{0.85 \times H_l}{1,000} + 2.0$$

$$= \frac{0.85 \times 11,000\text{kcal/kg}}{1,000} + 2.0$$

$$= 11.35\text{Sm}^3/\text{kg}$$

58 유해물질 처리방법에 관한 설명으로 옳지 않은 것은?

① 이황화탄소를 처리 시 암모니아를 불어 넣는 방법이 이용된다.
② 시안화수소는 물에 거의 녹지 않으므로 촉매연소법으로 처리한다.
③ 브롬은 가성소다 수용액과 반응시켜 처리한다.
④ 수은은 온도차에 따른 공기 중 수은 포화량의 차이를 이용하여 제거한다.

풀이 시안화수소는 물에 잘 녹기 때문에 수세처리법을 이용한다.

59 후드 개구의 바깥 주변에 플랜지(Flange) 부착 시 발생하는 현상과 가장 거리가 먼 것은?

① 포착속도가 커진다.
② 동일한 오염물질 제거에 있어 압력손실은 감소

한다.

③ 후드 뒤쪽의 공기 흡입을 방지할 수 있다.

④ 동일한 오염물질 제거에 있어 송풍량은 증가한다.

(풀이) 동일한 오염물질 제거에 있어 송풍량은 감소(25%)한다.

60 다음 기체 중 물에 대한 헨리상수(atm · m³/kmol) 값이 가장 큰 물질은?(단, 온도는 30℃, 기타 조건은 동일하다고 본다.)

① HF ② HCl
③ H_2S ④ SO_2

(풀이) ㉠ 헨리상수는 용해도가 작을수록 값은 커진다.
㉡ 용해도 크기
$HCl > HF > NH_3 > SO_2 > Cl_2 > SO_2 > H_2S$

제4과목 대기환경관계법규

61 대기환경보전법상 과태료의 부과기준으로 옳지 않은 것은?

① 일반기준으로서 위반행위의 횟수에 따른 부과기준은 최근 1년간 같은 위반행위로 과태료 부과처분을 받은 경우에 적용한다.

② 일반기준으로서 부과권자는 위반행위의 동기와 그 결과 등을 고려하여 과태료 부과금액의 80% 범위에서 이를 감경한다.

③ 개별기준으로서 제작차배출허용기준에 맞지 않아 결함시정명령을 받은 자동차제작자가 결함시정 결과보고를 아니한 경우 1차 위반 시 과태료 부과금액은 100만 원이다.

④ 개별기준으로서 제작차배출허용기준에 맞지 않아 결함시정명령을 받은 자동차제작자가 결

함시정결과보고를 아니한 경우 3차 위반 시 과태료 부과금액은 200만 원이다.

(풀이) 일반기준으로서 부과권자는 위반행위의 동기와 그 결과 등을 고려하여 과태료 부과금액의 2분의 1 범위에서 이를 감경한다.

62 대기환경보전법상 위임업무 보고사항 중 "측정기기 관리대행업의 등록, 변경등록 및 행정처분 현황"에 대한 유역환경청장의 보고 횟수 기준은?

① 수시 ② 연 4회
③ 연 2회 ④ 연 1회

(풀이) 위임업무 보고사항

업무내용	보고 횟수	보고 기일	보고자
환경오염 사고 발생 및 조치 사항	수시	사고발생 시	시 · 도지사, 유역환경청장 또는 지방환경청장
수입자동차 배출가스 인증 및 검사현황	연 4회	매 분기 종료 후 15일 이내	국립환경과학원장
자동차 연료 및 첨가제의 제조 · 판매 또는 사용에 대한 규제 현황	연 2회	매 반기 종료 후 15일 이내	유역환경청장 또는 지방환경청장
자동차 연료 또는 첨가제의 제조기준 적합 여부 검사 현황	• 연료 : 연 4회 • 첨가제 : 연 2회	• 연료 : 매 분기 종료 후 15일 이내 • 첨가제 : 매 반기 종료 후 15일 이내	국립환경과학원장
측정기기관리대행업의 등록(변경등록) 및 행정처분 현황	연 1회	다음 해 1월 15일까지	유역환경청장, 지방환경청장 또는 수도권대기환경청장

63 악취방지법상 위임업무 보고사항 중 "악취 검사기관의 지정, 지정사항 변경보고 접수 실적"의 보고 횟수 기준은?(단, 보고자는 국립환경과학원장으로 한다.)

① 연 1회 　　　② 연 2회
③ 연 4회 　　　④ 수시

풀이 위임업무의 보고사항
　㉠ 업무내용 : 악취검사기관의 지정, 지정사항 변경보고 접수실적
　㉡ 보고횟수 : 연 1회
　㉢ 보고기일 : 다음 해 1월 15일까지
　㉣ 보고자 : 국립환경과학원장

64 대기환경보전법상 초과부과금 산정기준에서 다음 오염물질 중 1kg당 부과금액이 가장 높은 것은?

① 이황화탄소 　　　② 먼지
③ 암모니아 　　　④ 황화수소

풀이 초과부과금 산정기준

구분 오염물질		오염물질 1킬로그램당 부과금액
황산화물		500
먼지		770
암모니아		1,400
황화수소		6,000
이황화탄소		1,600
특정 유해물질	불소화물	2,300
	염화수소	7,400
	시안화수소	7,300

65 대기환경보전법령상 개선명령 등의 이행보고 및 확인과 관련하여 환경부령으로 정한 대기오염도 검사기관과 거리가 먼 것은?

① 수도권대기환경청
② 시·도의 보건환경연구원
③ 지방환경보전협회
④ 한국환경공단

풀이 대기오염도 검사기관
　㉠ 국립환경과학원
　㉡ 특별시·광역시·특별자치시·도·특별자치도의 보건환경연구원
　㉢ 유역환경청, 지방환경청 또는 수도권대기환경청
　㉣ 한국환경공단

66 대기환경보전법령상 기본부과금 산정을 위해 확정배출량 명세서에 포함되어 시·도지사 등에게 제출해야 할 서류목록으로 거리가 먼 것은?

① 황 함유분석표 사본
② 연료사용량 또는 생산일지
③ 조업일지
④ 방지시설개선 실적표

풀이 확정배출량 명세서에 포함되어 시·도지사에게 제출해야 할 서류목록
　㉠ 황 함유분석표 사본(황 함유량이 적용되는 배출계수를 이용하는 경우에만 제출하며, 해당 부과기간 동안의 분석표만 제출한다)
　㉡ 연료사용량 또는 생산일지 등 배출계수별 단위사용량을 확인할 수 있는 서류 사본(배출계수를 이용하는 경우에만 제출한다)
　㉢ 조업일지 등 조업일수를 확인할 수 있는 서류 사본(자가측정 결과를 이용하는 경우에만 제출한다)
　㉣ 배출구별 자가측정한 기록 사본(자가측정 결과를 이용하는 경우에만 제출한다)

67 대기환경보전법령상 청정연료를 사용하여야 하는 대상시설의 범위로 옳지 않은 것은?

① 산업용 열병합 발전시설
② 건축법 시행령에 따른 공동주택으로서 동일한 보일러를 이용하여 하나의 단지 또는 여러 개의 단지가 공동으로 열을 이용하는 중앙집중난방방식으로 열을 공급받고, 단지 내의 모든 세대의 평균 전용면적이 40.0m²를 초과하는 공동주택
③ 전체 보일러의 시간당 총 증발량이 0.2톤 이상인 업무용 보일러(영업용 및 공공용 보일러를 포함하되, 산업용 보일러는 제외)
④ 집단에너지사업법 시행령에 따른 지역냉난방사업을 위한 시설(단, 지역냉난방사업을 위한 시설 중 발전폐열을 지역냉난방용으로 공급하는 산업용 열병합발전시설로서 환경부장관이 승인한 시설은 제외)

(풀이) 청정연료를 사용하여야 하는 대상 시설
  ㉠ 건축법 시행령에 따른 공동주택으로서 동일한 보일러를 이용하여 하나의 단지 또는 여러 개의 단지가 공동으로 열을 이용하는 중앙집중난방방식으로 열을 공급받고, 단지 내의 모든 세대의 평균 전용면적이 40.0m²를 초과하는 공동주택
  ㉡ 전체 보일러의 시간당 총 증발량이 0.2톤 이상인 업무용 보일러(영업용 및 공공용 보일러를 포함하되, 산업용 보일러는 제외한다.)
  ㉢ 집단에너지사업법 시행령에 따른 지역냉난방사업을 위한 시설(단, 지역냉난방사업을 위한 시설 중 발전폐열을 지역냉난방용으로 공급하는 산업용 열병합 발전시설로서 환경부장관이 승인한 시설은 제외)
  ㉣ 발전시설. 다만, 산업용 열병합 발전시설은 제외한다.

68 대기환경보전법령상 장거리이동대기오염물질 대책위원회에 관한 사항으로 거리가 먼 것은?

① 위원회는 위원장 1명을 포함한 25명 이내의 위원으로 성별을 고려하여 구성한다.
② 위원회의 위원장은 환경부차관이 된다.
③ 위원회와 실무위원회 및 장거리이동대기오염물질 연구단의 구성 및 운영 등에 관하여 필요한 사항은 환경부령으로 정한다.
④ 소관별 추진대책의 수립·시행에 필요한 조사·연구를 위하여 위원회에 장거리이동대기오염물질 연구단을 둔다.

(풀이) 위원회와 실무위원회 및 장거리이동대기오염물질 연구단의 구성 및 운영 등에 관하여 필요한 사항은 대통령령으로 정한다.

69 대기환경보전법령상 사업장별 환경기술인의 자격기준으로 거리가 먼 것은?

① 전체배출시설에 대하여 방지시설 설치면제를 받은 사업장은 5종사업장에 해당하는 기술인을 둘 수 있다.
② 4종사업장에서 환경부령에 따른 특정대기유해물질이 포함된 오염물질을 배출하는 경우에는 3종사업장에 해당하는 기술인을 두어야 한다.
③ 공동방지시설에서 각 사업장의 대기오염물질 발생량의 합계가 4종 및 5종 사업장의 규모에 해당하는 경우에는 4종 사업장에 해당되는 기술인을 둘 수 있다.
④ 대기오염물질배출시설 중 일반 보일러만 설치한 사업장과 대기오염물질 중 먼지만 발생하는 사업장은 5종사업장에 해당하는 기술인을 둘 수 있다.

풀이 공동방지시설에서 각 사업장의 대기오염물질 발생량의 합계가 4종 사업장과 5종 사업장의 규모에 해당하는 경우에는 3종 사업장에 해당하는 기술인을 두어야 한다.

70 악취방지법규상 악취검사기관의 검사시설·장비 및 기술인력 기준에서 대기환경기사를 대체할 수 있는 인력요건으로 거리가 먼 것은?

① 「고등교육법」에 따른 대학에서 대기환경분야를 전공하여 석사 이상의 학위를 취득한 자
② 국·공립연구기관의 연구직공무원으로서 대기환경연구분야에 1년 이상 근무한 자
③ 대기환경산업기사를 취득한 후 악취검사기관에서 악취분석요원으로 3년 이상 근무한 자
④ 「고등교육법」에 의한 대학에서 대기환경분야를 전공하여 학사학위를 취득한 자로서 같은 분야에서 3년 이상 근무한 자

풀이 대기환경산업기사를 취득한 후 악취검사기관에서 악취분석요원으로 5년 이상 근무한 사람

71 환경정책기본법령상 각 항목에 대한 대기환경기준으로 옳은 것은?

① 아황산가스의 연간 평균치 : 0.03ppm 이하
② 아황산가스의 1시간 평균치 : 0.15ppm 이하
③ 미세먼지(PM - 10)의 연간 평균치 : $100\mu g/m^3$ 이하
④ 오존(O_3)의 8시간 평균치 : 0.1ppm 이하

풀이 ① 아황산가스의 연간평균치 : 0.02ppm 이하
③ 미세먼지(PM - 10)의 연간평균치 : $50\mu g/m^3$ 이하
④ 오존(O_3)의 8시간 평균치 : 0.06ppm 이하

72 대기환경보전법상 5년 이하의 징역이나 5천만 원 이하의 벌금에 처하는 기준은?

① 연료사용 제한조치 등의 명령을 위반한 자
② 측정기기 운영·관리기준을 준수하지 않아 조치명령을 받았으나, 이 또한 이행하지 않아 받은 조업정지명령을 위반한 자
③ 배출시설을 설치금지 장소에 설치해서 폐쇄명령을 받았으나 이를 이행하지 아니한 자
④ 첨가제를 제조기준에 맞지 않게 제조한 자

풀이 대기환경보전법 제90조 참조

73 실내공기질 관리법규상 PM - 10의 실내공기질 유지기준이 $100\mu g/m^3$ 이하인 다중이용시설에 해당하는 것은?

① 실내주차장　　② 대규모 점포
③ 산후조리원　　④ 지하역사

풀이 실내공기질 관리법상 유지기준(2019년 7월부터 적용)

오염물질 항목 / 다중이용시설	미세먼지 (PM - 10) ($\mu g/m^3$)	미세먼지 (PM - 2.5) ($\mu g/m^3$)	이산화탄소 (ppm)	폼알데하이드 ($\mu g/m^3$)	총 부유세균 (CFU/m^3)	일산화탄소 (ppm)
지하역사, 지하도상가, 철도역사의 대합실, 여객자동차터미널의 대합실, 항만시설 중 대합실, 공항시설 중 여객터미널, 도서관·박물관 및 미술관, 대규모점포, 장례식장, 영화상영관, 학원, 전시시설, 인터넷컴퓨터게임시설제공업의 영업시설, 목욕장업의 영업시설	100 이하	50 이하	1,000 이하	100 이하	–	10 이하
의료기관, 산후조리원, 노인요양시설, 어린이집	75 이하	35 이하		80 이하	800 이하	
실내주차장	200 이하	–		100 이하	–	25 이하

실내 체육시설, 실내 공연장, 업무시설, 둘 이상의 용도에 사용되는 건축물	200 이하	–	–	–	–	–

※ 법규 변경사항이므로 해설의 내용으로 학습하시기 바랍니다.

74 다음은 악취방지법규상 악취검사기관과 관련한 행정처분기준이다. ( ) 안에 가장 적합한 처분기준은?

검사시설 및 장비가 부족하거나 고장 난 상태로 7일 이상 방지한 경우 4차 행정처분기준은 ( )이다.

① 경고
② 업무정지 1개월
③ 업무정지 3개월
④ 지정취소

🖊 각 위반차수별 행정처분기준(1차~4차순)
경고 – 업무정지 1개월 – 업무정지 3개월 – 지정취소

75 대기환경보전법규상 다음 정밀검사대상 자동차에 따른 정밀검사 유효기간으로 옳지 않은 것은?(단, 차종의 구분 등은 자동차관리법에 의함)

① 차령 4년 경과된 비사업용 승용자동차 : 1년
② 차령 3년 경과된 비사업용 기타자동차 : 1년
③ 차령 2년 경과된 사업용 승용자동차 : 1년
④ 차령 2년 경과된 사업용 기타자동차 : 1년

🖊 정밀검사대상 자동차 및 정밀검사 유효기간

차종		정밀검사대상 자동차	검사 유효기간
비 사업용	승용자동차	차령 4년 경과된 자동차	2년
	기타자동차	차령 3년 경과된 자동차	
사업용	승용자동차	차령 2년 경과된 자동차	1년
	기타자동차	차령 2년 경과된 자동차	

76 대기환경보전법규상 석유정제 및 석유 화학제품 제조업 제조시설의 휘발성유기화합물 배출억제 · 방지시설 설치 등에 관한 기준으로 옳지 않은 것은?

① 중간집수조에서 폐수처리장으로 이어지는 하수구(Sewer Line)는 검사를 위해 대기 중으로 개방되어야 하며, 금 · 틈새 등이 발견되는 경우에는 30일 이내에 이를 보수하여야 한다.
② 휘발성유기화합물을 배출하는 폐수처리장의 집수조는 대기오염공정시험방법(기준)에서 규정하는 검출불가능 누출농도 이상으로 휘발성유기화합물이 발생하는 경우에는 휘발성유기화합물을 80퍼센트 이상의 효율로 억제 · 제거할 수 있는 부유지붕이나 상부덮개를 설치 · 운영하여야 한다.
③ 압축기는 휘발성유기화합물의 누출을 방지하기 위한 개스킷 등 봉인장치를 설치하여야 한다.
④ 개방식 밸브나 배관에는 뚜껑, 브라인드프렌지, 마개 또는 이중밸브를 설치하여야 한다.

🖊 중간집수조에서 폐수처리장으로 이어지는 하수구가 대기 중으로 개방되어서는 아니 되며, 금 · 틈새 등이 발견되는 경우에는 15일 이내에 이를 보수하여야 한다.

77 다음은 대기환경보전법규상 비산먼지 발생을 억제하기 위한 시설의 설치 및 필요한 조치에 관한 기준이다. ( ) 안에 알맞은 것은?

싣기 및 내리기(분체상 물질을 싣고 내리는 경우만 해당한다.) 배출공정의 경우, 싣거나 내리는 장소 주위에 고정식 또는 이동식 물을 뿌리는 시설(살수반경 (㉠) 이상, 수압 (㉡) 이상)을 설치 · 운영하여 작업하는 중 다시 흩날리지 아니하도록 할 것(곡물작업장의 경우는 제외한다.)

① ⊙ 3m, ⓒ 1.5kg/cm²

② ⊙ 3m, ⓒ 3kg/cm²

③ ⊙ 5m, ⓒ 1.5kg/cm²

④ ⊙ 5m, ⓒ 3kg/cm²

 싣기 및 내리기(분체상 물질을 싣고 내리는 경우만 해당한다.) 배출공정의 경우, 싣거나 내리는 장소 주위에 고정식 또는 이동식 물을 뿌리는 시설(살수 반경 5m 이상, 수압 3kg/cm² 이상)을 설치 · 운영하여 작업하는 중 다시 흩날리지 아니하도록 할 것 (곡물작업장의 경우는 제외한다.)

78 대기환경보전법상 거짓으로 배출시설의 설치허가를 받은 후에 시 · 도지사가 명한 배출시설의 폐쇄명령까지 위반한 사업자에 대한 벌칙기준으로 옳은 것은?

① 7년 이하의 징역이나 1억 원 이하의 벌금

② 5년 이하의 징역이나 3천만 원 이하의 벌금

③ 1년 이하의 징역이나 500만 원 이하의 벌금

④ 300만 원 이하의 벌금

 대기환경보전법 제89조 참조

79 실내공기질 관리법령상 이 법의 적용대상이 되는 다중이용시설로서 "대통령령으로 정하는 규모의 것"의 기준으로 옳지 않은 것은?

① 공항시설 중 연면적 1천5백 제곱미터 이상인 여객터미널

② 연면적 2천 제곱미터 이상인 실내주차장(기계식 주차장은 제외한다.)

③ 철도역사의 연면적 1천5백 제곱미터 이상인 대합실

④ 항만시설 중 연면적 5천제곱미터 이상인 대합실

 철도역사의 연면적 2천 제곱미터 이상인 대합실

80 다음은 대기환경보전법규상 주유소 주유시설의 휘발성유기화합물 배출 억제 · 방지시설 설치 및 검사 · 측정결과의 기록보존에 관한 기준이다. ( ) 안에 알맞은 것은?

• 유증기 회수배관은 배관이 막히지 아니하도록 적절한 경사를 두어야 한다.
• 유증기 회수배관을 설치한 후에는 회수배관 액체막힘 검사를 하고 그 결과를 ( ) 기록 · 보존하여야 한다.

① 1년간   ② 2년간

③ 3년간   ④ 5년간

 유증기 회수배관을 설치한 후에는 회수배관 액체막힘검사를 하고 그 결과를 5년간 기록 · 보존하여야 한다.

2021년 제2회 대기환경산업기사

제1과목 대기오염개론

01 대기 중 탄화수소(HC)에 대한 설명으로 옳지 않은 것은?

① 지구 규모의 발생량으로 볼 때 자연적 발생량이 인위적 발생량보다 많다.

② 탄화수소는 대기 중에서 산소, 질소, 염소 및 황과 반응하여 여러 종류의 탄화수소 유도체를 생성한다.

③ 탄화수소류 중에서 이중결합을 가진 올레핀 화합물은 포화 탄화수소나 방향족 탄화수소보다 대기 중에서의 반응성이 크다.

④ 대기환경 중 탄화수소는 기체, 액체, 고체로 존재하며 탄소원자 1~12개인 탄화수소는 상온, 상압에서 기체로, 12개를 초과하는 것은 액체 또는 고체로 존재한다.

> 풀이 대기환경 중 탄화수소는 기체, 액체, 고체로 존재하며 탄소원자 1~4개인 탄화수소는 상온, 상압에서 기체로, 5개를 초과하는 것은 액체 또는 고체로 존재한다.

02 다음 중 인체 내에서 콜레스테롤, 인지질 및 지방분의 합성을 저해하거나 기타 다른 영양물질의 대사장애를 일으키며, 만성폭로 시 설태가 끼는 대기오염물질의 원소기호로 가장 적합한 것은?

① Se

② Tl

③ V

④ Al

> 풀이 바나듐(V)
> ㉠ 은회색의 전이금속으로 단단하나 연성(잡아 늘이기 쉬운 성질)과 전성(펴 늘일 수 있는 성질)이 있고 주로 화석연료, 특히 석탄 및 중유에 많이 포함되고 코·눈·인후의 자극을 동반하여 격심한 기침을 유발한다.
> ㉡ 원소 자체는 반응성이 커서 자연상태에서는 화합물로만 존재하며 산화물 보호피막을 만들기 때문에 공기 중 실온에서는 잘 산화되지 않으나 가열하면 산화된다.
> ㉢ 바나듐에 폭로된 사람들은 인지질 및 지방분의 합성, 혈장 콜레스테롤치가 저하되며, 만성폭로 시 설태가 낄 수 있다.

03 체적이 100m³인 복사실의 공간에서 오존(O_3)의 배출량이 분당 0.4mg인 복사기를 연속 사용하고 있다. 복사기 사용 전의 실내오존(O_3)의 농도가 0.2ppm이라고 할 때 3시간 사용 후 오존농도는 몇 ppb인가?(단, 환기가 되지 않음, 0℃, 1기압 기준으로 하며, 기타 조건은 고려하지 않음)

① 268

② 383

③ 424

④ 536

> 풀이 오존농도
> =복사기 사용 전 농도+복사기 사용 후 농도
> • 복사기 사용 전 농도
> =0.2ppm×10³ppb/ppm=200ppb
> • 복사기 사용 후 농도
> =0.4m³/min×180min×22.4mL/48mg
> =0.336ppm×10³ppb/ppm
> =336ppb
> ∴ 200+336=536ppb

04 대기구조를 대기의 분자 조성에 따라 균질층(HomospHere)과 이질층(Heterosphere)으로 구분할 때 다음 중 균질층의 범위로 가장 적절한 것은?

① 지상 0~50km ② 지상 0~88km
③ 지상 0~155km ④ 지상 0~200km

(풀이) 지상 0~88km 정도까지의 균질층은 수분을 제외하고는 질소 및 산소 등 분자 조성비가 어느 정도 일정하다.

05 다음 중 리차드슨 수에 대한 설명으로 가장 적합한 것은?

① 리차드슨 수가 큰 음의 값을 가지면 대기는 안정한 상태이며, 수직방향의 혼합은 없다.
② 리차드슨 수가 0에 접근할수록 분산이 커진다.
③ 리차드슨 수는 무차원수로 대류난류를 기계적인 난류로 전환시키는 율을 측정한 것이다.
④ 차드슨 수가 0.25보다 크면 수직방향의 혼합이 커진다.

(풀이) ① 리차드슨 수가 큰 음의 값을 가지면 대기는 불안정한 상태이며, 수직방향의 혼합이 지배적이다.
② 리차드슨 수가 0에 접근할수록 분산이 줄어든다.
④ 리차드슨 수가 0.25보다 크면 수직방향의 혼합은 거의 없게 되고 수평상의 소용돌이만 남게 된다.

06 다음 중 이산화황에 약한 식물과 가장 거리가 먼 것은?

① 보리   ② 담배
③ 옥수수   ④ 자주개나리

(풀이) 이산화황에 약한 식물
㉠ 자주개나리, 목화, 보리, 콩, 담배, 시금치 등
㉡ 옥수수는 이산화황에 강한 식물이다.

07 대기권의 성질에 대한 설명 중 옳지 않은 것은?

① 대류권의 높이는 보통 여름철보다는 겨울철에, 저위도보다는 고위도에서 낮게 나타난다.
② 대기의 밀도는 기온이 낮을수록 높아지므로 고도에 따른 기온분포로부터 밀도분포가 결정된다.
③ 대류권에서의 대기 기온체감률은 −1℃/100m이며, 기온변화에 따라 비교적 비균질한 기층(Hetero-geneous Layer)이 형성된다.
④ 대기의 상하운동이 활발한 정도를 난류강도라 하고, 여기에 열적인 난류와 역학적인 난류가 있으며, 이들을 고려한 안정도로서 리차드슨 수가 있다.

(풀이) 대류권에서의 대기기온 체감률은 −0.65℃/100m이며, 기온변화에 따라 비교적 균질한 기층이 형성된다.

08 다음 중 메탄의 지표 부근 배경농도 값으로 가장 적합한 것은?

① 약 0.15ppm
② 약 1.5ppm
③ 약 30ppm
④ 약 300ppm

(풀이) 표준상태에서 건조공기 중 메탄의 농도는 1.5~1.7ppm 정도이다.

09 상대습도가 70%이고, 상수를 1.2로 정의할 때, 가시거리가 10km라면 먼지 농도는 대략 얼마인가?

① $50\mu g/m^3$ ② $120\mu g/m^3$

③ $200\mu g/m^3$ ④ $280\mu g/m^3$

(풀이)

$$L_v(km) = \frac{A \times 10^3}{G}$$

$$10(km) = \frac{1.2 \times 10^3}{G}$$

$$G = 120\mu g/m^3$$

10 다음 그림은 탄화수소가 존재하지 않는 경우 NO_2의 광화학사이클(Photolytic cycle)이다. 그림의 A가 O_2일 때 B에 해당하는 물질은?

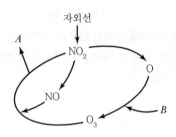

① NO   ② CO_2

③ NO_2 ④ O_2

(풀이) NO_2의 광화학반응(광분해) Cycle

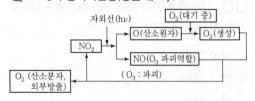

11 대기 내 질소산화물(NO_x)이 LA 스모그와 같이 광화학 반응을 할 때, 다음 중 어떤 탄화수소가 주된 역할을 하는가?

① 파라핀계 탄화수소

② 메탄계 탄화수소

③ 올레핀계 탄화수소

④ 프로판계 탄화수소

(풀이) 광화학적 스모그(smog)의 3대 생성요소

    ㉠ 질소산화물(NO_x)

    ㉡ 올레핀(Olefin)계 탄화수소

    ㉢ 자외선

12 굴뚝에서 배출되는 연기의 형태가 Lofting형일 때의 대기상태로 옳은 것은?(단, 보기 중 상과 하의 구분은 굴뚝 높이 기준)

① 상 : 불안정, 하 : 불안정

② 상 : 안정, 하 : 안정

③ 상 : 안정, 하 : 불안정

④ 상 : 불안정, 하 : 안정

(풀이) Lofting(지붕형)

    ㉠ 굴뚝의 높이보다 더 낮게 지표 가까이에 역전층(안정)이 이루어져 있고, 그 상공에는 대기가 불안정한 상태일 때 주로 발생한다.

    ㉡ 고기압 지역에서 하늘이 맑고 바람이 약한 늦은 오후(초저녁)나 이른 밤에 주로 발생하기 쉽다.

    ㉢ 연기에 의한 지표에 오염도는 가장 적게 되며 역전층 내에서 지표배출원에 의한 오염도는 크게 나타난다.

13
A공장의 현재 유효연돌고가 44m이다. 이때의 농도에 비해 유효연돌고를 높여 최대지표농도를 1/2로 감소시키고자 한다. 다른 조건이 모두 같다고 가정할 때 Sutton 식에 의한 유효연돌고는?

① 약 62m 　　　② 약 66m
③ 약 71m 　　　④ 약 75m

 $C_{\max} \propto \dfrac{1}{H_e^{\,2}}$

$C_{\max} : \dfrac{1}{44^2} = \dfrac{1}{2} C_{\max} : \dfrac{1}{H_e^{\,2}}$

$\dfrac{1}{2} \times \dfrac{1}{44^2} C_{\max} = C_{\max} \times \dfrac{1}{H_e^{\,2}}$

$H_e = 62.25 \text{m}$

14
다음 역전현상에 대한 설명 중 옳지 않은 것은?

① 대류권 내에서 온도는 높이에 따라 감소하는 것이 보통이나 경우에 따라 역으로 높이에 따라 온도가 높아지는 층을 역전층이라고 한다.
② 침강역전은 저기압의 중심부분에서 기층이 서서히 침강하면서 발생하는 현상으로 좁은 범위에 걸쳐서 단기간 지속된다.
③ 복사역전은 일출 직전에 하늘이 맑고 바람이 적을 때 가장 강하게 형성된다.
④ LA스모그는 침강역전, 런던스모그는 복사역전과 관계가 있다.

(풀이) 침강역전은 고기압 중심부분에서 기층이 서서히 침강하면서 기온이 단열변화로 승온되어 발생하는 현상으로 넓은 범위에 걸쳐서 장기간 지속된다.

15
다음 설명과 관련된 복사법칙으로 가장 적합한 것은?

> 흑체 표면의 단위면적으로부터 단위시간에 방출되는 전파장의 복사에너지 양(흑체의 전복사도) E는 흑체의 절대온도 4승에 비례한다.

① 플랑크의 법칙
② 빈의 법칙
③ 스테판－볼츠만의 법칙
④ 알베도의 법칙

(풀이) 스테판－볼츠만의 법칙
주어진 온도에서 이론상 최대에너지를 복사하는 가상적인 물체를 흑체라 할 때, 흑체복사를 하는 물체에서 방출되는 복사에너지는 절대온도(K)의 4승에 비례한다는 법칙이다.

16
연소과정에서 방출되는 NOx 배출가스 중 $NO : NO_2$의 개략적인 비는 얼마 정도인가?

① $5 : 95$ 　　　② $20 : 80$
③ $50 : 50$ 　　　④ $90 : 10$

(풀이) 화석연료 연소 시 배출하는 NO와 NO_2이며 개략적인 비는 $90 : 10$ 정도이다.

17
대기오염물질과 지표식물의 연결로 거리가 먼 것은?

① SO_2 － 알팔파
② HF － 글라디올러스
③ O_3 － 담배
④ CO － 강낭콩

(풀이) 일산화탄소는 식물에는 별로 심각한 영향을 주지 않으나 500ppm 정도에서 토마토 잎에 피해를 준다.

18 분자량이 M인 대기오염 물질의 농도가 표준상태($0℃$, 1기압)에서 $448ppm$으로 측정되었다. 표준상태에서 mg/m^3로 환산하면?

① $\dfrac{1}{20M}$

② $\dfrac{M}{20}$

③ $20M$

④ $\dfrac{20}{M}$

풀이) 농도$(mg/m^3) = 448mL/m^3 × \dfrac{M\,mg}{22.4\,mL}$

$\qquad\qquad\qquad = 20M\,mg/m^3$

19 다음 중 대기 내에서 금속의 부식속도가 일반적으로 빠른 것부터 순서대로 연결된 것은?

① 철>아연>구리>알루미늄
② 구리>아연>철>알루미늄
③ 알루미늄>철>아연>구리
④ 철>알루미늄>아연>구리

풀이) 금속의 부식속도 순서
철>아연>구리>알루미늄

20 보통 가을로부터 봄에 걸쳐 날씨가 좋고, 바람이 약하며, 습도가 적을 때 자정 이후 아침까지 잘 발생하고, 낮이 되면 일사로 인해 지면이 가열되면 곧 소멸되는 역전의 형태는?

① Radiative Inversion
② Subsidence Inversion
③ Lofting Inversion
④ Coning Inversion

풀이) 복사역전(Radiative Inversion)
주로 맑은 날 야간에 지표면에서 발산되는 복사열로 인하여 복사냉각이 시작되면 이로 인해 온도가 상공으로 소실되어 지표 냉각이 일어나 지표면의

공기층이 냉각된 지표와 접하게 되어 주로 밤부터 이른 아침 사이에 복사역전이 형성되며 낮이 되면 일사에 의해 지면이 가열되므로 곧 소멸된다.

제2과목 **대기오염공정시험기준(방법)**

21 다음은 환경대기 내의 석면 시험방법 중 시료채취 위치 및 시간기준이다. ( ) 안에 알맞은 것은?

원칙적으로 채취지점은 지상 (㉠)m 되는 위치에서 (㉡)L/min의 흡인유량으로 4시간 이상 채취한다.

① ㉠ 1.5, ㉡ 10
② ㉠ 1.5, ㉡ 50
③ ㉠ 5, ㉡ 10
④ ㉠ 5, ㉡ 50

풀이) 시료채취 위치 및 시간
원칙적으로 채취지점은 지상 1.5m 되는 위치에서 10L/min의 흡인유량으로 4시간 이상 채취한다.

22 다음 중 약한 암모니아 액상에서 다이메틸글리옥심과 반응시켜 파장 450nm 부근에서 흡광도를 측정하는 화합물은?

① 니켈화합물
② 비소화합물
③ 카드뮴화합물
④ 염소화합물

풀이) 니켈 이온을 약한 암모니아 액상에서 다이메틸글리옥심과 반응시켜 생성하는 니켈 착화합물을 클로로폼으로 추출하고, 이것을 묽은 염산으로 역추출한다. 이 용액에 브롬수를 가하고 암모니아수로 탈색하여, 약한 암모니아 액성에서 재차 다이메틸글리옥심과 반응시켜 생성하는 적갈색의 니켈 및 그 화합물을 파장 450nm 부근에서 흡광도를 측정하여 정량하는 방법이다.

23 굴뚝 배출가스 중 이황화탄소를 가스크로마토그래프법으로 분석할 때 장치구성에 관한 설명으로 옳지 않은 것은?

① 운반가스는 순도 99.8% 이상의 질소 또는 순도 99.9% 이상의 네온을 사용한다.

② 불꽃광도검출기(Flame Photometric Detector)를 구비한 가스크로마토그래프를 사용하여 정량한다.

③ 연료가스는 수소(1급 또는 2급)를 사용한다.

④ 분리관은 유리관(사용 전에 산으로 세척함) 또는 불소수지관(가스누출이 없도록 한 것)을 사용한다.

🅟 운반가스는 순도 99.999% 이상의 질소 또는 순도 99.999% 이상의 헬륨을 사용한다.

24 공정시험기준의 일반화학분석에 대한 사항으로 옳지 않은 것은?

① 각 조의 시험은 따로 규정이 없는 한 상온에서 조작하고 조작 직후 그 결과를 관찰한다.

② 시약, 시액, 표준물질의 경우 사용하는 '약'이란 그 무게 또는 부피에 대하여 ±10% 이상의 차가 있어서는 안 된다.

③ 백만분율은 ppm의 기호를 사용하며, 1억분율은 ppb 기호로 표시한다.

④ 찬 곳(冷所)은 따로 규정이 없는 한 0~15℃의 곳을 뜻한다.

🅟 백만분율(Parts Per Million)은 ppm의 기호를 사용하며, 1억분율(Parts Per Hundred Million)은 pphm, 10억분율(Parts Per Billion)은 ppb로 표시한다.

25 환경대기 중 다환방향족탄화수소류(PAHs)의 기체크로마토그래피/질량분석법에서 사용되는 용어 정의 중 '추출과 분석 전에 각 시료, 공 시료, 매체시료에 더해지는 화학적으로 반응성이 없는 환경시료 중에 없는 물질'을 의미하는 것은?

① 내부표준물질

② 대체표준물질

③ 외부표준물질

④ 냉매

🅟 용어정리

ㄱ 머무름 시간(Rt ; Retention Time) : 크로마토그래피용 컬럼에서 특정화학물질이 빠져 나오는 시간. 측정운반기체의 유속에 의해 화학물질이 기체흐름에 주입되어서 검출기에 나타날 때까지 시간

ㄴ 다환방향족탄화수소(PAHs) : 두 개 또는 그 이상의 방향족 고리가 결합된 탄화수소류

ㄷ 대체표준물질(Surrogate) : 추출과 분석 전에 각 시료, 공 시료, 매체시료(Matrix-Spiked)에 더해지는 화학적으로 반응성이 없는 환경시료 중에 없는 물질

26 0.02M의 황산 30mL를 중화시키는 데 필요한 0.1N 수산화나트륨 용액의 양(mL)은?

① 3mL

② 6mL

③ 12mL

④ 20mL

🅟 $N_1 V_1 = N_2 V_2$

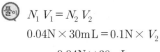

$0.04N \times 30mL = 0.1N \times V_2$

$V_2 = \dfrac{0.04N \times 30mL}{0.1N} = 12mL$

27 다음 중 굴뚝 배출가스 내 비소화합물의 분석방법으로 가장 적합한 것은?

① 가스크로마토그래프법
② 원자흡수분광광도법(원자흡광광도법)
③ 비분산 적외선 분석법
④ 이온전극법

풀이 굴뚝 배출가스 내 비소화합물의 분석방법
 ㉠ 수소화물 발생 원자흡수분광광도법(주 시험방법)
 ㉡ 자외선/가시선 분광법
 ㉢ 흑연로 원자흡수분광광도법

28 굴뚝 배출가스 중 포름알데하이드를 측정하기 위해 적용되는 분석방법은?

① 페놀디술폰산법
② 중화법
③ 오르토톨리딘법
④ 크로모트로핀산법

풀이 분석방법의 종류
 ㉠ 액체크로마토그래프법(HPLC)
 ㉡ 크로모트로핀산(Chromotropic Acid)법
 ㉢ 아세틸 아세톤(Acetyl Acetone)법

29 연료용 유류 중의 황함유량을 측정하기 위한 분석방법 중 연소관식 공기법에 관한 설명으로 옳지 않은 것은?

① 연소되어 산을 발생시키는 원소(P, N, Cl 등)가 들어 있는 시료에는 사용할 수 없다.
② 생성된 황산화물을 과산화수소(3%)에 흡수시켜 황산으로 만든 다음, 수산화나트륨표준액으로 중화적정한다.
③ 950~1,100℃로 가열한 석영재질 연소관 중에 공기를 불어넣어 시료를 연소시킨다.
④ 불용성 황산염을 만드는 금속(Ba, Ca 등) 등의 분석에 유효하다.

풀이 연소관식 공기법은 불용성 황산염을 만드는 금속(Ba, Ca 등)이 들어 있는 시료에는 적용할 수 없다.

30 다음은 가스크로마토그래프법에서 정량분석에 사용되는 용어에 관한 설명이다. ( ) 안에 가장 알맞은 것은?

> 검출한계는 각 분석방법에서 규정하는 조건에서 출력신호를 기록할 때, ( )를 검출한계로 한다.

① 잡음신호(Noise)의 2배의 신호
② 잡음신호(Noise)의 3배의 신호
③ 잡음신호(Noise)의 5배의 신호
④ 잡음신호(Noise)의 10배의 신호

풀이 검출한계는 각 분석방법에서 규정하는 조건에서 출력신호를 기록할 때, 잡음신호(Noise)의 2배의 신호를 검출한계로 한다.

31 A굴뚝에서 배출되는 매연을 링겔만 매연농도표를 사용하여 측정한 결과가 다음과 같았다. 이때 매연의 농도(%)는?

• 5도 : 8회	• 4도 : 12회
• 3도 : 35회	• 2도 : 45회
• 1도 : 66회	• 0도 : 154회

① 1.1%
② 10.9%
③ 21.8%
④ 42.0%

풀이 매연의 흑색도는 평균 도수를 구한 후 20을 곱하여 계산한다.

$$흑색도(\%) = \frac{\sum N \cdot V}{\sum N} \times 20$$

$$= \frac{(5 \times 8) + (4 \times 12) + (3 \times 35) + (2 \times 45) + (1 \times 66) + (0 \times 154)}{320} \times 20$$

$$= 21.81(\%)$$

32 멤브레인필터에 포집한 대기부유먼지 중의 석면섬유를 위상차현미경을 사용하여 측정하는 석면농도 측정에 있어서 시료채취위치 및 시간 기준으로 옳은 것은?

① 원칙적으로 채취지점의 지상 1.5m 되는 위치에서 5L/min의 흡인유량으로 2시간 이상 채취한다.

② 원칙적으로 채취지점의 지상 1.5m 되는 위치에서 5L/min의 흡인유량으로 4시간 이상 채취한다.

③ 원칙적으로 채취지점의 지상 1.5m 되는 위치에서 10L/min의 흡인유량으로 2시간 이상 채취한다.

④ 원칙적으로 채취지점의 지상 1.5m 되는 위치에서 10L/min의 흡인유량으로 4시간 이상 채취한다.

🅟 원칙적으로 채취지점의 지상 1.5m 되는 위치에서 10L/min의 흡인유량으로 4시간 이상 채취한다.

33 굴뚝 배출가스 내의 질소산화물을 아연환원 나프틸에틸렌 디아민법으로 분석할 때 사용하는 시료가스의 흡수액은?

① 암모니아수
② 수산화나트륨 용액
③ 증류수
④ 황산＋과산화수소수

🅟 아연환원 나프틸에틸렌 디아민법(질소산화물)
시료 중의 질소산화물을 오존 존재하에 물(증류수)에 흡수시켜 질산이온으로 만든다.

34 굴뚝 배출가스 중의 산소를 자동으로 측정하는 방법으로 원리 면에서 자기식과 전기화학식으로 분류할 수 있다. 다음 중 전기화학식 방식에 해당하지 않는 것은?

① 정전위전해형
② 덤벨형
③ 폴라로그래프형
④ 갈바니전지형

🅟 굴뚝배출가스 중 산소 측정방법
  ㉠ 자기식
    • 자기풍방식
    • 자기력방식(덤벨형, 압력검출형)
  ㉡ 전기화학식
    • 질코니아방식
    • 전극방식(정전위전해형, 폴라로그래프형, 갈바니전지형)

35 굴뚝 배출가스 중 알데하이드 및 케톤화합물(카르보닐 화합물)의 분석방법으로 옳지 않은 것은?

① 액체크로마토그래피법으로 분석 시 하이드라존은 특히 650~680nm에서 최대 흡광치를 나타낸다.

② 액체크로마토그래피법에서 배출가스 중의 알데하이드류는 흡수액 2.4－DNPH(Dinitrophenylhydrazine)과 반응하여 하이드라존 유도체를 생성하고 이를 분석한다.

③ 아세틸 아세톤법은 황색 발색액의 흡광도를 측정한다.

④ 아세틸 아세톤법은 아황산가스 공존 시 영향을 받으므로 흡수발색액에 염화제이수은과 염화나트륨을 넣는다.

🔵풀이 액체크로마토그래피법으로 분석 시 하이드라존은 UV 영역, 특히 350~380nm에서 최대 흡광치를 나타낸다.

🔵풀이 시료채취관
스테인리스강 또는 이와 동등한 재질의 것으로 하고 굴뚝 중심 부분의 10% 범위 내에 위치할 정도의 길이의 것을 사용한다.

36 굴뚝 내를 흐르는 배출가스 평균유속을 피토관으로 동압을 측정하여 계산한 결과 12.8m/s였다. 이때 측정된 동압은?(단, 피토관 계수는 1.0이며, 굴뚝 내의 습한 배출가스의 밀도는 1.2kg/m³)

① 8mmH₂O   ② 10mmH₂O
③ 12mmH₂O   ④ 14mmH₂O

🔵풀이
$$V = C\sqrt{\dfrac{2gh}{\gamma}}$$

$$h(동압) = \dfrac{\gamma V^2}{2g}$$

$$= \dfrac{1.2\text{kg/m}^3 \times (12.8\text{m/sec})^2}{2 \times 9.8\text{m/sec}^2}$$

$$= 10.03\text{mmH}_2\text{O}$$

37 배출가스 중의 총탄화수소(THC)의 분석을 위한 장치구성에 관한 설명으로 거리가 먼 것은?

① 시료도관은 스테인리스강 또는 테플론 재질로 시료의 응축방지를 위해 가열할 수 있어야 한다.
② 시료채취관은 스테인리스강 또는 이와 동등한 재질의 것으로 하고 굴뚝 중심 부분의 30% 범위 내에 위치할 정도의 길이의 것을 사용한다.
③ 기록계를 사용하는 경우에는 최소 4회/분이 되는 기록계를 사용한다.
④ 영점 및 교정가스를 주입하기 위해서는 삼방밸브나 순간연결장치(Quick Connector)를 사용한다.

38 연료용 유류 중의 황함유량을 측정하기 위한 분석방법에 해당하는 것은?

① 전기화학식 분석법
② 광산란법
③ 연소관식 공기법
④ 광투과율법

🔵풀이 유류 중 황함유량 분석법
㉠ 연소관식 공기법
㉡ 방사선식 여기법

39 환경대기 중 휘발성 유기화합물을 고체흡착 열탈착방법으로 분석하고자 할 때, 다음 중 열탈착 장치에 관한 설명으로 옳지 않은 것은?

① 각 흡착관은 분석하기 전에 누출시험을 실시하며, 시료가 흐르는 모든 유로는 분석하기 전 흡착관에 열이나 가스가 공급된 상태에서 누출시험을 실시한다.
② 퍼지용 가스는 제로가스와 동등 이상의 순도를 지닌 질소나 헬륨가스를 사용한다.
③ 일반적으로 흡착관을 저온으로 유지하기 위해서 액체질소, 액체아르곤, 드라이아이스와 같은 냉매를 사용하거나 전기적으로 온도를 강하시킨다.
④ 고농도(10ppb 이상) 시료에서 수분의 간섭으로 인한 분리관과 검출기 피해를 최소화하기 위해 보통 10 : 1 이상으로 시료분할(Splitting)을 실시한다.

🔵 휘발성 유기화합물(고체흡착 열탈착방법)

각 흡착관은 분석하기 전에 누출시험을 실시한다. 또한 시료가 흐르는 모든 유로는 분석하기 전에 흡착관에 열이나 가스가 공급되지 않는 상태에서 누출시험을 하여야 한다.

40 가스크로마토그래피법의 정량법 중 정량하려는 성분으로 된 순물질을 단계적으로 취하여 크로마토그램을 기록하고 피크의 넓이 또는 높이를 구하는 방법으로서 성분량을 횡축에, 피크 넓이 또는 피크 높이를 종축으로 하는 것은?

① 보정넓이백분율법
② 절대검량선법
③ 넓이백분율법
④ 내부표준법

🔵 문제의 내용은 기체크로마토그래피법의 정량법 중 절대검량선법에 관한 것이다.

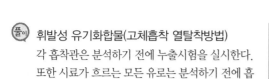

제3과목 대기오염방지기술

41 분자식이 C_mH_n인 탄화수소가스 $1Sm^3$의 완전연소에 필요한 이론산소량(Sm^3)은?

① $4.8m+1.2n$
② $0.21m+0.79n$
③ $m+0.56n$
④ $m+0.25n$

🔵 $C_mH_n + \left(m + \dfrac{n}{4}\right)O_2 \rightarrow mCO_2 + \dfrac{n}{2}H_2O$

이론산소량 $= m + \dfrac{n}{4}$

$\qquad = m + 0.25n\,Sm^3/Sm^3 \times 1Sm^3$

$\qquad = m + 0.25n\,Sm^3$

42 배기가스 중에 부유하는 먼지의 응집성에 관한 설명으로 옳지 않은 것은?

① 미세 먼지입자는 브라운 운동에 의해 응집이 일어난다.
② 먼지의 입경이 작을수록 확산운동의 영향을 받고 응집이 된다.
③ 먼지의 입경분포 폭이 작을수록 응집하기 쉽다.
④ 입자의 크기에 따라 분리속도가 다르기 때문에 응집한다.

🔵 먼지의 입경분포 폭이 넓을수록 응집하기 쉽다.

43 원심력 집진장치에 대한 설명으로 옳지 않은 것은?

① 사이클론의 배기관경이 클수록 집진율은 좋아진다.
② 블로 다운(Blow Down) 효과가 있으면 집진율이 좋아진다.
③ 처리 가스양이 많아질수록 내통경이 커져 미세한 입자의 분리가 안 된다.
④ 입구 가스속도가 클수록 압력손실은 커지나 집진율은 높아진다.

🔵 사이클론의 배기관경이 클수록 집진율은 낮아진다.

44 두 개의 집진장치를 직렬로 연결하여 배출가스 중의 먼지를 제거하고자 한다. 입구 농도는 $14g/m^3$이고, 첫 번째와 두 번째 집진장치의 집진효율이 각각 75%, 95%라면 출구 농도는 몇 mg/m^3인가?

① 175
② 211
③ 236
④ 241

 $\eta_T = \eta_1 + \eta_2(1-\eta_1)$

$\quad = 0.75 + [0.95(1-0.75)] = 0.9875$

$C_o = C_i \times (1-\eta_T)$

$\quad = 14g/m^3 \times (1-0.9875)$

$\quad = 0.175g/m^3 \times 10^3 mg/g = 175mg/m^3$

45 배출가스 중 황산화물 처리방법으로 가장 거리가 먼 것은?

① 석회석 주입법   ② 석회수 세정법
③ 암모니아 흡수법   ④ 2단 연소법

 2단 연소법은 질소산화물 처리방법이다.

46 집진장치의 압력손실 240mmH₂O, 처리 가스양이 36,500m³/h이면 송풍기 소요동력(kW)은?(단, 송풍기 효율 70%, 여유율 1.2)

① 30.6   ② 35.2
③ 40.9   ④ 44.5

 소요동력(kW)

$= \dfrac{Q \times \Delta P}{6,120 \times \eta} \times \alpha$

$= \dfrac{(36,500m^3/hr \times hr/60min)}{6,120 \times 0.7} \times 1.2$

$= 40.90 kW$

47 다음 중 연소조절에 의해 질소산화물 발생을 억제시키는 방법으로 가장 적합한 것은?

① 이온화연소법
② 고산소연소법
③ 고온연소법
④ 배출가스 재순환법

 배출가스 재순환법

연소용 공기에 일부 냉각된 배출가스를 섞어 연소실로 재순환하여 온도 및 산소농도를 낮춤으로써 NOx 생성을 저감할 수 있다.

48 비중 0.95, 황성분 3.0%의 중유를 매 시간마다 1,000L씩 연소시키는 공장 배출가스 중 SO₂(m³/h) 양은?(단, 중유 중 황성분의 90%가 SO₂로 되며, 온도변화 등 기타 변화는 무시한다.)

① 12   ② 18
③ 24   ④ 36

$$S + O_2 \quad\rightarrow\quad SO_2$$
$$32kg \quad : \quad 22.4Sm^3$$
$$\begin{matrix} 1,000L/hr \times 0.95kg/L \\ \times 0.03 \times 0.9 \end{matrix} \quad : \quad SO_2(Sm^3/hr)$$

$SO_2(Sm^3/hr)$

$= \dfrac{1,000L/hr \times 0.95kg/L \times 0.03 \times 0.9 \times 22.4Sm^3}{32kg}$

$= 17.96 Sm^3/hr$

49 원심력 집진장치에 관한 설명으로 옳지 않은 것은?

① 처리 가능 입자는 3~100μm이며, 저효율 집진장치 중 집진율이 우수한 편이다.
② 구조가 간단하고 보수관리가 용이한 편이다.
③ 고농도의 함진가스 처리에 적당하다.
④ 점(흡)착성이 있거나 딱딱한 입자가 함유된 배출가스 처리에 적합하다.

 점(흡)착성이 있거나 딱딱한 입자가 함유된 배출가스 처리에 부적합하다.

50
염소가스 제거효율이 80%인 흡수탑 3개를 직렬로 연결했을 때, 유입공기 중 염소가스 농도가 75,000ppm이라면 유출공기 중 염소가스 농도는?

① 500ppm ② 600ppm
③ 1,000ppm ④ 1,200ppm

(풀이) 염소가스농도(ppm) $= 75,000\text{ppm} \times (1-0.80)^3$
$= 600\text{ppm}$

51
공기 중의 산소를 필요로 하지 않고 분자 내의 산소에 의해서 내부연소하는 물질은?

① LNG ② 알코올
③ 코크스 ④ 니트로글리세린

(풀이) 내부연소의 예로 니트로글리세린, 화약, 폭약 등이 있다.

52
아래 그림은 다음 중 어떤 집진장치에 해당하는가?

반전형　　　　　직진형

① 중력집진장치 ② 관성력집진장치
③ 원심력집진장치 ④ 전기집진장치

(풀이) 반전형, 직진형은 원심력집진장치(Cyclone)의 종류이다.

53
공기비가 작을 경우 연소실 내에서 발생될 수 있는 상황을 가장 잘 설명한 것은?

① 가스의 폭발위험과 매연 발생이 크다.
② 배기가스 중 NO_2 양이 증가한다.
③ 부식이 촉진된다.
④ 연소온도가 낮아진다.

(풀이) 공기비가 작을 경우 불완전연소가 되어 가스의 폭발위험과 매연 발생이 크다.

54
휘발성 유기화합물(VOCs) 제어기술로 가장 거리가 먼 것은?

① 활성탄 흡착(Activated Carbon Adsorption)
② 응축(Condensation)
③ 수은환원(Mercury Reduction)
④ 흡수(Absorption)

(풀이) 휘발성 유기화합물(VOCs)의 제어기술
　㉠ 직접 화염소각법　　㉡ 열소각법
　㉢ 촉매소각법　　㉣ 흡수법
　㉤ 흡착법　　㉥ 생물여과법
　㉦ 응축

55
원추하부반경이 30cm인 사이클론에서 배출가스의 접선속도가 600m/min일 때 분리계수는?

① 3.0 ② 3.4
③ 30 ④ 34

(풀이) 분리계수$(S) = \dfrac{\text{원심력}}{\text{중력}} = \dfrac{V_\theta^2}{R \times g}$

$= \dfrac{(600\text{m/min} \times \text{min/60sec})^2}{0.3\text{m} \times 9.8\text{m/sec}^2}$

$= 34.0$

56 여과집진장치에서 처리가스 중 SO_2, HCl 등을 함유한 200℃ 정도의 고온 배출가스를 처리하는 데 가장 적합한 여재는?

① 목면(Cotton)

② 유리섬유(Glass Fiber)

③ 나일론(Nylon)

④ 양모(Wool)

(풀이) 목면이나 양모 등의 자연섬유와 나일론, 흑연화 섬유는 산성 물질에 약한 여재들이며 유리섬유는 최고사용온도가 250℃ 정도로 SO_2, HCl 등 내산성에 양호한 편이다.

57 유해가스 성분을 제거하기 위한 흡수제의 구비조건 중 옳지 않은 것은?

① 흡수제는 화학적으로 안정해야 하며, 빙점은 높고, 비점은 낮아야 한다.

② 흡수제의 손실을 줄이기 위하여 휘발성이 적어야 한다.

③ 적은 양의 흡수제로 많은 오염물을 제거하기 위해서는 유해가스의 용해도가 큰 흡수제를 선정한다.

④ 흡수율을 높이고 범람(Flooding)을 줄이기 위해서는 흡수제의 점도가 낮아야 한다.

(풀이) 흡수제는 화학적으로 안정해야 하며, 빙점은 낮고, 비점은 높아야 한다.

58 유입계수 0.75, 속도압 25mmH₂O일 때, 후드의 압력손실(mmH₂O)은?

① 16.5

② 17.6

③ 18.8

④ 19.4

(풀이)
$$\Delta P = F \times VP$$
$$F = \frac{1}{C_e^2} - 1 = \frac{1}{0.75^2} - 1 = 0.777$$
$$= 0.777 \times 25\,mmH_2O$$
$$= 19.44\,mmH_2O$$

59 다음 중 탄화도가 가장 작은 것은?

① 역청탄

② 이탄

③ 갈탄

④ 무연탄

(풀이) 탄화도의 크기
무연탄 > 역청탄 > 갈탄 > 이탄

60 760mmHg, 20℃이고, 공기 동점성계수 $1.5 \times 10^{-5}\,m^2/sec$일 때 관 지름을 50mm로 하면 관로의 풍속(m/sec)은?(단, 레이놀즈수는 21,667)

① 1.2

② 4.5

③ 6.5

④ 9.0

(풀이)
$$Re = \frac{DV}{\nu}$$
$$V = \frac{Re \times \nu}{D}$$
$$= \frac{21,667 \times 1.5 \times 10^{-5}\,m^2/sec}{0.05\,m}$$
$$= 6.5\,m/sec$$

제4과목   대기환경관계법규

61 대기환경보전법상 배출허용기준의 준수 여부 등을 확인하기 위해 환경부령으로 지정된 대기오염도 검사기관으로 옳은 것은?(단, 국가표준기본법에 따른 인정을 받은 시험 · 검사기관 중 환경부장관이 정하여 고시하는 기관은 제외한다.)

① 지방환경청
② 대기환경기술진흥원
③ 한국환경산업기술원
④ 환경관리연구소

(풀이) 대기오염도 검사기관
ㄱ 국립환경과학원
ㄴ 특별시 · 광역시 · 특별자치시 · 도 · 특별자치도의 보건환경연구원
ㄷ 유역환경청, 지방환경청 또는 수도권대기환경청
ㄹ 한국환경공단

62 다음 중 대기환경보전법상 특정대기유해물질에 해당하는 것은?

① 오존   ② 아크롤레인
③ 황화에틸   ④ 아세트알데히드

(풀이) 아세트알데히드는 특정대기유해물질이 아니다.

63 대기환경보전법상 "기타 고체연료 사용시설"의 설치기준으로 틀린 것은?

① 배출시설의 굴뚝높이는 100m 이상이어야 한다.
② 연료와 그 연소재의 수송은 덮개가 있는 차량을 이용하여야 한다.
③ 연료는 옥내에 저장하여야 한다.

④ 굴뚝에서 배출되는 매연을 측정할 수 있어야 한다.

(풀이) 기타 고체연료 사용시설
ㄱ 배출시설의 굴뚝높이는 20m 이상이어야 한다.
ㄴ 연료와 그 연소재의 수송은 덮개가 있는 차량을 이용하여야 한다.
ㄷ 연료는 옥내에 저장하여야 한다.
ㄹ 굴뚝에서 배출되는 매연을 측정할 수 있어야 한다.

64 다음 중 대기환경보전법상 휘발성 유기화합물 배출규제대상 시설이 아닌 것은?

① 목재가공시설
② 주유소의 저장시설
③ 저유소의 저장시설
④ 세탁시설

(풀이) 휘발성유기화합물 배출규제대상 시설
ㄱ 석유정제를 위한 제조시설, 저장시설 및 출하시설과 석유화학제품 제조업의 제조시설, 저장시설 및 출하시설
ㄴ 저유소의 저장시설 및 출하시설
ㄷ 주유소의 저장시설 및 주유시설
ㄹ 세탁시설
ㅁ 그 밖에 휘발성유기화합물을 배출하는 시설로서 환경부장관이 관계 중앙행정기관의 장과 협의하여 고시하는 시설

65 대기환경보전법령상 위임업무 보고사항 중 자동차연료 제조기준 적합 여부 검사현황의 보고 횟수기준으로 옳은 것은?

① 수시   ② 연 1회
③ 연 2회   ④ 연 4회

풀이 위임업무 보고사항

업무내용	보고 횟수	보고 기일	보고자
환경오염 사고 발생 및 조치 사항	수시	사고발생 시	시·도지사, 유역환경청장 또는 지방환경청장
수입자동차 배출가스 인증 및 검사현황	연 4회	매 분기 종료 후 15일 이내	국립환경과학 원장
자동차 연료 및 첨가제의 제조·판매 또는 사용에 대한 규제 현황	연 2회	매 반기 종료 후 15일 이내	유역환경청장 또는 지방환경청장
자동차 연료 또는 첨가 제의 제조 기준 적합 여부 검사 현황	• 연료 : 연 4회 • 첨가제 : 연 2회	• 연료 : 매 분기 종료 후 15일 이내 • 첨가제 : 매 반기 종료 후 15일 이내	국립환경과학 원장
측정기기관 리대행업의 등록(변경 등록) 및 행 정처분 현황	연 1회	다음 해 1월 15일까지	유역환경청장, 지방환경청장 또는 수도권대기환 경청장

66 대기환경보전법령상 대기오염물질 배출시설의 설치가 불가능한 지역에서 배출시설의 설치허가를 받지 않거나 신고를 하지 아니하고 배출시설을 설치한 경우의 1차 행정처분기준으로 옳은 것은?

① 조업정지　　　② 개선명령
③ 폐쇄명령　　　④ 경고

풀이 배출시설의 설치가 불가능한 지역일 경우 배출시설 설치허가를 받지 않거나 신고를 하지 아니하고 배출시설을 설치한 경우의 1차 행정처분기준은 폐쇄명령이다.

67 대기환경보전법령상 유해성 대기감시물질에 해당하지 않는 것은?

① 불소화물　　　② 이산화탄소
③ 사염화탄소　　④ 일산화탄소

풀이 이산화탄소는 유해성 대기감시물질과 관련이 없다.

68 대기환경보전법령상 비산먼지 발생사업 신고 후 변경신고를 하여야 하는 경우로 옳지 않은 것은?

① 사업장의 명칭 또는 대표자를 변경하는 경우
② 비산먼지 배출공정을 변경하려는 경우
③ 건설공사의 공사기간을 연장하려는 경우
④ 공사중지를 한 경우

풀이 비산먼지 발생사업 신고 후 변경신고 대상
　　㉠ 사업장의 명칭 또는 대표자를 변경하는 경우
　　㉡ 비산먼지 배출공정을 변경하는 경우
　　㉢ 사업의 규모를 늘리거나 그 종류를 추가하는 경우
　　㉣ 비산먼지 발생억제시설 또는 조치사항을 변경하는 경우
　　㉤ 공사기간을 연장하는 경우(건설공사의 경우에만 해당한다)

69 환경정책기본법령상 납(Pb)의 대기환경기준($\mu g/m^3$)으로 옳은 것은?(단, 연간 평균치)

① 0.5 이하　　　② 5 이하
③ 50 이하　　　④ 100 이하

풀이 납(Pb)의 대기환경기준
　　연간 평균치 : $0.5\mu g/m^3$ 이하

70 다음은 대기환경보전법규상 비산먼지의 발생을 억제하기 위한 시설의 설치 및 필요한 조치에 관한 엄격한 기준 중 "싣기와 내리기" 작업 공정이다. ( ) 안에 알맞은 것은?

• 최대한 밀폐된 저장 또는 보관시설 내에서만 분체상물질을 싣거나 내릴 것
• 싣거나 내리는 장소 주위에 고정식 또는 이동식 물뿌림시설(물뿌림 반경 (㉠) 이상, 수압 (㉡) 이상)을 설치할 것

① ㉠ 5m, ㉡ 3.5kg/cm^2
② ㉠ 5m, ㉡ 5kg/cm^2
③ ㉠ 7m, ㉡ 3.5kg/cm^2
④ ㉠ 7m, ㉡ 5kg/cm^2

(풀이) 비산먼지발생억제조치(엄격한 기준) : 싣기와 내리기
 ㉠ 최대한 밀폐된 저장 또는 보관시설 내에서만 분체상물질을 싣거나 내릴 것
 ㉡ 싣거나 내리는 장소 주위에 고정식 또는 이동식 물뿌림시설(물뿌림 반경 7m 이상, 수압 5kg/cm^2 이상)을 설치할 것

71 악취방지법규상 위임업무 보고사항 중 악취검사기관의 지정, 지정사항 변경보고 접수 실적의 보고횟수 기준은?

① 수시   ② 연 1회
③ 연 2회   ④ 연 4회

(풀이) 위임업무의 보고사항
 ㉠ 업무내용 : 악취검사기관의 지정, 지정사항 변경보고 접수실적
 ㉡ 보고횟수 : 연 1회
 ㉢ 보고기일 : 다음 해 1월 15일까지
 ㉣ 보고자 : 국립환경과학원장

72 대기환경보전법상 환경부장관은 대기오염물질과 온실가스를 줄여 대기환경을 개선하기 위하여 대기환경개선종합계획을 수립하여야 한다. 이 종합계획에 포함되어야 할 사항으로 거리가 먼 것은?(단, 그 밖의 사항 등은 고려하지 않음)

① 시, 군, 구별 온실가스 배출량 세부명세서
② 대기오염물질의 배출현황 및 전망
③ 기후변화로 인한 영향평가와 적응대책에 관한 사항
④ 기후변화 관련 국제적 조화와 협력에 관한 사항

(풀이) 대기환경개선종합계획 수립 시 포함사항
 ㉠ 대기오염물질의 배출현황 및 전망
 ㉡ 대기 중 온실가스의 농도변화 현황 및 전망
 ㉢ 대기오염물질을 줄이기 위한 목표설정과 이의 달성을 위한 분야별단계별 대책
 ㉣ 대기오염이 국민건강에 미치는 위해 정도와 이를 개선하기 위한 위해 수준의 설정에 관한 사항
 ㉤ 유해성 대기감시물질의 측정 및 감시 · 관찰에 관한 사항
 ㉥ 특정대기 유해물질을 줄이기 위한 목표 설정 및 달성을 위한 분야별 · 단계별 대책
 ㉦ 환경분야 온실가스 배출을 줄이기 위한 목표 설정과 이의 달성을 위한 분야별 · 단계별 대책
 ㉧ 기후변화로 인한 영향평가와 적응대책에 관한 사항
 ㉨ 대기오염물질과 온실가스를 연계한 통합대기환경 관리체계의 구축
 ㉩ 기후변화 관련 국제적 조화와 협력에 관한 사항
 ㉪ 그 밖에 대기환경을 개선하기 위하여 필요한 사항

73 대기환경보전법령상 사업장의 분류기준 중 4종 사업장의 분류기준은?

① 대기오염물질발생량의 합계가 연간 20톤 이상 50톤 미만인 사업장
② 대기오염물질발생량의 합계가 연간 10톤 이상 20톤 미만인 사업장
③ 대기오염물질발생량의 합계가 연간 2톤 이상 10톤 미만인 사업장
④ 대기오염물질발생량의 합계가 연간 1톤 이상 10톤 미만인 사업장

풀이 **사업장 분류기준**

종별	오염물질발생량 구분
1종 사업장	대기오염물질발생량의 합계가 연간 80톤 이상인 사업장
2종 사업장	대기오염물질발생량의 합계가 연간 20톤 이상 80톤 미만인 사업장
3종 사업장	대기오염물질발생량의 합계가 연간 10톤 이상 20톤 미만인 사업장
4종 사업장	대기오염물질발생량의 합계가 연간 2톤 이상 10톤 미만인 사업장
5종 사업장	대기오염물질발생량의 합계가 연간 2톤 미만인 사업장

74 대기환경보전법령상 초과부과금 산정기준에서 다음 오염물질 중 오염물질 1킬로그램당 부과금액이 가장 적은 것은?

① 먼지 ② 황산화물
③ 불소화물 ④ 암모니아

풀이 **초과부과금 산정기준**

오염물질 \ 구분	오염물질 1킬로그램당 부과금액
황산화물	500
먼지	770
질소산화물	2,130

암모니아		1,400
황화수소		6,000
이황화탄소		1,600
특정 유해물질	불소화물	2,300
	염화수소	7,400
	시안화수소	7,300

※ 법규 변경사항이므로 해설의 내용으로 학습하시기 바랍니다.

75 대기환경보전법규상 배출시설에서 발생하는 오염물질이 배출허용기준을 초과하여 개선명령을 받은 경우, 개선해야 할 사항이 배출시설 또는 방지시설인 경우 개선계획서에 포함되어야 할 사항으로 거리가 먼 것은?

① 굴뚝 자동측정기기의 운영, 관리 진단계획
② 배출시설 또는 방지시설의 개선명세서 및 설계도
③ 대기오염물질의 처리방식 및 처리효율
④ 공사기간 및 공사비

풀이 **개선계획서(배출시설 또는 방지시설인 경우)**
개선명령을 받은 경우로서 개선하여야 할 사항이 배출시설 또는 방지시설인 경우
㉠ 배출시설 또는 방지시설의 개선명세서 및 설계도
㉡ 대기오염물질의 처리방식 및 처리효율
㉢ 공사기간 및 공사비
㉣ 다음의 경우에는 이를 증명할 수 있는 서류
  • 개선기간 중 배출시설의 가동을 중단하거나 제한하여 대기오염물질의 농도나 배출량이 변경되는 경우
  • 개선기간 중 공법 등의 개선으로 대기오염물질의 농도나 배출량이 변경되는 경우

76 대기환경보전법규상 환경부장관이 그 구역의 사업장에서 배출되는 대기오염물질을 총량으로 규제하려는 경우 고시하여야 할 사항으로 거리가 먼 것은?(단, 그 밖의 사항 등은 제외)

① 총량규제구역
② 총량규제 대기오염물질
③ 대기오염방지시설 예산서
④ 대기오염물질의 저감계획

풀이 대기오염물질을 총량으로 규제하려는 경우 고시 사항
　㉠ 총량규제구역
　㉡ 총량규제 대기오염물질
　㉢ 대기오염물질의 저감계획
　㉣ 그 밖에 총량규제구역의 대기관리를 위하여 필요한 사항

77 다음은 대기환경보전법령상 변경신고에 따른 가동개시신고의 대상규모기준에 관한 사항이다. (　) 안에 알맞은 것은?

배출시설에서 "대통령령으로 정하는 규모 이상의 변경"이란 설치허가 또는 변경허가를 받거나 설치신고 또는 변경신고를 한 배출구별 배출시설 규모의 합계보다 (　) 증설(대기배출시설 증설에 따른 변경신고의 경우에는 증설의 누계를 말한다.)하는 배출시설의 변경을 말한다.

① 100분의 10 이상　② 100분의 20 이상
③ 100분의 30 이상　④ 100분의 50 이상

풀이 배출시설에서 "대통령령으로 정하는 규모 이상의 변경"이란 설치허가 또는 변경허가를 받거나 설치신고 또는 변경신고를 한 배출구별 배출시설 규모의 합계보다 100분의 20 이상 증설(대기배출시설 증설에 따른 변경신고의 경우에는 증설의 누계를 말한다.)하는 배출시설의 변경을 말한다.

78 환경정책기본법령상 오존(O_3)의 대기환경기준으로 옳은 것은?(단, 1시간 평균치)

① 0.03ppm 이하　② 0.05ppm 이하
③ 0.1ppm 이하　④ 0.15ppm 이하

풀이 대기환경기준

항목	기준	측정방법
오존 (O_3)	• 8시간 평균치 : 0.06ppm 이하 • 1시간 평균치 : 0.1ppm 이하	자외선 광도법 (U.V. Photometric Method)

79 실내공기질 관리법규상 "장례식장"의 "이산화질소" 실내공기질 권고기준은?

① 0.01ppm 이하　② 0.05ppm 이하
③ 0.3ppm 이하　④ 0.5ppm 이하

풀이 실내공기질 관리법상 권고기준(2019년 7월부터 적용)

오염물질 항목 다중이용시설	이산화질소 (ppm)	라돈 (Bq/m³)	총휘발성 유기화합물 (μg/m³)	곰팡이 (CFU/m³)
지하역사, 지하도상가, 철도역사의 대합실, 여객자동차터미널의 대합실, 항만시설 중 대합실, 공항시설 중 여객터미널, 도서관·박물관 및 미술관, 대규모점포, 장례식장, 영화상영관, 학원, 전시시설, 인터넷컴퓨터게임시설 제공업의 영업시설, 목욕장업의 영업시설	0.1 이하	148 이하	500 이하	–
의료기관, 어린이집, 노인요양시설, 산후조리원	0.05 이하		400 이하	500 이하
실내주차장	0.3 이하		1,000 이하	

※ 법규 변경사항이므로 해설의 내용으로 학습하시기 바랍니다.

80 대기환경보전법규상 비산먼지 발생을 억제하기 위한 시설의 설치 및 필요한 조치에 관한 기준 중 "야외 녹 제거 배출공정" 기준으로 옳지 않은 것은?

① 야외 작업 시 이동식 집진시설을 설치할 것. 다만, 이동식 집진시설의 설치가 불가능할 경우 진공식 청소차량 등으로 작업현장에 대한 청소작업을 지속적으로 할 것

② 풍속이 평균초속 8m 이상(강선건조업과 합성수지선건조업인 경우에는 10m 이상)인 경우에는 작업을 중지할 것

③ 야외 작업 시에는 간이칸막이 등을 설치하여 먼지가 흩날리지 아니하도록 할 것

④ 구조물의 길이가 30m 미만인 경우에는 옥내작업을 할 것

풀이 비산먼지 발생을 억제하기 위한 시설의 설치 및 필요한 조치에 관한 기준(야외 녹 제거)

㉠ 탈청구조물의 길이가 15m 미만인 경우에는 옥내작업을 할 것

㉡ 야외 작업 시에는 간이칸막이 등을 설치하여 먼지가 흩날리지 아니하도록 할 것

㉢ 야외 작업 시 이동식 집진시설을 설치할 것. 다만, 이동식 집진시설의 설치가 불가능할 경우 진공식 청소차량 등으로 작업현장에 대한 청소작업을 지속적으로 할 것

㉣ 작업 후 남은 것이 다시 흩날리지 아니하도록 할 것

㉤ 풍속이 평균초속 8m 이상(강선건조업과 합성수지선건조업인 경우에는 10m 이상)인 경우에는 작업을 중지할 것

㉥ 가목부터 마목까지와 같거나 그 이상의 효과를 가지는 시설을 설치하거나 조치하는 경우에는 가목부터 마목까지 중 그에 해당하는 시설의 설치 또는 조치를 제외한다.

2021년 제4회 대기환경산업기사

 제1과목 대기오염개론

01 다음 대기오염과 관련된 역사적 사건 중 주로 자동차 등에서 배출되는 오염물질로 인한 광화학반응에 기인한 것은?

① 뮤즈(Meuse) 계곡 사건
② 런던(London) 사건
③ 로스앤젤레스(Los Angeles) 사건
④ 포자리카(Pozarica) 사건

풀이 로스앤젤레스(Los Angeles) 사건
광화학적 산화반응
$HC + NOx + h\nu \rightarrow$ 산화형 smog

02 다음 국제적인 환경 관련 협약 중 오존층 파괴물질인 염화불화탄소의 생산과 사용을 규제하려는 목적에서 제정된 것은?

① 람사협약 ② 몬트리올의정서
③ 바젤협약 ④ 런던협약

풀이 몬트리올 의정서
1987년 9월 오존층 파괴물질의 생산 및 소비감축, 즉 생산, 소비량을 규제하기 위해 채택된 의정서이다.

03 대기오염현상 중 광화학스모그에 대한 설명으로 거리가 먼 것은?

① 미국 로스앤젤레스에서 시작되어 자동차 운행이 많은 대도시지역에서도 관측되고 있다.

② 일사량이 크고 대기가 안정되어 있을 때 잘 발생된다.
③ 주된 원인물질은 자동차배기가스 내 포함된 SO_2, CO 화합물의 대기확산이다.
④ 광화학산화물인 오존의 농도는 아침에 서서히 증가하기 시작하여 일사량이 최대인 오후에 최대의 경향을 나타내고 다시 감소한다.

풀이 주된 원인물질은 자동차배기가스 내 포함된 질소산화물, 탄화수소이다.

04 유효굴뚝높이가 130m인 굴뚝으로부터 SO_2가 30g/sec로 배출되고 있고, 유효고 높이에서 바람이 6m/sec로 불고 있다고 할 때, 다음 조건에 따른 지표면 중심선의 농도는?(단, 가우시안형의 대기오염 확산방정식 적용, σ_y : 220m, σ_z : 40m)

① $0.92\mu g/m^3$ ② $0.73\mu g/m^3$
③ $0.56\mu g/m^3$ ④ $0.33\mu g/m^3$

풀이 가우시안식

$$C(x,y,z,H) = \frac{Q}{2\pi\,\sigma_y\sigma_z\,U}\exp\left[-\frac{1}{2}\left(\frac{y}{\sigma_y}\right)^2\right]$$
$$\times\left[\exp\left\{-\frac{1}{2}\left(\frac{z-H}{\sigma_z}\right)^2\right\}+\exp\left\{-\frac{1}{2}\left(\frac{z+H}{\sigma_z}\right)^2\right\}\right]$$

중심선상$(y=0)$의 지표농도$(z=0)$를 대입하면

$$C = \frac{Q}{\pi\,U\sigma_y\sigma_z}\exp\left(-\frac{H^2}{2\sigma_z^2}\right)$$
$$= \frac{30g/sec\times10^6\mu g/sec}{3.14\times6m/sec}\exp\left[-\frac{1}{2}\left(\frac{130m}{40m}\right)^2\right]$$
$$\qquad\times 220m\times40m$$
$$= 0.92\mu g/m^3$$

05 대기의 상태가 약한 역전일 때 풍속은 3m/s이고, 유효굴뚝 높이는 78m이다. 이때 지상의 오염물질이 최대 농도가 될 때의 착지거리는?(단, Sutton의 최대 착지거리의 관계식을 이용하여 계산하고, K_y, K_z는 모두 0.13, 안정도계수(n)는 0.33을 적용할 것)

① 2,123.9m   ② 2,546.8m

③ 2,793.2m   ④ 3,013.8m

풀이

$$X_{max} = \left(\frac{H_e}{K_z}\right)^{\frac{2}{2-n}}$$

$$= \left(\frac{78m}{0.13}\right)^{\frac{2}{2-0.33}} = 2,123.87m$$

06 "수용모델"에 관한 설명으로 가장 거리가 먼 것은?

① 새로운 오염원, 불확실한 오염원과 불법 배출 오염원을 정량적으로 확인 평가할 수 있다.

② 지형, 기상학적 정보 없이도 사용 가능하다.

③ 측정자료를 입력자료로 사용하므로 시나리오 작성이 용이하다.

④ 현재나 과거에 일어났던 일을 추정하여 미래를 위한 계획을 세울 수 있으나 미래 예측은 어렵다.

풀이 수용모델은 측정자료를 입력자료로 사용하므로 시나리오 작성이 곤란하다.

07 다음은 대기오염물질이 인체에 미치는 영향에 관한 설명이다. (   ) 안에 가장 적합한 것은?

> (   )은(는) 혈관 내 용혈을 일으키며, 두통, 오심, 흉부 압박감을 호소하기도 한다. 10ppm 정도에 폭로되면 혼미, 혼수, 사망에 이른다. 대표적 3대 증상으로는 복통, 황달, 빈뇨가 있으며, 만성적인

> 폭로에 의한 국소 증상으로는 손·발바닥에 나타나는 각화증, 각막궤양, 비중격 천공, 탈모 등을 들 수 있다.

① 납   ② 수은

③ 비소   ④ 망간

풀이 비소(As)

ⓐ 대표적 3대 증상으로는 복통, 황달, 빈뇨가 있다.

ⓑ 만성적인 폭로에 의한 국소증상으로는 손·발바닥에 나타나는 각화증, 각막궤양, 비중격 천공, 탈모 등을 들 수 있다.

ⓒ 급성폭로는 섭취 후 수분 내지 수 시간 내에 일어나며 오심, 구토, 복통, 피가 섞인 심한 설사를 유발한다.

ⓓ 급성 또는 만성중독 시 용혈을 일으켜 빈혈, 과빌리루빈혈증 등이 생긴다.

ⓔ 급성중독일 경우 치료방법으로는 활성탄과 하제를 투여하고 구토를 유발시킨다.

ⓕ 쇼크의 치료에는 강력한 수액제와 혈압상승제를 사용한다.

08 다음 대기오염물질 중 아래와 같이 식물에 대한 특성을 나타내는 것으로 가장 적합한 것은?

> • 피해증상 : 잎의 선단부나 엽록부에 피해를 주는 방식으로 나타남
> • 피해성숙도 : 매우 적은 농도에서의 피해를 주며, 어린 잎에 현저하게 나타나는 편임
> • 저항력이 약한 것 : 글라디올러스
> • 저항력이 강한 것 : 명아주, 질경이 등

① SO_2 ② O_3

③ PAN   ④ 불소화합물

풀이 불소 및 불소화합물

ⓐ 주로 잎의 끝이나 가장자리의 발육부진이 두드러지며 균에 의한 병이 발생하며 어린 잎에 피해가 현저한 편이다.(잎의 선단부나 엽록부에 피해)

ⓛ HF에 저항성이 강한 식물 : 자주개나리, 장미, 콩, 담배, 목화, 라일락, 시금치, 토마토, 민들레, 명아주, 질경이 등

ⓒ HF에 민감한(약한) 식물 : 글라디올러스, 옥수수, 살구, 복숭아, 어린 소나무, 메밀, 자두 등

09 연소과정 중 고온에서 발생하는 주된 질소화합물의 형태로 가장 적합한 것은?

① N_2　　　　② NO
③ NO_2　　　④ NO_3

(풀이) 연소과정 중 고온에서 발생하는 질소산화물은 NO와 NO_2이며, 대부분이 NO이다.

10 다음 오염물질에 관한 설명으로 가장 적합한 것은?

> 이 물질의 직업성 폭로는 철강제조에서 매우 많다. 생물의 필수금속으로서 동·식물에서는 종종 결핍이 보고되고 있으며 인체에 급성으로 과다폭로되면 화학성 폐렴, 간 독성 등을 나타내며, 만성 폭로 시 파킨슨 증후군과 거의 비슷한 증후군으로 진전되어 말이 느리고 단조로워진다.

① 납　　　　　② 불소
③ 구리　　　　④ 망간

(풀이) 망간(Mn)

철강제조에서 직업성 폭로가 가장 많고 합금, 용접봉의 용도를 가지며 계속적인 폭로로 전신의 근무력증, 수전증, 파킨슨 증후군이 나타나며 금속열을 유발한다.

11 다음 반사영역이 고려된 가우시안 확산모델에서 각 항에 대한 설명으로 옳지 않은 것은?

$$C(x, y, z) = \frac{Q}{2\pi u \sigma_y \sigma_z}\left[\exp\left(\frac{-y^2}{2\sigma_y{}^2}\right)\right]$$
$$\times \left[\exp\left\{\frac{-(z-H)^2}{2\sigma_z{}^2}\right\} + \exp\left\{\frac{-(z+H)^2}{2\sigma_z{}^2}\right\}\right]$$

① y : 수직방향의 확산폭이다.
② z : 농도를 구하려는 지점의 높이로서 농도 지점과 지표면으로부터의 수직거리이다.
③ u : 굴뚝높이의 풍속을 말한다.
④ H : 유효굴뚝높이다.

(풀이) y는 수평방향의 확산폭이다.

12 다음 중 기후·생태계 변화유발물질과 가장 거리가 먼 것은?

① 육불화황
② 메탄
③ 수소염화불화탄소
④ 염화나트륨

(풀이) 기후·생태계 변화유발물질

기후온난화 등으로 생태계의 변화를 가져올 수 있는 기체상 물질로서 온실가스(이산화탄소, 메탄, 아산화질소, 수소불화탄소, 과불화탄소, 육불화황) 및 환경부령이 정하는 것(염화불화탄소, 수소염화불화탄소)을 말한다.

13 다음 특정물질 중 오존 파괴지수가 가장 큰 것은?

① HCFC-261　　② HCFC-221
③ CFC-115　　　④ CCl₄

풀이 특성물질 중 오존층 파괴지수

	특정물질의 종류	화학식	오존 파괴지수
①	HCFC-261	$C_3H_5FCl_2$	0.002-0.02
②	HCFC-221	C_3HFCl_6	0.015-0.07
③	CFC-115	C_2F_5Cl	0.6
④	사염화탄소	CCl_4	1.1

14 염화수소의 주요 배출 관련 업종과 가장 거리가 먼 것은?

① 냉동공장
② 금속제련
③ 쓰레기소각장
④ 플라스틱 공장

풀이 냉동공장에서는 암모니아가 주로 배출된다.

15 가시도(Visibility)에 관한 설명으로 옳지 않은 것은?

① 빛의 흡수와 분산으로 가시도가 감소한다.
② 가시거리는 습도에 의하여 크게 영향을 받는다.
③ COH(Coefficient of Haze)는 깨끗한 여과지에 먼지를 모아 빛전달률의 감소를 측정함으로써 결정된다.
④ 강도가 I인 빛으로 X거리에서 조명하여 d_x 거리를 통과하는 동안 흡수와 분산으로 빛의 강도가 dI만큼 감소할 때 $dI = \dfrac{\sigma(I)^2}{(d_x)^2}$ 이다.(여기서, σ : 소광계수)

풀이 강도가 I인 빛으로 X거리에서 조명하여 d_x거리를 통과하는 동안 흡수와 분산으로 빛의 강도가 dI만큼 감소할 때 $dI = -\sigma I d_x$이다.(σ : 소광계수)

16 굴뚝 유효고도가 75m에서 100m로 높아졌다면 굴뚝의 풍하 측 중심축상 지상최대 오염농도는 75m일 때의 것과 비교하면 몇 %가 되겠는가?(단, Sutton의 확산 관련식을 이용)

① 약 25%
② 약 56%
③ 약 75%
④ 약 88%

풀이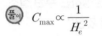
$C_{max} \propto \dfrac{1}{H_e^2}$

$$\dfrac{\left(\dfrac{1}{100^2}\right)}{\left(\dfrac{1}{75^2}\right)} \times 100 = 56.25\%$$

17 인위적인 원인에 의한 시정장애와 관련된 현상과 물질에 대한 설명으로 옳지 않은 것은?

① 시정장애 현상의 직접적인 원인은 주로 미세먼지 때문이다.
② 시정장애는 특히 0.01~0.1μm 크기의 미세먼지들에 의한 빛의 산란 및 흡수현상이다.
③ 대부분 대기 중에서 1차 오염물질들이 서로 반응, 응축, 응집하여 생성·성장하기 때문에 2차 오염물질이라고 불린다.
④ 이들 2차 오염물질의 입경분포, 화학성분, 수분함량 등의 여러 인자들이 시정장애 현상에 영향을 미친다.

풀이 시정장애는 0.1~1μm 크기의 미세먼지들에 의한 빛의 산란 및 흡수현상이다.

18 상대습도가 70%일 때 분진의 농도가 0.04 mg/m³인 지역이 있다. 이 지역의 가시거리(km)는?(단, 상수 $A = 1.20$이다.)

① 4
② 16
③ 30
④ 42

(풀이) 가시거리(km) $= \dfrac{A \times 10^3}{G}$

$$= \dfrac{1.2 \times 10^3}{0.04 \text{mg/m}^3 \times 10^3 \mu\text{g/mg}}$$

$$= 30 \text{km}$$

19 최대 에너지가 복사될 때 이용되는 파장($\lambda_m : \mu$m)과 흑체의 표면온도(T : 절대온도단위)의 관계를 나타내는 복사이론에 관한 법칙은?

$$\lambda_m = a/T \text{(단, 비례상수 } a = 0.2898 \text{cm} \cdot \text{K)}$$

① 스테판－볼츠만의 법칙
② 빈의 변위법칙
③ 플랑크의 법칙
④ 알베도의 법칙

(풀이) 복사이론에 관한 법칙
　㉠ 스테판－볼츠만의 법칙 : 주어진 온도에서 이론상 최대에너지를 복사하는 가상적인 물체를 흑체라 할 때 흑체복사를 하는 물체에서 방출되는 복사에너지는 절대온도(K)의 4승에 비례한다는 법칙이다.
　㉡ 빈의 변위법칙 : 복사에너지 중 파장에 대한 에너지 강도가 최대가 되는 파장 λ(m)과 흑체의 표면온도 λ(m) $= 2,897/T$의 관계를 나타낸다.
　㉢ 플랑크의 법칙 : 방정식을 사용하여 복사에너지의 강도를 표면온도와 파장의 함수로 나타낸 것이다.

20 대기압력이 950mb인 높이에서의 온도가 11.6℃이었다. 온위는 얼마인가?

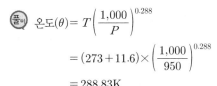

$$\left[\text{단, } \theta = T \left(\frac{1,000}{P} \right)^{0.288} \right]$$

① 288.8K
② 297.4K
③ 309.5K
④ 320.3K

(풀이) 온도(θ) $= T \left(\dfrac{1,000}{P} \right)^{0.288}$

$$= (273 + 11.6) \times \left(\frac{1,000}{950} \right)^{0.288}$$

$$= 288.83 \text{K}$$

제2과목 **대기오염공정시험기준(방법)**

21 농도 0.02mol/L의 H_2SO_4 25mL를 중화하는 데 필요한 N/10 NaOH의 용량은?

① 1mL
② 5mL
③ 10mL
④ 25mL

(풀이) 중화적정공식 이용
　$N_1 V_1 = N_2 V_2$
　$0.04 \text{N} \times 25 \text{mL} = 0.1 \text{N} \times V_2$

$$V_2 = \frac{0.04 \text{N} \times 25 \text{mL}}{0.1 \text{N}} = 10 \text{mL}$$

22 비분산 적외선 분석계의 성능기준으로 옳지 않은 것은?

① 재현성은 동일 측정조건에서 제로가스와 스팬가스를 번갈아 3회 도입하여 각각의 측정값의 평균으로부터 편차를 구하고, 이 편차는 전체 눈금의 ±2 이내이어야 한다.

② 응답시간(Response Time)은 제로 조정용 가스를 도입하여 안정된 후 유로를 스팬가스로 바꾸어 기준유량으로 분석계에 도입하여 그 농도를 눈금 범위 내의 어느 일정한 값으로부터 다른 일정한 값으로 갑자기 변화시켰을 때 스텝(Step) 응답에 대한 소비시간이 1초 이내이어야 한다.

③ 제로드리프트(Zero Drift)는 동일 조건에서 제로가스를 연속적으로 도입하여 고정형은 8시간, 이동형은 4시간 연속 측정하는 동안에 전체 눈금의 ±1% 이상의 지시 변화가 없어야 한다.

④ 강도는 전체 눈금의 ±1% 이하에 해당하는 농도변화를 검출할 수 있는 것이어야 한다.

(풀이) 제로드리프트(Zero Drift)
동일 조건에서 제로가스를 연속적으로 도입하여 고정형은 24시간, 이동형은 4시간 연속 측정하는 동안에 전체 눈금의 ±2% 이상의 지시 변화가 없어야 한다.

23 굴뚝 배출 가스상 물질 시료 채취 장치에 관한 설명으로 옳지 않은 것은?

① 도관은 가능한 한 수직으로 연결해야 한다.
② 채취관은 안지름 6~25mm 정도의 것을 쓴다.
③ 도관의 안지름은 4~25mm로 한다.
④ 도관의 길이는 되도록 길게 하되 10m를 넘지 않도록 한다.

(풀이) 도관(연결관)의 길이는 되도록 짧게 하되 76m를 넘지 않도록 한다.

24 환경대기 중의 질소산화물 농도 측정방법 중 자동연속측정방법에 해당하지 않는 것은?
① 화학발광법
② 흡광차분광법

③ 살츠만(Saltzman)법
④ 야콥스－호흐하이저법

(풀이) 환경대기 중의 질소산화물 농도 측정방법
㉠ 자동연속측정방법
  • 화학발광법(Chemiluminescent Method)
  • 살츠만(Saltzman)법
  • 흡광차분광법(DOAS : Differential Optical Absorption Spectroscopy)
㉡ 수동연속측정방법
  • 야콥스－호흐하이저법
  • 수동살츠만법

25 일정한 굴뚝을 거치지 않고 외부로 비산배출되는 먼지측정을 위한 하이볼륨에어샘플러(High Volume Air Sampler)법에 관한 설명으로 옳지 않은 것은?

① 풍속이 0.5m/초 미만 또는 10m/초 이상 되는 시간이 전 채취시간의 50% 미만일 때 풍속보정계수는 1.0을 적용한다.
② 전 시료채취 시간 중 주 풍향이 45~90° 변할 때 풍향보정계수는 1.2로 적용한다.
③ 따로 시료채취하는 동안에 따로 그 지역을 대표할 수 있는 지점에 풍향풍속계를 설치하여 전 채취시간 동안의 풍향풍속을 기록하지만, 연속기록 장치가 없을 경우에는 적어도 1시간 간격으로 같은 지점에서의 3회 이상 풍향풍속을 측정하여 기록한다.
④ 시료채취장소는 원칙적으로 측정하려고 하는 발생원의 부지경계선상에 선정하여 풍향을 고려하여 그 발생원의 비산먼지 농도가 가장 높을 것으로 예상되는 지점 3개소 이상을 선정한다.

(풀이) 따로 시료채취를 하는 동안에 따로 그 지역을 대표할 수 있는 지점에 풍향풍속계를 설치하여 전 채취시간 동안의 풍향풍속을 기록한다. 단, 연속기록 장치가 없을 경우에는 적어도 10분 간격으로 같은 지점에서의 3회 이상 풍향풍속을 측정하여 기록한다.

Air Pollution Environmental

제5편 기출문제 풀이

PART 01
PART 02
PART 03
PART 04
PART 05

26 굴뚝 배출가스 중 총탄화수소의 측정방법에 관한 설명으로 옳지 않은 것은?

① 교정가스는 농도를 알고 있는 희석가스를 사용한다.
② 반응시간은 오염물질농도의 단계변화에 따라 최종값의 90%에 도달하는 시간으로 한다.
③ 스팬값을 측정기기의 측정범위는 보통 배출허용기준의 0.5~1.2배를 적용한다.
④ 스팬값으로 측정범위가 없는 경우에는 예상농도의 1.2~3배의 값을 사용한다.

풀이 **스팬값**
측정기의 측정범위는 배출허용기준 이상으로 하며, 보통 기준의 1.2~3배를 적용한다. 만일 측정범위가 없는 경우에는 예상농도의 1.2~3배의 값을 사용한다.

27 자외선 가시선 분광법에 의해 배출가스 중 비소를 분석하고자 할 경우에 관한 설명으로 옳지 않은 것은?

① 정량범위 2~10 μg이며, 정밀도는 2~10%이다.
② 채취시료를 전처리하는 동안 비소의 손실 가능성이 있으므로 전처리 방법으로 마이크로파산분해법이 권장된다.
③ 황화수소의 영향은 아세트산납으로 제거 가능하다.
④ 메틸 비소화합물은 pH 10에서 메틸염화비소(Methyl-arsine)를 생성하여 흡수용액과 착물을 형성하고 이의 영향은 아세트산납으로 제거 가능하다.

풀이 메틸 비소화합물은 pH 1에서 메틸수소화비소(Methyl-arsine)를 생성하여 흡수용액과 착물을 형성하고 총 비소 측정에 영향을 줄 수 있다.

28 다음 중 4-아미노 안티피린용액과 페리시안산 칼륨용액을 가하여 얻어진 적색액의 흡광도를 측정하여 정량하는 오염물질은?

① 포름알데하이드
② 페놀화합물
③ 클로로포름
④ 벤젠

풀이 **페놀화합물**
4-아미노 안티피린용액과 페리시안산 포타슘(헥사사이아노철(Ⅲ)산포타슘)용액을 가하여 얻어진 적색액의 흡광도를 측정하여 정량한다.

29 휘발성 유기화합물질(VOC) 누출 확인을 위한 휴대용 측정기기의 규격 및 성능기준으로 옳지 않은 것은?

① 기기의 계기눈금은 최소한 표시된 누출농도의 ±5%를 읽을 수 있어야 한다.
② 기기의 응답시간은 30초보다 작거나 같아야 한다.
③ VOC 측정기기의 검출기는 시료와 반응하지 않아야 한다.
④ 교정 정밀도는 교정용 가스값의 10%보다 작거나 같아야 한다.

풀이 휘발성 유기화합물질(VOC) 측정기기의 검출기는 시료와 반응하여야 한다.

30 가스크로마토그래프법과 관계가 있는 것만으로 옳게 나열된 것은?

① 보유시간, 분리관오븐, 수소염이온화검출기
② 보유용량, 열전도도검출기, 단색화장치
③ 운반가스, 중공음극램프, 검출기오븐
④ 시료도입부, 회전섹터, 감도조정부

풀이 보유시간, 분리관오븐, 수소염이온화검출기(불꽃이온화검출기)는 기체크로마토그래피법과 관계가 있으며 단색화장치는 흡광광도법, 중공음극램프는 원자흡광광도법, 회전섹터는 비분산적외선분석법과 관련이 있다.

풀이 이온크로마토그래프법의 주요 장치 구성
ㄱ 용리액조   ㄴ 송액펌프
ㄷ 시료주입장치   ㄹ 분리관
ㅁ 서프레서   ㅂ 검출기
ㅅ 기록계

31 굴뚝 배출가스 내의 휘발성 유기화합물질(VOC)의 시료채취방법 중 흡착관법에 관한 장치 구성에 대한 설명으로 거리가 먼 것은?

① 채취관 재질은 유리, 석영, 불소수지 등으로, 120℃ 이상까지 가열이 가능한 것이어야 한다.
② 응축기는 가스가 앞쪽 흡착관을 통과하기 전 가스를 50℃ 이하로 낮출 수 있는 용량이어야 하고 상단 연결부는 밀봉그리스(Sealing Grease)를 사용하여 누출이 없도록 연결해야 한다.
③ 밸브는 불소수지, 유리 및 석영재질로 밀봉그리스(Sealing Grease)를 사용하지 않고 가스의 누출이 없는 구조이어야 한다.
④ 흡착관은 사용 전 반드시 안정화시켜서 사용해야 하며, 안정화온도는 흡착제마다 다르며, Carbotrap은 350℃, 100mL/min의 유량으로 한다.

풀이 응축기는 가스가 앞쪽 흡착관을 통과하기 전 가스를 20℃ 이하로 낮출 수 있는 용량이어야 하고 상단 연결부는 밀봉그리스(Sealing Grease)를 사용하지 않고도 누출이 없도록 연결해야 한다.

32 다음 각 장치 중 이온크로마토그래프법의 주요 장치 구성과 거리가 먼 것은?

① 용리액조   ② 송액펌프
③ 서프레서   ④ 회전섹터

33 대기오염물질의 시료 채취에 사용되는 그림과 같은 기구를 무엇이라 하는가?

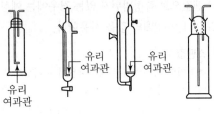

유리 여과관   유리 여과관   유리 여과관

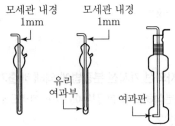

모세관 내경 1mm   모세관 내경 1mm
유리 여과부   여과관

① 흡수병   ② 진공병
③ 채취병   ④ 채취관

풀이 시료 채취에 사용되는 흡수병을 나타낸 그림이다.

34 흡광광도법에 이용되는 램버트 비어(Lambert-Beer)의 법칙을 옳게 나타낸 식은? (단, I_o : 입사광 강도, I_t : 투사광 강도, c : 농도, l : 빛의 투사거리, ε : 흡광계수)

① $I_o = I_t \cdot 10^{-\varepsilon cl}$ ② $I_o = I_t \cdot 100^{-\varepsilon cl}$
③ $I_t = I_o \cdot 10^{-\varepsilon cl}$ ④ $I_t = I_o \cdot 100^{-\varepsilon cl}$

(풀이) 램버트 비어(Lambert – Beer)의 법칙

강도 I_o 되는 단색광속이 그림과 같이 농도 c, 길이 l이 되는 용액층을 통과하면 이 용액에 빛이 흡수되어 입사광의 강도가 감소한다.

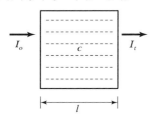

[흡광광도 분석방법 원리도]

$$I_t = I_o \cdot 10^{-\varepsilon d}$$

여기서, I_o : 입사광의 강도

I_t : 투사광의 강도

c : 농도

l : 빛의 투사거리

ε : 비례상수로서 흡광계수(吸光係數)라 하고, $c = 1$mol, $l = 10$mn일 때의 ε의 값을 몰흡광계수라 하며 K로 표시한다.

35 굴뚝 배출가스 중 금속화합물을 자외선 / 가시선 분광법으로 분석할 때 다음 중 측정하는 흡광도의 파장값(nm)이 가장 큰 금속화합물은?

① 아연   ② 수은

③ 구리   ④ 니켈

(풀이) 흡광도파장값(자외선/가시선 분광법)

① 아연 : 535nm

② 수은 : 490nm

③ 구리 : 400nm

④ 니켈 : 450nm

36 환경대기 중의 탄화수소 농도를 자동연속(불꽃이온화검출기법)으로 측정하는 방법과 가장 거리가 먼 것은?

① 총탄화수소 측정법

② 비메탄 탄화수소 측정법

③ 광산란 탄화수소 측정법

④ 활성 탄화수소 측정법

(풀이) 환경대기 중 탄화수소 측정방법(자동연속측정법)

㉠ 총탄화수소 측정법

㉡ 비메탄탄화수소 측정법(주 시험방법)

㉢ 활성탄화수소 측정법

37 굴뚝, 덕트 등을 통하여 대기 중으로 배출되는 가스상 물질을 분석하기 위한 시료채취방법에 관한 설명으로 옳지 않은 것은?

① 채취관은 흡인가스의 유량, 채취관의 기계적 강도, 청소의 용이성 등을 고려하여 안지름 6~25mm 정도의 것을 쓴다.

② 도관은 가능한 한 수직으로 연결해야 하고, 부득이 구부러진 관을 쓸 경우에는 응축수가 흘러나오기 쉽도록 경사지게(5° 이상) 한다.

③ 도관의 안지름은 도관의 길이, 흡입가스의 유량, 응축수에 의한 막힘, 또는 흡인펌프의 능력 등을 고려하여 4~25mm로 한다.

④ 채취부의 수은 마노미터는 대기와 압력차가 150mmHg 이하인 것을 쓴다.

(풀이) 채취부의 수은 마노미터는 대기와 압력차가 100mmHg 이상인 것을 쓴다.

38 환경대기 중 일산화탄소를 비분산 적외선 분석법(자동연속측정)으로 분석할 경우 측정기의 성능기준으로 옳지 않은 것은?

① 스팬가스를 흘려보냈을 때 정상적인 지시 변동의 범위는 최대눈금치의 ±2% 이내여야 한다.
② 제로교정 및 스팬교정을 한 후 중간눈금 부근의 교정용 가스를 주입시켰을 때 이에 대응하는 일산화탄소 농도에 대한 지시오차는 최대눈금치의 ±5% 이내여야 한다.
③ 시료대기의 유량이 표시된 설정유량에 대하여 ±5% 이내로 변동해도 지시변화는 최대눈금치의 ±2% 이내여야 한다.
④ 대기압 변화에 대한 안정성은 대기압의 1% 변화에 대하여 동일 시료농도의 측정치의 차가 5% 이내여야 한다.

(풀이) 대기압 변화에 대한 안정성은 대기압의 1% 변화에 대하여 동일 시료농도의 측정치의 차가 1% 이내여야 한다.

39 환경대기 중 가스상 물질의 시료채취방법에 해당하지 않는 것은?

① 용매포집법　② 용기포집법
③ 고체흡착법　④ 고온흡수법

(풀이) 환경대기 중 가스상 물질의 시료채취방법
ㄱ 직접채취법　ㄴ 용기포집법
ㄷ 용매포집법　ㄹ 고체흡착법
ㅁ 저온응축법　ㅂ 포집여지에 의한 방법

40 분석대상가스가 이황화탄소인 경우 사용할 수 있는 채취관 및 도관의 재질로 부적당한 것은?

① 경질유리　② 석영
③ 불소수지　④ 스테인리스강

(풀이) 분석대상가스의 종류별 채취관 및 도관 등의 재질

분석대상가스, 공존가스	채취관, 연결관의 재질	여과재	비고
암모니아	①②③④⑤⑥	ⓐⓑⓒ	① 경질유리
일산화탄소	①②③④⑤⑥⑦	ⓐⓑⓒ	② 석영
염화수소	①②　　⑤⑥⑦	ⓐⓑⓒ	③ 보통강철
염소	①②　　⑤⑥⑦	ⓐⓑⓒ	④ 스테인리스강
황산화물	①②　④⑤⑥⑦	ⓐⓑⓒ	⑤ 세라믹
질소산화물	①②　④⑤⑥	ⓐⓑⓒ	⑥ 불소수지
이황화탄소	①②　　　⑥	ⓐⓑⓒ	⑦ 염화비닐수지
포름알데하이드	①②　　　⑥	ⓐⓑ	⑧ 실리콘수지
황화수소	①②　④⑤⑥⑦	ⓐⓑⓒ	⑨ 네오프렌
불소화합물	④　　⑥	ⓒ	ⓐ 알칼리 성분이
시안화수소	①②　④⑤⑥⑦	ⓐⓑⓒ	없는 유리솜 또는
브롬	①②　　　⑥	ⓐⓑ	실리카솜
벤젠	①②　　　⑥	ⓐⓑ	ⓑ 소결유리
페놀	①②　④　⑥	ⓐⓑ	ⓒ 카보런덤
비소	①②　④⑤⑥⑦	ⓐⓑⓒ	

제3과목　대기오염방지기술

41 미분탄연소의 장점으로 거리가 먼 것은?

① 연소량의 조절이 용이하다.
② 비산먼지의 배출량이 적다.
③ 부하변동에 쉽게 응할 수 있다.
④ 과잉공기에 의한 열손실이 적다.

(풀이) 미분탄연소
석탄을 잘게 부수어 분말상으로 한 다음 1차 연소용 공기와 함께 버너로 분출시켜 연소시키는 방법으로 연도에서 비산분진의 배출이 많은 것이 단점에 해당한다.

42 원형관에서 유체의 흐름을 파악하는 데 레이놀즈수(N_{Re})가 사용되는데, 다음 중 레이놀즈수와 거리가 먼 것은?

① 관의 직경　② 유체 점도
③ 입자의 밀도　④ 유체 평균유속

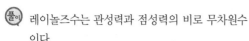

레이놀즈수는 관성력과 점성력의 비로 무차원수이다.

$$N_{Re} = \frac{관성력}{점성력} = \frac{DV\rho}{\mu} = \frac{DV}{\nu}$$

여기서, D : 관의 직경

ν : 유체 평균유속

ρ : 가스(유체) 밀도

μ : 가스(유체) 점도

43 세정집진장치에서 관성충돌계수를 크게 하는 조건이 아닌 것은?

① 먼지의 밀도가 커야 한다.

② 먼지의 입경이 커야 한다.

③ 액적의 직경이 커야 한다.

④ 처리가스와 액적의 상대속도가 커야 한다.

관성충돌계수가 크려면 액적의 직경은 작아야 하며, 분진의 입경은 커야 한다.

44 공극률이 20%인 분진의 밀도가 1,700kg/m³이라면, 이 분진의 겉보기 밀도(kg/m³)는?

① 1,280

② 1,360

③ 1,680

④ 2,040

겉보기 밀도 = 밀도 × (1−공극률)

$$= 1,700\text{kg/m}^3 \times (1-0.2)$$

$$= 1,360\text{kg/m}^3$$

45 배출가스 중 황산화물 처리방법으로 가장 거리가 먼 것은?

① 석회석 주입법

② 석회수 세정법

③ 암모니아 흡수법

④ 2단 연소법

2단 연소법은 질소산화물 처리방법이다.

46 직경 20cm, 길이 1m인 원통형 전기집진 장치에서 가스유속이 1m/s이고, 먼지입자의 분리속도가 30cm/s라면 집진율은 얼마인가?

① 93.63%

② 94.24%

③ 96.02%

④ 99.75%

$$\eta = 1 - \exp\left(-\frac{A \times W_e}{Q}\right)$$

$$A = 3.14 \times 0.2\text{m} \times 1\text{m} = 0.628\text{m}^2$$

$$Q = \left(\frac{3.14 \times 0.2^2}{4}\right)\text{m}^2 \times 1\text{m/sec}$$

$$= 0.0314\text{m}^3/\text{sec}$$

$$= 1 - \exp\left(-\frac{0.628\text{m}^2 \times 0.3\text{m/sec}}{0.0314\text{m}^3/\text{sec}}\right)$$

$$= 0.9975 \times 100\% = 99.75\%$$

47 여과집진장치에 사용되는 여과재에 관한 설명 중 가장 거리가 먼 것은?

① 여과재의 형상은 원통형, 평판형, 봉투형 등이 있으나 원통형을 많이 사용한다.

② 여과재는 내열성이 약하므로 가스온도 250℃를 넘지 않도록 주의한다.

③ 고온가스를 냉각시킬 때에는 산노점(dew point) 이하로 유지하도록 하여 여과재의 눈막힘을 방지한다.

④ 여과재 재질 중 유리섬유는 최고사용온도가 250℃ 정도이며, 내산성이 양호한 편이다.

초층의 눈막힘을 방지하기 위해 처리가스의 온도를 산노점 이상으로 유지한다.

48 직경이 203.2mm인 관에 35m³/min의 공기를 이동시키면 이때 관 내 이동 공기의 속도는 약 몇 m/min인가?

① 18m/min ② 72m/min

③ 980m/min ④ 1,080m/min

 $Q = A \times V$

$$V = \frac{Q}{A}$$

$$= \frac{35m^3/min}{\left(\frac{3.14 \times 0.2032^2}{4}\right)m^2}$$

$$= 1,080.25m/min$$

49 일산화탄소 1Sm³를 연소시킬 경우 배출된 건연소가스양 중 $(CO_2)_{max}$(%)는?(단, 완전연소)

① 약 28% ② 약 35%

③ 약 52% ④ 약 57%

 $CO + 0.5O_2 \rightarrow CO_2$

$$CO_{2\,max}(\%) = \frac{CO_2 양}{G_{od}} \times 100$$

$$G_{od} = 0.79A_o + CO_2$$

$$= \left(0.79 \times \frac{0.5}{0.21}\right) + 1$$

$$= 2.88Sm^3/Sm^3$$

$$= \frac{1Sm^3/Sm^3}{2.88Sm^3/Sm^3} \times 100$$

$$= 34.71\%$$

50 점도에 관한 설명으로 옳지 않은 것은?

① 유체이동에 따라 발생하는 일종의 저항이다.

② 단위는 P(poise) 또는 cP를 사용하며, 20℃ 물의 점도는 약 1cP이다.

③ 순물질의 기체나 액체에서 점도는 온도와 압력의 함수이다.

④ 물질 특유의 성질에 해당한다.

 순물질의 기체나 액체에서 점도는 온도의 영향을 받지만 압력과 습도의 영향은 거의 받지 않는다.

51 연료에 대한 설명으로 거리가 먼 것은?

① 액체연료는 대체로 저장과 운반이 용이한 편이다.

② 기체연료는 연소효율이 높고 검댕이 거의 발생하지 않는다.

③ 고체연료는 연소 시 다량의 과잉 공기를 필요로 한다.

④ 액체연료는 황분이 거의 없는 청정연료이며, 가격이 싼 편이다.

 액체연료는 황분이 많이 포함되어 있고, 가격이 비싼 편이다.

52 중량 조성이 탄소 85%, 수소 15%인 액체 연료를 매시 100kg 연소한 후 배출가스를 분석하였더니 분석치가 CO_2 12.5%, CO 3%, O_2 3.5%, N_2 81%이었다. 이때 매 시간당 필요한 공기량 (Sm^3/hr)은?

① 약 13 ② 약 157

③ 약 657 ④ 약 1,271

 $A = m \times A_o$

$$m = \frac{N_2}{N_2 - 3.76(O_2 - 0.5CO)}$$

$$= \frac{81}{81 - 3.76[3.5 - (0.5 \times 3)]} = 1.102$$

$$A_o = \frac{1}{0.21}[(1.867 \times 0.85) + (5.6 \times 0.15)]$$

$$= 11.557Sm^3/kg$$

$$A = 1.102 \times 11.557Sm^3/kg \times 100kg/hr$$

$$= 1,273.58Sm^3/hr$$

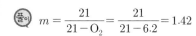

53 다음 연료 중 황(S) 성분의 함량 순서로 가장 적합한 것은?

① 중유 > 경유 > 등유 > 휘발유 > LPG
② 중유 > 등유 > 경유 > 휘발유 > LPG
③ 중유 > 석탄 > 등유 > 경유 > 휘발유
④ 석탄 > 중유 > 등유 > 경유 > 휘발유

(풀이) 황(S) 성분의 함량 순서

중유 > 경유 > 등유 > 휘발유 > LPG
※ 황 성분 포함 시 연료의 질이 저하되며 매연이 발생된다.

54 흡수법에 관한 다음 설명 중 옳지 않은 것은?

① 흡수제는 휘발성이 커야 한다.
② 충전탑은 액분산형 흡수장치에 해당한다.
③ 재생가치가 있는 물질이나 흡수제의 재사용은 탈착이나 Stripping을 통해 회수 또는 재생한다.
④ 흡수제의 빙점은 낮고, 비점은 높아야 한다.

(풀이) 흡수제는 휘발성이 작아야 한다.

55 다음 중 SOx와 NOx를 동시에 제어하는 기술로 거리가 먼 것은?

① Filter Cage 공정
② 활성탄 공정
③ NOXSO 공정
④ CuO 공정

(풀이) SOx와 NOx를 동시에 제어하는 기술

㉠ 활성탄 공정
㉡ NOXSO 공정
㉢ CuO 공정
㉣ 전자선 조사공정

56 연소계산에서 연소 후 배출가스 중 산소농도가 6.2%라면 완전연소 시 공기비는?

① 1.15　　　　　② 1.23
③ 1.31　　　　　④ 1.42

(풀이) $m = \dfrac{21}{21 - O_2} = \dfrac{21}{21 - 6.2} = 1.42$

57 CO를 백금계 촉매를 사용하여 CO_2로 완전 산화시켜 처리할 때 촉매의 수명을 단축시키는 물질과 가장 거리가 먼 것은?

① Zn　　　　　② Pb
③ S　　　　　④ NOx

(풀이) NOx는 촉매의 수명을 단축시키는 물질, 즉 촉매독이 아니다.

58 평판형 전기집진장치에서 입자의 이동속도가 5cm/sec, 방전극과 집진극 사이의 거리가 4.5cm, 배출가스의 유속이 3m/sec인 경우 층류 영역에서 집진율이 100%가 되는 집진극의 길이는?

① 1.9m　　　　　② 2.7m
③ 3.3m　　　　　④ 5.4m

(풀이) 집진극 길이(m) $= \dfrac{R \times V}{W_e}$

$= \dfrac{0.045m \times 3m/\sec}{0.05m/\sec} = 2.7m$

59 다음 질소화합물 중 일반적으로 공기 중에서의 최소감지농도(ppm)가 가장 낮은 것은?

① 삼메틸아민　　　　　② 피리딘
③ 아닐린　　　　　④ 암모니아

최소감지농도(ppm)
① 삼메틸아민 : 0.0001
② 피리딘 : 0.063
③ 아닐린 : 0.0015
④ 암모니아 : 0.1

60 어떤 0차 반응에서 반응을 시작하고 반응물의 1/2이 반응하는 데 40분이 걸렸다. 반응물의 90%가 반응하는 데 걸리는 시간은?

① 66분   ② 72분
③ 133분   ④ 185분

0차 반응식
$$C_t - C_o = -K \cdot t$$
$$0.5 - 1 = -K \times 40\text{min}$$
$$K = 0.0125\text{min}^{-1}$$
$$0.1 - 1 = -0.0125\text{min}^{-1} \times t$$
$$\therefore t = 72\text{min}$$

제4과목 대기환경관계법규

61 대기환경보전법상 운행차의 정밀검사 방법·기준 및 검사대상 항목기준(일반기준)에 관한 설명으로 틀린 것은?

① 관능 및 기능검사는 배출가스검사를 먼저 한 후 시행하여야 한다.
② 휘발유와 가스를 같이 사용하는 자동차는 연료를 가스로 전환한 상태에서 배출가스검사를 실시하여야 한다.
③ 운행차의 정밀검사는 부하검사방법을 적용하여 검사를 하여야 하지만, 상시 4륜구동 자동차는 무부하검사방법을 적용할 수 있다.

④ 운행차의 정밀검사는 부하검사방법을 적용하여 검사를 하여야 하지만, 2행정 원동기 장착자동차는 무부하검사방법을 적용할 수 있다.

배출가스검사는 관능 및 기능검사를 먼저 한 후 시행하여야 한다.

62 대기환경보전법상 III지역에 대한 기본부과금의 지역별 부과계수는?(단, III지역은 국토의 계획 및 이용에 관한 법률에 따른 녹지지역·관리지역·농림지역 및 자연환경보전지역이다.)

① 0.5   ② 1.0
③ 1.5   ④ 2.0

기본부과금 지역별 부과계수

구분	지역별 부과계수
I 지역	1.5
II 지역	0.5
III 지역	1.0

63 환경정책기본법상 대기환경기준이 설정되어 있지 않은 항목은?

① O_3 ② Pb
③ PM-10   ④ CO_2

대기환경 기준 설정 항목
㉠ 아황산가스(SO_2)
㉡ 일산화탄소(CO)
㉢ 이산화질소(NO_2)
㉣ 미세먼지(PM-10)
㉤ 미세먼지(PM-2.5)
㉥ 오존(O_3)
㉦ 납(Pb)
㉧ 벤젠(C_6H_6)

64 대기환경보전법상 대기오염방지시설이 아닌 것은?

① 흡수에 의한 시설
② 소각에 의한 시설
③ 산화 · 환원에 의한 시설
④ 미생물을 이용한 처리시설

(풀이) 대기오염 방지시설
　　　㉠ 중력집진시설
　　　㉡ 관성력집진시설
　　　㉢ 원심력집진시설
　　　㉣ 세정집진시설
　　　㉤ 여과집진시설
　　　㉥ 전기집진시설
　　　㉦ 음파집진시설
　　　㉧ 흡수에 의한 시설
　　　㉨ 흡착에 의한 시설
　　　㉩ 직접연소에 의한 시설
　　　㉪ 촉매반응을 이용하는 시설
　　　㉫ 응축에 의한 시설
　　　㉬ 산화 · 환원에 의한 시설
　　　㉭ 미생물을 이용한 처리시설
　　　㉮ 연소조절에 의한 시설

65 실내공기질 관리법령상 실내공간 오염물질에 해당하지 않는 것은?

① 이산화탄소(CO_2)
② 일산화질소(NO)
③ 일산화탄소(CO)
④ 이산화질소(NO_2)

(풀이) 실내공기 오염물질
　　　㉠ 미세먼지(PM－10)
　　　㉡ 이산화탄소(CO_2 ; Carbon Dioxide)
　　　㉢ 포름알데하이드(Formaldehyde)
　　　㉣ 총부유세균(TAB ; Total Airborne Bacteria)
　　　㉤ 일산화탄소(CO ; Carbon Monoxide)

　　　㉥ 이산화질소(NO_2 ; Nitrogen Dioxide)
　　　㉦ 라돈(Rn ; Radon)
　　　㉧ 휘발성유기화합물(VOCs ; Volatile Organic Compounds)
　　　㉨ 석면(Asbestos)
　　　㉩ 오존(O_3 ; Ozone)
　　　㉪ 미세먼지(PM－2.5)
　　　㉫ 곰팡이(Mold)
　　　㉬ 벤젠(Benzene)
　　　㉭ 톨루엔(Toluene)
　　　㉮ 에틸벤젠(Ethylbenzene)
　　　㉯ 자일렌(Xylene)
　　　㉰ 스티렌(Styrene)

66 악취방지법령상 위임업무 보고사항 중 "악취검사기관의 지정, 지정사항 변경보고 접수 실적"의 보고 횟수 기준은?

① 연 1회　　　　② 연 2회
③ 연 4회　　　　④ 수시

(풀이) 위임업무의 보고사항
　　　㉠ 업무내용 : 악취검사기관의 지정, 지정사항 변경보고 접수실적
　　　㉡ 보고횟수 : 연 1회
　　　㉢ 보고기일 : 다음 해 1월 15일까지
　　　㉣ 보고자 : 국립환경과학원장

67 악취방지법령상 악취방지계획에 따라 악취방지에 필요한 조치를 하지 아니하고 악취배출시설을 가동한 자에 대한 벌칙기준은?

① 1년 이하의 징역 또는 1천만 원 이하의 벌금
② 500만 원 이하의 벌금
③ 300만 원 이하의 벌금
④ 100만 원 이하의 벌금

(풀이) 악취방지법 제28조 참조

68 대기환경보전법령상 자동차에 온실가스 배출량을 표시하지 아니하거나 거짓으로 표시한 자에 대한 과태료 부과기준으로 옳은 것은?

① 500만 원 이하의 과태료
② 300만 원 이하의 과태료
③ 200만 원 이하의 과태료
④ 100만 원 이하의 과태료

풀이 대기환경보전법 제94조 참조

69 악취방지법규상 배출허용기준 및 엄격한 배출허용기준의 설정범위와 관련한 다음 설명 중 옳지 않은 것은?

① 배출허용기준의 측정은 복합악취를 측정하는 것을 원칙으로 하지만 사업자의 악취물질 배출 여부를 확인할 필요가 있는 경우에는 지정악취물질을 측정할 수 있다.
② 복합악취의 시료 채취는 사업장 안에 지면으로부터 높이 5m 이상의 일정한 악취배출구와 다른 악취발생원이 섞여 있는 경우에는 부지경계선 및 배출구에서 각각 채취한다.
③ "배출구"라 함은 악취를 송풍기 등 기계장치 등을 통하여 강제로 배출하는 통로(자연환기가 되는 창문·통기관 등을 제외한다)를 말한다.
④ 부지경계선에서 복합악취의 공업지역에서의 배출허용기준(희석배수)은 1,000 이하이다.

풀이 복합악취 배출허용기준 및 엄격한 배출허용기준

구분	배출허용기준 (희석배수)		엄격한 배출허용기준의 범위(희석배수)	
	공업지역	기타지역	공업지역	기타지역
배출구	1,000 이하	500 이하	500~1,000	300~500
부지 경계선	20 이하	15 이하	15~20	10~15

70 대기환경보전법상 장거리이동대기오염물질 대책위원회에 관한 사항으로 옳지 않은 것은?

① 위원회는 위원장 1명을 포함한 25명 이내의 위원으로 성별을 고려하여 구성한다.
② 위원회와 실무위원회 및 장거리이동대기오염물질 연구단의 구성 및 운영 등에 관하여 필요한 사항은 환경부령으로 정한다.
③ 위원장은 환경부차관으로 한다.
④ 위원회의 효율적인 운영과 안건의 원활한 심의 지원을 위해 실무위원회를 둔다.

풀이 위원회와 실무위원회 및 장거리이동대기오염물질 연구단의 구성 및 운영 등에 관하여 필요한 사항은 대통령령으로 정한다.

71 대기환경보전법규상 특정대기유해물질이 아닌 것은?

① 히드라진
② 크롬 및 그 화합물
③ 카드뮴 및 그 화합물
④ 브롬 및 그 화합물

풀이 브롬 및 그 화합물은 특정대기유해물질이 아니다.

72 대기환경보전법령상 "사업장의 연료사용량 감축 권고" 조치를 하여야 하는 대기오염 경보 발령단계 기준은?

① 준주의보 발령단계
② 주의보 발령단계
③ 경보발령단계
④ 중대경보 발령단계

③ 3년 이하 징역 또는 3천만 원 이하의 벌금

④ 5년 이하 징역 또는 5천만 원 이하의 벌금

풀이 악취방지법 제26조 참조

75 대기환경보전법령상 시·도지사는 부과금을 부과할 때 부과대상 오염물질량, 부과금액, 납부기간 및 납부장소 등에 기재하여 서면으로 알려야 한다. 이 경우 부과금의 납부기간은 납부통지서를 발급한 날부터 얼마로 하는가?

① 7일   ② 15일

③ 30일   ④ 60일

풀이 부과금 납부기간은 납부통지서를 발급한 날부터 30일 이내로 한다.

76 대기환경보전법규상 위임업무의 보고사항 중 수입자동차 배출가스 인증 및 검사현황의 보고기일 기준으로 옳은 것은?

① 다음 달 10일까지

② 매 분기 종료 후 15일 이내

③ 매 반기 종료 후 15일 이내

④ 다음 해 1월 15일까지

풀이 위임업무 보고사항

업무내용	보고 횟수	보고 기일	보고자
환경오염 사고 발생 및 조치 사항	수시	사고발생 시	시·도지사, 유역환경청장 또는 지방환경청장
수입자동차 배출가스 인증 및 검사현황	연 4회	매 분기 종료 후 15일 이내	국립환경과학원장

풀이 경보발령단계별 조치사항

㉠ 주의보 발령 : 주민의 실외활동 및 자동차 사용의 자제 요청 등

㉡ 경보 발령 : 주민의 실외활동 제한 요청, 자동차 사용의 제한 및 사업장의 연료사용량 감축 권고 등

㉢ 중대경보 발령 : 주민의 실외활동 금지 요청, 자동차의 통행금지 및 사업장의 조업시간 단축 명령 등

73 다음은 대기환경보전법규상 자동차의 규모기준에 관한 설명이다. ( ) 안에 알맞은 것은?(단, 2015년 12월 10일 이후)

소형승용자동차는 사람을 운송하기 적합하게 제작된 것으로, 그 규모기준은 엔진배기량이 1,000cc 이상이고, 차량총중량이 (㉠)이며, 승차인원이 (㉡)

① ㉠ 1.5톤 미만, ㉡ 5명 이하

② ㉠ 1.5톤 미만, ㉡ 8명 이하

③ ㉠ 3.5톤 미만, ㉡ 5명 이하

④ ㉠ 3.5톤 미만, ㉡ 8명 이하

풀이 소형승용자동차

㉠ 정의 : 사람을 운송하기에 적합하게 제작된 것

㉡ 규모 : 엔진배기량이 1,000cc 이상이고, 차량총중량이 3.5톤 미만이며, 승차인원이 8명 이하

74 악취방지법상 악취배출시설에 대한 개선명령을 받은 자가 악취배출허용기준을 계속 초과하여 신고대상시설에 대해 시·도지사로부터 악취배출시설의 조업정지명령을 받았으나, 이를 위반한 경우 벌칙기준은?

① 1년 이하 징역 또는 1천만 원 이하의 벌금

② 2년 이하 징역 또는 2천만 원 이하의 벌금

자동차 연료 및 첨가제의 제조·판매 또는 사용에 대한 규제 현황	연 2회	매 반기 종료 후 15일 이내	유역환경청장 또는 지방환경청장
자동차 연료 또는 첨가제의 제조 기준 적합 여부 검사 현황	• 연료 : 연 4회 • 첨가제 : 연 2회	• 연료 : 매 분기 종료 후 15일 이내 • 첨가제 : 매 반기 종료 후 15일 이내	국립환경과학원장
측정기기관리대행업의 등록(변경등록) 및 행정처분 현황	연 1회	다음 해 1월 15일까지	유역환경청장, 지방환경청장 또는 수도권대기환경청장

77 대기환경보전법규상 개선명령과 관련하여 이행상태 확인을 위해 대기오염도 검사가 필요한 경우 환경부령으로 정하는 대기오염도 검사기관과 거리가 먼 것은?

① 유역환경청
② 환경보전협회
③ 한국환경공단
④ 시·도의 보건환경연구원

풀이 대기오염도 검사기관
    ㉠ 국립환경과학원
    ㉡ 특별시·광역시·특별자치시·도·특별자치도의 보건환경연구원
    ㉢ 유역환경청, 지방환경청 또는 수도권대기환경청
    ㉣ 한국환경공단

78 다음은 대기환경보전법상 장거리이동 대기오염물질 대책위원회에 관한 사항이다. ( ) 안에 알맞은 것은?

위원회는 위원장 1명을 포함한 (㉠) 이내의 위원으로 성별을 고려하여 구성한다. 위원회의 위원장은 (㉡)이 된다.

① ㉠ 25명, ㉡ 환경부장관
② ㉠ 25명, ㉡ 환경부차관
③ ㉠ 50명, ㉡ 환경부장관
④ ㉠ 50명, ㉡ 환경부차관

풀이 장거리이동 대기오염물질 대책위원회
    ㉠ 위원회는 위원장 1명을 포함한 25명 이내의 위원으로 성별을 고려하여 구성한다.
    ㉡ 위원회의 위원장은 환경부차관이 된다.

79 대기환경보전법령상 규모별 사업장의 구분 기준으로 옳은 것은?

① 1종 사업장 – 대기오염물질발생량의 합계가 연간 70톤 이상인 사업장
② 2종 사업장 – 대기오염물질발생량의 합계가 연간 20톤 이상 80톤 미만인 사업장
③ 3종 사업장 – 대기오염물질발생량의 합계가 연간 10톤 이상 30톤 미만인 사업장
④ 4종 사업장 – 대기오염물질발생량의 합계가 연간 1톤 이상 10톤 미만인 사업장

풀이 사업장 분류기준

종별	오염물질발생량 구분
1종 사업장	대기오염물질발생량의 합계가 연간 80톤 이상인 사업장
2종 사업장	대기오염물질발생량의 합계가 연간 20톤 이상 80톤 미만인 사업장
3종 사업장	대기오염물질발생량의 합계가 연간 10톤 이상 20톤 미만인 사업장
4종 사업장	대기오염물질발생량의 합계가 연간 2톤 이상 10톤 미만인 사업장
5종 사업장	대기오염물질발생량의 합계가 연간 2톤 미만인 사업장

80 다음은 대기환경보전법규상 배출시설별 배출원과 배출량 조사에 관한 사항이다. (   ) 안에 알맞은 것은?

> 시 · 도지사, 유역환경청장, 지방환경청장 및 수도권대기환경청장은 법에 따른 배출시설별 배출원과 배출량을 조사하고, 그 결과를 (   )까지 환경부장관에게 보고하여야 한다.

① 다음 해 1월 말   ② 다음 해 3월 말
③ 다음 해 6월 말   ④ 다음 해 12월 31일

풀이 시 · 도지사, 유역환경청장, 지방환경청장 및 수도권대기환경청장은 배출시설별 배출원과 배출량을 조사하고, 그 결과를 다음 해 3월 말까지 환경부장관에게 보고하여야 한다.

제1과목 대기오염개론

01 자동차 배출가스 발생에 관한 설명으로 가장 거리가 먼 것은?

① 일반적으로 자동차의 주요 유해배출가스는 CO, NOx, HC 등이다.
② 휘발유 자동차의 경우 CO는 가속 시, HC는 정속 시, NOx는 감속 시에 상대적으로 많이 발생한다.
③ CO는 연료량에 비하여 공기량이 부족할 경우에 발생한다.
④ NOx는 높은 연소온도에서 많이 발생하며, 매연은 연료가 미연소하여 발생한다.

(풀이) 휘발유 자동차의 경우 CO는 공전 시, HC는 감속 시, NOx는 가속 시에 상대적으로 많이 발생한다.

02 경도모델(또는 K - 이론모델)을 적용하기 위한 가정으로 거리가 먼 것은?

① 연기의 축에 직각인 단면에서 오염의 농도분포는 가우스분포(정규분포)이다.
② 오염물질은 지표를 침투하지 못하고 반사한다.
③ 배출원에서 오염물질의 농도는 무한하다.
④ 배출원에서 배출된 오염물질은 그 후 소멸하고, 확산계수는 시간에 따라 변한다.

(풀이) 경도모델(또는 K - 이론모델)의 가정
㉠ 오염배출원에서 무한히 멀어지면 오염농도는 0이 된다.
㉡ 오염물질은 지표를 침투하지 못하고 반사한다.

㉢ 배출된 오염물질은 소멸하거나 생성되지 않고 계속 흘러만 갈 뿐이다.
㉣ 배출원에서 배출된 오염물질량 및 오염물질의 농도는 무한하다.
㉤ 연기의 축에 직각인 단면에서 오염물질의 농도분포는 가우스분포이다.
㉥ 풍하 측으로 지표면은 평형하고 균일하다.
㉦ 대기안정도 및 확산계수는 일정하다.

03 공기 중에서 직경 2μm의 구형 매연입자가 스토크스 법칙을 만족하며 침강할 때, 종말 침강속도는?(단, 매연입자의 밀도는 2.5g/cm³, 공기의 밀도는 무시하며, 공기의 점도는 1.81×10^{-4} g/cm · sec)

① 0.015cm/s
② 0.03cm/s
③ 0.055cm/s
④ 0.075cm/s

(풀이)
$$V_g(\text{cm/sec}) = \frac{d_p^{\,2}(\rho_p - \rho)g}{18\mu}$$
$$= \frac{(2 \times 10^{-6}\text{m})^2 \times 2{,}500\text{kg/m}^3 \times 9.8\text{m/sec}^2}{18 \times 1.81 \times 10^{-5}\text{kg/m} \cdot \text{sec}}$$
$$= 3.023 \times 10^{-4}\text{m/sec} \times 100\text{cm/m}$$
$$= 0.0302\text{cm/sec}$$

04 기본적으로 다이옥신을 이루고 있는 원소 구성으로 가장 옳게 연결된 것은?(단, 산소는 2개이다.)

① 1개의 벤젠고리, 2개 이상의 염소
② 2개의 벤젠고리, 2개 이상의 불소
③ 1개의 벤젠고리, 2개 이상의 불소
④ 2개의 벤젠고리, 2개 이상의 염소

풀이 다이옥신은 2개의 벤젠고리, 2개의 산소, 2개 이상의 염소가 있는 형태이다.

05 경도모델(K – 이론모델)의 가정으로 옳지 않은 것은?

① 오염물질은 지표를 침투하며 반사되지 않는다.
② 배출원에서 오염물질의 농도는 무한하다.
③ 풍하 측으로 지표면은 평평하고 균등하다.
④ 풍하 쪽으로 가면서 대기의 안정도는 일정하고 확산계수는 변하지 않는다.

풀이 오염물질은 지표를 침투하지 못하고 반사한다.

06 어떤 대기오염 배출원에서 아황산가스를 0.7%(V/V) 포함한 물질이 $47m^3/s$로 배출되고 있다. 1년 동안 이 지역에서 배출되는 아황산가스의 배출량은?(단, 표준상태를 기준으로 하며, 배출원은 연속가동된다고 한다.)

① 약 29,644t
② 약 48,398t
③ 약 57,983t
④ 약 68,000t

풀이 아황산가스양

$$= 47m^3/sec \times 0.007 \times \frac{64kg}{22.4Sm^3} \times ton/10^3kg$$
$$\times 60sec/min \times 60min/hr \times 24hr/day$$
$$\times 365day/year$$
$$= 29,643.84$$

07 오존 전량이 330DU이라는 것을 오존의 양을 두께로 표시하였을 때는 어느 정도인가?

① 3.3mm
② 3.3cm
③ 330mm
④ 330cm

풀이 오존층의 두께를 표시하는 단위는 돕슨(Dobson)이다. 지구대기 중의 오존 총량을 표준상태에서 두께로 환산했을 때 1mm를 100돕슨으로 정하고 있다.

08 다음 대기오염물질과 주요 배출 관련 업종의 연결이 잘못 짝지어진 것은?

① 염화수소 – 소다공업, 활성탄 제조
② 질소산화물 – 비료, 폭약, 필름제조
③ 불화수소 – 인산비료공업, 유리공업, 요업
④ 염소 – 용광로, 식품가공

풀이 염소배출업종

소다공법, 농약제조, 화학공업

09 다음에서 설명하는 오염물질로 가장 적합한 것은?

광부나 석탄연료 배출구 주위에 거주하는 사람들의 폐 중 농도가 증대되고, 배설은 주로 신장을 통해 이루어진다. 뼈에 소량 축적될 수 있고, 만성 폭로 시 설태가 끼이며, 혈장 콜레스테롤치가 저하될 수 있다.

① 구리
② 카드뮴
③ 바나듐
④ 비소

풀이 바나듐(V)

㉠ 은회색의 전이금속으로 단단하나 연성(잡아 늘이기 쉬운 성질)과 전성(펴 늘일 수 있는 성질)이 있고 주로 화석연료, 특히 석탄 및 중유에 많이 포함되고 코·눈·인후의 자극을 동반하여 격심한 기침을 유발한다.

㉡ 원소 자체는 반응성이 커서 자연상태에서는 화합물로만 존재하며 산화물 보호피막을 만들기 때문에 공기 중 실온에서는 잘 산화되지 않으나 가열하면 산화된다.

ⓒ 바나듐에 폭로된 사람들에게는 인지질 및 지방분의 합성, 혈장 콜레스테롤치가 저하되며, 만성폭로 시 설태가 낄 수 있다.

10 1984년 인도의 보팔시에서 발생한 대기오염사건의 주원인 물질은?

① 황화수소
② 황산화물
③ 멀캡탄
④ 메틸이소시아네이트

풀이 보팔시 대기오염사건

인도의 보팔시에 있는 비료공장 저장탱크에서 메틸이소시아네이트(MIC) 가스가 유출되어 발생한 사건이다.

11 PAN(Peroxyacetyl Nitrate)의 생성반응식으로 옳은 것은?

① $CH_3COOO + NO_2 \rightarrow CH_3COOONO_2$
② $C_6H_5COOO + NO_2 \rightarrow C_6H_5COOONO_2$
③ $RCOO + O_2 \rightarrow RO_2 \cdot + CO_2$
④ $RO \cdot + NO_2 \rightarrow RONO_2$

풀이 PAN(Peroxyacetyl Nitrate)의 생성반응식

$CH_3COOO + NO_2 \rightarrow CH_3COOONO_2$
대기 중 탄화수소로부터의 광화학 반응으로 생성된다.

12 다음 중 2차 대기오염물질과 가장 거리가 먼 것은?

① NaCl
② H_2O_2
③ PAN
④ SO_3

13 다음 국제협약 중 질소산화물 배출량 또는 국가 간 이동량의 최저 30% 삭감에 관한 국가 간 장거리 이동 대기오염조약의 의정서(협약)에 해당하는 것은?

① 몬트리올 의정서
② 런던 협약
③ 오슬로 협약
④ 소피아 의정서

풀이 2차 대기오염물질

대부분 광산화물로서 O_3, PAN($CH_3COOONO_2$), H_2O_2, NOCl, 아크롤레인(CH_2CHCHO), SO_3, NO_2 등이 여기에 속한다.
※ NaCl은 1차 대기오염물질이다.

풀이 소피아 의정서(1988년 불가리아 소피아)

질소산화물 배출량 또는 국가 간 이동량의 최저 30% 삭감에 관한 국가 간 장거리 이동오염조약의 의정서이다.

14 특정물질의 종류와 그 화학식의 연결로 옳지 않은 것은?

① CFC - 214 : $C_3F_4Cl_4$
② Halon - 2402 : $C_2F_4Br_2$
③ HCFC - 133 : CH_3F_3Cl
④ HCFC - 222 : $C_3HF_2Cl_5$

풀이 HCFC - 133 : $C_2H_2F_3Cl$

15 다음 중 인체의 폐포 침착률이 가장 큰 입경 범위는?

① $0.001\sim0.01\mu m$
② $0.01\sim0.1\mu m$
③ $0.1\sim1.0\mu m$
④ $10\sim50\mu m$

풀이 인체의 폐포 침착률이 가장 큰 입경범위는 $0.1\sim 1.0\mu m$ 이다.

16 London형 스모그 사건과 비교한 Los Angeles형 스모그 사건에 관한 설명으로 옳은 것은?

① 주 오염물질은 SO_2, smoke, H_2SO_4, 미스트 등이다.
② 주오염원은 공장, 가정난방이다.
③ 침강성 역전이다.
④ 주로 아침, 저녁에 발생하고, 환원반응이다.

(풀이) ①, ②, ④는 London형 스모그 사건에 대한 내용이며 침강성 역전은 Los Angeles형 스모그 사건의 역전형태이다.

17 대기가 매우 불안정할 때 주로 나타나며, 맑은 날 오후에 주로 발생하기 쉽고, 또한 풍속이 매우 강하여 혼합이 크게 일어날 때 발생하게 되며, 굴뚝이 낮은 경우에는 풍하 쪽 지상에 강한 오염이 생기며, 저·고기압에 상관없이 발생하는 연기의 형태는?

① 원추형
② 환상형
③ 부채형
④ 구속형

(풀이) Looping(환상형)

㉠ 공기의 상층으로 갈수록 기온이 급격히 떨어져서 대기상태가 크게 불안정하게 되며, 연기는 상하좌우 방향으로 크고 불규칙하게 난류를 일으키며 확산되는 연기 형태이다.
㉡ 대기가 불안정하여 난류가 심할 때, 즉 풍속이 매우 강하여 혼합이 크게 일어날 때 발생한다.
㉢ 오염물질의 연직 확산이 굴뚝 부근의 지표면에서는 국지적, 일시적인 고농도 현상이 발생되기도 한다.(순간 농도는 가장 높음)
㉣ 지표면이 가열되고 바람이 약한 맑은 날 낮(오후)에 주로 일어난다.
㉤ 과단열감률조건(환경감률이 건조단열감률보다 큰 경우)일 때, 즉 대기가 불안정할 때 발생한다.

18 다음 중 주로 O_3에 의한 피해인 것은?

① 고무의 노화
② 석회석의 손상
③ 금속의 부식
④ 유리제조품의 부식

(풀이) 오존(O_3)

타이어나 고무절연제 등 고무제품에 노화를 초래하여 균열을 일으키며 착색된 각종 섬유를 탈색(퇴색)시킨다.

19 대기 중 오존(O_3)에 관한 설명으로 옳지 않은 것은?

① 인체에 미치는 영향으로 유전인자에 변화를 일으키며, 염색체 이상이나 적혈구 노화를 초래한다.
② 2차 대기오염물질에 해당하고, 온실가스로 작용한다.
③ 대기 중 오존의 배경농도는 0.01~0.02ppb 정도로 알려져 있다.
④ 산화력이 강하여 인체의 눈을 자극하고 폐수종 등을 유발시킨다.

(풀이) 대기 중 오존의 배경농도는 0.01~0.02ppm(0.02~0.05ppm) 정도로 알려져 있다.

20 다음 그림은 고도에 따른 기온구배를 나타낸 것이다. 이 중 굴뚝에서 배출되는 연기의 확산폭이 가장 큰 기온 구배는?

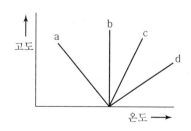

① a
② b
③ c
④ d

풀이 ㉠ 확산폭이 가장 큰 기온구배 : a(불안정 상태)
　　 ㉡ 확산폭이 가장 작은 기온구배 : b(안정 상태)

---

21 원형 굴뚝의 반경이 1.8m인 경우 먼지측정을 위한 측정점 수는?

① 8　　　　　　　② 12

③ 16　　　　　　　④ 20

풀이 원형 연도의 측정점 수

굴뚝 직경 $2R$(m)	반경 구분 수	측정점 수
1 미만	1	4
1~2 미만	2	8
2~4 미만	3	12
4~4.5 미만	4	16
4.5 이상	5	20

22 단면모양이 정사각형인 어떤 굴뚝을 동일한 면적으로 n개의 등분할 면적으로 각각 구분하여 각 측정점마다 유속과 먼지의 농도를 측정하였더니 다음과 같은 값을 얻었다. 이 전체 먼지의 평균농도는?

구분	1	2	3	4	5	6	7
유속 (m/s)	4.3	4.7	5.0	5.2	4.5	4.6	5.0
농도 (g/Sm³)	0.54	0.50	0.48	0.45	0.40	0.42	0.39

① 0.48g/Sm³　　　② 0.45g/Sm³

③ 0.42g/Sm³　　　④ 0.40g/Sm³

풀이 총 평균 먼지농도는 다음 식으로 구한다.

$$\overline{C_n} = \frac{C_{N1} \cdot V_1 + C_{N2} \cdot V_2 + \cdots + C_{Nn} \cdot V_n}{V_1 + V_2 + \cdots + V_n}$$

$$= \frac{\begin{array}{c}(0.54 \times 4.3) + (0.50 \times 4.7) + (0.48 \times 5.0) \\ + (0.45 \times 5.2) + (0.40 \times 4.5) \\ + (0.42 \times 4.6) + (0.39 \times 5.0)\end{array}}{4.3 + 4.7 + 5.0 + 5.2 + 4.5 + 4.6 + 5.0}$$

$$= 0.45 \text{g/Sm}^3$$

23 굴뚝 배출가스 내 휘발성 유기화합물질(VOC) 시료채취방법 중 흡착관법에 의한 시료 채취 장치에 관한 설명으로 가장 거리가 먼 것은?

① 채취관 재질은 유리, 석영, 불소수지 등으로 120℃ 이상까지 가열이 가능한 것이어야 한다.

② 시료 채취관에서 응축기 및 기타 부분은 연결관은 가능한 한 짧게 하고, 불소수지 재질의 것을 사용한다.

③ 밸브는 스테인리스 재질로 밀봉그리스(Sealing Grease)를 사용하여 가스의 누출이 없는 구조이어야 한다.

④ 응축기 및 응축수 트랩은 유리재질이어야 하며, 응축기는 가스가 앞쪽 흡착관을 통하기 전 가스를 20℃ 이하로 낮출 수 있는 용량이어야 한다.

풀이 밸브는 불소수지, 유리 및 석영재질로 밀봉 그리스 (Sealing Grease)를 사용하지 않고 가스의 누출이 없는 구조이어야 한다.

24 배출가스상 물질시료채취 방법 중 채취부에 관한 설명으로 옳지 않은 것은?

① 수은 마노미터는 대기와 압력차가 50mmHg 이상인 것을 쓴다.

② 유리로 만든 가스건조탑을 쓰며, 건조제로는 입자상태의 실리카겔, 염화칼슘 등을 쓴다.

③ 펌프는 배기능력 0.5~5L/분인 밀폐형인 것을 쓴다.

④ 가스미터는 일회전 1L의 습식 또는 건식 가스미터로 온도계와 압력계가 붙어 있는 것을 쓴다.

(풀이) 수은 마노미터는 대기와 압력차가 100mmHg 이상인 것을 쓴다.

25 연도 배출가스 중 오염물질의 연속 측정에 사용하는 비분산 정필터형 적외선 가스 분석계의 구성에 관한 설명으로 옳지 않은 것은?

① 광원은 원칙적으로 니크롬선 또는 탄화규소의 저항체에 전류를 흘려 가열한 것을 사용한다.

② 회전섹터는 시료가스 중에 포함되어 있는 간섭성분가스의 흡수파장역의 적외선을 흡수제거하기 위하여 사용한다.

③ 광학필터에는 가스필터와 고체필터가 있으며 단독 또는 적절히 조합하여 사용한다.

④ 비교셀은 아르곤과 같은 불활성 기체를 봉입하여 사용한다.

(풀이) 회전섹터는 시료광속과 비교광속을 일정주기로 단속시켜, 광학적으로 변조시키는 것으로 단속방식에는 1~20Hz의 교호단속 방식과 동시단속 방식이 있다.

26 다음은 지하공간 및 환경대기 중의 벤조(a)피렌농도 측정을 위한 형광분광광도법이다. ( ) 안에 알맞은 것은?

표준물질과 시료의 진한 황산용액을 무형광셀에 넣고 여기광파장을 (㉠)nm에서 설정하여 (㉡)nm의 형광강도를 구한다.

① ㉠ 340, ㉡ 450　　② ㉠ 470, ㉡ 540
③ ㉠ 560, ㉡ 620　　④ ㉠ 650, ㉡ 710

(풀이) 표준물질과 시료의 진한 황산용액을 무형광셀에 넣고 여기광파장을 470nm에 설정하여 540nm의 형광강도를 구한다.

27 가스크로마토그래프법에서 분리관 내경이 4mm일 경우 사용되는 흡착제 및 담체의 입경 범위로 옳은 것은?(단, 기체 - 고체 크로마토그래프법)

① 110~125μm　　② 149~177μm
③ 177~250μm　　④ 280~350μm

(풀이) 흡착형 충전물

분리관 내경(mm)	흡착제 및 담체의 입경 범위(μm)
3	149~177(100~80mesh)
4	177~250(80~60mesh)
5~6	250~590(60~28mesh)

28 다음은 이온크로마토그래프법 중 서프레서에 관한 설명이다. ( ) 안에 알맞은 것은?

서프레서는 (㉠)과 이온교환막형이 있으며, (㉠)은 음이온에는 스티롤계 (㉡) 수지가, 양이온에는 스티롤계 강염기형의 수지가 충진된 것을 사용한다.

① ㉠ 덤벨형, ㉡ 강산형
② ㉠ 덤벨형, ㉡ 약산형
③ ㉠ 관형, ㉡ 강산형
④ ㉠ 관형, ㉡ 약산형

(풀이) 서프레서는 관형과 이온교환막형이 있으며, 관형은 음이온에는 스티롤계 강산형(H^+) 수지가, 양이온에는 스티롤계 강염기형(OH^-)의 수지가 충진된 것을 사용한다.

29 다음 ( ) 안에 알맞은 것으로 짝지어진 것은?

> 굴뚝 배출가스 중 시안화수소를 피리딘 피라졸론 법으로 분석할 때에는 ( ), ( ) 등의 영향을 무시할 수 있는 경우에 적용한다.

① 철, 동
② 할로겐, 황화수소
③ 알루미늄, 철
④ 인산염, 황산염

(풀이) 굴뚝 배출가스 중 시안화수소를 피리딘 피라졸론법 으로 분석할 때에는 할로겐 등의 산화성 가스와 황화 수소 등의 영향을 무시할 수 있는 경우에 적용한다.

30 굴뚝의 150℃인 배출가스를 피토관으로 측정한 결과 동압이 20mmH₂O였을 때 유속은? (단, 습한 배출가스 밀도는 1.3kg/m³, 피토관 계수는 0.8790이다.)

① 1.48m/s
② 17.4m/s
③ 19.0m/s
④ 21.6m/s

(풀이) V(m/sec)

$$= C\sqrt{\frac{2gh}{\gamma}}$$

$$= 0.8790 \times \sqrt{\frac{2 \times 9.8 \text{m/sec}^2 \times 20 \text{mmH}_2\text{O}}{1.3 \text{kg/Sm}^3 \times \frac{273}{273+150}}}$$

$$= 19.0 \text{m/sec}$$

31 굴뚝 배출가스 중 황화수소를 요오드 적정법으로 분석할 때 적정시약은?

① 황산용액
② 싸이오황산나트륨 용액
③ 싸이오시안산암모늄 용액
④ 수산화나트륨 용액

32 환경대기 중 벤조(a)피렌 측정을 위한 주 시험방법은?

(풀이) 황화수소(아이오딘 적정법)
시료 중의 황화수소를 아연아민착염 용액에 흡수 시킨 다음 염산산성으로 하고, 아이오딘 용액을 가하여 과잉의 아이오딘을 싸이오황산소듐 용액 으로 적정한다.

① 기체크로마토그래피법
② 이온전극법
③ 형광분광광도법
④ 열탈착분광법

(풀이) 환경대기 중의 벤조(a)피렌 시험방법의 종류 기체크로마토그래피법, 형광분광광도법이 있으며, 기체크로마토그래피법을 주 시험방법으로 한다.

33 분석대상가스가 이황화탄소(CS₂)인 경우 다음 보기에서 사용되는 채취관, 연결관의 재질로 가장 적합한 것은?

① 보통강철
② 석영
③ 염화비닐수지
④ 네오프렌

(풀이) 분석대상가스의 종류별 채취관 및 연결관 등의 재질

분석대상가스, 공존가스	채취관, 연결관의 재질	여과재	비고
암모니아	①②③④⑤⑥	ⓐⓑⓒ	① 경질유리
일산화탄소	①②③④⑤⑥⑦	ⓐⓑⓒ	② 석영
염화수소	①② ⑤⑥⑦	ⓐⓑⓒ	③ 보통강철
염소	①② ⑤⑥⑦	ⓐⓑⓒ	④ 스테인리스강
황산화물	①② ④⑤⑥⑦	ⓐⓑⓒ	⑤ 세라믹
질소산화물	①② ④⑤⑥	ⓐⓑⓒ	⑥ 불소수지
이황화탄소	①② ⑥	ⓐⓑ	⑦ 염화비닐수지
포름알데하이드	①② ⑥	ⓐⓑ	⑧ 실리콘수지
황화수소	①② ④⑤⑥⑦	ⓐⓑⓒ	⑨ 네오프렌
불소화합물	④ ⑥	ⓒ	ⓐ 알칼리 성분이
시안화수소	①② ④⑤⑥⑦	ⓐⓑⓒ	없는 유리솜 또는
브롬	①② ⑥	ⓐⓑ	실리카솜
벤젠	①② ⑥	ⓐⓑ	ⓑ 소결유리

분석대상가스, 공존가스	채취관, 연결관의 재질	여과재	비고
페놀	①② ④ ⑥	ⓐ ⓑ	ⓒ 카보런덤
비소	①② ④⑤⑥⑦	ⓐ ⓑ ⓒ	

34

공사장에서 발생되는 비산먼지를 고용량 공기포집기를 이용하여 측정하고자 한다. 이때 측정을 위한 대조지점이 1개소일 때 원칙적으로 농도가 가장 높은 것으로 예상되는 측정지점 몇 개소 이상을 선정하여야 하는가?

① 1개소 이상 　　　② 2개소 이상
③ 3개소 이상 　　　④ 5개소 이상

 시료채취장소

원칙적으로 발생원의 부지경계선상에 선정하며 풍향을 고려하여 그 발생원의 비산먼지 농도가 가장 높을 것으로 예상되는 지점 3개소 이상을 선정하여야 한다.

35

휘발성 유기화합물질(VOC) 누출확인방법에 사용되는 측정기기의 규격, 성능기준 요구사항으로 거리가 먼 것은?

① 기기의 응답시간은 30초보다 작거나 같아야 한다.
② 교정정밀도는 교정용 가스값의 10%보다 작거나 같아야 한다.
③ 기기의 계기눈금은 최소한 표시된 누출농도의 ±10%를 읽을 수 있어야 한다.
④ 기기는 펌프를 내장하고 있어야 하고 일반적으로 시료유량은 0.5~3L/min이다.

풀이 기기의 계기눈금은 최소한 표시된 누출농도의 ±5%를 읽을 수 있어야 한다.

36

황분 1.6% 이하를 함유한 액체연료를 사용하는 연소시설에서 배출되는 황산화물(표준산소 농도를 적용받는 항목)을 측정한 결과 710ppm이었다. 배출가스 중 산소농도는 7%, 표준산소농도는 4%이다. 시험성적서에 명시해야 할 황산화물의 농도는?

① 584ppm 　　　② 635ppm
③ 862ppm 　　　④ 926ppm

풀이 농도(ppm) $= C_a \times \dfrac{21 - O_s}{21 - O_a}$

$$= 710\,ppm \times \dfrac{21 - 4}{21 - 7} = 862.14\,ppm$$

37

굴뚝 배출가스 중 페놀화합물을 흡광광도법으로 측정할 때 시료용액 4-아미노 안티피린 용액과 페리시안산 포타슘용액을 가한 경우 발색된 색은?

① 황색 　　　② 황록색
③ 적색 　　　④ 청색

풀이 페놀화합물(흡광광도법)

시료 중의 페놀류를 수산화소듐용액(0.4W/V%)에 흡수시켜 포집한다. 이 용액의 pH를 10±0.2로 조절한 후 여기에 4-아미노 안티피린 용액과 페리시안산 포타슘용액을 순서대로 가하여 얻어진 적색액을 510nm의 가시부에서의 흡광도를 측정하여 페놀류의 농도를 산출한다.

38

원자흡수분광광도법으로 Zn을 분석할 때의 측정파장으로 적합한 것은?

① 213.8nm 　　　② 248.3nm
③ 324.8nm 　　　④ 357.9nm

(풀이) 원자흡수분광광도법 측정파장
　　ⓐ Zn : 213.8nm　ⓑ Fe : 248.5nm
　　ⓒ Cu : 324.8nm　ⓓ Cr : 357.9nm

39 시험의 기재 및 용어에 대한 설명 중 옳지 않은 것은?

① 시험 조작 중 "즉시"란 10초 이내에 표시된 조작을 하는 것을 뜻한다.
② "감압 또는 진공"이라 함은 따로 규정이 없는 한 15mmHg 이하를 뜻한다.
③ 액체 성분의 양을 "정확히 취한다"라 함은 홀피펫, 메스플라스크 또는 이와 동등 이상의 정확도를 갖는 용량계를 사용하여 조작하는 것을 뜻한다.
④ "정확히 단다"라 함은 규정한 양의 검체를 취하여 분석용 저울로 0.1mg까지 다는 것을 뜻한다.

(풀이) 시험 조작 중 "즉시"란 30초 이내에 표시된 조작을 하는 것을 뜻한다.

40 다음은 환경대기 중 알데하이드류 – 고성능액체크로마토그래피법에서 적용되는 내부 정도관리방법 중 방법검출한계에 관한 설명이다. ( ) 안에 알맞은 것은?

방법검출한계(MDL ; Method Detection Limit)는 알데하이드류 표준용액을 측정하며 i – 발레르알데하이드로서 1ppb 이하이어야 한다. 방법검출한계를 결정하기 위해서는 검출한계에 다다를 것으로 생각되는 농도의 표준시료를 (ⓐ) 반복 측정한 후 이 농도값을 바탕으로 하여 얻은 표준편차에 (ⓑ)를 곱한다.

① ⓐ 5번, ⓑ 3　　② ⓐ 5번, ⓑ 3.14
③ ⓐ 7번, ⓑ 3　　④ ⓐ 7번, ⓑ 3.14

(풀이) 환경대기 중 알데하이드류 – 고성능액체크로마토그래피법에서 방법검출한계에 대한 설명이다.

제3과목 대기오염방지기술

41 배출가스 중 질소산화물의 처리방법인 촉매환원법에 적용하고 있는 일반적인 환원가스와 거리가 먼 것은?

① H_2S　　　　　　② NH_3
③ CO_2　　　　　　④ CH_4

(풀이) 환원제의 종류
　　ⓐ H_2S　ⓑ NH_3　ⓒ CH_4　ⓓ H_2　ⓔ HC

42 전기집진장치에서 방전극과 집진극 사이의 거리가 10cm, 처리가스의 유입속도가 2m/sec, 입자의 분리속도가 5cm/sec일 때, 100% 집진 가능한 이론적인 집진극의 길이(m)는?(단, 배출가스의 흐름은 층류이다.)

① 2　　　　　　② 4
③ 6　　　　　　④ 8

(풀이) 집진극 길이$(L) = \dfrac{R \times V}{W_e}$

$$= \frac{0.1m \times 2m/sec}{0.05m/sec} = 4m$$

43 같은 화학적 조성을 갖는 먼지의 입경이 작아질 때 입자의 특성변화에 관한 설명으로 가장 적합한 것은?

① Stokes 식에 따른 입자의 침강속도는 커진다.
② 중력집진장치에서 집진효율과는 무관하다.

③ 입자의 원심력은 커진다.

④ 입자의 비표면적은 커진다.

 ① Stokes 식에 따른 입자의 속도는 작아진다.

② 중력집진장치에서 집진효율과 밀접한 관계가 있다.

③ 입자의 원심력은 작아진다.

44 다음 연소장치 중 대용량 버너 제작이 용이하나 유량조절범위가 좁아(환류식 1 : 3, 비환류식 1 : 2 정도) 부하변동에 적응하기 어려우며, 연료 분사범위가 15~2,000L/hr 정도인 것은?

① 회전식 버너

② 건타입 버너

③ 유압분무식 버너

④ 고압기류 분무식 버너

유압분무식 버너

ㄱ 연료분사범위(연소용량) : 30~3,000L/hr (또는 15~2,000L/hr)

ㄴ 유량조절범위 : 환류식 1 : 3, 비환류식 1 : 2로 유량조절범위가 좁아 부하변동에 적응하기 어렵다.

ㄷ 유압 : 5~30kg/cm² 정도

ㄹ 분사(분무)각도 : 40~90° 정도의 넓은 각도

45 가로, 세로 높이가 각 0.5m, 1.0m, 0.8m인 연소실에서 저발열량이 8,000kcal/kg인 중유를 1시간에 10kg 연소시키고 있다면 연소실 열발생률은?

① 2.0×10^5 kcal/h · m³

② 4.0×10^5 kcal/h · m³

③ 5.0×10^5 kcal/h · m³

④ 6.0×10^5 kcal/h · m³

연소실 열발생률(Q)

$$Q = \frac{G \times H_l}{V} (\text{kcal/m}^3 \cdot \text{hr})$$

$$= \frac{10\text{kg/hr} \times 8,000\text{kcal/kg}}{(0.5 \times 1.0 \times 0.8)\text{m}^3}$$

$$= 2.0 \times 10^5 \text{kcal/m}^3 \cdot \text{hr}$$

46 세정집진장치의 장점과 가장 거리가 먼 것은?

① 입자상 물질과 가스의 동시 제거가 가능하다.

② 친수성, 부착성이 높은 먼지에 의한 폐쇄 염려가 없다.

③ 집진된 먼지의 재비산 염려가 없다.

④ 연소성 및 폭발성 가스의 처리가 가능하다.

세정집진장치는 친수성, 부착성이 높은 먼지에 의한 폐쇄 발생 우려가 있다.

47 전기집진장치의 집진극에 대한 설명으로 옳지 않은 것은?

① 집진극의 모양은 여러 가지가 있으나 평판형과 관(管)형이 많이 사용된다.

② 처리가스양이 많고 고집진효율을 위해서는 관형 집진극이 사용된다.

③ 보통 방전극의 재료와 비슷한 탄소함량이 많은 스테인리스강 및 합금을 사용한다.

④ 집진극면이 항상 깨끗하여야 강한 전계를 얻을 수 있다.

처리가스양이 많고 고집진효율을 위해서는 평판형 집진극을 사용한다.

48 원심력 집진장치(Cyclone)에 관한 설명으로 옳지 않은 것은?

① 저효율 집진장치 중 압력손실은 작고, 고집진율을 얻기 위한 전문적 기술이 요구되지 않는다.

② 구조가 간단하고, 취급이 용이한 편이다.

③ 집진효율을 높이는 방법으로 blow down 방법이 있다.

④ 고농도 함진가스 처리에 유리한 편이다.

(풀이) 저효율 집진장치 중 압력손실은 크고, 고집진율을 얻기 위한 전문적 기술이 요구된다.

49 프로판(C_3H_8)과 부탄(C_4H_{10})의 용적비가 4 : 1로 혼합된 가스 $1Sm^3$을 연소할 때 발생하는 CO_2양(Sm^3)은?(단, 완전연소)

① 2.6 　　　　② 2.8

③ 3.0 　　　　④ 3.2

(풀이) $C_3H_8 + 5O_2 \rightarrow 3CO_2 + 4H_2O : \dfrac{4}{4+1}$

$C_4H_{10} + 6.5O_2 \rightarrow 4CO_2 + 5H_2O : \dfrac{1}{4+1}$

CO_2양 $= \left(3 \times \dfrac{4}{5}\right) + \left(4 \times \dfrac{1}{5}\right) = 3.2 Sm^3/Sm^3$

50 가스겉보기 속도가 $1 \sim 2m/sec$, 액가스비는 $0.5 \sim 1.5L/m^3$, 압력손실이 $10 \sim 50mmH_2O$ 정도인 처리장치는?

① 제트 스크러버 　　② 분무탑

③ 벤튜리 스크러버 　④ 충전탑

(풀이) 분무탑(Spray Tower)

　　㉠ 원리 : 다수의 분사노즐을 사용하여 세정액을 미립화시켜 오염가스 중에 분무하는 방식이다.

　　㉡ 가스유속 : $0.2 \sim 1m/sec$

　　㉢ 액기비 : $2 \sim 3L/m^3$

　　㉣ 압력손실 : $2(10) \sim 20(50)mmH_2O$

51 에탄(C_2H_6) 5kg을 연소시켰더니 154,000

kcal의 열이 발생하였다. 탄소 1kg을 연소할 때 30,000kcal 열이 생긴다면, 수소 1kg을 연소시킬 때 발생하는 열량은?

① 28,000kcal 　　② 30,000kcal

③ 32,000kcal 　　④ 34,000kcal

(풀이) C_2H_6 분자량 $= (12 \times 2) + (1 \times 6) = 30$

$154,000kcal/5kg = \left(30,000kcal/kg \times \dfrac{24}{30}\right)$
$+ \left(Hkcal/kg \times \dfrac{6}{30}\right)$

$H(kcal) = 34,000kcal/kg \times 1kg = 34,000kcal$

52 A중유보일러의 배출가스를 분석한 결과 부피비가 CO 3%, O_2 7%, N_2 90%일 때, 공기비는 약 얼마인가?

① 1.3 　　　　② 1.65

③ 1.82 　　　④ 2.19

(풀이) 공기비$(m) = \dfrac{N_2}{N_2 - 3.76(O_2 - 0.5CO)}$

$= \dfrac{90}{90 - 3.76[7 - (0.5 \times 3)]} = 1.3$

53 염소가스를 함유하는 배출가스를 45kg의 수산화나트륨이 포함된 수용액으로 처리할 때 제거할 수 있는 염소가스의 최대 양은?

① 약 20kg 　　② 약 30kg

③ 약 40kg 　　④ 약 50kg

(풀이) $Cl_2 + 2NaOH \rightarrow NaCl + NaOCl + H_2O$

$71kg$: $2 \times 40kg$

$Cl_2(kg)$: $45kg$

$Cl_2(kg) = \dfrac{71kg \times 45kg}{2 \times 40kg} = 39.94kg$

54 연료의 성질에 관한 설명 중 옳지 않은 것은?

① 휘발분의 조성은 고탄화도 역청탄에서는 탄화수소가스 및 타르 성분이 많아 발열량이 높다.
② 석탄의 탄화도가 저하하면 탄화수소가 감소하며 수분과 이산화탄소가 증가하여 발열량은 낮아진다.
③ 고정탄소는 수분과 이산화탄소의 합을 100에서 제외한 값이다.
④ 고정탄소와 휘발분의 비를 연료비라 한다.

풀이 고정탄소는 수분, 휘발분, 회분의 합을 100에서 제외한 값이다.

55 다음 악취물질 중 "자극적이며, 새콤하고 타는 듯한 냄새"와 가장 가까운 것은?

① CH_3SH
② CH_3CH_2CHO
③ CH_3SSCH_3
④ $(CH_3)_2S$

풀이 악취물질 중 자극적이며, 새콤하고 타는 듯한 냄새가 나는 화합물은 알데히드류이다.
㉠ 아세트알데히드(CH_3CHO)
㉡ 프로피온알데히드(CH_3CH_2CHO)
㉢ n – 뷰틸알데히드($CH_3(CH_2)_2CHO$)
㉣ i – 뷰틸알데히드($(CH_3)_2CHCHO$)

56 중력침강실 내의 함진가스의 유속이 2m/sec인 경우, 바닥면으로부터 1m 높이(H)로 유입된 먼지는 수평으로 몇 m 떨어진 지점에 착지하겠는가?(단, 층류기준, 먼지의 침강속도는 0.4m/sec)

① 2.5   ② 3.5   ③ 4.5   ④ 5.0

풀이 $L = \dfrac{V \times H}{V_g} = \dfrac{2\text{m/sec} \times 1\text{m}}{0.4\text{m/sec}} = 5.0\text{m}$

57 세정집진장치에서 입자와 액적 간의 충돌 횟수가 많을수록 집진효율은 증가되는데 관성충돌계수(효과)를 크게 하기 위한 조건으로 옳지 않은 것은?

① 분진의 입경이 커야 한다.
② 분진의 밀도가 커야 한다.
③ 액적의 직경이 커야 한다.
④ 처리가스의 점도가 낮아야 한다.

풀이 액적의 직경이 작아야 한다.

58 전기집진기의 집진율 향상에 관한 설명으로 옳지 않은 것은?

① 분진의 겉보기 고유저항이 낮을 경우 NH_3 가스를 주입한다.
② 분진의 비저항이 $10^5 \sim 10^{10}(\Omega \cdot \text{cm})$ 정도의 범위이면 입자의 대전과 집진된 분진의 탈진이 정상적으로 진행된다.
③ 처리가스 내 수분은 그 함유량이 증가하면 비저항이 감소하므로, 고비저항의 분진은 수증기를 분사하거나 물을 뿌려 비저항을 낮출 수 있다.
④ 온도 조절 시 장치의 부식을 방지하기 위해서는 노점 온도 이하로 유지해야 한다.

풀이 온도 조절 시 장치의 부식을 방지하기 위해서는 노점 온도 이상으로 유지해야 한다.

59 비중 0.9, 황 성분 1.6%인 중유를 1,400 L/h로 연소시키는 보일러에서 황산화물의 시간당 발생량은?(단, 표준상태 기준, 황 성분은 전량 SO_2으로 전환된다.)

① $14\text{Sm}^3/\text{h}$
② $21\text{Sm}^3/\text{h}$
③ $27\text{Sm}^3/\text{h}$
④ $32\text{Sm}^3/\text{h}$

(풀이) $S + O_2 \rightarrow SO_2$

$32kg : 22.4Sm^3$

$1,400L/hr \times 0.90kg/L \times 0.016 : SO_2(Sm^3/hr)$

$$SO_2(Sm^3/hr) = \frac{1,400L/hr \times 0.90kg/L \times 0.016 \times 22.4Sm^3}{32kg}$$
$$= 14.11Sm^3/hr$$

60 연료에 있어 매연의 발생에 대한 설명으로 옳지 않은 것은?

① 연료 중의 C/H 비가 클수록 발생하기 쉽다.
② 탄소결합을 절단하는 것보다 탈수소가 쉬운 쪽이 매연이 생기기 쉽다.
③ 탈수소, 중합 및 고리화합물 등과 같이 반응이 일어나기 쉬운 탄화수소일수록 잘 생긴다.
④ 분해나 산화되기 쉬운 탄화수소일수록 발생량은 많다.

(풀이) 분해나 산화되기 쉬운 탄화수소일수록 발생량은 적다.

제4과목 대기환경관계법규

61 대기환경보전법상 100만 원 이하의 과태료 부과대상인 자는?

① 황함유기준을 초과하는 연료를 공급·판매한 자
② 비산먼지의 발생억제시설의 설치 및 필요한 조치를 하지 아니하고 시멘트·석탄·토사 등 분체상 물질을 운송한 자
③ 배출시설 등 운영상황에 관한 기록을 보존하지 아니한 자
④ 자동차의 원동기 가동제한을 위반한 자동차의 운전자

(풀이) 대기환경보전법 제94조 참조

62 대기환경보전법상 연료를 연소하여 황산화물을 배출하는 시설에서 연료의 황함유량이 0.5% 이하인 경우 기본부과금의 농도별 부과계수 기준으로 옳은 것은?(단, 대기환경보전법에 따른 측정 결과가 없으며, 배출시설에서 배출되는 오염물질 농도를 추정할 수 없다.)

① 0.1   ② 0.2
③ 0.4   ④ 1.0

(풀이) 기본부과금의 농도별 부과계수

구분	연료의 황함유량(%)		
	0.5% 이하	1.0% 이하	1.0% 초과
농도별 부과계수	0.2	0.4	1.0

63 환경정책기본법상 일산화탄소의 대기환경기준으로 옳은 것은?

① 1시간 평균치 25ppm 이하
② 8시간 평균치 25ppm 이하
③ 24시간 평균치 9ppm 이하
④ 연간 평균치 9ppm 이하

(풀이) 대기환경기준

항목	기준	측정방법
일산화탄소 (CO)	• 8시간 평균치 9ppm 이하 • 1시간 평균치 25ppm 이하	비분산적외선 분석법 (Non-Dispersive Infrared Method)

64 대기환경보전법상 자동차연료 제조기준 중 경유의 황 함량기준은?(단, 기타의 경우는 고려하지 않음)

① 10ppm 이하   ② 20ppm 이하
③ 30ppm 이하   ④ 50ppm 이하

🖊 자동차 연료 제조기준(경유)

항목	제조기준
10% 잔류탄소량(%)	0.15 이하
밀도 @15℃(kg/m³)	815 이상 835 이하
황 함량(ppm)	10 이하
다환방향족(무게 %)	5 이하
윤활성(μm)	400 이하
방향족 화합물	30 이하
세탄지수(또는 세탄가)	52 이상

65 대기환경보전법령상 초과부과금 산정 시 다음 오염물질 1kg당 부과금액이 가장 큰 오염물질은?

① 불소화물   ② 황화수소
③ 이황화탄소   ④ 암모니아

🖊 초과부과금 산정기준

오염물질 \ 구분		오염물질 1킬로그램당 부과금액
황산화물		500
먼지		770
질소산화물		2,130
암모니아		1,400
황화수소		6,000
이황화탄소		1,600
특정 유해물질	불소화물	2,300
	염화수소	7,400
	시안화수소	7,300

66 대기환경보전법령상 시·도지사가 설치하는 대기오염 측정망의 종류에 해당하지 않는 것은?

① 도시지역의 대기오염물질 농도를 측정하기 위한 도시대기측정망

② 도로변의 대기오염물질 농도를 측정하기 위한 도로변대기측정망

③ 대기 중의 중금속 농도를 측정하기 위한 대기중금속측정망

④ 도시지역의 휘발성유기화합물 등의 농도를 측정하기 위한 광화학대기오염물질측정망

🖊 시·도지사가 설치하는 대기오염측정망의 종류
  ㉠ 도시지역의 대기오염물질 농도를 측정하기 위한 도시대기측정망
  ㉡ 도로변의 대기오염물질 농도를 측정하기 위한 도로변대기측정망
  ㉢ 대기 중의 중금속 농도를 측정하기 위한 대기중금속측정망

67 대기환경보전법령상 2016년 1월 1일 이후 제작자동차 중 휘발유를 연료로 사용하는 최고속도 130km/h 미만 이륜자동차의 배출가스 보증기간 적용기준으로 옳은 것은?

① 2년 또는 20,000km
② 5년 또는 50,000km
③ 6년 또는 100,000km
④ 10년 또는 192,000km

🖊 2016년 1월 1일 이후 제작 자동차

사용 연료	자동차의 종류	적용기간
휘발유	경자동차, 소형 승용·화물자동차, 중형 승용·화물자동차	15년 또는 240,000km

사용연료	자동차의 종류	적용기간	
휘발유	대형 승용·화물자동차, 초대형 승용·화물자동차	2년 또는 160,000km	
	이륜자동차	최고속도 130km/h 미만	2년 또는 20,000km
		최고속도 130km/h 이상	2년 또는 35,000km

68 환경정책기본법령상 오존(O_3)의 대기환경기준으로 옳은 것은?(단, 8시간 평균치 기준)

① 0.10ppm 이하 ② 0.06ppm 이하
③ 0.05ppm 이하 ④ 0.02ppm 이하

풀이 대기환경기준

항목	기준	측정방법
오존 (O_3)	• 8시간 평균치 0.06ppm 이하 • 1시간 평균치 0.1ppm 이하	자외선 광도법 (U.V. Photometric Method)

69 대기환경보전법규상 대기환경규제지역으로 지정된 경우, 당해 지역의 시·도지사가 당해 지역의 환경기준을 달성·유지하기 위한 실천계획 수립 시 포함하여야 할 사항으로 가장 거리가 먼 것은?

① 일반 환경 현황
② 대기오염 저감효과를 측정하기 위한 연도별 측정망 확충계획
③ 배출량 조사결과 및 대기오염 예측모형을 이용하여 예측한 대기오염도
④ 대기보전을 위한 투자계획과 대기오염물질 저감효과를 고려한 경제성 평가

풀이 실천계획 수립 시 포함하여야 할 사항
㉠ 일반 환경 현황
㉡ 조사 결과 및 대기오염 예측모형을 이용하여 예측한 대기오염도
㉢ 대기오염원별 대기오염물질 저감계획 및 계획의 시행을 위한 수단
㉣ 계획달성연도의 대기질 예측 결과
㉤ 대기보전을 위한 투자계획과 대기오염물질 저감효과를 고려한 경제성 평가
㉥ 그 밖에 환경부 장관이 정하는 사항

70 대기환경보전법령상 대기오염물질발생량의 합계에 따른 사업장 종별 구분 시 다음 중 "3종 사업장" 기준은?

① 대기오염물질발생량의 합계가 연간 20톤 이상 80톤 미만인 사업장
② 대기오염물질발생량의 합계가 연간 20톤 이상 50톤 미만인 사업장
③ 대기오염물질발생량의 합계가 연간 10톤 이상 20톤 미만인 사업장
④ 대기오염물질발생량의 합계가 연간 2톤 이상 10톤 미만인 사업장

풀이 사업장 분류기준

종별	오염물질발생량 구분
1종 사업장	대기오염물질발생량의 합계가 연간 80톤 이상인 사업장
2종 사업장	대기오염물질발생량의 합계가 연간 20톤 이상 80톤 미만인 사업장
3종 사업장	대기오염물질발생량의 합계가 연간 10톤 이상 20톤 미만인 사업장
4종 사업장	대기오염물질발생량의 합계가 연간 2톤 이상 10톤 미만인 사업장
5종 사업장	대기오염물질발생량의 합계가 연간 2톤 미만인 사업장

71 대기환경보전법규상 환경기술인의 준수사항 및 관리사항을 이행하지 아니한 경우 각 위반차수별 행정처분기준(1차~4차)으로 옳은 것은?

① 선임명령 – 경고 – 경고 – 조업정지 5일
② 선임명령 – 경고 – 조업정지 5일 – 조업정지 30일
③ 변경명령 – 경고 – 조업정지 5일 – 조업정지 30일
④ 경고 – 경고 – 경고 – 조업정지 5일

🗨 행정처분기준
1차(경고) → 2차(경고) → 3차(경고) → 4차(조업정지 5일)

72 대기환경보전법규상 휘발성 유기화합물 배출규제와 관련된 행정처분기준 중 휘발성 유기화합물 배출억제 · 방지시설 설치 등의 조치를 이행하였으나 기준에 미달하는 경우 위반차수(1차 – 2차 – 3차)별 행정처분기준으로 옳은 것은?

① 개선명령 – 개선명령 – 조업정지 10일
② 개선명령 – 조업정지 30일 – 폐쇄
③ 조업정지 10일 – 허가취소 – 폐쇄
④ 경고 – 개선명령 – 조업정지 10일

🗨 행정처분기준
1차(개선명령) → 2차(개선명령) → 3차(조업정지 10일)

73 대기환경보전법규상 자동차연료 · 첨가제 또는 촉매제의 검사를 받으려는 자가 국립환경과학원장 등에게 검사신청 시 제출해야 하는 항목으로 거리가 먼 것은?

① 검사용 시료
② 검사 시료의 화학물질 조성비율을 확인할 수 있는 성분분석서

③ 제품의 공정도(촉매제만 해당함)
④ 제품의 판매계획

🗨 자동차연료 · 첨가제 또는 촉매제의 검사절차 시 제출항목
㉠ 검사용 시료
㉡ 검사 시료의 화학물질 조성비율을 확인할 수 있는 성분분석서
㉢ 최대 첨가비율을 확인할 수 있는 자료(첨가제만 해당한다.)
㉣ 제품의 공정도(촉매제만 해당한다.)

74 대기환경보전법령상 자동차제작자는 부품의 결함 건수 또는 결함 비율이 대통령령으로 정하는 요건에 해당하는 경우 환경부장관의 명에 따라 그 부품의 결함을 시정해야 한다. 이와 관련하여 ( ) 안에 가장 적합한 건수기준은?

> 같은 연도에 판매된 같은 차종의 같은 부품에 대한 부품결함 건수(제작결함으로 부품을 조정하거나 교환한 건수를 말한다.)가 ( )인 경우

① 5건 이상
② 10건 이상
③ 25건 이상
④ 50건 이상

🗨 자동차제작자는 다음 각 호의 모두에 해당하는 경우에는 그 분기부터 매 분기가 끝난 후 90일 이내에 결함 발생원인 등을 파악하여 환경부장관에게 부품 결함 현황을 보고하여야 한다.
㉠ 같은 연도에 판매된 같은 차종의 같은 부품에 대한 결함시정 요구 건수가 50건 이상인 경우
㉡ 결함시정 요구율이 4퍼센트 이상인 경우

75 대기환경보전법규상 자동차연료 제조기준 중 휘발유의 황 함량기준(ppm)은?

① 2.3 이하
② 10 이하
③ 50 이하
④ 60 이하

풀이 자동차연료 제조기준(휘발유)

항목	제조기준
방향족화합물 함량(부피%)	24(21) 이하
벤젠 함량(부피%)	0.7 이하
납 함량(g/L)	0.013 이하
인 함량(g/L)	0.0013 이하
산소 함량(무게%)	2.3 이하
올레핀 함량(부피%)	16(19) 이하
황 함량(ppm)	10 이하
증기압(kPa, 37.8℃)	60 이하
90% 유출온도(℃)	170 이하

76 다음은 대기환경보전법규상 비산먼지의 발생을 억제하기 위한 시설의 설치 및 필요한 조치에 관한 엄격한 기준이다. ( ) 안에 알맞은 것은?

> "싣기와 내리기 공정"인 경우 싣거나 내리는 장소 주위에 고정식 또는 이동식 물뿌림시설(물뿌림 반경 (㉠) 이상, 수압 (㉡) 이상)을 설치할 것

① ㉠ 1.5m, ㉡ 2.5kg/cm²
② ㉠ 1.5m, ㉡ 5kg/cm²
③ ㉠ 7m, ㉡ 2.5kg/cm²
④ ㉠ 7m, ㉡ 5kg/cm²

풀이 비산먼지발생억제조치(엄격한 기준) : 싣기와 내리기
㉠ 최대한 밀폐된 저장 또는 보관시설 내에서만 분체상물질을 싣거나 내릴 것
㉡ 싣거나 내리는 장소 주위에 고정식 또는 이동식 물뿌림시설(물뿌림 반경 7m 이상, 수압 5kg/cm² 이상)을 설치할 것

77 대기환경보전법규상 관제센터로 측정결과를 자동전송하지 않는 사업장 배출구의 자가측정 횟수기준으로 옳은 것은?(단, 제1종 배출구이며, 기타 경우는 고려하지 않음)

① 매주 1회 이상
② 매월 2회 이상
③ 2개월마다 1회 이상
④ 반기마다 1회 이상

풀이 자가측정의 대상·항목 및 방법
관제센터로 측정결과를 자동전송하지 않는 사업장의 배출구

구분	배출구별 규모	측정횟수	측정항목
제1종 배출구	먼지·황산화물 및 질소산화물의 연간 발생량 합계가 80톤 이상인 배출구	매주 1회 이상	별표 8에 따른 배출 허용기준이 적용되는 대기오염물질. 다만, 비산먼지는 제외한다.
제2종 배출구	먼지·황산화물 및 질소산화물의 연간 발생량 합계가 20톤 이상 80톤 미만인 배출구	매월 2회 이상	
제3종 배출구	먼지·황산화물 및 질소산화물의 연간 발생량 합계가 10톤 이상 20톤 미만인 배출구	2개월 마다 1회 이상	
제4종 배출구	먼지·황산화물 및 질소산화물의 연간 발생량 합계가 2톤 이상 10톤 미만인 배출구	반기마다 1회 이상	
제5종 배출구	먼지·황산화물 및 질소산화물의 연간 발생량 합계가 2톤 미만인 배출구	반기마다 1회 이상	

78 대기환경보전법규상 대기환경규제지역 지정 시 상시 측정을 하지 않는 지역은 대기오염도가 환경기준의 얼마 이상인 지역을 지정하는가?

① 50퍼센트 이상　　② 60퍼센트 이상
③ 70퍼센트 이상　　④ 80퍼센트 이상

풀이 상시 측정을 하지 않는 지역은 대기오염물질배출량을 기초로 산정한 대기오염도가 환경기준의 80퍼센트 이상인 지역을 대기환경규제지역으로 지정할 수 있다.

79 실내공기질 관리법규상 실내공기 오염물질에 해당하지 않는 것은?

① 아황산가스　　② 일산화탄소
③ 폼알데하이드　　④ 이산화탄소

풀이 실내공기 오염물질
- 미세먼지(PM-10)
- 이산화탄소(CO_2 ; Carbon Dioxide)
- 포름알데하이드(Formaldehyde)
- 총부유세균(TAB ; Total Airborne Bacteria)
- 일산화탄소(CO ; Carbon Monoxide)
- 이산화질소(NO_2 ; Nitrogen dioxide)
- 라돈(Rn ; Radon)
- 휘발성유기화합물(VOCs ; Volatile Organic Compounds)
- 석면(Asbestos)
- 오존(O_3 ; Ozone)
- 미세먼지(PM-2.5)
- 곰팡이(Mold)
- 벤젠(Benzene)
- 톨루엔(Toluene)
- 에틸벤젠(Ethylbenzene)
- 자일렌(Xylene)
- 스티렌(Styrene)

※ 법규 변경사항이므로 해설의 내용으로 학습하시기 바랍니다.

80 대기환경보전법규상 위임업무 보고사항 중 "환경오염사고 발생 및 조치사항"의 보고횟수 기준은?

① 연 1회　　② 연 2회
③ 연 4회　　④ 수시

풀이 위임업무 보고사항

업무내용	보고 횟수	보고 기일	보고자
환경오염사고 발생 및 조치 사항	수시	사고발생 시	시·도지사, 유역환경청장 또는 지방환경청장
수입자동차 배출가스 인증 및 검사현황	연 4회	매 분기 종료 후 15일 이내	국립환경과학원장
자동차 연료 및 첨가제의 제조·판매 또는 사용에 대한 규제현황	연 2회	매 반기 종료 후 15일 이내	유역환경청장 또는 지방환경청장
자동차 연료 또는 첨가제의 제조기준 적합여부 검사현황	• 연료 : 연 4회 • 첨가제 : 연 2회	• 연료 : 매 분기 종료 후 15일 이내 • 첨가제 : 매 반기 종료 후 15일 이내	국립환경과학원장
측정기기관리대행업의 등록(변경등록) 및 행정처분 현황	연 1회	다음 해 1월 15일까지	유역환경청장, 지방환경청장 또는 수도권대기환경청장

제1과목 대기오염개론

01 A공장에서 배출되는 가스양이 480m³/min (아황산가스 0.20%(V/V)를 포함)이다. 연간 25% (부피기준)가 같은 방향으로 유출되어 인근 지역의 식물생육에 피해를 주었다고 할 때, 향후 8년 동안 이 지역에 피해를 줄 아황산가스 총량은? (단, 표준상태 기준, 공장은 24시간 및 365일 연속가동된다고 본다.)

① 약 2,548톤   ② 약 2,883톤

③ 약 3,252톤   ④ 약 3,604톤

(풀이) 아황산가스 총량(ton)

$= 480m^3/min \times 0.002 \times 0.25 \times 64kg/22.4Sm^3$
$\times ton/10^3kg \times 8year \times 365day/year \times ton/$
$10^3kg \times 8year \times 365day/year \times 24hr/day$
$\times 60min/hr$

$= 2,883.29ton$

02 라디오존데(Radiosonde)는 주로 무엇을 측정하는 데 사용되는 장비인가?

① 고층대기의 초고주파의 주파수(20kHz 이상) 이동상태를 측정하는 장비

② 고층대기의 입자상 물질의 농도를 측정하는 장비

③ 고층대기의 가스상 물질의 농도를 측정하는 장비

④ 고층대기의 온도, 기압, 습도, 풍속 등의 기상요소를 측정하는 장비

(풀이) 라디오존데(radiosonde)
대기 상층의 기상요소를 자동적으로 측정하여 소형 송신기에 의해 지상으로 송신하는 장치이다.

03 포스겐에 관한 설명으로 가장 적합한 것은?

① 분자량 98.9이고, 수분 존재 시 금속을 부식시킨다.

② 물에 쉽게 용해되는 기체이며, 인체에 대한 유독성은 약한 편이다.

③ 황색의 수용성 기체이며, 인체에 대한 급성 중독으로는 과혈당과 소화기관 및 중추신경계의 이상 등이 있다.

④ 비점은 120℃, 융점은 58℃ 정도로서 공기 중에서 쉽게 가수분해되는 성질을 가진다.

(풀이) ② 물에 쉽게 용해되지 않는 기체이며, 인체에 대한 유독성이 강한 편이다.

③ 무색의 기체이며 인체에 대한 급성중독증상으로는 최루·흡입에 의한 재채기, 호흡곤란, 폐수종 등이 있다.

④ 비점은 8.2℃, 융점은 −128℃ 정도로서 벤젠, 톨루엔에 쉽게 용해되는 성질을 가진다.

04 다음 중 복사역전(Radiation Inversion)이 가장 잘 발생하는 계절과 시기는?

① 여름철 맑은 날 정오

② 여름철 흐린 날 오후

③ 겨울철 맑은 날 이른 아침

④ 겨울철 흐린 날 오후

풀이 복사역전(Radiation Inversion)은 바람이 약하고 맑게 개인 새벽부터 이른 아침과 습도가 적은 가을부터 봄에 걸쳐서 잘 발생한다.

05 다음 중 "CFC-114"의 화학식 표현으로 옳은 것은?

① CCl_3F
② $CClF_2 \cdot CClF_2$
③ $CCl_2F \cdot CClF_2$
④ $CCl_2F \cdot CCl_2F$

풀이 CFC-114 화학식
$C_2F_4Cl_2[CClF_2 \cdot CClF_2]$
※ 114에서 4는 F의 수를 의미한다.

06 주변환경 조건이 동일하다고 할 때, 굴뚝의 유효고도가 1/2로 감소한다면 하류 중심선의 최대지표농도는 어떻게 변화하는가?(단, Sutton의 확산식을 이용)

① 원래의 1/4 ② 원래의 1/2
③ 원래의 4배 ④ 원래의 2배

풀이 $C_{max} \propto \dfrac{1}{H_e^2} = \dfrac{1}{(1/2)^2} = 4$ (4배로 증가)

07 교토의정서상 온실효과에 기여하는 6대 물질과 거리가 먼 것은?

① 이산화탄소 ② 메탄
③ 과불화규소 ④ 아산화질소

풀이 6대 온실가스
이산화탄소, 메탄, 아산화질소, 수소불화탄소, 과불화탄소, 육불화황

08 정상적인 대기의 성분을 농도(V/V%)순으로 표시하였다. 올바른 것은?

① $N_2 > O_2 > Ne > CO_2 > Ar$
② $N_2 > O_2 > Ar > CO_2 > Ne$
③ $N_2 > O_2 > CO_2 > Ar > Ne$
④ $N_2 > O_2 > CO_2 > Ne > Ar$

풀이 대기 성분의 부피비율(농도)
$N_2 > O_2 > Ar > CO_2 > Ne > He > H_2 > CO > Kr > Xe$

09 다이옥신에 대한 설명으로 가장 거리가 먼 것은?

① PCB의 불완전연소에 의해서 발생한다.
② 저온에서 촉매화 반응에 의해 먼지와 결합하여 생성된다.
③ 수용성이 커서 토양오염 및 하천오염의 주원인으로 작용한다.
④ 다이옥신은 두 개의 산소, 두 개의 벤젠, 그 외에 염소가 결합된 방향족 화합물이다.

풀이 다이옥신은 증기압이 낮고, 물에 대한 용해도가 극히 낮으나 벤젠 등에 용해되는 지용성이다.

10 가솔린자동차의 엔진작동상태에 따른 일반적인 배기가스 조성 중 감속 시에 가장 큰 농도 증가를 나타내는 물질은?(단, 정상운행 조건대비)

① NO_2 ② H_2O
③ CO_2 ④ HC

풀이 감속 시에는 HC가 가장 많이 배출되며 공회전 시에는 CO, 정속주행 시에는 NOx 농도가 높다.

11 단열압축에 의하여 가열되어 하층의 온도가 낮은 공기와의 경계에 역전층을 형성하고 매우 안정하며 대기오염물질의 연직확산을 억제하는 역전현상은?

① 전선역전　　② 이류역전
③ 복사역전　　④ 침강역전

(풀이) 침강역전은 고기압 중심부분에서 기층이 서서히 침강하면서 기온이 단열압축으로 승온되어 발생하는 현상이다.

12 지상 10m에서의 풍속이 5m/s라면 지상 50m에서의 풍속(m/s)은?(단, Deacon식 적용, 대기는 심한 역전상태($P=0.4$)임)

① 8.5　　② 9.5
③ 10.5　　④ 11.5

(풀이)
$$U = U_1 \times \left(\frac{Z_2}{Z_1}\right)^P$$
$$= 5\text{m/sec} \times \left(\frac{50\text{m}}{10\text{m}}\right)^{0.4} = 9.52\text{m/sec}$$

13 다음 (　) 안에 알맞은 것은?

（　）이란 적도무역풍이 평년보다 강해지며, 서태평양의 해수면과 수온이 평년보다 상승하게 되고, 찬 해수의 용승현상 때문에 적도 동태평양에서 저수온 현상이 강화되어 나타나는 현상으로, 해수면의 온도가 6개월 이상 0.5℃ 이상 낮은 현상이 지속되는 것을 말한다.

① 엘니뇨 현상　　② 사헬 현상
③ 라니냐 현상　　④ 헤들리셀 현상

(풀이) 라니냐(La Nina) 현상
㉠ 라니냐란 스페인어로 '여자아이'라는 뜻으로 엘니뇨 현상의 반대의미이다.
㉡ 라니냐가 발생하는 이유는 적도무역풍이 평년보다 강해지며, 서태평양의 해수면과 수온이 평년보다 상승하게 되고, 찬 해수의 용승현상 때문에 적도 동태평양에서 저수온 현상이 강화되어 나타난다.
㉢ 해수면의 온도가 6개월 이상 0.5℃ 이상 낮은 현상이 지속되어 엘니뇨 현상과 마찬가지로 기상이변의 주요원인이 된다.

14 도시 대기에서 하루 중 최고 농도가 가장 빠른 시간에 나타나는 물질은?

① NO　　② NO_2
③ O_3　　④ HNO_3

(풀이) 광화학스모그의 형성과정에서 하루 중 농도의 최대치가 나타나는 시간대가 일반적으로 빠른 순서는 $NO > NO_2 > O_3$이다.

15 다음 특정물질 중 오존파괴지수가 가장 큰 것은?

① $CHFCl_2$　　② CF_2BrCl
③ $CHFClCF_3$　　④ CHF_2Br

(풀이) 오존파괴지수
① $CHFCl_2$: 0.04
② CF_2BrCl : 3.0
③ $CHFClCF_3$: 0.022
④ CHF_2Br : 0.74

16 다음 중 지표 부근 건조대기의 일반적인 부피농도를 크기순으로 옳게 배열한 것은?

① $Ne > CO_2 > CO$ ② $CO_2 > CO > Ne$

③ $Ne > CO > CO_2$ ④ $CO_2 > Ne > CO$

(풀이) 지표 건조대기 부피농도 순서

$N_2 > O_2 > Ar > CO_2 > Ne > CO > Kr > Xe$

17 분산모델에 관한 설명으로 가장 거리가 먼 것은?

① 미래의 대기질을 예측할 수 있다.

② 2차 오염원의 확인이 가능하다.

③ 지형 및 오염원의 조업조건에 영향을 받지 않는다.

④ 새로운 오염원이 지역 내에 생길 때, 매번 재평가를 해야 한다.

(풀이) 지형 및 오염원의 조업조건에 따라 영향을 받는다는 것이 분산모델의 단점이다.

18 다음 특정물질의 오존파괴지수를 크기순으로 옳게 배열한 것은?

① $C_2F_3Cl_3 < CF_2BrCl < C_2HF_4Cl < CCl_4$

② $CCl_4 < CF_2BrCl < C_2HF_4Cl < C_2F_3Cl_3$

③ $C_2HF_4Cl < C_2F_3Cl_3 < CCl_4 < CF_2BrCl$

④ $C_2F_3Cl_3 < CCl_4 < CF_2BrCl < C_2HF_4Cl$

(풀이) 오존파괴지수

㉠ C_2HF_4Cl : 0.02~0.04

㉡ $C_2F_3Cl_3$: 0.8

㉢ CCl_4 : 1.1

㉣ CF_2BrCl : 3.0

19 Deacon 법칙을 이용하여 지표높이 10m에서의 풍속이 4m/s일 때, 상공의 풍속이 12m/s인 경우의 높이는?(단, $P = 0.4$)

① 약 156m   ② 약 217m

③ 약 258m   ④ 약 324m

(풀이)

$$U = U_1 \times \left(\frac{Z_2}{Z_1} \right)^p$$

$$12\text{m/sec} = 4\text{m/sec} \times \left(\frac{Z_2}{10\text{m}} \right)^{0.4}$$

$$Z_2 = 10\text{m} \times \left(\frac{12\text{m/sec}}{4\text{m/sec}} \right)^{\frac{1}{0.4}} = 155.88\text{m}$$

20 상온 25℃에서 가스의 체적이 400m³이었다. 이때 기온이 35℃로 상승하였다면 가스의 체적은 얼마가 되는가?

① 408.2m^3 ② 410.1m^3

③ 413.4m^3 ④ 424.8m^3

(풀이)

$$\text{가스체적(m}^3) = V_1 \times \frac{T_2}{T_1}$$

$$= 400\text{m}^3 \times \frac{273 + 35}{273 + 25}$$

$$= 413.42\text{m}^3$$

제2과목 **대기오염공정시험기준(방법)**

21 배출가스 중 금속화합물을 자외선/가시선 분광법으로 분석할 경우 해당 이온성분을 디티존에 반응시켜 클로로폼에 추출한 후 그 흡광도를 측정하여 정량하는 것으로 옳게 짝지어진 것은?

① 납, 카드뮴   ② 비소, 크롬

③ 구리, 니켈   ④ 구리, 수은

풀이 배출가스 중 금속화합물(납, 카드뮴) – 자외선/
가시선 분광법

해당 이온성분을 디티존에 반응시켜 클로로폼에
추출한다.

22 다음 중 굴뚝배출가스 내 베릴륨 시험방법에 해당하는 것은?

① 디티즌법
② 고체흡착 용매추출법
③ 몰린형광광도법
④ 차아염소산염법

풀이 굴뚝배출가스 내 베릴륨 시험방법
  ㉠ 원자흡광광도법
  ㉡ 몰린형광광도법

23 다음은 굴뚝 배출가스 중 비소화합물의 자외선/가시선분광법(흡광광도법)에 대한 설명이다. ( ) 안에 알맞은 것은?

시료용액 중의 비소를 수소화비소로 하여 발생시키고 이를 다이에틸다이티오카바민산은의 클로로폼 용액에 흡수시킨 다음 생성되는 (㉠) 용액의 흡광도를 (㉡)에서 측정하여 비소를 정량한다.

① ㉠ 등황색, ㉡ 510nm
② ㉠ 등황색, ㉡ 400nm
③ ㉠ 적자색, ㉡ 510nm
④ ㉠ 적자색, ㉡ 400nm

풀이 시료용액 중의 비소를 수소화비소로 하여 발생시키고 이를 다이에틸다이티오카바민산은의 클로로폼 용액에 흡수시킨 다음 생성되는 적자색 용액의 흡광도를 510nm에서 측정하여 비소를 정량한다.

24 배출가스 중 금속화합물 분석을 위한 시료가 '셀룰로오스 섬유제 여과지를 사용한 것'일 때의 처리방법으로 가장 적합한 것은?

① 저온회화법
② 마이크로파 산분해법
③ 질산–과산화수소수법
④ 질산법

풀이 시료의 성상 및 처리방법

성상	처리방법
타르 기타 소량의 유기물을 함유하는 것	질산–염산법, 질산–과산화수소수법, 마이크로파 산분해법
유기물을 함유하지 않는 것	질산법, 마이크로파 산분해법
• 다량의 유기물 유리탄소를 함유하는 것 • 셀룰로오스 섬유제 여과지를 사용한 것	저온 회화법

25 환경대기 중 휘발성 유기화합물(VOCs)의 시험방법 중 흡착관의 안정화(Conditioning) 방법으로 가장 적합한 것은?

① 흡착관을 사용하기 전에 열탈착기에 의해서 보통 350℃에서 질소가스 50mL/min으로 적어도 2hr 동안 안정화시킨 후 사용한다.
② 흡착관을 사용하기 전에 열탈착기에 의해서 보통 350℃에서 헬륨가스 50mL/min으로 적어도 2hr 동안 안정화시킨 후 사용한다.
③ 흡착관을 사용하기 전에 열탈착기에 의해서 보통 850℃에서 헬륨가스 5mL/min으로 적어도 1hr 동안 안정화시킨 후 사용한다.
④ 흡착관을 사용하기 전에 열탈착기에 의해서 보통 850℃에서 질소가스 5mL/min으로 적어도 1hr 동안 안정화시킨 후 사용한다.

흡착관의 안정화(Conditioning)

흡착관을 사용하기 전에 열탈착기에 의해서 보통 350℃(흡착제별로 사용최고온도를 고려하여 조정)에서 헬륨가스 50mL/min으로 적어도 2시간 동안 안정화시킨 후 사용한다. 시료채취 이전에 흡착관의 안정화 여부를 사전 분석을 통하여 확인해야 한다.

26 굴뚝 배출가스 중 납화합물 분석을 위한 자외선 가시선 분광법에 관한 설명으로 옳은 것은?

① 납착염의 흡광도를 450nm에서 측정하여 정량하는 방법이다.
② 시료 중 납이온이 디티존과 반응하여 생성되는 납 디티존 착염을 사염화탄소로 추출한다.
③ 납착염의 흡광도는 시간이 경과하면 분해되므로 20℃ 이하의 빛이 차단된 곳에서 단시간에 측정한다.
④ 시료 중 납성분 추출 시 시안화칼륨 용액으로 세정조작을 수회 반복하여도 무색이 되지 않는 이유는 다량의 비소가 함유되어 있기 때문이다.

① 납착염의 흡광도를 520nm에서 측정하여 정량하는 방법이다.
② 시료 중 납이온이 디티존과 반응하여 생성되는 납 디티존 착염을 클로로폼으로 추출한다.
④ 시료 중 납성분 추출 시 시안화포타슘 용액으로 세정조작을 수회 반복하여도 무색이 되지 않는 이유는 다량의 비스무트가 함유되어 있기 때문이다.

27 상온 상압의 공기유속을 피토관으로 측정한 결과, 그 동압이 6mmH₂O이었다. 공기유속은? (단, 피토관계수 = 1.5, 중력가속도 = 9.8m/sec², 습배기가스 단위 체적당 무게 = 1.3kg/m³)

① 13.2m/sec
② 14.3m/sec
③ 15.2m/sec
④ 16.5m/sec

$$V(m/sec) = C\sqrt{\frac{2gh}{\gamma}}$$
$$= 1.5 \times \sqrt{\frac{2 \times 9.8m/sec^2 \times 6mmH_2O}{1.3kg/m^3}}$$
$$= 14.27m/sec$$

28 굴뚝 배출가스상 물질 시료채취를 위한 도관(연결관)에 관한 설명으로 옳지 않은 것은?

① 도관(연결관)은 가능한 한 수평으로 연결해야 하고, 하나의 도관으로 여러 개의 측정기를 사용할 경우 각 측정기 앞에서 도관을 직렬로 연결하여 사용한다.
② 도관(연결관)의 안지름은 도관의 길이, 흡인가스의 유량, 응축수에 의한 막힘 또는 흡인펌프의 능력 등을 고려해서 4~25mm로 한다.
③ 도관(연결관)의 길이는 되도록 짧게 하고, 부득이 길게 해서 쓰는 경우에는 이음매가 없는 배관을 써서 접속 부분을 적게 하고 76m를 넘지 않도록 한다.
④ 도관(연결관)으로 부득이 구부러진 관을 쓸 경우에는 응축수가 흘러나오기 쉽도록 경사지게 (5° 이상) 하고 시료 가스는 아래로 향하게 한다.

도관(연결관)은 가능한 한 수직으로 연결해야 하고, 하나의 도관(연결관)으로 여러 개의 측정기를 사용할 경우 각 측정기 앞에서 도관(연결관)을 병렬로 연결하여 사용한다.

29 분석대상가스가 불소화합물인 경우, 시료채취를 위한 채취관 및 연결관의 재질(㉠)과 여과재의 재질(㉡)로 가장 알맞은 것은?

① ㉠ 경질유리, ㉡ 소결유리

② ㉠ 석영, ㉡ 실리카솜

③ ㉠ 스테인리스강, ㉡ 카아보란덤

④ ㉠ 불소수지, ㉡ 알칼리 성분이 없는 유리솜

(풀이) 분석대상가스가 불소화합물인 경우 채취관과 연결
관의 재질은 스테인리스강, 불소수지 등이고, 여과
재의 재질은 카아보란덤이다.

30 일정한 굴뚝을 거치지 않고 외부로 비산되
는 먼지를 하이볼륨에어샘플러법으로 측정할 때
의 시료채취기준에 관한 설명으로 가장 거리가 먼
것은?

① 발생원의 비산먼지 농도가 가장 높을 것으로 예
상되는 지점 3개소 이상을 측정점으로 선정한다.

② 시료채취 위치는 부근에 장애물이 없고 바람에
의하여 지상의 흙모래가 날리지 않아야 한다.

③ 풍속이 0.5m/초 미만으로 바람이 거의 없을 때
는 원칙적으로 시료채취를 하지 않는다.

④ 시료채취는 1회 2시간 이상 연속 채취하며, 풍
하방향에 대상 발생원의 영향이 없을 것으로 추
측되는 곳에 대조위치를 선정한다.

(풀이) 시료채취는 1회 1시간 이상 연속 채취하며, 풍상방
향에 대상 발생원의 영향이 없을 것으로 추측되는
곳에 대조위치를 선정한다.

31 비분산 적외선 분석법(Nondispersive
Infrared Analysis)에 관한 설명으로 가장 거리
가 먼 것은?

① 비분산 검출기(Nondispersive Detector)를
이용하여 적외선의 분산 변화량을 측정하여 시
료 중 목적 성분을 구하는 방법이다.

② 회전섹터의 단속방식에는 1~20Hz의 교호단
속 방식과 동시단속 방식이 있다.

③ 광학필터에는 가스필터와 고체필터가 있다.

④ 광원은 원칙적으로 니크롬선 또는 탄화규소의
저항체에 전류를 흘려 가열한 것을 사용한다.

(풀이) 비분산 적외선 분석법(Nondispersive Infrared
Analysis)

선택성 검출기를 이용하여 시료 중의 특정 성분에
의한 적외선의 흡수량 변화를 측정하여 시료 중에
들어 있는 특정 성분의 농도를 구하는 방법으로 대
기 및 연도 배출가스 중의 오염물질을 연속적으로
측정하는 비분산 정필터형 적외선 가스 분석계에
대하여 적용한다.

32 아황산가스(SO_2) 25.6g을 포함하는 2L
용액의 몰농도(M)는?

① 0.01M   ② 0.02M

③ 0.1M   ④ 0.2M

(풀이) SO_2 몰농도(mol/L) = 질량/부피 × mol/분자량

$= 25.6g/2L × mol/64g$

$= 0.2mol/L(M)$

33 환경대기 중의 시료채취를 위한 하이볼륨
에어샘플러법의 장치구성에 관한 설명으로 옳은
것은?

① 유량측정부 : 공기흡인부에 붙어 있고, 장착
및 탈착이 쉬운 부자식 유량계를 사용

② 공기흡인부 : 무부하일 때 흡인유량이 약
$0.2m^3$/분이고, 48시간 이상 연속측정 가능

③ 여과지홀더 : 구성요소 중 패킹은 연성플라스
틱으로 만들어진 것으로 크기는 프레임보다 커
야 함

④ 포집용 여과지 : $0.1\mu m$ 되는 입자를 99% 이
상 포집할 수 있으며 압력손실이 적고 흡수성이
좋아야 하며, 네오프렌 수지가 사용됨

2~4 미만	3	12
4~4.5 미만	4	16
4.5 이상	5	20

 ② 공기흡인부 : 무부하일 때 흡인유량이 약 2m³/분이고, 24시간 이상 연속측정할 수 있는 것이어야 한다.

③ 여과지홀더 : 구성요소 중 패킹은 독립기포로 발포시킨 합성고무로 만들어진 것으로 그 크기는 프레임에 합치시킨다.

④ 포집용 여과지 : $0.3\mu m$ 되는 입자를 99% 이상 포집할 수 있으며 압력손실이 적고 흡수성이 적어야 하며, 유리섬유, 석영섬유, 폴리스티렌, 니트로셀룰로오스, 불소수지 등으로 되어 있다.

34 환경대기 중의 아황산가스 농도를 측정하기 위한 시험방법으로서 주시험방법만으로 연결된 것은?

① 파라로자닐린법(수동) – 용액전도율법(자동)
② 산정량 수동법(수동) – 불꽃광도법(자동)
③ 파라로자닐린법(수동) – 자외선형광법(자동)
④ 산정량 반자동법(반자동) – 흡광차분광법(자동)

환경대기 중 아황산가스 측정방법
　㉠ 수동(반자동)측정법 중 주 시험방법 : 파라로자닐린법
　㉡ 자동연속측정방법 중 주 시험방법 : 자외선형광법

35 원형 굴뚝 단면의 반경이 2.2m인 경우 측정점 수는?

① 8
② 12
③ 16
④ 20

원형 연도의 측정점 수

굴뚝 직경 $2R$(m)	반경 구분 수	측정점 수
1 미만	1	4
1~2 미만	2	8

36 대기오염공정시험기준에서 따로 규정이 없는 한 시약의 조건으로 적합하지 않은 것은?

① HCl : 농도 35.0~37.0%, 비중 1.18
② H_2SO_4 : 농도 85.0%, 비중 1.80
③ HNO_3 : 농도 60.0~62.0%, 비중 1.38
④ H_3PO_4 : 농도 85.0% 이상, 비중 1.69

시약의 농도

명칭	화학식	농도(%)	비중(약)
염산	HCl	35.0~37.0	1.18
질산	HNO_3	60.0~62.0	1.38
황산	H_2SO_4	95% 이상	1.84
초산(Acetic Acid)	CH_3COOH	99.0% 이상	1.05
인산	H_3PO_4	85.0% 이상	1.69
암모니아수	NH_4OH	28.0~30.0 (NH_3로서)	0.90
과산화수소	H_2O_2	30.0~35.0	1.11
불화수소산	HF	46.0~48.0	1.14
요오드화수소산	HI	55.0~58.0	1.70
브롬화수소산	HBr	47.0~49.0	1.48
과염소산	$HClO_4$	60.0~62.0	1.54

37 자동기록식 광전분광광도계의 파장교정에 사용되는 흡수 스펙트럼은?

① 홀뮴유리
② 석영유리
③ 플라스틱
④ 방전유리

자동기록식 광전분광광도계의 파장교정에 사용되는 흡수 스펙트럼은 홀뮴유리이다.

38 다음 계산식은 브롬화합물을 적정법(차아염소산법)으로 분석하여 나타낸 것이다. 이 농도값(C)을 올바르게 설명한 것은?

$$C = \frac{0.133 \times (a-b)}{V_s} \times 0.140 \times 1,000$$

여기서, a : 적정에 소비된 N/100 티오황산나트륨용액량(mL)
b : 바탕시험에 소비된 N/100 티오황산나트륨 용액량(mL)
V_s : 건조시료 가스양(L)

① 분석시료 중의 총 브롬(Br_2로 환산)의 농도(mg/m^3)
② 분석시료 중의 총 브롬(Br_2로 환산)의 농도(V/V ppm)
③ 분석시료 중의 총 브롬(HBr로 환산)의 농도(mg/m^3)
④ 분석시료 중의 총 브롬(HB_2로 환산)의 농도(V/V ppm)

🖊 브롬화합물 – 적정법(차아염소산법) 농도값
분석시료 중의 총브롬(Br_2 환산)의 농도(V/V ppm)

39 환경대기 내의 아황산가스 농도의 자동 연속 측정방법 중 주 시험방법에 해당하는 것은?

① 용액전도율법   ② 불꽃광도법
③ 자외선형광법   ④ 화학발광법

🖊 환경대기 중 아황산가스 측정방법
㉠ 수동(반자동)측정법 중 주 시험방법 : 파라로자닐린법
㉡ 자동연속측정방법 중 주 시험방법 : 자외선형광법

40 대기오염공정시험기준상 굴뚝 배출가스 중의 일산화탄소 분석방법과 거리가 먼 것은?

① 비분산적외선 분석법
② 정전위 전해법
③ 음이온 전극법
④ 가스크로마토그래피법

🖊 굴뚝배출가스 중 일산화탄소 분석방법
㉠ 비분산적외선 분석법
㉡ 정전위 전해법
㉢ 기체크로마토그래피법

제3과목 **대기오염방지기술**

41 다음은 무엇에 관한 설명인가?

굵은 입자는 주로 관성충돌작용에 의해 부착되고, 미세한 분진은 확산작용 및 차단작용에 의해 부착되어 섬유의 올과 올 사이에 가교를 형성하게 된다.

① 브리지(Bridge) 현상
② 블라인딩(Blinding) 현상
③ 블로 다운(Blow Down) 효과
④ 디퓨저 튜브(Diffuser Tube) 현상

🖊 브리지(Bridge) 현상
굵은 입자($1\mu m$ 이상)는 주로 관성충돌작용에 의해 부착되고 미세분진($0.1\mu m$ 이하)은 확산과 차단작용에 의해 부착되어 섬유의 올과 올 사이에 가교를 형성하게 되는 현상을 말한다.

42 벤젠을 함유한 유해가스의 일반적 처리방법은?

① 세정법　　　　　② 선택환원법
③ 접촉산화법　　　④ 촉매연소법

(풀이) 벤젠의 일반적인 처리방법
　　　㉠ 촉매연소법
　　　㉡ 활성탄흡착법

43 자동차 배출가스에서 질소산화물(NOx)의 생성을 억제시키거나 저감시킬 수 있는 방법과 가장 거리가 먼 것은?

① 배기가스 재순환장치(EGR)
② De-NOx촉매장치
③ 터보차저 및 인터쿨러 사용
④ 외관 도장 실시

(풀이) 외관 도장 실시는 질소산화물 저감과 관련이 없다.

44 중유 1kg에 수소 0.15kg, 수분 0.002kg이 포함되어 있고, 고위발열량이 10,000kcal/kg일 때, 이 중유 3kg의 저위발열량은 대략 몇 kcal인가?

① 29,990　　　　　② 27,560
③ 10,000　　　　　④ 9,200

(풀이)
$$H_l = H_h - 600(9H + W)$$
$$= 10,000 - 600[(9 \times 0.15) + 0.002]$$
$$= 9,188.8 \text{kcal/kg} \times 3\text{kg}$$
$$= 27,566.4 \text{kcal}$$

45 97% 집진효율을 갖는 전기집진장치로 가스의 유효 표류속도가 0.1m/sec인 오염공기 180m³/sec를 처리하고자 한다. 이때 필요한 총집진판 면적(m²)은?(단, Deutsch-Anderson식에 의함)

① 6,456　　　　　② 6,312
③ 6,029　　　　　④ 5,873

(풀이)
$$\eta = 1 - \exp\left(-\frac{A \times W_e}{Q}\right)$$
$$A = -\frac{A}{W}\ln(1-\eta)$$
$$= -\frac{180\text{m}^3/\text{sec}}{0.1\text{m}/\text{sec}} \times \ln(1-0.97)$$
$$= 6,312\text{m}^2$$

46 분쇄된 석탄의 입경 분포식 [$R(\%) = 100 \exp(-\beta d_p{}^n)$]에 관한 설명으로 옳지 않은 것은?(단, n : 입경지수, β : 입경계수)

① 위 식을 Rosin Rammler식이라 한다.
② 위 식에서 $R(\%)$은 체상누적분포(%)를 나타낸다.
③ n이 클수록 입경분포 폭은 넓어진다.
④ β가 커지면 임의의 누적분포를 갖는 입경 d_p는 작아져서 미세한 분진이 많다는 것을 의미한다.

(풀이) n은 입경지수로 입경분포 범위를 의미하며, 클수록 입경분포 폭은 좁아진다.

47 후드의 유입계수와 속도압이 각각 0.87, 16mmH₂O일 때 후드의 압력 손실은?

① 약 3.5mmH₂O　　② 약 5mmH₂O
③ 약 6.5mmH₂O　　④ 약 8mmH₂O

(풀이) 후드압력손실$(\Delta P) = F \times VP$

$$F = \frac{1}{C_e^2} - 1$$
$$= \frac{1}{0.87^2} - 1 = 0.32$$
$$= 0.32 \times 16 = 5.13\,mmH_2O$$

48 어떤 가스가 부피로 H_2 9%, CO 24%, CH_4 2%, CO_2 6%, O_2 3%, N_2 56%의 구성비를 갖는다. 이 기체를 50%의 과잉공기로 연소시킬 경우 연료 $1Sm^3$당 요구되는 공기량은?

① 약 $1.00Sm^3$　　② 약 $1.25Sm^3$
③ 약 $1.70Sm^3$　　④ 약 $2.55Sm^3$

(풀이) $A = m \times A_o$

$$A_o = \frac{1}{0.21}(0.5H_2 + 0.5CO + 2CH_4 - O_2)$$
$$= \frac{1}{0.21} \times [(0.5 \times 0.09) + (0.5 \times 0.24)$$
$$+ (2 \times 0.02) - 0.03]$$
$$= 0.833Sm^3/Sm^3$$
$$m = 1.5$$
$$= 1.5 \times 0.833Sm^3/Sm^3$$
$$= 1.25Sm^3/Sm^3 \times 1Sm^3 = 1.25Sm^3$$

49 승용차 1대당 1일 평균 50km를 운행하며 1km 운행에 26g의 CO를 방출한다고 하면 승용차 1대가 1일 배출하는 CO의 부피는?(단, 표준상태)

① 1,625L/day　　② 1,300L/day
③ 1,180L/day　　④ 1,040L/day

(풀이) $CO = 26g/km \times 50km/대 \cdot day \times 22.4L/28g$
$$= 1,040L/day \cdot 대$$

50 전기집진장치의 장점과 거리가 먼 것은?

① 집진효율이 높다.
② 압력손실이 낮은 편이다.
③ 전압변동과 같은 조건변동에 적응하기 쉽다.
④ 고온(약 500℃ 정도) 가스처리가 가능하다.

(풀이) 전기집진장치는 전압변동과 같은 조건변동에 쉽게 적응하기 어렵다.

51 중량비가 C = 75%, H = 17%, O = 8%인 연료 2kg을 완전연소시키는 데 필요한 이론공기량(Sm^3)은?(단, 표준상태 기준)

① 약 9.7　　② 약 12.5
③ 약 21.9　　④ 약 24.7

(풀이) $A_o = \dfrac{O_o}{0.21}$

$$O_o = (1.867 \times 0.75) + (5.6 \times 0.17)$$
$$- (0.7 \times 0.08)$$
$$= 2.296Sm^3/kg$$
$$= \frac{2.296Sm^3/kg}{0.21} \times 2kg = 21.87Sm^3$$

52 황 함유량이 5%이고, 비중이 0.95인 중유를 300L/hr로 태울 경우 SO_2의 이론발생량(Sm^3/hr)은 약 얼마인가?(단, 표준상태 기준)

① 8　　② 10
③ 12　　④ 15

(풀이) $S + O_2 \rightarrow SO_2$

$$32kg \quad : \quad 22.4Sm^3$$
$$300L/hr \times 0.95kg/L \times 0.05 : SO_2(Sm^3/hr)$$

$$SO_2(Sm^3/hr) = \frac{\begin{array}{c}300L/hr \times 0.95kg/L \\ \times 0.05 \times 22.4Sm^3\end{array}}{32kg}$$
$$= 9.98Sm^3/hr$$

53 연소에 있어서 등가비(ϕ)와 공기비(m)에 관한 설명으로 옳지 않은 것은?

① 공기비가 너무 큰 경우에는 연소실 내의 온도가 저하되고, 배가스에 의한 열손실이 증가한다.

② 등가비(ϕ)< 1인 경우, 연료가 과잉인 경우로 불완전연소가 된다.

③ 공기비가 너무 적을 경우 불완전연소로 연소효율이 저하된다.

④ 가스버너에 비해 수평수동화격자의 공기비가 큰 편이다.

풀이 등가비(ϕ)< 1인 경우, 공기가 과잉인 경우 완전연소가 기대되며 CO는 최소가 된다.

54 총집진효율 90%를 요구하는 A공장에서 50% 효율을 가진 1차 집진장치를 이미 설치하였다. 이때 2차 집진장치는 몇 % 효율을 가진 것이어야 하는가?(단, 장치 연결은 직렬 조합임)

① 70 ② 75
③ 80 ④ 85

풀이 $\eta_T = \eta_1 + \eta_2(1-\eta_1)$
$0.9 = 0.5 + \eta_2(1-0.5)$
$\eta_2 = 0.8 \times 100 = 80\%$

55 다음 중 액화석유가스(LPG)에 관한 설명으로 옳지 않은 것은?

① 천연가스에서 회수되기도 하지만 대부분은 석유정제 시 부산물로 얻어진다.

② 보통 LNG보다 발열량이 낮으며, 착화온도는 200~250℃이다.

③ 비중이 공기보다 무거워 누출될 경우, 인화·폭발성의 위험이 있다.

④ 액체에서 기체로 될 때, 증발열이 있으므로 사용하는 데 유의할 필요가 있다.

풀이 LPG는 LNG보다 발열량이 높다.(LPG 발열량 : 20,000~30,000kcal/Sm³, LNG 발열량 : 10,000kcal/Sm³)

56 유체가 흐르는 관의 직경을 2배로 하면 나중 속도는 처음 속도 대비 어떻게 변화되는가?(단, 유량 변화 등 다른 조건은 변화 없다고 가정한다.)

① 처음의 1/8로 된다.
② 처음의 1/4로 된다.
③ 처음의 1/2로 된다.
④ 처음과 같다.

풀이 $Q = A \times V = \frac{3.14 \times D^2}{4} \times V$

$V = \frac{Q}{\left(\frac{3.14 \times D^2}{4}\right)} \rightarrow V \propto \frac{1}{D^2}$

속도변화$= \frac{1}{2^2} = \frac{1}{4}$ 배(처음의 1/4로 된다.)

57 50m³/min의 공기를 직경 28cm인 원형관을 사용하여 수송하고자 할 때 관 내의 속도압(mmH₂O)을 구하면?(단, 공기의 비중은 1.2)

① 8.6 ② 9.6
③ 11.2 ④ 15.6

풀이 $VP = \frac{\gamma V^2}{2g}$

$V = \frac{Q}{A} = \frac{50\text{m}^3/\text{min} \times \text{min}/60\text{sec}}{\left(\frac{3.14 \times 0.28^2}{4}\right)\text{m}^2}$

$= 13.52\text{m/sec}$

$= \frac{1.2 \times (13.52\text{m/sec})^2}{2 \times 9.8\text{m/sec}^2} = 11.21\text{mmH}_2\text{O}$

58 다음은 기체연료에 관한 설명이다. ( ) 안에 가장 적합한 것은?

( )는 가열된 석탄 또는 코크스에 공기와 수증기를 연속적으로 주입하여 부분적으로 산화반응시킴으로써 얻어지는 기체연료로서 가연성분은 CO(25~30%), 수소(10~15%) 및 약간의 메탄이다. 또한 이 가스는 제조상 공기 공급에 의해 다량의 질소를 함유하고 있다.

① 발생로가스 ② 수성가스
③ 도시가스 ④ 합성천연가스(SNG)

(풀이) 발생로가스

가열된 석탄 또는 코크스에 공기와 수증기를 연속적으로 주입하여 부분적으로 산화반응시킴으로써 얻어지는 기체연료로서 가연성분은 CO(25~30%), 수소(10~15%) 및 약간의 메탄이다. 또한 이 가스는 제조상 공기공급에 의해 다량의 질소를 함유하고 있다.

59 벤투리 스크러버에 관한 설명으로 옳지 않은 것은?

① 가압수식 중에서 집진율이 매우 높아 광범위하게 사용된다.
② 액가스비는 일반적으로 먼지의 입경이 작고, 친수성이 아닐수록 작아진다.
③ 먼지와 가스의 동시 제거가 가능하고, 점착성 먼지 제거가 용이하나 압력손실이 크다.
④ 먼지부하 및 가스유동에 민감하고 대량의 세정액이 요구된다.

(풀이) 액가스비는 일반적으로 먼지의 입경이 작고, 친수성이 아닐수록 커진다.

60 A석유의 원소조성(질량)비가 탄소 78%, 수소 21%, 황 1%이다. 이 석유 1.5kg을 완전연소시키는 데 필요한 이론공기량은?

① 12.6Sm³ ② 18.9Sm³
③ 25.6Sm³ ④ 47.3Sm³

(풀이)
$$A_o = \frac{O_o}{0.21}$$
$$= \frac{1}{0.21}[(1.867 \times 0.78) + (5.6 \times 0.21) + (0.7 \times 0.01)]$$
$$= 12.57Sm^3/kg \times 1.5kg = 18.86Sm^3$$

제4과목 대기환경관계법규

61 대기환경보전법상 수도권대기환경청장, 국립환경과학원장 또는 한국환경공단이 설치하는 대기오염측정망의 종류에 해당하지 않는 것은?

① 도시지역 또는 산업단지 인근지역의 특정대기유해물질(중금속을 제외한다)의 오염도를 측정하기 위한 유해대기물질측정망
② 산성 대기오염물질의 건성 및 습성 침착량을 측정하기 위한 산성강하물측정망
③ 도로변의 대기오염물질 농도를 측정하기 위한 도로변대기측정망
④ 장거리이동 대기오염물질의 성분을 집중 측정하기 위한 대기오염집중측정망

(풀이) 수도권대기환경청장, 국립환경과학원장 또는 한국환경공단이 설치하는 대기오염측정망의 종류
㉠ 대기오염물질의 지역배경농도를 측정하기 위한 교외대기측정망
㉡ 대기오염물질의 국가배경농도와 장거리이동현황을 파악하기 위한 국가배경농도측정망

ⓒ 도시지역 또는 산업단지 인근지역의 특정대기유해물질(중금속을 제외한다)의 오염도를 측정하기 위한 유해대기물질측정망

ⓔ 도시지역의 휘발성 유기화합물 등의 농도를 측정하기 위한 광화학대기오염물질측정망

ⓜ 산성 대기오염물질의 건성 및 습성 침착량을 측정하기 위한 산성강하물측정망

ⓗ 기후·생태계 변화유발물질의 농도를 측정하기 위한 지구대기측정망

ⓢ 장거리이동 대기오염물질의 성분을 집중측정하기 위한 미세먼지성분측정망

ⓞ 미세먼지(PM-2.5)의 성분 및 농도를 집중측정하기 위한 미세먼지성분측정망

62 대기환경보전법상 환경부장관은 장거리이동 대기오염물질피해방지를 위하여 5년마다 관계 중앙행정기관의 장과 협의하고 시·도지사의 의견을 들은 후 장거리이동대기오염물질 대책위원회의 심의를 거쳐 종합대책을 수립하여야 하는데, 이 종합대책에 포함되어야 하는 사항으로 틀린 것은?

① 종합대책 추진실적 및 그 평가

② 장거리이동대기오염물질피해 방지를 위한 국내 대책

③ 장거리이동대기오염물질피해 방지 기금 모음

④ 장거리이동대기오염물질 발생 감소를 위한 국제협력

(풀이) 장거리 이동대기오염물질의 종합대책에 포함되어야 하는 사항

㉠ 장거리이동대기오염물질 발생 현황 및 전망

㉡ 종합대책 추진실적 및 그 평가

㉢ 장거리이동대기오염물질피해 방지를 위한 국내 대책

㉣ 장거리이동대기오염물질 발생 감소를 위한 국제협력

㉤ 그 밖에 장거리이동대기오염물질피해 방지를 위하여 필요한 사항

63 다음 중 대기환경보전법상 대기오염경보에 관한 설명으로 틀린 것은?

① 대기오염경보 대상 지역은 시·도지사가 필요하다고 인정하여 지정하는 지역으로 한다.

② 환경기준이 설정된 오염물질 중 오존은 대기오염경보의 대상오염물질이다.

③ 대기오염경보의 단계별 오염물질의 농도기준은 시·도지사가 정하여 고시한다.

④ 오존은 농도에 따라 주의보, 경보, 중대경보로 구분한다.

(풀이) 대기오염경보의 단계별 오염물질의 농도기준은 환경부령이 정하여 고시한다.

64 대기환경보전법상 신고를 한 후 조업 중인 배출시설에서 나오는 오염물질의 정도가 배출허용기준을 초과하여 배출시설 및 방지시설의 개선명령을 이행하지 아니한 경우의 1차 행정처분기준은?

① 경고   ② 사용금지명령

③ 조업정지   ④ 허가취소

(풀이) 행정처분기준

1차(조업정지) → 2차(허가취소 또는 폐쇄)

65 다음은 대기환경보전법령상 총량규제구역의 지정사항이다. ( ) 안에 가장 적합한 것은?

(㉠)은/는 법에 따라 그 구역의 사업장에서 배출되는 대기오염물질을 총량으로 규제하려는 경우에는 다음 각 호의 사항을 고시하여야 한다.

1. 총량규제구역
2. 총량규제 대기오염물질
3. (㉡)
4. 그 밖에 총량규제구역의 대기관리를 위하여 필요한 사항

① ㉠ 대통령, ㉡ 총량규제부하량

② ㉠ 환경부장관, ㉡ 총량규제부하량

③ ㉠ 대통령, ㉡ 대기오염물질의 저감계획

④ ㉠ 환경부장관, ㉡ 대기오염물질의 저감계획

(풀이) 대기오염물질을 총량으로 규제하려는 경우 고시 사항
㉠ 총량규제구역
㉡ 총량규제 대기오염물질
㉢ 대기오염물질의 저감계획
㉣ 그 밖에 총량규제구역의 대기관리를 위하여 필요한 사항
※ 대기환경보전법상 환경부장관이 그 구역의 사업장에서 배출되는 대기오염물질을 총량으로 규제하려는 경우 고시한다.

66 대기환경보전법령상 자동차제작자는 자동차배출가스가 배출가스 보증기간에 제작차배출허용기준에 맞게 유지될 수 있다는 인증을 받아야 하는데, 이 인증받은 내용과 다르게 자동차를 제작하여 판매한 경우 환경부장관은 자동차제작자에게 과징금의 처분을 명할 수 있다. 이 과징금은 최대 얼마를 초과할 수 없는가?

① 500억 원　　　② 100억 원

③ 10억 원　　　　④ 5억 원

(풀이) 환경부장관은 인증을 받지 아니하고 자동차를 제작하여 판매한 경우 등에 해당하는 때에는 그 자동차제작자에 대하여 매출액에 100분의 5를 곱한 금액을 초과하지 아니하는 범위에서 과징금을 부과할 수 있다. 이 경우 과징금의 금액은 500억 원을 초과할 수 없다.

67 다음은 대기환경보전법령상 오염물질 초과에 따른 초과부과금의 위반횟수별 부과계수이다. ( ) 안에 알맞은 것은?

> 위반횟수별 부과계수는 각 비율을 곱한 것으로 한다.
> • 위반이 없는 경우 : (㉠)
> • 처음 위반한 경우 : (㉡)
> • 2차 이상 위반한 경우 : 위반 직전의 부과계수에 (㉢) 을(를) 곱한 것

① ㉠ 100분의 100, ㉡ 100분의 105, ㉢ 100분의 105

② ㉠ 100분의 100, ㉡ 100분의 105, ㉢ 100분의 110

③ ㉠ 100분의 105, ㉡ 100분의 110, ㉢ 100분의 110

④ ㉠ 100분의 105, ㉡ 100분의 110, ㉢ 100분의 115

(풀이) 초과부과금의 위반횟수별 부과계수
㉠ 위반이 없는 경우 : 100분의 100
㉡ 처음 위반한 경우 : 100분의 105
㉢ 2차 이상 위반한 경우 : 위반 직전의 부과계수에 100분의 105를 곱한 것

68 환경정책기본법령상 초미세먼지(PM-2.5)의 ㉠ 연간평균치 및 ㉡ 24시간 평균치 대기환경기준으로 옳은 것은?(단, 단위는 $\mu g/m^3$)

① ㉠ 50 이하, ㉡ 100 이하

② ㉠ 35 이하, ㉡ 50 이하

③ ㉠ 20 이하, ㉡ 50 이하

④ ㉠ 15 이하, ㉡ 35 이하

(풀이) 미세먼지(PM-2.5) 환경기준
㉠ 연간 평균치 : $15\mu g/m^3$ 이하
㉡ 24시간 평균치 : $35\mu g/m^3$ 이하

69 대기환경보전법령상 인증을 생략할 수 있는 자동차에 해당하지 않는 것은?

① 항공기 지상 조업용 자동차
② 주한 외국 군인의 가족이 사용하기 위하여 반입하는 자동차
③ 훈련용 자동차로서 문화체육관광부장관의 확인을 받은 자동차
④ 주한 외국 군대의 구성원이 공용 목적으로 사용하기 위한 자동차

(풀이) 인증을 생략할 수 있는 자동차
　　ⓐ 국가대표 선수용 자동차 또는 훈련용 자동차로서 문화체육관광부장관의 확인을 받은 자동차
　　ⓑ 외국에서 국내의 공공기관 또는 비영리단체에 무상으로 기증한 자동차
　　ⓒ 외교관 또는 주한 외국 군인의 가족이 사용하기 위하여 반입하는 자동차
　　ⓓ 항공기 지상 조업용 자동차
　　ⓔ 인증을 받지 아니한 자가 그 인증을 받은 자동차의 원동기를 구입하여 제작하는 자동차
　　ⓕ 국제협약 등에 따라 인증을 생략할 수 있는 자동차
　　ⓖ 그 밖에 환경부장관이 인증을 생략할 필요가 있다고 인정하는 자동차

70 대기환경보전법규상 자동차연료(휘발유)제조기준으로 옳지 않은 것은?

항목	구분	제조기준
㉠	벤젠 함량(부피%)	0.7 이하
㉡	납 함량(g/L)	0.013 이하
㉢	인 함량(g/L)	0.058 이하
㉣	황 함량(ppm)	10 이하

① ㉠　　　　　　② ㉡
③ ㉢　　　　　　④ ㉣

(풀이) 자동차연료 제조기준(휘발유)

항목	제조기준
방향족화합물 함량(부피%)	24(21) 이하
벤젠 함량(부피%)	0.7 이하
납 함량(g/L)	0.013 이하
인 함량(g/L)	0.0013 이하
산소 함량(무게%)	2.3 이하
올레핀 함량(부피%)	16(19) 이하
황 함량(ppm)	10 이하
증기압(kPa, 37.8℃)	60 이하
90% 유출온도(℃)	170 이하

71 다음은 실내공기질 관리법령상 이 법의 적용대상이 되는 "대통령령으로 정하는 규모"기준이다. ( ) 안에 가장 알맞은 것은?

의료법에 의한 연면적 (㉠) 이상이거나 병상수 (㉡) 이상인 의료기관

① ㉠ 2천 제곱미터, ㉡ 100개
② ㉠ 1천 제곱미터, ㉡ 100개
③ ㉠ 2천 제곱미터, ㉡ 50개
④ ㉠ 1천 제곱미터, ㉡ 50개

(풀이) 의료법에 의한 연면적 2천 제곱미터 이상이거나 병상 수 100 이상인 의료기관은 실내공기질 관리법상 적용대상이다.

72 실내공기질 관리법규상 신축 공동주택의 실내공기질 권고기준으로 틀린 것은?

① 벤젠 : $30\mu g/m^3$ 이하
② 톨루엔 : $1,000\mu g/m^3$ 이하
③ 자일렌 : $700\mu g/m^3$ 이하
④ 에틸벤젠 : $300\mu g/m^3$ 이하

신축공동주택의 실내공기질 권고기준(2019년 7월부터 적용)

　㉠ 폼알데하이드 : $210\mu g/m^3$ 이하

　㉡ 벤젠 : $30\mu g/m^3$ 이하

　㉢ 톨루엔 : $1,000\mu g/m^3$ 이하

　㉣ 에틸벤젠 : $360\mu g/m^3$ 이하

　㉤ 자일렌 : $700\mu g/m^3$ 이하

　㉥ 스티렌 : $300\mu g/m^3$ 이하

　㉦ 라돈 : $148Bq/m^3$

73 대기환경보전법상 이 법에서 사용하는 용어의 뜻으로 옳지 않은 것은?

① "공회전제한장치"란 자동차에서 배출되는 대기오염물질을 줄이고 연료를 절약하기 위하여 자동차에 부착하는 장치로서 환경부령으로 정하는 기준에 적합한 장치를 말한다.

② "촉매제"란 배출가스를 증가시키기 위하여 배출가스증가장치에 사용되는 화학물질로서 환경부령으로 정하는 것을 말한다.

③ "입자상물질(粒子狀物質)"이란 물질이 파쇄·선별·퇴적·이적(移積)될 때, 그 밖에 기계적으로 처리되거나 연소·합성·분해될 때에 발생하는 고체상 또는 액체상의 미세한 물질을 말한다.

④ "온실가스 평균배출량"이란 자동차제작자가 판매한 자동차 중 환경부령으로 정하는 자동차의 온실가스 배출량의 합계를 해당 자동차 총 대수로 나누어 산출한 평균값(g/km)을 말한다.

풀이 "촉매제"란 배출가스를 줄이는 효과를 높이기 위하여 배출가스 저감장치에 사용되는 화학물질로서 환경부령으로 정하는 것을 말한다.

74 대기환경보전법상 저공해자동차로의 전환 또는 개조 명령, 배출가스저감장치의 부착·교체 명령 또는 배출가스 관련 부품의 교체 명령, 저공해엔진(혼소엔진을 포함한다)으로의 개조 또는 교체 명령을 이행하지 아니한 자에 대한 과태료 부과기준은?

① 500만 원 이하의 과태료
② 300만 원 이하의 과태료
③ 200만 원 이하의 과태료
④ 100만 원 이하의 과태료

풀이 대기환경보전법 제94조 참조

75 대기환경보전법규상 배출시설을 설치·운영하는 사업자에 대하여 조업정지를 명하여야 하는 경우로서 그 조업정지가 주민의 생활 등 그 밖에 공익에 현저한 지장을 줄 우려가 있다고 인정되는 경우 조업정지처분을 갈음하여 과징금을 부과할 수 있다. 이때 과징금의 부과기준에 적용되지 않는 것은?

① 조업정지일수
② 1일당 부과금액
③ 오염물질별 부과금액
④ 사업장 규모별 부과계수

풀이 과징금은 행정처분기준에 따라 조업정지일수에 1일당 부과금액과 사업장 규모별 부과계수를 곱하여 산정한다.

76 환경정책기본법령상 이산화질소(NO_2)의 대기환경기준으로 옳은 것은?

① 연간 평균치 0.03ppm 이하
② 24시간 평균치 0.05ppm 이하
③ 8시간 평균치 0.3ppm 이하
④ 1시간 평균치 0.15ppm 이하

📝 대기환경기준

항목	기준	측정방법
이산화질소 (NO_2)	• 연간 평균치 : 0.03ppm 이하 • 24시간 평균치 : 0.06ppm 이하 • 1시간 평균치 : 0.10ppm 이하	화학발광법 (Chemiluminescence Method)

77 다음은 대기환경보전법상 과징금 처분에 관한 사항이다. ( ) 안에 가장 적합한 것은?

환경부장관은 인증을 받지 아니하고 자동차를 제작하여 판매한 경우 등에 해당하는 때에는 그 자동차제작자에 대하여 매출액에 (㉠)을/를 곱한 금액을 초과하지 아니하는 범위에서 과징금을 부과할 수 있다. 이 경우 과징금의 금액은 (㉡)을 초과할 수 없다.

① ㉠ 100분의 3, ㉡ 100억 원
② ㉠ 100분의 3, ㉡ 500억 원
③ ㉠ 100분의 5, ㉡ 100억 원
④ ㉠ 100분의 5, ㉡ 500억 원

📝 환경부장관은 인증을 받지 아니하고 자동차를 제작하여 판매한 경우 등에 해당하는 때에는 그 자동차제작자에 대하여 매출액에 100분의 5를 곱한 금액을 초과하지 아니하는 범위에서 과징금을 부과할 수 있다. 이 경우 과징금의 금액은 500억 원을 초과할 수 없다.

78 대기환경보전법상 저공해자동차로의 전환 또는 개조 명령, 배출가스저감장치의 부착·교체 명령 또는 배출가스 관련 부품의 교체 명령, 저공해엔진(혼소엔진을 포함한다.)으로의 개조 또는 교체 명령을 이행하지 아니한 자에 대한 과태료 부과기준은?

① 1,000만 원 이하의 과태료
② 500만 원 이하의 과태료
③ 300만 원 이하의 과태료
④ 200만 원 이하의 과태료

📝 대기환경보전법 제94조 참조

79 대기환경보전법규상 위임업무의 보고사항 중 '수입자동차 배출가스 인증 및 검사현황'의 보고 횟수 기준으로 적합한 것은?

① 연 1회　② 연 2회
③ 연 4회　④ 연 12회

📝 위임업무 보고사항

업무내용	보고 횟수	보고 기일	보고자
환경오염사고 발생 및 조치 사항	수시	사고발생 시	시·도지사, 유역환경청장 또는 지방환경청장
수입자동차 배출가스 인증 및 검사현황	연 4회	매 분기 종료 후 15일 이내	국립환경과학원장
자동차 연료 및 첨가제의 제조·판매 또는 사용에 대한 규제현황	연 2회	매 반기 종료 후 15일 이내	유역환경청장 또는 지방환경청장

업무내용	보고 횟수	보고 기일	보고자
자동차 연료 또는 첨가제의 제조 기준 적합 여부 검사 현황	• 연료 : 연 4회 • 첨가제 : 연 2회	• 연료 : 매 분기 종료 후 15일 이내 • 첨가제 : 매 반기 종료 후 15일 이내	국립환경과학원장
측정기기관리대행업의 등록(변경등록) 및 행정처분 현황	연 1회	다음 해 1월 15일까지	유역환경청장, 지방환경청장 또는 수도권대기환경청장

80 대기환경보전법령상 배출시설 설치허가를 받거나 설치신고를 하려는 자가 시·도지사 등에게 제출할 배출시설 설치허가신청서 또는 배출시설 설치신고서에 첨부하여야 할 서류가 아닌 것은?

① 배출시설 및 방지시설의 설치명세서
② 방지시설의 일반도
③ 방지시설의 연간 유지관리계획서
④ 환경기술인 임명일

(풀이) 배출시설 설치허가를 받거나 신고를 하려는 자가 배출시설 설치허가신청서 또는 배출시설 설치신고서에 첨부해야 하는 서류
  ㉠ 원료(연료를 포함한다.)의 사용량 및 제품 생산량과 오염물질 등의 배출량을 예측한 명세서
  ㉡ 배출시설 및 방지시설의 설치명세서
  ㉢ 방지시설의 일반도
  ㉣ 방지시설의 연간 유지관리 계획서
  ㉤ 사용 연료의 성분 분석과 황산화물 배출농도 및 배출량 등을 예측한 명세서(배출시설의 경우에만 해당한다.)
  ㉥ 배출시설설치허가증(변경허가를 신청하는 경우에만 해당한다.)

2022년 제4회 대기환경산업기사

01 대류권에서 광화학 대기오염에 영향을 미치는 중요한 태양 및 흡수기체의 흡수성에 관한 설명으로 옳지 않은 것은?

① 오존은 200~320nm의 파장에서 강한 흡수가, 450~700nm에서는 약한 흡수가 있다.

② 이산화황은 파장 340nm 이하와 470~550nm에 강한 흡수를 보이며, 대류권에서 쉽게 광분해된다.

③ 알데하이드는 313nm 이하에서 광분해한다.

④ 케톤은 300~700nm에서 약한 흡수를 하며 광분해한다.

풀이 SO_2는 280~290nm에서 강한 흡수를 보이지만 대류권에서는 거의 광분해되지 않는다.

02 다음 특정물질 중 오존파괴지수가 가장 낮은 것은?

① CFC – 115

② 사염화탄소

③ Halon – 2402

④ Halon – 1301

풀이 오존파괴지수

　① CFC – 115 : 0.6

　② 사염화탄소 : 1.1

　③ Halon – 2402 : 6.0

　④ Halon – 1301 : 10.0

03 다음 중 방사역전(Radiation Inversion)이 가장 잘 발생하는 계절과 시기는?

① 여름철 맑은 날 정오

② 여름철 흐린 날 오후

③ 겨울철 맑은 날 이른 아침

④ 겨울철 흐린 날 오후

풀이 방사역전은 복사역전과 같은 의미이며 겨울철 맑은 날 이른 아침에 주로 발생한다.

04 실제 굴뚝높이가 100m이고, 안지름이 1.2m인 굴뚝에서 아황산가스를 포함하는 연기가 12m/s의 속도로 배출되고 있다. 배출가스 중 아황산가스의 농도가 3,000ppm일 때, 유효굴뚝높이는?(단, 풍속은 2m/s, 수직 및 수평 확산계수는 모두 0.1, $H = D\left(\dfrac{V_s}{U}\right)^{1.4}$ 를 이용하며, 연기와 대기의 온도차는 무시한다.)

① 약 15m

② 약 55m

③ 약 115m

④ 약 155m

풀이 $H_e = H + \Delta H$

$$\Delta H = 1.2\text{m} \times \left(\frac{12\text{m/sec}}{2\text{m/sec}}\right)^{1.4} = 14.74\text{m}$$

$$= 100 + 14.74 = 114.74\text{m}$$

05 역전현상에 관한 설명으로 거리가 먼 것은?

① 기온역전은 접지역전과 공중역전으로 나눌 수 있다.

② 침강성 역전과 전선형 역전은 공중역전에 속한다.

③ 복사역전은 주로 밤부터 이른 아침 사이에 일어난다.

④ 굴뚝의 높이 상하에서 각각 침강역전과 복사역전이 동시에 발생하는 경우 플룸(Plume)의 형태는 훈증형(Fumigation)으로 된다.

풀이 굴뚝의 높이 상하에서 각각 침강역전과 복사역전이 동시에 발생하는 경우 플룸(Plume)의 형태는 구속형(Trapping)으로 된다.

06 대체연료 자동차에 관한 설명으로 옳지 않은 것은?

① 전기자동차는 1회 충전당 주행거리가 휘발유자동차의 10배 정도이다.

② 메탄올 자동차는 발열량이 휘발유의 절반 정도이므로 연료탱크의 크기를 2배로 하면 1회 충전당 얻을 수 있는 항속거리를 휘발유자동차와 유사하게 할 수 있다.

③ 메탄올자동차는 메탄올의 윤활기능이 휘발유에 비해 매우 약하므로 금속이나 플라스틱 재료 모두를 침식시킨다.

④ 수소자동차는 다른 에너지원에 비해 밀도가 낮으므로 생산된 단위에너지당 연료 무게가 낮으므로 생산된 단위에너지당 연료 무게가 작고, 연소에 의해 배출되는 가스상 오염물질의 양이 매우 적은 장점을 가지고 있다.

풀이 전기자동차는 1회 충전당 주행거리가 짧은 단점이 있다.

07 염소를 배출하는 공장이 있다. 이 공장에서 배출하는 염소농도가 0℃, 1기압에서 0.75ppm일 때 $\mu g/m^3$ 농도를 환산하면?

① 2,254
② 2,377
③ 2,438
④ 2,536

풀이 농도($\mu g/Sm^3$)

$$= 0.75 mL/Sm^3 \times \frac{71mg}{22.4mL} \times 10^3 \mu g/mg$$

$$= 2,377.23 \mu g/Sm^3$$

08 대기오염물질의 확산과 관련된 스모그 현상과 기온역전에 관한 설명으로 옳지 않은 것은?

① 로스앤젤레스 스모그 사건은 광화학 스모그에 의한 침강성 역전이다.

② 런던 스모그 사건은 산화반응에 의한 것으로 습도는 70% 이하 조건에서 발생하였다.

③ 침강성 역전은 고기압권 내에서 공기가 하강하여 생기며, 주야 구분 없이 발생할 수 있다.

④ 방사성 역전은 밤과 아침 사이에 지표면이 냉각되어 공기온도가 낮아지기 때문에 발생한다.

풀이 런던 스모그 사건은 환원반응을 통하여 스모그가 형성되었으며 습도가 90% 이상으로 높은 상태에서 발생하였다.

09 다음 중 기후·생태계 변화유발물질과 거리가 먼 것은?

① 육불화황
② 메탄
③ 수소염화불화탄소
④ 염화나트륨

기후·생태계 변화 유발물질

기후온난화 등으로 생태계의 변화를 가져올 수 있는 기체상 물질로서 온실가스(이산화탄소, 메탄, 아산화질소, 수소불화탄소, 과불화탄소, 육불화황) 및 환경부령이 정하는 것(염화불화탄소)을 말한다.

10 오염물질의 피해에 관한 설명 중 [보기]에서 가장 적합한 것은?

[보기]
- 섬유의 인장강도를 아주 크게 떨어뜨리는 물질로 알려져 있다.
- 이물질의 미세한 액적이 나일론 섬유에 침적하여 섬유의 강도를 약화시킨다.
- 셀룰로오스 섬유, 면(Cotton), 레이온 등에 피해를 입힌다.

① 라돈   ② 오존
③ 황산화물   ④ 이산화질소

황산화물(SOx)

㉠ 양모, 면, 나일론, 셀룰로오스 섬유 등의 각종 섬유는 황산화물에 의해 섬유색깔이 탈색 또는 퇴색되며 인장력이 감소된다. 즉, 인장강도를 크게 떨어뜨린다.

㉡ 금속을 부식시키며, 습도가 높을수록 부식률은 증가한다.

11 다음 중 대기오염물질인 Mn, Zn 및 그 화합물이 인체에 미치는 영향으로 가장 알맞은 것은?

① 기형   ② 비중격천공
③ 발열   ④ 간암

Mn, Zn 및 그 화합물은 발열반응을 일으켜 인체에 금속열 증상을 유발한다.

12 '고온'의 연소과정 시 화염 속에서 주로 생성되는 질소산화물은?

① NO ② NO_2
③ NO_3 ④ N_2O_5

화석연료 연소 시 배출되는 NO와 NO_2의 개략적인 발생비율은 $90 : 10$ 정도이다.

13 다음 중 지구온난화의 주 원인물질로 가장 적합하게 짝지어진 것은?

① $CH_4 - CO_2$ ② $SO_2 - NH_3$
③ $CO_2 - HF$ ④ $NH_3 - HF$

온실기체의 지구온난화에 대한 기여도
CO_2가 대기 중 존재량이 가장 많아 약 61%로 가장 높고, N_2O가 약 6%로 가장 낮으며, CFC가 12%, 메탄이 15%, 기타가 약 12%인 것으로 나타나고 있다.

14 소용돌이 확산모델(Eddy Diffusion Model)의 기본방정식으로 적합한 것은?

① Hook의 방정식   ② Fick의 방정식
③ Plank의 방정식   ④ Kelvin의 방정식

소용돌이 확산모델(Eddy Diffusion Model)은 Fick의 확산방정식으로 설명된다.

15 시골지역의 먼지에 의한 빛 흡수율을 조사하기 위하여 직경 120mm인 여과지에 500L/분의 속도로 10시간 동안 포집하여 빛 전달률을 측정하니 60%였다. 1,000m당 Coh는?

① 0.84   ② 1.42
③ 2.43   ④ 3.68

$$\text{Coh} = \frac{\log \frac{1}{t}/0.01}{L} \times 1,000$$

$$\log \frac{1}{t} = \log \frac{1}{0.6} = 0.2218$$

$$L = V \times t$$

$$V = \frac{Q}{A} = \frac{0.5\text{m}^3/\text{min}}{\left(\frac{3.14 \times 0.12^2}{4}\right)\text{m}^2}$$

$$= 44.21\text{m/min}$$

$$= 44.21\text{m/min} \times 10\text{hr} \times 60\text{min/hr}$$

$$= 26,526\text{m}$$

$$= \frac{0.2218/0.01}{26,526\text{m}} \times 1,000 = 0.836$$

16 다음 중 광화학 스모그(Photochemical Smog)에 대한 설명으로 옳은 것은?

① 태양광선 중 주로 적외선에 의해 강한 광화학 반응을 일으켜 광화학 스모그를 생성한다.
② 대기 중의 PBN(Peroxybutyl Nitrate)의 농도는 PAN과 비슷하며, PPN(Peroxypropionyl Nitrate)은 PAN의 약 2배 정도이다.
③ 과산화기가 산소와 반응하여 오존이 생성될 수도 있다.
④ PAN은 안정한 화합물이므로 광화학반응에 의해 분해되지 않는다.

① 태양광선 중 주로 자외선에 의해 강한 광화학반응을 일으켜 광화학 스모그를 생성한다.
② 대기 중의 PBN 농도는 PAN, PPN과 비슷하다.
④ PAN은 불안정한 화합물이므로 광화학반응에 의해 분해된다.

17 굴뚝의 현재 유효고가 55m일 때, 최대 지표농도를 절반으로 감소시키기 위해서는 유효고도(m)를 얼마만큼 더 증가시켜야 하는가?(단, Sutton식을 적용하고, 기타 조건은 동일하다고 가정)

① 77.8m ② 32.0m
③ 22.8m ④ 11.4m

$$C_{\max} \propto \frac{1}{H_e^2}$$

$$C_{\max} : \frac{1}{(55\text{m})^2} = \frac{1}{2}C_{\max} : \frac{1}{H_e^2}$$

$$H_e = \sqrt{(55\text{m})^2 \times 2} = 77.78\text{m}$$

증가 높이(m) $= 77.78 - 55 = 22.78\text{m}$

18 최대혼합고(MMD)에 관한 설명으로 옳지 않은 것은?

① 오후 2시를 전후로 해서 일중 최대치를 나타낸다.
② 실제 최대혼합고는 지표위 수 km까지의 실제 공기의 온도종단도를 작성함으로써 결정된다.
③ 과단열감률이 생기면 반드시 대류현상이 있게 되고, 이때 대류가 이루어지는 최대고도를 최대혼합고라 한다.
④ 최대혼합고가 높으면 높을수록 오염물질이 넓게 퍼져서 더 많은 피해를 입힌다.

최대혼합고가 높을수록 오염물질이 넓게 퍼져서 농도가 낮아지므로 피해가 줄어든다.

19 각 오염물질이 식물에 미치는 영향에 관한 설명으로 가장 거리가 먼 것은?

① 불화수소는 어린 잎에 현저하며 지표식물로는 글라디올러스, 메밀 등이 있다.
② 일산화탄소의 중독증상으로 엽록체를 파괴하고, 잎 전체를 갈변시키며, 토마토, 해바라기, 메밀 등은 25ppm 정도에서 1시간 접촉 시 현저한 피해증상을 보인다.
③ 에틸렌은 이상낙엽, 새 나뭇가지의 성장 저해 및 생장 억제를 일으킨다.

④ 황화수소는 일반적으로 독성은 약하나 어린 잎과 새싹에 피해가 많은 편이며, 지표식물로는 코스모스, 클로버 등이 있다.

(풀이) 식물에 미치는 영향(일산화탄소)
ⓐ 식물에는 큰 영향을 미치지 않는다.
ⓑ 약 500ppm 정도에서는 토마토 잎에 피해를 준다.
ⓒ 100ppm까지는 1~3주간 노출되어도 고등식물에 대한 피해는 약하다.

20 파장 $5,320\,\text{Å}$인 빛 속에서 밀도가 0.95g/cm^3, 직경 $0.42\,\mu\text{m}$인 기름방울의 분산면적비가 4.5일 때 먼지 농도가 0.4mg/m^3이라면, 가시거리는 약 몇 km인가?(단, $V=\left[\dfrac{(5.2\times\rho\times r)}{(k\times G)}\right]$)

① 0.33km
② 0.38km
③ 0.58km
④ 0.82km

(풀이) 시정거리 $=\dfrac{5.2\times\rho\times r}{k\times G}$

$\rho=0.958/\text{cm}^3\times10^6\text{cm}^3/\text{m}^3$
$\quad=0.95\times10^6\text{g/m}^3$

$r=0.42\mu\text{m}\times0.5=0.21\mu\text{m}$

$G=0.4\text{mg/m}^3\times10^3\mu\text{g/mg}$
$\quad=4\times10^2\mu\text{g/m}^3$

$=\dfrac{5.2\times(0.95\times10^6)\text{g/m}^3\times0.21\mu\text{m}}{4.5\times4\times10^2\mu\text{g/m}^3}$

$=576.33\text{m}\times\text{km}/1,000\text{m}=0.58\text{km}$

제2과목 대기오염공정시험기준(방법)

21 다음 중 대기오염공정시험기준에서 아래의 조건에 해당하는 규정농도 이상의 것을 사용해야 하는 시약은?(단, 따로 규정이 없는 상태)

• 농도 : 85% 이상	• 비중 : 약 1.69

① $HClO_4$
② H_3PO_4
③ HCl
④ HNO_3

(풀이) 인산(H_3PO_4)
ⓐ 규정농도 : 85.0% 이상
ⓑ 비중 : 약 1.69

22 기체크로마토그래피의 충전물에서 고정상 액체의 구비조건에 대한 설명으로 거리가 먼 것은?

① 분석대상 성분을 완전히 분리할 수 있는 것이어야 한다.
② 사용온도에서 증기압이 높은 것이어야 한다.
③ 화학적 성분이 일정한 것이어야 한다.
④ 사용온도에서 점성이 작은 것이어야 한다.

(풀이) 고정상 액체는 사용온도에서 증기압이 낮은 것이어야 한다.

23 다음은 측정용어의 정의이다. (   ) 안에 가장 적합한 용어는?

• (㉠)(은)는 측정결과에 관련하여 측정량을 합리적으로 추정한 값의 산포 특성을 나타내는 인자를 말한다.
• (㉡)(은)는 측정의 결과 또는 측정의 값이 모든 비교의 단계에서 명시된 불확도를 갖는 끊어지지 않는 비교의 사슬을 통하여 보통 국가표준 또는 국제표준에 정해진 기준에 관련시켜질 수 있는 특성을 말한다.
• 시험분석 분야에서 (㉡)의 유지는 교정 및 검정곡선 작성과정의 표준물질 및 순수물질을 적절히 사용함으로써 달성할 수 있다.

① ㉠ 대수정규분포도, ㉡ (측정의) 유효성
② ㉠ (측정)불확도, ㉡ (측정의) 유효성

③ ㉠ 대수정규분포도, ㉡ (측정의) 소급성

④ ㉠ (측정)불확도, ㉡ (측정의) 소급성

(풀이) 측정용어

㉠ (측정)불확도(Uncertainty)

측정결과와 관련하여, 측정량을 합리적으로 추정한 값의 산포 특성을 나타내는 인자를 말한다.

㉡ (측정의) 소급성(Traceability)

측정의 결과 또는 측정의 값이 모든 비교의 단계에서 명시된 불확도를 갖는 끊어지지 않는 비교의 사슬을 통하여, 보통 국가표준 또는 국제표준에 정해진 기준에 관련될 수 있는 특성을 말한다.

㉢ 시험분석 분야에서 소급성의 유지는 교정 및 검정곡선 작성과정의 표준물질 및 순수물질을 적절히 사용함으로써 달성할 수 있다.

24 자동기록식 광전분광광도계의 파장교정에 사용되는 흡수 스펙트럼은?

① 홀뮴유리

② 석영유리

③ 플라스틱

④ 방전유리

(풀이) 자동기록식 광전분광광도계의 파장교정에 사용되는 흡수 스펙트럼은 홀뮴유리이다.

25 굴뚝 배출가스 중 질소산화물의 연속자동측정방법으로 가장 거리가 먼 것은?

① 화학발광법

② 이온전극법

③ 적외선흡수법

④ 자외선흡수법

(풀이) 굴뚝배출가스 중 질소산화물(연속자동측정방법)

㉠ 화학발광법

㉡ 적외선흡수법

㉢ 자외선흡수법

26 자외선/가시선분광법에 관한 설명으로 거리가 먼 것은?

① 흡수셀의 재질 중 유리제는 주로 가시 및 근적외부 파장범위, 석영제는 자외부 파장범위를 측정할 때 사용한다.

② 광전광도계는 파장 선택부에 필터를 사용한 장치로 단광속형이 많고 비교적 구조가 간단하여 작업 분석용에 적당하다.

③ 파장의 선택에는 일반적으로 단색화장치(Monochromator) 또는 필터(Filter)를 사용하고, 필터에는 색유리 필터, 젤라틴 필터, 간접필터 등을 사용한다.

④ 광원부의 광원에는 중공음극램프를 사용하고, 가시부와 근적외부의 광원으로는 주로 중수소방전관을 사용한다.

(풀이) 광원부에서 가시부와 근적외부의 광원으로는 주로 텅스텐램프를 사용하고 자외부의 광원으로는 주로 중수소방전관을 사용한다.

27 배출가스 중 크롬을 원자흡수분광광도법으로 정량할 때 측정 파장은?

① 217.0nm

② 228.8nm

③ 232.0nm

④ 357.9nm

(풀이) 배출가스 중 금속화합물 – 원자흡수분광광도법 정량 시 파장

측정 금속	측정 파장(nm)
Cu	324.8
Pb	217.0/283.3
Ni	232.0
Zn	213.8
Fe	248.3
Cd	228.8
Cr	357.9

28 황화수소를 아이오딘 적정법으로 정량할 때, 종말점의 판단을 위한 지시약은?

① 아르세나조Ⅲ   ② 염화제이철
③ 녹말용액   ④ 메틸렌 블루

(풀이) 황화수소 분석방법 중 아이오딘 정량법의 종말점은 무색이며 판단 지시약은 녹말용액이다.

29 환경대기 내의 탄화수소 농도 측정방법 중 총탄화수소 측정법에서의 성능기준으로 옳지 않은 것은?

① 응답시간 : 스팬가스를 도입시켜 측정치가 일정한 값으로 급격히 변화되어 스팬가스 농도의 90%가 변화할 때까지의 시간은 2분 이하여야 한다.
② 지시의 변동 : 제로가스 및 스팬가스를 흘려보냈을 때 정상적인 측정치의 변동은 각 측정단계(Range)마다 최대 눈금치의 ±1%의 범위 내에 있어야 한다.
③ 예열시간 : 전원을 넣고 나서 정상으로 작동할 때까지의 시간은 6시간 이하여야 한다.
④ 재현성 : 동일 조건에서 제로가스와 스팬가스를 번갈아 3회 도입해서 각각의 측정치의 평균치로부터 구한 편차는 각 측정단계(Range)마다 최대 눈금치의 ±1%의 범위 내에 있어야 한다.

(풀이) 예열시간
전원을 넣고 나서 정상으로 작동할 때까지의 시간은 4시간 이하여야 한다.

30 다음은 환경대기 내의 유해휘발성 유기화합물(VOCs)시험방법 중 고체흡착법에 사용되는 용어의 정의이다. ( ) 안에 알맞은 것은?

일정농도의 VOC가 흡착관에 흡착되는 초기 시점부터 일정시간이 흐르게 되면 흡착관 내부의 상당량의 VOC가 포화되기 시작하고 전체 VOC 양의 ( )가 흡착관을 통과하게 되는데, 이 시점에서 흡착관 내부로 흘러간 총 부피를 파과부피라 한다.

① 0.1%   ② 5%
③ 30%   ④ 50%

(풀이) 환경대기 중 유해 휘발성 유기화합물(VOCs) 시험방법 중 고체흡착법 용어(파과부피)
일정 농도의 VOC가 흡착관에 흡착되는 초기시점부터 일정 시간이 흐르게 되면 흡착관 내부에 상당량의 VOC가 포화되기 시작하고 전체 VOC양의 5%가 흡착관을 통과하게 되는데, 이 시점에서 흡착관 내부로 흘러간 총 부피를 파과부피라 한다.

31 굴뚝반경이 2.2m인 원형 굴뚝에서 먼지를 채취하고자 할 때의 측정점 수는?

① 8   ② 12
③ 16   ④ 20

(풀이) 원형 연도의 측정점 수

굴뚝 직경 $2R$(m)	반경 구분 수	측정점 수
1 미만	1	4
1~2 미만	2	8
2~4 미만	3	12
4~4.5 미만	4	16
4.5 이상	5	20

32 0.1N H_2SO_4 용액 1,000mL를 제조하기 위해서는 95% H_2SO_4를 약 몇 mL 취하여야 하는가?(단, H_2SO_4의 비중은 1.84)

① 약 1.2mL   ② 약 3mL
③ 약 4.8mL   ④ 약 6mL

(풀이) $X(\text{mL}) = 0.1\text{eq/L} \times 1\text{L} \times 49\text{g}/1\text{eq} \times \dfrac{100}{95}$

$\qquad\qquad \times \text{mL}/1.84\text{kg}$

$\qquad = 2.8\text{mL}$

33 자외선/가시선분광법에 관한 설명으로 옳지 않은 것은? (단, I_o : 입사광의 강도, I_t : 투사광의 강도, C : 용액의 농도, l : 빛의 투사길이, ε : 비례상수(흡광계수))

① 램버트-비어의 법칙을 응용한 것이다.

② $\dfrac{I_t}{I_o}$ =투과도라 한다.

③ 투과도 $\left(t = \dfrac{I_t}{I_o}\right)$를 백분율로 표시한 것을 투과 퍼센트라 한다.

④ 투과도 $\left(t = \dfrac{I_t}{I_o}\right)$의 자연대수를 흡광도라 한다.

(풀이) 흡광도$(A) = \log \dfrac{1}{\frac{I_t}{I_o}} = \log \dfrac{I_o}{I_t}$

34 황산 25mL를 물로 희석하여 전량을 1L로 만들었다. 희석 후 황산용액의 농도는?(단, 황산 순도는 95%, 비중은 1.84이다.)

① 약 0.3N
② 약 0.6N
③ 약 0.9N
④ 약 1.5N

(풀이) $X(\text{N} : \text{eq/L})$

$= 25\text{mL/L} \times 0.95 \times 1.84\text{kg/L} \times 1\text{eq}/49\text{g}$

$\qquad \times 1,000\text{g/kg} \times \text{L}/10^3\text{mL}$

$= 0.89\text{eq/L(N)}$

35 굴뚝 배출가스 중 페놀화합물을 자외선/가시선분광법으로 측정할 때 시료액에 4-아미노안티피린용액과 헥사사이아노철(Ⅲ)산포타슘 용액을 가한 경우 발색된 색은?

① 황색
② 황록색
③ 적색
④ 청색

(풀이) 페놀화합물(흡광광도법)

시료 중의 페놀류를 수산화소듐용액(0.4W/V%)에 흡수시켜 포집한다. 이 용액의 pH를 10±0.2로 조절한 후 여기에 4-아미노 안티피린 용액과 페리시안산포타슘 용액을 순서대로 가하여 얻어진 적색액을 510nm의 가시부에서의 흡광도를 측정하여 페놀류의 농도를 산출한다.

36 자외선가시선분광법에서 장치 및 장치 보정에 관한 설명으로 옳지 않은 것은?

① 가시부와 근적외부의 광원으로는 주로 텅스텐 램프를 사용하고 자외부의 광원으로는 주로 중수소 방전관을 사용한다.

② 일반적으로 흡광도 눈금의 보정은 110℃에서 3시간 이상 건조한 과망간산포타슘(1급 이상)을 N/10 수산화소듐 용액에 녹인 과망간산소듐 용액으로 보정한다.

③ 광전관, 광전자증배관은 주로 자외 내지 가시 파장 범위에서 광전지는 주로 가시파장 범위 내에서의 광전측광에 사용된다.

④ 광전광도계는 파장 선택부에 필터를 사용한 장치로 단광속형이 많고 비교적 구조가 간단하여 작업분석용에 적당하다.

(풀이) 일반적으로 흡광도 눈금의 보정은 110℃에서 3시간 이상 건조한 다이크롬산포타슘(1급 이상)을 N/20 수산화포타슘 용액에 녹인 다이크롬산포타슘용액으로 보정한다.

37 다음은 굴뚝 배출가스 중 크롬화합물을 자외선가시선분광법으로 측정하는 방법이다. ( ) 안에 알맞은 것은?

시료용액 중의 크롬을 과망간산포타슘에 의하여 6가로 산화하고, (㉠)을/를 가한 다음, 아질산소듐으로 과량의 과망간산염을 분해한 후 다이페닐카바자이드를 가하여 발색시키고, 파장 (㉡)nm 부근에서 흡수도를 측정하여 정량하는 방법이다.

① ㉠ 아세트산, ㉡ 460
② ㉠ 요소, ㉡ 460
③ ㉠ 아세트산, ㉡ 540
④ ㉠ 요소, ㉡ 540

(풀이) 시료용액 중의 크롬을 과망간산포타슘에 의하여 6가로 산화하고, 요소를 가한 다음, 아질산소듐으로 과량의 과망간산염을 분해한 후 다이페닐카바자이드를 가하여 발색시키고, 파장 540nm 부근에서 흡수도를 측정하여 정량하는 방법이다.

38 다음은 굴뚝에서 배출되는 먼지측정방법에 관한 설명이다. ( ) 안에 알맞은 말을 순서대로 옳게 나열한 것은?

"수동식 채취기를 사용하여 굴뚝에서 배출되는 기체 중의 먼지를 측정할 때 흡입가스양은 원칙적으로 (㉠)여과지 사용 시 포집면적 1cm^{2}당 (㉡)mg 정도이고, (㉢)여과지 사용 시 전체 먼지포집량이 (㉣)mg 이상이 되도록 한다."

① ㉠ 원통형, ㉡ 0.5, ㉢ 원형, ㉣ 1
② ㉠ 원통형, ㉡ 1, ㉢ 원형, ㉣ 5
③ ㉠ 원형, ㉡ 0.5, ㉢ 원통형, ㉣ 1
④ ㉠ 원형, ㉡ 1, ㉢ 원통형, ㉣ 5

(풀이) 흡입가스양은 원칙적으로 채취량이 원형 여과지일 때 채취면적 1cm^{2}당 1mg 정도, 원통형 여과지일 때는 전체 채취량이 5mg 이상 되도록 한다.

39 굴뚝 배출가스 중 납화합물 분석을 위한 자외선가시선분광법에 관한 설명으로 옳은 것은?

① 납착염의 흡광도를 450nm에서 측정하여 정량하는 방법이다.
② 시료 중 납이온이 디티존과 반응하여 생성되는 납 디티존 착염을 사염화탄소로 추출한다.
③ 납착물은 시간이 경과하면 분해되므로 20℃ 이하의 빛이 차단된 곳에서 단시간에 측정한다.
④ 시료 중 납성분 추출 시 시안화포타슘 용액으로 세정조작을 수회 반복하여도 무색이 되지 않는 이유는 다량의 비소가 함유되어 있기 때문이다.

(풀이) ① 납착염의 흡광도를 520nm에서 측정하여 정량하는 방법이다.
② 시료 중 납이온이 디티존과 반응하여 생성되는 납 디티존 착염을 클로로포름으로 추출한다.
④ 시료 중 납성분 추출 시 시안화포타슘 용액으로 세정조작을 수회 반복하여도 무색이 되지 않는 이유는 다량의 비스무트(Bi)가 함유되어 있기 때문이다.

40 환경대기 중 먼지를 고용량 공기시료 채취기로 채취하고자 한다. 이 방법에 따른 시료채취 유량으로 가장 적합한 것은?

① 10~300L/min
② 0.5~1.0m^3/min
③ 1.2~1.7m^3/min
④ 2.2~2.8m^3/min

(풀이) 유량은 보통 1.2~1.7m^3/min 정도 되도록 하고 유량계의 눈금은 유량계 부자의 중앙부를 읽는다.

제3과목 대기오염방지기술

41
직경 400mm, 유효높이 12m인 원통형 백필터를 사용하여 먼지농도 6g/m³인 배출가스를 20m³/sec으로 처리하고자 한다. 겉보기 여과속도를 1.2cm/sec로 할 때 필요한 백필터의 수는?

① 105개　　　　② 111개
③ 116개　　　　④ 121개

(풀이) 백필터 수 $= \dfrac{\text{처리가스양}}{\text{여과백 하나당 가스양}}$

$= \dfrac{20\text{m}^3/\text{sec}}{(3.14 \times 0.4\text{m} \times 12\text{m})}$
$\quad \times 0.012\text{m/sec}$

$= 110.5(111개)$

42
전기집진기의 방전극과 집진극의 거리가 0.06m, 공기의 유속이 3.5m/s, 입자의 집진극으로 이동속도가 5cm/s일 때, 이 입자를 100% 제거하기 위한 집진극의 길이(m)는?

① 0.042m　　　　② 0.42m
③ 4.2m　　　　④ 42m

(풀이) 집진극 길이$(L) = \dfrac{R \times V}{W_e}$

$= \dfrac{0.06\text{m} \times 3.5\text{m/sec}}{0.05\text{m/sec}} = 4.2\text{m}$

43
촉매를 사용하여 공기 중의 오염물질을 산화 제거하는 촉매연소방법에 관한 설명으로 옳지 않은 것은?

① 악취성분을 촉매에 의해 약 500~650℃ 정도의 저온에서 산화분해하고, 메탄과 물로 변화시켜 무취화하는 방법이다.

② 적용 가능한 성분으로는 가연악취성분, 황화수소, 암모니아 등이 있다.
③ 직접 연소법에 비해 질소산화물 발생량이 적고, 낮은 농도로 배출된다.
④ 할로겐 원소, 납, 아연, 비소 등은 촉매에 바람직하지 않은 성분이다.

(풀이) 촉매연소방법
악취성분을 촉매에 의해 약 250~400℃ 정도의 저온에 의해 산화분해하고, 이산화탄소와 물로 변화시켜 무취화하는 방법이다.

44
연소조절에 의한 질소산화물(NOx) 저감대책으로 거리가 먼 것은?

① 과잉공기량을 크게 한다.
② 배출가스를 재순환시킨다.
③ 연소용 공기의 예열온도를 낮춘다.
④ 2단 연소법을 사용한다.

(풀이) 과잉공기량을 적게 해야 질소산화물의 생성이 저감된다.

45
다음 악취 중 공기 중에서의 최소감지농도(ppm)가 가장 높은 것은?

① 페놀　　　　② 아세톤
③ 초산　　　　④ 염소

(풀이) 최소감지농도

화학물질명	농도(ppm)
페놀	0.00028
아세톤(Acetone)	42
초산(Acetic acid)	0.0057

46 다음에서 먼지 중 진비중/겉보기 비중이 가장 큰 것은?

① 카본블랙 ② 미분탄보일러
③ 시멘트 원료분 ④ 골재 드라이어

(풀이) 먼지 중 진비중/겉보기 비중
ㄱ 카본블랙 : 76
ㄴ 미분탄보일러 : 4.0
ㄷ 시멘트 원료분 : 5.0
ㄹ 골재 드라이어 : 2.7

47 입경측정방법 중 간접측정방법이 아닌 것은?

① 표준체측정법 ② 관성충돌법
③ 액상침강법 ④ 광산란법

(풀이) 간접측정방법
ㄱ 관성충돌법 ㄴ 액상침강법
ㄷ 광산란법 ㄹ 공기투과법

48 액화프로판 440kg을 기화시켜 $8Sm^3/hr$로 연소시킨다면 약 몇 시간 사용할 수 있는가? (단, 표준상태 기준)

① 10시간 ② 18시간
③ 24시간 ④ 28시간

(풀이) 시간$(t) = \dfrac{440kg \times \left(\dfrac{22.4Sm^3}{44kg}\right)}{8Sm^3/hr} = 28hr$

49 세정식 집진장치에서 회전원판에 의해 분무액이 미립화될 경우 원심력과 표면장력에 의해 물방울 직경을 측정할 수 있다. 회전원판의 반경 4cm, 회전수 3,600rpm일 때 물방울 직경은?

① 약 $123\mu m$ ② 약 $186\mu m$
③ 약 $278\mu m$ ④ 약 $396\mu m$

(풀이) 물방울 직경$(d_w : \mu m) = \dfrac{200}{N\sqrt{R}} \times 10^4$

$= \dfrac{200}{3,600rpm \times \sqrt{4cm}}$

$= 277.78\mu m$

50 A공장의 전기집진장치에서 원통형 집진극의 반경이 8cm이고, 길이가 1.5m이다. 처리가스의 유속을 1.5m/sec로 하고 먼지입자가 집진극을 향하여 이동하는 이동분리 속도가 10cm/sec라면 먼지제거 효율은?

① 약 92% ② 약 94%
③ 약 96% ④ 약 98%

(풀이) $\eta = 1 - \exp\left(-\dfrac{AW_e}{Q}\right)$

$A = 3.14 \times 0.16m \times 1.5m = 0.754m^2$
$W_e = 0.1m/sec$

$Q = \left(\dfrac{3.14 \times 0.16^2}{4}\right)m^2 \times 1.5m/sec$

$= 0.03m^3/sec$

$= \left[1 - \exp\left(-\dfrac{0.754 \times 0.1}{0.03}\right)\right] \times 100$

$= 91.9\%$

51 A배출시설의 배출가스양은 $200,000Sm^3/hr$이고, 이 배출가스에 함유된 질소산화물(NO)은 280ppm이었다. 이 질소산화물을 암모니아에 의한 선택적 촉매환원법(산소 공존 없이)으로 처리할 경우 암모니아의 이론소요량(kg/hr)은? (단, 배출가스 중 질소산화물은 모두 NO로 계산하고, 표준상태를 기준으로 한다.)

① 약 28 ② 약 38
③ 약 43 ④ 약 48

(풀이)
$$6NO + 4NH_3 \rightarrow 5N_2 + 6H_2O$$
$$6 \times 22.4Sm^3 : 4 \times 17kg$$
$$200,000Sm^3/hr \times 280mL/m^3 \times m^3/10^6mL$$
$$: NH_3(kg/hr)$$
$$NH_3(kg/hr)$$
$$= \frac{\begin{array}{c}200,000Sm^3/hr \times 280mL/m^3\\ \times m^3/10^6mL \times (4 \times 17)kg\end{array}}{6 \times 22.4Sm^3}$$
$$= 28.33kg/hr$$

52 표준상태에서 염화수소 함량이 0.1%인 배출가스 1,000m³/hr를 수산화칼슘(Ca(OH)₂)액으로 처리하고자 한다. 염화수소가 100% 제거된다고 할 때, 1시간당 필요한 수산화칼슘의 이론적인 양은?

① 0.42kg
② 0.83kg
③ 1.24kg
④ 1.65kg

(풀이)
$$2HCl + Ca(OH)_2 \rightarrow CaCl_2 + 2H_2O$$
$$2 \times 22.4Sm^3 : 74kg$$
$$1,000m^3/hr \times 0.001 : Ca(OH)_2(kg/hr)$$
$$Ca(OH)_2 = \frac{1,000m^3/hr \times 0.001 \times 74kg}{2 \times 22.4Sm^3}$$
$$= 1.65kg/hr$$

53 다음은 어떤 흡수장치에 관한 설명인가?

> 고압의 노즐로부터 분무되는 세정액과 오염가스를 접촉시키는 방식으로, 송풍기가 불필요하고 효율은 좋으나 소요액량이 10~100L/m³로 많다.

① 분무탑
② 벤투리 스크러버
③ 제트 스크러버
④ 포종탑

(풀이) 제트 스크러버(Jet scrubber)
㉠ 송풍기를 사용하지 않음(세정액의 고압분무에 의한 승압효과로 배기가스를 장치 내로 유압시키기 때문)
㉡ 처리가스양이 많은 경우에는 효과가 낮은 편이므로 사용하지 않음
㉢ 다량세정액 사용(다른 세정장치의 10~20배)으로 유지관리비 증가(액기비 약 10~50(100) L/m³)

54 다음 중 석탄의 탄화도가 증가할수록 가지는 성질로 옳지 않은 것은?

① 수분 및 휘발분이 감소한다.
② 고정탄소 및 산소의 양이 증가한다.
③ 발열량이 증가하고, 착화온도가 높아진다.
④ 연료비가 증가한다.

(풀이) 탄화도가 증가할수록 고정탄소의 함량은 증가하지만 산소의 양은 감소한다.

55 흡착에 의한 탈취방법에서 활성탄을 흡착제로 사용할 경우 효과가 거의 없는 것은?

① 페놀류
② 유기염소화합물
③ 메탄
④ 에스테르류

(풀이) 활성탄에 의한 흡착법으로 효과적으로 제거 가능한 것은 유기염소화합물, 에스테르류 등이며, 거의 효과가 없는 것은 암모니아, 메탄, 메탄올 등이다.

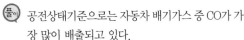

56 원형 덕트에서 길이 L, 마찰계수 f, 직경 D, 유속 v일 때 압력손실(H_f)의 비례관계 표현으로 옳은 것은?(단, g : 중력가속도)

① $H_f \propto \dfrac{DLv^2}{g}$ ② $H_f \propto f\dfrac{gLv}{D}$

③ $H_f \propto f\dfrac{Lv^2}{gD}$ ④ $H_f \propto f\dfrac{Dv^2}{gL}$

(풀이) 원형 직선 Duct의 압력손실

$\Delta P = F \times VP(\text{mmH}_2\text{O})$: Darcy$-$Weisbach식

여기서, F : 압력손실계수 $= 4 \times f \times \dfrac{L}{D}\left(= \lambda \times \dfrac{L}{D}\right)$

λ : 관마찰계수(무차원)

 ($\lambda = 4f$: f는 페닝마찰계수)

D : 덕트직경(m)

L : 덕트길이(m)

VP : 속도압 $= \dfrac{\gamma \cdot V^2}{2g}(\text{mmH}_2\text{O})$

γ : 비중(kg/m^3)

V : 공기속도(m/sec)

g : 중력가속도(m/sec^2)

57 다음 흡수장치 중 가스분산형 흡수장치에 해당하는 것은?

① 벤투리 스크러버
② 기포탑
③ 젖은 벽탑
④ 분무탑

(풀이) 가스분산형 흡수장치

㉠ 단탑(Plate Tower)
 • 포종탑(Tray Tower)
 • 다공판탑(Sieve Plate Tower)
㉡ 기포탑

58 전형적인 자동차 배기가스를 구성하는 다음 물질 중 가장 많은 양(부피%)을 차지하고 있는 것은?(단, 공전상태 기준)

① HC ② CO
③ NOx ④ SOx

(풀이) 공전상태기준으로는 자동차 배기가스 중 CO가 가장 많이 배출되고 있다.

59 액체연료의 버너 중 그 유량의 조절범위가 가장 큰 것은?

① 유압식 버너 ② 회전식 버너
③ 로터리식 버너 ④ 고압공기식 버너

(풀이) 고압공기식 버너의 유량 조절범위(1 : 10)가 가장 크다.

60 아래 표는 전기로에 부설된 Bag Filter의 유입구 및 유출구의 가스양과 먼지농도를 측정한 것이다. 먼지통과율을 구하면?

구분	유입구	유출구
가스양(Sm^3/h)	11.4	16.2
먼지농도(g/Sm^3)	13.25	1.24

① 3.32% ② 6.65%
③ 10.3% ④ 13.3%

(풀이) 통과율(%) = 100 $-$ 집진효율(%)

$\eta(\%) = \left(1 - \dfrac{Q_0 C_0}{Q_i C_i}\right) \times 100$

$= \left(1 - \dfrac{16.2 \times 1.24}{11.4 \times 13.25}\right) \times 100$

$= 86.7\%$

$= 100 - 86.7 = 13.3\%$

제4과목 대기환경관계법규

61 대기환경보전법령상 초과부과금 산정 시 다음 오염물질 1kg당 부과금액이 가장 큰 오염물질은?

① 불소화물 ② 황화수소
③ 이황화탄소 ④ 암모니아

풀이 초과부과금 산정기준

구분 오염물질	오염물질 1킬로그램당 부과금액
황산화물	500
먼지	770
질소산화물	2,130
암모니아	1,400
황화수소	6,000
이황화탄소	1,600
특정 유해물질 불소화물	2,300
특정 유해물질 염화수소	7,400
특정 유해물질 시안화수소	7,300

62 실내공기질 관리법령상 실내공간 오염물질에 해당하지 않는 것은?

① 이산화탄소(CO_2) ② 일산화질소(NO)
③ 일산화탄소(CO) ④ 이산화질소(NO_2)

풀이 실내공기 오염물질
ㄱ 미세먼지(PM－10)
ㄴ 이산화탄소(CO_2 ; Carbon Dioxide)
ㄷ 포름알데하이드(Formaldehyde)
ㄹ 총부유세균(TAB ; Total Airborne Bacteria)
ㅁ 일산화탄소(CO ; Carbon Monoxide)
ㅂ 이산화질소(NO_2 ; Nitrogen Dioxide)
ㅅ 라돈(Rn ; Radon)
ㅇ 휘발성유기화합물(VOCs ; Volatile Organic Compounds)
ㅈ 석면(Asbestos)
ㅊ 오존(O_3 ; Ozone)
ㅋ 미세먼지(PM－2.5)
ㅌ 곰팡이(Mold) ㅍ 벤젠(Benzene)
ㅎ 톨루엔(Toluene)
㉮ 에틸벤젠(Ethylbenzene)
㉯ 자일렌(Xylene) ㉰ 스티렌(Styrene)

63 대기환경보전법령상 위임업무 보고사항 중 자동차연료 제조기준 적합 여부 검사현황의 보고 횟수기준으로 옳은 것은?

① 수시 ② 연 1회
③ 연 2회 ④ 연 4회

풀이 위임업무 보고사항

업무내용	보고 횟수	보고 기일	보고자
환경오염 사고 발생 및 조치 사항	수시	사고발생 시	시·도지사, 유역환경청장 또는 지방환경청장
수입자동차 배출가스 인증 및 검사현황	연 4회	매 분기 종료 후 15일 이내	국립환경과학 원장
자동차 연료 및 첨가제의 제조·판매 또는 사용에 대한 규제 현황	연 2회	매 반기 종료 후 15일 이내	유역환경청장 또는 지방환경청장
자동차 연료 또는 첨가제의 제조기준 적합 여부 검사 현황	• 연료 : 연 4회 • 첨가제 : 연 2회	• 연료 : 매 분기 종료 후 15일 이내 • 첨가제 : 매 반기 종료 후 15일 이내	국립환경과학 원장
측정기기관리대행업의 등록(변경 등록) 및 행정처분 현황	연 1회	다음 해 1월 15일까지	유역환경청장, 지방환경청장 또는 수도권대기환경청장

64 대기환경보전법령상 청정연료를 사용하여야 하는 대상시설의 범위로 옳지 않은 것은?

① 산업용 열병합 발전시설
② 건축법 시행령에 따른 공동주택으로서 동일한 보일러를 이용하여 하나의 단지 또는 여러 개의 단지가 공동으로 열을 이용하는 중앙집중난방 방식으로 열을 공급받고, 단지 내의 모든 세대의 평균 전용면적이 40.0m²를 초과하는 공동주택
③ 전체 보일러의 시간당 총 증발량이 0.2톤 이상인 업무용 보일러(영업용 및 공공용 보일러를 포함하되, 산업용 보일러는 제외)
④ 집단에너지사업법 시행령에 따른 지역냉난방사업을 위한 시설(단, 지역냉난방사업을 위한 시설 중 발전폐열을 지역냉난방용으로 공급하는 산업용 열병합발전시설로서 환경부장관이 승인한 시설은 제외)

(풀이) **청정연료를 사용하여야 하는 대상 시설**

ㄱ 건축법 시행령에 따른 공동주택으로서 동일한 보일러를 이용하여 하나의 단지 또는 여러 개의 단지가 공동으로 열을 이용하는 중앙집중난방방식으로 열을 공급받고, 단지 내의 모든 세대의 평균 전용면적이 40.0m²를 초과하는 공동주택
ㄴ 전체 보일러의 시간당 총 증발량이 0.2톤 이상인 업무용 보일러(영업용 및 공공용 보일러를 포함하되, 산업용 보일러는 제외한다.)
ㄷ 집단에너지사업법 시행령에 따른 지역냉난방사업을 위한 시설(단, 지역냉난방사업을 위한 시설 중 발전폐열을 지역냉난방용으로 공급하는 산업용 열병합 발전시설로서 환경부장관이 승인한 시설은 제외)
ㄹ 발전시설. 다만, 산업용 열병합 발전시설은 제외한다.

65 환경정책기본법령상 초미세먼지(PM−2.5)의 ㉠ 연간평균치 및 ㉡ 24시간 평균치 대기환경 기준으로 옳은 것은?(단, 단위는 $\mu g/m^3$)

① ㉠ 50 이하, ㉡ 100 이하
② ㉠ 35 이하, ㉡ 50 이하
③ ㉠ 20 이하, ㉡ 50 이하
④ ㉠ 15 이하, ㉡ 35 이하

(풀이) 미세먼지(PM−2.5) 환경기준
ㄱ 연간 평균치 : $15\mu g/m^3$ 이하
ㄴ 24시간 평균치 : $35\mu g/m^3$ 이하

66 대기환경보전법령상 인증을 생략할 수 있는 자동차에 해당하지 않는 것은?

① 항공기 지상 조업용 자동차
② 주한 외국 군인의 가족이 사용하기 위하여 반입하는 자동차
③ 훈련용 자동차로서 문화체육관광부장관의 확인을 받은 자동차
④ 주한 외국 군대의 구성원이 공용 목적으로 사용하기 위한 자동차

(풀이) **인증을 생략할 수 있는 자동차**

ㄱ 국가대표 선수용 자동차 또는 훈련용 자동차로서 문화체육관광부장관의 확인을 받은 자동차
ㄴ 외국에서 국내의 공공기관 또는 비영리단체에 무상으로 기증한 자동차
ㄷ 외교관 또는 주한 외국 군인의 가족이 사용하기 위하여 반입하는 자동차
ㄹ 항공기 지상 조업용 자동차
ㅁ 인증을 받지 아니한 자가 그 인증을 받은 자동차의 원동기를 구입하여 제작하는 자동차
ㅂ 국제협약 등에 따라 인증을 생략할 수 있는 자동차
ㅅ 그 밖에 환경부장관이 인증을 생략할 필요가 있다고 인정하는 자동차

67 대기환경보전법령상 대기오염물질발생량의 합계에 따른 사업장 종별 구분 시 다음 중 "3종 사업장" 기준은?

① 대기오염물질발생량의 합계가 연간 20톤 이상 80톤 미만인 사업장
② 대기오염물질발생량의 합계가 연간 20톤 이상 50톤 미만인 사업장
③ 대기오염물질발생량의 합계가 연간 10톤 이상 20톤 미만인 사업장
④ 대기오염물질발생량의 합계가 연간 2톤 이상 10톤 미만인 사업장

풀이 사업장 분류기준

종별	오염물질발생량 구분
1종 사업장	대기오염물질발생량의 합계가 연간 80톤 이상인 사업장
2종 사업장	대기오염물질발생량의 합계가 연간 20톤 이상 80톤 미만인 사업장
3종 사업장	대기오염물질발생량의 합계가 연간 10톤 이상 20톤 미만인 사업장
4종 사업장	대기오염물질발생량의 합계가 연간 2톤 이상 10톤 미만인 사업장
5종 사업장	대기오염물질발생량의 합계가 연간 2톤 미만인 사업장

68 대기환경보전법상 장거리이동대기오염물질 대책위원회에 관한 사항으로 옳지 않은 것은?

① 위원회는 위원장 1명을 포함한 25명 이내의 위원으로 성별을 고려하여 구성한다.
② 위원회와 실무위원회 및 장거리이동대기오염물질 연구단의 구성 및 운영 등에 관하여 필요한 사항은 환경부령으로 정한다.
③ 위원장은 환경부차관으로 한다.
④ 위원회의 효율적인 운영과 안건의 원활한 심의 지원을 위해 실무위원회를 둔다.

풀이 위원회와 실무위원회 및 장거리이동대기오염물질 연구단의 구성 및 운영 등에 관하여 필요한 사항은 대통령령으로 정한다.

69 악취방지법규상 위임업무 보고사항 중 악취검사기관의 지정, 지정사항 변경보고 접수 실적의 보고횟수 기준은?

① 수시
② 연 1회
③ 연 2회
④ 연 4회

풀이 위임업무의 보고사항
 ㉠ 업무내용 : 악취검사기관의 지정, 지정사항 변경보고 접수실적
 ㉡ 보고횟수 : 연 1회
 ㉢ 보고기일 : 다음 해 1월 15일까지
 ㉣ 보고자 : 국립환경과학원장

70 대기환경보전법상 5년 이하의 징역이나 5천만 원 이하의 벌금에 처하는 기준은?

① 연료사용 제한조치 등의 명령을 위반한 자
② 측정기기 운영·관리기준을 준수하지 않아 조치명령을 받았으나, 이 또한 이행하지 않아 받은 조업정지명령을 위반한 자
③ 배출시설을 설치금지 장소에 설치해서 폐쇄명령을 받았으나 이를 이행하지 아니한 자
④ 첨가제를 제조기준에 맞지 않게 제조한 자

풀이 대기환경보전법 제90조 참조

71 대기환경보전법상 이 법에서 사용하는 용어의 뜻으로 옳지 않은 것은?

① "공회전제한장치"란 자동차에서 배출되는 대기오염물질을 줄이고 연료를 절약하기 위하여 자

동차에 부착하는 장치로서 환경부령으로 정하는 기준에 적합한 장치를 말한다.

② "촉매제"란 배출가스를 증가시키기 위하여 배출가스증가장치에 사용되는 화학물질로서 환경부령으로 정하는 것을 말한다.

③ "입자상물질(粒子狀物質)"이란 물질이 파쇄·선별·퇴적·이적(移積)될 때, 그 밖에 기계적으로 처리되거나 연소·합성·분해될 때에 발생하는 고체상 또는 액체상의 미세한 물질을 말한다.

④ "온실가스 평균배출량"이란 자동차제작자가 판매한 자동차 중 환경부령으로 정하는 자동차의 온실가스 배출량의 합계를 해당 자동차 총 대수로 나누어 산출한 평균값(g/km)을 말한다.

풀이 "촉매제"란 배출가스를 줄이는 효과를 높이기 위하여 배출가스 저감장치에 사용되는 화학물질로서 환경부령으로 정하는 것을 말한다.

---

72 대기환경보전법령상 자동차제작자는 부품의 결함 건수 또는 결함 비율이 대통령령으로 정하는 요건에 해당하는 경우 환경부장관의 명에 따라 그 부품의 결함을 시정해야 한다. 이와 관련하여 (   ) 안에 가장 적합한 건수기준은?

> 같은 연도에 판매된 같은 차종의 같은 부품에 대한 부품결함 건수(제작결함으로 부품을 조정하거나 교환한 건수를 말한다.)가 (   )인 경우

① 5건 이상   ② 10건 이상
③ 25건 이상   ④ 50건 이상

풀이 자동차제작자는 다음 각 호의 모두에 해당하는 경우에는 그 분기부터 매 분기가 끝난 후 90일 이내에 결함 발생원인 등을 파악하여 환경부장관에게 부품결함 현황을 보고하여야 한다.
　　㉠ 같은 연도에 판매된 같은 차종의 같은 부품에 대한 결함시정 요구 건수가 50건 이상인 경우
　　㉡ 결함시정 요구율이 4퍼센트 이상인 경우

---

73 대기환경보전법규상 자동차연료 제조기준 중 휘발유의 황 함량기준(ppm)은?

① 2.3 이하   ② 10 이하
③ 50 이하   ④ 60 이하

풀이 자동차연료 제조기준(휘발유)

항목	제조기준
방향족화합물 함량(부피%)	24(21) 이하
벤젠 함량(부피%)	0.7 이하
납 함량(g/L)	0.013 이하
인 함량(g/L)	0.0013 이하
산소 함량(무게%)	2.3 이하
올레핀 함량(부피%)	16(19) 이하
황 함량(ppm)	10 이하
증기압(kPa, 37.8℃)	60 이하
90% 유출온도(℃)	170 이하

---

74 대기환경보전법령상 시·도지사는 부과금을 부과할 때 부과대상 오염물질량, 부과금액, 납부기간 및 납부장소 등에 기재하여 서면으로 알려야 한다. 이 경우 부과금의 납부기간은 납부통지서를 발급한 날부터 얼마로 하는가?

① 7일   ② 15일
③ 30일   ④ 60일

풀이 부과금 납부기간은 납부통지서를 발급한 날부터 30일 이내로 한다.

---

75 대기환경보전법규상 환경부장관이 그 구역의 사업장에서 배출되는 대기오염물질을 총량으로 규제하려는 경우 고시하여야 할 사항으로 거리가 먼 것은?(단, 그 밖의 사항 등은 제외)

① 총량규제구역
② 총량규제 대기오염물질

③ 대기오염방지시설 예산서

④ 대기오염물질의 저감계획

(풀이) 대기오염물질을 총량으로 규제하려는 경우 고시 사항

ⓐ 총량규제구역
ⓑ 총량규제 대기오염물질
ⓒ 대기오염물질의 저감계획
ⓓ 그 밖에 총량규제구역의 대기관리를 위하여 필요한 사항

76 다음은 대기환경보전법규상 비산먼지 발생을 억제하기 위한 시설의 설치 및 필요한 조치에 관한 기준이다. ( ) 안에 알맞은 것은?

싣기 및 내리기(분체상 물질을 싣고 내리는 경우만 해당한다.) 배출공정의 경우, 싣거나 내리는 장소 주위에 고정식 또는 이동식 물을 뿌리는 시설(살수 반경 (㉠) 이상, 수압 (㉡) 이상)을 설치·운영하여 작업하는 중 다시 흩날리지 아니하도록 할 것(곡물작업장의 경우는 제외한다.)

① ㉠ 3m, ㉡ 1.5kg/cm²
② ㉠ 3m, ㉡ 3kg/cm²
③ ㉠ 5m, ㉡ 1.5kg/cm²
④ ㉠ 5m, ㉡ 3kg/cm²

(풀이) 싣기 및 내리기(분체상 물질을 싣고 내리는 경우만 해당한다.) 배출공정의 경우, 싣거나 내리는 장소 주위에 고정식 또는 이동식 물을 뿌리는 시설(살수 반경 5m 이상, 수압 3kg/cm² 이상)을 설치·운영하여 작업하는 중 다시 흩날리지 아니하도록 할 것(곡물작업장의 경우는 제외한다.)

77 대기환경보전법상 저공해자동차로의 전환 또는 개조 명령, 배출가스저감장치의 부착·교체 명령 또는 배출가스 관련 부품의 교체 명령,

저공해엔진(혼소엔진을 포함한다.)으로의 개조 또는 교체 명령을 이행하지 아니한 자에 대한 과태료 부과기준은?

① 1,000만 원 이하의 과태료
② 500만 원 이하의 과태료
③ 300만 원 이하의 과태료
④ 200만 원 이하의 과태료

(풀이) 대기환경보전법 제94조 참조

78 대기환경보전법규상 위임업무의 보고사항 중 '수입자동차 배출가스 인증 및 검사현황'의 보고 횟수기준으로 적합한 것은?

① 연 1회   ② 연 2회
③ 연 4회   ④ 연 12회

(풀이) 위임업무 보고사항

업무내용	보고 횟수	보고 기일	보고자
환경오염 사고 발생 및 조치 사항	수시	사고발생 시	시·도지사, 유역환경청장 또는 지방환경청장
수입자동차 배출가스 인증 및 검사현황	연 4회	매 분기 종료 후 15일 이내	국립환경과학원장
자동차 연료 및 첨가제의 제조·판매 또는 사용에 대한 규제 현황	연 2회	매 반기 종료 후 15일 이내	유역환경청장 또는 지방환경청장
자동차 연료 또는 첨가제의 제조 기준 적합 여부 검사 현황	• 연료 : 연 4회 • 첨가제 : 연 2회	• 연료 : 매 분기 종료 후 15일 이내 • 첨가제 : 매 반기 종료 후 15일 이내	국립환경과학원장

업무내용	보고 횟수	보고 기일	보고자
측정기기관리대행업의 등록(변경등록) 및 행정처분 현황	연 1회	다음 해 1월 15일까지	유역환경청장, 지방환경청장 또는 수도권대기환경청장

79 대기환경보전법규상 휘발유를 연료로 사용하는 소형 승용자동차의 배출가스 보증기간 적용기준은?(단, 2016년 1월 1일 이후 제작 자동차)

① 2년 또는 160,000km

② 5년 또는 150,000km

③ 10년 또는 192,000km

④ 15년 또는 240,000km

(풀이) 2016년 1월 1일 이후 제작 자동차

사용연료	자동차의 종류	적용기간	
휘발유	경자동차, 소형 승용·화물자동차, 중형 승용·화물자동차	15년 또는 240,000km	
	대형 승용·화물자동차, 초대형 승용·화물자동차	2년 또는 160,000km	
	이륜자동차	최고속도 130km/h 미만	2년 또는 20,000km
		최고속도 130km/h 이상	2년 또는 35,000km

80 다음은 대기환경보전법규상 배출시설별 배출원과 배출량 조사에 관한 사항이다. (   ) 안에 알맞은 것은?

> 시·도지사, 유역환경청장, 지방환경청장 및 수도권대기환경청장은 법에 따른 배출시설별 배출원과 배출량을 조사하고, 그 결과를 (   )까지 환경부장관에게 보고하여야 한다.

① 다음 해 1월 말

② 다음 해 3월 말

③ 다음 해 6월 말

④ 다음 해 12월 31일

(풀이) 시·도지사, 유역환경청장, 지방환경청장 및 수도권대기환경청장은 배출시설별 배출원과 배출량을 조사하고, 그 결과를 다음 해 3월 말까지 환경부장관에게 보고하여야 한다.

제1과목 대기오염개론

01 다음이 설명하는 굴뚝 연기 형태는?

굴뚝의 높이보다도 더 낮게 지표 가까이에 역전층이 이루어져 있고, 그 상공에는 대기가 비교적 불안정상태일 때 발생한다. 따라서 이러한 조건은 주로 고기압 지역에서 하늘이 맑고 바람이 약한 경우에 발생하기 쉽다.

① Looping   ② Lofting
③ Fumigation   ④ Coning

풀이 Lofting(지붕형)
㉠ 굴뚝의 높이보다 더 낮게 지표 가까이에 역전층(안정)이 이루어져 있고, 그 상공의 대기가 불안정한 상태일 때 주로 발생한다.
㉡ 고기압 지역에서 하늘이 맑고 바람이 약한 늦은 오후(초저녁)나 이른 밤에 주로 발생하기 쉽다.
㉢ 연기에 의한 지표의 오염도는 가장 적게 되며 역전층 내에서 지표배출원에 의한 오염도는 크게 나타난다.

02 B-C유 보일러 배출가스 중 SO_2 농도가 표준상태에서 560ppm으로 측정되었다면 같은 조건에서는 몇 mg/Sm³인가?

① 392   ② 1,600
③ 3,200   ④ 3,870

풀이 $SO_2(mg/Sm^3) = 560mL/Sm^3 \times \dfrac{64mg}{22.4mL}$
$= 1,600mg/Sm^3$

03 Aerodynamic Diameter의 정의로 가장 적합한 것은?

① 본래의 먼지보다 침강속도가 작은 구형입자의 직경
② 본래의 먼지와 침강속도가 동일하며, 밀도 1g/cm³인 구형입자의 직경
③ 본래의 먼지와 밀도 및 침강속도가 동일한 구형입자의 직경
④ 본래의 먼지보다 침강속도가 큰 구형입자의 직경

풀이 공기역학적 직경(Aerodynamic Diameter)
측정하고자 하는 입자상 물질과 동일한 침강속도를 가지며 밀도가 1g/cm³인 구형입자의 직경을 말한다.

04 A공장에서 배출되는 이산화질소의 농도가 770ppm이다. 이 공장의 시간당 배출 가스양이 108.2Sm³이라면 하루에 발생되는 이산화질소는 몇 kg인가?(단, 표준상태 기준, 공장은 연속 가동됨)

① 1.89   ② 2.58
③ 4.11   ④ 4.56

풀이 $NO_2(kg/day) = 108.2Sm^3/hr \times 770mL/m^3$
$\times 46mg/22.4mL \times kg/10^6mg$
$\times 24hr/day$
$= 4.106kg/day$

05 다음 그림에서 '가' 쪽으로 부는 바람은?

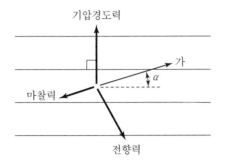

① Geostropic Wind　② Fohn Wind
③ Surface Wind　④ Gradient Wind

(풀이) 마찰력에 의한 지상풍

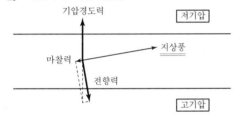

06 다이옥신의 특징 중 (　) 안에 가장 적합한 것은?

- 수용성은 (㉠).
- 증기압은 (㉡).
- 완전분해 후 연소가스 배출 시 (㉢)℃ 정도의 범위에서 재생성이 활발하다.

① ㉠ 높다, ㉡ 낮다, ㉢ 1,200~1,300
② ㉠ 높다, ㉡ 높다, ㉢ 300~400
③ ㉠ 낮다, ㉡ 낮다, ㉢ 300~400
④ ㉠ 낮다, ㉡ 높다, ㉢ 1,200~1,300

(풀이) 다이옥신

증기압이 낮고, 물에 대한 용해도가 극히 낮으나 벤젠 등에 용해되는 지용성이며 300~400℃ 정도의 범위에서 재생(재합성)하는 특징이 있다.

07 대기오염물질의 확산에 관한 설명으로 옳은 것은?

① 굴뚝에서 연기가 나올 때 굴뚝연기 배출속도가 바람의 속도보다 크면 다운드래프트 현상을 일으킨다.
② 굴뚝높이를 주변의 건물보다 1.5배 높게 하여 다운드래프트 현상을 방지한다.
③ 유효굴뚝높이는 굴뚝높이에 연기의 수직상승 높이를 뺀 것이다.
④ 다운워시 현상을 없애려면 굴뚝에서의 수직배출속도를 굴뚝 높이 풍속의 2배 이상이 되도록 토출속도를 높인다.

(풀이) ① 굴뚝에서 연기가 나올 때 굴뚝연기 배출속도가 바람의 속도보다 작으면 다운드래프트 현상을 일으킨다.
② 굴뚝높이를 주변의 건물보다 2.5배 높게 하여 다운드래프트를 방지한다.
③ 유효굴뚝높이는 굴뚝높이에 연기의 수직상승 높이를 더한 것이다.

08 일산화탄소에 관한 설명으로 가장 거리가 먼 것은?

① 난용성이므로 강우에 의한 영향을 거의 받지 않는다.
② 대기 중에서 일산화탄소의 평균체류시간은 발생량과 대기 중 평균농도로부터 5~10년 정도로 추정된다.
③ 위도별로 보면 북위 50도 부근에서 최대치를 보이는 경향이 있다.
④ 토양박테리아의 활동에 의하여 이산화탄소로 산화됨으로써 대기 중에서 제거된다.

(풀이) 일산화탄소의 대기 중 평균 체류시간은 발생량과 대기 중 평균농도로부터 약 1~3개월 정도로 추정된다.

09 CFC-12의 화학식으로 옳은 것은?

① CHFCl₂   ② CF₃Br

③ CF₃Cl   ④ CF₂Cl₂

 프레온가스(CFC) 명명법(예 : CFC-12)

ㄱ 영문기호 뒤에 붙어 있는 숫자에 90을 더한다.

ㄴ 숫자 세 자리는 순서대로 각각 탄소(C)수, 수소 (H)수, 불소(F)수를 나타낸다.

12+90=102(1 : 탄소 1개, 0 : 수소 0개, 2 : 불소 2개)

10 경도풍은 다음의 3가지 힘이 평형을 이루면서 부는 바람을 말한다. 이와 관련이 가장 적은 힘은?

① 마찰력   ② 기압경도력

③ 원심력   ④ 전향력

 경도풍(Gradient Wind)

ㄱ 등압선이 곡선인 경우, 원심력 · 기압경도력 · 전향력의 세 힘이 평형을 이루는 상태에서 등압선을 따라 부는 바람이다.

ㄴ 북반구의 저기압에서는 시계 반대방향으로 회전하면서 위쪽으로 상승하면서 불고 고기압에서는 시계방향으로 회전하면서 분다.

ㄷ 경도풍은 일반적으로 지상 500~700m 높이에서 등압선을 따라 불며 고기압일 때 경도풍의 힘의 평형은 [전향력=기압경도력+원심력]이고 저기압일 때 경도풍의 힘의 평형은 [기압경도력=전향력+원심력]이다.

11 입자상 물질에 관한 설명으로 옳지 않은 것은?

① 미스트(Mist)는 미립자 등의 핵 주위에 증기가 응축하여 생기는 경우와 큰 물체로부터 분산하여 생기기도 하는 입자로서 통상적인 입경범위는 0.01~10μm 정도이다.

② 헤이즈(Haze)는 박무라고도 하며, 아주 작은 다수의 건조입자(습도 70% 이하)가 대기 중에 떠 있는 현상으로 시정을 나쁘게 하며, 색깔로써 안개와 구별한다.

③ 훈연(Fume)은 일반적으로 직경이 10μm 이하의 것으로, 그 크기가 비균질성을 가지며, 활발한 브라운운동에 의해 상호 충돌하여 응집하기도 하고, 응집 후 재분리가 용이한 편이다.

④ 안개(Fog)는 분산질이 액체인 눈에 보이는 입자상 물질을 주로 뜻하며, 통상 응축에 의해 생긴다.

 훈연(Fume)은 일반적으로 직경이 1μm 이하의 것으로 그 크기가 균질성을 가지며, 활발한 브라운 운동으로 상호충돌에 의해 응집하며 응집한 후 재분리는 쉽지 않다.

12 유효 굴뚝높이가 50m이다. 동일한 기상조건에서 최대지표농도를 1/4로 감소시키기 위해서는 유효굴뚝높이를 얼마만큼 더 증가시켜야 하는가?(단, 중심축 기준)

① 25m   ② 50m

③ 75m   ④ 100m

$$C_{max} \propto \frac{1}{H_e^2}$$

$$C_{max} : \frac{1}{(50m)^2} = \frac{1}{4} C_{max} : \frac{1}{H_e^2}$$

$$H_e = \sqrt{(50m)^2 \times 4} = 100m$$

증가시켜야 할 높이 = 100-50 = 50m

13 대류권에 관한 설명으로 옳지 않은 것은?

① 대기의 4개 층 중 가장 얇지만, 질량의 80%가 이곳에 존재한다.

② 대류권의 두께는 2~5km 범위로 변화하며, 열

대지역은 극지역보다 그 두께가 얇다.

③ 대류권의 상부에서 다른 층으로 전이되는 영역을 대류권계면이라 부르며, 이 지역에서는 고도에 따른 온도감소가 나타나지 않는다.

④ 대류권에서 고도에 따라 온도가 감소함에도 불구하고 때로는 온도가 고도에 따라 증가하는 역전층이 나타나는 경우도 있다.

(풀이) 대류권은 평균 12km(위도 45도의 경우) 정도이며, 극지방으로 갈수록 낮아진다.

---

14 다음 중 실내 건축재료에서 배출되고 있는 실내공간오염물질이 아닌 것은?

① 석면　　　　② 안티몬
③ 포름알데하이드　　④ 휘발성 유기화합물

(풀이) 실내공간오염물질

미세먼지(PM-10), 이산화탄소, 포름알데하이드, 총부유세균, 일산화탄소, 이산화질소, 라돈, 휘발성유기화합물, 석면, 오존, 미세먼지(PM-2.5), 곰팡이, 벤젠, 톨루엔, 에틸벤젠, 자일렌, 스티렌

---

15 어떤 공장의 배출가스 중 아황산가스(SO_2) 농도는 400ppm이다. 이 공장의 시간당 배출가스양이 80m³이라면 하루에 배출되는 SO_2의 양(kg)은?(단, 표준상태 기준)

① 1.1kg　　　② 2.2kg
③ 3.5kg　　　④ 4.2kg

(풀이) SO_2(kg/day)

$$= 80 \text{m}^3/\text{hr} \times 400 \text{mL}/\text{m}^3 \times \frac{64\text{mg}}{22.4\text{mL}}$$
$$\times \text{kg}/10^6\text{mg} \times 24\text{hr}/\text{day}$$
$$= 2.19\text{kg}/\text{day}$$

---

16 다음 중 광화학반응에 의해 생성된 2차 오염물질로만 연결된 것은?

① $SO_3 - NH_3$　　② $H_2O_2 - O_3$
③ $NO_2 - HCl$　　④ $NaCl - SO_3$

(풀이) 대표적 산화물질(옥시던트)

㉠ H_2O_2　　㉡ PAN
㉢ PBN　　㉣ PPN
㉤ O_3　　㉥ 알데하이드

---

17 A공장에서 배출되는 아황산가스의 농도가 500ppm이고, 시간당 배출가스양이 80m³이라면 하루에 총 배출되는 아황산가스양(kg/day)은?(단, 표준상태 기준 및 24시간 연속 가동)

① 1.26　　　② 2.74
③ 3.77　　　④ 4.52

(풀이) 아황산가스양(kg/day)

$$= 80 \text{m}^3/\text{hr} \times 500 \text{mL}/\text{m}^3 \times \frac{64\text{mg}}{22.4\text{mL}}$$
$$\times \text{kg}/10^6\text{mg} \times 24\text{hr}/\text{day}$$
$$= 2.74\text{kg}/\text{day}$$

---

18 SO_2의 착지농도를 감소시키기 위한 방법으로 옳지 않은 것은?

① 배출가스 온도를 가능한 한 낮춘다.
② 굴뚝 배출가스의 배출속도를 높인다.
③ 저유황유를 사용한다.
④ 굴뚝 높이를 높게 한다.

(풀이) 최대착지농도를 감소시키기 위해서는 배출가스온도를 가능한 한 높게 한다.

---

19 다음 대기분산모델 중 미국에서 개발되었으며, 바람장모델로 주로 바람장을 계산, 기상예측에 사용된 것은?

① ADMS
② AUSPLUME
③ MM5
④ SMOGSTOP

(풀이) MM5
　㉠ 미국에서 개발되었으며, 기상예측에 주로 사용된다.
　㉡ 바람장모델로 바람장을 계산하는 모델이다.

20 냄새물질의 특성에 관한 설명으로 옳지 않은 것은?

① 화학물질이 냄새물질로 되기 위한 조건으로 친유성기와 친수성기의 양기를 가져야 한다.
② 냄새물질이 비교적 저분자인 것은 휘발성이 높은 것을 의미한다.
③ 냄새물질의 골격이 되는 탄소 수는 고분자일수록 관능기 특유의 냄새가 강하고 자극적이며 20~25에서 가장 향기가 강하다.
④ 분자 내 수산기의 수는 1개일 때 가장 강하고 그 수가 증가하면 약해져서 무취에 이른다.

(풀이) 냄새물질의 골격이 되는 탄소 수는 저분자일수록 관능기 특유의 냄새가 강하고 자극적이나 8~13에서 가장 향기가 강하다.

제2과목 **대기오염공정시험기준(방법)**

21 굴뚝 배출가스 중 불소화합물 분석방법으로 옳지 않은 것은?

① 자외선/가시선광법은 시료가스 중에 알루미늄(Ⅲ), 철(Ⅱ), 구리(Ⅱ) 등의 중금속 이온이나 인산이온이 존재하면 방해효과를 나타내므로 적절한 증류방법에 의해 분리한 후 정량한다.
② 자외선/가시선분광법은 증류온도를 145±5℃, 유출속도를 3~5mL/min으로 조절하고, 증류된 용액이 약 220mL가 될 때까지 증류를 계속한다.
③ 적정법은 pH를 조절하고 네오트린을 가한 다음 수산화바륨용액으로 적정한다.
④ 자외선/가시선분광법의 흡수파장은 620nm를 사용한다.

(풀이) 적정법은 pH를 조절하고 네오트린을 가한 다음 질산소듐용액으로 적정한다.

22 휘발성 유기화합물(VOCs) 누출확인방법에서 사용하는 용어 정의 중 "응답시간"은 VOCs가 시료채취장치로 들어가 농도 변화를 일으키기 시작하여 기기 계기판의 최종값이 얼마를 나타내는 데 걸리는 시간을 의미하는가?(단, VOCs 측정기기 및 관련장비는 사양과 성능기준을 만족한다.)

① 80%　　　② 85%
③ 90%　　　④ 95%

(풀이) 휘발성 유기화합물질(VOCs) 누출확인방법 – 응답시간
　VOCs가 시료채취장치로 들어가 농도변화를 일으키기 시작하여 기기계기판의 최종값이 90%를 나타내는 데 걸리는 시간이다.

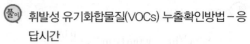

23 배출가스 중 납화합물을 자외선/가시선분광법으로 분석할 때 사용되는 시약 또는 용액에 해당하지 않는 것은?

① 디티존
② 클로로폼
③ 시안화포타슘 용액
④ 아세틸아세톤

(풀이) 굴뚝배출가스 중 납화합물(자외선/가시선 분광법)
납 이온이 시안화포타슘 용액 중에서 디티존과 반응하여 생성되는 납 디티존 착염을 클로로포름으로 추출하고, 과량의 디티존은 시안화포타슘 용액으로 씻어내어, 납착염의 흡광도를 520nm에서 측정하여 정량하는 방법이다.

24 환경대기 시료채취방법에 관한 설명으로 옳지 않은 것은?

① 용기채취법은 시료를 일단 일정한 용기에 채취한 다음 분석에 이용하는 방법으로 채취관－용기 또는 채취관－유량조절기－흡입펌프－용기로 구성된다.
② 용기채취법에서 용기는 일반적으로 진공병 또는 공기주머니(air bag)를 사용한다.
③ 용매채취법은 측정대상 기체와 선택적으로 흡수 또는 반응하는 용매에 시료가스를 일정유량으로 통과시켜 채취하는 방법으로 채취관－여과재－채취부－흡입 펌프－유량계(가스미터)로 구성된다.
④ 직접채취법에서 채취관은 PVC관을 사용하며, 채취관의 길이는 10m 이내로 한다.

(풀이) 환경대기 시료채취방법(직접채취법)
㉠ 채취관은 일반적으로 4불화에틸렌수지(Teflon), 경질유리, 스테인리스강제 등으로 된 것을 사용한다.

㉡ 채취관의 길이는 5m 이내로 되도록 짧은 것이 좋으며, 그 끝은 빗물이나 곤충 기타 이물질이 들어가지 않도록 되어 있는 구조이어야 한다.
㉢ 채취관을 장기간 사용하여 내면이 오염되거나 측정 성분에 영향을 줄 염려가 있을 때는 채취관을 교환하든가 잘 씻어 사용한다.

25 환경대기 중의 아황산가스 측정을 위한 시험방법이 아닌 것은?

① 불꽃광도법
② 용액전도율법
③ 파라로자닐린법
④ 나프틸에틸렌디아민법

(풀이) 환경대기 중 아황산가스 측정방법(자동연속측정법)
㉠ 수동 및 반자동측정법
 • 파라로자닐린법(Pararosaniline Method) (주 시험방법)
 • 산정량 수동법(Acidimetric Method)
 • 산정량 반자동법(Acidimetric Method)
㉡ 자동연속측정법
 • 용액 전도율법(Conductivity Method)
 • 불꽃광도법(Flame Photometric Detector Method)
 • 자외선형광법(Pulse U.V. Fluorescence Method)(주 시험방법)
 • 흡광차분광법(Differential Optical Absorption Spectroscopy : DOAS)

26 휘발성 유기화합물(VOCs) 누출확인을 위한 휴대용 측정기기의 규격 및 성능기준으로 옳지 않은 것은?

① 기기의 계기눈금은 최소한 표시된 노출농도의 ±5%를 읽을 수 있어야 한다.
② 기기의 응답시간은 30초보다 작거나 같아야 한다.

③ VOCs 측정기기의 검출기는 시료와 반응하지 않아야 한다.

④ 교정 정밀도는 교정용 가스값의 10%보다 작거나 같아야 한다.

(풀이) VOCs 측정기기의 검출기는 시료와 반응하여야 한다.

27 다음 중 분석대상가스가 이황화탄소(CS₂)인 경우 사용되는 채취관, 도관의 재질로 가장 적합한 것은?

① 보통강철　　　　② 석영
③ 염화비닐수지　　④ 네오프렌

(풀이) 분석물질의 종류별 채취관 및 연결관(도관) 등의 재질

분석대상가스, 공존가스	채취관, 연결관의 재질	여과재	비고
암모니아	①②③④⑤⑥	ⓐ ⓑ ⓒ	① 경질유리
일산화탄소	①②③④⑤⑥⑦	ⓐ ⓑ ⓒ	② 석영
염화수소	①② ⑤⑥⑦	ⓐ ⓑ ⓒ	③ 보통강철
염소	①② ⑤⑥⑦	ⓐ ⓑ ⓒ	④ 스테인리스강
황산물	①② ④⑤⑥⑦	ⓐ ⓑ ⓒ	⑤ 세라믹
질소산화물	①② ④⑤⑥	ⓐ ⓑ ⓒ	⑥ 불소수지
이황화탄소	①② ⑥	ⓐ ⓑ	⑦ 염화비닐수지
포름알데하이드	①② ⑥	ⓐ ⓑ	⑧ 실리콘수지
황화수소	①② ④⑤⑥⑦	ⓐ ⓑ ⓒ	⑨ 네오프렌
불소화합물	④ ⑥	ⓒ	⑩ 알칼리 성분이 없는 유리솜 또는 실리카솜
시안화수소	①② ④⑤⑥⑦	ⓐ ⓑ ⓒ	
브롬	⑥	ⓐ ⓑ	
벤젠	⑥	ⓐ ⓑ	ⓑ 소결유리
페놀	①② ④ ⑥	ⓐ ⓑ	ⓒ 카보런덤
비소	①② ④⑤⑥⑦	ⓐ ⓑ ⓒ	

28 굴뚝 배출가스 중 가스상 물질 시료채취 시 주의사항에 관한 설명으로 옳지 않은 것은?

① 습식가스미터를 이동 또는 운반할 때에는 반드시 물을 빼고, 오랫동안 쓰지 않을 때에도 그와 같이 배수한다.

② 가스미터는 250mmH₂O 이내에서 사용한다.

③ 시료가스의 양을 재기 위하여 쓰는 채취병은 미리 0℃ 때의 참부피를 구해둔다.

④ 시료채취장치의 조립에 있어서는 채취부의 조작을 쉽게 하기 위하여 흡수병, 마노미터, 흡입펌프 및 가스미터는 가까운 곳에 놓는다.

(풀이) 굴뚝 배출가스 중 가스상 물질 시료 채취 시 가스미터는 100mmH₂O 이내에서 사용한다.

29 환경대기 중 먼지 측정방법 중 저용량 공기시료채취법에 관한 설명으로 가장 거리가 먼 것은?

① 유량계는 여과지홀더와 흡입펌프의 사이에 설치하고, 이 유량계에 새겨진 눈금은 20℃, 1기압에서 10~30L/min 범위를 0.5L/min까지 측정할 수 있도록 되어 있는 것을 사용한다.

② 흡입펌프는 연속해서 10일 이상 사용할 수 있고, 진공도가 낮은 것을 사용한다.

③ 여과지 홀더의 충전물질은 불소수지로 만들어진 것을 사용한다.

④ 멤브레인필터와 같이 압력손실이 큰 여과지를 사용하는 진공계는 유량의 눈금값에 대한 보정이 필요하기 때문에 압력계를 부착한다.

(풀이) 흡입펌프는 연속해서 30일 이상 사용할 수 있고 진공도가 높은 것을 사용한다.

30 굴뚝 배출가스 내 폼알데하이드 및 알데하이드류의 분석방법 중 고성능액체크로마토그래피(HPLC)에 관한 설명으로 옳지 않은 것은?

① 배출가스 중의 알데하이드류를 흡수액 2,4-다이나이트로페닐하이드라진(DNPH, dinitrophenylhydrazine)과 반응하여 하이드라존 유도체(Hydrazone Derivative)를 생성한다.

② 흡입노즐은 석영제로 만들어진 것으로 흡입노즐의 꼭짓점은 45° 이하의 예각이 되도록 하고 매끈한 반구모양으로 한다.

③ 하이드라존(Hydrazone)은 UV영역, 특히 350 ~380nm에서 최대 흡광도를 나타낸다.

④ 흡입관은 수분응축 방지를 위해 시료가스 온도를 100℃ 이상으로 유지할 수 있는 가열기를 갖춘 보로실리케이트 또는 석영 유리관을 사용한다.

(풀이) 굴뚝 배출가스 내 폼알데하이드 및 알데하이드 분석방법 중 고성능액체크로마토그래피(HPL) 흡입노즐

흡입노즐은 스테인리스강 또는 유리제로 만들어진 것으로 다음과 같은 조건을 만족시키는 것이어야 한다.

㉠ 흡입노즐의 안과 밖의 가스흐름이 흐트러지지 않도록 흡입노즐 내경(d)은 3mm 이상으로 한다.

㉡ 흡입노즐의 꼭짓점은 30° 이하의 예각이 되도록 하고 매끈한 반구모양으로 한다.

㉢ 흡입노즐의 내외면은 매끄럽게 되어야 하며 급격한 단면의 변화와 굴곡이 없어야 한다.

31 굴뚝 배출가스 중 황화수소(H_2S)를 자외선/가시선분광법(메틸렌블루법)으로 측정했을 때 농도범위가 5~100ppm일 때 시료채취량 범위로 가장 적합한 것은?

① 10~100mL
② 0.1~1L
③ 1~10L
④ 50~100L

(풀이) 굴뚝배출가스 황화수소(H_2S)-자외선/가시선분광법(메틸렌블루법)의 시료채취량 및 흡입속도

황화수소 농도 (ppm) 분석방법	(5~100)		(100~2,000)	
	채취량	흡입속도	채취량	흡입속도
메틸렌블루법	(1~10)L	(0.1~0.5) L/min	(0.1~1)L	0.1 L/min

32 500mmH₂O는 약 몇 mmHg인가?

① 19mmHg
② 28mmHg
③ 37mmHg
④ 45mmHg

(풀이) 압력(mmHg)

$$= 500 mm H_2 O \times \frac{760 mm Hg}{10,332 mm H_2 O}$$

$$= 36.78 mm Hg$$

33 원자흡수분광광도법으로 배출가스 중 Zn을 분석할 때의 측정파장으로 적합한 것은?

① 213.8nm
② 248.3nm
③ 324.8nm
④ 357.9nm

(풀이) 원자흡수분광광도법 측정파장

㉠ Zn : 213.8nm ㉡ Fe : 248.5nm
㉢ Cu : 324.8nm ㉣ Cr : 357.9nm

34 환경대기 내의 옥시던트(오존으로서) 측정방법 중 알칼리성 요오드화칼륨법에 관한 설명으로 가장 거리가 먼 것은?

① 대기 중에 존재하는 저농도의 옥시던트(오존)를 측정하는 데 사용된다.

② 이 방법에 의한 오존 검출한계는 $0.1 \sim 65 \mu g$이며, 더 높은 농도의 시료는 중성 요오드화칼륨법으로 측정한다.

③ 대기 중에 존재하는 미량의 옥시던트를 알칼리성 요오드화칼륨용액에 흡수시키고 초산으로 pH 3.8의 산성으로 하면 산화제의 당량에 해당하는 요오드가 유리된다.

④ 유리된 요오드를 파장 352nm에서 흡광도를 측정하여 정량한다.

풀이 이 방법에 의한 오존의 검출한계는 1~16μg이며, 더 높은 농도의 시료는 흡수액으로 적당히 묽혀 사용할 수 있다.

35 대기오염공정시험기준에서 정의하는 기밀용기(機密容器)에 관한 설명으로 옳은 것은?

① 물질을 취급 또는 보관하는 동안에 이물이 들어가거나 내용물이 손실되지 않도록 보호하는 용기

② 물질을 취급 또는 보관하는 동안에 외부로부터의 공기 또는 다른 가스가 침입하지 않도록 내용물을 보호하는 용기

③ 물질을 취급 또는 보관하는 동안에 내용물이 광화학적 변화를 일으키지 않도록 보호하는 용기

④ 물질을 취급 또는 보관하는 동안에 기체 또는 미생물이 침입하지 않도록 내용물을 보호하는 용기

풀이 용기의 종류

구분	정의
밀폐용기	취급 또는 저장하는 동안에 이물질이 들어가거나 또는 내용물이 손실되지 아니하도록 보호하는 용기
기밀용기	취급 또는 저장하는 동안에 밖으로부터의 공기 또는 다른 가스가 침입하지 아니하도록 내용물을 보호하는 용기
밀봉용기	취급 또는 저장하는 동안에 기체 또는 미생물이 침입하지 아니하도록 내용물을 보호하는 용기
차광용기	광선이 투과하지 않는 용기 또는 투과하지 않게 포장한 용기이며 취급 또는 저장하는 동안에 내용물이 광화학적 변화를 일으키지 아니하도록 방지할 수 있는 용기

36 굴뚝 내의 배출가스 유속을 피토관으로 측정한 결과 그 동압이 2.2mmHg이었다면 굴뚝 내의 배출가스의 평균유속(m/sec)은?(단, 배출가스 온도 250℃, 공기의 비중량 1.3kg/Sm³, 피토관 계수 1.2이다.)

① 8.6 ② 16.9
③ 25.5 ④ 35.3

풀이 배출가스 평균유속(V)

$$= C \times \sqrt{\frac{2gh}{\gamma}}$$

$$h = 2.2\text{mmHg} \times \frac{10,332\text{mmH}_2\text{O}}{760\text{mmHg}}$$
$$= 29.91\text{mmH}_2\text{O}$$

$$\gamma = 1.3\text{kg/Sm}^3 \times \frac{273}{273+250}$$
$$= 0.6786\text{kg/m}^3$$

$$= 1.2 \times \sqrt{\frac{2 \times 9.8\text{m/sec}^2 \times 29.91\text{mmH}_2\text{O}}{0.6786\text{kg/m}^3}}$$
$$= 35.27\text{m/sec}$$

37 대기오염공정시험기준에서 정하고 있는 온도에 대한 설명으로 옳지 않은 것은?

① 냉수 : 15℃ 이하

② 찬 곳은 따로 규정이 없는 한 0~15℃의 곳

③ 온수 : 35~50℃

④ 실온 : 1~35℃

풀이 냉수는 15℃ 이하, 온수는 60~70℃, 열수는 약 100℃를 말한다.

38 비분산적외선분광분석법에 관한 설명으로 옳지 않은 것은?

① 선택성 검출기를 이용하여 적외선의 흡수량 변화를 측정하여 시료 중 성분의 농도를 구하는 방법이다.

② 광원은 원칙적으로 니크롬선 또는 탄화규소의 저항체에 전류를 흘려 가열한 것을 사용한다.

③ 대기 중 오염물질을 연속적으로 측정하는 비분산 정필터형 적외선 가스분석계에 대하여 적용한다.

④ 비분산(Nondispersive)은 빛을 프리즘이나 회절격자와 같은 분산소자에 의해 충분히 분산하는 것을 말한다.

(풀이) 비분산은 빛을 프리즘이나 회절격자와 같은 분산소자에 의해 분산하지 않는 것을 말한다.

39 다음은 환경대기 시료 채취방법에 관한 설명이다. 가장 적합한 것은?

이 방법은 측정 대상 기체와 선택적으로 흡수 또는 반응하는 용매에 시료가스를 일정 유량으로 통과시켜 채취하는 방법으로 채취관 – 여과재 – 채취부 – 흡입펌프 – 유량계(가스미터)로 구성된다.

① 용기채취법

② 채취용 여과지에 의한 방법

③ 고체흡착법

④ 용매채취법

(풀이) 환경대기 시료 채취방법 중 용매채취법에 대한 내용이다.

40 환경대기 중 아황산가스 농도를 측정함에 있어 파라로자닐린법을 사용할 경우 알려진 주요 방해물질과 거리가 먼 것은?

① Cr

② O_3

③ NOx

④ NH_3

(풀이) 환경대기 중 아황산가스 농도 측정 시 주요 방해물질

질소산화물(NOx), 오존(O_3), 망간(Mn), 철(Fe), 크롬(Cr)

제3과목   대기오염방지기술

41 다음 중 유해가스 처리에 사용되는 세정액 선택 시 고려할 사항으로 그 정도가 높을수록 좋은 것은?

① 점도

② 휘발성

③ 용해도

④ 압력 손실

(풀이) 흡수액은 용해도가 클수록 좋다.

42 다음 중 탄화도가 가장 큰 것은?

① 이탄

② 갈탄

③ 역청탄

④ 무연탄

(풀이) 양질의 연료일수록 탄화도가 크다. 석탄의 종류 중 가장 양질의 연료는 무연탄이다.

43 Venturi Scrubber의 액가스비 범위로 가장 적합한 것은?

① $0.3 \sim 1.5 L/m^3$

② $3.0 \sim 4.5 L/m^3$

③ $5.0 \sim 10.0 L/m^3$

④ $10.0 \sim 20.0 L/m^3$

(풀이) 벤투리 스크러버의 액가스비

㉠ 친수성 입자 또는 굵은 먼지입자 : $0.3 \sim 0.5 L/m^3$

㉡ 소수성 입자 또는 미세입자 : $0.5 \sim 1.5 L/m^3$

44 Methane과 Propane이 용적비 1 : 1의 비율로 조성된 혼합가스 $1Sm^3$을 완전연소시키는데 $20Sm^3$의 실제공기가 사용되었다면 이 경우 공기비는?

① 1.05 　　② 1.20

③ 1.34 　　④ 1.46

(풀이)
$$CH_4 + 2O_2 \rightarrow CO_2 + 2H_2O$$
$$C_3H_8 + 5O_2 \rightarrow 3CO_2 + 4H_2O$$
$$m = \frac{A}{A_o}$$
$$A_o = \frac{1}{0.21}[(2 \times 0.5) + (5 \times 0.5)]$$
$$= 16.67 Sm^3/Sm^3$$
$$= \frac{20}{16.67} = 1.20$$

45 C, H, S의 중량분율이 각각 85%, 12%, 3%인 중유를 공기비 1.2로 완전연소시킬 때 습윤연소가스 중 SO_2의 부피(%)는?

① 0.10%　　② 0.15%

③ 0.25%　　④ 0.30%

(풀이) $SO_2(\%)$
$$= \frac{SO_2}{G_w} \times 10^2 = \frac{0.7 \times S}{G_w} \times 10^2$$
$$G_w = G_{ow} + (m-1)A_o$$
$$G_{ow} = 0.79A_o + CO_2 + H_2O + SO_2$$
$$A_o = \frac{1}{0.21}[(1.867 \times 0.85)$$
$$+ (5.6 \times 0.12)$$
$$+ (0.7 \times 0.03)]$$
$$= 10.857 Sm^3/kg$$
$$= (0.79 \times 10.857)$$
$$+ (1.867 \times 0.85)$$
$$+ (11.2 \times 0.12)$$
$$+ (0.7 \times 0.03)$$
$$= 11.53 Sm^3/kg$$
$$= 11.53 + [(1.2-1) \times 10.857]$$
$$= 13.7 Sm^3/kg$$
$$= \frac{0.7 \times 0.03}{13.7 Sm^3/kg} \times 10^2 = 0.15\%$$

46 흡수장치의 총괄이동 단위높이(H_{OG})가 1.0m이고 제거율이 95%라면, 이 흡수장치의 높이는 약 몇 m로 하여야 하는가?

① 1.2m　　② 3.0m

③ 3.5m　　④ 4.2m

(풀이)
$$H = H_{OG} \times N_{OG}$$
$$= 1.0m \times \ln\left(\frac{1}{1-0.95}\right) = 3.0m$$

47 유해가스를 처리하기 위한 흡수액의 구비요건으로 옳지 않은 것은?

① 용해도가 높아야 한다.

② 휘발성이 커야 한다.

③ 점성이 비교적 작아야 한다.

④ 용매의 화학적 성질과 비슷해야 한다.

（풀이） 흡수액의 구비조건
　　㉠ 용해도가 클 것
　　㉡ 휘발성이 적을 것
　　㉢ 부식성이 없을 것
　　㉣ 점성이 작고 화학적으로 안정되고 독성이 없을 것
　　㉤ 가격이 저렴하고 용매의 화학적 성질과 비슷할 것

48 흡착에 대한 다음 설명으로 옳은 것은?

① 화학적 흡착은 흡착과정이 가역적이므로 흡착제의 재생이나 오염가스의 회수에 매우 편리하다.
② 물리적 흡착은 흡착과정에서의 발열량이 화학적 흡착보다 많다.
③ 일반적으로 물리적 흡착에서 흡착되는 양은 온도가 낮을수록 많다.
④ 물리적 흡착은 분자 간의 결합이 화학적 흡착에서보다 더 강하다.

（풀이） ① 화학적 흡착은 흡착과정이 비가역적이므로 흡착제의 재생이나 오염가스의 회수는 곤란하다.
② 물리적 흡착은 흡착과정에서의 발열량이 화학적 흡착보다 작다.
④ 물리적 흡착은 분자 간의 결합이 화학적 흡착보다 약하다.

49 배출가스 중 황산화물을 처리하기 위해 물을 사용하는 충전탑으로 처리한 결과 순환수의 황산함량은 0.049g/L이었다. 이 순환수의 pH는?

① 1　　　　　　　② 2
③ 2.7　　　　　　④ 3

（풀이） $H_2SO_4 \rightarrow 2H^+ + SO_4^{2-}$

$H_2SO_4(mol/L) = 0.049g/L \times mol/98g$
$\qquad\qquad\qquad = 5.0 \times 10^{-4} mol/L$

$pH = -\log[H^+]$
$\quad = -\log[2 \times 5 \times 10^{-4}] = 3.0$

50 액체연료 1kg을 완전연소하는 데 필요한 이론공기량 A_o(Sm³/kg)의 계산식으로 옳은 것은?(단, C, H, O, S는 연료 1kg 중 각 성분 원소의 중량분율을 나타낸다.)

① $A_o = \dfrac{1}{0.21}\left(\dfrac{22.4}{12}C + \dfrac{11.2}{2}\left(H - \dfrac{O}{8}\right) + \dfrac{22.4}{32}S\right)$

② $A_o = 0.21\left(\dfrac{22.4}{12}C + \dfrac{22.4}{2}\left(H - \dfrac{O}{8}\right) + \dfrac{22.4}{32}S\right)$

③ $A_o = \dfrac{1}{0.21}\left(\dfrac{22.4}{12}C + \dfrac{22.4}{2}\left(H - \dfrac{O}{8}\right) + \dfrac{22.4}{32}S\right)$

④ $A_o = 0.21\left(\dfrac{22.4}{12}C + \dfrac{11.2}{2}\left(H - \dfrac{O}{8}\right) + \dfrac{22.4}{32}S\right)$

（풀이） 고체·액체연료 1kg의 연소 시 이론공기량(A_o)의 부피식

$A_o = \dfrac{1}{0.21}\left[\dfrac{22.4}{12}C + \dfrac{11.2}{2}\left(H - \dfrac{O}{8}\right)\right.$
$\qquad\qquad \left. + \dfrac{22.4}{32}S\right]$
$\quad = \dfrac{1}{0.21}(1.867C + 5.6H - 0.7O + 0.7S)$
$\quad = 8.89C + 26.67H - 3.33O + 3.33S\ Sm^3/kg$

51 다음 중 전기집진장치의 방전극의 재질로서 가장 거리가 먼 것은?

① 폴노늄　　　　　② 티타늄 합금
③ 고탄소강　　　　④ 스테인리스

전기집진장치의 방전극의 재질
코로나 방전이 용이하도록 직경 0.13~0.38cm
정도로 가늘고, 부식에 강한 티타늄 합금, 고탄소
강, 스테인리스, 알루미늄 등이 사용된다.

52 다음 중 충전탑의 액가스비의 범위로 가장 적합한 것은?

① 0.5~1.5L/m³　　② 2~3L/m³
③ 10~20L/m³　　④ 20~30L/m³

충전탑(Packed Tower)의 액가스비 범위는 1~
10L/m³(2~3L/m³) 정도이다.

53 악취물질을 직접불꽃소각 방식에 의해 제거할 경우 다음 중 가장 적합한 연소온도 범위는?

① 100~200℃　　② 200~300℃
③ 300~450℃　　④ 600~800℃

직접불꽃소각 방식의 연소온도는 600~800℃로
연소온도가 가장 높다.

54 다음에서 설명하는 실내오염물질은?

VOC의 한 종류이며 가장 일반적인 오염물질 중
하나이고, 건물 내부에서 발견되는 오염물질 중
가장 심각한 오염물질이다. 각종 광택제와 풀, 발
포성 단열재, 카펫, 합판틀, 파티클보드 선반 및
가구 등의 새 자재에서 주로 방출된다.

① HCHO
② Carbon Tetrachloride
③ Trimethylbenzene
④ Styrene

포름알데하이드(HCHO)
㉠ 상온에서 자극성 냄새를 갖는 가연성 무색기체로 폭발의 위험성이 있으며 비중은 약 1.03이고, 합성수지공업, 피혁공업 등이 주된 배출업종이다.
㉡ VOC의 한 종류로 가장 일반적인 오염물질 중 하나이고, 건물 내부에서 발견되는 오염물질 중 가장 심각한 오염물질이다.
㉢ 방부제, 옷감, 잉크, 페놀수지의 원료로서 발포성 단열재, 실내가구, 가스난로의 연소, 광택제, 카펫, 접착제 등의 새 자재에서 주로 방출된다.

55 메탄의 고위발열량이 9,340kcal/Sm³일 때 저위발열량은?

① 8,140kcal/Sm³　　② 8,380kcal/Sm³
③ 8,670kcal/Sm³　　④ 8,810kcal/Sm³

$CH_4 + 2O_2 \rightarrow CO_2 + 2H_2O$
$H_l = H_h - 480 \times H_2O$
$= 9,340 - (480 \times 2) = 8,380kcal/Sm^3$

56 여과집진장치에서 배출가스 중 먼지의 유입농도는 8g/m³이고, 유출농도는 0.5g/m³이며, 백필터의 여과속도를 1.0cm/sec로 운전하고 있다. 먼지부하가 160g/m²에 도달할 때 먼지를 탈락시킨다면 먼지층을 몇 분마다 털어야 하는가?

① 21.2분　　② 26.5분
③ 30.4분　　④ 35.6분

먼지부하$(L_d) = C_i \times V_f \times \eta \times t$
$t = \dfrac{160g/m^2}{8g/m^3 \times 0.01m/sec \times 0.9375}$
$= 2,133.33sec \times min/60sec$
$= 35.6min$

57

A집진장치의 입구농도 6,000mg/m³, 입구 유입가스양 10m³/min이며, 출구농도 0.3g/m³, 출구 배출가스양이 11m³/min일 때 이 집진장치의 효율은?

① 94.5% ② 93.7%
③ 92.4% ④ 91.7%

풀이 $\eta(\%) = \left(1 - \dfrac{Q_o C_o}{Q_i C_i}\right) \times 100$

$= \left(1 - \dfrac{11\text{m}^3 \times 0.3\text{g/m}^3}{10\text{m}^3 \times 6\text{g/m}^3}\right) \times 100$

$= 94.5\%$

58

필요한 총 여과면적이 371m²일 때 직경 10cm, 길이 5m인 여과백을 사용하면 몇 개의 여과백이 소요되는가?

① 26 ② 47
③ 237 ④ 474

풀이 여과백 소요 개수 $= \dfrac{\text{전체 여과 면적}}{\text{여과포 하나당 면적}}$

$= \dfrac{371\text{m}^2}{3.14 \times 0.1\text{m} \times 5\text{m}}$

$= 236.31(237개)$

59

다음 중 석탄의 탄화도 증가에 따라 증가하지 않는 것은?

① 고정탄소 ② 비열
③ 발열량 ④ 착화온도

풀이 석탄의 탄화도가 증가함에 따라 비열, 산소의 양, 매연 발생률, 수분, 휘발분은 감소한다.

60

니트로글리세린과 같은 물질의 연소형태로서 공기 중의 산소 공급 없이 연소하는 것은?

① 자기연소 ② 분해연소
③ 증발연소 ④ 표면연소

풀이 자기연소(내부연소)
  ㉠ 외부공기 없이 고체 자체의 산소분해에 의하여 연소하면서 내부로 연소가 폭발적으로 진행되는 연소방법이다.
  ㉡ 예로는 니트로글리세린, 화약, 폭약

제4과목 대기환경관계법규

61

다음은 대기환경보전법령상 총량규제구역의 지정사항이다. ( ) 안에 가장 적합한 것은?

(㉠)은/는 법에 따라 그 구역의 사업장에서 배출되는 대기오염물질을 총량으로 규제하려는 경우에는 다음 각 호의 사항을 고시하여야 한다.
1. 총량규제구역
2. 총량규제 대기오염물질
3. (㉡)
4. 그 밖에 총량규제구역의 대기관리를 위하여 필요한 사항

① ㉠ 대통령, ㉡ 총량규제부하량
② ㉠ 환경부장관, ㉡ 총량규제부하량
③ ㉠ 대통령, ㉡ 대기오염물질의 저감계획
④ ㉠ 환경부장관, ㉡ 대기오염물질의 저감계획

풀이 대기오염물질을 총량으로 규제하려는 경우 고시 사항
  ㉠ 총량규제구역
  ㉡ 총량규제 대기오염물질
  ㉢ 대기오염물질의 저감계획
  ㉣ 그 밖에 총량규제구역의 대기관리를 위하여 필요한 사항

※ 대기환경보전법령상 환경부장관이 그 구역의 사업장에서 배출되는 대기오염물질을 총량으로 규제하려는 경우 고시한다.

62 대기환경보전법령상 시·도지사가 설치하는 대기오염 측정망의 종류에 해당하지 않는 것은?

① 도시지역의 대기오염물질 농도를 측정하기 위한 도시대기측정망
② 도로변의 대기오염물질 농도를 측정하기 위한 도로변대기측정망
③ 대기 중의 중금속 농도를 측정하기 위한 대기중금속측정망
④ 도시지역의 휘발성유기화합물 등의 농도를 측정하기 위한 광화학대기오염물질측정망

풀이 시·도지사가 설치하는 대기오염측정망의 종류
㉠ 도시지역의 대기오염물질 농도를 측정하기 위한 도시대기측정망
㉡ 도로변의 대기오염물질 농도를 측정하기 위한 도로변대기측정망
㉢ 대기 중의 중금속 농도를 측정하기 위한 대기중금속측정망

63 악취방지법령상 위임업무 보고사항 중 "악취검사기관의 지정, 지정사항 변경보고 접수 실적"의 보고 횟수 기준은?

① 연 1회   ② 연 2회
③ 연 4회   ④ 수시

풀이 위임업무의 보고사항
㉠ 업무내용 : 악취검사기관의 지정, 지정사항 변경보고 접수실적
㉡ 보고횟수 : 연 1회
㉢ 보고기일 : 다음 해 1월 15일까지
㉣ 보고자 : 국립환경과학원장

64 대기환경보전법령상 유해성 대기감시물질에 해당하지 않는 것은?

① 불소화물   ② 이산화탄소
③ 사염화탄소   ④ 일산화탄소

풀이 이산화탄소는 유해성 대기감시물질과 관련이 없다.

65 대기환경보전법령상 장거리이동대기오염물질 대책위원회에 관한 사항으로 거리가 먼 것은?

① 위원회는 위원장 1명을 포함한 25명 이내의 위원으로 성별을 고려하여 구성한다.
② 위원회의 위원장은 환경부차관이 된다.
③ 위원회와 실무위원회 및 장거리이동대기오염물질 연구단의 구성 및 운영 등에 관하여 필요한 사항은 환경부령으로 정한다.
④ 소관별 추진대책의 수립·시행에 필요한 조사·연구를 위하여 위원회에 장거리이동대기오염물질 연구단을 둔다.

풀이 위원회와 실무위원회 및 장거리이동대기오염물질 연구단의 구성 및 운영 등에 관하여 필요한 사항은 대통령령으로 정한다.

66 대기환경보전법령상 사업장별 환경기술인의 자격기준으로 거리가 먼 것은?

① 전체배출시설에 대하여 방지시설 설치면제를 받은 사업장은 5종사업장에 해당하는 기술인을 둘 수 있다.
② 4종사업장에서 환경부령에 따른 특정대기유해물질이 포함된 오염물질을 배출하는 경우에는 3종사업장에 해당하는 기술인을 두어야 한다.
③ 공동방지시설에서 각 사업장의 대기오염물질

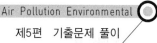

발생량의 합계가 4종 및 5종 사업장의 규모에 해당하는 경우에는 4종 사업장에 해당되는 기술인을 둘 수 있다.

④ 대기오염물질배출시설 중 일반 보일러만 설치한 사업장과 대기오염물질 중 먼지만 발생하는 사업장은 5종사업장에 해당하는 기술인을 둘 수 있다.

[풀이] 공동방지시설에서 각 사업장의 대기오염물질 발생량의 합계가 4종 사업장과 5종 사업장의 규모에 해당하는 경우에는 3종 사업장에 해당하는 기술인을 두어야 한다.

67 대기환경보전법규상 자동차연료(휘발유) 제조기준으로 옳지 않은 것은?

항목	구분	제조기준
㉠	벤젠 함량(부피%)	0.7 이하
㉡	납 함량(g/L)	0.013 이하
㉢	인 함량(g/L)	0.058 이하
㉣	황 함량(ppm)	10 이하

① ㉠   ② ㉡
③ ㉢   ④ ㉣

[풀이] 자동차연료 제조기준(휘발유)

항목	제조기준
방향족화합물 함량(부피%)	24(21) 이하
벤젠 함량(부피%)	0.7 이하
납 함량(g/L)	0.013 이하
인 함량(g/L)	0.0013 이하
산소 함량(무게%)	2.3 이하
올레핀 함량(부피%)	16(19) 이하
황 함량(ppm)	10 이하
증기압(kPa, 37.8℃)	60 이하
90% 유출온도(℃)	170 이하

68 대기환경보전법규상 환경기술인의 준수사항 및 관리사항을 이행하지 아니한 경우 각 위반차수별 행정처분기준(1차~4차)으로 옳은 것은?

① 선임명령 – 경고 – 경고 – 조업정지 5일
② 선임명령 – 경고 – 조업정지 5일 – 조업정지 30일
③ 변경명령 – 경고 – 조업정지 5일 – 조업정지 30일
④ 경고 – 경고 – 경고 – 조업정지 5일

[풀이] 행정처분기준

1차(경고) → 2차(경고) → 3차(경고) → 4차(조업정지 5일)

69 대기환경보전법규상 특정대기유해물질이 아닌 것은?

① 히드라진
② 크롬 및 그 화합물
③ 카드뮴 및 그 화합물
④ 브롬 및 그 화합물

[풀이] 브롬 및 그 화합물은 특정대기유해물질이 아니다.

70 대기환경보전법상 환경부장관은 대기오염물질과 온실가스를 줄여 대기환경을 개선하기 위하여 대기환경개선종합계획을 수립하여야 한다. 이 종합계획에 포함되어야 할 사항으로 거리가 먼 것은?(단, 그 밖의 사항 등은 고려하지 않음)

① 시, 군, 구별 온실가스 배출량 세부명세서
② 대기오염물질의 배출현황 및 전망
③ 기후변화로 인한 영향평가와 적응대책에 관한 사항
④ 기후변화 관련 국제적 조화와 협력에 관한 사항

풀이 대기환경개선종합계획 수립 시 포함사항

㉠ 대기오염물질의 배출현황 및 전망

㉡ 대기 중 온실가스의 농도변화 현황 및 전망

㉢ 대기오염물질을 줄이기 위한 목표설정과 이의 달성을 위한 분야별단계별 대책

㉣ 대기오염이 국민건강에 미치는 위해 정도와 이를 개선하기 위한 위해 수준의 설정에 관한 사항

㉤ 유해성 대기감시물질의 측정 및 감시·관찰에 관한 사항

㉥ 특정대기 유해물질을 줄이기 위한 목표 설정 및 달성을 위한 분야별·단계별 대책

㉦ 환경분야 온실가스 배출을 줄이기 위한 목표 설정과 이의 달성을 위한 분야별·단계별 대책

㉧ 기후변화로 인한 영향평가와 적응대책에 관한 사항

㉨ 대기오염물질과 온실가스를 연계한 통합대기환경 관리체계의 구축

㉩ 기후변화 관련 국제적 조화와 협력에 관한 사항

㉪ 그 밖에 대기환경을 개선하기 위하여 필요한 사항

71
대기환경보전법상 저공해자동차로의 전환 또는 개조 명령, 배출가스저감장치의 부착·교체 명령 또는 배출가스 관련 부품의 교체 명령, 저공해엔진(혼소엔진을 포함한다)으로의 개조 또는 교체 명령을 이행하지 아니한 자에 대한 과태료 부과기준은?

① 500만 원 이하의 과태료

② 300만 원 이하의 과태료

③ 200만 원 이하의 과태료

④ 100만 원 이하의 과태료

풀이 대기환경보전법 제94조 참조

72
실내공기질 관리법규상 PM－10의 실내공기질 유지기준이 $100\mu g\,g/m^3$ 이하인 다중이용시설에 해당하는 것은?

① 실내주차장

② 대규모 점포

③ 산후조리원

④ 지하역사

풀이 실내공기질 관리법상 유지기준(2019년 7월부터 적용)

오염물질 항목 다중 이용시설	미세먼지 (PM－10) ($\mu g/m^3$)	미세먼지 (PM－2.5) ($\mu g/m^3$)	이산화 탄소 (ppm)	폼알데 하이드 ($\mu g/m^3$)	총 부유세균 (CFU/m^3)	일산화 탄소 (ppm)
지하역사, 지하도상가, 철도역사의 대합실, 여객자동차터미널의 대합실, 항만시설 중 대합실, 공항시설 중 여객터미널, 도서관·박물관 및 미술관, 대규모점포, 장례식장, 영화상영관, 학원, 전시시설, 인터넷컴퓨터게임시설제공업의 영업시설, 목욕장업의 영업시설	100 이하	50 이하	1,000 이하	100 이하	－	10 이하
의료기관, 산후조리원, 노인요양시설, 어린이집	75 이하	35 이하		80 이하	800 이하	
실내주차장	200 이하	－		100 이하		25 이하
실내 체육시설, 실내 공연장, 업무시설, 둘 이상의 용도에 사용되는 건축물	200 이하	－		－	－	

※ 법규 변경사항이므로 해설의 내용으로 학습하시기 바랍니다.

73
대기환경보전법규상 배출시설을 설치·운영하는 사업자에 대하여 조업정지를 명하여야 하는 경우로서 그 조업정지가 주민의 생활 등 그 밖에 공익에 현저한 지장을 줄 우려가 있다고 인정되는 경우 조업정지처분을 갈음하여 과징금을 부과할 수 있다. 이때 과징금의 부과기준에 적용되지 않는 것은?

① 조업정지일수

② 1일당 부과금액

③ 오염물질별 부과금액

④ 사업장 규모별 부과계수

(풀이) 과징금은 행정처분기준에 따라 조업정지일수에 1일당 부과금액과 사업장 규모별 부과계수를 곱하여 산정한다.

74 다음은 대기환경보전법규상 비산먼지의 발생을 억제하기 위한 시설의 설치 및 필요한 조치에 관한 엄격한 기준이다. ( ) 안에 알맞은 것은?

"싣기와 내리기 공정"인 경우 싣거나 내리는 장소 주위에 고정식 또는 이동식 물뿌림시설(물뿌림 반경 (㉠) 이상, 수압 (㉡) 이상)을 설치할 것

① ㉠ 1.5m, ㉡ 2.5kg/cm^2

② ㉠ 1.5m, ㉡ 5kg/cm^2

③ ㉠ 7m, ㉡ 2.5kg/cm^2

④ ㉠ 7m, ㉡ 5kg/cm^2

(풀이) 비산먼지발생억제조치(엄격한 기준) : 싣기와 내리기

㉠ 최대한 밀폐된 저장 또는 보관시설 내에서만 분체상물질을 싣거나 내릴 것

㉡ 싣거나 내리는 장소 주위에 고정식 또는 이동식 물뿌림시설(물뿌림 반경 7m 이상, 수압 5kg/cm^2 이상)을 설치할 것

75 대기환경보전법규상 위임업무의 보고사항 중 수입자동차 배출가스 인증 및 검사현황의 보고기일 기준으로 옳은 것은?

① 다음 달 10일까지

② 매 분기 종료 후 15일 이내

③ 매 반기 종료 후 15일 이내

④ 다음 해 1월 15일까지

(풀이) 위임업무 보고사항

업무내용	보고 횟수	보고 기일	보고자
환경오염 사고 발생 및 조치 사항	수시	사고발생 시	시·도지사, 유역환경청장 또는 지방환경청장
수입자동차 배출가스 인증 및 검사현황	연 4회	매 분기 종료 후 15일 이내	국립환경과학원장
자동차 연료 및 첨가제의 제조·판매 또는 사용에 대한 규제 현황	연 2회	매 반기 종료 후 15일 이내	유역환경청장 또는 지방환경청장
자동차 연료 또는 첨가제의 제조기준 적합 여부 검사 현황	• 연료 : 연 4회 • 첨가제 : 연 2회	• 연료 : 매 분기 종료 후 15일 이내 • 첨가제 : 매 반기 종료 후 15일 이내	국립환경과학원장
측정기기관리대행업의 등록(변경등록) 및 행정처분 현황	연 1회	다음 해 1월 15일까지	유역환경청장, 지방환경청장 또는 수도권대기환경청장

76 다음은 대기환경보전법령상 변경신고에 따른 가동개시신고의 대상규모기준에 관한 사항이다. ( ) 안에 알맞은 것은?

배출시설에서 "대통령령으로 정하는 규모 이상의 변경"이란 설치허가 또는 변경허가를 받거나 설치신고 또는 변경신고를 한 배출구별 배출시설 규모의 합계보다 ( ) 증설(대기배출시설 증설에 따른 변경신고의 경우에는 증설의 누계를 말한다.)하는 배출시설의 변경을 말한다.

① 100분의 10 이상　② 100분의 20 이상

③ 100분의 30 이상　④ 100분의 50 이상

(풀이) 배출시설에서 "대통령령으로 정하는 규모 이상의 변경"이란 설치허가 또는 변경허가를 받거나 설치신고 또는 변경신고를 한 배출구별 배출시설 규모의 합계보다 100분의 20 이상 증설(대기배출시설 증설에 따른 변경신고의 경우에는 증설의 누계를 말한다.)하는 배출시설의 변경을 말한다.

77 대기환경보전법상 거짓으로 배출시설의 설치허가를 받은 후에 시·도지사가 명한 배출시설의 폐쇄명령까지 위반한 사업자에 대한 벌칙기준으로 옳은 것은?

① 7년 이하의 징역이나 1억 원 이하의 벌금
② 5년 이하의 징역이나 3천만 원 이하의 벌금
③ 1년 이하의 징역이나 500만 원 이하의 벌금
④ 300만 원 이하의 벌금

(풀이) 대기환경보전법 제89조 참조

78 실내공기질 관리법령상 이 법의 적용대상이 되는 다중이용시설로서 "대통령령으로 정하는 규모의 것"의 기준으로 옳지 않은 것은?

① 공항시설 중 연면적 1천5백 제곱미터 이상인 여객터미널
② 연면적 2천 제곱미터 이상인 실내주차장(기계식 주차장은 제외한다.)
③ 철도역사의 연면적 1천5백 제곱미터 이상인 대합실
④ 항만시설 중 연면적 5천제곱미터 이상인 대합실

(풀이) 철도역사의 연면적 2천 제곱미터 이상인 대합실

79 대기환경보전법령상 배출시설 설치허가를 받거나 설치신고를 하려는 자가 시·도지사 등에게 제출할 배출시설 설치허가신청서 또는 배출시설 설치신고서에 첨부하여야 할 서류가 아닌 것은?

① 배출시설 및 방지시설의 설치명세서
② 방지시설의 일반도
③ 방지시설의 연간 유지관리계획서
④ 환경기술인 임명일

(풀이) 배출시설 설치허가를 받거나 신고를 하려는 자가 배출시설 설치허가신청서 또는 배출시설 설치신고서에 첨부해야 하는 서류
　㉠ 원료(연료를 포함한다.)의 사용량 및 제품 생산량과 오염물질 등의 배출량을 예측한 명세서
　㉡ 배출시설 및 방지시설의 설치명세서
　㉢ 방지시설의 일반도
　㉣ 방지시설의 연간 유지관리 계획서
　㉤ 사용 연료의 성분 분석과 황산화물 배출농도 및 배출량 등을 예측한 명세서(배출시설의 경우에만 해당한다.)
　㉥ 배출시설설치허가증(변경허가를 신청하는 경우에만 해당한다.)

80 대기환경보전법규상 환경기술인을 임명하지 아니한 경우 4차 행정처분기준으로 옳은 것은?

① 경고
② 조업정지 5일
③ 조업정지 10일
④ 선임명령

(풀이) 행정처분 기준
　1차(선임명령) → 2차(경고) → 3차(조업정지 5일) → 4차(조업정지 10일)

Air Pollution Environmental

2023년 제2회 대기환경산업기사

제1과목 대기오염개론

01 경도모델(또는 K – 이론모델)의 가정으로 옳지 않은 것은?

① 오염물질은 지표를 침투하며 반사되지 않는다.
② 배출원에서 오염물질의 농도는 무한하다.
③ 풍하 측으로 지표면은 평평하고 균등하다.
④ 풍하 쪽으로 가면서 대기의 안정도는 일정하고 확산계수는 변하지 않는다.

풀이 경도모델(또는 K – 이론모델)의 가정
ⓐ 배출원에서 오염물질의 농도는 무한하다.
ⓑ 풍하 측으로 지표면은 평평하고 균등하다.
ⓒ 풍하 쪽으로 가면서 대기의 안정도는 일정하고 확산계수는 변하지 않는다.
ⓓ 배출원에서 무한히 멀어지면 오염농도는 0이 된다.
ⓔ 오염물질은 지표를 침투하지 못하고 반사한다.
ⓕ 오염물질은 생성되거나 소멸되지 않는다.
ⓖ 연기축에 직각인 단면에서 오염물질의 농도분포는 가우스분포이다.

02 다음 역사적 대기오염사건 중 주로 자동차 배출가스의 광화학반응으로 생긴 사건은?

① 런던 사건
② 도노라 사건
③ 보팔 사건
④ 로스앤젤레스 사건

풀이 로스앤젤레스형 스모그는 자동차의 배출가스가 주 오염원으로 작용하였다.

03 지구상에 분포하는 오존에 관한 설명으로 옳지 않은 것은?

① 오존량은 돕슨(Dobson) 단위로 나타내는데, 1Dobson은 지구 대기 중 오존의 총량을 0℃, 1기압의 표준상태에서 두께로 환산하였을 때 0.01cm에 상당하는 양이다.
② 몬트리올 의정서는 오존층 파괴물질의 규제와 관련한 국제협약이다.
③ 오존의 생성 및 분해반응에 의해 자연 상태의 성층권 영역에는 일정 수준의 오존량이 평형을 이루게 되고, 다른 대기권역에 비해 오존의 농도가 높은 오존층이 생긴다.
④ 지구 전체의 평균오존전량은 약 300Dobson이지만, 지리적 또는 계절적으로 그 평균값의 ±50% 정도까지 변화하고 있다.

풀이 오존량은 돕슨(Dobson) 단위로 나타내는데 1Dobson은 지구 대기 중 오존의 총량을 0℃, 1기압의 표준상태에서 두께로 환산하였을 때 0.001cm에 상당하는 양이다.

04 체적이 100m³인 지하 복사실의 공간에서 오존의 배출량이 0.2mg/min인 복사기를 연속으로 작동하고 있다. 복사기를 사용하기 전의 실내 오존의 농도가 0.05ppm이라고 할 때 6시간 사용 후 오존농도는?(단, 표준상태 기준)

① 283ppb
② 386ppb
③ 430ppb
④ 520ppb

Answer 01 ① 02 ④ 03 ① 04 ②

5-287

풀이 오존농도
= 복사기 사용 전 농도 + 복사기 사용으로 증가된
농도
- 사용 전 농도(ppb)
$= 0.05ppm \times 10^3 ppb/ppm$
$= 50ppb$
- 증가농도
$$= \frac{0.2mg/min \times 6hr \times 60min/hr}{100m^3}$$
$$= 0.72mg/m^3$$
- 증가농도(ppb)
$$= 0.72mg/m^3 \times \frac{22.4mL}{48mg} \times 10^3 ppb/ppm$$
$$= 336ppb$$
$= 50 + 336 = 386ppb$

05 다음 배출오염물질 중 '석유정제, 포르말린제조, 도장공업'이 주된 배출 관련 업종인 것은?

① NOx ② Pb
③ C_6H_6 ④ NH_3

풀이 C_6H_6(벤젠) 배출원
포르말린제조, 도장공업, 석유정제

06 흑체에서 복사되는 에너지 중 파장 λ와 $\lambda + \Delta\lambda$ 사이에 들어 있는 에너지양(E_λ)을 아래 식으로 표현하는 것과 관련한 법칙은?

$E_\lambda = C_1\lambda^{-5}[\exp(C_2/\lambda T) - 1]^{-1}$
(단, T는 흑체의 온도, C_1, C_2는 상수)

① 스테판-볼츠만의 법칙
② 빈의 변위법칙
③ 플랑크의 법칙
④ 베버-페흐너의 법칙

풀이 플랑크의 법칙
방정식을 사용하여 복사에너지의 강도를 표면온도와 파장의 함수로 나타낸 것이다.

07 바람에 관한 설명으로 옳지 않은 것은?

① 북반구의 경도풍은 저기압에서는 시계바늘 진행방향으로 회전하면서 아래로 침강하면서 분다.
② 낮에 바다에서 육지로 부는 해풍은 밤에 육지에서 바다로 부는 육풍보다 보통 강하다.
③ 산풍은 보통 곡풍보다 더 강하다.
④ 푄풍은 산맥의 정상을 기준으로 풍상 쪽 경사면을 따라 공기가 상승하면서 건조단열변화를 하기 때문에 평지에서보다 기온이 약 1℃/100m의 율로 하강한다.

풀이 북반구의 경도풍은 저기압에서는 시계바늘 반대방향으로 회전하면서 위쪽으로 상승하면서 분다.

08 다음 중 대기오염물질 중 2차 오염물질에 해당하는 것은?

① SiO_2 ② H_2O_2
③ 방향족 탄화수소 ④ CO_2

풀이 2차 오염물질의 종류
대부분 광산화물로서 O_3, PAN($CH_3COOONO_2$), H_2O_2, NOCl, 아크롤레인(CH_2CHCHO) 등

09 다음 오염물질 중 사지 감각 이상, 구음장애, 청력장애, 구심성 시야협착, 소뇌성 운동질환 등의 주요 증상이 특징적이고 Hunter-Russel 증후군으로도 일컬어지고 있는 오염물질은?

① 메틸수은 ② 납
③ 크롬 ④ 카드뮴

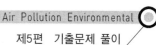

 수은에 의한 중독증상

일반적으로 Hunter – Russel 증후군으로 일컬어지며 특징적인 증상은 구내염, 근육진전, 정신증상, 청력장애, 구심성 시야협착 등이다.

10 파장 $5,210 \text{Å}$인 빛 속에 밀도가 1.25g/cm^3이고, 직경 $0.3 \mu m$인 기름방울의 분산 면적비가 4일 때 먼지농도가 0.4mg/m^3이라면 가시거리 (V)는?(단, 가시거리 $(V) = \dfrac{5.2\rho r}{KC}$를 이용)

① 609m
② 805m
③ 1,000m
④ 1,230m

풀이
$$V = \frac{5.2\rho r}{K \cdot C} = \frac{5.2 \times 1.25 \times 0.15}{4 \times 0.4 \times 10^{-3}} = 609.38\text{m}$$

여기서, K : 비분산 면적
  C : 분진농도(g/m^3)
  ρ : 분진의 밀도(g/cm^3)
  r : 분진의 반경(μm)

11 자동차 배출가스가 발생되는 가솔린 기관의 작동 원리 중 4행정 사이클의 기본 동작에 해당되지 않는 것은?

① 흡입행정
② 압축행정
③ 폭발행정
④ 누출행정

풀이 4행정 사이클의 기본 동작
  ㉠ 흡입행정
  ㉡ 압축행정
  ㉢ 폭발행정
  ㉣ 배기행정

12 다음 ( ) 안에 알맞은 것은?

( )이란 적도무역풍이 평년보다 강해지며, 서태평양의 해수면과 수온이 평년보다 상승하게 되고, 찬 해수의 용승현상 때문에 적도 동태평양에서 저수온 현상이 강화되어 나타나는 현상으로, 해수면의 온도가 6개월 이상 0.5℃ 이상 낮은 현상이 지속되는 것을 말한다.

① 엘니뇨 현상
② 사헬 현상
③ 라니냐 현상
④ 해들리셀 현상

풀이 라니냐(La Nina) 현상
  ㉠ 라니냐란 스페인어로 '여자아이'라는 뜻으로 엘니뇨 현상의 반대의미이다.
  ㉡ 라니냐가 발생하는 이유는 적도무역풍이 평년보다 강해지며, 서태평양의 해수면과 수온이 평년보다 상승하게 되고, 찬 해수의 용승현상 때문에 적도 동태평양에서 저수온 현상이 강화되어 나타난다.
  ㉢ 해수면의 온도가 6개월 이상 0.5℃ 이상 낮은 현상이 지속되어 엘니뇨 현상과 마찬가지로 기상이변의 주요원인이 된다.

13 광화학적 스모그(Smog)의 3대 주요 원인요소와 거리가 먼 것은?

① 아황산가스
② 자외선
③ 올레핀계 탄화수소
④ 질소산화물

풀이 광화학 스모그(Smog)의 3대 주요 원인요소
  ㉠ 자외선(햇빛)
  ㉡ 올레핀계 탄화수소
  ㉢ 질소산화물

14 오존(O_3)에 관한 설명 중 옳지 않은 것은?

① 폐수종과 폐충혈 등을 유발시키며, 섬모운동의 기능장애를 일으킨다.
② 식물의 경우 주로 어린잎에 피해를 일으키며, 오존에 강한 식물로는 시금치, 파 등이 있다.
③ 오존에 약한 식물로는 담배, 자주개나리 등이 있다.

④ 인체의 DNA와 RNA에 작용하여 유전인자에 변화를 일으킬 수 있다.

🗨️ 식물의 경우 주로 성장한 잎에 피해를 일으키며 오존에 강한 식물에는 양파, 해바라기, 국화, 아카시아 등이 있다.

15 다음 대기상태에 해당되는 연기의 형태는?

굴뚝의 높이보다 더 낮게 지표 가까이에 역전층이 이루어져 있고, 그 상공에는 대기가 불안정한 상태일 때 주로 발생하며, 고기압 지역에서 하늘이 맑고 바람이 약한 늦은 오후나 이른 밤에 주로 발생하기 쉽다.

① Looping   ② Lofting
③ Fanning   ④ Coning

🗨️ Lofting(지붕형)
   ㉠ 굴뚝의 높이보다 더 낮게 지표 가까이에 역전층(안정)이 이루어져 있고, 그 상공의 대기가 불안정한 상태일 때 주로 발생한다.
   ㉡ 고기압 지역에서 하늘이 맑고 바람이 약한 늦은 오후(초저녁)나 이른 밤에 주로 발생하기 쉽다.
   ㉢ 연기에 의한 지표의 오염도는 가장 적게 되며 역전층 내에서 지표배출원에 의한 오염도는 크게 나타난다.

16 오염원 영향평가 방법 중 분산모델에 관한 설명으로 옳지 않은 것은?

① 점, 선, 면 오염원의 영향을 평가할 수 있다.
② 2차 오염원의 확인이 가능하다.
③ 새로운 오염원이 지역 내에 신설될 때 매번 재평가하여야 한다.
④ 지형 및 오염원의 조업조건에 영향을 받지 않는다.

🗨️ 분산모델의 특징
   ㉠ 2차 오염원의 확인이 가능하다.

   ㉡ 지형 및 오염원의 작업조건에 영향을 받는다.
   ㉢ 미래의 대기질을 예측할 수 있다.
   ㉣ 새로운 오염원이 지역 내에 생길 때, 매번 재평가를 하여야 한다.
   ㉤ 점, 선, 면 오염원의 영향을 평가할 수 있다.
   ㉥ 단기간 분석 시 문제가 된다.
   ㉦ 특정오염원의 영향을 평가할 수 있는 잠재력을 가지고 있으나 기상과 관련하여 대기 중의 무작위적인 특성을 적절하게 묘사할 수 없으므로 결과에 대한 불확실성이 크다.

17 대기의 연직구조에 대한 설명으로 거리가 먼 것은?

① 대류권은 보통 저위도 지방이 고위도 지방에 비하여 높다.
② 대류권은 지표에서부터 약 11km까지의 높이로서 구름이 끼고 비가 오는 등의 기상현상은 대류권에 국한되어 나타난다.
③ 기상요소의 수평분포는 위도, 해륙분포 등에 의하며 지역에 따라 다르게 나타나지만 연직방향에 따른 변화가 더욱 크다.
④ 성층권의 고도는 약 11km에서 50km까지이고, 이 권역에서는 고도에 따라 온도가 증가하고, 하층부의 밀도가 작아서 불안정한 상태를 나타낸다.

🗨️ 성층권의 고도는 약 11km에서 50km까지이고, 이 권역에서는 고도에 따라 온도가 증가하고, 하층부의 밀도가 커서 안정한 상태를 나타낸다.

18 코리올리힘(C, 전항력)의 크기를 옳게 나타낸 것은?(단, Ω : 지구자전 각속도, θ : 위도, U : 물체의 속도)

① $2\Omega\cos\theta\,U$ ② $2\Omega\sin\theta\,U$
③ $2\Omega\tan\theta\,U$ ④ $2\Omega\cotan\theta\,U$

전향력(Coriolis Force)

$$C = V \times f = 2\Omega\sin\phi\, V$$

여기서,

C : 코리올리의 힘(전향력)

V : 물체(단위질량을 갖는 공기덩어리)의 속도

f : 코리올리 인자(전향 인자)

$f = 2\Omega\sin\phi$

Ω : 지구자전 각속도(7.27×10^{-5}rad/sec)

ϕ : 물체가 있는 지점의 위도 극지방에서 최대, 적도지방에서 최솟값(0)을 가짐

19 확산계수 $K_y = K_z = 0.11$, 풍속 $U = 15$m/sec, 굴뚝의 유효고 100m, 오염물질의 배출률 $Q = 30,000$Sm³/h이고, 가스 중 황산화물 농도가 1,500ppm이라고 할 때, 지상에 나타나는 황산화물의 최대 지표농도는 몇 ppm인가?(단, Sutton의 확산식을 이용한다.)

① 약 0.01 　　② 약 0.02
③ 약 0.03 　　④ 약 0.04

 C_{max}

$$= \frac{2Q}{\pi e u H_e^2}\left(\frac{K_z}{K_y}\right)$$

$$= \frac{2 \times 30,000\text{Sm}^3/\text{hr} \times}{3.14 \times 2.72 \times 15\text{m/sec}} \times \left(\frac{0.11}{0.11}\right)$$
$$\times (100\text{m})^2$$

$$= 0.02\text{ppm}$$

20 대기압력이 870mb인 높이에서의 온도가 17℃였다. 온위(Potential Temperature, K)는 얼마인가?

① 267.54 　　② 280.15
③ 301.87 　　④ 311.62

 온위$(\theta) = T\left(\frac{1,000}{P}\right)^{0.288}$

$$= (273 + 17) \times \left(\frac{1,000}{870}\right)^{0.288}$$

$$= 301.87\text{K}$$

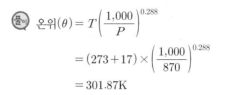 **제2과목** 대기오염공정시험기준(방법)

21 다음은 배출가스 중의 페놀류의 기체크로마토그래피 분석방법을 설명한 것이다. ( ) 안에 알맞은 것은?

배출가스를 (㉠)에 흡수시켜 이 용액을 산성으로 한 후 (㉡)(으)로 추출한 다음 기체크로마토그래피로 정량하여 페놀류의 농도를 산출한다.

① ㉠ 증류수, ㉡ 과망간산칼륨
② ㉠ 수산화소듐용액, ㉡ 과망간산칼륨
③ ㉠ 증류수, ㉡ 아세트산에틸
④ ㉠ 수산화소듐용액, ㉡ 아세트산에틸

 굴뚝배출가스 중 페놀류 분석방법(기체크로마토그래피)

배출가스 중의 페놀류를 측정하는 방법으로서 배출가스를 수산화소듐용액에 흡수시켜 이 용액을 산성으로 한 후 아세트산에틸로 추출한 다음 기체크로마토그래프로 정량하여 페놀류의 농도를 산출한다.

22 화학분석 일반사항에 관한 설명으로 옳지 않은 것은?

① "약"이란 그 무게 또는 부피에 대하여 ±5% 이상의 차가 있어서는 안 된다.
② 표준품을 채취할 때 표준액이 정수로 기재되어 있어도 실험자가 환산하여 기재수치에 "약" 자

를 붙여 사용할 수 있다.

③ "방울수"라 함은 20℃에서 정제수 20방울을 떨어뜨릴 때 그 부피가 약 1mL 되는 것을 뜻한다.

④ 시험에 사용하는 표준품은 원칙적으로 특급시약을 사용하며 표준액을 조제하기 위한 표준용시약은 따로 규정이 없는 한 데시케이터에 보존된 것을 사용한다.

풀이 "약"이란 그 무게 또는 부피에 대하여 ±10% 이상의 차가 있어서는 안 된다.

23 배출가스 중 입자상 물질 시료채취를 위한 분석기기 및 기구에 관한 설명으로 옳지 않은 것은?

① 흡입노즐은 스테인리스강 재질, 경질유리 또는 석영 유리제로 만들어진 것으로 사용한다.

② 흡입노즐의 안과 밖의 가스흐름이 흐트러지지 않도록 흡입노즐 내경(d)은 3mm 이상으로 한다.

③ 흡입관은 수분응축을 방지하기 위해 시료가스 온도를 120±14℃로 유지할 수 있는 가열기를 갖춘 보로실리케이트, 스테인리스강 재질 또는 석영유리관을 사용한다.

④ 흡입노즐의 꼭짓점은 60° 이하의 예각이 되도록 하고 매끈한 반구모양으로 한다.

풀이 흡입노즐의 꼭짓점은 30° 이하의 예각이 되도록 하고 매끈한 반구모양으로 한다.

24 다음은 유류 중의 황 함유량 분석방법 중 연소관식 공기법에 관한 설명이다. ( ) 안에 알맞은 것은?

이 시험기준은 원유, 경유, 중유의 황 함유량을 측정하는 방법을 규정하며 유류 중 황 함유량이 질량분율 0.01% 이상의 경우에 적용한다. (㉠)로

가열한 석영재질 연소관 중에 공기를 불어넣어 시료를 연소시킨다. 생성된 황산화물을 과산화수소 3%에 흡수시켜 황산으로 만든 다음, (㉡) 표준액으로 중화적정하여 황 함유량을 구한다.

① ㉠ 450~550℃, ㉡ 질산칼륨

② ㉠ 450~550℃, ㉡ 수산화소듐

③ ㉠ 950~1,100℃, ㉡ 질산칼륨

④ ㉠ 950~1,100℃, ㉡ 수산화소듐

풀이 연료용 유류 중의 황 함유량 분석방법(연소관식 공기법)

㉠ 원유, 경유, 중유의 황 함유량을 측정하는 방법을 규정하며 유류 중 황 함유량이 질량분율 0.01% 이상인 경우에 적용한다.

㉡ 950~1,100℃로 가열한 석영재질 연소관 중에 공기를 불어넣어 시료를 연소시킨다.

㉢ 생성된 황산화물을 과산화수소(3%)에 흡수시켜 황산으로 만든 다음, 수산화소듐 표준액으로 중화적정하여 황 함유량을 구한다.

25 일반적으로 환경대기 중에 부유하고 있는 총부유먼지와 10㎛ 이하의 입자상 물질을 여과지 위에 채취하여 질량농도를 구하거나 금속 등의 성분분석에 이용되며, 흡입펌프, 분립장치, 여과지홀더 및 유량측정부의 구성을 갖는 분석방법으로 가장 적합한 것은?

① 고용량 공기시료채취기법

② 저용량 공기시료채취기법

③ 광산란법

④ 광투과법

풀이 저용량 공기시료채취법(Low Volume Air Sampler법)

㉠ 원리 및 적용범위 : 일반적으로 이 방법은 대기 중에 부유하고 있는 10㎛ 이하의 입자상 물질을 저용량 공기시료채취기를 사용하여 여과지 위에 채취하고 질량농도를 구하거나 금속 등의 성분분석에 이용한다.

ⓒ 장치의 구성 : 저용량 공기시료채취기의 기본 구성은 흡입펌프, 분립장치, 여과지 홀더 및 유량측정부로 구성된다.

응축수를 급속히 냉각시키고 배관계의 밖으로 방출시킨다.

(풀이) 냉각도관은 될 수 있는 대로 수직으로 연결한다.

26 다음은 배출가스 중 수은화합물 측정을 위한 냉증기 원자흡수분광광도법에 관한 설명이다. ( ) 안에 알맞은 것은?

배출원에서 등속으로 흡입된 입자상과 가스상 수은은 흡수액인 (㉠)에 채취된다. Hg^{2+} 형태로 채취한 수은은 Hg^0 형태로 환원시켜서, 광학셀에 있는 용액에서 기화시킨 다음 원자흡수분광광도계로 (㉡)에서 측정한다.

① ㉠ 산성 과망간산포타슘 용액, ㉡ 193.7nm
② ㉠ 산성 과망간산포타슘 용액, ㉡ 253.7nm
③ ㉠ 다이메틸글리옥심 용액, ㉡ 193.7nm
④ ㉠ 다이메틸글리옥심 용액, ㉡ 253.7nm

(풀이) 냉증기 – 원자흡수분광광도법
배출원에서 등속으로 흡입된 입자상과 가스상 수은은 흡수액인 산성 과망간산포타슘 용액에 채취된다. Hg^{2+} 형태로 채취한 수은을 Hg^0 형태로 환원시켜서, 광학셀에 있는 용액에서 기화시킨 다음 원자흡광분광광도계로 253.7nm에서 측정한다.

27 굴뚝연속자동측정기 설치방법 중 도관 부착방법으로 가장 거리가 먼 것은?

① 냉각 도관 부분에는 반드시 기체 – 액체 분리관과 그 아래쪽에 응축수 트랩을 연결한다.
② 응축수의 배출에 쓰는 펌프는 충분히 내구성이 있는 것을 쓰며, 이때 응축수 트랩은 사용하지 않아도 좋다.
③ 냉각도관은 될 수 있는 대로 수평으로 연결한다.
④ 기체 – 액체 분리관은 도관의 부착위치 중 가장 낮은 부분 또는 최저 온도의 부분에 부착하여

28 "항량이 될 때까지 건조한다"에서 "항량"의 범위는 벗어나지 않는 것은?

① 검체 8g을 1시간 더 건조하여 무게를 달아 보니 7.9975g이었다.
② 검체 4g을 1시간 더 건조하여 무게를 달아 보니 3.9989g이었다.
③ 검체 1g을 1시간 더 건조하여 무게를 달아 보니 0.9999g이었다.
④ 검체 100mg을 1시간 더 건조하여 무게를 달아 보니 99.9mg이었다.

(풀이) '항량이 될 때까지 건조한다'는 같은 조건에서 1시간 더 건조 또는 강열할 때 전후 무게의 차가 g당 0.3mg 이하이다.

① $\dfrac{(8-7.9975)g}{8g} = \dfrac{0.3125mg}{g}$

② $\dfrac{(4-3.9989)g}{4g} = \dfrac{0.275mg}{g}$

③ $\dfrac{(1-0.999)g}{1g} = \dfrac{1mg}{g}$

④ $\dfrac{(100-99.9)mg}{100mg} = \dfrac{1mg}{g}$

29 NaOH 20g을 물에 용해시켜 800mL로 하였다. 이 용액은 몇 N인가?

① 0.0625N   ② 0.625N
③ 6.25N   ④ 62.5N

(풀이) N(eq/L) = 20g/0.8L × 1eq/40g
       = 0.625eq/L(N)

30 다음 중 원자흡수분광광도법에서 광원부로 가장 적합한 장치는?

① 텅스텐램프   ② 플라즈마젯
③ 중공음극램프   ④ 수소방전관

풀이   원자흡수분광광도법의 장치구성 중 중공음극램프
     ㉠ 원자흡광 스펙트럼선의 선폭보다 좁은 선폭을
       갖고 휘도가 높은 스펙트럼을 방사하는 중공음
       극램프가 많이 사용된다.
     ㉡ 중공음극램프는 양극(+)과 중공원통상의 음
       극(−)을 저압의 희유가스 원소와 함께 유리 또
       는 석영제의 창판을 갖는 유리관 중에 봉입한
       것으로 음극은 분석하려고 하는 목적의 단일원
       소, 목적원소를 함유하는 합금 또는 소결합금
       으로 만들어져 있다.

31 기체크로마토그래피에 관한 설명으로 옳지 않은 것은?

① 일정유량으로 유지되는 운반가스(Carrier Gas)
   는 시료도입부로부터 분리관 내를 흘러서 검출
   기를 통하여 외부로 방출된다.
② 시료의 각 성분이 분리되는 것은 분리관을 통과
   하는 성분의 흡광성에 의한 속도변화 차이 때문
   이다.
③ 일반적으로 무기물 또는 유기물의 대기오염물
   질에 대한 정성, 정량 분석에 이용된다.
④ 기체시료 또는 기화한 액체나 고체시료를 운반
   가스(Carrier Gas)에 의하여 분리, 관 내에 전
   개시켜 기체상태에서 분리되는 각 성분을 크로
   마토그래피적으로 분석하는 방법이다.

풀이   시료도입부로부터 기체, 액체 또는 고체시료를 도
     입하면 기체는 그대로, 액체나 고체는 가열 기화되
     어 운반가스에 의하여 분리관 내로 송입되고 시료
     중의 각 성분은 충전물에 대한 각각의 흡착성 또는
     용해성의 차이에 따라 분리관 내에서의 이동속도가

달라지기 때문에 각각 분리되어 분리관 출구에 접
속된 검출기를 차례로 통과하게 된다.

32 환경대기 중 아황산가스의 농도를 산정량 수동법으로 측정하여 다음과 같은 결과를 얻었다. 이때 아황산가스의 농도는?

> • 적정에 사용한 0.01N – 알칼리 용액의 소비량 :
>   0.2mL
> • 시료가스 채취량 : 1.5m³

① $43\mu g/m^3$ ② $58\mu g/m^3$
③ $65\mu g/m^3$ ④ $72\mu g/m^3$

풀이 $농도(\mu g/m^3) = \dfrac{32,000 \times N \times v}{V}$

$$= \dfrac{32,000 \times 0.01 \times 0.2}{1.5}$$

$$= 42.67\mu g/m^3$$

여기서, N : 알칼리의 규정농도(0.01N)
          v : 적정에 사용한 알칼리의 양(mL)
          V : 시료가스채취량(m³)

33 시험의 기재 및 용어에 대한 정의로 옳지 않은 것은?

① 용액의 액성표시는 따로 규정이 없는 한 유리전
   극법에 의한 pH 미터로 측정한 것을 뜻한다.
② 액체성분의 양을 정확히 취한다 함은 홀피펫,
   눈금플라스크 또는 이와 동등 이상의 정도를 갖
   는 용량계를 사용하여 조작하는 것을 뜻한다.
③ 항량이 될 때까지 건조한다 함은 따로 규정이
   없는 한 보통의 건조방법으로 1시간 더 건조할
   때 전후 무게의 차가 매 g당 0.5mg 이하일 때를
   뜻한다.
④ 바탕시험을 하여 보정한다 함은 시료에 대한 처
   리 및 측정을 할 때 시료를 사용하지 않고 같은

방법으로 조작한 측정치를 빼는 것을 뜻한다.

 항량이 될 때까지 건조한다 함은 따로 규정이 없는 한 보통의 건조방법으로 1시간 더 건조할 때 전후 무게의 차가 매 g당 0.3mg 이하일 때를 뜻한다.

34 굴뚝 배출가스 내 휘발성유기화합물질(VOCs) 시료채취방법 중 흡착관법의 시료채취장치에 관한 설명으로 가장 거리가 먼 것은?

① 채취관 재질은 유리, 석영, 불소수지 등으로, 120℃ 이상까지 가열이 가능한 것이어야 한다.
② 시료채취관에서 응축기 및 기타 부분의 연결관은 가능한 한 짧게 하고, 불소수지 재질의 것을 사용한다.
③ 밸브는 스테인리스 재질로 밀봉윤활유를 사용하여 기체의 누출이 없는 구조이어야 한다.
④ 응축기 및 응축수 트랩은 유리재질이어야 하며, 응축기는 기체가 앞쪽 흡착관을 통과하기 전 기체를 20℃ 이하로 낮출 수 있는 부피이어야 한다.

 밸브는 불소수지, 유리 및 석영재질로 밀봉그리스를 사용하지 않고 가스의 누출이 없는 구조이어야 한다.

35 외부로 비산 배출되는 먼지를 고용량공기 시료채취법으로 측정한 조건이 다음과 같을 때 비산먼지의 농도는?

• 대조위치의 먼지농도 : 0.15mg/m³
• 채취먼지량이 가장 많은 위치의 먼지농도 : 4.69mg/m³
• 전 시료채취 기간 중 주 풍향이 90° 이상 변했으며, 풍속이 0.5m/s 미만 또는 10m/s 이상 되는 시간이 전 채취시간의 50% 미만이었다.

① 4.54mg/m³ ② 5.45mg/m³
③ 6.81mg/m³ ④ 8.17mg/m³

 비산먼지 농도(mg/m³)
$$= (C_H - C_B) \times W_D \times W_S$$
$$= (4.69 - 0.15) \times 1.5 \times 1.0$$
$$= 6.81 \text{mg/m}^3$$

36 링겔만 매연 농도표를 이용한 방법에서 매연 측정에 관한 설명으로 옳지 않은 것은?

① 농도표는 측정자의 앞 16cm에 놓는다.
② 농도표는 굴뚝배출구로부터 30~45cm 떨어진 곳의 농도를 관측 비교한다.
③ 측정자의 눈높이에 수직이 되게 관측 비교한다.
④ 매연의 검은 정도를 6종으로 분류한다.

 매연 측정 시 농도표는 측정자의 앞 16m에 놓는다.

37 굴뚝배출가스 중의 아황산가스 측정방법 중 연속자동측정법이 아닌 것은?

① 용액전도율법 ② 적외선형광법
③ 정전위전해법 ④ 불꽃광도법

 굴뚝배출가스 중의 아황산가스 측정방법의 종류
ㄱ 용액전도율법 ㄴ 적외선흡수법
ㄷ 자외선흡수법 ㄹ 정전위전해법
ㅁ 불꽃광도법

38 대기오염공정시험기준상 용기에 관한 용어 정의로 옳지 않은 것은?

① 용기라 함은 시험용액 또는 시험에 관계된 물질을 보존, 운반 또는 조작하기 위하여 넣어두는 것으로 시험에 지장을 주지 않도록 깨끗한 것을 뜻한다.

② 밀폐용기라 함은 물질을 취급 또는 보관하는 동안에 이물이 들어가거나 내용물이 손실되지 않도록 보호하는 용기를 뜻한다.

③ 기밀용기라 함은 광선을 투과하지 않는 용기 또는 투과하지 않게 포장을 한 용기로서 취급 또는 보관하는 동안에 내용물의 광화학적 변화를 방지할 수 있는 용기를 뜻한다.

④ 밀봉용기라 함은 물질을 취급 또는 보관하는 동안에 기체 또는 미생물이 침입하지 않도록 내용물을 보호하는 용기를 뜻한다.

〔풀이〕 **기밀용기**

물질을 취급 또는 보관하는 동안에 외부로부터의 공기 또는 다른 가스가 침입하지 않도록 내용물을 보호하는 용기를 뜻한다.

39 아황산가스(SO_2) 25.6g을 포함하는 2L 용액의 몰농도(M)는?

① 0.02M   ② 0.1M
③ 0.2M   ④ 0.4M

〔풀이〕
$$M(mol/L) = \frac{질량}{부피} \times \frac{mol}{분자량}$$
$$= 25.6g/2L \times mol/64g$$
$$= 0.2mol/L(M)$$

40 굴뚝 배출가스 중 먼지 채취 시 배출구(굴뚝)의 직경이 2.2m의 원형 단면일 때, 필요한 측정점의 반경 구분 수와 측정점 수는?

① 반경 구분 수 1, 측정점 수 4
② 반경 구분 수 2, 측정점 수 8
③ 반경 구분 수 3, 측정점 수 12
④ 반경 구분 수 4, 측정점 수 16

〔풀이〕 **원형 연도의 측정점 수**

굴뚝 직경 $2R$(m)	반경 구분 수	측정점 수
1 미만	1	4
1~2 미만	2	8
2~4 미만	3	12
4~4.5 미만	4	16
4.5 이상	5	20

제3과목   **대기오염방지기술**

41 흡수에 관한 설명으로 거리가 먼 것은?

① O_2, NO, NO_2 등은 물에 대한 용해도가 적은 가스에 해당한다.
② 용해도가 적은 기체의 경우에는 헨리의 법칙이 성립한다.
③ 물에 대한 헨리정수값(atm · m^3/kmol)은 30℃ 기준으로 CH_4 > $HCHO$ 이다.
④ 세정흡수효율은 세정수량이 클수록, 가스의 용해도가 적을수록 또 헨리정수가 클수록 커진다.

〔풀이〕 세정흡수효율은 세정수량이 클수록, 가스의 용해도가 클수록 또 헨리정수가 작을수록 커진다.

42 다음 연료 중 일반적으로 착화온도가 가장 높은 것은?

① 목탄   ② 무연탄
③ 갈탄(건조)   ④ 역청탄

〔풀이〕 탄화도가 클수록 착화온도가 크기 때문에 무연탄의 착화온도가 가장 높다.

43 배연탈황을 하지 않는 시설에서 중유 중의 황성분이 중량비로 $S(\%)$, 중유사용량이 매 시 $W(L)$이다. 하루 8시간씩 가동한다고 할 때 황산화물의 배출량(Sm^3/day)은?(단, 중유의 비중은 0.9, 표준상태를 기준으로 하며 황산화물은 전량 SO_2로 계산한다.)

① $0.0063 \times S \times W$

② $0.0504 \times S \times W$

③ $0.12 \times S \times W$

④ $0.224 \times S \times W$

풀이 $S + O_2 \rightarrow SO_2$

$32kg : 22.4Sm^3$

$W L/hr \times 0.01 S \times 0.9kg/L \times 8hr/day$

$: SO_2(Sm^3/day)$

$$SO_2 = \frac{W L/hr \times 0.01 S \times 0.9kg/L \times 8hr/day \times 22.4Sm^3}{32kg}$$

$$= 0.0504 \times W \times S (Sm^3/day)$$

44 사이클론 원추하부의 반경이 25cm, 배출가스의 접선속도가 6m/sec일 때 분리계수는?

① 14.7   ② 16.9

③ 21.3   ④ 24.0

풀이 분리계수$(S) = \dfrac{V_\theta^2}{R \times g}$

$$= \frac{(6m/sec)^2}{0.25m \times 9.8m/sec^2} = 14.69$$

45 전기집진장치에서 처음에는 99.6%의 먼지를 제거하였는데 성능이 떨어져 98%밖에 제거하지 못한다면 먼지의 배출농도는 처음의 몇 배가 되는가?

① 1.6배   ② 3.2배

③ 5배   ④ 162배

풀이 $C_o = C_i \times (1 - \eta)$

㉠ 99.6%일 때

$$C_o = C_i \times (1 - 0.996) = 0.004 C_i$$

㉡ 96%일 때

$$C_o = C_i \times (1 - 0.98) = 0.02 C_i$$

농도비 $= \dfrac{0.02 C_i}{0.004 C_i} = 5$배

46 탄소 87%, 수소 13%의 연료를 완전연소 시 배기가스를 분석한 결과 O_2는 5%였다. 이때 과잉공기량은?

① $1.3Sm^3/kg$ ② $3.5Sm^3/kg$

③ $4.6Sm^3/kg$ ④ $6.9Sm^3/kg$

풀이 과잉공기량$= (m - 1)A_o$

$$m = \frac{21}{21 - O_2} = \frac{21}{21 - 5} = 1.31$$

$$A_o = \frac{1}{0.21}[(1.867 \times 0.87) + (5.6 \times 0.13)]$$

$$= 11.20 Sm^3/kg$$

$$= (1.31 - 1) \times 11.20 Sm^3/kg$$

$$= 3.47 Sm^3/kg$$

47 다음 설명하는 연소장치로 가장 적합한 것은?

> 기체연료의 연소장치로서 천연가스와 같은 고발열량 연료를 연소시키는 데 사용되는 버너

① 선회버너   ② 방사형 버너

③ 유압분무식 버너   ④ 건식버너

풀이 방사형 버너

천연가스와 같은 고발열량 연료를 연소시키는 데 가장 적합한 버너이다.

48 다음 중 C/H의 크기순으로 옳게 배열된 것은?

① 올레핀계 > 나프텐계 > 아세틸렌 > 프로필렌 > 프로판
② 나프텐계 > 올레핀계 > 아세틸렌 > 프로판 > 프로필렌
③ 올레핀계 > 나프텐계 > 프로필렌 > 프로판 > 아세틸렌
④ 나프텐계 > 아세틸렌 > 올레핀계 > 프로판 > 프로필렌

(풀이) C/H 크기순서

방향족 > 올레핀계 > 나프텐계 > 아세틸렌 > 프로필렌 > 프로판

49 세정식 집진장치에서 입자가 포집되는 원리로 거리가 먼 것은?

① 가스의 증습에 의하여 입자가 서로 응집하는 원리
② 가스의 선회운동으로 입자를 분리 포집하는 원리
③ 액적 등에 입자가 관성 충돌하여 부착하는 원리
④ 미립자의 확산에 의하여 액적과의 접촉을 양호하게 하는 원리

(풀이) 가스의 선회운동으로 입자를 분리 포집하는 것은 원심력 집진장치의 포집원리이다.

50 탄소 1kg 연소 시 이론적으로 30,000kcal의 열이 발생하고, 수소 1kg 연소 시 이론적으로 34,100kcal의 열이 발생된다면 에탄 2kg 연소 시 이론적으로 발생되는 열량은?

① 30,820kcal
② 55,600kcal
③ 61,640kcal
④ 74,100kcal

(풀이) 에탄(C_2H_6) 분자량 = $(12 \times 2) + (1 \times 6) = 30$

$$C = 30,000 kcal/kg \times \frac{24}{30} \times 2kg$$
$$= 48,000 kcal$$
$$H = 34,100 kcal/kg \times \frac{6}{30} \times 2kg$$
$$= 13,640 kcal$$

이론적 발생열량 = 48,000 + 13,640
$$= 61,640 kcal$$

51 다음 중 LPG의 주성분으로 나열된 것은?

① C_3H_8, C_4H_{10}
② C_2H_6, C_3H_6
③ CH_4, C_3H_6
④ CH_4, C_2H_6

(풀이) LPG의 주성분 : 프로판(C_3H_8), 부탄(C_4H_{10})

52 다음은 원심력 송풍기의 유형 중 어떤 유형에 관한 설명인가?

> 축차의 날개는 작고 회전축자의 회전방향 쪽으로 굽어 있다. 이 송풍기는 비교적 느린 속도로 가동되며, 이 축차는 때로 "다람쥐축차"라고도 불린다. 주로 가정용 화로, 중앙난방장치 및 에어컨과 같이 저압 난방 및 환기 등에 이용된다.

① 방사 날개형
② 전향 날개형
③ 방사 경사형
④ 프로펠러형

(풀이) 전향 날개형(다익형) 송풍기

㉠ 전향 날개형(전곡 날개형(Forward – Curved Blade Fan))이라고 하며 익현 길이가 짧고 깃폭이 넓은 36~64매나 되는 다수의 전경깃이 강철판의 회전차에 붙여지고, 용접해서 만들어진 케이싱 속에 삽입된 형태의 팬으로, 시로코 팬이라고도 한다.

㉡ 송풍기의 임펠러가 다람쥐 쳇바퀴 모양으로 회전날개가 회전방향과 동일한 방향으로 설계되어 있으며 축차의 날개는 작고 회전축자의 회전방향 쪽으로 굽어 있다.

53

유체 내를 입자가 자유낙하할 때 입자의 종말침강속도(Terminal Settling Velocity) 계산 시 관계되는 힘과 가장 거리가 먼 것은?

① 항력 ② 관성력
③ 부력 ④ 중력

(풀이)
㉠ 힘의 평형식

중력＝부력＋항력

㉡ 입자에 작용하는 세 힘, 즉 중력, 부력, 항력이 균형을 이루어 침강하는 속도를 종말침강속도라 한다.

54

프로판과 부탄이 부피비 2 : 1로 혼합된 가스 $1Sm^3$을 이론적으로 완전연소시킬 때 발생되는 예상 CO_2의 양(Sm^3)은?

① 약 $2.0Sm^3$ ② 약 $3.3Sm^3$
③ 약 $4.4Sm^3$ ④ 약 $5.6Sm^3$

(풀이)
$C_3H_8 + 5O_2 \rightarrow 3CO_2 + 4H_2O$

$C_4H_{10} + 6.5O_2 \rightarrow 4CO_2 + 5H_2O$

CO_2 양 $= \left(3 \times \dfrac{2}{3}\right) + \left(4 \times \dfrac{1}{3}\right)$

$\qquad = 3.3Sm^3/Sm^3 \times 1Sm^3 = 3.3Sm^3$

55

다음 먼지의 입경측정방법 중 간접 측정법과 가장 거리가 먼 것은?

① 관성충돌법 ② 액상침강법
③ 표준체측정법 ④ 공기투과법

(풀이) 간접 측정방법

㉠ 관성충돌법 ㉡ 액상침강법
㉢ 광산란법 ㉣ 공기투과법

56

황 성분이 1.6%인 벙커C유를 매시 1,000kg 완전연소할 때 이론적으로 생성되는 SO_2의 양은?(단, 벙커C유의 황 성분은 전부 SO_2로 된다.)

① $45.0\,Sm^3/hr$ ② $32.4\,Sm^3/hr$
③ $22.4\,Sm^3/hr$ ④ $11.2\,Sm^3/hr$

(풀이)
$S + O_2 \longrightarrow SO_2$

$32kg \quad : \quad 22.4Sm^3$

$1,000kg/hr \times 0.016 : SO_2(Sm^3/hr)$

$SO_2(Sm^3/hr) = \dfrac{1,000kg/hr \times 0.016 \times 22.4Sm^3}{32kg}$

$\qquad = 11.2Sm^3/hr$

57

다음 유압식 Burner의 특징으로 옳은 것은?

① 분무각도는 40~90° 정도이다.
② 유량조절범위는 1 : 10 정도이다.
③ 소형가열로의 열처리 비용으로 주로 쓰이며, 유압은 1~2kg/cm² 정도이다.
④ 연소용량은 2~5L/h 정도이다.

(풀이)
② 유량조절범위는 환류식(1 : 3), 비환류식(1 : 2) 정도이다.
③ 유압은 5~30kg/cm² 정도이다.
④ 연소용량(연료분사범위)은 30~3,000L/hr (또는 15~2,000 L/hr) 정도이다.

58

탄소, 수소의 중량 조성이 각각 90%, 10%인 액체연료가 매시 20kg 연소되고, 공기비는 1.2라면 매시 필요한 공기량(Sm^3/hr)은?

① 약 215 ② 약 256
③ 약 278 ④ 약 292

$A = m \times A_o$

$$A_o = \frac{1}{0.21}[(1.867 \times 0.9) + (5.6 \times 0.1)]$$

$$= 10.67 \, Sm^3/kg$$

$$= 1.2 \times 10.67 \, Sm^3/kg$$

$$= 12.8 \, Sm^3/kg \times 20 kg/hr$$

$$= 256.03 \, Sm^3/hr$$

59 연료 중 탄수소비((C/H비)에 관한 설명으로 옳지 않은 것은?

① 액체연료의 경우 중유 > 경유 > 등유 > 휘발유 순이다.

② C/H비가 작을수록 비점이 높은 연료는 매연이 발생되기 쉽다.

③ C/H비는 공기량, 발열량 등에 큰 영향을 미친다.

④ C/H비가 클수록 휘도는 높다.

(풀이) C/H비가 클수록 비교적 비점이 높고 매연이 발생되기 쉽다.

60 다음 중 전기집진장치에서 입자에 작용하는 전기력의 종류로 가장 거리가 먼 것은?

① 대전입자의 하전에 의한 쿨롱력

② 전계강도에 의한 힘

③ 브라운 운동에 의한 확산력

④ 전기풍에 의한 힘

(풀이) 입자에 작용하는 전기력 종류
㉠ 대전입자의 하전에 의한 쿨롱력(가장 지배적으로 작용)
㉡ 전계강도에 의한 힘
㉢ 입자 간의 흡인력
㉣ 전기풍에 의한 힘

제4과목　대기환경관계법규

61 대기환경보전법규상 개선명령과 관련하여 이행상태 확인을 위해 대기오염도 검사가 필요한 경우 환경부령으로 정하는 대기오염도 검사기관과 거리가 먼 것은?

① 유역환경청

② 환경보전협회

③ 한국환경공단

④ 시 · 도의 보건환경연구원

(풀이) 대기오염도 검사기관
㉠ 국립환경과학원
㉡ 특별시 · 광역시 · 특별자치시 · 도 · 특별자치도의 보건환경연구원
㉢ 유역환경청, 지방환경청 또는 수도권대기환경청
㉣ 한국환경공단

62 대기환경보전법령상 자동차제작자는 자동차배출가스가 배출가스 보증기간에 제작차배출허용기준에 맞게 유지될 수 있다는 인증을 받아야 하는데, 이 인증받은 내용과 다르게 자동차를 제작하여 판매한 경우 환경부장관은 자동차제작자에게 과징금의 처분을 명할 수 있다. 이 과징금은 최대 얼마를 초과할 수 없는가?

① 500억 원　　② 100억 원

③ 10억 원　　④ 5억 원

(풀이) 환경부장관은 인증을 받지 아니하고 자동차를 제작하여 판매한 경우 등에 해당하는 때에는 그 자동차제작자에 대하여 매출액에 100분의 5를 곱한 금액을 초과하지 아니하는 범위에서 과징금을 부과할 수 있다. 이 경우 과징금의 금액은 500억 원을 초과할 수 없다.

63 대기환경보전법령상 2016년 1월 1일 이후 제작자동차 중 휘발유를 연료로 사용하는 최고속도 130km/h 미만 이륜자동차의 배출가스 보증기간 적용기준으로 옳은 것은?

① 2년 또는 20,000km
② 5년 또는 50,000km
③ 6년 또는 100,000km
④ 10년 또는 192,000km

(풀이) 2016년 1월 1일 이후 제작 자동차

사용 연료	자동차의 종류	적용기간	
휘발유	경자동차, 소형 승용 · 화물자동차, 중형 승용 · 화물자동차	15년 또는 240,000km	
	대형 승용 · 화물자동차, 초대형 승용 · 화물자동차	2년 또는 160,000km	
	이륜자동차	최고속도 130km/h 미만	2년 또는 20,000km
		최고속도 130km/h 이상	2년 또는 35,000km

64 악취방지법령상 악취방지계획에 따라 악취방지에 필요한 조치를 하지 아니하고 악취배출시설을 가동한 자에 대한 벌칙기준은?

① 1년 이하의 징역 또는 1천만 원 이하의 벌금
② 500만 원 이하의 벌금
③ 300만 원 이하의 벌금
④ 100만 원 이하의 벌금

(풀이) 악취방지법 제28조 참조

65 대기환경보전법령상 비산먼지 발생사업 신고 후 변경신고를 하여야 하는 경우로 옳지 않은 것은?

① 사업장의 명칭 또는 대표자를 변경하는 경우
② 비산먼지 배출공정을 변경하려는 경우
③ 건설공사의 공사기간을 연장하려는 경우
④ 공사중지를 한 경우

(풀이) 비산먼지 발생사업 신고 후 변경신고 대상
  ㉠ 사업장의 명칭 또는 대표자를 변경하는 경우
  ㉡ 비산먼지 배출공정을 변경하는 경우
  ㉢ 사업의 규모를 늘리거나 그 종류를 추가하는 경우
  ㉣ 비산먼지 발생억제시설 또는 조치사항을 변경하는 경우
  ㉤ 공사기간을 연장하는 경우(건설공사의 경우에만 해당한다)

66 환경정책기본법령상 납(Pb)의 대기환경기준($\mu g/m^3$)으로 옳은 것은?(단, 연간 평균치)

① 0.5 이하
② 5 이하
③ 50 이하
④ 100 이하

(풀이) 납(Pb)의 대기환경기준
  연간 평균치 : $0.5\mu g/m^3$ 이하

67 악취방지법규상 악취검사기관의 검사시설 · 장비 및 기술인력 기준에서 대기환경기사를 대체할 수 있는 인력요건으로 거리가 먼 것은?

① 「고등교육법」에 따른 대학에서 대기환경분야를 전공하여 석사 이상의 학위를 취득한 자
② 국 · 공립연구기관의 연구직공무원으로서 대기환경연구분야에 1년 이상 근무한 자
③ 대기환경산업기사를 취득한 후 악취검사기관

에서 악취분석요원으로 3년 이상 근무한 자

④ 「고등교육법」에 의한 대학에서 대기환경분야를 전공하여 학사학위를 취득한 자로서 같은 분야에서 3년 이상 근무한 자

(풀이) 대기환경산업기사를 취득한 후 악취검사기관에서 악취분석요원으로 5년 이상 근무한 사람

68 다음은 실내공기질 관리법령상 이 법의 적용대상이 되는 "대통령령으로 정하는 규모"기준이다. ( ) 안에 가장 알맞은 것은?

> 의료법에 의한 연면적 (㉠) 이상이거나 병상수 (㉡) 이상인 의료기관

① ㉠ 2천 제곱미터, ㉡ 100개
② ㉠ 1천 제곱미터, ㉡ 100개
③ ㉠ 2천 제곱미터, ㉡ 50개
④ ㉠ 1천 제곱미터, ㉡ 50개

(풀이) 의료법에 의한 연면적 2천 제곱미터 이상이거나 병상 수 100 이상인 의료기관은 실내공기질 관리법상 적용대상이다.

69 대기환경보전법규상 휘발성 유기화합물 배출규제와 관련된 행정처분기준 중 휘발성 유기화합물 배출억제·방지시설 설치 등의 조치를 이행하였으나 기준에 미달하는 경우 위반차수(1차 – 2차 – 3차)별 행정처분기준으로 옳은 것은?

① 개선명령 – 개선명령 – 조업정지 10일
② 개선명령 – 조업정지 30일 – 폐쇄
③ 조업정지 10일 – 허가취소 – 폐쇄
④ 경고 – 개선명령 – 조업정지 10일

(풀이) 행정처분기준
1차(개선명령) → 2차(개선명령) → 3차(조업정지 10일)

70 대기환경보전법령상 "사업장의 연료사용량 감축 권고" 조치를 하여야 하는 대기오염 경보 발령단계 기준은?

① 준주의보 발령단계 ② 주의보 발령단계
③ 경보발령단계 ④ 중대경보 발령단계

(풀이) 경보발령단계별 조치사항
㉠ 주의보 발령 : 주민의 실외활동 및 자동차 사용의 자제 요청 등
㉡ 경보 발령 : 주민의 실외활동 제한 요청, 자동차 사용의 제한 및 사업장의 연료사용량 감축 권고 등
㉢ 중대경보 발령 : 주민의 실외활동 금지 요청, 자동차의 통행금지 및 사업장의 조업시간 단축 명령 등

71 대기환경보전법령상 사업장의 분류기준 중 4종 사업장의 분류기준은?

① 대기오염물질발생량의 합계가 연간 20톤 이상 50톤 미만인 사업장
② 대기오염물질발생량의 합계가 연간 10톤 이상 20톤 미만인 사업장
③ 대기오염물질발생량의 합계가 연간 2톤 이상 10톤 미만인 사업장
④ 대기오염물질발생량의 합계가 연간 1톤 이상 10톤 미만인 사업장

(풀이) 사업장 분류기준

종별	오염물질발생량 구분
1종 사업장	대기오염물질발생량의 합계가 연간 80톤 이상인 사업장
2종 사업장	대기오염물질발생량의 합계가 연간 20톤 이상 80톤 미만인 사업장
3종 사업장	대기오염물질발생량의 합계가 연간 10톤 이상 20톤 미만인 사업장

종별	오염물질발생량 구분
4종 사업장	대기오염물질발생량의 합계가 연간 2톤 이상 10톤 미만인 사업장
5종 사업장	대기오염물질발생량의 합계가 연간 2톤 미만인 사업장

72 다음은 악취방지법규상 악취검사기관과 관련한 행정처분기준이다. ( ) 안에 가장 적합한 처분기준은?

검사시설 및 장비가 부족하거나 고장 난 상태로 7일 이상 방지한 경우 4차 행정처분기준은 ( )이다.

① 경고
② 업무정지 1개월
③ 업무정지 3개월
④ 지정취소

(풀이) 각 위반차수별 행정처분기준(1차~4차순)
경고－업무정지 1개월－업무정지 3개월－지정취소

73 대기환경보전법규상 다음 정밀검사대상 자동차에 따른 정밀검사 유효기간으로 옳지 않은 것은?(단, 차종의 구분 등은 자동차관리법에 의함)

① 차령 4년 경과된 비사업용 승용자동차 : 1년
② 차령 3년 경과된 비사업용 기타자동차 : 1년
③ 차령 2년 경과된 사업용 승용자동차 : 1년
④ 차령 2년 경과된 사업용 기타자동차 : 1년

(풀이) 정밀검사대상 자동차 및 정밀검사 유효기간

차종		정밀검사대상 자동차	검사 유효기간
비 사업용	승용자동차	차령 4년 경과된 자동차	2년
	기타자동차	차령 3년 경과된 자동차	1년
사업용	승용자동차	차령 2년 경과된 자동차	
	기타자동차	차령 2년 경과된 자동차	

74 환경정책기본법령상 이산화질소(NO_2)의 대기환경기준으로 옳은 것은?

① 연간 평균치 0.03ppm 이하
② 24시간 평균치 0.05ppm 이하
③ 8시간 평균치 0.3ppm 이하
④ 1시간 평균치 0.15ppm 이하

(풀이) 대기환경기준

항목	기준	측정방법
이산화 질소 (NO_2)	• 연간 평균치 : 0.03ppm 이하 • 24시간 평균치 : 0.06ppm 이하 • 1시간 평균치 : 0.10ppm 이하	화학발광법 (Chemilumine-scence Method)

75 대기환경보전법규상 비산먼지 발생을 억제하기 위한 시설의 설치 및 필요한 조치에 관한 기준 중 수송공정의 측면 살수시설설치 규격기준으로 옳은 것은?

① 살수길이는 수송차량 전체길이의 1.5배 이상, 살수압은 1.5kg/cm² 이상으로 한다.
② 살수길이는 수송차량 전체길이의 1.5배 이상, 살수압은 3kg/cm² 이상으로 한다.
③ 살수길이는 수송차량 전체길이의 3배 이상, 살수압은 1.5kg/cm² 이상으로 한다.
④ 살수길이는 수송차량 전체길이의 3배 이상, 살수압은 3kg/cm² 이상으로 한다.

(풀이) 측면 살수시설을 설치 규격기준
㉠ 살수높이 : 수송차량의 바퀴부터 적재함 하단부까지
㉡ 살수길이 : 수송차량 전체길이의 1.5배 이상
㉢ 살수압 : 3kg/cm² 이상

76 대기환경보전법규상 관제센터로 측정결과를 자동전송하지 않는 사업장 배출구의 자가측정 횟수기준으로 옳은 것은?(단, 제1종 배출구이며, 기타 경우는 고려하지 않음)

① 매주 1회 이상
② 매월 2회 이상
③ 2개월마다 1회 이상
④ 반기마다 1회 이상

🔖 **자가측정의 대상·항목 및 방법**

관제센터로 측정결과를 자동전송하지 않는 사업장의 배출구

구분	배출구별 규모	측정횟수	측정항목
제1종 배출구	먼지·황산화물 및 질소산화물의 연간 발생량 합계가 80톤 이상인 배출구	매주 1회 이상	별표 8에 따른 배출허용기준이 적용되는 대기오염물질. 다만, 비산먼지는 제외한다.
제2종 배출구	먼지·황산화물 및 질소산화물의 연간 발생량 합계가 20톤 이상 80톤 미만인 배출구	매월 2회 이상	
제3종 배출구	먼지·황산화물 및 질소산화물의 연간 발생량 합계가 10톤 이상 20톤 미만인 배출구	2개월마다 1회 이상	
제4종 배출구	먼지·황산화물 및 질소산화물의 연간 발생량 합계가 2톤 이상 10톤 미만인 배출구	반기마다 1회 이상	
제5종 배출구	먼지·황산화물 및 질소산화물의 연간 발생량 합계가 2톤 미만인 배출구	반기마다 1회 이상	

77 다음은 대기환경보전법상 장거리이동 대기오염물질 대책위원회에 관한 사항이다. ( ) 안에 알맞은 것은?

위원회는 위원장 1명을 포함한 (㉠) 이내의 위원으로 성별을 고려하여 구성한다. 위원회의 위원장은 (㉡)이 된다.

① ㉠ 25명, ㉡ 환경부장관
② ㉠ 25명, ㉡ 환경부차관
③ ㉠ 50명, ㉡ 환경부장관
④ ㉠ 50명, ㉡ 환경부차관

🔖 **장거리이동 대기오염물질 대책위원회**
㉠ 위원회는 위원장 1명을 포함한 25명 이내의 위원으로 성별을 고려하여 구성한다.
㉡ 위원회의 위원장은 환경부차관이 된다.

78 환경정책기본법령상 오존(O_3)의 대기환경기준으로 옳은 것은?(단, 1시간 평균치)

① 0.03ppm 이하
② 0.05ppm 이하
③ 0.1ppm 이하
④ 0.15ppm 이하

🔖 **대기환경기준**

항목	기준	측정방법
오존 (O_3)	• 8시간 평균치 : 0.06ppm 이하 • 1시간 평균치 : 0.1ppm 이하	자외선 광도법 (U.V. Photometric Method)

79 다음은 대기환경보전법규상 주유소 주유 시설의 휘발성유기화합물 배출 억제·방지시설 설치 및 검사·측정결과의 기록보존에 관한 기준이다. (   ) 안에 알맞은 것은?

- 유증기 회수배관은 배관이 막히지 아니하도록 적절한 경사를 두어야 한다.
- 유증기 회수배관을 설치한 후에는 회수배관 액체막힘 검사를 하고 그 결과를 (   ) 기록·보존하여야 한다.

① 1년간   ② 2년간
③ 3년간   ④ 5년간

풀이 유증기 회수배관을 설치한 후에는 회수배관 액체막힘검사를 하고 그 결과를 5년간 기록·보존하여야 한다.

80 대기환경보전법규상 한국환경공단이 환경부장관에게 행하는 위탁업무 보고사항 중 "자동차 배출가스 인증생략현황"의 보고횟수 기준으로 옳은 것은?

① 연 4회   ② 연 2회
③ 연 1회   ④ 수시

풀이 위탁업무 보고사항

업무내용	보고횟수	보고기일
수시검사, 결함확인검사, 부품결함 보고서류의 접수	수시	위반사항 적발 시
결함확인검사 결과	수시	위반사항 적발 시
자동차배출가스 인증생략현황	연 2회	매 반기 종료 후 15일 이내
자동차 시험검사 현황	연 1회	다음 해 1월 15일까지

제1과목 대기오염개론

01 1985년 채택된 오존층 보호를 위한 국제협약은?

① 제네바 협약
② 비엔나 협약
③ 기후변화 협약
④ 리우 협약

(풀이) 오존층 보호를 위한 국제협약

비엔나 협약(1985), 몬트리올 의정서(1987), 런던 회의(1990), 코펜하겐 회의(1992) 등

02 다음 중 분산모델의 특징으로 가장 거리가 먼 것은?

① 지형 및 오염원의 조업조건에 영향을 받는다.
② 2차 오염원의 확인이 가능하다.
③ 점, 선, 면 오염원의 영향을 평가할 수 있다.
④ 지형, 기상학적 정보 없이도 사용 가능하다.

(풀이) 지형, 기상학적 정보 없이도 사용 가능한 것은 수용모델의 장점이다.

03 1984년 인도의 보팔시에서 발생한 대기오염사건의 주원인 물질은?

① H_2S
② SOx
③ CH_3CNO
④ CH_3SH

(풀이) 1984년 인도 중부지방의 보팔시에서 발생한 대기오염사건의 원인물질은 메틸이소시아네이트(MIC, CH_3CNO)이다.

04 원형굴뚝의 반경이 $1.5m$, 배출속도가 $7m/sec$, 평균풍속은 $3.5m/sec$일 때, 다음 식을 이용하여 Δh(유효 상승고)를 계산한 값은?(단, $\Delta h = 1.5\left(\dfrac{V_s}{u}\right) \times D$ 이용)

① 18.0m
② 9.0m
③ 6m
④ 4.5m

(풀이)
$$\Delta h = 1.5\left(\frac{V_s}{U}\right) \times D$$
$$= 1.5 \times \left(\frac{7m/sec}{3.5m/sec}\right) \times 3m = 9.0m$$

05 다음은 라돈에 관한 설명이다. ( ) 안에 알맞은 것은?

라돈은 (㉠)의 기체이며, 그 반감기는 (㉡)으로 라듐의 핵 분열 시 생성되는 물질이다.

① ㉠ 무색 · 무취, ㉡ 2.5일간
② ㉠ 무색 · 무취, ㉡ 3.8일간
③ ㉠ 적갈색, 자극성, ㉡ 2.5일간
④ ㉠ 적갈색, 자극성, ㉡ 3.8일간

(풀이) 라돈(Rn)

㉠ 주기율표에서 원자번호가 86번으로 화학적으로 불활성 물질(거의 반응을 일으키지 않음)이며 흙 속에서 방사선 붕괴를 일으키는 자연방사능 물질이다.

㉡ 무색, 무취의 사람이 매우 흡입하기 쉬운 기체로 액화되어도 색을 띠지 않는 물질이며, 토양, 콘크리트, 대리석, 지하수, 건축자재 등으로부터 공기 중으로 방출된다.

㉢ 반감기는 3.8일이다.

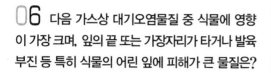

06 다음 가스상 대기오염물질 중 식물에 영향이 가장 크며, 잎의 끝 또는 가장자리가 타거나 발육 부진 등 특히 식물의 어린 잎에 피해가 큰 물질은?

① 오존
② 아황산가스
③ 질소산화물
④ 플루오르화수소

 불소 및 불소화합물(플루오르화수소 : HF)

㉠ 주로 잎의 끝이나 가장자리의 발육부진이 두드러지며 균에 의한 병이 발생하며 어린 잎에 피해가 현저한 편이다.(잎의 선단부나 엽록부에 피해)
㉡ HF에 저항성이 강한 식물 : 자주개나리, 장미, 콩, 담배, 목화, 라일락, 시금치, 토마토, 민들레, 명아주, 질경이 등
㉢ HF에 민감한(약한) 식물 : 글라디올러스, 옥수수, 살구, 복숭아, 어린소나무, 메밀, 자두 등

07 굴뚝의 유효고도가 40m이다. 일반적인 조건이 같을 때 최대 지표농도를 절반으로 감소시키려면 유효고도를 얼만큼 증가시켜야 하는가?

① 10m
② 17m
③ 22m
④ 28m

풀이
$$C_{max} = \frac{1}{H_e^2}$$

$$C_{max} : \frac{1}{(40m)^2} = \frac{1}{2} C_{max} : \frac{1}{(H_e)^2}$$

$$H_e = \sqrt{(40m)^2 \times 2} = 56.57m$$

증가높이 $= 56.57 - 40 = 16.57m$

08 열섬효과(Heat Island Effect)에 관한 설명으로 옳지 않은 것은?

① 도시 외곽지역에서는 도시중심지역에 비하여 고온의 공기층을 형성하게 되는데 이를 열섬(Heat Island)현상이라고 한다.
② 도시지역과 교외지역은 풍속이나 대기안정도의 특성이 서로 다르고, 열섬의 규모와 현상은 시공간적으로 다양하게 나타난다.
③ 열섬현상의 원인으로서는 인공열 발생 증가, 건물 등 구조물에 의한 거칠기 변화, 지표면에서의 증발잠열 차이 등이다.
④ 도시지역에서의 풍속은 교외지역에 비하여 평균적으로 25~30% 감소하며, 대기오염물질이 응결핵으로 작용하여 운량과 강우량의 증가 현상이 나타날 수 있다.

풀이 도시 중심지역에서는 도시 외곽지역에 비하여 고온의 공기층을 형성하게 되는데 이를 열섬(Heat Island)현상이라고 한다.

09 A사업장 굴뚝에서의 암모니아 배출가스가 30mg/m³로 일정하게 배출되고 있는데 향후 이 지역 암모니아 배출허용기준이 20ppm으로 강화될 예정이다. 방지시설을 설치하여 강화된 배출허용기준치의 70%로 유지하고자 할 때 이 굴뚝에서 방지시설을 설치하여 저감해야 할 암모니아의 농도는 몇 ppm인가?(단, 모든 농도조건은 표준상태로 가정)

① 11.5ppm
② 16.8ppm
③ 20.8ppm
④ 25.5ppm

풀이 저감농도
= 현재농도(배출농도) − 배출기준농도

$$현재농도 = 30mg/m^3 \times \frac{22.4mL}{17mg}$$

$$= 39.53ppm$$

배출기준농도 $= 20ppm \times 0.7 = 14ppm$

$= 39.53 - 14 = 25.53ppm$

10 대류권 내 공기의 구성물질을 '농도가 가장 안정된 물질, 쉽게 농도가 변하지 않는 물질, 쉽게 농도가 변하는 물질'의 3가지로 분류할 때, 다음 중 '쉽게 농도가 변하는 물질'에 해당하는 것은?

① Ne   ② NO_2
③ Ar   ④ CO_2

풀이 공기의 구성물질
　㉠ 농도가 가장 안정된 물질 : 산소, 질소, 이산화탄소, 아르곤
　㉡ 쉽게 농도가 변하지 않는 물질 : 네온, 헬륨, 크롬, 제논, 수소, 에탄, 일산화질소
　㉢ 쉽게 농도가 변하는 물질 : 이산화황, 이산화질소, 암모니아, 오존, 과산화수소

11 다음의 대기오염물질 중 2차 오염물질과 가장 거리가 먼 것은?

① N_2O_3 ② PAN
③ O_3 ④ NOCl

풀이 2차 오염물질의 종류
대부분 광산화물로서 O_3, PAN($CH_3COOONO_2$), H_2O_2, NOCl, 아크로레인(CH_2CHCHO) 등
※ N_2O_3는 1차 오염물질이다.

12 다음 그림은 탄화수소가 존재하지 않는 경우 NO_2의 광화학사이클(Photolytic Cycle)이다. 그림의 A가 O_2일 때 B에 해당하는 물질은?

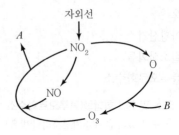

① NO   ② CO_2
③ NO_2 ④ O_2

풀이 NO_2의 광화학반응(광분해) Cycle

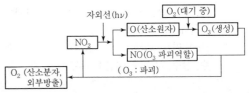

13 대기오염원의 영향평가 시 분산모델을 이용하기 위해 일반적으로 요구되는 입력자료로서 가장 거리가 먼 것은?

① 오염물질의 배출속도
② 굴뚝의 직경 및 재질
③ 오염원의 가동시간 및 방지시설의 효율
④ 오염물질 배출측정망 설치시기

풀이 대기오염원의 영향평가 시 분산모델을 이용하기 위해 일반적으로 요구되는 입력자료
　㉠ 배출량
　㉡ 배출원의 위치
　㉢ 배출원의 높이
　㉣ 유효 굴뚝고
　㉤ 배출가스 온도
　㉥ 배출가스 습도
　㉦ 굴뚝 직경

14 다음의 기온역전 중 공중역전과 가장 거리가 먼 것은?

① 침강역전
② 전선역전
③ 해풍역전
④ 이류성 역전

 ⊙ 접지(지표)역전 : 복사역전, 이류역전
ⓒ 공중역전 : 침강역전, 전선형 역전, 해풍형 역전, 난류역전

15 직경이 25cm인 관에서 유체의 점도가 $1.75 \times 10^{-5} kg/m \cdot sec$이고, 유체의 흐름속도가 2.5m/sec라고 할 때 이 유체의 레이놀즈수(NRe)와 흐름 특성은?(단, 유체밀도는 $1.15kg/m^3$이다.)

① 2,245, 층류
② 2,350, 층류
③ 41,071, 난류
④ 114,703, 난류

 $Re = \dfrac{\rho VD}{\mu}$

$= \dfrac{1.15 kg/m^3 \times 2.5 m/sec \times 0.25 m}{1.75 \times 10^{-5} kg/m \cdot sec}$

$= 41,071.42$

$Re > 4,000$이므로 흐름 특성은 난류이다.

16 연기형태에 관한 설명으로 옳지 않은 것은?

① Lofting형은 주로 고기압 지역에서 하늘이 맑고 바람이 약한 경우에 초저녁으로부터 아침에 걸쳐 발생하기 쉽다.
② Coning형은 대기가 중립조건일 때 발생하며, 이 연기 내에서는 오염의 단면분포가 전형적인 가우시안 분포를 이루고 있다.
③ Fumigation형은 보통 고기압 지역에서 상공이 침강역전층이 있고, 지표 부근에 복사역전이 있는 경우 역전층 사이에서 오염물질이 배출될 때 발생한다.

④ Looping형은 맑은 날 오후에 발생하기 쉽고, 풍속이 매우 강하여 상하층 간에 혼합이 크게 일어날 때 발생하게 된다.

 Fumigation(훈증형)
대기의 하층은 불안정, 그 상층은 안정상태일 경우에 나타나는 연기의 형태로서 상층에서 역전이 발생하여 굴뚝에서 배출되는 연기가 아래쪽으로만 확산된다.

17 다음 대기분산모델 중 벨기에에서 개발되었으며, 통계모델로서 도시지역의 오존농도를 계산하는 데 이용했던 것은?

① ADMS(Atmospheric Dispersion Ozone Model System)
② OCD(Offshore and Coastal Ozone Dispersion Model)
③ SMOGSTOP(Statistical Models Of Ground level Short Term Ozone Pollution)
④ RAMS(Regional Atmospheric Ozone Model System)

 SMOGS TOP(Statistical Models of Ground level Term Ozone Pollution)
⊙ 벨기에에서 개발한 모델이다.
ⓒ 통계모델로서 도시지역의 오존농도를 계산하는 데 이용된다.

18 황화합물에 관한 설명으로 옳지 않은 것은?

① 황화합물은 산화상태가 클수록 증기압은 커지고, 용해성은 감소한다.
② 해양을 통해 자연적 발생원 중 아주 많은 양의 황화합물이 DMS[$(CH_3)_2S$] 형태로 배출된다.
③ 대기 중 유입된 SO_2는 입자상 물질의 표면이나 물방울에 흡착된 후 비균질반응에 의해 대부분

황산염(SO_4^{2-})으로 산화되어 제거된다.

④ 카르보닐황(OCS)은 대류권에서 매우 안정하기 때문에 거의 화학적인 반응을 하지 않는다.

풀이 황화합물은 산화상태가 클수록 증기압이 커지고 용해성도 증가한다.

19 다음은 어떤 오염물질에 관한 설명인가?

> 이 오염물의 만성 폭로 시 가장 흔한 증상은 단백뇨이다. 신피질에서 이 물질이 임계농도에 이르면 처음에는 저분자량의 단백질의 배설이 증가하는데, 계속적으로 폭로되면 아미노산뇨, 당뇨, 고칼슘뇨증, 인산뇨 등의 증상을 가지는 Fanconi씨 증후군으로 진행된다.

① As ② Hg
③ Cr ④ Cd

풀이 **카드뮴(Cd)**
㉠ 만성 폭로 시 가장 흔한 증상은 단백뇨(신장기능 장해 : 신결석증)이며 골격계 장해(골연화증), 폐기능 장해도 유발한다.
㉡ 급성폭로로는 화학성 폐렴(폐에 강한 자극 증상) 및 구토, 설사, 급성위장염 등이 나타난다.
㉢ 산피질에서 임계농도에 이르면 처음에는 저분자량의 단백질의 배설이 증가하는데, 계속적으로 폭로되면 아미노산뇨, 당뇨, 고칼슘뇨증, 인산뇨 등의 증상을 가지는 Fanconi씨 증후군으로 진행된다.

20 다음 물질 중 보통 자동차 운행 때와 비교하여 감속할 경우 특징적으로 가장 크게 증가하는 것은?

① NOx ② CO_2
③ H_2O ④ HC

풀이 자동차배기가스
㉠ NOx : 가속 시
㉡ CO : 공회전 시
㉢ HC : 감속 시

21 램버트 비어(Lambert-Beer)의 법칙에 대한 설명으로 옳지 않은 것은?(단, I_o=입사광의 강도, I_t=투사광의 강도, c=농도, l=빛의 투사거리, ε=흡광계수, t=투과도)

① $I_t = I_o \cdot 10^{-\varepsilon cl}$ 로 표현한다.
② $\log(1/t)=A$를 흡광도라 한다.
③ ε는 비례상수로서 흡광계수라 하고, c=1mmol, l=1mm일 때의 ε의 값을 몰 흡광계수라 한다.
④ $\dfrac{I_t}{I_o} = t$를 투과도라 한다.

풀이 ε는 비례상수로서 흡광계수라 하고 c=1mol, l=10mm일 때의 ε의 값을 몰흡광계수라 한다.

22 환경대기 중의 탄화수소 농도를 측정하기 위한 주 시험법은?

① 총탄화수소 측정법
② 비메탄 탄화수소 측정법
③ 활성 탄화수소 측정법
④ 비활성 탄화수소 측정법

풀이 환경대기 중 탄화수소 측정방법
㉠ 비메탄 탄화수소 측정법(주 시험법)
㉡ 총탄화수소 측정법
㉢ 활성 탄화수소 측정법

23 기체크로마토그래피에서 A, B 성분의 보유시간이 각각 2분, 3분이었으며, 피크폭은 32초, 38초이었다면 이때 분리도(R)는?

① 1.1 ② 1.4
③ 1.7 ④ 2.2

풀이 분리도(R) = $\dfrac{2(tR_2 - tR_1)}{W_1 + W_2}$

$= \dfrac{2(3 \times 60 - 2 \times 60)}{32 + 38} = 1.71$

24 다음은 배출가스 중 황화수소 분석방법에 관한 설명이다. ( ) 안에 알맞은 것은?

시료 중의 황화수소를 (㉠) 용액에 흡수시킨 다음 염산산성으로 하고, (㉡) 용액을 가하여 과잉의 (㉡)(을)를 사이오황산소듐 용액으로 적정하여 황화수소를 정량한다. 이 방법은 시료 중의 황화수소가 (㉢)ppm 함유되어 있는 경우의 분석에 적합하다.

① ㉠ 메틸렌블루, ㉡ 아이오딘, ㉢ 5~1,000
② ㉠ 아연아민착염, ㉡ 디에틸아민동,
  ㉢ 100~2,000
③ ㉠ 메틸렌블루, ㉡ 아이오딘, ㉢ 100~2,000
④ ㉠ 아연아민착염, ㉡ 디에틸아민동,
  ㉢ 5~1,000

풀이 배출가스 중 황화수소 분석방법 : 적정법(아이오딘적정법)
  ㉠ 시료 중의 황화수소를 아연아민착염 용액에 흡수시킨 다음 염산산성으로 하고, 아이오딘 용액을 가하여 과잉의 아이오딘을 사이오황산소듐 용액으로 적정하여 황화수소를 정량한다.
  ㉡ 시료 중의 황화수소가 100~2,000ppm 함유되어 있는 경우의 분석에 적합하다. 또 황화수소의 농도가 2,000ppm 이상인 것에 대하여는 분석용 시료 용액을 흡수액으로 적당히 희석하

여 분석에 사용할 수가 있다.
  ㉢ 다른 산화성 가스와 환원성 가스에 의하여 방해를 받는다.

25 굴뚝반경이 3.2m인 원형 굴뚝에서 먼지를 채취하고자 할 때의 측정점 수는?

① 8 ② 12
③ 16 ④ 20

풀이 원형 연도의 측정점 수

굴뚝 직경 $2R$(m)	반경 구분 수	측정점 수
1 미만	1	4
1~2 미만	2	8
2~4 미만	3	12
4~4.5 미만	4	16
4.5 이상	5	20

26 원자흡수분광광도법에 사용하는 불꽃 조합 중 불꽃의 온도가 높기 때문에 불꽃 중에서 해리하기 어려운 내화성 산화물(Refractory Oxide)을 만들기 쉬운 원소의 분석에 가장 적합한 것은?

① 아세틸렌-공기 불꽃
② 수소-공기 불꽃
③ 아세틸렌-아산화질소 불꽃
④ 프로판-공기 불꽃

풀이 원자흡수분석장치 시료원자화부 불꽃
  ㉠ 수소-공기와 아세틸렌-공기 : 거의 대부분의 원소분석에 유효하게 사용
  ㉡ 수소-공기 : 원자 외 영역에서의 불꽃 자체에 의한 흡수가 적기 때문에 이 파장영역에서 분석선을 갖는 원소의 분석
  ㉢ 아세틸렌-아산화질소 : 불꽃의 온도가 높기 때문에 불꽃 중에서 해리하기 어려운 내화성 산화물(Refractory Oxide)을 만들기 쉬운 원소의 분석

㉣ 프로판-공기 : 불꽃온도가 낮고 일부 원소에 대하여 높은 감도를 나타냄

27 흡광차분광법에서 측정에 필요한 광원으로 적합한 것은?

① 200~900nm 파장을 갖는 중공음극램프
② 200~900nm 파장을 갖는 텅스텐램프
③ 180~2,850nm 파장을 갖는 중공음극램프
④ 180~2,850nm 파장을 갖는 제논램프

풀이 흡광차분광법

이 방법은 일반적으로 빛을 조사하는 발광부와 50~1,000m 정도 떨어진 곳에 설치되는 수광부 (또는 발·수광부와 반사경) 사이에 형성되는 빛의 이동경로(Path)를 통과하는 가스를 실시간으로 분석하며, 측정에 필요한 광원은 180~2,850 nm 파장을 갖는 제논(Xenon) 램프를 사용한다.

28 다음은 형광분광광도법를 이용한 환경대기 내의 벤조(a)피렌 분석을 위한 박층판을 만드는 방법이다. ( ) 안에 알맞은 것은?

알루미나에 적당량의 물을 넣고 Slurry로 만들고 이것을 Applicator에 넣고 유리판 위에 약 250μm 의 두께로 피복하여 방치한다. 이 Plate를 100℃ 에서 (㉠) 가열 활성하여 보통 황산수용액에서 상대습도를 약 45%로 조정시킨 진공 데시케이터 안에 넣고 (㉡) 보존시킨 것을 사용한다.

① ㉠ 30분간, ㉡ 2시간 이상
② ㉠ 30분간, ㉡ 3주 이상
③ ㉠ 2시간, ㉡ 2시간 이상
④ ㉠ 2시간, ㉡ 3주 이상

풀이 환경대기 중 벤조(a)피렌 분석방법 중 형광분광광도법 박층판 만드는 방법

알루미나에 적당량의 물을 넣고 slurry로 만들고 이것을 Applicator에 넣고 유리판 위에 약 250μm 의 두께로 피복하여 방치한다. 이 Plate를 100℃ 에서 30분간 가열 활성하여 보통 황산수용액에서 상대습도를 약 45%로 조성시킨 진공데시케이터 안에 넣고 3주 이상 보존시킨 것을 사용한다.

29 다음은 자외선/가시선분광법을 사용한 브롬화합물 정량방법이다. ( ) 안에 알맞은 것은?

배출가스 중 브롬화합물을 수산화소듐 용액에 흡수시킨 후 일부를 분취해서 산성으로 하여 (㉠) 을 사용하여 브롬으로 산화시켜 (㉡)으로 추출한다.

① ㉠ 중성요오드화포타슘 용액, ㉡ 헥산
② ㉠ 중성요오드화포타슘 용액, ㉡ 클로로폼
③ ㉠ 과망간산포타슘 용액, ㉡ 헥산
④ ㉠ 과망간산포타슘 용액, ㉡ 클로로폼

풀이 배출가스 중 브롬화합물 분석방법 중 자외선/가시선 분광법

㉠ 배출가스 중 브롬화합물을 수산화소듐 용액에 흡수시킨 후 일부를 분취해서 산성으로 하여 과망간산 포타슘 용액을 사용하여 브롬으로 산화시켜 클로로포름으로 추출한다.
㉡ 클로로포름 층에 물과 황산제이철암모늄용액 및 사이오시안산 제2수은 용액을 가하여 발색한 물층의 흡광도를 측정해서 브롬을 정량하는 방법이다. 흡수파장은 460nm이다.

30 배출가스 중 금속화합물 분석을 위한 시료가 '셀룰로오스 섬유제 여과지를 사용한 것'일 때의 처리방법으로 가장 적합한 것은?

① 저온회화법
② 마이크로파 산분해법
③ 질산－과산화수소수법
④ 질산법

(풀이) 시료의 성상 및 처리방법

성상	처리방법
타르 기타 소량의 유기물을 함유하는 것	질산－염산법, 질산－과산화수소수법, 마이크로파 산분해법
유기물을 함유하지 않는 것	질산법, 마이크로파 산분해법
• 다량의 유기물 유리탄소를 함유하는 것 • 셀룰로오스 섬유제 여과지를 사용한 것	저온 회화법

31 분석대상가스가 질소산화물인 경우 흡수액으로 가장 적합한 것은?(단, 페놀디술폰산법 기준)

① 황산＋과산화수소＋증류수
② 수산화소듐(0.5%) 용액
③ 아연아민착염 용액
④ 아세틸아세톤함유흡수액

(풀이) 질소산화물의 분석방법 및 흡수액
　　⊙ 아연환원 나프틸에틸렌다이아민법－물
　　ⓛ 페놀디술폰산법－산화흡수제(황산＋과산화수소수)

32 대기오염공정시험기준 중 원자흡수분광광도법에서 사용되는 용어의 정의로 옳지 않은 것은?

① 슬롯버너 : 가스의 분출구가 세극상으로 된 버너
② 충전가스 : 중공음극램프에 채우는 가스
③ 선프로파일 : 파장에 대한 스펙트럼선의 강도를 나타내는 곡선
④ 근접선 : 목적하는 스펙트럼선과 동일한 파장을 갖는 같은 스펙트럼선

(풀이) 근접선
목적하는 스펙트럼선에 가까운 파장을 갖는 다른 스펙트럼선

33 다음 중 특정 발생원에서 일정한 굴뚝을 거치지 않고 외부로 비산 배출되는 먼지를 고용량공기시료채취법으로 측정하여 농도계산 시 "전 시료채취 기간 중 주 풍향이 45°~90° 변할 때"의 풍향 보정계수로 옳은 것은?

① 1.0　　　　② 1.2
③ 1.5　　　　④ 1.8

(풀이) 풍향에 대한 보정

풍향변화범위	보정계수
전 시료채취 기간 중 주 풍향이 90° 이상 변할 때	1.5
전 시료채취 기간 중 주 풍향이 45°~90° 변할 때	1.2
전 시료채취 기간 중 풍향이 변동이 없을 때(45° 미만)	1.0

34 굴뚝 배출가스 중 아황산가스를 연속적으로 분석하기 위한 시험방법에 사용되는 정전위전해분석계의 구성에 관한 설명으로 옳지 않은 것은?

① 가스투과성 격막은 전해셀 안에 들어 있는 전해질의 유출이나 증발을 막고 가스투과성 성질을 이용하여 간섭성분의 영향을 저감시킬 목적으로 사용하는 폴리에틸렌 고분자격막이다.

② 작업전극은 전해셀 안에서 산화전극과 한 쌍으로 전기회로를 이루며 아황산가스를 정전위전해 하는 데 필요한 산화전극을 대전극에 가할 때 기준으로 삼는 전극으로서 백금전극, 니켈 또는 니켈화합물전극, 납 또는 납화합물전극 등이 사용된다.

③ 전해액은 가스투과성 격막을 통과한 가스를 흡수하기 위한 용액으로 약 0.5M 황산용액으로 사용한다.

④ 정전위전원은 작업전극에 일정한 전위의 전기 에너지를 부가하기 위한 직류전원으로 수은전지가 이용된다.

🔑 정전위전해분석계의 전해셀 중 작업전극은 전해질 안으로 확산 흡수된 아황산가스가 전기에너지에 의해 산화될 때 그 농도에 대응하는 전해전류가 발생하는 전극으로 백금전극, 금전극, 팔라듐전극 또는 인듐전극 등이 있다.

35 굴뚝 배출가스 중 이황화탄소를 자외선/가시선분광법으로 측정 시 분석파장으로 가장 적합한 것은?

① 560nm   ② 490nm
③ 435nm   ④ 235nm

🔑 배출가스 중 이황화탄소(자외선/가시선분광법) 다이에틸아민구리 용액에서 시료가스를 흡수시켜 생성된 다이에틸다이티오카바민산구리의 흡

광도를 435nm의 파장에서 측정하여 이황화탄소를 정량한다.

36 어느 지역에 환경기준시험을 위한 시료채취 지점 수(측정점 수)는 약 몇 개소인가?

- 그 지역 거주지 면적 = 80km²
- 그 지역 인구밀도 = 1,500명/km²
- 전국평균인구밀도 = 450명/km²
  (단, 인구비례에 의한 방법 기준)

① 6개소   ② 11개소
③ 18개소   ④ 23개소

🔑 인구비례에 의한 방법

측정점 수

$$= \frac{\text{그 지역 거주지면적}}{25km^2} \times \frac{\text{그 지역 인구밀도}}{\text{전국 평균인구밀도}}$$

$$= \frac{80km^2}{25km^2} \times \frac{1,500명/km^2}{450명/km^2}$$

$$= 10.66 = 11(개소)$$

37 비분산적외선분광분석법 분석계의 최저 눈금값을 교정하기 위하여 사용하는 가스는?

① 비교가스   ② 제로가스
③ 스팬가스   ④ 혼합가스

🔑 분석계의 최저 눈금값을 교정하기 위하여 사용하는 가스는 제로가스이다.

38 굴뚝에서 배출되는 염소가스를 분석하는 오르토톨리딘법에서 분석용 시료의 시험온도로 가장 적합한 것은?

① 약 0℃   ② 약 10℃
③ 약 20℃   ④ 약 50℃

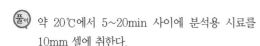

풀이 약 20℃에서 5~20min 사이에 분석용 시료를 10mm 셀에 취한다.

39 다음 중 배출가스유량 보정식으로 옳은 것은?(단, Q : 배출가스유량(Sm^3/일), O_s : 표준산소농도(%), O_a : 실측산소농도(%), Q_a : 실측배출가스유량(Sm^3/일))

① $Q = Q_a \div \dfrac{21 - Q_s}{21 - O_a}$

② $Q = Q_a \times \dfrac{21 - O_s}{21 - O_a}$

③ $Q = Q_a \div \dfrac{21 + O_s}{21 + O_a}$

④ $Q = Q_a \times \dfrac{21 + O_s}{21 + O_a}$

풀이 ㉠ 배출가스 유량 보정식

$$Q = Q_s \div \dfrac{21 - O_s}{21 - O_a}$$

㉡ 오염물질 농도 보정식

$$C = C_s \times \dfrac{21 - O_s}{21 - O_a}$$

40 다음은 굴뚝 배출가스 중의 질소산화물을 아연 환원 나프틸에틸렌디아민법으로 분석 시 시약과 장치의 구비조건이다. (　) 안에 알맞은 것은?

질소산화물 분석용 아연분말은 시약 1급의 아연분말로서 질산이온의 아질산이온으로의 환원율이 (㉠) 이상인 것을 사용하고, 오존발생장치는 오존이 (㉡) 정도의 오존농도를 얻을 수 있는 것을 사용한다.

① ㉠ 65%, ㉡ 부피분율 0.1%

② ㉠ 90%, ㉡ 부피분율 0.1%

③ ㉠ 65%, ㉡ 부피분율 1%

④ ㉠ 90%, ㉡ 부피분율 1%

풀이 질소산화물 분석용 아연분말은 시약 1급의 아연분말로서 질산이온의 아질산이온으로의 환원율이 90% 이상인 것을 사용하고, 오존발생장치는 오존이 부피분율 1% 정도의 오존농도를 얻을 수 있는 것을 사용한다.

제3과목　대기오염방지기술

41 집진장치의 압력손실이 240mmH₂O, 처리 가스양이 36,500m³/h이면 송풍기 소요동력(kW)은?(단, 송풍기 효율 70%, 여유율 1.2)

① 30.6

② 35.2

③ 40.9

④ 44.5

풀이 소요동력(kW)

$$= \dfrac{Q \times \Delta P}{6,120 \times \eta} \times \alpha$$

$$= \dfrac{(36,500m^3/hr \times hr/60min) \times 240}{6,120 \times 0.7} \times 1.2$$

$$= 40.89kW$$

42 배출 가스양 3,000m³/min인 함진 가스를 여과속도 4cm/sec로 여과하는 백필터의 소요 여과면적은?

① 1,000m²

② 1,250m²

③ 1,500m²

④ 2,000m²

풀이 여과면적$(A) = \dfrac{Q}{V}$

$$= \dfrac{3,000m^3/min \times min/60sec}{0.04m/sec}$$

$$= 1,250m^2$$

43 통풍방식 중 압입통풍에 관한 설명으로 틀린 것은?

① 연소용 공기를 예열할 수 있다.
② 송풍기의 고장이 적고 점검 및 보수가 용이하다.
③ 흡인통풍식보다 송풍기의 동력소모가 적다.
④ 노내압이 부(−)압으로 역화의 우려가 없다.

(풀이) 노내압이 정(+)압으로 역화의 우려가 있다.

44 흡착에 의한 유해가스의 처리에 있어 돌파현상이 일어날 때 발생하는 현상에 관한 설명으로 가장 적합한 것은?

① 배출가스의 양이 갑자기 감소한다.
② 배출가스의 양이 갑자기 증가한다.
③ 배출가스 중 오염물질 농도가 갑자기 감소한다.
④ 배출가스 중 오염물질 농도가 갑자기 증가한다.

(풀이) 돌파현상(파과점)
흡착탑 출구에서 오염물질 농도가 급격히 증가되기 시작되는 현상(시작하는 점)이다.

45 다음 연료의 상부 주입식(Overfeed Type) 소각로에서 용적 구성비(%) 중 CO에 해당하는 곡선은 어느 것인가?

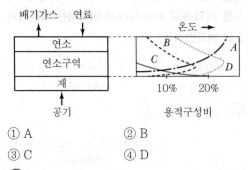

① A
② B
③ C
④ D

(풀이) A(CO), B(CO_2), C(O_2), D(NOx)

46 다음은 배가스 탈황, 탈질공정에 관한 설명이다. ( ) 안에 가장 적합한 것은?

( )은 덴마크의 Haldor Topsoe사가 개발한 것으로, 305MW 규모의 발전소에 시험되었으며, 탈황과 탈질이 별도의 반응기에서 독립적으로 일어난다. 먼저 배가스에 있는 분진을 완전히 제거한 다음 배가스에 암모니아를 주입시킨 후 SCR 촉매 반응기를 통과시키는데, 이 공정은 SO_2와 NOx를 95% 이상 제거할 수 있으며, 부산물로 판매 가능한 황산을 얻을 수 있고, 폐기물이 배출되지 않는 장점을 가지고 있다.

① 전자빔공정
② 산화구리공정
③ DESONOX 공정
④ WSA−SNOX 공정

(풀이) WSA−SNOX 공정을 설명하고 있다.

47 염소농도가 0.68%인 배기가스 2,500Sm³/hr을 Ca(OH)$_2$의 현탁액으로 세정 처리하여 염소를 제거하려 한다. 이론적으로 필요한 Ca(OH)$_2$ 양 (kg/hr)은?

① 약 56
② 약 66
③ 약 76
④ 약 86

(풀이) $2Cl_2 + 2Ca(OH)_2 \rightarrow CaCl_2 + Ca(OCl)_2 + 2H_2O$
$2 \times 22.4Sm^3 : 2 \times 74kg$
$2,500Sm^3/hr \times 0.0068 : Ca(OH)_2(kg/hr)$

$Ca(OH)_2(kg/hr)$

$$= \frac{2,500Sm^3/hr \times 0.0068 \times (2 \times 74)kg}{2 \times 22.4Sm^3}$$

$$= 56.16kg/hr$$

48

배출가스 중의 HCl을 충전탑에서 수산화칼슘 수용액과 향류로 접촉시켜 흡수 제거한다. 충전탑의 높이가 2.5m일 때 90%의 흡수효율을 얻었다면 높이를 4m로 높이면 흡수효율은 몇 %인가?(단, 이동단위 수 $N = \ln\left(\dfrac{1}{1 - E/100}\right)$로 계산되고, E는 효율이며 H_{OG}는 일정하다.)

① 92.5   ② 94.5
③ 95.3   ④ 97.5

(풀이)
$$h = H_{OG} \times N_{OG} = H_{OG} \times \ln\frac{1}{1-\eta}$$

$$2.5 = H_{OG} \times \ln\frac{1}{1-0.9} \rightarrow H_{OG} = 1.086\text{m}$$

$$4 = 1.086 \times \ln\frac{1}{1-\eta} \rightarrow \ln\frac{1}{1-\eta} = 3.683$$

$$e^{3.683} = \frac{1}{1-\eta}$$

$$\eta = 97.49(\%)$$

49

배출가스 0.4m³/s를 폭 5m, 높이 0.2m, 길이 10m의 중력식 침강집진장치로 집진 제거한다면 처리가스 내의 입경 10μm 먼지의 집진효율은?(단, 먼지밀도 1.10g/cm³, 배출가스밀도 1.2kg/m³, 처리가스점도 1.8×10^{-4}g/cm · s, 단수 1, 집진효율 $\eta_f = \dfrac{g(\rho_p - \rho_s)n\,WLd_p^2}{18\mu Q}$)

① 약 52%   ② 약 42%
③ 약 63%   ④ 약 81%

(풀이)
$$\eta_f = \frac{g(\rho_p - \rho_s)n\,WLd_p^2}{18\mu Q}$$

$$= \frac{\begin{array}{c}9.8\text{m/sec}^2 \times (1{,}100 - 1.2)\text{kg/m}^3 \times 1 \\ \times 5\text{m} \times 10\text{m} \times (10 \times 10^{-6})^2\text{m}^2\end{array}}{18 \times 1.8 \times 10^{-5}\text{kg/m} \cdot \text{sec} \times 0.4\text{m}^3/\text{sec}}$$

$$= 0.4154 \times 100 = 41.54\%$$

50

다음 중 석회석 주입에 의한 황산화물 제거 방법으로 옳지 않은 것은?

① 대형보일러에 주로 사용되며, 배기가스의 온도가 떨어지는 단점이 있다.
② 연소로 내에서 아주 짧은 접촉시간과 아황산가스가 석회분말의 표면 안으로 침투되기 어려우므로 아황산가스 제거효율이 낮은 편이다.
③ 석회석 값이 저렴하므로 재생하여 쓸 필요가 없고 석회석의 분쇄와 주입이 필요한 장비 외에 별도의 부대시설이 크게 필요 없다.
④ 배기가스 중 재와 석회석이 반응하여 연소로 내에 달라붙어 압력손실을 증가시키고 열전달을 낮춘다.

(풀이) 소형보일러에 주로 사용되며, 배기가스를 높게 유지할 수 있다.

51

국소환기에 있어서 후드를 설계할 때 고려사항에 대한 설명으로 가장 거리가 먼 것은?

① 후드는 난기류의 영향을 고려하여 외부식으로 한다.
② 후드는 가급적 발생원에 가까이 설치한다.
③ 충분한 제어속도를 유지한다.
④ 후드의 개구면적을 가능한 한 작게 한다.

(풀이) 후드는 난기류의 영향을 고려하여 가능한 한 발생원을 포위할 수 있는 포위식 또는 부스식 후드를 설치한다.

52

A액체연료를 완전연소한 결과 습연소가스양이 15Sm³/kg이었다. 이 연료의 이론공기량이 12Sm³/kg일 때 이론습배출가스양이 13Sm³/kg이었다면 공기비(m)는?

① 약 1.01   ② 약 1.17

③ 약 1.29   ④ 약 1.57

풀이

$$G_w = G_{ow} + (m-1)A_o$$

$$15Sm^3/kg = 13Sm^3/kg + (m-1) \times 12Sm^3/kg$$

$$m = \frac{14Sm^3/kg}{12Sm^3/kg} = 1.17$$

53

부피비로 CH_4 80%, O_2 10%, N_2 10%인 연료가스 $1.5Sm^3$을 완전연소시키기 위해 필요한 이론공기량(Sm^3)은?

① 약 $7.1Sm^3$ ② 약 $9.0Sm^3$

③ 약 $10.7Sm^3$ ④ 약 $14.2Sm^3$

풀이

$$CH_4 + 2O_2 \rightarrow CO_2 + 2H_2O$$

$$A_o = \frac{1}{0.21}\left[(2 \times 0.8) - 0.1\right]$$

$$= 7.14Sm^3/Sm^3 \times 1.5Sm^3 = 10.71Sm^3$$

54

석회석을 사용하는 배연탈황법의 특성으로 가장 거리가 먼 것은?

① 석회석을 가루로 만들어 연소로에 직접 주입하는 방법으로 초기 투자비가 적다.

② 아주 짧은 시간에 아황산가스와 반응해야 하므로 흡수효율은 낮으며, 연소로 내에서 Scale을 생성한다.

③ 이 반응은 pH의 영향을 많이 받으므로 흡수액의 pH는 9로 지정하고, SO_3의 산화는 pH 10 이상에서 진행된다.

④ 소규모 보일러나 노후된 보일러에 추가로 설치할 때 사용된다.

풀이 탈황률의 유지 및 스케일 형성을 방지하기 위해 pH를 6.5 정도로 조정하는 탈황방법은 석회세정법이다.

55

다음은 중질유의 탈황방법이다. ( ) 안에 가장 적합한 것은?

> ( )은 상압잔유를 강압증류에 의하여 증류하고 얻어진 감압경유를 수소화탈황에 의해 탈황화하며, 이 탈황된 경유와 감압잔유를 혼합하여 황이 적은 제품을 생산하는 방법이다.

① 직접탈황법   ② 간접탈황법

③ 중간탈황법   ④ 다단탈황법

풀이 중질유의 탈황방법

㉠ 직접탈황법 : 수소첨가촉매($CO-Ni-Mo$)로 250~450℃에서 압력을 30~150kg/cm² 정도로 가하여 황성분을 H_2S, S, SO_2 형태로 제거하는 방법

㉡ 간접탈황법 : 상압잔유를 감압증류에 의하여 증류하고 얻어진 감압경유를 수소화탈황에 의해 탈황화하며 이 탈황된 경유와 감압잔유를 혼합하여 황이 적은 제품을 생산하는 방법

㉢ 중간탈황법 : 상압증류에서 얻은 증류를 감압증류시켜 경유 및 감압잔유를 얻어 이 감압잔유를 프로판 또는 분자량이 큰 탄화수소를 이용하여 아스팔트와 잔유로 분리 후 이 잔유와 감압경유 혼합, 탈황 후 아스팔트분과 재혼합하여 저황유를 만드는 방법

56

송풍기의 유효정압(P_s)을 나타내는 식으로 옳은 것은?(단, P_{si} : 입구정압, P_{so} : 출구정압, P_{vi} : 동압)

① $P_s = P_{so} - P_{si} - P_{vi}$

② $P_s = P_{si} - P_{so} - P_{vi}$

③ $P_s = P_{si} - P_{so} + P_{vi}$

④ $P_s = P_{si} + P_{so} + P_{vi}$

풀이 송풍기의 유효정압(P_s)

$$P_s = P_{so} - P_{si} - P_{vi}$$

57 배가스 탈질기술 중 습식법에 관한 설명으로 가장 거리가 먼 것은?

① 배가스 중에 있는 먼지의 영향이 적고 SO_2와 동시에 제거할 수 있다.
② 질산염 등의 부산물 생성이 적어 2차 처리가 불필요하다.
③ 고가의 산화제 및 환원제가 다량 소모된다.
④ 흡수산화법은 NOx제거에 KM_nO_4, H_2O_2나 $NaClO_2$ 등과 같은 산화제를 포함하는 흡수액에 흡수시켜 산화제거한다.

풀이 습식탈질법은 질산염 등의 부산물 생성이 많아 2차 처리가 필요하다.

58 송풍관(Duct)에서 흄(Fume) 및 매우 가벼운 건조 먼지(예 : 나무 등의 미세한 먼지와 산화아연, 산화알루미늄 등의 흄)의 반송속도로 가장 적합한 것은?

① 2m/s
② 10m/s
③ 25m/s
④ 50m/s

풀이 반송속도

유해물질	예	반송속도 (m/sec)
가스, 증기, 흄 및 매우 가벼운 물질	각종 가스, 증기, 산화아연 및 산화알루미늄 등의 흄, 목재 분진, 고무분, 합성수지분	10
가벼운 건조 먼지	원면, 곡물분, 고무, 플라스틱, 경금속 분진	15
일반 공업 분진	털, 나무부스러기, 대패부스러기, 샌드블라스트, 글라인더 분진, 내화벽돌 분진	20
무거운 분진	납분진, 주조 및 모래털기 작업 시 먼지, 선반작업 시 먼지	25
무겁고 비교적 큰 입자의 젖은 먼지	젖은 납 분진, 젖은 주조작업 발생 먼지	25 이상

59 다음 유해가스 처리법 중 염화수소 제거에 가장 적합한 것은?

① 흡착법
② 수세흡수법
③ 연소법
④ 촉매연소법

풀이 염소 및 염화수소 가스는 물에 대한 용해도가 매우 크기 때문에 세정식 집진장치(벤투리 스크러버)나 충전탑을 이용하여 처리한다. 즉, 수세흡수법이 적합하다.

60 원추하부 지름이 20cm인 Cyclone에서 가스접선 속도가 5m/sec이면 분리계수는?

① 25.5
② 18.5
③ 12.8
④ 9.7

풀이 분리계수$(S) = \dfrac{V_\theta^2}{g \cdot R_2}$

$= \dfrac{(5\text{m/sec})^2}{9.8\text{m/sec}^2 \times 0.1\text{m}} = 25.51$

제4과목 대기환경관계법규

61 대기환경보전법령상 대기오염물질 배출시설의 설치가 불가능한 지역에서 배출시설의 설치허가를 받지 않거나 신고를 하지 아니하고 배출시설을 설치한 경우의 1차 행정처분기준으로 옳은 것은?

① 조업정지
② 개선명령
③ 폐쇄명령
④ 경고

풀이 배출시설의 설치가 불가능한 지역일 경우 배출시설 설치허가를 받지 않거나 신고를 하지 아니하고 배출시설을 설치한 경우의 1차 행정처분기준은 폐쇄명령이다.

62 대기환경보전법령상 기본부과금 산정을 위해 확정배출량 명세서에 포함되어 시 · 도지사 등에게 제출해야 할 서류목록으로 거리가 먼 것은?

① 황 함유분석표 사본
② 연료사용량 또는 생산일지
③ 조업일지
④ 방지시설개선 실적표

(풀이) 확정배출량 명세서에 포함되어 시 · 도지사에게 제출해야 할 서류목록
　㉠ 황 함유분석표 사본(황 함유량이 적용되는 배출계수를 이용하는 경우에만 제출하며, 해당 부과기간 동안의 분석표만 제출한다)
　㉡ 연료사용량 또는 생산일지 등 배출계수별 단위사용량을 확인할 수 있는 서류 사본(배출계수를 이용하는 경우에만 제출한다)
　㉢ 조업일지 등 조업일수를 확인할 수 있는 서류 사본(자가측정 결과를 이용하는 경우에만 제출한다)
　㉣ 배출구별 자가측정한 기록 사본(자가측정 결과를 이용하는 경우에만 제출한다)

63 다음은 대기환경보전법령상 오염물질 초과에 따른 초과부과금의 위반횟수별 부과계수이다. ( ) 안에 알맞은 것은?

> 위반횟수별 부과계수는 각 비율을 곱한 것으로 한다.
> • 위반이 없는 경우 : (㉠)
> • 처음 위반한 경우 : (㉡)
> • 2차 이상 위반한 경우 : 위반 직전의 부과계수에 (㉢) 을(를) 곱한 것

① ㉠ 100분의 100, ㉡ 100분의 105,
　㉢ 100분의 105
② ㉠ 100분의 100, ㉡ 100분의 105,
　㉢ 100분의 110

③ ㉠ 100분의 105, ㉡ 100분의 110,
　㉢ 100분의 110
④ ㉠ 100분의 105, ㉡ 100분의 110,
　㉢ 100분의 115

(풀이) 초과부과금의 위반횟수별 부과계수
　㉠ 위반이 없는 경우 : 100분의 100
　㉡ 처음 위반한 경우 : 100분의 105
　㉢ 2차 이상 위반한 경우 : 위반 직전의 부과계수에 100분의 105를 곱한 것

64 환경정책기본법령상 오존(O₃)의 대기환경기준으로 옳은 것은?(단, 8시간 평균치 기준)

① 0.10ppm 이하　　② 0.06ppm 이하
③ 0.05ppm 이하　　④ 0.02ppm 이하

(풀이) 대기환경기준

항목	기준	측정방법
오존 (O₃)	• 8시간 평균치 : 0.06ppm 이하 • 1시간 평균치 : 0.1ppm 이하	자외선 광도법 (U.V. Photometric Method)

65 대기환경보전법령상 자동차에 온실가스 배출량을 표시하지 아니하거나 거짓으로 표시한 자에 대한 과태료 부과기준으로 옳은 것은?

① 500만 원 이하의 과태료
② 300만 원 이하의 과태료
③ 200만 원 이하의 과태료
④ 100만 원 이하의 과태료

(풀이) 대기환경보전법 제94조 참조

66 악취방지법규상 배출허용기준 및 엄격한 배출허용기준의 설정범위와 관련한 다음 설명 중 옳지 않은 것은?

① 배출허용기준의 측정은 복합악취를 측정하는 것을 원칙으로 하지만 사업자의 악취물질 배출 여부를 확인할 필요가 있는 경우에는 지정악취 물질을 측정할 수 있다.
② 복합악취의 시료 채취는 사업장 안에 지면으로부터 높이 5m 이상의 일정한 악취배출구와 다른 악취발생원이 섞여 있는 경우에는 부지경계 선 및 배출구에서 각각 채취한다.
③ "배출구"라 함은 악취를 송풍기 등 기계장치 등을 통하여 강제로 배출하는 통로(자연환기가 되는 창문·통기관 등을 제외한다)를 말한다.
④ 부지경계선에서 복합악취의 공업지역에서의 배출허용기준(희석배수)은 1,000 이하이다.

풀이 복합악취 배출허용기준 및 엄격한 배출허용기준

구분	배출허용기준 (희석배수)		엄격한 배출허용기준의 범위(희석배수)	
	공업지역	기타 지역	공업지역	기타 지역
배출구	1,000 이하	500 이하	500~1,000	300~500
부지 경계선	20 이하	15 이하	15~20	10~15

67 다음은 대기환경보전법규상 비산먼지의 발생을 억제하기 위한 시설의 설치 및 필요한 조치에 관한 엄격한 기준 중 "싣기와 내리기" 작업 공정이다. ( ) 안에 알맞은 것은?

• 최대한 밀폐된 저장 또는 보관시설 내에서만 분체상물질을 싣거나 내릴 것
• 싣거나 내리는 장소 주위에 고정식 또는 이동식 물뿌림시설(물뿌림 반경 (㉠) 이상, 수압 (㉡) 이상)을 설치할 것

① ㉠ 5m, ㉡ 3.5kg/cm²
② ㉠ 5m, ㉡ 5kg/cm²
③ ㉠ 7m, ㉡ 3.5kg/cm²
④ ㉠ 7m, ㉡ 5kg/cm²

풀이 비산먼지발생억제조치(엄격한 기준) : 싣기와 내리기
㉠ 최대한 밀폐된 저장 또는 보관시설 내에서만 분체상물질을 싣거나 내릴 것
㉡ 싣거나 내리는 장소 주위에 고정식 또는 이동식 물뿌림시설(물뿌림 반경 7m 이상, 수압 5kg/cm² 이상)을 설치할 것

68 환경정책기본법령상 각 항목에 대한 대기환경기준으로 옳은 것은?

① 아황산가스의 연간 평균치 : 0.03ppm 이하
② 아황산가스의 1시간 평균치 : 0.15ppm 이하
③ 미세먼지(PM-10)의 연간 평균치 : 100μg/m³ 이하
④ 오존(O₃)의 8시간 평균치 : 0.1ppm 이하

풀이 ① 아황산가스의 연간평균치 : 0.02ppm 이하
③ 미세먼지(PM-10)의 연간평균치 : 50μg/m³ 이하
④ 오존(O₃)의 8시간 평균치 : 0.06ppm 이하

69 실내공기질 관리법규상 신축 공동주택의 실내공기질 권고기준으로 틀린 것은?

① 벤젠 : 30μg/m³ 이하
② 톨루엔 : 1,000μg/m³ 이하
③ 자일렌 : 700μg/m³ 이하
④ 에틸벤젠 : 300μg/m³ 이하

풀이 신축공동주택의 실내공기질 권고기준(2019년 7월부터 적용)
㉠ 폼알데하이드 : 210μg/m³ 이하

Answer ▶ 66 ④ 67 ④ 68 ② 69 ④

5-321

ⓛ 벤젠 : $30\mu g/m^3$ 이하

ⓒ 톨루엔 : $1,000\mu g/m^3$ 이하

ⓔ 에틸벤젠 : $360\mu g/m^3$ 이하

ⓜ 자일렌 : $700\mu g/m^3$ 이하

ⓗ 스티렌 : $300\mu g/m^3$ 이하

ⓢ 라돈 : $148Bq/m^3$

70 대기환경보전법규상 자동차연료 · 첨가제 또는 촉매제의 검사를 받으려는 자가 국립환경과학원장 등에게 검사신청 시 제출해야 하는 항목으로 거리가 먼 것은?

① 검사용 시료

② 검사 시료의 화학물질 조성비율을 확인할 수 있는 성분분석서

③ 제품의 공정도(촉매제만 해당함)

④ 제품의 판매계획

🗨 자동차연료 · 첨가제 또는 촉매제의 검사절차 시 제출항목

ⓐ 검사용 시료

ⓑ 검사 시료의 화학물질 조성비율을 확인할 수 있는 성분분석서

ⓒ 최대 첨가비율을 확인할 수 있는 자료(첨가제만 해당한다.)

ⓓ 제품의 공정도(촉매제만 해당한다.)

71 다음은 대기환경보전법규상 자동차의 규모기준에 관한 설명이다. ( ) 안에 알맞은 것은?(단, 2015년 12월 10일 이후)

> 소형승용자동차는 사람을 운송하기 적합하게 제작된 것으로, 그 규모기준은 엔진배기량이 1,000cc 이상이고, 차량총중량이 (㉠)이며, 승차인원이 (㉡)

① ㉠ 1.5톤 미만, ㉡ 5명 이하

② ㉠ 1.5톤 미만, ㉡ 8명 이하

③ ㉠ 3.5톤 미만, ㉡ 5명 이하

④ ㉠ 3.5톤 미만, ㉡ 8명 이하

🗨 소형승용자동차

ⓐ 정의 : 사람을 운송하기에 적합하게 제작된 것

ⓑ 규모 : 엔진배기량이 1,000cc 이상이고, 차량총중량이 3.5톤 미만이며, 승차인원이 8명 이하

72 악취방지법상 악취배출시설에 대한 개선명령을 받은 자가 악취배출허용기준을 계속 초과하여 신고대상시설에 대해 시 · 도지사로부터 악취배출시설의 조업정지명령을 받았으나, 이를 위반한 경우 벌칙기준은?

① 1년 이하 징역 또는 1천만 원 이하의 벌금

② 2년 이하 징역 또는 2천만 원 이하의 벌금

③ 3년 이하 징역 또는 3천만 원 이하의 벌금

④ 5년 이하 징역 또는 5천만 원 이하의 벌금

🗨 악취방지법 제26조 참조

73 대기환경보전법규상 배출시설에서 발생하는 오염물질이 배출허용기준을 초과하여 개선명령을 받은 경우, 개선해야 할 사항이 배출시설 또는 방지시설인 경우 개선계획서에 포함되어야 할 사항으로 거리가 먼 것은?

① 굴뚝 자동측정기기의 운영, 관리 진단계획

② 배출시설 또는 방지시설의 개선명세서 및 설계도

③ 대기오염물질의 처리방식 및 처리효율

④ 공사기간 및 공사비

🗨 개선계획서(배출시설 또는 방지시설인 경우)

개선명령을 받은 경우로서 개선하여야 할 사항이 배출시설 또는 방지시설인 경우

㉠ 배출시설 또는 방지시설의 개선명세서 및 설계도

㉡ 대기오염물질의 처리방식 및 처리효율

㉢ 공사기간 및 공사비

㉣ 다음의 경우에는 이를 증명할 수 있는 서류

• 개선기간 중 배출시설의 가동을 중단하거나 제한하여 대기오염물질의 농도나 배출량이 변경되는 경우

• 개선기간 중 공법 등의 개선으로 대기오염물질의 농도나 배출량이 변경되는 경우

74 대기환경보전법규상 석유정제 및 석유 화학제품 제조업 제조시설의 휘발성유기화합물 배출억제·방지시설 설치 등에 관한 기준으로 옳지 않은 것은?

① 중간집수조에서 폐수처리장으로 이어지는 하수구(Sewer line)는 검사를 위해 대기 중으로 개방되어야 하며, 금·틈새 등이 발견되는 경우에는 30일 이내에 이를 보수하여야 한다.

② 휘발성유기화합물을 배출하는 폐수처리장의 집수조는 대기오염공정시험방법(기준)에서 규정하는 검출불가능 누출농도 이상으로 휘발성유기화합물이 발생하는 경우에는 휘발성유기화합물을 80퍼센트 이상의 효율로 억제·제거할 수 있는 부유지붕이나 상부덮개를 설치·운영하여야 한다.

③ 압축기는 휘발성유기화합물의 누출을 방지하기 위한 개스킷 등 봉인장치를 설치하여야 한다.

④ 개방식 밸브나 배관에는 뚜껑, 브라인드프렌지, 마개 또는 이중밸브를 설치하여야 한다.

(풀이) 중간집수조에서 폐수처리장으로 이어지는 하수구가 대기 중으로 개방되어서는 아니 되며, 금·틈새 등이 발견되는 경우에는 15일 이내에 이를 보수하여야 한다.

75 다음은 대기환경보전법상 과징금 처분에 관한 사항이다. ( ) 안에 가장 적합한 것은?

환경부장관은 인증을 받지 아니하고 자동차를 제작하여 판매한 경우 등에 해당하는 때에는 그 자동차제작자에 대하여 매출액에 (㉠)을/를 곱한 금액을 초과하지 아니하는 범위에서 과징금을 부과할 수 있다. 이 경우 과징금의 금액은 (㉡)을 초과할 수 없다.

① ㉠ 100분의 3, ㉡ 100억 원

② ㉠ 100분의 3, ㉡ 500억 원

③ ㉠ 100분의 5, ㉡ 100억 원

④ ㉠ 100분의 5, ㉡ 500억 원

(풀이) 환경부장관은 인증을 받지 아니하고 자동차를 제작하여 판매한 경우 등에 해당하는 때에는 그 자동차제작자에 대하여 매출액에 100분의 5를 곱한 금액을 초과하지 아니하는 범위에서 과징금을 부과할 수 있다. 이 경우 과징금의 금액은 500억 원을 초과할 수 없다.

76 대기환경보전법규상 대기환경규제지역 지정 시 상시 측정을 하지 않는 지역은 대기오염도가 환경기준의 얼마 이상인 지역을 지정하는가?

① 50퍼센트 이상

② 60퍼센트 이상

③ 70퍼센트 이상

④ 80퍼센트 이상

(풀이) 상시 측정을 하지 않는 지역은 대기오염물질배출량을 기초로 산정한 대기오염도가 환경기준의 80퍼센트 이상인 지역을 대기환경규제지역으로 지정할 수 있다.

77 실내공기질 관리법규상 실내공기 오염물질에 해당하지 않는 것은?

① 아황산가스　　② 일산화탄소
③ 폼알데하이드　　④ 이산화탄소

 실내공기 오염물질

- 미세먼지(PM-10)
- 이산화탄소(CO_2 ; Carbon Dioxide)
- 포름알데하이드(Formaldehyde)
- 총부유세균(TAB ; Total Airborne Bacteria)
- 일산화탄소(CO ; Carbon Monoxide)
- 이산화질소(NO_2 ; Nitrogen dioxide)
- 라돈(Rn ; Radon)
- 휘발성유기화합물(VOCs ; Volatile Organic Compounds)
- 석면(Asbestos)
- 오존(O_3 ; Ozone)
- 미세먼지(PM-2.5)
- 곰팡이(Mold)
- 벤젠(Benzene)
- 톨루엔(Toluene)
- 에틸벤젠(Ethylbenzene)
- 자일렌(Xylene)
- 스티렌(Styrene)

※ 법규 변경사항이므로 해설의 내용으로 학습하시기 바랍니다.

78 대기환경보전법령상 규모별 사업장의 구분 기준으로 옳은 것은?

① 1종 사업장-대기오염물질발생량의 합계가 연간 70톤 이상인 사업장
② 2종 사업장-대기오염물질발생량의 합계가 연간 20톤 이상 80톤 미만인 사업장
③ 3종 사업장-대기오염물질발생량의 합계가 연간 10톤 이상 30톤 미만인 사업장
④ 4종 사업장-대기오염물질발생량의 합계가 연간 1톤 이상 10톤 미만인 사업장

사업장 분류기준

종별	오염물질발생량 구분
1종 사업장	대기오염물질발생량의 합계가 연간 80톤 이상인 사업장
2종 사업장	대기오염물질발생량의 합계가 연간 20톤 이상 80톤 미만인 사업장
3종 사업장	대기오염물질발생량의 합계가 연간 10톤 이상 20톤 미만인 사업장
4종 사업장	대기오염물질발생량의 합계가 연간 2톤 이상 10톤 미만인 사업장
5종 사업장	대기오염물질발생량의 합계가 연간 2톤 미만인 사업장

79 대기환경보전법규상 비산먼지 발생을 억제하기 위한 시설의 설치 및 필요한 조치에 관한 기준 중 "야외 녹 제거 배출공정" 기준으로 옳지 않은 것은?

① 야외 작업 시 이동식 집진시설을 설치할 것. 다만, 이동식 집진시설의 설치가 불가능할 경우 진공식 청소차량 등으로 작업현장에 대한 청소작업을 지속적으로 할 것
② 풍속이 평균초속 8m 이상(강선건조업과 합성수지선건조업인 경우에는 10m 이상)인 경우에는 작업을 중지할 것
③ 야외 작업 시에는 간이칸막이 등을 설치하여 먼지가 흩날리지 아니하도록 할 것
④ 구조물의 길이가 30m 미만인 경우에는 옥내작업을 할 것

비산먼지 발생을 억제하기 위한 시설의 설치 및 필요한 조치에 관한 기준
[야외 녹 제거]
가. 탈청구조물의 길이가 15m 미만인 경우에는 옥내작업을 할 것
나. 야외 작업 시에는 간이칸막이 등을 설치하여 먼지가 흩날리지 아니하도록 할 것
다. 야외 작업 시 이동식 집진시설을 설치할 것.

다만, 이동식 집진시설의 설치가 불가능할 경우 진공식 청소차량 등으로 작업현장에 대한 청소작업을 지속적으로 할 것

라. 작업 후 남은 것이 다시 흩날리지 아니하도록 할 것

마. 풍속이 평균초속 8m 이상(강선건조업과 합성수지선건조업인 경우에는 10m 이상)인 경우에는 작업을 중지할 것

바. 가목부터 마목까지와 같거나 그 이상의 효과를 가지는 시설을 설치하거나 조치하는 경우에는 가목부터 마목까지 중 그에 해당하는 시설의 설치 또는 조치를 제외한다.

80 대기환경보전법규상 환경부령으로 정하는 바에 따라 사업자 스스로 방지시설을 설계 · 시공하고자 하는 사업자가 시 · 도지사에게 제출해야 하는 서류로 가장 거리가 먼 것은?

① 기술능력현황을 적은 서류
② 공사비내역서
③ 공정도
④ 방지시설의 설치명세서와 그 도면

(풀이) 자가방지설비를 설계 · 시공하고자 하는 사업자가 시 · 도지사에게 제출해야 하는 서류
  ㉠ 배출시설의 설치명세서
  ㉡ 공정도
  ㉢ 원료(연료를 포함한다) 사용량, 제품생산량 및 대기오염물질 등의 배출량을 예측한 명세서
  ㉣ 방지시설의 설치명세서와 그 도면
  ㉤ 기술능력현황을 적은 서류